U0180669

万川
reflections

一
步
万
里
阔

技 术 史

A HISTORY OF TECHNOLOGY

主 编　【英】查尔斯·辛格　E. J. 霍姆亚德　A. R. 霍尔　特雷弗·I. 威廉斯

主 译　高亮华　戴吾三

第 III 卷

文艺复兴至工业革命

c. 1500–*c.* 1750

中国工人出版社

著作权合同登记号：图字01-2018-3851

ISBN 978-7-5008-7158-3

出版人
王娇萍

策　划
董　宽

特约策划
潘　涛　姜文良

统　筹
董　虹

版　权
邢　璐

责任编辑
左　鹏　邢　璐　董　虹　罗荣波
李　丹　习艳群　宋　杨　金　伟

审　校
安　静　王学良　李素素　葛忠雨　黄冰凌
李思妍　王子杰　王晨轩　李　骁　陈晓辰

特约审订
潘　涛

第Ⅲ卷主要译校者

王　惠　王　瑒　节艳丽　匡　辉　吕仲华
刘　立　刘学亮　李正伟　李昱涛　张立军
张成岗　陈孝先　陈斌惠　周　颖　胡　晨
侯　强　高亮华　梅可玉　章　琰　舒　飞
童庆钧　谭文华　戴吾三　魏露苓
（以姓氏笔画为序）

第Ⅲ卷前言

与前两卷不同，《技术史》第Ⅲ卷已经能够利用当时的一些印刷
资料。随着世纪更替，这些印刷资料已构成了卷帙浩繁的技术文献，
且数量仍在不断地迅速增加。于是，在前两卷中举足轻重的考古学证
据，在本卷中已变得不那么重要了。当然，有一点是毫无疑问的——
我们仍从那些人工制品、制造业旧址以及古老的设备中，获悉16和
17世纪技术实践的很多情形。不过，本卷所研究的这一时期，这种
类型的研究并不是很多。然而，在这一时期，几乎每一项生产和制
造工艺都拥有大量的文字证据，通常配有大量的插图，就像在我们
视野所及的诸如阿格里科拉（Agricola）的《论冶金》（*De re metallica*，
1556年）和伟大的《百科全书》（*Encyclopédie*，1751—1772）等经典
著作中所看到的那样。这样一来，即使一部鸿篇巨制也不足以适当地
包罗这些材料。因此，本书编者必定要对所讨论的论题精挑细选，必
定要给作者在论述篇幅上施加种种限制，这些限制使得后者的工作远
非易事。本书编者寻求的是重点阐述那些技术中变化着的方面，它们
不仅有着最为重要的社会和经济意义，同时还能反映出科学探究结果
对技术创新（technological innovation）的逐渐渗透。

毋庸置疑，在本卷所要讨论的这一时期内，欧洲乃至世界历史上
最重要的事件是近代科学的兴起，它富有极大的潜力。对这一意义重

大运动的研究，已超出这部《技术史》的范围，然而影响却充溢于本卷和随后两卷之中。中世纪末，科学与技术的触点极少，且微不足道，其中有些方面将在第 19 章和第 22 章中有所讨论。解释自然现象成了哲学家的分内之事，至于其实际运用则留给了工匠。哲学家更为关心的是书本与观念，对于事物则留意不多，他在对自然界做笼统解释时展示了令人敬仰的聪明才智，却在细节上极大地忽略了它们的实际运用。与此相反，工匠则对他所遵循的生产方法和工艺之外的知识知之甚少，甚至一无所知，因为那些生产方法和工艺是代代相传到他手上的，而且它们已经能使他达到所需的效果。对那些解释他行为的理论，他则全然不知。只有在 17 世纪才有极少数人意识到（尽管这一念头在中世纪已有征兆），原来科学与技艺均与自然现象相关，且可以相互倚重。人们逐渐明白，有关自然的知识赋予了人们控制自然力的力量。自弗朗西斯·培根（Francis Bacon）、伽利略（Galileo）和笛卡儿（Descartes）的时代起，在欧洲就一直有人认为科学必须最终指导技术人员的活动，并认为科学性的技术（scientific technology）将塑造文明的未来进程。

尽管如此，但若高估此类想法或是纯科学（pure science）的成就对于本卷所涵盖时期的欧洲技术的影响，将是荒唐可笑的。举例来说，有少数几种技术，如航海（第 20 章）和工业化学（第 25 章）直接受到了科学思想运用的影响，但很多试图使工艺方法合理化并加以改善的早期尝试都是以惨败收场的。科学方法及科学发现在生产的经济活动中的逐渐渗透，分析和精密测量对工匠们不可捉摸的技艺的取代，是一个要延伸到本书后几卷的冗长故事。但直到 17 世纪结束后好多年，工业进步在很大程度上还是依赖于工艺发明，而不是依赖系统性科学研究的成果。后者的绝对统治地位确立于 19 世纪末期，这部《技术史》认为，这标志着人类历史上的一个转折点。因此，尽管纯科学在 16 和 17 世纪取得了重大成就，但技术的基本要素与早期时代没有很大的不同。像前几个世纪一样，这几个世纪具有以下几个方面的特征：手工工具、自然力或畜力的使用占统治地位；较少使用金属；大量消耗熟练或不熟练的人力；小规模生产。即使在这个创造性的时代，发明和新方法也不以新颖性作为特征，因为循序渐进的工匠和企业仍处于主导地位。

万事开头难（*Il n'y a que le premier pas qui coûte*）。在三个多世纪的历史视野中，那些被认为是时代奇迹的悠久技术传统的集大成者——庞大的木船（第 18 章）、粗重的提水机（第 13 章）、宏伟的石建筑（第 10 章）以及精巧的编织挂毯（第 8 章），当与最初的科学研究分支的粗浅成果相比较时，其重要性就不怎么明显了。而我们这一时期科学研究的粗浅成果有摆钟（第 24 章）、金属性质的探究（第 2 章），甚至还有科学所发明出来的用以促进其自身研究的那些仪器（第 22 章和第 23 章）。前者正如恐龙，是进化过程中无与伦比却注定灭绝的物种，后者则昭示着一种新的发展进程，虽然其前途仍不明朗。在本卷中，编者试图对两者都加以适当关注。

本卷的另一个设计，则是为以工业革命为主题的下一卷先行铺路。第 2、3、7 和 17 章揭示了 18 世纪下半叶怎样为生产和经济关系的重大变化夯实了基础，其主要影响在于金属和煤炭的使用、纺织工业和运输。可以看到，发明创造性（inventiveness）在亚伯拉罕·达比二世（Abraham Darby, the second）、阿克赖特（Richard Arkwright）以及瓦特（James Watt）的时代之前并不是没有影响力的。人们确实长久以来就认识到问题的存在，它们的解决使得工业化首先在西欧发生，然后波及整个世界。

这部《技术史》在地理上的限制以及接受这种限制的原因，已在第 Ⅱ 卷的前言中阐述过，无须赘述。遵照前述的设计，本卷主要讨论西欧国家。它们的历史具有双重意义的独特性：因为它同时包含了近代科学和工业主义的诞生。这些国家与近东及全球其余各地的关系都与原先盛行的截然相反，在第Ⅱ卷的跋中对原先的情形专有论述。较之以往，欧洲更加大量利用世界各地的原材料和初级产品（第1章），并反过来出口工业制成品；这块大陆也不再借鉴那些有着古老文明地区的技术遗产（technical heritage），相反，它在它们中间确立了自己的技术霸权（technical hegemony）。我们讨论的范围并不涉及这一变化了的关系中的经济方面。这一经济方面的结果是：到19世纪末，欧洲几乎在商业上控制了世界所有其他地区。这一现象所导致的工业制造的新问题，对欧洲技术的发展有着不可避免的影响，将会在本书的后几卷中有所显露。

有必要对本卷各章的时间跨度之大作些解释。它源于这一时期欧洲新老技术的融合，老技术主要来自古代近东地区，科学成分在新技术中则日益重要。因此，有些主要说明了新技术变化的论题，比如制图术、航海术（第19章和第20章）或科学仪器的制造（第22章和第23章），是从古时开始追溯的。至于其他例子，譬如在许多个世纪里鲜有变化的手工工具的使用（第5章），可以不太费事地讨论下去并得出一个结论。技术的历史（history of techniques）本无简单的定例可循，这部《技术史》各卷设定的年限也只能作为其内容的大致指

南。本卷主要关注16世纪和17世纪的事件，即关注从意大利文艺复兴到工业革命之间的技术。但是业已证明，在两个时限上各有所逾越，不但是合适的，而且实际上也是至关重要的。

鉴于欧洲和北美的一般历史和地理状况广为人知，而且进一步的信息来源几乎是唾手可得，所以在本卷中附上像前两卷那样的时间年表和地图似乎是不必要的。因为可获知的资料成比例递增，因而本书各卷的时间跨度剧减。第Ⅰ卷是以地质学的标度作为时间跨度的，第Ⅱ卷横跨了大约两千年的时间，本卷则是两百多年的时间。既然时间跨度缩小了，所以就科学史家和技术史家而言，政治历史事件的意义减弱了。在本卷讨论的这一时期内，城邦衰亡而民族国家兴起；经

济竞争取代了宗教偏执，法国取代西班牙成为欧洲的霸主。这些事件，尽管就它们本身而言很重要，但对此处讨论的技术变化（changes in techniques）却鲜有影响。更有意义的也许是返回经济史中，考察一下欧洲大西洋沿岸地区对地中海日益增强的优势地位，研究一下经济组织及经济群体关系的变化，探究一下经济增长的进程。但做如此概观又会将本书写成一部近代工业文明通史，这并不是我们的主旨。

编者们沉痛悼念本卷的撰稿人之一弗拉纳根（J. F. Flanagan）先生的辞世。他撰写的那章"显花织物"的长条校样由他校过，并且所有插图也得到他的首肯。我们尤其要向福布斯（R. J. Forbes）教授、斯肯普顿（A. W. Skempton）教授、史密斯（Cyril S. Smith）教授和泰勒（E. G. R. Taylor）教授致以谢意。感谢他们在本卷的编纂工作中所给予的帮助。所有的著者在插图的制作方面也都给予了慷慨的支持。

在编辑人员中，也有变动。我们为雅费（Elsbeth Jaffé）博士的辞职感到非常遗憾，她希望能有时间去完成自己的研究工作。她的广博知识、学者风范和不辞劳苦的工作态度，全都无私地奉献给了这部《技术史》前两卷的编纂。里夫（M. Reeve）小姐现已成为编辑中的一员。编者们再一次向他们队伍中的其他成员——克洛（A. Clow）夫人、哈里森（E. Harrison）夫人、皮尔（D. A. Peel）夫人以及佩蒂（J. R. Petty）小姐——表示感谢。她们的工作是负责参考书目考证以及一些日常工作，担子很重，但她们却完成得相当好，且毫无怨言。编者们还不断地得到了克拉伦登出版社（Clarendon Press）的职员们在方方面面的热忱帮助。

这样一部巨著的问世，不求助于大型图书馆是不可能的。编者们再一次向大英博物馆图书馆、剑桥大学图书馆、伦敦图书馆、专利局图书馆、科学图书馆和沃伯格（Warburg）学院的诸位官员致谢。在本卷中，艺术家的工作比起前两卷来已不是太重要，大部分工作还是交由伍德尔（D. E. Woodall）先生来做。我们也很高兴能得到诺曼（E. Norman）先生和扬卡（F. Janca）先生的帮助。索引由亨宁斯（M. A. Hennings）小姐负责编制。

完成这部《技术史》所需的财政费用开支，远远超出了我们预期的数目。编者们向慷慨相助的帝国化学工业有限公司表示谢意，新一轮援助和供给确保了本书的完成。编者们尤其要再次感谢沃博伊斯（W. J. Worboys）先生，感谢他一以贯之的兴趣、支持和鼓励。

查尔斯·辛格（Charles Singer）

E. J. 霍姆亚德（E. J. Holmyard）

A. R. 霍尔（A. R. Hall）

特雷弗·I. 威廉斯（Trevor I. Williams）

第Ⅲ卷撰稿人

第Ⅲ卷目录

第1编

基本生产

食物和饮料

R. J. 福布斯(R. J. FORBES)

1.1　来自新大陆的新食物

　　下面要讨论的这一时期，是以饮食方面的重大变革为标志的，而这一变革是多种因素综合作用的结果。这些因素包括：新食物原料的获得，农业技术的变化，研磨技术的改进，食物检验、配制和贮存方面的进步，饮食观念的更新，以及饮食学作为一门科学的兴起。

　　与东、西印度群岛和远东的直接海外联系，以及新大陆的发现，使得欧洲人接触到大量新的动植物。16 和 17 世纪期间，欧洲农民选种了许多新的农作物。除那些重要的新药材（如吐根、愈创木脂、奎宁）以及有麻醉作用的可可叶、印度大麻和鸦片片外[1]，马铃薯、玉米、水稻和油料这 4 种新的作物开始进入欧洲农业，并进入欧洲人的饮食。甘蔗与烟草一样，也很快在热带殖民地的种植园，甚至欧洲的部分地区种植。随着新的饮料如茶叶、咖啡和可可的引入，蔗糖变得更为重要。然而，这一时期欧洲人餐桌上新添的肉类食物却只有火鸡，它是 1520 年左右由墨西哥引入的，并在一个世纪后成为圣诞节的必备食物。

　　马铃薯是欧洲农业中新添的最重要的作物，尽管它的引入用了整整 3 个世纪[2]。在西班牙人入侵前，南美洲西部的安第斯山脉地区种植马铃薯已至少有 2000 年历史了。那时候，马铃薯种植在秘鲁和

图 1　马铃薯植株。引自杰勒德《植物志》，
1957 年。
他写道："根部肥厚，呈块状；无论形状、颜色
还是味道都与普通马铃薯（即甘薯）无太大差
别。"杰勒德应为马铃薯是由弗吉尼亚传入英国
的错误信念负责。

玻利维亚高原居民的生活中占据重要地位。他们不仅食用煮熟的新鲜马铃薯，还将其作为抗潮耐霉的食物贮存起来。

　　长久以来，人们一直以为马铃薯是由弗吉尼亚引入欧洲的，而事实上，它却是在 17 世纪晚期从欧洲引种到弗吉尼亚的。西班牙是欧洲最早种植和食用马铃薯的国家，时间肯定不迟于 1570 年。很可能在一些年后马铃薯又被独立引入英格兰，进而传入爱尔兰。在上述两例中，引入的都是原本土生土长于安第斯山脉北部地区的块茎植物 Solanum andigenum。这种植株的图示最早见于 1597 年杰勒德（Gerard）的《植物志》（Herball）（图 1）。早期人们对于马铃薯（S.tuberosum, S.andigenum）、甘薯（Ipomoea batatas，这一植物从 15 世纪起就为欧洲人所知）、薯蓣（Dioscorea）及洋姜（Helianthus tuberosus L）和其他作物之间的混淆，使得马铃薯在欧洲语言里有了许多稀奇古怪的叫法（potato, patata, pomme de terre, Kartoffel）。而它本来的名字似乎是叫"帕帕"（papa）。

　　到 16 世纪末期，马铃薯在意大利和西班牙已很常见，并经这里引入法国，又经勃艮第地区引入德国。因为西班牙海军食用马铃薯，所以爱尔兰人可能是在无敌舰队船只残骸的存储室里找到它，并将其引入自己的国家。至于是雷利（Ralegh）引入马铃薯一说似乎不太属实。在英格兰，甘薯（图2）的引入要较马铃薯早些。因而当真正的马铃薯由爱尔兰引入弗吉尼亚这块新殖民地时，人们称之为爱尔兰马铃薯。

1616 年，马铃薯在法国依然是王室餐桌上的奢侈食品。在法国和德国，植物学家和诗人赞美它，人们渴望在不太肥沃的土地上种植它，这一点甚至在布道中都有所提及。到 1712 年，马铃薯已传至波希米亚边境，但这里的农民同其他地方一样，都不喜欢种植马铃薯。1764 年，普鲁士颁布了一项法令，规定在一

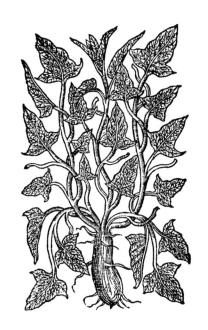

图 2　甘薯。引自杰勒德《植物志》，1597 年。它在詹姆斯一世时期的文献中经常被提到。

些贫瘠落后的地区种植马铃薯。但农民拒不从命，认为马铃薯只配给最贫穷的人食用，并且认为马铃薯易导致疾病。马铃薯得以在东欧种植，在很大程度上应当归功于普鲁士的腓特烈大帝（Frederick the Great，1740—1786 年在位）的倡导。另一个原因是，大约从 1785 年开始，马铃薯被用作工业上制造淀粉的原料。这一时期也开始用小麦和马铃薯的混合物发酵酿酒。这一工艺又很快被单独用发酵后的马铃薯泥蒸馏制酒取代。然而，马铃薯在欧洲中部全面大规模种植只是在 19 世纪才开始。

在爱尔兰，因为农民阶层的极度贫困，马铃薯在 16 世纪晚期就被广泛接受。到了 17 世纪，它已成为爱尔兰的主要农作物，但随之而来的后果是，爱尔兰饱受了单一作物经济之苦。18 世纪，主要由牛奶和马铃薯构成的爱尔兰食物成了赤贫的代名词。1845—1846 年

3

发生在爱尔兰的灾难性的马铃薯枯萎病，证明了饥荒与温饱之间平衡的脆弱。至于其他国家的情形，则介于爱尔兰和德国这两个极端的例子之间。在苏格兰低地地区，马铃薯的引入导致了畜牧业方法的极大改善，并且为日益扩张的工业化地区提供了一项重要的食物来源。在高地地区，它对农业的影响却不大，甚至一度延宕了文明的发展。至于英国的其他地区，就像在法国一样，马铃薯在18世纪末之前不是一种寻常的食物。

到18世纪末，马铃薯已变得相当便宜。经过仔细挑选，人们培育出了新的优良品种。这些新品种为大众所青睐，消费量稳步上升。1780年之后，英国的产业工人数量激增，小麦面粉也日益匮乏。到这一世纪末，人均小麦占有量只有该世纪初的2/3。而且战争和人口增长也导致面包价格飞涨，寻找一种新的食物来源已经迫在眉睫。在20年内，马铃薯成了英国人食品贮藏室中的必备品，欧洲其他国家也几乎无不如此。到1800年，马铃薯已成为欧洲人食谱中的一种重要食材。

玉米（*Zea mays*） 据哥伦布（Columbus）记载，他（1492年11月）第一次到达古巴的时候，发现"有一种作物很像小米，当地人叫它玉米。不管是煮是烤，还是用来熬粥，味道都不错"。印第安人种植玉米已有几个世纪的历史，并且识得好几个品种。他们有许多方法，可以将其变成美味可口的食物，植株余下的部分还可派上好多用场[3]。西班牙人将其称为"印第安人的小米"，因为它与小米（*panizo*）相似。

玉米很快被引入欧洲。第一批是从西印度群岛输入的，其余的则随后从墨西哥和秘鲁运入。起初这种植物只是作为一种稀罕物种种植在欧洲的花园中，但在几年内，它就传遍了法国南部，并经由意大利和巴尔干地区传入小亚细亚和北非，在那些地区很快就成为重要的经济作物。尽管在16世纪初它就开始引起欧洲南部国家的注意，但在欧洲北部，由于气候原因，其竞争力较之其他谷物一直较弱。

4

伟大的航海家麦哲伦（Magellan, 1480?—1521）可能是最先把加勒比海和墨西哥的玉米品种传入菲律宾和东印度群岛的，并由此传入亚洲大陆。巴西的玉米品种被引入西非，再由葡萄牙人带入印度。尽管玉米从来不是非洲或亚洲特有的农作物，但它还是成为从非洲到西印度群岛定期往返的奴隶贩子们的重要商品。玉米在土耳其和近东的迅速传播，引起了植物学界的困惑。富克斯（Fuchs）曾经在他1542年出版的著名的植物标本集中，给出了这种植物的第一幅清晰图样（图3），他说它来自亚洲，并称之为"土耳其玉米"（*Turcicum frumentum*）[4]。

图3　玉米。引自富克斯《植物种系志》，1542年。

在有关玉米的早期著述中，不大提及它的用途和加工方法，这是玉米迟迟未被接受的一个因素。没有人提到将"甜玉米"作为食物，也没有人谈及用碱液和石灰去谷壳的各种方法，尽管实际上已经有一些探险家记载了美洲印第安人的这些做法。由于欧洲医药和农业方面的作者忽视了印第安人合理的食谱，只关注玉米想象中的药性，并将其视为小麦的一种，它自然受人忽视。因而当西班牙医生卡萨尔（Casal）在1730年描述糙皮病（现在已认识到是一种维生素缺乏症）的时候，他认为这种病是由一种毒素引起的，而这种毒素产生于受欧洲天气影响的玉米所发生的变化之中。然而，玉米确实在16世纪成为欧洲东南部的一种流行食品，主要用来熬一种叫作"坡伦塔"（*polenta*）的粥。直到19世纪末，人们才充分注意到它的优良品质。

水稻（*Oryza sativa* 亚洲栽培稻）在中世纪时已是一种广为人知的作物，因为穆斯林在 8 世纪已经将其带至西班牙。水稻的种植需要灌溉和炎热的气候，因而只在欧洲南部获得了成功。水稻的种植方法在 16 世纪传入意大利，又在 1700 年左右传入南卡罗来纳，由此在美洲广泛传播开来。

荞麦（*Fagopyrum esculentum* 甜荞）自 1400 年以来已有较大面积的种植。在 16 世纪，当人们发现种植荞麦获利颇丰时，便开始广为种植它——尽管在泥炭土质上的产量并不稳定。

油料作物如油菜籽、海甘蓝籽、各种甘蓝型油菜（*Brassica napus*）也逐渐引人注意，因为人们发现，它们除了可以用来榨油外，挤压过后剩下的油饼还可用作牲畜饲料。然而直到 19 世纪以后，它们才得到充分的重视。

茶（茶属）、咖啡（咖啡属）和可可（*Theobroma cacao*）这些作物从未在欧洲种植过，但它们的引入却引起了欧洲人饮食习惯的重大变革。这些新饮料中历史最悠久的当属茶了。早在大约公元前 150 年，茶就在中国盛行，但直到公元 9 世纪才传入日本。到 1300 年，茶已成为日本的国饮[5]。

第一批茶是由荷兰东印度公司于 1609 年用船运送到欧洲的，其中一些在伦敦每磅卖到 3 英镑 10 先令。10 年后，茶价格已下降了一半。到 1636 年，巴黎人业已饮茶。到 1646 年，英国东印度公司开始进口茶。尽管课以重税，茶价格到 1689 年还是滑落到大约每磅 20 先令。同年，茶进口总量达到 2 万磅。到 1750 年，茶已经相当便宜，并深受大众欢迎。

茶的冲饮仍是仿效中国人的做法，冲得很淡，当时人们饮茶在很大程度上是因为它有所谓的药效。佩皮斯（Samuel Pepys）在 1667 年6 月 28 日写道："我妻子在家泡茶，玻蒂卡里家的佩林（Pelling, the

Potticary）先生告诉她说，这种饮料对她的感冒和炎症有好处。"在荷兰，著名的内科医生邦特库（Cornelius Bontekoe，卒于1685年）给人开了一天饮100—200杯茶的处方，他本人也不分昼夜地饮茶。但是在意大利、法国和德国这些流行咖啡的国家，茶从未深受青睐过[6]。

咖啡是于1450年首次在埃塞俄比亚收获的。据说，一个牧羊人注意到他的羊群吃了某种灌木的浆果后，整夜都睡不着觉。而且，人们还发现这种浆果的汁液确实可使人消除困意，抑制食欲。16世纪早期，咖啡种子被带到亚丁，并由此传入伊斯兰世界。威尼斯人大约在16世纪末开始从事咖啡贸易，帕多瓦的阿尔皮尼（Prospero Alpini，1553—1617）最早描述了这种植物。

当时喝咖啡在近东地区已成为一种习惯。咖啡在1643年已传到巴黎，不到50年的时间，这座城市里已经有了250家咖啡屋。在德国，无论是坚决反对还是惩罚都没能阻止咖啡的流行。1650年，一个名叫雅各布（Jacob）的犹太人在牛津开设了英格兰第一家咖啡屋。在伦敦、剑桥和其他城镇也出现了一些咖啡屋，那里成了文学家、艺术家、科学家和商人聚会的场所。

与此同时，欧洲人开始在一些热带国家种植咖啡，以摆脱对近东咖啡供应的依赖。阿姆斯特丹的市长威特森（Nicolaas Witsen，1641—1717）鼓励东印度公司把咖啡树种运到爪哇。1700年，咖啡树已遍布巴达维亚，一些生存能力较强的植株被送回阿姆斯特丹，从那儿再送往苏里南，开始了在新大陆的种植。巴西的第一批咖啡树也是来自阿姆斯特丹和苏里南。

巧克力和可可豆是新大陆的产品[7]。科尔特斯（Cortez）发现可可豆作为一种很有营养而且有益于健康的食品，受到墨西哥阿兹台克人的高度推崇。1520年，巧克力以厚片与小块的形式被运到西班牙。墨西哥人的巧克力饮料混合了可可豆和其他种子，而欧洲人却只用可可豆来配制他们的新饮料。大约在1606年，它传入佛兰德和意大利。1657 年，一名法国人在伦敦开设了第一家巧克力屋，这种"被称作巧克力的西印度群岛的美味饮料"无论加工与否，在那里都有出售。佩皮斯说他是 1664 年 11 月在一间巧克力屋首次喝到"jocollate"的。像在法国一样，英格兰的巧克力只有在蔗糖得到大量供应后才开始流行，在很长一段时间里，它一直是一种奢侈品。18 世纪，林奈（Linnaeus，1707—1778）在了解到阿兹台克人关于可可树神奇起源的传说后，给这种植物起了属名——"可可树属"（*Theobroma*，意即"上帝的食物"）。与茶和咖啡一样，欧洲人不久就开始在他们的热带殖民地种植可可豆。

这些新的饮品都需要甜味佐料。欧洲人在中世纪大量依赖蜂蜜和葡萄汁（未经发酵），因为当时食糖还是从近东进口的一种非常稀有昂贵的产品[8]。在中世纪后期，欧洲的食糖消费稳步增长，并逐渐取代了蜂蜜和葡萄汁。甘蔗被引入南欧，食糖也成为热那亚和威尼斯商人的重要贸易商品，他们主要是从塞浦路斯、叙利亚和埃及买入食糖的（第 Ⅱ 卷，边码 372）。在地理大发现时期，甘蔗被带到了马德拉群岛和加那利群岛，随后传入中美洲和南美洲，17 世纪早期首先在西印度群岛开始种植（图 4）。这些岛屿在 17 和 18 世纪成为欧洲市场的主要食糖供应地，其工厂都按埃及模式修建。

喝甜饮料、吃甜布丁和甜馅饼的习惯在 17 世纪很普遍，到 1700 年，食糖的价格已下降到每磅 6 便士甚至更少。原糖被输入英格兰荷兰和其他欧洲国家，精制后在当地出售。

阿拉伯人所用的原始制糖法[1]非常简单。甘蔗片被放入滚压机（用水力或风力驱动）压碎，然后通常是加水煮沸，以获得次级榨汁将次级榨汁撇去浮渣，过滤，并煮成深褐色的糖浆，其间不断撇去浮渣和杂物，最后用这样的糖浆制成长方形或圆锥形褐色原糖块（第 Ⅱ 卷，图 340）。埃及的精炼厂采用了更为复杂的处理方法。

1　　"糖"（sugar）这一单词，源于阿拉伯语 *sukkar*，和希腊语 *sakchar* 属同一词源。

图 4　西印度群岛的制糖厂。
(左) 垂直的滚压机压碎甘蔗；(中) 通向第一个蒸煮锅的通道，在那里汁液被浓缩并撇去浮渣；(右) 蒸煮房。在第二个蒸煮锅里，食糖用石灰和蛋白加以纯化，在第三和第四个蒸煮锅里它被浓缩，析出晶体。1694 年。

　　欧洲的精炼厂是在原糖溶液中加入石灰水和汁液进行精炼，上述混合物经不断蒸煮、撇渣，直至无浮渣生成、蒸煮液纯净为止。然后用布过滤糖液，并尽可能快地蒸发浓缩，直到样品达到符合要求的黏稠度。黏稠的糖液被移入结晶桶与另一些成分混合，然后在陶制模具中结晶。直到 19 世纪采用科学的蒸发方法、高效的热能利用和用木炭与脱色土精炼的方法后，食糖精炼才得到了更进一步的发展。到 1800 年，英格兰每年大约消费 15 万吨食糖，是 1700 年消费量的 15 倍。

　　烟草（巴西人或加勒比人称之为 "tabaco"）也来自新大陆，其种植很快就具有了经济上的重要意义[9]。哥伦布首次抵达新大陆时，当地土著人给了他一些他们非常珍视的叶子。1492 年 11 月 2 日抵达古巴后，他发现当地的男男女女在抽一种他们称之为 "tobaccos" 的

图 5　烟草植株。引自 1590 年的一本草药书。

烟草制成的"雪茄"，但在其他地方叫的是别的名字。1560 年前，烟草（烟草属）在西欧是由植物学家和药草学家种植在"药园"中的（图 5、图 6），在 1565 年左右传入英格兰。西班牙人在 1575 年左右把烟草种植方法带到了菲律宾，并由此向北、向西传播。17 世纪，非洲当地居民的烟瘾已相当大，烟草在当时成为奴隶贸易中非常重要的流通商品。

在欧洲，烟草最初被用作一种药草，泰维（André Thevet，1502—1590）描述了巴西土著人如何用它来"通畅和排除脑内过多的液体"。他在 1556 年把种子带到了法国[10]。尼科（Jean Nicot，1530?—1600）在葡萄牙宫廷中注意到了它，巴黎的戈奥里（Jacques Gohory，卒于 1576 年）则将其誉为万用灵药。直到 17 世纪末，烟草才失去其药用价值。烟草种植始于 1558 年的西班牙，开始种植的是烟草（*Nicotiana tabacum*），接着是黄花烟草（*N. rustica*，它更适应于欧洲气候），然后它传入意大利、土耳其、巴尔干地区、俄国以及更远的东部地区。到 16 世纪末，烟草作为一种经济作物遍布欧洲各地。英格兰首次企图在弗吉尼亚殖民失败后，哈利奥特（Thomas Harriot）对弗吉尼亚的记述（1588 年）使这种新作物的有关情况在英格兰开始为人所知[1][11]。移民们于 1586 年把黄花烟草植株从弗吉尼亚带回了

9

___
1　　哈里奥特，1560 年生于牛津，1621 年卒于艾尔沃思，数学家、天文学家，是沃尔特·雷利爵士和"巫师伯爵"［珀西（Hery Percy），第九世诺森伯兰伯爵］的朋友。

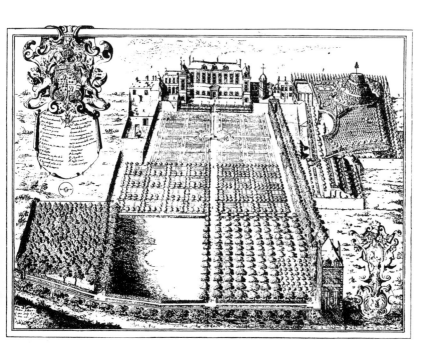

图 6　1636 年巴黎的植物园。药草栽培在整齐的花坛中。

格洛斯特郡。而在弗吉尼亚当地,欧洲的烟草种植先驱们直到 1612 年才种植成功。当时,罗尔夫(John Rolfe,1585—1622)[1] 从更南端的西班牙种植园带来了种子,那时适当品种的选择也已盛行。英格兰需要大量烟草,以代替昂贵的西班牙产烟草,因而弗吉尼亚出口到英格兰的烟草数量很快增加了。英格兰的《航海条例》(*Navigation Acts*)保护了弗吉尼亚烟农的利益。到 18 世纪早期,种植烟草已在那里成为一项重要产业。然而,在英格兰本土种植烟草却是被禁止的。

　　吸烟的习惯在英格兰遭到了詹姆斯一世(James I)领导的"禁烟运动"(1604 年)的坚决抵制。这场禁烟斗争直到 1650 年势头还很强劲,后来还波及了其他国家。但是无论西方还是东方的统治者都无

10

1　　波卡洪塔斯(Pocahontas)的丈夫。

法杜绝人们对于烟草的喜好，而且后来还为吸烟行为正名，因为他们觉得这是税收的一项新来源。吸烟在18世纪的上流社会备受冷落甚至在19世纪还被视为男性的一种恶癖，然而吸鼻烟却成为时尚。

吸鼻烟的历史可追溯至1558年，那时碾成粉末的烟叶传入了葡萄牙，吸鼻烟在当时被认为具有医学价值。法国驻葡萄牙的大使尼科（Jean Nicot）送了一些烟草种子给凯瑟琳·德梅迪西王后（Queen Catherine de Medicis），从此鼻烟便传入法国。这一习惯显然很受欢迎以至于教皇不得不下令禁止在教堂里吸鼻烟。通常碾碎的烟叶要与其他药草、木炭和苏打掺杂在一起后，制成鼻烟出售。以吸鼻烟的习惯为基础，还发展出一套烦琐的社交礼节，一时间耗费了大量烟草，至今还有许多人乐此不疲。

1.2　酒精饮料

这一时期，酒精饮料的生产没有多大变化。由于征收关税、航海条例以及其他各种限制自由贸易的措施的实行，北欧从西班牙和法国进口葡萄酒的数量下降，啤酒争得了早先被廉价的葡萄酒占据的市场此类法令促进了本土生产的啤酒、果汁及其他饮料的消费。大多数进口的葡萄酒都是从木桶中取出饮用的，如果需要装瓶，则要由消费者或酒商动手。在17世纪末之前，瓶装和贮存一些特殊葡萄酒的习惯已经出现，但软木瓶塞用得还不太普遍。除了在中世纪末期引入啤酒花外（第Ⅱ卷，边码140），在酿造和麦芽处理方法上并没有出现重大的变化。在那个饮用水普遍不纯净的年代，普通家酿淡啤酒是一种无害的健康饮料。

烈酒当时在许多国家同葡萄酒和啤酒的竞争相当激烈。许多种"烈性酒"都是用廉价葡萄酒或发酵后的玉米蒸馏后制成的，其中掺杂有药草和浆果等秘而不宣的混合物。这一做法被滥用，直到后来像"制酒者协会"（1638年）及其他一些全国性的组织为这一行业订立了行规，这种情况才有所好转。杜松子酒由参与了反抗西班牙的解放战争的德国士兵从汉诺威带到了荷兰，由此又传入了英格兰和爱尔兰。在 18 世纪初期的伦敦，廉价的杜松子酒是打着这样的招牌卖的："一便士喝到醉，二便士喝到死。"这形成了一种社会恶习，贺加斯（Hogarth）对此曾进行过尖锐的抨击（图版 2A）。它使得"贫苦的劳工大众"精力锐减，意志消沉，这一情形直到征收消费税以后才得到遏制。类似的情况在其他大城市也有。威士忌［whisk(e)y］[1]——爱尔兰和苏格兰沼泽地区的利口酒（usquebaugh）[2]——逐步被英国上流社会所接受，正如荷兰杜松子酒在荷兰一样。一杯热五味酒可以使寒冬的聚会暖意融融，用白兰地增加葡萄酒酒精度的新调酒方法（第 II 卷，边码 142），使得雪利酒、马德拉白葡萄酒尤其是波尔图葡萄酒更为风行。

　　蒸馏和蒸馏装置（图 7）有了一些经验上的改进，但没有科学意

图 7　蒸馏装置。

(左) 砖结构蒸馏器的蒸馏釜顶断断续续地被水槽中的水冷却。1567 年。

(右) 木桶蒸馏器。为了节省金属，蒸馏器 C 中的液体只有一小部分直接被加热器 B 加热。馏分经由盛水木桶中的弯管冷凝器 D 流入水壶中。1651 年。在一个多世纪里，这样的图示被非常频繁地重印。

1　　按照习惯用法，"whisky"是苏格兰称呼，而"whiskey"是爱尔兰称呼。
2　　来自盖尔语的 *uisge beatha*，即"生命之水"。因此"whisky"就等同于"水"［可与伏特加（*vodka*）相对照］。

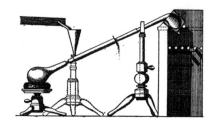

图 8　冯·韦格尔使用的对流冷凝蒸馏装置，
1773 年。
馏分从右边的蒸馏瓶流入接收器，同时冷凝剂通
过水冷套往上流。

义上的进步[12]。人们试图采取进一步措施加快蒸馏器和蒸馏液的专门冷却。一些操作如反复煮沸、精馏等引起了人们的注意，并且这些操作所用的装置也有所改进，但是由于热学理论不足以指导设计和操作，这些操作仍旧没有多大的进步。持续对流冷凝的原理，是由冯·韦格尔（von Weigel）于 1773 年（图 8）和麦哲伦于 1780 年提出的。这一原理适时地促成了著名的李比希冷凝器于 1830 年的问世。蒸汽早已用来从花朵和水果中提取香精油，而这时蒸馏技术已用来制造硫酸、盐酸和硝酸，并用于木焦油的制备（第 25 章）。烈酒的蒸馏依然很原始。蒸馏液极为不纯，必须反复蒸馏几遍。但是，液体比重计的使用提供了一种检测纯度的方法（边码 22）。

1.3　新的农业技术

新的农业技术的应用仅仅在一定程度上是新作物种植的结果[13]，这在 17 和 18 世纪表现得最为明显。更大程度上，它是由当地的经济变革引起的，这种经济变革在整个欧洲情形各异。人们一直在越来越努力地找寻最佳的农耕方法及它们的科学依据所在，这在当时的文献中有所反映。

在德国，这个进程因政治原因而受阻。16 世纪的农民战争以悲剧告终，而三十年战争（1618—1648 年）再度使欧洲中部陷入了灾难。直到几十年后，农业才重现中世纪末期的繁荣景况。1700 年，人们的实际工资还只有 1500 年工资标准的一半，大多数人徘徊于饥饿的边缘。冬季牛饲料的种植则得益于红花草和苜蓿从意大利经由佛兰德地区的缓慢引入，不过直到 1750 年这些"人工牧草"还不是很普遍。很多牛因为在冬天无法饲养，只好在秋天宰杀并加以腌制或熏制。家猪的饲养更少，因为随着滥砍滥伐的继续，它们的饲料日益减少，因而农民代之以养羊。直到马铃薯引入后，人们才重又养殖更多的猪。油料作物如海甘蓝籽和油菜籽引入欧洲中部的过程非常漫长，直至 1750 年后才成为重要作物。那个地区的农民正如其他地区一样，通常较之那些更为贫困的城里人要吃得好些。在发现美洲和开辟通往东方的新航线之后，从意大利和德国到大西洋沿岸地区的贸易缩减，从而影响了城里人的生活。

　　欧洲的农耕技术参差不齐，即便在法国这样一个较为发达的国家，农耕技术也存在着鲜明的对比。巴黎周边地区和法国西部、西北部地区都是小农经济。皮卡第的耕种方式同阿图瓦及佛兰德地区流行的方式大相径庭。即便是葡萄栽培，各地也有自己的传统技术。马铃薯的普遍种植是个很缓慢的过程，直到这一时期末才变得迅速起来。在西南部，玉米的种植取得了一些成效。它不仅是穷人的一种重要食物，还同红花草和其他新作物一起被用作牛饲料。18 世纪的重农主义者认为，土地的开垦耕种是财富的唯一可靠基础，他们歌颂农民及农业耕作，但很少引导人们向实际改进农耕技术的方向努力。大多数法国农民仍延续着中世纪的耕作方法，改进也只是地方性的。因而法国仍然有大片大片的休耕地，仅零星散布着几块已开垦的土地，到处都是些杂种牲畜和粗陋的工具。那些具有开创精神的作家，如艾蒂安（Charles Estienne,1504—1564）和德塞雷斯（Olivier de Serres，1539—1619）[1] 等人，在 16 世纪的农业作品中所体现的强烈的开拓精神未被继承下来[14]。只是到大革命前夕，法国才试图提高农业技术，并且因袭仿效英格兰农业已取得的成就。

13

1　　德塞雷斯介绍了法国的桑葚栽培技术。

在荷兰，农耕情形则截然不同。有关农业的论著数目相当有限甚至没有提及使得荷兰闻名于世的土地排水和开垦。这里实施的是"移植到田地中的园艺业"。这一时期的荷兰是欧洲人口最密集的地区他们靠着著名的马车贸易繁荣起来——用法国和西班牙的葡萄酒和盐换取波罗的海地区的木材和谷物。荷兰需要定期进口谷物供给国民他们种植亚麻提供给麻纺工业做原料，种植茜草、淡黄木樨草和菘蓝作为染料，种植大麦和啤酒花用来酿酒，种植印度大麻制绳，还种植烟草。工业作物主要种植在西部省份，并出口一部分。这个联省国家专事园艺业、蔬菜栽培和水果种植。这些需要极其细致的照料并要施肥，肥料来自饲养牲畜的地区和城镇。草木灰、堆肥、人粪尿和磨坊剩下的油饼都被用作肥料。另外，羊粪和鸽粪的需求量也很大，尤其是对于那些种植烟草的农民。

蔬菜栽培、树木栽培和鳞茎作物种植的重要性在 17 和 18 世纪迅速增加，在这一时期，老式的作物轮作被 3 年轮作甚至 9 年轮作所取代，轮作休闲期则种植红花草。带状种植和间距种植是这些地区的典型种植方式。16 世纪，油菜籽大部分被海甘蓝籽的种植取代用作牛饲料。马铃薯种植进展缓慢，直到 1740—1741 年的大饥荒过后，人们意识到马铃薯既可作为食物又可用作饲料，才对它更加重视

在佛兰德和布拉班特，翻耕土地的形式有了一些改进，也发明了新的划线机和播种角。虽然试图建造一台播种机的努力于 1770 年失败了，但 1727 年从中国引进了一种扬谷器。加工黄油用的搅乳机在 1660 年首次被提及。牛的养殖尚未实行合理化变革，尽管标准已经很高了。

16 世纪的英格兰农耕业突飞猛进。河边湿地的"浸水种植法"业已采用，蔬菜栽培开始了缓慢却稳步的发展，在农村住房方面也有了一些变革。这时期出版了许多有关农耕方面的新书，如菲茨赫伯特（Fitzherbert）的《农业全书》（*Boke of Husbondrye*，1523 年）和

塔瑟（Tusser）的《农业的一百个好点子》（*Hundreth good pointes of Husbandrie*，1557年），后者也涉及园艺、嫁接、树木的种植、啤酒花的栽培（图9）以及家禽和牛的管理。然而，英国农业文献直到1700年还完全只是经验性的，没有专门的科学理论基础。大部分的新书没有涉及生存农业，而是受低地国家所用耕作方法的启发写就的。**15**
1660年以后，皇家学会组织的调查尽管有一些关于芜菁和红花草的试验，但没能在全国展开，也没能促进新作物的推广和新方法的广泛采用。

在英格兰，如同在荷兰一样，东印度公司的贸易促成了乡绅阶

图9 啤酒花种植园。
（上）系扎啤酒花幼株的藤；（下）"把啤酒花从单子叶植株上取下来的最好、最快的方法"。1574年。

层的兴起。他们把所得的商业利润投资到乡村地产业上。在 1600—1688 年间，租价上涨到原来的 3 倍，土地成交量翻了一番。尽管谷物价格下跌，但种植谷物的田亩数增加了。因为耕种和羊毛生产之间有了较好的调适，而且新的地产的使用更为稳定，所以耕地状况得到了改善。随着城镇规模扩大和财富的增加，蔬菜栽培变得更为重要旧的农场主代理人模式已基本绝迹。

经过这一时期的酝酿之后，我们不妨把 18 世纪早期称为革新者的时代。受中世纪晚期城镇经济的影响，旧式的带有休闲期的作物轮作方式被地主和雇农弃而不用，代之以豆类植物轮作和牧草轮作。这一情形在英格兰南部和东部地区尤为明显。中世纪的敞地被圈起，使得农村人口减少，但是另一方面，"新农牧业"和科学轮作的先驱者们此时却变得活跃起来。塔尔（Jethro Tull，1674—1741）发明了条播机，可以翻松土壤用以耕作而无须施肥，并且还从朗格多克引入了马拉锄。汤森（Charles Townshend，1674—1738）引入了佛兰德人种植芜菁和西班牙人种植红花草的方法，并用泥灰施肥。勃艮第地区以及法国其他一些适合牲畜饲养的牧草也被引入。扬（Arthur Young，1741—1820）和马歇尔（William Marshall，1745—1818）试着用农业耕作的科学原理教育农民，借以提高英国农业的水平。贝克韦尔（Robert Bakewell,1725—1795）和贝德福德公爵（Duke of Bedford 1765—1805）发明的系统化的良种繁育法使得牛的养殖有了很大发展。著名的乡绅，如霍尔克姆的科克（Thomas William Coke，1752—1842）、萨默维尔勋爵（Lord Somerville）和约翰·辛克莱尔爵士（Sir John Sinclair），都参加了这一运动。在后来的 19 世纪专业化的集约农业引进以前，这一运动在 1770—1850 年间颇有成效，在耕种和牛的养殖方面取得了相当完美的平衡。

1.4 面粉制造业

面粉生产是一项很大的产业，使用了当时可利用的大部分水轮和风车[15]。这些相对简陋的机械体现了许多经验性的知识。不过，磨石需从专门的采石场取得。虽然也用本地的石块，但英国的磨坊主更喜欢取自莱茵河畔的安德纳赫石块，法国的磨坊主则钟情于拉费泰苏茹瓦尔和巴黎附近的贝尔热拉克的石块，这些地方的石块甚至出口到美洲。要想碾磨得精细，就必须使上面的转石和下面的底石非常完美地吻合、平衡。通常采用给上磨盘顶部四个位置上对称的孔中灌铅的方法来使其平衡，两磨石之间距离的调节则由螺丝来控制。

谷粒可磨成粉的部分必须尽可能地碾磨精细，但不能使其过热。因而一块修琢石的槽隙所起的作用不仅是切割，在粗磨粉向圆周外传送时还起到通风的作用。正如美国人埃文斯（Oliver Evans）所言："一块笨重的磨石会毁了谷物的活性，正是这一活性使得面粉可发酵，并且在烘烤面包的时候会胀起；它还会使粗磨粉黏湿不堪，以至于会粘在布上，并且在过筛时堵塞筛孔。"石头的修琢是由那些流动的手艺人来做的。

16 世纪时，有人试图使碾磨技术更为有效和简单。据说，查理五世（Charles V）在退位遁入修道院后（1556 年），同他的表匠特里阿诺（Turriano）一起发明了一种滚压机，"小得可放在一个僧侣僧服的袖子中"。拉梅利（Ramelli）有关机械的著述中画有一个这种滚压机（图 10）[16]，有一个滚轴和螺旋状槽隙。这个滚轴连同外箱内的悬置结构、螺旋纹面、放料斗以及使得两个研磨面相吻合的设计，都显示了这台机器在当时是十分先进的。另一种滚压机载于伯克勒尔（G. A. Böckler）的《新机械总览》（*Theatrum machinarum novum*，1662 年）之中（图 11）[17]。它的滚轴与其边上的凹面铁块不在同一圆心，因而切磨就沿着一条直线进行而不是如磨石一般在整个平面上。切磨后的粗磨粉进入一个筛面粉机（细筛），由旋转滚轴的曲柄来摇动。伯

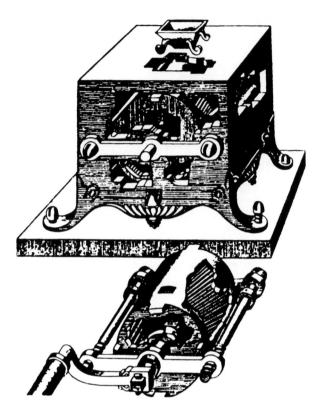

图 10　拉梅利的碾磨面粉的轻便铁制滚压机。

在滚轴和卷筒内部都开了槽；槽逐渐变小，可以调整长螺丝来改变谷物的碾磨程度。谷物被送入小放料斗，面粉则从下面的槽口流出。1588 年。

17　　克勒尔的方法与现代磨坊使用的方法是一致的，只不过现代磨坊是用第二只滚轴取代了他的凹面铁块。至于在 18 世纪末之前，这些想法多大程度上用于磨坊里的实际操作，我们不得而知。

　　第二步磨粉操作工艺的改进也相当迟缓。粗磨粉只被粗粗地筛过把粗粉粒同细面粉分离开来，而细筛呈四方形盒子形状，靠手工摇晃。不久，这些细筛就被装入一种手工摇动的筛面粉机里，正如卡丹（Jerome Cardan）在他的《论精巧》（*De Subtilitate*，1550 年）一书中所

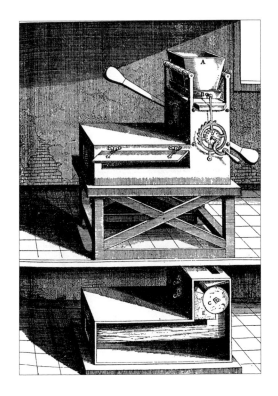

图 11　伯克勒尔的滚压机。

(A) 放料斗；(B) 动力驱动的筛子；(C) 滚轴；(D) 调整螺旋；

(E) 固定的凹面铁块。1662 年。

示。这种机器可以进行 4 次分离。

　　筛选的机械化是从 1502 年博勒（Boller）建议使用机械动力震动筛子开始的。早期关于机械化的筛面粉机的图示，见于维拉齐奥（Verantius）的《新机械》（*Machinae novae*，威尼斯，约 1595 年）一书。其中一根杠杆和一个小齿轮固定在一起，用以震动一个上面铺有不同筛孔的布的倾斜槽（图 12）。筛布是一种均匀编织的极紧密的材料，最初是用亚麻或棉布制成的，但 18 世纪期间经常用那种一英寸内多达 100 根线的丝绸，因而做成的筛子极为精细。这些装置依然

18

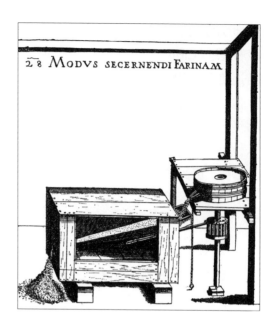

图 12　维拉齐奥机械筛粉装置。

筛面粉机由杠杆驱动，杠杆经一个小齿轮连接在一个磨盘上。

图 13　使用机械筛粉装置的水力磨面机（左下），面粉从石磨上落到筛粉装置上。主驱动齿轮上的控制杆可驱动筛粉机。拉梅利，1588 年。

第 1 章　　　　　　　　　食物和饮料

是手工操作。由动力驱动的圆柱状筛面粉机分别是由拉梅利在 1588 年（图 13）和沙勒迈恩（Charlemagne）在 1793 年设计的。辅助动力在许多磨坊中都普遍使用，用以提升那些没有碾磨的谷物，并且也另有其他一些用途。但是那些精密的机械装置如筛选机和起吊装置，由于齿轮装置发展缓慢，并且也缺少水轮、风车以及其他机械装置的合适设计，所以投入使用的过程受阻。关键的一点是，当时仍没有大规模生产面粉的迫切需要。因为昂贵的运输费用，所以面粉很少进行长距离的运输，一般只是供给本地。然而，大部分的谷物是经由海上运输的。由于原动机发展缓慢，到处产生出建造动力工厂的想法。1700 年瑞典冶金学家普尔海姆（Polhem）建造了一座水力动力工厂，大范围地生产各种金属工具和物品。当时，他使用了滚压和剪切机床以及一系列特意发明的机械设备。面粉生产的机械化，一直等到 1795 年埃文斯的设计问世之后才得以实现。他设计了第一个自动化的研磨机，使用动力驱动的滚压机和圆柱状筛面粉机大批量地生产面粉。

19

1.5　食物的配制、检验和贮藏

在印刷术发明后不久，厨艺方面的书就出版了，最早的一批中有一本是英国在 1508 年刻版印刷的《刀工》（*Boke of Keruynge*）。这些书有助于传播厨艺，指导人们更精细地配制餐桌上的食物，并烹饪新近种植培育的蔬菜品种。饮食习惯也发生了变化。中世纪时一天两餐被普遍认为足够了，然而在 16 世纪一天四餐却不稀奇。主餐一般是在中午，随后是晚上七八点钟光景的晚餐。但是到了 18 世纪，体面人家一般在快到傍晚的时候吃主餐，在此之前的午饭吃得很清淡，此后再用一些茶点。16 世纪时，汤匙的使用普及得很快。叉子（通常为两齿）在中世纪时是用来把食物分发给客人或同桌吃饭的人的，而到了 17 世纪时，一个由来已久的意大利风俗传播开来：用叉子把食物送入口中。1608 年一位英格兰人在意大利看到这一风俗，并试着

20

把这一风俗引入国内，因而得到一个绰号：带叉子的人（*furci ferus*）。1651 年时奥地利宫廷中仍用手吃饭，但是到了 1750 年，通过仿效法国人的礼节，叉子变得风行起来。三齿和四齿的叉子在 17 世纪问世。与此同时，客人面前也摆放了刀子，因为在此之前每人都是自备刀子或汤匙赴宴的。几个世纪以来，人们都用大片面包作为盘子，但是在 16 世纪，木制、白镴及陶器等质地的餐具已经很普遍了。餐具制造业，尤其是白镴、陶器和玻璃餐具的制造规模相应扩大，以满足日益增长的需求。1650 年左右，盛放饮料的玻璃器皿已变得很普遍。

一些新发明也进入厨房。烧烤是一项主要的烹饪方法，因此烤肉叉是很重要的工具。早先有关机械方面的手册介绍过重力驱动的烤肉叉旋转器，这时它已经很普通。尽管很多发明家设计了发条装置的烤肉叉旋转器，但较大的烤肉叉仍是通过用凸轮旋转"凸轮圆筒"来驱动的，它在 1650 年左右投入使用，并且一直沿用到 19 世纪。烟囱里升腾的热气被用来转动风扇，继而风扇又经由齿轮来转动烤肉叉（图 14）。这种"烟囱齿轮"即"热气旋转器"是原始的热空气涡轮机。从达·芬奇（Leonardo da Vinci）时代开始，很多著名的工程师就摆弄过这些装置，然而直到 18 世纪才派上实际用场。

16 世纪时的炉箅由放在两个薪架上的条铁组成，可从炉膛里拔出火来，且可调节加热程度。人们发明了新型的三角支架和圆锥形的平底钵。这些器皿装满饮料后可直接在火上加热。

虽然远距离食品贸易大大增加，使得食物的检验——辨别掺杂物——变得日益重要[18]，但食品检验方法的发展却很缓慢。最早一批负责食品检验和公众健康的人称作"挑选员"（garbellers）[1]。这些人没有化学分析方面的知识，仅凭外观、口感和气味进行鉴别。他们的鉴别工作大多是经验性的，并且只负责处理明显的、粗陋的掺杂物

21

1　这个词起源于阿拉伯语 "*gharbala*"，意为筛分或挑选。

图 14　烤肉叉被烟囱里带有风扇的热气旋转器所转动。
伯克勒尔，1662 年。

巧妙的掺假几乎就不能识别了。诸如显微镜一类的新工具，直到 19
世纪才系统地用于食品检验。长期以来，酒的烈度是用火药来进行检
测的。把一些酒样倒在火药上，然后点火。如果火药燃烧，那么这种
酒的含水量就被视作是相当少的。标准度数的酒则刚好能够使火药
点燃。

　　把比重作为自然物质的一种特性的想法可追溯到阿基米德
（Archimedes）时期，阿拉伯的科学家曾经用此类方法检测过贵金属和
宝石的纯度。用来检测液体比重的液体比重计也很古老，因为这种
仪器在 4 世纪的亚历山大城就已经为人所知了。16 和 17 世纪的很

22

多科学家都对此做过研究。玻意耳（Robert Boyle，1627—1691）在皇家学会的《哲学学报》（*Philosophical Transactions*）上的一篇论文中描述过一种检测酒精的液体比重计[19]。在他的《医用流体静力学》（*Medicina Hydrostatica*，1690年）一书中，他提出用一块琥珀浸在待测液体里作为砝码，可以用比重天平来检测雨水、葡萄酒、白兰地果汁、啤酒和麦芽酒等。玻意耳的想法在很多国家扎下了根。克拉克（Roger Clarke）的"液体比重计或白兰地检测仪"（伦敦，1746年）在英格兰被广泛接受。它通过增加一系列不同重量的黄铜砝码进行调整并为英国的税务官所采用。吉尔平（George Gilpin）发表了酒精和水的各种不同混合物的比重表，它们和克拉克的液体比重计（1794年）一同被使用。

迪卡（John Dicas）的液体比重计（1780年）于1790年为美国所采用。在法国，鲍姆（Antoine Baumé）于1768年设计了一种液体比重计，上面标有固定刻度，代表水和一种特定的盐溶液的比重，如果溶液密度低于水的密度，读到的刻度就会自然地降到0以下。卡蒂埃（Cartier）在他的液体比重计上对这一设想加以改进，使得酒精的密度可以从刻度上读出。这种比重计1771年被法国正式采用。几年后（1774年），德马希（Demachy）出版了第一本系统论述用液体比重计来检测酒精、各类酸和商用液体物质的著作。后来，人们又设计出许多新的其他类型的液体比重计。

1790年后，随着分析化学的兴起，食物的检验变得更有效率。1820年，阿库姆（Friedrich Accum，1769—1838）发表的《论食物的掺假和厨房毒物》（Adulteration of Food and Culinary Poisons），是关于这一题材的最早论述。

在这三个世纪中，食物的贮藏方面没有什么重大的发明。盐渍晒干及烟熏等古老技术都无甚改进。然而，中世纪晚期的一项发明对于15和16世纪的饮食确实有重大影响，即有关鲱鱼的剖腹和贮藏方法的改进[20]。像其他种类的鱼一样，鲱鱼长期以来一直是用盐渍方法贮藏的，但是用这种方法贮藏的鱼没多久就会变质。伯克尔松（William Beukelszoon），一个居住在佛兰德地区的比尔弗特的鱼类批发商，在 1330 年左右发明了下列步骤：鱼捕捞上来以后，立即在鳃附近剖一切口；去除内脏器官；把去除内脏的鱼用盐腌起来放置在桶中。这一技术是鲱鱼捕捞业的基础，曾一度为荷兰所垄断，它使得这种廉价食物的远距离运输成为可能（第Ⅳ卷，第 2 章）。

这一技术是佛兰德海岸的渔民在寻求不再依赖英国海岸的时候发明的，它使他们不用停泊到某个比起家乡港口离渔场更近的地方，就可以清洗并包装鱼。起初由于中世纪商业行会和富裕的佛兰德商人的反对，这一技术并没有充分实现它的价值。

23

1.6 饮食科学的兴起

鉴于地区之间以及同一地区内部的饮食差异始终很大，要谈论一种"欧洲的"饮食是不可能的。欧洲中部常年饱受战乱之苦，几个世纪以来饮食匮乏且无甚变化。但是大西洋沿岸各个国家的生活状况却有所改善。例如在低地国家，16 世纪的饮食与中世纪相比所差无几。肉食（或许猪肉除外）和奶类对于穷人阶层而言，仍是难得一尝的稀罕物，尽管鱼类——鲜鱼、咸鱼、干鱼——已是普通食物。诚然，牛奶已缓慢进入寻常百姓家，但黄油仍只是富人才可享用的。蔬菜种植不断发展，其中尤以卷心菜、胡萝卜、芜菁、洋葱和韭葱为甚。人们常食鸡蛋，鲱鱼成为常用食品，麦芽酒成为普通饮料。

在 17 世纪期间发生了一些变化。大麦面包让位于黑麦和小麦面包，后者是一种奢侈品。黄油变得更普通。杜松子酒起初只是下层人民的饮料，后来也变得风行起来。占统治地位的中产阶级食用各种丰盛美味的食物，当局不得不限制他们的过分奢侈。由于牛奶和猪肉供给增多，农民的饮食也稍稍丰富起来，但是在冬天只有富人才能吃到肉——咸的或烟熏的。人们还喂养鸽子，把它作为一项食物来源。马铃薯依然几乎不为人所知。陆军、海军、医院和救济院的膳食营养仍旧极不均衡，总体水平很低。

在 18 世纪，低地国家人人都吃上了质量更好的面包，还有马铃薯。黑麦面包被视作"贩夫走卒的食物"而遭唾弃，小麦面包受到青睐。在荷兰和英国，嗜食被视为一种臭名昭著的罪恶。奶酪和酪乳消费量很大，但穷人经常食用腌制蔬菜，甚至在夏天都是如此，而且种类依然很少。咸肉已变得更为普遍，富人们也常食用，高脂肪的食物也发展起来了。鱼和蛋的需求量仍旧很大，也有了一些水果的消费。由于茶、咖啡和其他饮料取代了麦芽酒，食糖变得更为普及了。监狱、医院、救济院及其他机构的膳食供给还是很匮乏。

荷兰的这幅图景与英格兰的相去不远。16 世纪时肉类供给无甚变化。在大约 1530—1640 年间，实际工资的涨幅远不及食物价格的涨幅，因而人民大众在这一时期的多数时候，饮食条件有所下降。豆子、少许咸肉、面包、鱼、乳酪、少量熏肉及少许野味，构成了他们的主食。他们生活中这种岌岌可危的平衡，很容易被饥馑和瘟疫所打破。城镇中黄油、肉类、白面包和水果供应相对丰富，蔬菜和鲜鱼供给量有所增加。陆军和海军似乎给养不错。

17 世纪下半叶，尽管圈地运动和工业革命的早期阶段带来了一些不良的社会影响，但随着生活条件的普遍改善，英国人口还是迅猛增加，这可能与 18 世纪人们健康状况和饮食水平的普遍提高有关。人口死亡率的下降，或许部分得益于新鲜食物的供应充足。但是富人和穷人仍有天壤之别。虽然有钱人可随心所欲地享用丰盛的食物和酒类，但由于缺乏科学知识，一些机构——比如军营、监狱、救济院——的膳食尽管数量充裕，搭配却很不均衡。面包、奶酪、牛肉和啤酒，尽管自身营养丰富，但并不具备保持一个健康体魄所需要的一切。应当承认，在质量方面人们有些漫不经心，但无知比忽视更为不幸。这一点在水手的食物给养中表现得尤其明显，并不断导致诸如坏血病之类的营养缺乏病症。

17世纪大部分时期，营养理论还是盖伦（Galen）那一套。这一理论由四种"体液"概念所支配，每种体液都被认为是"热""湿""干""冷"中的一种，而且有从一到四共四个等级。体液说（humoral theory）本身又是基于亚里士多德四元素理论的，后者虽已不太受人重视却尚未被抛弃。1689年，哈里斯（Walter Harris, 1647—1732）等人试图用一种基本的关于疾病的化学观念取代这种体液说。但这种科学推动力仍被普遍忽视，偏见依旧根深蒂固。举例说，牛奶被认为只适宜于老人和婴儿，蔬菜则被认为会导致肠胃气胀并使人忧郁，因而遭人怀疑。

桑塔雷欧（Sanctorius, 1561—1636）和海尔蒙特（Van Helmont, 1577?—1644）的研究尽管很有原创性，但没能使得人们对消化过程有更深的了解，也没有揭示出健康个体的营养需要。以后的两代化学家也没有取得更大的成功。分析食物成分的通常做法是将其进行分解蒸馏，再对所得到的"含水""含油"和"含盐"的产物予以检测，因此得出了许多错误结论。有些化学家认为他们能区分"碱性食物"和"酸性食物"，并相应地列出了它们的用途。直到18世纪末，有关化合物性质的新观念才建立起来——这是布莱克（Black, 1728—1799）、普里斯特利（Priestley, 1733—1804）、舍勒（Scheele, 1742—1786）及拉瓦锡（Lavoisier, 1743—1794）所做研究的成果。接下来的50年中，这些新观念还几乎未被完全应用于有机物，因而营养缺乏引起的疾病仍不为人所认识，而是为人所误解，并且实际上在大约1750年前都没有得到治疗。对最早的营养缺乏症——坏血病——的成功治疗，以及用喝新鲜果汁来治疗它的方法，都是纯经验性的，与化学科学或确切地说与当时流行的营养学观点无关。

胃内的消化仍被视作形同腐烂的过程。雷奥米尔（Réaumur,

25

1683—1757）做了一些实验，他让一只小鸢吞食了一只敞口的盛满食物的试管，过会儿又让它把食物吐出来。1777年爱丁堡的史蒂文斯（Stevins）做了相似的实验，他同雷奥米尔一样，发现食物在胃中软化、分解。斯帕兰扎尼（Spallanzani，1729—1799）也发现了同样的结果。拉瓦锡最终接近了现代理论，认为消化后的产物是由血液运送到肺，并在那里进行氧化的。

这些少量的例子说明了有关饮食和营养的现代观念是如何在18世纪末开始出现的。

我们注意到，下列因素一直起着促进作用：

1.科学种田和细耕作业的新型农业，以及食物生产的协调体系扩展到世界大部分的地方，并引发农场的机械化。

2.磨坊的自动化、面包和面粉生产的机械化，预示着其他食品的大规模生产的到来。

3.新的分析化学应用于食品的检验，提高了质量标准。

4.对食物的化学和生理学评估，使得营养的科学研究成为可能。

5.罐装、脱水、干燥和冷冻等食物贮存的新方法，使得食物供应可以遍及全球。

相关文献

[1] Lewin, L. '*Phantastica*: narcotic and stimulating drugs.' Kegan Paul, Trench and Trubner, London. 1931.

[2] Salaman, R. N. 'The History and Social Influence of the Potato.' University Press, Cambridge. 1949.

[3] Weatherwax, P. 'Indian Corn in Old America.' Macmillan, New York. 1954.

[4] Fuchs, Leonhart *De historia stirpium commentarii*, p. 825. Isingrin, Basel. 1542.

[5] Mennell, R. O. 'Tea: an Historical Sketch.' Wilson, London. 1926.
Ukers, W. M. 'The Romance of Tea.' Knopf, New York. 1936.

[6] Jacob, R. J. 'Coffee, the Epic of a Commodity.' Viking Press, New York. 1935.
Ukers, W. M. 'All about Coffee.' Tea and Coffee Trade Journal Company, New York. 1922.

[7] Fincke, H. 'Handbuch der Kakaoerzeugnisse.' Springer, Berlin. 1936.

[8] Lippmann, E. O. von. 'Geschichte des Zuckers.' Springer, Berlin. 1929.
Idem. Z. Ver. dtsch, Zuckerind., 84, 806, 1934.

[9] Brooks, J. E. 'The Mighty Leaf, Tobacco through the Centuries.' Redman, London and Sydney. 1953.
Corti, Conte Egon Caesar. 'A History of Smoking' (trans. from German by P. England). Harrap, London. 1931.

[10] Thevet, André. 'Les Singularitez de la France Antarctique, autrement nommée Amérique', p.

[11] Harriot, Thomas. 'A Briefe and True Report of the New Found Land of Virginia.' London. 1588.

[12] Forbes, R. J. 'A Short History of the Art of Distillation.' Brill, Leiden. 1948.

[13] Prothero, R. E., Lord Ernle. 'English Farming Past and Present.' Longmans, London. 1936.
Gras, N. S. B. 'History of Agriculture in Europe and America.' Crofts, New York. 1925.
See also communications in Relaz. X Congress. Int. Sci. Hist., Vol. 4, pp. 139—226. 1955.

[14] Estienne, Charles. 'L'agriculture et maison rustique.' Jacques Du-Puys, Paris. 1567.
(Published in Latin as *Praedium rusticum*, Paris. 1554.)
Serres, Olivier de. 'Le théatre d'agriculture et mesnage des champs.' Paris. 1600.

[15] Storck, J. and Teague, W. D. 'Flour for Man's Bread.' University of Minnesota Press, Minneapolis. 1952.

[16] Ramelli, Agostino. 'Le diverse et artificiose machine.' Published by the author, Paris. 1588.

[17] Böckler, G. A. *Theatrum machinarum novum.* Cologne. 1662.

[18] Filby, F. A. 'A History of Food Adulteration and Analysis.' Allen and Unwin, London. 1934.

[19] Boyle, Robert. *Phil. Trans.*, 10, 329, 1675.

[20] Doorman, G. 'Patents for Inventions in the Netherlands', pp. 55—58. Nijhoff, The Hague. 1942.

参考书目

Ainsworth-Davis, J. R. 'Cooking through the Centuries.' Dent, London. 1931.

Burema, L. 'De Voeding in Nederland van de Middeleeuwen tot de twintigste eeuw.' Van Gorcum, Assen. 1953.

Drummond, J. C. and Wilbraham, A. 'The Englishman's Food.' Cape, London. 1939.

Francis, C. 'A History of Food and its Preservation.' Princeton University Press, Princeton. 1937.

Furnas, C. C. and Furnas, Sparkle M. 'Man, Bread and Destiny.' Cassell, London. 1938.

Gottschalk, A. 'Histoire de l'alimentation' (2 vols) . Éditions Hippocrate, Paris. 1948.

Hintze, K. 'Geographie und Geschichte der Errhrung.' Thieme, Leipzig. 1934.

Jacob, H. E. 'Six Thousand Years of Bread' (trans. from German by R. Winston and Clara Winston) . Doubleday, Doran and Co., New York. 1944. German ed. enl., Rohwolt Verlag, Hamburg. 1954.

Maurizio, A. 'Geschichte der gegorenen Getränke.' Springer, Berlin. 1933.

Verrill, A. H. 'The Food America gave the World.' Page, Boston. 1937.

第 2 章　　冶金和检验

西里尔·斯坦利·史密斯
（CYRIL STANLEY SMITH）
R.J.福布斯（R.J.FORBES）[1]

2.1　文艺复兴时期的冶金术作者

16 和 17 世纪期间，并没有出现改进冶金方法的令人瞩目的新发现或者新发明。但是，这一时期因资本主义和机械化生产的兴起，使得冶金方法得到大规模应用而显得十分重要。而且，由于该时期还见证了冶金方法的系统化，所以在技术的历史上也是意义重大。

印刷术的传播，使过去精心编纂的冶金术论著得以源源不断地发表。早在 16 世纪，在插图本的《论采矿》（*Bergwerkbüchlein*）和《论检验》（*Probierbüchlein*）中，人们就对此作了审慎的尝试[1]。大量中世纪作坊配方的资料已经在采矿和金属加工的熟练者和新手之间广为传播，很多最初的打印手稿由此流传下来，当然也反映在各种"秘籍"当中（边码 33）。它们的一些痕迹也可以在庞特（J. A. Pantheus）的 *Voarchadumia contra alchimiam*（1530 年）一书中找到。这是一本在金丹术上很重要的稀世之作，作者把书名阐释为"两种红金"［渗碳］[2]。它声明反对一般意义上的金丹术，包含了另外一套严格的实际操作方法。这本书很可能是一本意大利工场制作手册的拉丁文译本，涉及贵金属和原料的冶炼方法，其中有关冶金工艺的插图

1　福布斯教授提供了 2.1 到 2.3 节的大部分内容；史密斯教授是其他章节内容的提供者。

有时与该书相当古怪的内容几乎没有什么联系（图 19）。

　　十 年 后， 也 就 是 1540 年， 意 大 利 的 比 林 古 乔（Vanoccio Biringuccio， 或称 Vanucci Biringuccio）出版了《火术》（*Pirotechnia*），这是最早的关于冶金术的综合性手册[3]。它的前 4 章论述的是如何熔炼含有金、银、铜、铅、锡、铁的矿石，并且第一次相当完整地叙述了银汞齐作用、反射炉、熔析工艺等。但是，在有关采矿和冶炼的描述中，比林古乔的重要工作却被阿格里科拉（Georgius Agricola）[即鲍尔（Georg Bauer）]所超越，其著作《论冶金》（*De re metallica*，1556 年）是技术史上的伟大丰碑之一，内容全面，细节详尽，大量图例明晰易懂[4]。

　　阿格里科拉（1494—1555）是一位内科医师，他在波希米亚矿产 **28** 最丰富的地区中一个名为约希姆斯塔尔的小镇开业，同时也在萨克森的开姆尼茨行医。他对采矿和冶金很感兴趣，四处游历后记录下自己所获得的知识。他的著作清晰简明，远远超过了同时代的其他人。他的其他两本著作对冶金学家来说有着尤其重要的意义。1546 年，他把 4 篇论文合成一册出版：第 1 篇是关于自然地理学的 *De ortu et causis subterraneorum*，第 2 篇是关于地下水和地下气体的 *De natura eorum quae effluunt ex terra*，第 3 篇是关于矿物学的首篇系统化的论文《论矿石的性质》（*De natura fossilium*）[1]，最后一篇 *De Veteribus et novis metallis* 讲述的是从古代开始的采矿和冶金历史，其中还添加了拉丁文和德文的矿物学术语表（*Rerum metallicarum interpretatio*）。与此同时（1533—1553 年），他还专心于他的主要著作，《论冶金》在其死后发表。两个世纪里，它一直是采矿业和冶金业主要的教科书，不断重印证明着冶金传统（metallurgical traditions）的延续。

　　这一时期第三位重要作者是埃克（Lazarus Ercker，卒于 1593 年），

1　　在中世纪和文艺复兴时期，拉丁文 *"fossilia"* 表示的不是化石，而是矿物——"挖出来的东西"。

他也在萨克森和波希米亚之间的厄尔士山脉地区工作。他的著作《论述最重要的各种金属矿石和岩石》(*Treatise describing the foremost kinds of Metallic Ores and Minerals*, 1574 年)[5]与采矿和冶炼相关甚少却在检验方面(assaying)给出了更为细致的介绍，是对阿格里科拉著作的补充。这种鉴定、分析矿石和金属的知识的大量增加，是促成定量化学(quantitative chemistry)兴起的一个重要因素。

还有两本冶金学著作也值得我们注意。第一本，劳尼斯(Georg Engelhard Löhneiss)的《矿石的消息》(*Bericht von Bergwercken*, 1617 年)有一些关于采矿组织、雇用员工等方面很有价值的讨论，但是它的技术资料很大程度上是照搬埃克的[6]。第二本是巴尔巴(Alvaro Alonzo Barba)的《冶金技艺》(*Arte de los Metales*, 1640 年)，主要讨论了在新大陆熔炼金矿石和银矿石的实际操作过程，但是其中关于欧洲冶金术的有价值的评论很少[7]。有些资料也可以从马西修斯(Johannes Mathesius)对采矿者和冶炼业者进行训诫的集子 *Sarepta oder Bergpostil* 和瑞典人蒙松(Peder Månsson)写于 1512—1524 年间的手稿 *Bergbuch* 中收集到[8]。

作为冶金领域的权威，比林古乔、阿格里科拉和埃克在 16 和 17 世纪是占统治地位的。雷奥米尔(Réaumur)一篇关于炼铁成钢技术的论文(1722 年)和施吕特(Schlüter)的冶金学手册(1738 年)则在 18 世纪开启了一个新时期[9]。与此同时，出现了焦炭炼矿和制铁制钢的新方法。早期的著作主要是关于熔炼金银矿石的，对铜、铅和锡只是进行比较简单、粗糙的描述，而铁的冶炼也并没有得到重视。雷奥米尔的论著是第一篇真正在冶铁方面值得信赖的文章，显得十分令人惊奇，因为这一时期正是铁工业大发展的时期，技术上有些明显的进步。

检验方法的发展以及对矿石、岩石、金属进行分类的尝试，尽管值得称赞，但仍没有细致到可以对新金属进行鉴别和开采的程度。直到 18 世纪，当许多新金属被加入到我们这个年代的金丹术士和冶金学家已经熟知的多种金属中去时，它们才开花结果[10]。

2.2 次要金属

半金属（semi-metal）砷很早就为人们所熟知了。在 13 和 14 世纪，砷通常被金丹术士看作砷的金属化合物。庞特（1530 年）给出了一种配方，把雄黄、雌黄、生石灰、白酒石和蛋白等物混合后，在密封的容器里加热，经过升华产生银白色的砷。它通常被用作为生产镜子的贱金属。对这一制备过程的首次细致描述，出现在施罗德（Johann Schroeder）的《医学化学药典》（*Pharmacopoeia medico-chymica*，1641 年）中，这本书也被翻译成《经典化学药典》（*The Compleat Chymical Dispensatory*，1669 年）。施罗德通过用石灰分解雄黄，或者用炭炼制含砷氧化物的方法来制备所需成分。

通过用铁或铜熔炼辉锑矿，或者用木炭还原其焙烧所得的氧化物，均可以得到金属锑。在这一时期，这种做法很是流行，因为帕拉切尔苏斯（Paracelsus）和他的后继者认为它的化合物有着不可思议的作用，甚至主张用锑来做装药品的器皿[1]。图尔德（Johann Thölde）在用笔名"瓦伦丁"（Basil Valentine）写的《锑的胜利前进》（*Triumphal Chariot of Antimony*，1604 年）中充分讨论了有关锑的问题。阿格里科拉在其著作《论矿石的性质》中提到熔炼锑的工艺，并且附带把锑作为活字合金和白镴的一种组分进行了评价和说明。

铋大概在 15 世纪就已经为人们所知了，那时它被用于活字合金中。帕拉切尔苏斯模糊地提到铋是锡的一种[11]，阿格里科拉［见《矿物学》（*Bermannus*）］和巴尔巴则把它看成是与锡和铅不同的金属。但是，一些冶金学家仍旧相信它具有复合的特性，并且给出了其

1　锑容器中的酒可溶解部分金属，是一种强效催吐剂。

合成方法。直到 18 世纪，铋才完全被承认是一种独立的金属。

　　锌的情形也可以说大致相同。虽然在这一时期，锌是在印度和中国生产[12]，然后作为"白镴"和"粗锌"[1] 由欧洲商人从东方进口到欧洲的。但在帕拉切尔苏斯、卡丹（Cardan）和其他一些人的著作中，我们只能找到一些含糊的、受到曲解的文字资料，提到在熔炼铅的过程中偶然会制出锌。这种"外表参差不齐的矿石"经常被认为是一种"半金属"（卡丹语），一种"锡和银的类似品"（阿格里科拉语），或者是一种"具有铜性质的白色或红色的白铁矿"［利巴菲乌斯（Libavius）语］。直到 17 世纪初，这种金属仍然是从熔炼铅锌矿石的熔炉中收集来的。1721 年，亨克尔（Henckel）将其独立分离出来，并且在 1743 年对其进行了描述，此时他不知道施瓦布（Anton von Schwab）在 1742 年已经从菱锌矿中精炼出锌。马格拉夫（A. S. Marggraf）也于 1746 年从菱锌矿中提炼出锌。此后，就像镍和钴一样锌也仅仅被看作是一种不可捉摸的产物，在 18 世纪末之前几乎没有得到过应用。[2]（可参见边码 37 和边码 51）。

2.3　炼铁工业

　　冶金机械化及其推广是 16 和 17 世纪冶金业的最大特点。阿格里科拉和比林古乔的著作记述了改良的矿井、提升机、通风设备、碎矿机，还有粉碎、筛分、簸选、焙烧等所有水力驱动的设备。诚然冶金工业在很大程度上得益于作为原动力的水轮的引进，然而，更是正在崛起的西欧资本主义用其积累的大量资本，依照工程人员的设计制造了这些大型的机器。当时所有的大型银行企业，比如富格尔（Fuggers）和韦尔泽（Welsers）都与贵族地主的采矿业有着密切的联系故而促成了金属和金属制品在全世界的分布。当时，采矿业的法律化

1　这两个词语词源相同，但起源已不可考。"锌"（Zinc）一词似乎是由帕拉切尔苏斯发明的。
2　用于黄铜制造中的锌化合物，见边码 37，以及第 II 卷，边码 53—55。

问题受到了更多的关注，矿工和冶炼业者的权利和义务都有严格的规定。国家也不断介入到金属工业中，而金属尤其是铁和铜的生产加工，对国家的军事潜力有着巨大的促进作用[13]。

在中世纪，虽然工资和原料成本都在不断增长，但铁的价格还是相当稳定的。但是，随着16世纪价格的普遍上涨，铁很快变得昂贵多了。即使采用水力驱动（卷首插画；图版3）的更大型的鼓风机和更好的机器设备来鼓风进气，仍然不能完全改变因劳动力和燃料成本的增长所带来的后果。鼓风炉的优点在于炼出的铁可以浇铸，同时在"轻便小火炉"中加工生铁而炼成的熟铁，质量也要比老式熔炉炼出的铁好，这是因为处理矿石时杂质被适当地变成了熔渣而去除了。但是，这种更高的效率和更高的单位矿石产铁率，仍然不能平衡熔炼厂迅速增长的花费。

随着军队的机械化和战争的频繁发生，铁的消耗量[1]日益增多。由于冶金业依靠的仍然是木炭，所以木材的匮乏严重限制了工业的发展。铁器制造商和造船商是主要的森林破坏者，他们时常需要保护以免遭当地居民由于强烈的愤怒而引发的对他们的伤害。在16世纪，不列颠肯特郡的威尔德铁工业的壮大引发了对提高木材成本的抗议，迪恩森林则限制木材仅能用在建筑和烧炭上。作为家用燃料，煤正逐渐取代它的位置（边码78）。

在这些铁制品制造地区，军队的订单使成千上万的人受到雇用。到了和平时期，这些人则把铸铁用于生产壁炉内墙、壁炉薪架、罐壶、锅炉等。军队消耗了大量的铸铁；1631年，蒂利（Tilly）平均每天向被他围困的城市马格德堡发射1.2万到1.8万枚炮弹。

在不列颠，砍伐森林现象特别严重，这种状况导致了威尔德和迪恩森林地区钢铁工业的衰败。17世纪，威尔士南部、什罗普郡和中

---

1   1500年大约为6万吨，德国（3万吨）和法国（1万吨）是最大的生产国[14]。

部地区建立了新型熔炉，并且提供了强有力的激励机制，使人们发明了用煤熔炼的新方法。由于这种新方法的出现，很多效率低下的专利技术在 17 世纪退出了历史舞台。在 18 世纪 20 年代，不列颠仍然保持每年生产 2.5 万吨生铁和 1.3 万吨条铁，即便这样，还是每年不得不进口 1 万吨以上的条铁（主要从瑞典）。

瑞典钢铁工业的增长情况与英国相似，高炉技术是在中世纪引进的。瑞典矿藏和木材资源丰富，是高质量条铁和钢的重要生产国。古斯塔夫斯一世（Gustavus Vasa，1523—1560）提倡建造高炉，提高国家铁的质量，并邀请外国人援助年轻的瑞典工业。到了 1620 年，瑞典出口的铸铁大炮已经引起了英格兰的注意，在此之前英格兰差不多处于垄断地位。在 18 世纪初期，两位瑞典科学家，斯韦登堡（Emanuel Swedenborg，1688—1772）和普尔海姆（Christopher Polhem 1661—1751）做了大量的工作来提高瑞典的采矿和冶金技术，结果是瑞典铁的总产量从 1720 年的 3.2 万吨增长到 1739 年的 5.1 万吨

其他一些国家也有类似的发展情况，包括北美的英国殖民地，那里到 1732 年已有 6 座高炉和 19 台锤锻机，还有大量的熟铁吹炼炉。

使用更大的、充气量更足的熔炉，是进一步提高铁产量的主要方法。例如，据粗略估计在 1500—1700 年间，斯蒂克芬熔炉（*Stückofen*）的容量（第 II 卷，边码 73）从 1.1—1.7 立方米增加到 3.4—4.5 立方米，日产量从 1200—1300 千克增长到 1800—2100 千克。但是，1500 年高炉生产 1200 千克的生铁所需木炭的量大约是所产铁量的两倍，到了 18 世纪，一座高炉每天的产铁量是 2000—2500 千克，而其燃料消耗量大为减少。这种大规模的生产是通过一系列连续的工艺实现的，即当高炉出铁时继续加入矿石和燃料。1600 年在德国的锡根地区，这种循环可以持续 7—24 天，直到高炉停止工作进行检修。在威尔德地区，"铸造日"从 1450 年的 6 天延长到 1700 年的 40 个星期。因此，这种大型、高效的熔炉逐渐代替了较为

041

初级的熔炉，例如使用间歇批量法的熟铁吹炼炉。

由纽伦堡的洛辛格尔（Hans Lobsinger，1550年）发明的木制箱型风箱，逐渐代替了大型熔炉中的老式皮革风箱。虽然机械化对采矿与钢铁加工业的影响比对冶炼本身的影响更大，但为高炉填料的水力驱动的起重机却是例外。在这种装置中，通常还保留使用人和牲畜的劳动。水轮主要用于锤锻机、碾压机和拉丝制造。碾压机和滚切机在这一时期发展迅速，尽管在1750年之前，它们还不足以满足铁板生产的要求，而主要被用于生产条铁、铅板以及诸如此类的东西。自从中世纪发明用来生产染色玻璃窗户的H型铅肋板以来，它们在16世纪的用量增长很快，遍布各国。在16世纪，可能是由于意大利人对它做了一些改进，机械传动的轮锤被广泛采用，然而手动轮锤直到19世纪仍然在铁工业较不重要的分支里占有一席之地，比如制钉等。

尽管铸铁的消耗量巨大，且在持续增长，但制铁业生产出的绝大多数是熟铁。熔炼后的铁迅速成为最为普遍使用的金属之一，并且能够被浇铸，这种情形大大推动了浇铸技术的发展。铸铁可以用在很多地方，原来使用的石头、木材和其他金属都可以被其取代，而且大量的熟铁当时都是通过精炼生铁锭而制成的。制造钢的新方法的研究也已经开始，关于其技术的专利数量在17世纪期间明显增加。1608年，阿施豪森的策勒尔（Anton Zeller）提出了利用一种渗碳工艺（cementation process）来制造钢材，即将熟铁棒放在"箱内"用山毛榉木炭加热。在其他工艺中，有的把熟铁条浸入一缸熔融的生铁中，使它们含碳组分增加而转变成钢。在铁和钢的内部结构尚未被人们很好了解以前，这样的尝试都必然是低效的。所有冶金方面的努力尝试中，温度控制能力的不足是一个严重缺陷。

钢铁工业能够真正地生存以及其效率的提高，有赖于大量的木炭替代物的发现。在其他各种矿石熔炼过程中，燃料的成本也是一个主导性因素。这些矿石熔炼方法虽然没有像预料的那样发生很大的改

33

变，但仍迅速传播到许多国家。那些确定了的工艺变得更加流行，例如在新大陆，汞齐作用——用添加汞的方法从矿石中提取金、银的技术——流行开来，且十分有名。铜与铅一起进行熔析是生产银的一种非常重要的方法。但是，在延续下来的在中世纪保存完好的传统技术中，没有什么根本性的新工艺加入其中，只是到了18世纪，随着冶金业各个领域内新发明的出现，才有了飞速的进步。

2.4 钢铁的利用

在16和17世纪，工匠的技能知识仍旧远远领先于理论，除了上面已经提及的少量著名的论著之外，从诸如铸币工、钳工、宝石匠枪械制造工等这些纯技术工匠的著作中，可以看出他们对当时的冶金设备和方法有着深刻的洞见。钢铁业中这一点表现得特别明显，虽然铸铁的新应用只是当时少数几项革新之一。在16世纪之前，关于铁金属的文献是毫不引人注意的，甚至文艺复兴时期的作者也很少提及铁金属，他们更多谈及的是那些贵金属、铜及其合金。各种"秘籍"中的配方[15]以及波尔塔（Baptista Porta, 1589年）[16]和茹斯（Jousse, 1627年）[17]的解释，可以勉强算是有关铁金属研究的开端，而那些真正的研究是雷奥米尔（1722年）做出的[9]。

这里，我们必须先考虑铸铁、熟铁和钢等多种形态的根本区别。在18世纪末碳的作用得到公认之前，它们之间的差别被认为几乎完全是熔炉操作引起的。每一次冶铁工艺微小的改动都会使产生的材料的碳含量多多少少有些不同。用薄的燃料层生成的是海绵铁。铸铁生成于竖式鼓风炉，这种鼓风炉会使还原铁与木炭接触，结果生成低熔点的高碳合金。矿石本身和操作方法的不同会生成不同的白铸铁或灰铸铁，然而只有后者才可以用于铸造。铸件则可以在鼓风炉中直接制成，或者通过再熔制得。

圣雷米（Saint-Rémy, 1697年）提到，佩里戈尔的人们从一座鼓风炉中直接浇铸出了铁炮[18]。鼓风炉有 24 英尺高，一次铸造就可生产足够的铁，造出能发射八磅重炮弹的几乎近一吨重的铁炮，为了生产更大的部件，则可把四个鼓风炉合并一起生产。步枪子弹就是用铸铁做的，但是比林古乔声称最好的子弹是用专用冲模铸成的[3]。尽管铸铅和琢石在那时还没有被弃用，但炮弹通常用铸铁来做。模具是分离的，用青铜或铸铁浇铸而成，包含的模槽有 7 个之多。它们由干净的木灰处理后变得光滑，并且由特殊设计的夹具来控制。熔炉是一个组合式的高锻铁炉（本质上是一个低的冲天炉），在底部出钢。虽然 1454 年《火药书》（*Feuerwerkbuch*）已经提到加入锑、锡和铋等金属，可能会增加熔融液的流动性，但是比林古乔单独介绍了铸铁——"那种粗糙的、丑陋的、为纯化而投入熔炉中的物质"[19]。

铁匠们通过直接还原炉膛里的矿石而生产出大量用来制造农用工具的钢，通过碳化软铁或者对铸铁脱碳制成质量更高的钢。比林古乔（1540 年）对生产钢的主要过程作了如下描述：把海绵熟铁坯浸入熔融的铸铁中，直到充分碳化后，再进行锻造和淬火。埃克（1574 年）提及既在炭火中碳化又通过重复锻造脱碳[5]。对锉刀和其他一些工具进行表面硬化处理的方法，特奥菲卢斯（第 II 卷，边码 63）、比林古乔和数不胜数的"秘籍"都曾经描述过。通常它是小规模的操作。一个物体涂一层碳化（经常还被氮化）的化合物，就会受到其外表的类黏土层有时是铁层的保护。那不勒斯的波尔塔（Giambattista della Porta）在其《自然奥秘》（*Magiae naturalis*，1589 年）中，对大量锉刀和盔甲同时硬化的情形进行了描述[16]。它们都被塞入铁柜，与烟囱灰、玻璃、盐或者粉状角质物隔层放置。这一操作显然是在相对较大的规模下进行的，因为预先做好了准备以便不时地取出样品以检查进展。

对熟铁条采用完全渗碳处理，使得产生的钢材在各个领域内得到应用，这一点在普洛（Robert Plot）的《斯塔福德郡的自然史》

（*Natural History of Staffordshire*，1686 年）中首次得到了详尽的描述[20]。这一工艺甚至和晚至现代还使用的制作泡钢的方法并没有什么太大的不同。熔炉就像一个带有 2 英尺宽火箱的烤面包炉，把装有超过半吨重、5 英尺长的条形铁的箱体加热。渗碳使用的木炭是没有杂质的，且一般要持续 3 到 7 个昼夜。

直到亨茨曼（Huntsman）在 1740 年开发出商业应用之前，尽管坩埚铸钢在欧洲一直不是很重要，但在印度已经以乌兹钢（Wootz）的名义加以生产，并且至少被两位 17 世纪的英国作家所了解。1675 年，胡克（Robert Hooke）在其日记中写道，"通过加入炭灰烘烤或煅烧，再提取、熔化，直至再次精炼完毕，就制成了最好的钢，这种钢起初是多孔的，但经过加工和锤打后，就像玻璃一样纯净"[21]。莫克森（Joseph Moxon，1677 年）谈到，与大马士革钢相比，坩埚铸钢更为常用。

钢的硬化　钢的热处理是一门古老的技术，但 16 世纪的文献仅仅总结了古老的工匠实践。虽然在淬火过程中毫无疑问要用到水，但"秘籍"却把淬火液体说成主要是蔬菜汁、蜗牛、血液、粪便、尿液、五月清晨的露水或者是无机盐溶液。《钢热处理方法》（*Stahel und Eysen kunstilich weych und hart zu machen*，1532 年）这本小册子这样描述钢的淬火："加热铁料但不要过热，温度合适时，再将其放入混合液中，直到其变硬。然后，在其表面产生金色的小斑点时，停止加热，接着在水中充分冷却，如果它很蓝，说明它还是太软。"不管那些金色小斑点的性状如何，用眼力对回火温度进行仔细的控制是必需的[64]。

16 世纪有关钢的热处理最好的描述，是波尔塔的《自然奥秘》（1589 年）[16]。他清楚地意识到，通过直接淬火或者通过淬火与回火有可能得到适当的硬度。他对淬火温度过热提出了警告，并且推荐油

1　或称"*Wudz*"。卡纳拉语称"*ukku*"，即钢。

卒法（oil quenching）以避免过脆和热变形。经过在柜中碳化和淬火而变硬的装甲板，既硬且脆。他提出一种双重淬火的方法用来制造剑器，使剑身柔软而剑刃锋利——剑身用油性物淬火，剑刃用酸性物淬火。他的最好论述可能就是关于切割石料的工具，英译本（1658年）如下：

> 在这件事情上存在许多困难。如果刻刀太坚硬又不易变形，在锤子的猛烈打击下，它就会断裂。如果刻刀太软，它就容易弯折，无法切割石头。因此刻刀既要硬又要韧，这样它既不会在压力下变形，也不会断裂。而且，铁进行淬火所必需的汁液或水必须是纯净的，因为如果受到污染（变浑浊了），热量所显示出的火焰颜色就不易辨别，工具浸入液体中淬火的时机就很难确定，而这又是整个工艺所倚重的……因为制成的铁必须要坚硬并有韧性，所以其火焰颜色必须介于金色和银色之间。当出现这种颜色时，将工具的整个刀刃部分浸入液体中少许时间，然后取出。到了它呈现紫罗兰色时，再次浸入液体，以免工具上残留的热量再次损坏其韧度。

很清楚，以上描述的是一个间断性的淬火过程。第一种颜色是钢被加热淬火时的颜色，第二种颜色是回火色。第二种颜色出现在容器内进行的实际淬火过程中，而不是第二个独立的回火操作的结果。对其他用途，波尔塔介绍了不同的颜色。

用淬火工艺直接达到理想的硬度，必须要有极其熟练的技术，如果进行得成功，其产品的韧度会比淬火加回火所得到的相同硬度的产品要好。淬火期间需要通过观察回火色进行控制，如果能够准确观察回火色的话，去除铁锈是很有必要的。有时金属外层会剥落，但比林古乔和波尔塔都提到用肥皂涂在热钢上以显示颜色。一些有机物秘方的功效，也许在于它们能减少热钢的生锈程度。其他的则可能会导致热钢表面上产生暂时的沉淀物，延迟它冷却到内部结构发生变化的时间，而这种变化能引起适当温度下的钢的硬化。

比林古乔首次精确地记述了各种颜色出现的实际顺序以及它们与硬度之间的联系："当钢在炽热状态下进行淬火时，呈现的第一种颜色是白色的，故称之为银色；第二种颜色是黄色的，像金子的颜色，故称之为金色；第三种带有蓝色和紫色，故称之为紫罗兰色；第四种是灰白色。当你想要它们在回火后达到一定韧度，你就可以把它们淬火到这些颜色的不同阶段来实现。"[3]

茹斯（Mathurin Jousse，1627 年）描述了在表面进行装饰处理以及进行软化退火时出现的回火色的顺序："首先，钢会呈现金色，接着是血红色、紫罗兰色、蓝色，最后是无色。当其变化到预期颜色时，迅速地用小钳子将其移开即可。"[17]他是第一个明确地表示倾向于用淬火、清洁处理和回火的方法，而不是用古老的方法来直接处理钢的硬度的作者。他通过玻璃的熔化来检查淬火的温度，用一块小木片的摩擦来判断弹性回火的温度是否刚刚高于回火色范围。

37 很自然地，玻意耳在他的《关于颜色的实验和思考》（*Experiments and Considerations touching Colours*，1664 年）中很重视这一有趣的现象[22]。他按顺序列出了在熔化的铅涂层表面出现的 25 种颜色，并且记录了提高小型工具硬度的有趣实验。钢不应该被淬火过热，而应该回火至适当颜色。他观测到，相继出现的颜色表明了钢内部"结构"的变化，例如回火色是黄色时，钢才可以制成斧子一类的工具，当颜色是淡蓝色时，则可以用来做弹簧。

胡克（1665 年）基于对颜色的研究发展了钢的硬化理论，并将其与其他材料的冷加工硬化联系在一起[23]。他认为"纯金属本身是非常有柔韧性和凝聚性的，也就是说可以承受弯曲和打击，并会保持它们的连绵性"。据他所言，钢的硬化和软化正是由于这些分散在各处的大量玻璃化物质（vitrified substance）引起的，这种观点令人惊讶地预见到了几近三个世纪后的非晶态金属理论。但是，他认为这种玻璃状物质来自某种盐，"带有它的铁可以在火里持续稳定一段时间"，并最终被转化成钢。

.5 铜合金

黄铜　虽然直到 16 世纪人们对金属锌还几乎一无所知，但将菱锌矿石和木炭放在一起，通过一种渗透的工艺从铜中制得的黄铜，早在古希腊时代就已经被人们所掌握并大量应用了（第 Ⅱ 卷，边码 53）。萨沃特（Savot，1627 年）首先公布含铜的锌合金可以制成黄铜[61]。格劳贝尔（Glauber，1656 年）更为详细地研究了此种合金，并且发现了冠以"鲁珀特王子的金属"[24]之名的装饰用白镴的一些用途。在 19 世纪前，直接用金属来制成合金的方法一直没能取代渗透法。

比林古乔（1540 年）对炼制黄铜的熔炉和工艺做过一番很有见地的论述。埃克（1574 年）记述了德国人有关黄铜熔铸和为随后的加工而浇铸黄铜平板的实践经验。梅里特（Merrett，1662 年）则对英国的实践做了最好的记录[25]。黄铜制造者使用一种特殊的熔炉，它在工作平台下有一个很深的圆锥孔，底部有一片狭窄的燃烧带，容纳有 8 到 10 个相对较小的坩埚，每个坩埚都装有烘干的、混有木炭粉和废铜的磨碎的菱锌矿石（图 15）。加热的时间从 9 到 18 或 20 个小时不等。制出的黄铜在重量上比原材料纯铜多出的部分与最后合金中锌的含量是一致的，其含锌量在 29%（埃克记载）—40%（梅里特记载）之间。

青铜是所有广泛应用的合金中最古老的一种（第 Ⅰ 卷，边码 589 起；第 Ⅱ 卷，边码 48 起），但是它的冶炼在这里很引人关注，因为从 16 世纪开始就有大量的技术细节提供了。如果用于一般铸造目的，根据其预期的用途，青铜里锡的含量为 8%—20%。如果制造枪械和大型雕像，则需再加入含锌量为 1% 的黄铜，这样可以增加铸造特性。

38

图 15 黄铜铸造。
（A）熔炉内部（点线内）显示出了坩埚在里面的排列方式；
（B）操作中的熔炉；（C）坩埚；（D）舀料勺；（E）操纵坩埚的
夹钳；（F）熔炉通风孔；（G）石板模。1580 年。

一些小的平常物件一般都要含有铅，其含量通常在 7% 左右，高的时候可达到 30%。钟铜含有 20%—25% 的锡，而镜铜的含锡量为 25%，通常还要再加入砷和银。

比林古乔论述说，在纯铜中加入更多的锡时，金属是这样变化的：“铜从红色变到白色，其性质从软且柔韧变得如玻璃一样坚硬易碎。这种混合物使得铜大大脱离了其本身的自然属性，以至那些不了解它是合金的人们以为它是一种自然形成的金属。”通过调节这种混合物组分，可以实现一些特殊的用途，每 100 磅铜含 8—12 磅锡的合金用来制作枪械，含 23—26 磅锡的合金用来制钟（根据音色来调节含量）。比林古乔提出，将 3 份黄铜和 1 份锡混合可作为制造炸弹器所需的易碎材料。

为了铸造枪械，比林古乔强调了一个大的补缩冒口对于防止由于收缩而使铸件上出现缩孔的重要性，同时为了避免我们现在所熟知的逆偏析，他又在最后加入锡使其顺利流入模具。

在 18 世纪之前，枪支都是用型芯来铸造的，镗床仅仅用来校准内膛（第 14 章）。现存的 17 世纪及后来的枪械很少采用在适当位置浇入铁的做法，但是所有古代的作者都曾提到在模具底部的核心中间上放置铁芯撑的作用（边码 365）。尽管许多有关枪炮的作者很少提及用铸铁和青铜合金来制造枪械，圣雷米（1697 年）却提到了当时最好的金属是含铜 87%，含锡 8%，含黄铜 5%，不过一些铸匠却提高

图 16　青铜枪支的铸造，1697 年。
这样的反射炉通常装大约 30 吨金属，这些金属用 24 到 30 个小时的时间熔化。

了锡的含量（图 16）^[18]。他还提到，一些铸匠总是在重熔时至少又加了 1/4 的新金属。还有一些铸匠把硝石、锑和其他材料放在硝酸里混合，将形成的强助熔剂注入铸箱中青铜表面的下方。这种方法被认为是为了消除金属中的气孔，通过助熔剂的氧化作用来提高铸件质量。铸造工人总是离不开助熔剂的。

另外一些地方也对铸造技术做了描述。像大炮、钟（图 17）、雕像这样的大型铸件，都是在用黏土和砂等混合物制成的模具中制成的（边码 364）。小型铸件与现在的砂模铸法大致一样，但是用了一些研磨得很细的耐火材料（如骨灰、硅藻土、金刚砂、氧化铁、浮石或者砖灰）与盐溶液或蛋白等有机物混合在一起。关于圆形装饰和其他精美的艺术品的铸造，比林古乔作了很好的记录，在"秘籍"尤其是匿名的著作《亚历克西斯之谜》（*Secrets of Alexis*）中也可见到^[19]

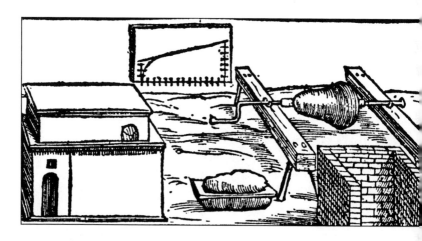

图 17　钟的铸造，1540 年。
所要浇铸的钟的大小和形状是和边缘的厚度相称的，厚度依照所需要的钟的重量的传统大小得出。造型刮板按照标准绘制的图纸切割出，用它可将造型黏土塑造成模具中心和外部的形状。中心先在一根轴上塑造，再覆盖上灰土，然后再在这上面加上更多的黏土以形成钟的外尺寸，蜡制的题字和饰物也被加上。这个"壳"被仔细涂上一层牛脂，以接收外部模具。在充分烧制之后外部模具被拎起来，"壳"从中心部切开，然后模具的两部分被安装在一起，它们中间的空间将被填注以青铜。

在16世纪，用湿砂模具来制造金属铸件是不常见的，尽管达·芬奇和比林古乔都曾提到这一技术。比林古乔描述了米兰的铸铜工场，这些铸铜工场把干土模具进行拼装组合，使得小物件得到大批量生产，一个模具可生产多达1200件铸件。

镜用合金（speculum-metal）　自古以来，金属突出的反射性质就已经被应用在固体金属镜上，并被用作玻璃的衬背。蒙松（约1515年）描述了水银与锡在玻璃方面的应用，萨克斯（Hans Sachs）谈及了（也许出于奔放的诗情）把铅（1568年）、比林古乔谈及了把锑（1540年）当作玻璃的衬背[8, 26, 3]。波尔塔（1589年）提到了玻璃上用到的锡汞合金和一种圣诞树装饰物，这种装饰物以锑铅合金作衬里，它们被注入熔融金属中，没有粘上的则被去除干净[16]。但是，自古以来大多数镜子是由固态铜锡合金制作的，例如普林尼（Pliny）谈到了两份黄铜与一份锡的合金的用法。比林古乔指出了一种"老"的组分：三份铜、一份锡（有时含1/18或者1/24的银），但他更喜欢使用锡的比例为三比一、再加入少许砷的合金。虽然他总是用第一手资料来描述浇铸和抛光，但这种富含锡的合成物昂贵、易碎，很难铸造和抛光。达·芬奇、庞特和波尔塔都提出了更为常用的组分。波尔塔推荐根据某一金属与铁棒相击打时的断裂情形来调整熔炼的成分。

格劳贝尔（1651年）对铸造程序和金属本身都作了最好的描述[27]。他指出越硬的金属越容易抛光，尽管也还需要白色物质——"红色来自较多的铜，黑色来自较多的铁，暗黑色来自较多的锡。"他的混合物实质上是一种铜锡砷合金。铜板外层由混以三氧化二砷的亚麻子油包裹，加热铜板，这样砷就能够渗入铜板的内部，就像"油浸入干皮革中"，铜板的厚度因此就增加了2—3层并且变得很脆。将两份黄铜放入急火中熔炼，加入一份砷铜合金，于是合金被铸炼或铸造，将其重熔并且加入其本身三分之一重量的上乘的锡，就制成了反射镜。这种合金也可以直接用三份铜、一份锡和一份半的三氧化二砷混合熔炼而成。

41 　玻璃业的权威作者内里（Neri，边码 217）提出（1612 年）一种类似比林古乔所说的混合物，它熔炼时用的助熔剂是由酒石、硝石、明矾和砷组成的[25]。卡得卢修斯（J. H. Cardalucius）在给埃克的短信中建议等量的铜和锡熔炼时，再加入一份砷、一份半锑和一份半酒石。由于最终产品的机械性质无法控制，所以这种合金制法虽然很成熟，但只是停留在实验室里。梅里特（1662 年）在他翻译的内里著作的英文版本中，提及了加入锑、铋、水银、银和锌等多种方法。

　皇家学会记录了反射望远镜的发明者牛顿（Isaac Newton，1672 年）写的一封信。牛顿在信中评论道：镜用合金通常都有缩孔，这些缩孔只有在显微镜下才能看见，但是在抛光的时候，其受损速度要比金属的其余部分快，因而使图像受损。他说，在铋中混入钟铜会使其变成白色，但是生成的气体会充盈于金属内部那些只能用显微镜观察到的孔道中，"就像许多的气体泡沫"，而砷可以使金属变白、变密实[26]。后来，皇家学会以钢镜做实验并采纳了胡克的建议，即通过用造币厂的螺旋压力机在凸模和凹模之间冲压银盘来大量制造反射望远镜[27]。庞特（1530 年）提到，银可作为不易破损的反射镜的一种原材料[28]。

　轴承合金　尽管从 16 和 17 世纪开始，缺乏好轴承而无法很好运转的机器已被人们作了很多较为深入的描述，但是令人惊讶的是，在 19 世纪之前的冶金和工程方面，轴承合金并没有引起作者们太大的关注。虽然如此，他们还是经常展示直接在木质框架中运转的看起来像铁棒一样的东西。不过，（明显）有熟铁板保护着木框架。达·芬奇和阿格里科拉草拟了一个滚柱（更精确地说是与滑轮类似的）轴承。阿格里科拉提出在粉碎铜块的机器中用青铜制作一个凸轮。比林古乔（1540 年）提出用挂钟上的玻璃或炮铜槽作为钢铁轴承的替换物。好像是宗卡（Zonca，1607 年）首次阐明了下面的事实：当撞上钢时，除了黄铜任何一种金属都会报废。他还举例说明了他的小工厂里用来袋轧窗户铅条的不同轴承组件的情况[30]。

17 世纪对轴承作最好处理的是胡克，他在就斯蒂文（Stevin）的"航行战车"向皇家学会所作的报告中说道：

轮轴所受到的摩擦越小，其作用就越好。根据以上所述，钢轴和钟铜的轴承比裹有铁皮的木材质轴承及铁壳木质轴承更有效。如果能防止灰尘和污垢进入，并且经常地加入机油以防止它们互相磨损，那么硬化钢制成的轴柱在钟铜轴承中会运转得更好。但是，最好的方法是使轴柱连接于大型的滑轮上，这样就可以彻底防止咬死、磨损和擦伤[31]。

42

其他铜合金　冶金历史上的大部分时期，砷和铜的联系一直非常密切。近东和南美地区最早的合金就是砷铜合金，但不久就被铜锡混合物替代。在 16 和 17 世纪，砷经常被加入到其他铜合金中以增加其可铸性和成色，不过关于砷的记述在著名的冶金著作中出现不多，反倒是在"秘籍"中经常被提及。比林古乔说："那些骗人的金丹术士用砷来使铜、黄铜变白，甚至使之像银一样白。"

在提炼金属的过程中，不可避免地生成了包含硫、氧，通常还有铁的铜合金。用熔析法脱银制铜过程中产生的铜铅合金与合金组分有密切关系，因为该工艺取决于以下事实：铜和铅在高温液态时能充分地混合，而富含铅的熔融状态和富含铜的固体状态在较低的红热状态下可共存。银在铅中几乎完全浓缩，但铅可以从铜枝蔓晶的孔隙中析出，带出大部分的银。在最初矿石中的铅和银，大概有 80% 可以被重新获得。大约于 1450 年在萨克森发明的这种工艺，对欧洲经济产生了深远的影响。

2.6　锡合金

锡与富含锡的合金被用作铜、铁的镀层或者作为焊料使用，同时锡合金也有着许多其他用途。大多数古代研究者都认为最好的焊接材料是由两份锡和一份铅组成，尽管出于低成本的考虑，更多采用的锡铅比为 1 ：1。锡铅比为 5 ：1 的合金则用来焊接镶玻璃铅条。

白镴这一名称涵盖了各时期、各地区的各种类型的锡合金，锡的昂贵价格也刺激了掺假现象的产生。最好的锡合金通常被认为是含锡量最高并加入少许铜、铋以及后来的锑以增加硬度的合金，而含有铅的较为便宜的合金则多用于制作大型的或者普通的物件。

在古代锡镴匠行会的记录中，包含一份起草于 1348 年的条例，它显示黄铜、锡和铅属于工艺制作中的主要金属。行会还委派监工监督锡镴匠的工作和他们制成的合金制品，并授权检查是否出现欺骗行为。最好的白镴器皿"在锡中加入黄铜的量应达到能使合金体现出黄铜那些性质的程度，上述工艺制作的其他东西，比如用该工艺制作的壶、罐，也应是由锡与铅合金制成的，它们的比例一定要合理，每 100 磅锡合金中应含铅 26 磅"[32]。

铋作为白镴合金的一种添加物，曾被罗德里克主教（Bishop Roderick）于 1471 年提及，但第一次出现于英文记录中（被叫作"tinglass"）还是在 1561 年，当时一位行会会员因为揭示了铋用途的奥秘还被剥夺了公民权。到了 1619 年，每 1000 磅锡中都要加入 2.5 磅的铋。后来，随着一个允许锡带有更多或更少铋的附加条文的出现，其添加量又增加到 3 磅。哈里森（Harrison，1577 年）[33] 给出的英国制作的白镴的成分为每 1000 磅锡中加入 30 磅的黄铜和 3—4 磅的铋，而霍顿（Houghton，1697 年）[34] 则认为每 100 磅锡中铜的含量应根据锡的成色在 3—6 磅之间变化，并可加入几盎司锌来改善其颜色。

锡镴匠的铸造工艺十分简单，一般使用软金属或石料制成的永久模具。铸造较为复杂的物件时，使用砂模或组合模具。制造餐具和高质量的器皿时，含锡量较高的合金通常要进行锤打以提高其强度和光洁度。便宜的合金（"次等品"）可按所需器皿的形状直接铸造，修整和使用都未经进一步处理。欧洲大陆的锡器也与此类似。

有许多早期的文献记述了一些用于提高金属音质的合金铸造方法。与每 100 磅中含 12—15 磅铅的普通铅锡合金不同，17 世纪在欧洲大陆为人们所熟悉的材料如熔锡或锡箔，是由 100 磅锡中加入 1—2 磅铜、1 磅铋熔合而成的。锡中一般的掺和物为铅，使得用密度法分析合金成为一个相对较为容易的方法（边码 68）。

比林古乔第一个提出锑可以使锡硬化，但是晚至 18 世纪之前，锑一直没有得到广泛应用。亚历克西斯（Alexis，1555 年）加入了1/8 份锑"来硬化合金和改进其音质"[15]。格劳贝尔则记述得更加详细[24]。1 份锑和 20 份锡混合可制成非常坚硬的合金，如果锡少于2 份，生成的合金就会易碎而没有应用价值。他说也可以用锌代替锑与锡混合，事实上这样更易于熔炼。

活字合金　锡镴工的工艺和印刷术的发明似乎有着一种很密切的联系。虽然到 17 世纪一直是含铅为主的合金被用于浇铸活字，但16 世纪的记录已暗示出锡合金的作用，所以普朗坦（Plantin，1567年）含糊地说浇铸活字的是"锡或铅"，而萨克斯在他的附加于安曼（Amman）1568 年的著名木刻作品上（图 245）的诗句中说是"铋、锡和铅"[35, 26]。尽管在现在的学者看来，仅仅掺有少量铋的一般锡镴工合金已经能符合所有基本的实验要求，但李普曼（E. O. von Lippmann，1930 年）认为富含铋的合金在铸字的发明中起着关键作用[11]。

直到 1683 年莫克森（Moxon）的著作问世之前，比林古乔对铸字技术的描述是最早也是最好的[3, 36]。他叙述道："图书印刷的铅字是由 3 份优质锡、1/8 份黑铅和 1/8 份含锑的熔化的白铁矿组成的。"这和以锡为主的合金很一致，这种合金中含有 92.3% 的锡、3.85% 的铅和 3.85% 的锑，锡镴工对此十分熟悉。如果注意到二者的相似之

44

处，即活字铸工的模具具有可调整的固定部分和可替换的字模，而锡镴工的金属或石料模具总是具有附加的可以单独装卸的侧凹和凸起部件时，就可大致看出谷登堡（Gutenberg）受锡镴工工艺的影响是很大的。他的才华体现在善于综合和利用现有的技术，无须详细地发明各种设备和程序步骤来使印刷成为可能，活字可以用手工费力地雕刻出来，或从砂模或黏土模的图格中浇铸出来。这似乎在中国的确已实现，但是谷登堡发明的最重要之处是，他意识到锡镴工的材料和模具将使廉价地大规模制造标准一致的物件（即形状、尺寸和光洁度均相同的方法成为可能（第15章）。

两个世纪之后——也可能更早一些——最早的锡合金就完全被更坚硬更便宜的铅锑合金取代了。莫克森描述了一种类似于现代活字合金的铅锑合金。他熔化3磅硫化锑和等量的铁，再把得到的熔块和25磅铅熔合。这种方法会制成铅锑合金，含锑7.9%。莫克森还提到加入一点锡以使小活字更易移动，格劳贝尔（1656年）则提到活字浇铸工所用的锑合金加银也会增加其流动性[24]。

2.7　铅的应用

工业纯铅被广泛应用在建筑方面。用作一般装饰品时，铅在石模、金属模或黏土模中铸造，并且经常被镀上金。为了增强彩色玻璃窗的刚度，需要大量H型的金属条，所以铅要先被铸造[37]，之后再被轧制[26, 30, 17]。在17世纪之前，据比林古乔描述，盖房顶的金属片都是通过将金属熔融液沿着一个覆盖着平坦的沙制底台的斜板倾倒下去制成的（图18）。当厚铸件需要用到滚轧机时，上述装置就会被一个水平模具所替代。科斯（De Caus，1615年）提到了一种不是很结实的手工滚轧机，它可以制造厚度均匀的金属片[38]。后来在17世纪由水力或畜力驱动的大型滚轧机已经在英格兰运行了。到1691年被"滚轧"成3.5英尺宽的铅板的厚度，可使其重量达到每平方英尺

图 18　沿着一倾斜的沙床倾注熔融的铅或锡以形成金属铸板，1624 年。

磅，甚至 20 磅乃至更多[39]。凭借其低廉的造价且没有瑕疵，辗压
沿板很快就代替了浇铸铅皮。在 1670 年，它在船壳上的应用导致了
沿上熟铁制成的舵具的神秘消失。这个极好的电解腐蚀例子引起了生
产商与消费者之间激烈的争论，但不幸的是，这场争论最终并没有引
发科学的探索。

　　在鲁珀特王子（Prince Rupert）的发明（约 1650 年）之后，铅制子
弹就用对开模铸造，或者先把铅和砷炼制成合金，再把熔化的合金通
过一种滤器注入水盆中制成。胡克详细地描述了这一过程并总结道：
当砷在各处都均匀收缩并呈球形时，子弹的外壳就形成了[23]。当然，
更大的子弹还是要用对开模来制造。

2.8　贵金属合金和加工技术

　　用来造币和制作珠宝首饰的合金的定型技术比合金本身有着更

为重要的意义，因为合金本身的性质几乎是经久不变的。在 15 和 16 世纪，欧洲主要的钱币是金银铜三元合金，其实际成分随着相对应的金属的价值和政府的诚信而改变。金币有时用纯金制造，但比较软。直到亨利八世（Henry Ⅷ）时期，英国的钱币仅含有 0.54% 的杂质，被允许支付给铸币者，这样必然存在的加工偏差是可被接受的[40]。意大利的达克特（ducat）和匈牙利的弗罗林（florin）在名义上也是纯金的。连亨利八世也把英国的金币贬值到 20 开[1]。神圣罗马帝国皇帝的皇冠就是 22.5 开。最初在铸币合金成分上的宽容，不久被人们普遍要求的银铜比为 2 ∶ 1 所取代。试金者需要注意各种组分，其所用的探针（第 Ⅱ 卷，边码 45）通常由三个系列组成。

银币从来就不是用纯银来铸造的。它成色的降低部分是出于国家财政的原因，部分是为了方便大规模制造小面额钱币的需要。在欧洲大陆，包银硬币得到了广泛应用，这种合金含有 20% 或更少的银。在爱德华六世（Edward Ⅵ）时期，英国的银币中含银最低是 25%。伊丽莎白一世（Elizabeth I）又恢复了"标准纯银"，银含量为 925/1000，它作为英国货币的标准制持续了很多个世纪。伊丽莎白从流通市场回收的贬值货币必定是高度掺假的，不仅是因为掺假的杂质多到可以去垫路，更是因为许多工人都死于再熔加工时散发出的大量有毒烟气。但是优质货币的重新确立并不受人们欢迎，因为除了个体商人用铅、锡或铜制成的代币外，它没有留下什么可用于交换的媒介，并且导致了通货紧缩。虽然由黄铜和铜制成的爱尔兰硬币早在 1461 年就已出现，但直到 1613 年皇家货币实际上都是用铜制成。

克伦威尔（Cromwell）当政时的共和政体发行了大量的铜币——即中心为铜的白镴货币，甚至还制造了中心是银、外层一圈是铜和黄铜的同心圆环的货币。锡币（造币厂反对铸造这种硬币，因为它极容

1　1 开为 1/24，因此 20 开表示 24 份中有 4 份不是金。术语"开"（*carat*）源自阿拉伯语 *"qtrāt"*，意指 4 粒谷物的重量。

易用锌、砷或锑伪造）在 1684 年发行，其中心有一圆铜块。铜因为其组分的相对确定而成为制作小面额硬币的首选金属。铜币可以在赤热状态下锤打成薄片来验证，大多数不纯的铜合金无法承受这样的击打。

酸洗工艺在冶金学上是有趣的，从古代起，该工艺就被无论是合法的还是非法的制币者所使用，以把相对贱的合金表面处理成具有银色光泽。这些合金被氧化后生成一种接近纯的氧化铜的表层，而等量的银则集中在氧化层下的剩余金属表面。硬币（一般在冲压之后）还要被放入充满燃烧着的木炭的平底锅中进行焖火，并翻来覆去地搅拌以使其受热均匀。为了清除表面的氧化层使下面的银色表面露出，通常在由酒石和食盐（有时是明矾）组成的滚沸的混合物熔融液里进行酸洗。酸洗是欧洲大陆银币制造工序中的一个标准操作，很多学者从《论检验》一书的时代就开始记录这一工艺了（边码 27、边码 59）。

虽然从金银合金中采用渗碳处理来提炼纯金早就是一项标准工艺了（第 II 卷，第 2 章），而且金匠用各种各样的酸洗工艺（pickling processes）来提高其色泽，但是金币的表面好像从来就没有很好地修饰过。

从比林古乔那里和其他的一些资料中，可能会对铸币的冶金加工有一个模糊的看法，但是布瓦扎尔（Jean Boizard）的《论钱币》（*Traité de Monoyes*，1696 年）在这方面上的记述更为详细[41]。在当时的巴黎铸币厂中，每个黏土坩埚被用来装 42.5 磅的金，铁坩埚则装有 650 磅的银，并在其中熔炼。金属在铁坩埚中一直保持熔融状态，同时须对一块样品进行分析，并在铸造前对组分进行调整。比林古乔还知悉一种外层涂有油脂混合物的金属模具，但是巴黎铸币厂仍然使用较费力的方法来制造砂模。板片随后要被碾轧，这样做仅仅是为了进行轻微调整，而不是减少其重量。达·芬奇和比林古乔都提到了一种带有矩形外孔的起模板，工作杆由一个小型的绞盘拉过。庞特（1530 年）展示了一种滚压机，尽管看起来没有什么用途，它却是这种

48

图 19 （前景）由曲柄转动的滚轧机；（背景）制作方形长条用的起模板。画家把两种不同的工艺错误地合在了一起。1530 年。

机器的第一个写实图像（图 19）。

金匠的技术在中世纪就已经得到了极大发展，以至在后来的很长时间内几乎没有什么改进（第 II 卷，第 2 章）。16 世纪的金匠实际上了解了 20 世纪的科学冶金学家感兴趣的几乎所有问题，比如用合铸法改变合金性质和熔点、冷加工和回火的作用、扩散、表面张力、相变、氧化与腐蚀的影响等。

与青铜焊料、软焊料一样，各种金、银的焊料也基本上和现在的成分相同，这早在数个世纪前就已经描述过了。汞合金有时被用作冷焊料。铜被用作金的焊料，通过局部的合铸来得到低熔点的合金。塞利尼（Cellini，1568 年）指出，这种工艺焊料最好的一种组分是混有助熔剂的精细研磨的碳酸铜[42]。碳酸铜在木炭火焰下还原，并在此处生成低熔点的合金，通过表面张力进入裂缝使之焊合。

一种含金的汞合金被应用在镀金工艺上。镀金的银丝、银片，以及外层镀银的铜丝和铜片（后来被称作设菲尔德板），加工之前要先准备好一种复合铸块。包芯金线（一种黄色的外包金属的亚麻线）通常是由非常细的镀金的银带子制成。比林古乔在每磅银上用一枚金达克特制作了一种焊接的双金属板，经金箔匠反复锤打直至像金叶一样薄，再把它切割成狭长的带状，才可用来作丝线。在布瓦扎尔时代（1696 年），还可以通过在两个高度抛光的轧辊之间将拉制的镀金金属线整平，制作相同的丝线。只要清洁银的表面并擦拭金叶，无须焊料就可制得拉丝用的杆。

金匠大量使用低熔点的、黑色的硫化物——乌银，把它作为一种法琅质注入所雕刻的花纹中。这在古罗马时代（第Ⅱ卷，边码 480）就已为人们所知，特奥菲卢斯（Theophilus）对此也进行了描述[37]。像比林古乔一样，10 年后庞特通过将银、铜、铅比为 1 : 2 : 3 的熔融合金注入一个黏土罐并混以粉末状的硫黄来制成同样的物料，再把这种物料洗净磨制成粗粉，混以少许氯化铵，最后挤压进待装饰的银制雕刻图案花纹中，使之与图案融合起来[2, 3]。虽然冶金学家非常熟悉在精炼和分离工艺中的硫化物，但是宝石匠好像从没在制造乌银时直接使用含硫化物的混合物。

金的使人惊奇的延展性，已经引起了金丹术士和实验者的注意。这种非凡的性质使金保持恒久的美并得到广泛的利用，尽管其价格很高。延展时在外部包上金属层、纸层或者金箔层保护金子的方法早已采用，布瓦扎尔所说的工艺和现代金箔匠的操作实际上是一样的。他说，金箔匠先将金子制成纸一样薄的金叶，再切割成 1 平方英寸大小的片状，然后置于牛皮纸上或牛肠上并插入"书"中加以锤打，在这个压延过程中要用到 3 种不同尺寸的锤子。最后完工的金箔片重量为 9—10 颗谷粒那样轻，大小为 4 平方英寸（每盎司为 125—150 平方英尺）[1]。

49

在许多应用领域里，金箔和其他粉末状金属都在进行直接的竞争，例如用作油漆和油墨。特奥菲卢斯和许多"秘籍"描述了金、银的湿磨工艺，甚至黄铜和锡也用于这个目的。有色"青铜"粉就是将铜合金粉屑氧化后制成的，呈现出适当的回火色。

合金氧化所呈现的回火色还在另一个装饰方面有所应用——即那些置于宝石底下以烘托其华丽的衬底。比林古乔暗示说，衬底是在他

梅森（1621 年）声称每盎司是 104 平方英尺，雷奥米尔（1713 年）说是 146 平方英尺[43]。

那个时期新发展起来的，塞利尼尤其是波尔塔对衬底的记述则更为详细[3, 42, 16]。合金中铜、银、金的比例是各种各样的，可将其锤打成金属薄片并擦光，然后经适度的明亮火焰加热来增强其颜色。波尔塔专门为这种工艺制造了一个小型的铁皮熔炉，有时在炭上放上鹅毛或者月桂树叶以得到特殊的颜色。

2.9 冶金熔炉

熔炉可以粗略地分为两种，一种用来还原矿石，一种用来重熔随后将被铸造或熔成合金的金属。在冶炼金属之前，焙烧矿石以除去杂质的过程是在露天堆、泥窑，有时也在反射炉或开架式竖窑中进行的偶尔往火热的矿石上直接喷射水流以急速冷却，使下一步碾压工序变得容易。有色金属主要是在如同第Ⅱ卷第2章所描述的那种类型的高炉中熔炼的16世纪的作者，例如比林古乔（1540年）、阿格里科拉（1556年）和埃克（1574年），他们一致认为熔炼炉应该紧紧靠着一堵厚墙修建，用墙把熔炉室和风箱隔开，熔炉室每一排有5—6个熔炉之多。这些熔炉很少高于5—6英尺，因为它们都是直接从地面填充燃料的。内侧面通常呈直角，侧面有18—24英寸宽，从上到下均匀变细虽然有时也会有一些复杂结构

图20 熔炼非铁金属的鼓风炉，1556年。

图 21　意大利熔炉，1678 年。

例如比林古乔所描写的中间宽阔型或者有两个贮料槽的。这些熔炉的结构可见引自阿格里科拉的图 20，以及引自弗拉塔-蒙塔尔巴诺侯爵（Marchése della Fratta et Montalbano）的图 21（1678 年）[65]。后一幅图画出了在左面有一个与众不同的高熔炉，其前面有一个鼓风口（tuyère，源自 trompe），此炉可能是用来熔炼铁的。熔炼铁的炉子比那些熔炼有色金属的要大。铸铁既用来制作简单的铸件，也是熟铁生产的一个中间过渡步骤，随着它的应用在 14—17 世纪之间开始受到重视，直接还原铁的开式炉（锻铁吹炼炉）也逐渐地、部分地被高炉所取代。高 12—16 英尺、内部宽 4.5 英尺的熔炉到 16 世纪中期还很普遍，其尺寸到了 17 世纪末翻了一倍（图版 3）。

　　熔炉通常是用耐火的软石材建造的，里面衬有一层可以更换的黏土。坩埚一般都用耐火堵泥作衬里，耐火堵泥是用木炭与黏土混合

51

图22 用来还原铜并在前炉里把它和铅一起合铸成熔析块的熔炉，1574年。

图23 以自然气流在坩埚中熔化金属的风炉，1540年。

制成的。虽然熔铁炉很少开有导出口，但相对小些的有色金属熔炉在操作时其出液口是开着的，前炉（衬有耐火堵泥）用来分离金属和炉渣。图22显示的熔炉是用来把焙烧过的冰铜熔炼成铜，并把铜和来自小些的辅助熔炉的铅合铸成熔析块。从熔析炉图画的右边看，一个世纪以来其设计没有什么太大的改动。这幅图也显示了熔炉上的集尘室，被收集的沉积物主要是氧化锌，用于制造黄铜。

冶炼锑和铋所要做的仅仅是将金属或矿石中的杂质清除，冶炼过程可在小型的坩埚中，甚至在火堆中进行，阿格里科拉对此作了很好的阐述。水银是在倒置炉或者简易的陶瓷蒸馏锅中，从其矿石中蒸馏制得的。劳尼斯（Löhneiss，1617年）首次记述了欧洲冶炼锌的技术，他把锌看成是在冶炼戈斯拉尔铅矿石的熔炉的裂纹和缝隙中偶然得到的一种冷凝物。到1700年，熔炉的前部变得更薄，并有意进行冷却以提高产量，1734年，斯韦登堡描述了一种临时加在熔炉前部的特殊的内置石制板层，其作用就是冷却金属。

熔炉在形式上有了更多的变化。熔炼合金的熔炉，不管是用来精炼还是铸造，其结构都是相对简单的（图23、图24）。通常，最合适的是锻工用带风箱的锻铁炉。用一些砖块在适当位置稳定住坩埚，就足以用来炼制几乎所有的金属。在熔窑之后就是依靠自然气流的风炉，但是气流通常仅由熔炉自身的高度形成。相对较高的熔炉由黄铜制造者使用。虽然用于滤除烟雾的通风罩和烟囱在那时已经很普遍，但是直到1648年才真正有意识地利用烟囱体来增强气流。同年，格劳贝尔在他的《论炼金炉》（*Treatise on Philosophical Furnaces*）[27]中列图说明了一种合理地装有烟囱体的风炉，这对后来的熔炉设计产生了巨大影响（第Ⅱ卷，图675）。

52

图24　在坩埚中熔化金属的风炉和鼓风炉。
（A）炉格上放有坩埚的砖炉内景；（B）关闭着的同样的砖炉；（C）坩埚；（D，K）陶土熔炉。1574年。

在熔炼那些超出坩埚容量的数量较多的金属时，就会使用铸勺。它们内部衬有耐火黏土，并且在顶部也包上黏土以装上燃料，从风箱鼓入的气流使燃烧更旺（图25）。当金属可以铸造时，把走燃料，铸勺被移到模具处。仍然有大量的金属在固定的半球形炉膛里冶炼，燃料和金属堆放在一起。熔炼过程由风箱驱动，并且是通过出料口和管道从底部将熔炼的金属放出的，再直接注入熔炉或铸勺（图26）。这种熔炉可以建

图 25　一种在铸勺中熔化金属的方式，1540 年。

图 26　固定熔化炉膛，两个都设计成底部出料。1540 年。

造成任意尺寸，成为一种半固定的低炉身的熔铁炉。

　　风箱对于冶金学家来说有着极其重要的意义。比林古乔和阿格里科拉对风箱结构和操作都非常关注。汽转球（一种蒸汽喷射泵）和小型的实验室的鼓风炉一起使用（图 27），是对蒸汽动力最早的有意义的应用。16 世纪中期发明于意大利的水风筒，在比利牛斯山脉的熔铁匠所使用的卡塔兰熟铁炉上得到了广泛应用。它实际上是一个接入封闭风腔的吸水器，从风腔里排出的气体通过一个导管进入鼓风口（图 28）。波尔塔（1588 年）好像是第一个提到这一装置的人，他说在罗马看见过这种装置，生成的气流很适合于黄铜和铁的熔炼炉。

　　为了焙烧模具及其他各种目的，比林古乔建造了一个开放式的砖格型熔炉，用砖格来控制燃料和气流的进入。甚至在坩埚中熔炼金银

53

图 27　用坩埚化验铜矿的熔炉（参见图 24）。
（A，D）熔炉；（C）粉碎的矿石；（E）用杆操作的
风箱；（F）代替风箱使用的蒸汽汽转球；（G）准
备助熔剂的罐；（H）化验坩埚。1574 年。

图 28　给铸造炉火吹风用的水风筒。
注意前景上的轮锤。1678 年。

时，塞利尼也更愿意用这种熔炉而不用其他锻炉。在自动填料式熔炉
发明之前，需要持续不断加热的整个熔炼过程一定非常冗长和乏味。
在冶金文献中，埃克是第一个描述重力填料式浸煮炉的人，这种熔炉
每天只需装一次木炭即可（图 29）。从燃料槽连续不断地落入燃烧区
域的燃料使燃烧保持稳定，但这样的工作原理仅适用在相对较低的温
度下的操作，像渗碳、蒸馏和蒸发等工艺都用到了这种熔炉。将坩埚
放在炭火圈的中心，把炭火逐渐地耙近坩埚，可以满足整个操作对缓
慢增加热量的要求（图 30）。

　　制造大炮和铸造大钟都需要大量金属，在熔炼大量的金属时反射
炉起着十分重要的作用。达·芬奇绘制了一些反射炉的草图，比林古
乔和塞利尼则对其进行了更为详尽的描述（图 16，图 31）。除了缺
少增强气流的烟囱，这些熔炉非常像现在的反射炉，燃烧的产物通过

54

通道上方的出烟口排出。人们认识到铜不能在反射炉中熔炼，而必须首先和锡在一些坩埚炉中合铸。比林古乔描述了一种反射炉，可以用火焰对钟的碎裂部分进行熔炼，起到修复作用。

到了18世纪，被称作古代科学奇迹的日光炉已经成为科学学院的重要财富。比林古乔提到过一种直径为1英尺的德国反射镜，能够用来熔化一枚金达克特。格劳贝尔（1651年）还特别讲述了集中在镜面上的热量，声称1拃宽（span）直径的镜子可以点燃木头，2拃宽（spans melts）就可以熔炼锡、铅或者铋，4—5拃宽可以熔炼金和银并软化铁使之适于锻造[27]。胡克进一步发展了这一思想，并建议使用必要的孔径，作为达到各种不同效果的必要温度的定量指数。

现代的一些古朴的工匠仍然用吹管来吹出炭火，用以冶炼和坩埚

图29　用于渗碳的自动填料式熔炉。
（A，B）上下口；（C）搁在铁条上的底板形成的边线；（D）出烟孔；（F）出烟孔塞；（G）熔渣；（H，K）渗碳用的罐子。1574年。

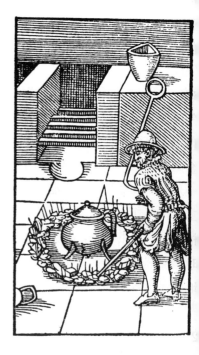

图30　逐渐提高罐中温度的煤圈，1574年。

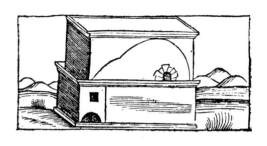

图 31　用于熔化青铜的反射炉的外观，1540 年。

熔炼，就像在古埃及时那样（第 I 卷，图 384）。它的作用是可以精确地加热，是金匠作坊炉床上的一个辅助设备。庞贝的湿壁画对此做过描绘，而且很可能是金匠首先将吹管应用于灯火使其能够维持局部的强烈高温。玻意耳（1685 年）用"一根弯曲的金属或玻璃小管，就像那些工匠……称之为吹管的小管"，再配合以灯或者蜡烛，不仅可以熔炼更多的易熔金属，甚至也可以熔炼铜自身[44]。吹管分析（blow-pipe analysis）作为一门令人愉快的科学技艺，在当时就已经出现了。孔克尔（Kunckel，1679 年）描述了一种由脚踏风箱产生喷射气流点燃油灯的喷灯，并建议将这种喷灯用于测试矿石[45]。早在 18世纪，这种喷灯就已被明确证实能用于局部加热的工艺，如焊接、给金属上釉以及制作彩色玻璃球等。

　　在对铸币中使用的辗压带子和成盘绕状的拉制金属线进行退火加工时，经常使用的是最简单的设备，即把一块金属直接插在平坦的网格上的一堆炽热炭火中。如果成果需要非常均匀一致，比如酸洗钱币时，那么燃料和硬币就要被一起放在一种暖床器中，在空气中被不停地搅拌，使其受热均匀。

2.10　作为一门科学的冶金术

　　本卷标志着在冶金工艺和材料上从纯粹经验性的认识向开始对其

56

进行科学认识的转变。16世纪许多关于金属的伟大著作在很多方面都是根据经验写就的，对阐明理论几乎没作出什么贡献。若要搞清楚那些始终具有重大意义的有关冶金方面的理论，我们必须等到18世纪。但是17世纪那些著名物理学家和化学家也请教过工匠们，玻意耳、胡克和格劳贝尔还特别表示了对学与术之间互为依赖关系的欣赏

在古希腊、罗马时期，金属和合金的许多有趣性质已被人们知悉。在温度计尚未发明之时，当然不可能用到金相图，但基本的现象已为人们所熟悉，例如金属混合物熔点的降低和产生最低熔点的共熔体的组分比例，一些熔融金属的不相混合与溶质在两种不同液体之间的分配，液态与固态在成分上的差异，中间固熔体和最后固熔体的存在，以及金属间化合物的构成等。而冷加工可以硬化金属、退火可以使其刚度变小等知识，更是几千年来就已为工匠们所知晓。通过形变或改变溶解度来改变性质，甚至在工匠们不知其所以然的时候，就已经应用在实际中了。金属与金属之间、金属与非金属之间不同的亲和力，正是精炼和检验的基础。各种金属可依次在盐溶液中进行置换的知识，暗示了一种类似于电化序的东西的存在。在炼钢、固金、酸洗银的技术上都利用到了固相扩散的知识。结构和性质的关系时常用于质量检测时的断裂测试，以及作为合成或热处理的依据。

笛卡儿（Descartes，1596—1650）的原子论支持者和反对者两派都曾深入地考虑过物质结构问题，他们的著作中包含许多了不起的预见，例如金属的性质取决于它们各组分的排列。虽然就事物微观结构的本质而言，认识相当模糊（因为那些由于原子间作用力引起的现象是无法与微晶体的现象混为一谈的），但当时已经有了一个清晰的概念，即把金属看成一种组合而成的物质，各组分在不会失去由热所激发的相互吸引力的情况下，可以相互滑动。然而此种物理现象太过复杂，很难将其简化为一个定量的格局。

燃素学说是18世纪化学领域里的一个重要学说，最早明确出现

在冶金领域内。实质上，它是一种试图把古代化学家概括出来的元素理论和微粒理论结合起来的尝试。通过令人兴奋的实验，人们积累了许多实例，这些实例最终使得燃素学说被摒弃，导致了原子论思想的复苏。

在金属断裂时所看到的内部结构，一般是用来对工匠的加工过程进行控制的依据。萨沃特（1627 年）评论道，"钟匠在判断应该在［钟铜］中加入多少锡时，往往是在铸造前截断一小块的材料……如果发现其颗粒太大，那就再加入一些锡；如果太小，就再增加铜的量"[61]。具有学术理论背景的铁匠茹斯（1627 年）将自己的心得写成了几章关于主要从断裂部分来识别优质钢铁的知识[17]。玻意耳（1672 年）观察了铋的铸块断裂层的结晶质表面，推测了其固化机制[46]。显微镜专家鲍尔（Henry Power，1664 年）第一次记录了在显微镜下对金属的观察："看着一块抛光金属［金、银、钢、铜、锡或者铅］，你会发现它们充满裂缝、小洞，凸凹不平，毫无规律。但是铅最少具备这些特征，它可能是世界上最精密和紧凑的金属了。"[47]他对钢撞击产生的火花的检测，激发了胡克在其《显微术》（Micrographia，1665 年）一书中对金属自然属性的讨论。尽管雷奥米尔做了很重要的工作，以晶粒间和穿晶断裂层为基础来理解金属结构，但直到 19 世纪人们才认识到多晶材料的属性。

在金属的物理性质中，最早被定量测量的是密度。在 11 或 12 世纪有一份关于蜡的重量表的汇编，它能使铸造工匠知道熔炼多少金属。到了 17 世纪，类似数据的更广泛的表格普遍出现于数学家的著作中，例如内皮尔（Napier，1617 年）[48]和梅森的著作（1644 年）[49]。卡斯维尔（Caswell，1693 年）列出了 29 种金属材料密度的最新测量值，绘制成了 5 张非常重要的（？）图表[50]。

合金密度的研究，最早被应用在理解金属之间相互作用的性质的尝试上。阿基米德（Archimedes）对希罗（Hiero）皇冠的实验会被重

58

新提及。在中世纪有这样的假设，已知重量的金属在合金中的体积和它本身为纯金属时的体积是相等的。格劳贝尔认为这一假设对铜和锡的合金来说是不适用的，并相信一种金属可以进入另一种金属的空隙内。贝洛（Perrault，1680 年）第一次记述了钢在硬化时体积会增大[51]在 1679 和 1680 年，皇家学会研究了 1：1 合金的各种可能的组合形式，包括铜、锡、铅、银和锑，并记录了它们显而易见的性质和密度[29]。合金的密度一般都比理论上将金属混合的密度要大。这种现象可以从将大小不同的粒子相混合这个例子类推来解释。事实上，大多数差异来自铸造时结实程度的不同。

金属在其强度未被定量测定之时，就早已经应用在工程上了。梅森（1636 年）[52] 在音乐的启发下 1 做了最早的有关金属抗拉伸的系列实验，得出的结论是横截面直径为 1/72 英寸的金属丝，例如金、银铜和铁，分别在 23、23、18.5 和 19 磅的拉力下断裂。上述数据都远远高于今天的数据，如果铁多少有点被碳化，就可能作为例外来对待梅森还记录了由各种金属和合金制成的半球形大钟密度以及其固有频率，因而第一次给出了关于弹性模量的测量特性。从伽利略（Galileo1638 年）开始，那些关心材料强度的正规科学的人对数字弹性比对实际强度更感兴趣，虽然伽利略曾引用过一根铜线作例子。这根铜线有一肘尺长、1 盎司重，能够承受 50 磅而不致断裂——即大约每平方英尺能承受 6450 磅的重量[53]。在 1662 年，克鲁恩（Croone）早于皇家学会做了直径为 1/6 和 1/16 英寸的银丝的实验，但是这个实验没有被采纳。在米森布鲁克（Musschenbroek）于 1729 年开始他的重要研究之前，该问题没有取得任何进展。

59

---

1 这样又使得音乐偿还了冶金学的情，因为据中世纪的《拯救之镜》（*Speculum humanae salvationis*）所言，音乐本身是在图巴尔·凯恩（Tubal Cain）的锻工车间里，当他的兄弟朱巴尔（Jubal）对着铁锤击打砧板发出的令人愉悦的声音而沉思冥想时产生的。

2.11 检验

在 16 世纪，在应用科学领域中没有比检验（assaying）更为先进的了。经过几个世纪的纯粹凭经验的实验，在经济上被认可的环境中，精确的方法已发展成为定量分析法了。除了要求具有系统化的基本原理外，检验者（assayer）在各个方面都要强于金丹术士（alchemist）。与金丹术士不同，检验者用完全可以理解的语言来记录其技术程序，并且主要是一种定量的思维方式。于是那些检验含有金和银的矿石和金属的技术得到了极大的发展，以至到了 20 世纪，这些技术的变化也不大，只是偶尔在细节上有所改动。相反，检验那些贱金属的技术则相对地认为并不重要了，因此发展缓慢。

有关检验的出版的文献资料中，最早的是匿名的《论检验》（Pro bierbüchlein）（马格德堡，1524 年）[1]。在比林古乔和阿格里科拉的著作中有相关主题的大量章节，埃克的著作也对检验术详加分析。此后，除了一些次要著作外[54]，直到布瓦扎尔（1696 年）报道了巴黎寿币厂的实践工作[41]以及克拉默（Cramer，1739 年）首次尝试将检验者的经验性知识和新兴化学理论相结合的那个时候[55]，有关检验方面的独创性著作一直付诸阙如。

检验主要有两个作用，一是对矿石进行检测以确定对其进行可获利加工的可能性，二是对钱币和珠宝进行检测以鉴定其质量并杜绝赝品。早期的检验方法不像现代的化学分析那样，用于决定材料是否合适于某工程用途。

检验者的设备　检验者不仅使用通风熔炉和蒙烨炉（图 32，图 33），还利用在坩埚（图 34）中熔炼金属的锻造炉火。用来烧熔和灰吹的蒙烨炉可以全部由耐火土制造，再由铁棒或者外包的铁条来加固，也可以由用来包裹铁壳的耐火土建造。蒙烨炉最初仅仅是放在耐火砖上的两边和后部都有孔（图 35）的小型黏土制的拱状结构，但是斯格瑞特曼（Schreittmann，1578 年）展示了一种现代构造的封闭样式[54]。

60

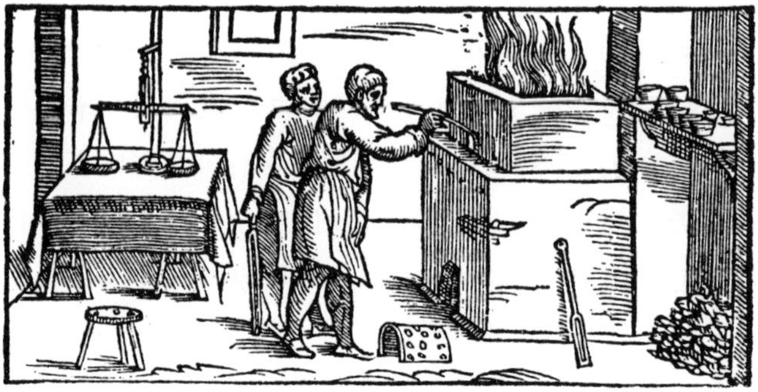

图 32　化验室。可见天平、灰吹用的蒙烰炉、锭铁模具。约 1540 年。

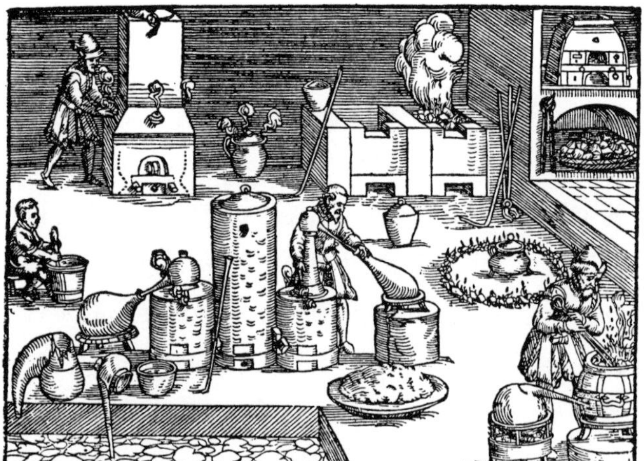

图 33　带有熔炉、蒸馏器皿等的化验室。1574 年。

图34 适用于坩埚内熔化的铸火。
（A）装燃料的铁环；（B）杠杆操纵的双风箱。

图35 用来灰吹的蒙烊炉的侧面、背面图。1534年。

图36 制作坩埚用的模具和螺旋压床。
（A）双片木制模具的下切面；（B）完整的模具，显示出坩埚的
形状；（C）铁制的固位箍；（D）坩埚。1574年。

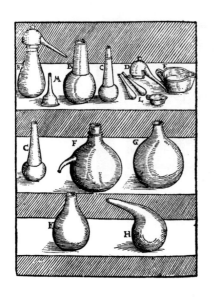

图37 化验师的玻璃器具和陶制器皿。
（A）上面有涂料的玻璃长颈瓶，带有分馏头；
（B，C）上面有涂料的长颈瓶；（D）分馏头；（E）灌注器；（F）用于分馏的接收器；（G）普通接收器；（H）土制蒸馏罐；（K）土制罐子；（L）小长颈瓶；（M）玻璃漏斗。1574年。

图38 手工模制试金用灰皿，1540年。

坩埚用耐火土手工压模或者在压床中制造而成（图36）。

检验者的器皿以其令人满意的形状而值得一提，部分是因为其外形能恰当地适应其功能。多数器皿和现在仍在使用的十分相似。尽管在处理液体时，只要有可能，人们就会使用便宜的上釉陶器，但检验者却大量使用玻璃来制作蒸馏仪器和精密分离仪器（图37）。

检验用灰皿对检验者非常重要。这种器皿主要是由细粉状的木灰制成的，用十分细小的骨灰作饰面。这些饰面骨灰非常重要，因为它们能填补金属的焊缝据埃克所说，最好的骨灰是用小牛的头骨制成，尤其是前额，同时还有许多其他检验书籍列出了各种各样的选择，其中最为常用的当推鱼骨和动物的角。各种尺寸的检验用灰皿都是在黄铜或木质模具中碾碎湿灰来制作的（图38）。

检验者需要三种各不相同的天平，它们的外形通常一样，但称量和灵敏性有所不同，最精确可达0.1毫克。这三种天平都有承重横梁来防止刀口受冲撞（第Ⅱ卷，图678）。虽然检验者毫无疑问要经常勾买所需的天平，但他们必须懂得怎样去自己制作天平。埃克和斯格瑞特曼对如何校准天平有很多精妙的记述，这也反映了当时对有关原理已经有了一个完整的认识。

检验者用的砝码通常并不是在贸易上合法使用的那种，而是为用于检验装置而设计的一种尺寸合理的小型器具。它们的发展部分是因为在法定的称量系统中没有足够的小计量单位，而且需要烦琐的分数计量，但主要是由于使用小型砝码可避免计算，因为它们保持了当时流行的各种各样的计量单位之间的换算比率。检验者必须要拥有用于不同目的的几个系列的砝码（如对矿石、金、银或铜进行检验）。检验者通常通过其天平所能称量的最小量值开始，累加称量其目标称量物，或者从其天平所能称量的最大量值开始，然后通过各种方法逐渐进行细分。每一套单独的砝码组通常包含 9—16 个砝码。

检验者斯格瑞特曼（1578 年）发展了一套在冶金史上占有很重要地位的砝码系统[54]。它完全是一套改编的十进制系统，可作为各种检验系统中分数制砝码称量形式的合适的代替物，这些分数制的称量形式有 1/16，1/12，1/4 和 1/3 等。他在称量初始，明智地选用比检验天平所能够精确到的还要小的计量单位，实际开始使用的第一个砝码是这种计量单位的十倍，他将其称为称量的基点（elementlin der atomi, stüplin oder minutslin）。基于此，他逐渐增加到 20、30、40 并而 100、200、300 和 400 倍，直至成千上万、几十万倍。他声称，法定的一磅重是 1 106 920 个单位，所以一单位等于 0.42 毫克，并举出大量用这种方法在各种系统中计算试验品的例子。必须用方便的单位来表述试验品的事实，意味着这套系统的优点在一段时间内主要是屯理论性的。不过它自身含有后来十进制系统的很多优点，并且是斯蒂文［见《十进制算术》（De thiende），1585 年］所提倡的十进制小数的计量法和计量单位的先驱，也是法兰西共和国成套的十进制公制单位的先驱。

对矿石的检验　相对来说，早期的检验者对贱金属矿石的检验并
不重视。例如，比林古乔只是表明当确实有更为大量的矿石要被冶炼
时，贱金属矿石才通过熔化来进行检验。阿格里科拉对铅矿石做了检
验，将粉碎的样品与硼砂混合放在坩埚的炭堆中，而锡矿石经烘烤和
粉碎后再和硼砂混合，放在一块木炭的孔里。铋仅仅是从矿石中熔化
出来的，水银则是蒸馏出来的。铁矿是先用磁力分离，然后与硝石一
起放在锻造炉里的坩埚内熔炼。

直到埃克（1574 年）才提到有关还原剂的严格意义上的证据。他
指出，在检验难熔的铜矿石时，有必要进行充分的烘烤，然后碾碎，
在熔炼之前与粗碳酸钾（边码 63）和一些玻璃沫[1]混合放在坩埚中以
生成铜金属。他通过加入还原型助熔剂熔炼矿石来分析冰铜的产量，
无须预先烘烤。他也描述了对铜、锡和铅矿石的检验，做法是在一个
小型的实验性鼓风炉中，直接让一磅左右的样品与木炭相接触进行熔
炼，金属从鼓风炉膛底部收集。所有早期的检验者都倾向于使他们的
方法与当时的小规模的实际生产相适应，并且更喜欢表明实际生产的
结果，而不是金属的实际含量。冰铜和黑铜被检验以精炼铜，其方法
是把矿渣中熔化的金属暴露在鼓风气流中，直到其表面呈现出适当的
颜色，这就是实际的冶炼终点（边码 64）。

埃克把方铅矿和粗碳酸钾以及少量的铁屑（除去了硫）相混合
以分析其中的铅。难熔的铅矿石在和助熔剂混合熔炼之前首先要进行
焙烧，铁屑被略掉。简单的检验被描述成无须任何熔炉而完成，只要
把焙烧过的矿石和硝石以及木炭混合即可。这种混合物一旦点燃，就
会熔化。

实际上，铁匠坊中的分析化验是铁矿石检验中最重要的部分。埃
克提出了一种铁矿石的磁力检验法，并且注意到一些矿石只有在煅烧

---

[1]　一种从熔化玻璃表面提取的中性盐。有时被认为是玻璃沫。

之后才有磁性。申德勒（Schindler，1687 年）是第一个把还原材料与铁矿石混合燃烧，从而得到铸铁渣对铁矿进行检验的检验者[54]。

用于贵金属矿石检验的助熔剂所包含的成分有硅石、玻璃、盐、玻璃沫、硼砂或者矿渣废物（*caput mortumn*）[1]，再加一个差不多全由铅制成的收集器。在许多情况下还要加入硝石。除非矿石中已经含有铅，否则铅就要以氧化铅的形式加入。最重要的单一成分的助熔剂是粗碳酸钾，通过将粗酒石和硝石混合并在炽热的木炭上点燃而制成。这种材料反应后剩下的黑色物体由亚硝酸钾、碳酸钾和碳组成。

埃克理论的优越之处最主要体现在对助熔剂使用的态度上。《论验》引用了 8 种不同的助熔剂，但阿格里科拉则列出了多于 18 种的助熔剂。不过，埃克仅仅在往硫化铅矿石中添加铁屑时，才使用标准粗碳酸钾或者硅酸铅玻璃这两种助熔剂。

最近，在豪克斯特尔（Daniel Hochstetter）的笔记中发现了坎伯兰一份 16 世纪的很有价值的检验铜和其他贱金属矿石的英文版记录，作者是从德国引进过来的几位主要的采矿专家之一[63]。普拉特（Gabriel Plattes，1639 年）是第一位用英文发表有价值的冶金学题材论文的学者，描述了对铅和铜矿石进行的简单的炉边检验技术[56]。虽然他注意到加入 1/4 盎司的玻璃沫和等量的硝石会加速铅矿石的熔化并得到较干净的矿渣，但他其实仅仅是在铅矿里混合铁屑再加以熔化。锡和铜矿石也进行类似的处理，但是不加任何铁屑或者还原剂。像大多数早期的检验者一样，他给出了从铁中提取银的方法，这必然是一个徒劳无益的操作，除非铁器镶嵌或者镀了银。巴尔巴（1640 年）提出，在坩埚检验中单独使用氧化铅作助熔剂，声称用其他添加物都是不必要的[7]。

另一个对含金、银的矿石进行检验的普遍方法也是一个渣化过程，

蒸馏后蒸馏罐中的土质残余物的一种金丹术名称，这种物质通常可以用来生产硝酸。它主要包括三氧化二铁和硫酸钾。

具体过程是将矿石与助熔剂混合后，置于一个开放式铅制浴锅的顶部并放在隔焰耐火罩下的裸露在外的渣化皿里。大多数的铅都被氧化而分离出来，而剩余金属粒却包含了贵金属的全部。

齐默曼（Samuel Zimmerman，1573年）第一次明确地提出了一种湿法分析。他说矿石在与石灰一起进行必要的焙烧后，再分别加入王水和硝酸，金或银会从水银或铜的溶液中沉淀出来，这样就可以把金或银从矿石中分离出来。

在对贱金属进行检验时，金属的产物是直接称量的。对贵金属来说，从坩埚或者渣化皿中得到的铅粒必须用灰吹法来提取。

灰吹法利用贵金属不易发生氧化反应的特点，把它们和其他普通金属分离开来。如果把一批不纯的铅置于空气中加热至高温，铅氧化所形成的铅黄就会熔解其他贱金属的氧化物，表面张力关系促使熔解的铅黄变得易浸渍并且渗透入检验用灰皿的灰中，而银则最后变成一颗颗不被吸收的密实的熔融小球。贱金属会一直氧化下去直到所剩无几，最后只剩下那些原先存在于铅中的金和银的细小金属颗粒。灰吹法仍然是保留至今的最精确的检验法之一，尤其是用于低浓度的检验尽管这个方法在化学上非常简单，但它需要熟练的技术，古代的作者似乎很乐意努力把这些知识传授下去。在灰吹法中，检验用灰皿被放在熔炉内隔焰耐火罩的下面，先退火半个小时，然后把渣化法和坩埚熔融法制成的铅粒添加进去，或者把添加了已称重的金属试样的铅弹样品加入其中。最大的检验用灰皿可以容纳大约2盎司的铅。

温度控制的重要性也引起了检验者的充分重视。检验过程通常开始很热，结束时已经变冷了。对工序的控制是通过仔细观察颜色的变化和金属表面铅黄的运动状况，以及在灰皿冷却部分铅黄精密的晶体结构形式来实现的。为了保护检验者的眼睛和脸，检验者通常使用一块挡板，通过上面的一处狭缝来窥视火热的熔炉内部情况（图41）阿尔普（Arphe，1572年）这样描述灰皿中铅的外观："在整个过程中可以看见从颗粒边缘有水产生并升到其顶部，但当银变得精纯时，就形成了粗糙的表面，毫无光泽。这标志着灰皿中所有的铅已经被吸收，并且铅已经吸收了除银或者金（如果银包含着一些金的话）之外的所有其他金属。在反应物被覆盖后，覆盖物又会脱掉，使得表面干净而闪亮。"[54] 突然的增亮或者闪光表示整个过程的结束。

在检验金银或者贱金属时，工序过程基本上是相同的。铅的重量**65**是变化的，如果相对纯的话会是银重量的4倍。但如果银中含铜的话，铅重可以高达银的18倍。检验者知道铅中含有银，并且用大量的铅通过灰吹法把银珠制成检验用的原坯，在称量要化验的银珠时，这些原坯被用作砝码。

分金 如果在试样中包含金和银，那么灰吹法制出的金属颗粒就会包含两者。虽然在大规模生产中，这两种金属可以通过使用硫黄或者硫化锑来分离，但出于检验的目的，硝酸经常被使用。含金量少于1/3的颗粒可以被垂打成小的带状，直接用浓硝酸

图39 分金瓶（B）和退火杯（C，D）。
卷成圆锥形的金银（A）浸在分金硝酸中。1572年。

腐蚀。这样就使金在整体结构中留下来，或者就像一块疏松的海绵体，或者成为细小的颗粒，这些都要取决于合金的浓度和酸液的浓度。如果合金中金太多，就不会被腐蚀，出于检验的需要，就得加入银来稀释。这一处理，被称为析银法，一般用来生产一种银金比为3∶1的珠子，尽管阿尔普和布瓦扎尔都推荐的比例为2∶1。

如果对金的大致含量并不清楚，就只能用试金石或分金的方法来检验，这就需要加入银来调整比率，以使其在经过酸处理后变得多孔且紧密。用析银法炼出的金属颗粒被锤打成扁平状，稍卷成螺旋形或圆锥形，然后在细颈瓶内连续用三组硝酸进行煮沸（图39），接着

将剩下的金子洗干净，转入一个小坩埚或者银杯中进行回火处理，最后称重。现在的检验者的做法也正是如此。

检验者一般自己制作分金用的酸液，比林古乔、埃克和阿格里科拉都对其制法做出过贡献。它是一个由长颈卵形瓶、蒸馏瓶盖和接收器组成的蒸馏釜，蒸馏液的腐蚀性非常强，里面混有硝石和明矾或硫酸盐（图40）。在分金前，先取小部分酸溶解少量的银，再与整个酸液混合，直到没有沉淀物产生为止。这主要是用来清除其中的杂质氯

图40　蒸馏分金酸液用的4种熔炉。

（A）"迟钝恶魔"熔炉塔；（B）放有装反应物罐子的侧室；（C）玻璃接收器；（D）土制容器；（E）加热蒸馏罐的熔炉（从内部看）；（F）与大接收器相连的给从蒸馏罐中分馏出的"精馏液"腾出位置的小容器；（G）长熔炉；（H）侧室。1574年。

化物，它会生成氯化银而严重污染通过分金提取出的金，更为严重的时候就会像使用王水时一样发生金代替银被溶解的现象。

试金石试金法在希腊文献中被提到，尽管用试金石（touchstone）被认为只是一种简略的方法，但在 16 世纪此种方法很流行（第 Ⅱ 卷，边码 45）。

66

密度试金法在 13 世纪前一直没有被明确地认定为一种检验法（除了曾像阿基米德所做的那样被仅仅用于检验某种金属，边码 58），那时匿名论文《阿基米德密度法沉思》（*Liber Archimedes de ponderibus*）问世了[57]。此后出现了这一理论的各种分支，不过各组分之间的体积和重量百分比经常被混淆。在普里西安（Priscian）于 5 世纪写的一首诗《卡门之思》（*Carmen de ponderibus*，印刷于 1475 年）中，描述了在这类研究中一种带刻度的横梁和可移动支点的天平的应用，伽利略在第一篇科学论文中又对此作了修改（约 1586 年）[58]。但事实上，这样的天平是测量不出成分的细微变化的。

67

埃克给出了一种精确但烦琐的方法，他通过调整纯金和纯银的颗粒数量来平衡被测样品，直到不需要对浸入水中的天平进行调整为止（图 41）。他还介绍了另一种方法，使用银制的砝码确定没入水中时的超重部分。第三种方法涉及对同等长度的金丝、银丝以及合金丝的重量比较，这些丝都从同一拉丝模中拉制出来。然而埃克并不十分推荐这些分析方法，因为他知道即使是纯金属的不同样品在密度上也可能是不一样的。波尔塔（1589 年）[16]还有另一种变通方法，但计算并不准确。而玻意耳研制了一种简单的装置——比重计浮体（1675 年）——可以在水里和水面上称量[59]，通过与标准值相比直接测量硬币的密度，并且无须使用其成分与密度之间任何假定的关系。

68

至少早在 14 世纪中期，称量用标准模具制造的铸造球就被锡镴匠用在检验技术中。尽管这是一个要么被接受、要么被反对的简单实验，在反对欺骗性的锡镴匠的行动中，锡镴匠行会仍然记录了其超出

图 41　化验室。
（A）熔炉；（B）化验液倾注于其上的铁片；（C）带有长缝的器
具，可以在检查熔炉时避免损坏眼睛；（D）立式分金长颈瓶；
（E）水置换法化验含金的银。1574 年。

标准的重量，并且直到 1710 年相对较晚的时期，记录中一直没有尝
试着将这些超出的重量与实际成分联系起来。

　　格劳贝尔详细地讨论了已被人们所熟知的各种定性检验方法[60]
他把火焰和烟的颜色用作金属的指示物，并且仔细地观察了金属滴表
面的杂质对金属滴外形的影响，我们现在将其解释为表面张力。早在
8 年前，格劳贝尔就已经提出，对混有玻璃的熔融矿石样品颜色进行
观察，并作为一种定性分析方法，进一步用于精炼硼砂珠的实验上。

　　印刷图书的广泛传播极大地影响了 16 和 17 世纪的冶金业，这些书详细地记载了已经被应用了很多世纪的各种技术和合金的结构成分，这一主题引起了学者和其他人士的广泛兴趣。人们以一种现在所盛行的探究的态度，关注着金属的特殊性质及其转变。

　　随着 17 世纪中期许多大的学术社团的成立，工匠们实践性的知识引起了经验哲学家的注意，但是这种实践性知识还继续远远超前于理论。直到 18 世纪，理论科学才有能力仅仅以一些次要的方式帮助实践发展。然而，近代科学的方法正是从那些处理原料的人的直觉性知识与实验观察和哲学的相结合中引发出来的。在 19 世纪，对金属性质及其反应原理的理解不断加深，很自然地导致了工艺的进步，并且使各种材料更加符合更为复杂的工程所提出的越来越严格的要求。

69 相关文献

[1] Probierbüchlein. Magdeburg, 1524. Eng. trans. in 'Bergwerk-und Probierbüchlein', trans. and annot. by Anneliese G. Sisco and C. S. Smith. American Institute of Mining and Metallurgical Engineers, New York. 1949.

[2] Pantheus, Joannes Augustinus. *Voarchadumia contra Alchimiam.* Venice, 1530. See also Taylor, F. Sherwood. Newcomen Society Preprint. 1954.

[3] Biringuccio, Vanoccio. 'De la Pirotechnia libri X.' Roffinello, Venice. 1540. Eng. trans. by C. S. Smith and Martha T. Gnudi. American Institute of Mining and Metallurgical Engineers, New York. 1943.

[4] Agricola, Georgius. *De re metallica libri XII.* Basel. 1556. Eng. trans. and comm. by H. C. Hoover and Lou H. Hoover. Mining Magazine, London. 1912; Dover Publications, New York. 1950.

[5] Ercker, Lazarus. 'Beschreibung allerfürnemsten mineralischen Ertzt-vnnd Berckwercksarten.' Georg Schwarz, Prague. 1574. Eng. trans. from German ed. of 1580 by Anneliese G. Sisco and C. S. Smith. University Press, Chicago. Ill. 1951.

[6] Löhneiss, Georg Englehard vom. 'Bericht vom Bergwerk, wie man dieselben bawen... sol.' Zellerfeld. 1617.

[7] Barba, A. A. 'El Arte de los Metales.' Madrid. 1640. Eng. trans. by R. E. Douglass and E. P. Mathewson. Wiley, New York. 1923.

[8] Johannsen, O. (Trans.). 'Peder Månssons Schriften über technische Chemie und Hüttenwesen.' Verlag der deutschen Technik, Berlin. 1941.

[9] Réaumur, R. A. Ferchault de. 'L'Art de convertir le fer forgé en acier et l'art d'adoucir le fer fondu.' Paris. 1722. Eng. trans. by Anneliese G. Sisco. Chicago, 1956. University Press, Chicago. Ill. 1955.

[10] Weeks, M. Elvira. 'Discovery of the Elements' (5th ed. enl. and rev.). Journal of Chemical Education, Easton, Pa. 1945.

[11] Lippmann, E. O. von. 'Die Geschichte des Wismuts zwischen 1400 und 1800.' Springer, Berlin. 1930.

[12] Dawkins, J. M. 'Zinc and Spelter.' Zinc Development Association, Oxford. 1950.

[13] Gille, B. 'Les origines de la grande industrie métallurgique en France.' Collection d'histoir sociale, no. 2. Éditions Domat, Paris. 1947. Hall, A. R. 'Ballistics in the Seventeenth Century.' University Press, Cambridge. 1952

[14] Johannsen, O. 'Geschichte des Eisens' (3rd ed. rev.). Stahleisen, Düsseldorf. 1953.

[15] Alessio Piemontese(Ps.-). 'Secreti del... Alessio Piemontese.' Venice. 1555. See also Darmstaedter, E., 'Berg-, Probier-', und Kunstbuchlein'. Munich. 1926.

[16] Porta, G. B. della. *Magiae naturalis libri XX.* Naples, 1589. Eng. trans., London. 1658.

[17] Jousse, M. 'La fidelle ouverture de l'art de serrurier.' La Flèche. 1627.

[18] Saint Rémy, P. S. de. 'Mémoires d'artillerie.' Paris. 1697.

[19] Feuerwerkbuch. 1454. The metallurgical contents are quoted by O. Johannsen. *Stahl u. Eisen, Düsseldorf,* **30**, 1373, 1910.

[20] Plot, R. 'The Natural History of Staffordshire.' Oxford. 1686.

[21] Hooke, R. 'The diary of Robert Hooke, 1672–1680'(ed. by H. W. Robinson and W. Adams), p. 193. Taylor and Francis, London. 1935.

[22] Boyle, R. 'Experiments and Considerations Touching Colours.' Henry Herringman, London. 1664.

[23] Hooke, R. '*Micrographia, or Some Physiological Descriptions of Minute Bodies Made by Magnifying Glasses, with Observations and Inquiries Thereupon.*' London. 1665. Reprinted in Gunther, R. T. 'Early Science in Oxford', Vol. 13. Printed for the Subscribers, Oxford. 1938.

[24] Glauber, J. R. *Prosperitatis Germaniae pars prima.* Amsterdam. 1656.

[25] Neri, A. 'L'arte vetraria distinta in libri sette.' Florence. 1612. Eng. trans., greatly amplified, by C. Merret. London. 1662.

70

6] Sachs, Hans. 'Eygentliche beschreibung aller Stände... mit kunstreichen figuren [by Jost Amman]. Sigmund Feyerabend, Frankfurt a. M. 1568.

7] Glauber, J. R. *Furni novi philosophici.* Amsterdam. 1648. Eng. trans. by C. Packe. London. 1689. *Idem. Opera mineralis,* Pt. I. Amsterdam. 1651.

8] Newton, I. *Phil. Trans.,* 7, 4004, 1672.

9] Birch, T. 'The History of the Royal Society of London for Improving Natural Knowledge'(4 vols). Vol. 3, p. 43. London. 1756–57.

30] Zonca, V. 'Novo teatro di machine et edificii.' Bertelli, Padua. 1607.

31] Gunther, R. T. 'Early Science in Oxford', Vol. 7, p. 678(entry for 25 February 1685). Printed for the Subscribers, Oxford. 1930.

32] Welch, C. 'History of the Worshipful Company of Pewterers of the City of London Based upon Their Own Records'(2 vols). Blades, East and Blades, London. 1902.

33] Harrison, W. 'An historicall description of the Islande of Britayne.' London. 1577.

34] Houghton, J.(Ed.). 'A Collection for the Improvement of Husbandry and Trade'(rev. ed. by R. Bradley, 4 vols). London. 1727.

35] [Plantin, Christopher]. 'La première et la seconde parties des dialogues francois pour les ieunes enfans', Dialogue 9. Christophle Plantin, Antwerp. 1567. Eng. trans. by Ray Nash. 'An Account of Printing in the Sixteenth Century from Dialogues Attributed to Christopher Plantin.' Harvard University Library, Department of Printing and Graphic Arts, Cambridge, Mass. 1940.

36] Moxon, J. 'Mechanick Exercises, or the Doctrine of Handy-works'(2nd ed., 2 vols.). London. 1683.

37] Theophilus Presbyter *Diversarum artium schedula.* Ed. with comm. and German trans. by W. Theobald: 'Die Technik des Kunsthandwerks im zehnten Jahrhundert. 'Verein Deutschen Ingenieure, Berlin. 1933. Ed. with Eng. trans. by R. Hendrie:'An Essay

upon various Arts by Theophilus called also Rogerus.' London. 1847.

[38] Caus, S. de. 'Les raisons des forces mouvantes.' Paris. 1615. Also another edition with additional figures. Charles Serestne, Paris. 1624.

[39] Hale, T. 'New Invention of Mill'd Lead... for Ships.' London. 1691.

[40] Ruding, R. 'Annals of the Coinage of Britain and its Dependencies'(3rd ed., 3 vols.). London. 1840. Craig, Sir John H. McC. 'The Mint. A History of the London Mint from A.D. 287 to 1948.' University Press, Cambridge. 1953.

[41] Boizard, J. 'Traité des monoyes, de leurs circonstances et dependances.' Paris. 1696.

[42] Cellini, Benvenuto. 'Due trattati, vno intorno alle otto principali arti dell' oreficeria. L'altro in materia dell' arte della scultura.' Florence. 1568. Eng. trans. by C. R. Ashbee. London. 1898.

[43] Réaumur, R. A. Ferchault de. "Expériences et réflexions sur la prodigeuse ductilité de diverses matières." *Hist. Acad. R. Sci.,* 100, 1713.

[44] Boyle, R. 'An Essay of the Great Effects of Even Languid and Unheeded Motion. 'London. 1685.

[45] Kunckel, J. *Ars vitraria experimentalis.* Amsterdam and Danzig. 1679.

[46] Boyle, R. 'An Essay about the Origine and Virtues of Gems.' London. 1672.

[47] Power, H. 'Experimental Philosophy. ' London. 1664.

[48] Napier, J. *Rabdologiae, seu numerationis per virgulas.* Edinburgh. 1617.

[49] Mersenne, M. *Cogitata physico-mathematic a.* Paris. 1644.

[50] Caswell, J. *Phil. Trans.,* 17, 694, 1693.

[51] Perrault, C. and Perrault, P. 'Essais de physique.' Paris. 1680.

[52] Mersenne, M. 'Harmonie universelle.' Paris. 1636.

[53] Galilei, Galileo. 'Discorsi e dimostrazioni matematichè intorno à due nuove scienze.'

71

Leiden. 1638. Eng. trans. by H. Crew and A. de Salvio: 'Dialogues concerning two New Sciences.' Macmillan, New York. 1914; Dover Publications, New York. 1952.

[54] Arphe, Juan. 'Quilatador de la Plata oro y Piedras.' Valladolid. 1572.
Fachs, Modestin. 'Probier Büchlein.' Leipzig. 1595.
Schindler, C. C. 'Der geheimbde Müntz-Guardein und Berg-Probierer.' Frankfurt a. M. [1687？]
Schreittmann, Ciriacus. 'Probierbuchlin. Frembde und subtile Künst.' Frankfurt a. M. 1578. See *Isis*, **46**, 354, 1955.

[55] Cramer, J. A. *Elementa artis docimasticae.* Leiden. 1739. Eng. trans., London. 1741.

[56] Plattes, G. 'A Discovery of Subternaneall Treasure.' London. 1639.

[57] Moody, E. A. and Clagett, M.（Eds）. 'The Medieval Science of Weights.' University of Wisconsin Press, Madison, Wis. 1952.

[58] *Idem. Ibid.*, pp. 353, 357.
Galilei, Galileo. 'Opere'（Edizione Nazionale by A. Favaro）, Vol. 1, pp. 215–20. Florence. 1890.

[59] Boyle, R. *Phil.* Trans., **10**, 329, 1675.

[60] Glauber, J. R. *De signatura salium, metallorum etc.* Amsterdam. 1659.

[61] Savot, L. 'Discours sur les médailles antiques. Paris. 1627.

[62] Zimmerman, Samuel. 'Probierbuch.' Augsburg. 1573.

[63] Donald, M. B. 'Elizabethan Copper. The History of the Company of Mines Royal 1568–1605. ' Pergamon Press, London. 1955.

[64] 'Stahel und Eysen kunstilich weych und hart z machen.' Mainz, 1532. Eng. trans. from later ed. by H. W. Williams. *Tech. Stud. Fine Arts,* **4**, 64, 1935.

[65] Fratta et Montalbano, M. A. de La. 'Pratica Minerale.' Bologna. 1678.

1716 年法国一钢铁厂概图，显示了带有斜槽的驱动风箱的水轮、锻造炉周围的部分建筑、正在运送和称重的生铁以及把炉渣运送到堆场的工人。

第3章　煤的开采与利用

J.U.内夫（J.U.NEF）

3.1　煤的早期历史

要说出人类第一次有意识地烧煤的确切时间，是不可能的。但可以肯定的是，只是在相对较近的时期，也就是中世纪以后，煤才对西方技术的发展起到了重要的作用。至于把它作为一种原材料资源而不仅仅是热源进行科学研究，则是 19 世纪的事了。

所有公元前在地中海盆地和近东地区发展起来的人类社会，在一定程度上均依赖于其地下矿藏。但是，至少从有文字记载的历史出现以来，在埃及、北非、巴尔干、小亚细亚、美索不达米亚、印度等地区，都不曾发现过丰富的近地表煤层。如果说在公元以前，这些地区的确烧过煤，至少是褐煤（几乎没有确切的证据能说明这一点），那么煤对古代各民族技术发展的影响肯定也是几近于无的。这里我们必须把煤的历史与金属的历史（如铜、铅、铁甚至金和银的历史）严格区分开来，因为在古代人们就开始挖掘所有这些金属矿藏了，而且冶金技术有着非常悠久而有趣的历史（第 I 卷，第 21 章；第 II 卷，第 2 章；第 III 卷，第 2 章）。希腊化时代之后，罗马的统治范围不断扩张，跨越了阿尔卑斯山，进入欧洲西北部，这就使得希腊-罗马社会的技术和科学在一定程度上不但可以为来自南部欧洲和罗马帝国其他地方的开拓者所采用，也可以供被罗马军队征服的高卢和不列颠的原定居者所利用。高卢和不列颠跟帝国的其他部分如巴尔干半岛、近东和北非等地区有着明显的不同，那就是它们有着丰富的裸露于地表的煤层。在法国南部和中部的几个地区发现了这样的煤层，沿着低地国家内的一条狭长地带储量尤丰。该地带始于蒙斯西部，向东朝列日延伸，直到亚琛（即艾克斯拉沙佩勒）。

不列颠是露出地表的煤层储量最丰富的地区。一位学者曾经提出，根据现代考古学佐证，自被罗马征服以后，特别是在公元4世纪，在英格兰的很多地方都曾相当广泛地开采过煤[1]。但值得注意的是，罗马统治时期的不列颠通常并不允许煤的开采。即使在罗马占领时期一些地方的确曾开采过浅层地表的矿物燃料，也看不出煤对希腊-罗马时代的技术工艺产生过显著的影响——即对炉窑、锻造炉、工业炉的结构，对工业中使用的机器，对欧洲任何地区的陆地和海洋货物运输的方式等，均未产生过什么影响。

就欧洲大陆和不列颠而言，野蛮人从东部和北部入侵之后，有关煤的开采或利用的可核实的历史资料即毁于一旦，从公元6世纪到11世纪，在中世纪的历史文献中找不到有关煤的只言片语。考古学家也拿不出明显的证据来证明这一时期人们曾开采过煤。在中世纪的前几个世纪，有关煤的历史记录跟冶金特别是炼铁相比，简直不可相提并论。从欧洲南部和近东来的外国人和访问者，不无敬畏地谈到野蛮人的铁器，尤其是以短剑为代表的各种武器，而关于烧煤却无人谈及。

简而言之，在西欧直到12和13世纪，煤成了一件不为人知的秘史——如果是这样（这是一件让人困惑的事），它留给人们的只是一道微不足道的痕迹而已。

再往西越过大西洋，在那片广袤的陆地（古代和中世纪的人们似乎对这块大陆一无所知）上，关于煤的记录是一片空白，甚至连一个脚注也没有，直到16世纪欧洲殖民者开始进入后，情况才有所改变。早期社会富足的南美洲和中美洲，特别是秘鲁和墨西哥，有了一些金的使用，但是很明显没有使用煤。这并不奇怪，因为这些地方的煤资源跟北美（它仍然掌握在原始部落手中）相比显得如此贫瘠。

在远东，煤的早期历史是另外一种情形。马可·波罗（Marco Polo，1254?—1324?）发现在中国的某些地方，当地人把一种黑色的石头当作燃料来烧，感到非常惊讶。作为一个意大利人，他从来没有见过这样的事情。假如他来自低地国家或英格兰，他可能就不会感到如此震惊。看来，中国在若干个世纪里，曾比欧洲更为广泛地使用煤。但问题是，烧煤在中国到底有多广泛，烧煤究竟用于什么目的？在这些问题上，历史学家们的解答只能是莫衷一是。李约瑟（Joseph Needham）近来宣称，"可以肯定，中国至少从公元4世纪以来，就开始直接用煤来冶炼铁。"李约瑟似乎有确凿的证据表明，中国的一些地方先于欧洲若干个世纪就开始普遍熔炼铁矿石，这其中的一个原因是，中国出产的铁矿石与欧洲的铁矿石相比，可在较低温度下熔炼。但这并不能顺理成章地推导出煤在冶炼过程中曾经普遍采用。在另一方面，中国文献中一些相关章节却确确实实表明，人们在制造铁器时使用了煤。在世界其他地方，制造生铁器具（如马掌）也经常是煤首先得到使用的场合，其中煤和木炭在锻炉里被混合起来使用[2]。在加工车间用煤取代其他燃料以生产熟铁，没有遇到一开始从矿石中炼铁那样类似的技术问题。可以肯定的是，中国挖掘煤、用煤作燃料已有两三千年的历史了。直到13世纪甚至可能直到16世纪，中国人一直比世界上其他民族的人更充分地利用了煤资源。

在欧洲，自13世纪到16世纪中叶，低地国家特别是列日的公国对煤资源的开采是最充分的。据说，生性暴烈的勃艮第公爵（Duke of Burgundy）——勇敢者查理（Charles the Bold，1433—1477），在与列日人的冲突中，曾命令他的士兵把那个城市从地图上抹去，并发誓它的名字永远不会再被起用。然而，在他去世后的几十年里，列日却变成了欧洲最著名的军火制造地之一。在16世纪上半叶，这里

的煤产量增加了两到三倍[3]，为本地及宽阔平静的默兹河（图42）
下游的许多地方的炼铁和其他金属制造业提供了充足的燃料。列日
到纽卡斯尔的煤的数量并不多。但是，这种来自卢锡克（Luick）陆
的煤与来自泰恩河的海运煤的确在加来和其他英吉利海峡的港口形
了竞争。在列日，人们开挖了长长的排水平峒，把城镇山坡下面的
坑积水排泄出去。人们作了系统的规划，使水从井下通道（矿工在
里工作）源源不断地流出，为城市提供主要的水源。采煤技术的精
发展过程对城镇有双重的利害关系。到16世纪中期，对外来旅客
说，坑道边上甩出的黑土堆成的大墩，跟教堂的尖顶差不多同样显
它们和城市大厅、法院和大量拔地而起的商业建筑相比，更能预示
待着西方人的未来[4]。

76　3.2　不列颠的煤工业

正是在这段时期以后，煤在技术中的地位发生了重大的变化，
注定对即将来临的钢铁和机械经济产生巨大的影响。尽管伊丽莎白
世（Elizabeth Ⅱ）的统治似乎标志着英格兰在世界各国中采煤霸权
终结，而伊丽莎白一世（Elizabeth I）的在位却标志着这一霸权的开
从16世纪末到维多利亚时代中期，即从大约1600年到1860年
后，谈到矿物燃料的开采和利用，大不列颠没有遇上能与之匹敌的
手。在17世纪早期，煤已经得到了广泛的应用，不仅用于英格兰
苏格兰的家用壁炉，也用于他们的洗衣房和食物烹饪，而且还用于
炼食盐及制造玻璃、建筑砖瓦、船舶用锚和烟斗方面。染料商、制
商、制糖商和酿酒商（他们的数量猛增，在伦敦和一些地方城镇更
如此），甚至一些面包商也需要用煤。早在詹姆斯一世（James I）统
时期（1603—1625），英格兰明矾制造业（它们为当地的染料工业
供必需的媒染剂）的扩张，也开始依赖于从英格兰北部船运的煤。
些运煤船停靠在约克郡海岸的沿岸港口，距离新近发现的明矾矿较

图 42 列日地区的煤矿。

（中）带有水平巷道的提升井；（左）带有烟囱以及通往提升井的门的通风井道。1773 年。

在 1563—1564 年间，从泰恩河畔纽卡斯尔船运的煤，总量达 32 95
吨。一个世纪后，在 1658—1659 年间，总量已增长到 529 032 吨
大约在 1580 年［据说是莎士比亚（Shakespeare）定居到首都伦敦的
那一年］到 1660 年王政复辟期间，伦敦进口的煤增长了 20 到 25 倍
（图 43）[5]。那些来参观快速增长的城市的外国人，对从千千万万家
庭和成百上千家工厂里释放出来的污浊烟雾震惊不已。世界上其化
任何地方都没有这番景象。伦敦拥有难以计数的酿酒厂、肥皂和洗
粉作坊、砖瓦窑、制糖厂、制陶厂和玻璃熔炉，在一些外国人看来
已经变得不再适合人类居住了[6]。甚至英格兰艺术家伊夫林（John
Evelyn，1620—1706）也由于烟雾而被迫离开了伦敦。这些烟雾从
新建的制造工场的乌黑的烟囱冒出，悬浮在大都市的上空，沿着街
道飘移。伊夫林将这个新的、黑暗的伦敦比作"遭到希腊人洗劫的
特洛伊城或走近赫克拉火山时的画面"[7]。到王政复辟时期或稍后

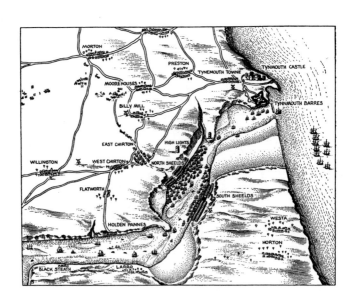

图 43　泰恩河口的部分地图，标有运煤船、盐田等。1655 年。

格兰、威尔士和英格兰的很多地方的煤矿不断扩展，据估计大不列
□这个小岛每年总共可产煤200万吨，可能是世界上其他地区总产
□的5倍[8]。

技术和科学的历史对我们这个时代所独具的工业文明的出现有着
□此直接的联系。对技术和科学的历史而言，从烧木经济到燃煤经济
□一新转变的重要性在于一些新的技术问题，它们以一种尖锐的形式
□现在以下三个领域：第一，煤的工业利用；第二，采矿业；第三，
□输业。机械经济的最终出现在很大程度上有赖于这些问题的解决。

3 煤燃料的新用途

由于英格兰人口增长、造船业及其他制造业的发展，对木柴和木
□供应的压力变得如此之大，以至到伊丽莎白一世统治结束之时，现
□统计学家收集的数据显示，伦敦的木柴价格和各种建筑用木材的价
□远比其他任何商品的价格上涨得厉害[9]。在许多工业中，比如说
□过海水的蒸发来制取盐，加热明矾石溶液来制取明矾，以及石灰的
□取和砖块的烘焙等等，由煤取代早期使用的燃料，尤其是木柴和木
□，都无须在制造过程中做很大的变化就能实现。当然，也有许多工
□只有当新的生产方法发明了以后，才有可能采用煤作为燃料。在这
□情形中，玻璃的制造就是一个重要的例子（边码220—边码221）。
□在1605年到1621年期间，人们设计了一种新的熔炉，工作方式
□把原料放在一个密闭的坩埚里加热，这样就可以把原料与正在燃烧
□煤所产生的令人厌恶的烟和火焰隔离开来[10]。新熔炉的应用使得
□所未有地大批量生产平板玻璃成为可能（主要用在像窗玻璃这样的
□用品上），这就使得在火焰中吹制玻璃变得不再可行了。玻璃吹制
□本是意大利人最擅长的工艺，而且在他们的影响下，欧洲大陆许多
□也变得擅长吹制玻璃了。

因此，煤作为燃料的需求取代木柴，有助于资金和劳动力集中到

某些种类的技术上来——这些技术发明的初衷是为了提高普通商品产量，而不是提升那些价格昂贵而又华丽的商品的质量。

大约 1600 年以后炼铁业在不列颠群岛上不断扩大的趋势，是在熔炉和锻造炉中用煤代替木柴的过程紧密联系在一起的。在那生铁被转化为条铁，有些再通过滚切机制成铁棒。在 16 世纪末和世纪初，用于炼铁的木炭价格上涨的速度没有木柴和木材那样快，是因为木炭不像木柴和建筑用木材那样需要经过长途运输才能到达口和工业集中的中心，木炭往往是在伐木场就地烧制而成的。在大列颠的一些地方，比如像迪恩森林，有着丰富的森林资源，炼铁工主们就在这些地方新建了熔炉和锻造炉，把大量的木材制成木炭（416）。但是这样做就远离了市场需求的中心，由此增加了建冶炼及销售产品的费用。17 世纪初，人们就认识到了在冶炼工业中采煤的好处，但在 17 世纪末和 18 世纪大部分时期，大不列颠铸件条铁的产量增长非常缓慢，这在很大程度上应归咎于那些非常棘手技术难题，这些难题在煤取代木材普遍应用于炼铁之前就必须解决

79

虽然早先在用熟铁生产粗制铁器时曾少量地使用了煤，但是16 世纪末，欧洲在用煤来取代木材冶炼金属矿石方面并没有取得显的成功。即便像前面曾提到过的那样，中国人先在冶炼铁矿石方取得了这些进步，西方人也并不是从中国那里学会如何用煤来取代材进行冶金的。

那么，大不列颠是怎么实现用煤来进行金属冶炼的呢？就在世纪初期，有两个人声称解决了在高炉（铁矿在其中熔化，然后注模具）中用煤来代替木炭作为燃料的难题。原籍显然是荷兰的斯特文特（Simon Sturtevant）和罗文松（John Rovenzon）在 1612 年和 16年分别发表的关于金属冶炼方面的论著，倡导采用烧煤的高炉，他认为这是可行的，但是没有对所声称已经发明出来的方法进行具体描述。他们的方法就像随后几十年里其他许多发明家所提出的方法

，在实践中被证明是不成功的。

大约在斯特蒂文特和罗文松发表论著的时候，玻璃制造业攻克了煤取代木材作为燃料的技术障碍。可能是在玻璃制造业这种成功的励下，1614 年艾里奥特（William Ellyott）和默西（Mathias Mersey）发了在炼钢的过程中用煤来作燃料的方法。但令人不解的是，为什么铁冶炼过程中用煤来取代木材却延迟了好几代。

在 16 世纪后期，通过间接法来生产熟铁的工艺（在这个工艺中，以液态的形式从高炉流入铸模，通称铁锭，然后在锻造炉中通过加和锤打使之变成熟铁）开始得到广泛的应用，特别是在北欧、低地家（图版 3）、瑞典和不列颠。用煤取代木炭作为燃料的问题非常复，这是因为矿石和铁必须经过许多道工序，才能变成铁匠用来锻造成品的条状或棒状铁。在所有这些工序中使用煤是必要的。但每一工序都有其特殊的问题，简单地用煤来代替木材或木炭都是不切实的，这是因为就像在玻璃制造中那样，矿物燃料会对原料造成损害。

早在 17 世纪人们在高炉中准备焙烧矿石时，就把少量的煤和木的混合物作为燃料，在精炼炉和高温炉（这是两种类型的锻造炉，来将生铁或铸铁锻造成条铁中也是这样[11]。但是，尽管斯特蒂特、罗文松等人主张烧煤炼铁，以煤作燃料的高炉炼铁的局面却仍姗姗来迟。最终可能是人们极力探索酿造工业中如何用煤来取代木和木材的问题，才间接地导致在冶金工业中采用了燃煤技术。其实，酿造中采用煤作燃料本身并没有什么严重的问题，早在詹姆斯一时期，伦敦的一些酿造商就开始用煤作燃料了[12]。据说，在 1637，威斯敏斯特地区约有 4/5 的酿造厂以煤代替木材作燃料，已经以为常[13]。

麦芽的干燥是一些酿造工艺中不可或缺的环节，然而在干燥过程，燃烧原煤会将其怪味间接地传递到啤酒中去。用原煤干燥的麦芽制的啤酒简直让人难以下咽，于是人们想到既然木材可以烧成木炭，那么，煤应该也可以焦化处理，以清除矿物质中的杂质。这个方法是大约在1603年由一名睿慧的先贤——休·普拉特爵士（Sir Hugh Platt，1522—1608）首先想到的。他提供了一种制造煤球的配方，用以消除伦敦城中家用煤炉所产生的刺鼻气味[14]。但是，用煤炼焦的早期努力以失败告终。煤的焦化显而易见地与麦芽的干燥联系在一起，其首次成功是在内战时期（1642—1648年）的德比郡获得的。用焦炭（当时叫"coaks"）干燥的麦芽酿造的啤酒，据说口感清冽纯净（图44）。这种焦炭是从一种出产于德比郡附近的特殊硬煤焦化而成的，由于这项新的发明，德比郡啤酒在英格兰闻名遐迩[15]。

用煤烘干麦芽酿制出来的啤酒，渗透着原煤传递来的令人不快的味道。同样，在高炉中采用煤作燃料，将会使铸件和生铁变得发脆而派不上用场。然而，令人不可思议的是，焦炭在干燥麦芽中应用了一个世纪后，人们才在高炉中成功地用上了它。与此同时，在17世纪末，人们发明了新型的反射加热炉以熔炼铅矿石，后来又用于熔炼锡矿石和铜矿石，这一发明使得在冶金过程中用原煤取代木炭成为可能。第一个记录下来的应用焦炭炼铁的成功试验，是1709年在什罗普郡的布罗斯利完成的[16]，它并没有立即带来矿石燃料在铁冶炼中的广泛应用。生铁是在锻炉中加工成条形、棒状的，然而在锻炉中使用更多的煤进行加工，其中仍有一些问题需要解决。在这些问题解决之前，炼铁工场不得不集中在森林附近，而不是集中在日益增长的煤矿附近。因为炼铁工场主

81

图44 煤的焦化，1773年。

大量的木炭以将生铁转化为条铁，他们意识到在高炉中不妨也采用
炭。

大约 70 年后，即 1784 年前后，科特（Henry Cort，1740—1800）
明了所谓的搅拌炉熟铁冶炼工艺。在搅炼过程中，煤燃烧产生的热
反射传递，以将生铁转化为条铁。这一工艺加上科特发明的铁后续
理的新方法（即让铁通过槽形轧辊），确保了煤在铁冶炼中使用的
功。搅炼法使得消除铁中有毒的硫成为可能。

从用煤取代木材作为燃料这一技术问题首次尖锐地出现，到煤与
铁的实际有效结合，大约经历了 200 年的时间。但无论如何，在
6 和 17 世纪之交的不列颠好像已经出现了燃煤，而正是燃煤经济促
了上述这一结合[1]。大约在 1600 年，出现了煤（煤在矿区和航道附
价格便宜）取代木材（木材只是在远离铁的主要市场的地区才会价
便宜）的需求，这一需求对许多新的技术发明产生了前所未有的激
。大约在同一时期，许多产业均感受到了用煤取代木材的需求，这
事实使得发明家将注意力集中到如何用煤来取代木材的各种技术问
上来。从长期看，它为发明家们提供了广泛的经验，这些经验为日
解决如何在铁冶炼中用煤取代木材这一异常困难和复杂的技术问题
供了知识基础。

.4 煤的开采和运输

在 16 和 17 世纪之交，由于对煤的需求不断扩大，对煤的开采
运输量的需求比以往任何时期都高出许多，使得另外两个技术问题
得尖锐，这些问题的最终解决加速了此后 200 年的工业革命。第
一个问题是如何从矿井深处排除积水。早在伊丽莎白一世时代，矿
积水的问题就已经开始困扰着中欧的矿工们。在 15 世纪后期和

但是，在一定程度上，可以说英国燃煤经济在 17 世纪的出现，反映出了解决用煤炼铁技术问题的迟缓。煤在其
他许多工业中的应用，减轻了英国森林提供木柴的负担，同时可能刺激炼铁工场主继续使用木炭。

82　16 世纪早期，对铜和银（人们第一次提取银是从含银的铜矿石中）需求大大增加，这样就加剧了中欧的开采活动。为了抽出积水，人们设计出各种精巧的机器，这在匈牙利尤其突出。在阿格里科拉（Agricola）那个时代，有些抽水设备在德国及其东部和南部邻近的一些国家里得到了相当普遍的应用。阿格里科拉关于采矿和金属冶炼方面的那篇著名的论著《论冶金》（De re metallica），是 1556 年发表的（第 II 卷，边码 13）。用来排水的机械，就像在冶金工业中用来拉动强力风箱和最重的锻锤的机械一样，也像在制盐工业中从盐泉中把水提上来的机械一样，都是用马匹或是借助落水或流水的力量来驱动的。

直到宗教改革运动之后，在利用动力传动的机械方面，不列颠与领先的欧洲大陆国家相比还是落后的。在 16 世纪的下半叶，英国人不断地到国外访问，特别是到德国搜寻实用技术知识，以便运用到本国的采矿业和冶金业之中。英国还从中欧国家聘请外籍采矿专家，对英格兰人和苏格兰人进行技术指导（边码 63）。英国还仿制了当时匈牙利、波希米亚、萨克森和哈茨等地最精巧的机械，将其安置在一些采矿中心（特别是在诺丁汉郊区的沃兰顿地区）供人们参观。

83　到了 16 世纪末，由于英格兰采煤业的空前发展，早期用以驱动机械的动力源——风力、水力以及畜力，显然已无法应付矿井排水的专门问题了。中欧在 16 世纪初在采矿业特别是在冶金业中引入了新型的用畜力或水力驱动的机械，它们曾一度被证明是经济适用的，其中一个原因是，含银矿石由于稀缺尤见珍贵。从含银的铜矿石提取出来的银和铜在当时可以卖出好价钱，这一局面一直维持到 16 世纪下半叶。自此之后，美洲生产的银的涌入压低了银的市价。然而，另一方面，煤炭主要因为储量丰富而被不断发现具有新价值。虽然英国模仿了欧洲大陆最先进的矿井排水方法，但是排水成本依然居高不下，这使得英国采煤业主感到无所适从、步履维艰，而他们在欧洲大陆的先行者却从来没有遇到过这种窘困。如果机械的驱动总是要靠一支马

45　泰恩河畔纽卡斯尔的畜力绞盘牵引机器，1773 年。

来维持（图 45），或者使小溪甚至河流改道、筑起高坝以水力驱动
械，那就很难保证产煤能长期获利。而且，在采矿业中进行这种替
要比在冶金业中更加困难，因为在冶金工厂中水力驱动的锻锤可以
中运作，但是采煤业中水力驱动的排水机是不可能在相当长时间集
在一个地方的。简而言之，旧有驱动机械的动力源的成本在生产像
这样的产品时显得惊人的高，使采煤被普遍认为是令人厌恶的行当，
至于当时英国最伟大的诗人总是让他舞台上的人物一见到海运煤
主[1] 就远远躲开。所以，在煤经济中对发明一种能够降低机械成本
新动力源的压力是前所未有的。

采矿专家对如何成功地解决矿井排水问题智穷才竭，于是他们开
转而求助于长期已有的蒸汽喷射可能产生动力的知识。在 17 世纪
初的英格兰以及较小范围的欧洲大陆国家，一些人开始探索应用蒸

见莎士比亚的《无事生非》（*Much Ado about Nothing*）。

汽的力量来解决煤矿排水的新问题。在这个世纪，人们反反复复地尝试，败而不馁。在斯特蒂文特和罗文松的论著发表近 100 年后，一位煤矿专家经历了许多次的蒸汽实验后声明，如果谁发明了一种经济可行的蒸汽机，能够帮助矿主们排除矿井中的积水，那他将得到丰厚的奖赏，可以定居伦敦，并有六驾马车伺候[17]。

84　　大约在 1712 年，当位于斯塔福德郡的煤矿首次安装上原始的蒸汽机时，上述那位煤矿专家便不可能作出上述表述了。从那时起，蒸汽机很快传播到不列颠群岛和欧洲大陆。然而，蒸汽机广泛地应用于制造业中的机械驱动，那还是 75 年以后的事，即直到 18 世纪 80 年代瓦特（Watt）发明旋转式发动机以后。17 世纪早期的蒸汽机试验是由于不列颠煤炭工业的初期扩张而引发的，它们既是在为发明蒸汽机做重要准备，也是在为煤在炼铁中的运用做重要准备。

　　像煤这样价格低廉而生产成本又高的矿产品，对如何降低运输成本特别是陆地运输的成本提出了需求。像煤这样的体积大而又笨重的商品，水运比陆运更有优势，这种优势在 17 世纪之初比在 20 世纪之初更为明显。但是，随着更多的煤被开采，最佳位置的地表煤层被开采一空，人们必须到离港口或航道有一定距离的地方去开采新的煤矿。这就引起了陆地运输新方式的完善。

　　在 1598 年到 1606 年间，人们发明了木轨，并在沃兰顿煤矿到特伦特河以及在布罗斯利煤矿到塞文河之间，铺设了暂时性的木轨[18]。这些木轨明显呈倾斜状，以使在矿井出口满载着煤炭的货运马车能够沿着轨道顺利地抵达停泊运煤船的码头。倒空煤炭后，货车又被马匹沿着轨道拉回原处。

　　铺设轨道的主意是伊丽莎白时期英国人从德国借鉴而来的。16
85 世纪初期正是德国银矿和铜矿开采的繁荣时期。在中欧，人们在一些金属矿附近铺设一段一段的枕木，每段约有几米长，货运马车底部装有一根木栓，以防止车轮从轨道上滑落出去，货车可被矿工们用手推

熔炉边。但是人们称之为倾斜轨道的设计，却是英国人的发明。它
新需求下的产物，以运输那些既肮脏又便宜、数量日益增多的货物。
18世纪，在不列颠所有的主要煤产地，马车轨道已得到广泛的应
，借此将煤拖运到航道边和港口（图46）。大约在同一时期，人
通过努力将这样的轨道引进到德国。值得注意的是，18世纪末期
国的鲁尔区出现了一个重要的发明，这就是著名的"英国式煤道"
（englischer Kohlenweg）。现代形式的铁轨是英国人首先想出来的，由
些早已被人忘记了的专业煤矿技术人员所开发。铁轨的出现比蒸汽
的问世要早两个世纪，开始是为了拖运货运马车。同样，蒸汽机也
由于受到了采煤问题的压力而发明出来的。

46 泰恩河畔纽卡斯尔的马车轨道，1773年。

.5 煤与技术开发

如前所述，伊丽莎白一世统治末期，不列颠煤工业的兴起对于一
些问题的提出起到了至关重要的作用，这些问题的解决最终几乎不可
避免地导致了工业革命的爆发。煤在铁的冶炼工业中大量运用，使得
进而使得钢在机器制造业和其他许多种类的制造业中的应用成为可
。蒸汽驱动的机器在制造业以及采矿业中的应用，引导人们向以机

械经济为特色的世界——我们至今仍生活在这个世界中——前进了-

大步。轨道上的交通与蒸汽机的牵引结合在一起时，不仅改变了货物

运输的方式，而且也改变了乘客出行的方式。英格兰 18 世纪下半叶

建立起来的完整的运河系统，其首要的计划和运行目的是为了使煤能

够以低廉的价格运送到国家最需要的地方去。煤储存的潜热比木柴和

其他可燃物质更能以集中的形式携带，但它是肮脏的大宗物质，如果

没有动力驱动的机器（正是煤促进了它的发展），处理起来代价也很

高。因此，正如芒图（Mantoux）50 年前所写的那样，"我们对英格兰

水上交通研究得越多，就会更多地认识到，它的历史与煤的历史是多

么紧密地交织在一起"。[19]

因此，在 18 世纪末以前，煤炭已经变成了人们经济生活的命脉，

是有助于推动人类技术向着崭新的、先前社会中的技术专家闻所未闻

的方向发展的力量。

虽然在 17 和 18 世纪不列颠的煤工业使得其他国家相形见绌，

但煤对同一时期的欧洲大陆国家并非没有产生过技术上的影响。早在

1638 年，法国出现了一个叫兰姆勃维尔（Lamberville）的人写的一本

关于运河修建方面的小册子[20]。在这本小册子中，作者提出修建运

河，部分原因是为了让法国的燃料特别是煤能从一个地方运输到另一

个地方。到 18 世纪初期，煤尽管有令人厌恶的性质，但是它作为燃

料的优势，已经开始给主要的欧洲国家以及北美洲的人们留下了深刻

的印象。"仿效英国发展技术"（à l'imitation de l'Angleterre）先在法国，

其后在德国、荷兰、比利时，最后在西班牙成为一个著名的口号。为

了学习新技术，外国人——一开始尤其是法国人——不断赴英国考

察，认识到英国新技术在很大程度上是在煤矿初期开发的基础上发展

起来的。蒂屈厄特（Ticquet）的考察报告保留于自己的手稿中[21]，并

在法国政府官员雅尔（Jars）之前记录了对英国的考察情况，但是后者

的工作更为有名，他环游了欧洲诸国，于 18 世纪 60 年代发表了考

报告《冶金工业考察旅行》(*Voyages métallurgiques*)。很显然，直
18 世纪头 10 年，也就是英国人发明燃煤熔炉 100 年之后，法国
玻璃制造商才开始采用这项发明。同时，英国人似乎还已经大大改
了这些熔炉的性能，使煤火对原料的损害比刚开始时要小得多。结
英国发明了一种新型玻璃，即燧石玻璃（边码 221）。法国人喜欢
质量上下功夫，不断提升工艺上的美学价值。在玻璃制造业和其他
业里，英国人也开始把注意力集中到提高通过煤火生产出来的产品
质量和外观上来。由此，海峡两岸架起了一座桥梁。在 18 世纪特
是该世纪下半叶，欧洲大陆的人们接二连三地采用英国的技术工艺。
18 世纪末期，他们已经对英国的技术进行了许多改进。可以想见，
果没有法国大革命和拿破仑战争，此时法国人很有可能在技术开发
面，甚至在英国拥有优势的煤燃料技术开发方面，走到英国人的
面。

当 19 世纪到来的时候，煤已经变成了整个西欧和北美洲领地技
发展的强大驱动力。大约在 18 世纪末和 19 世纪初，人们第一次
始应用科学的思维来解决煤处理和燃料节约过程中出现的技术问题。
旦科学提供了一般原理，那么在采矿、运输、煤的处理以及燃料的
约等领域中技术进步的机会，就会成倍成倍地增大。

大约在 19 世纪的前 60 年里，英国人一直保持着他们很早就已
得的在煤资源的开发和利用方面的领先地位。19 世纪二三十年代，
着亚当·斯密（Adam Smith）自由贸易理论的实际应用，一个巨大
新市场向英国的采煤业开放了。英国在 60 年里出口增长了 50 倍
上。欧洲其他国家由于自身采煤业的发展缓慢，大量从英国进口煤。
此同时，随着采矿业的日益扩张，欧洲以及世界上其他一些国家在
发本国自身的煤矿和技术发明方面，逐步赶上了英国。

19 世纪 60 年代，杰文斯（Jevons）在他的著作《煤的问题》(*The
al Question*) 一书中明确提出，煤是支撑工业文明的强大资源。他

已看出英国在工业和技术上的霸权地位是靠煤来维系的，但是由于列颠群岛天然煤资源的局限性，其霸权地位将必然衰落下去，最后失殆尽。然而，杰文斯没能认识到，世界正在进入一个新的时代，这个时代，科学发现的新资源将取代煤资源而为技术进步创造出的能源。19世纪不仅是英国在煤的开采和应用方面丧失霸权的时而且也是煤在工业文明中的重要地位不断式微的时代。

关文献

Collingwood, R. G. and Myers, J. N. L. 'Roman Britain and the English Settlements' (2nd ed.), pp. 231–2. Clarendon Press, Oxford. 1937.

Read, T. T. *Trans. Newcomen Soc.,* 20, 132–3, 1939–40.

Lejeune, J. 'La formation du capitalisme moderne dans la principauté de Liége au seizième siècle', p. 133. Bibliothéque de la Faculté de Philosophie et Lettres de l'Université de Liége, Paris. 1939.

Postan, M. and Rich, E. E. 'The Cambridge Economic History of Europe', Vol. 2, pp. 472–3. University Press, Cambridge. 1952.

Nef, J. U. 'The Rise of the British Coal Industry', Vol. 1, p. 21. Routledge, London. 1932.

Idem. J. polit. Econ., 44, 662–9, 1936.

Evelyn, John. '*Fumifugium;* or, the inconvenience of the aer and smoak of London dissipated. Together with some remedies humbly proposed.' London. 1661.

Nef, J. U. See ref. [5], Vol. 1, pp. 29–30, 123–30. (In saying 'five times as much', I have allowed not only for the coal of continental Europe, but for that of China and North America in the later seventeenth century.)

Idem. Econ. Hist. Rev., 7, 180, 1937.

Idem. See ref. [5], Vol. 1, pp. 158–61, 163–4, 192–6.

[10] *Idem. Econ. Hist. Rev.,* 5, 16, 1934.

[11] Plot, R. 'Natural History of Staffordshire', pp. 161–4. Oxford. 1686.

Nef, J. U. See reft [5], Vol. 1, p. 250.

Jenkins, R. *Trans. Newcomen Soc.,* 6, 60, 1925–6.

[12] Nef, J. U. See ref. [5], Vol. 1, p. 215.

[13] Calendar of State Papers Domestic 1636–7, p. 415. Record Commission, London.

[14] Nef, J. U. See ref. [5], Vol. 1, p. 247.

[15] *Idem. Ibid.,* Vol. 1, pp. 215–6.

[16] Ashton, T. S. 'Iron and Steel in the Industrial Revolution' (2nd ed.). University of Manchester Economic History Series, No. 2. University Press, Manchester. 1951.

[17] J. C. 'The Compleat Collier', p. 22. London. 1708.

[18] Nef J. U. See ref. [5], Vol. 1, pp. 244–5.

[19] Mantoux, P. 'The Industrial Revolution in the Eighteenth Century' (rev. ed., Eng. trans. by Marjorie Vernon), p. III. Bedford Series of Economic Handbooks, Vol. 1. Cape, London. 1928.

[20] Lamberville, C. 'Alphabet des terres à brusler et à charbon de forge.' Paris. 1638.

[21] Archives Nationales, Paris, MS. O[I] 1293.

88

矿主和海员，背景是一艘运煤船。引自约 1760 年的一幅地图。

第4章　风　车

雷克思·韦尔斯（REX WAILES）

　　15世纪，随着中空单柱式风车（*wipmolen*，边码94）在低地国家的发明，风车的主要类型确立了下来，但是直到16世纪末，描画风车机械构造细节的图画才首次出现。它们包含在拉梅利（Ramelli）1588年的图画作品中[1]，展示了用于碾磨谷物的单柱式和塔式风车，以及一台用一系列壶罐来提水而不是排水的塔式风车（图47，图48）。这些图画明显优于早期印刷品中想入非非地意欲描述机械的草图。拉梅利的设计是实用的，它展示了充分的细节以解释构造和机械装置上的主要问题。

　　但是直到18世纪初，足够完备和详细的技术说明才得以出版，使人们能够依照说明来建造风车。它出现在1702年再

图47　碾磨谷物的塔式风车。引自拉梅利1588年的作品。
注意翼板横桁间的帆布铺放法、居中并支撑塔顶的卷轴，以及用来拖转尾杆的可移动绞车。

图 48 碾磨谷物的单柱式风车。引自拉梅利 1588 年的作品。
尾杆上有一个绞车，交叉横木是成对的，这在欧洲大陆很常见。

的茹斯（Mathurin Jousse）[2]的作品之中，图版的质量很差。但在
765 年，狄德罗（Diderot）[3]还是整个引用了茹斯作品中的这一部
，并画了 5 个精细的图版来加以说明（图 49），这无疑受到了早先
姆斯特丹出版物的启发[4]。比较两者，茹斯依赖于详尽的口头描
，在他的图中几乎看不到什么细节，而这些荷兰的书籍则把这种描
减少到了最低限度，把所有的细节都放在了图画之中（图 49），遍

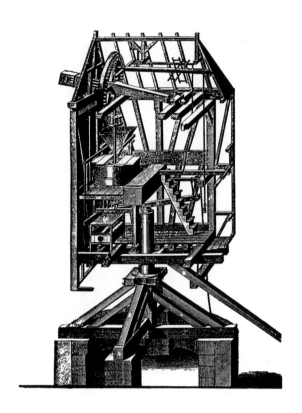

图 49　茹斯 1702 年描述的单柱式风车。
注意屋顶的袋式起重装置和底部左侧的筛面粉机。

及荷兰的风车就是按这些图画制造的。茹斯和荷兰风车书籍的作者
[包括瑞典人林佩克（Linperch）]都是拥有实际经验的人，他们和
梅利的作品以及今天残存的古代风车，使我们能够从细节上了解风
在构造和机械装置上的发展脉络。

　　最早的风车是些粗糙的东西，用以驱动一对石磨（第Ⅱ卷，边
623—边码 628）。一些风车带有基座，埋在人工堆成的土墩的泥土
中，这种风车被称为埋入式单柱风车（图 50），在苏联、兰开夏郡
美国长岛都有过记载，现在英格兰还不时能挖掘出来[5]。现存的最

造的单柱式风车可能是在布列塔尼半岛西部被叫作“台柱式风车”的风车，在那儿仍有少量这种风车存在于世，也有一些残存在波罗的海岛屿、西班牙北部以及加那利群岛上。在法国布勒通地区，柱子嵌入一个实心的石座上的风车非常小，以至磨坊主只要一开门就可以照管一对石磨[6]。 90

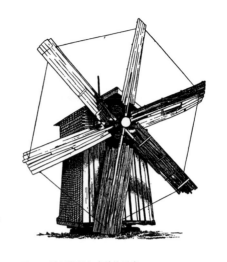

图 50　俄罗斯埋入式单柱风车。基座埋于土中，带有 6 个木制翼板。

到 16 世纪，已经造出了可以驱动风车里前后放置的两对石磨的单柱式风车，这一时期的风车也有一些保留下来。在那之前，风车只是驱动着一对放在它上部的石磨。

风车的重量由竖直的立柱承载，立柱位于风车中心线略偏前的地方，由两条水平交叉的横桁支撑，横桁末端则由砖块或石墩支撑（图版 5A）。风车的重量通过斜杆或者直角杆转移到十字横桁的外端， 91
再转移到基座上。在英格兰，这些支杆是不成对的，但在欧洲大陆总是成对的。它们从最早开始就如此，这可以在英格兰和欧洲大陆当时的手稿中看到。在一些例子中，像在皮卡第的单柱式风车上带有 4 条横桁和多达 16 条的直角杆[7]，但在英格兰仅有 3 条横桁和 6 条斜杆，甚至数量更少。在俄罗斯还可以看到不同寻常的基座，它们几乎全部由一堆未锯开的实心树干构成（图 55）。 92

在单柱式风车柱子的顶部水平安放着横跨整个风车车身宽度的冠状枕木（图版 4A），风车的框架就以此为基准。一种早期的设计方法是将冠状枕木各端与垂直支撑柱连在一起，这些垂直支撑柱向上一直延伸到顶部的屋檐，向下一直延伸到风车的第一层地板，它们支撑着

车身角柱末端的水平木料。然而，在大部分现存的单柱式风车的构造方法中，都是由冠状枕木的末端支撑起两条巨大的水平侧围梁（法语称 sommiers），在侧围梁的末端又支撑起角柱。巨大的前横梁跨在风车前方与屋檐水平的层面上，承载着翼板的重量。前横梁的两端由前角柱支撑，其中部由穿柱支撑。在风车第一层地板的下面是两条巨大的平行木料，它们称为人字起重架，跨越了立柱两边从前到后的整个长度。起重架末端支撑着水平的横向木料，在地板上连接着支撑穿柱的前角柱较低的一端。紧挨着主体支柱在纵向线上装有两个撑挡支柱，它们和人字起重架一起在此处形成了一个垂直稳固的轴承，可以防止风车在柱子顶部摇摆。紧挨着人字起重架下面，通常也会设计另一个水平的轴承或轴颈，与前者具有相同的目的。

风车的辅件设计则与当地的传统相适应，在英格兰采用的是垂直的交叉支柱，在欧洲大陆采用的则是倾斜的交叉支柱，但同一地区间仍有很大的变化。在佛兰德，自西班牙占领后承袭而来的风车在这些细节上可被区分开来[8]。在英格兰，人们更喜欢用水平挡风板做风车的顶部（图 51），在法国则喜欢用木瓦，在其他地方则喜欢用垂直的木板。在英格兰，木板常被涂上焦油或漆成白色，而在荷兰的部分地区则是涂上各种颜色花哨的设计图案，而且通常只涂在垂直的木料上，在别处的木料则不加修饰。

早期的单柱式风车是直线形倾斜屋顶，后来为了在其内部容纳更大型的传动装置，在英格兰出现了曲线形的屋顶，在欧洲大陆出现了 S 形屋顶和复折式屋顶。最初，风车车身很小，但随着更大翼板的建造，车身也建得更大了，一些较小的风车在其后部延长了一两英尺，用以平衡更重的翼板、容纳尾部附加的一对石磨和提供更多的储存空间。

此后，在英格兰的风车的基座通常用一座圆形的房子围起来，这有两个目的——保护基座和提供额外的储藏空间。在英格兰东部和南

图 51　有挡风板的、在基座周围建有圆形房子的单柱式风车。
注意装在尾梯上的扇形尾舵和"专利"翼板。来自萨福克的弗
里斯顿。

，圆形房子并没有什么结构上的意义，但在英格兰东北部和中部地

区，其圆形围墙的顶部通常有一条装有滑木或滚轴的轨道。这种结构

防止了疾风中风车的过度倾斜。在欧洲大陆，圆形房子似乎在低地国

家更受欢迎，而在其他地方则不是这样。从旧印刷品中可以清楚地知

道它相对较晚出现，直到相当近的时期，圆形房子还在不断地加到

风车上。尽管在 18 世纪和之后的时间里，有许多圆形房子与风车

一起出现了，但目前仍没有可靠的证据证明圆形房子的出现早于 18

世纪。

　　一座设计和建造都很好的圆形房子是一笔财富，还可以改善风车

94

的外观。那些用木料建造的风车常常会变得破旧简陋，但在英格兰

于采用了当地的石头或砖瓦，建筑物既耐风雨又美观漂亮。

　　中空单柱式风车是低地国家因需要一种大于人力或畜力的力量

进行排水而发明的，这是一个巨大的进步，因为它通过一根直立的

把驱动力从翼板间接地传送到提水的扬水轮上。这个轴必须向下穿

由风车的可动车身组合而成的中空柱，一直到风车下部的固定部

那里驱动扬水轮的传动装置被装上了外罩。后来，这种类型的风车

展为用来碾磨谷物。在卢瓦尔河谷，还发展出了一种截然不同的风

称为"卡维尔"（cavier）[9]。在荷兰以外的其他地方，中空单柱式

车则不怎么受欢迎。

　　最原始的塔式风车今天可在环地中海沿岸（第Ⅱ卷，图566

伊比利亚半岛和布列塔尼找到。它们驱动一对石磨，建造粗糙但坚

值得注意的是，塔式风车最早的一幅插图（法国，15世纪）展示了

那些所提及的风车更为优良的外观设计。它实质上就是一个固定的

楼和一个上面装有翼板的可动塔顶。当地的和进口的材料都曾用来

造塔楼，除了用砖石建造以外，也用当地生长的或容易进口的木材

建造。因此，我们在英格兰、北欧、低地国家以及美国都可以找到

制风车。在荷兰，残存的木制塔式风车多数可以追溯到17—19世

当时波罗的海各国的贸易非常频繁[10]，国家也很富有，巨大木材

滥用非常普遍。在英格兰，典型的木制框架的塔式风车，顶部覆盖

水平的挡风板，在荷兰则是用芦苇覆盖塔顶，在佛兰德和美国则是

木瓦覆盖塔顶。

　　在英格兰，这些木制塔式风车通常具有涂成白色的八边形塔身

（图52），被称为"罩式风车"，因为它有些类似于年迈的乡下人

穿的长罩衫。很难使得这种带挡风板的风车的各个边角都耐风雨，

的损耗比起荷兰用芦苇覆盖塔顶的风车要快得多。这里的砖制的塔

风车通常涂有焦油，用来防止潮气从砖结构中渗透进来（图53），

这种用法在其他地方并不流行。用砖围起来的圆形塔楼也像八边形
木制塔楼一样，通常从底到顶会逐渐变细或者向内倾斜，尽管这绝
一成不变。它可以防止塔楼被过度扭曲，并在基座上增加了最需要

空间。法国和欧洲南部的一些国家并没有采用这种办法，而是使塔
的墙壁成比例地加厚来承受塔顶和翼板的重量。在布列塔尼，一种
当地被称作"小脚"或者"圆肚"[10]的石头建造的两层低矮风车，
际上有一个挑出的上层，直径比地面一层宽几英尺，墙壁厚度也
到了4英尺6英寸。一些"小脚"风车年代很久远，例如在帕克
斯（位于卢瓦尔-因费里厄雷的萨沃奈附近）的一座风车最早建于
340年，不过大部分已经被重建了（图54）。在西班牙西南部，风

52　八边形木制罩式风车，注意走廊、扇形　图53　砖建塔式风车，带有走廊、扇形尾舵和
舵和"专利"翼板。来自肯特的克兰布鲁克。　8个翼板。来自林肯郡赫金顿。

第4章　　　　　风　车

图 54　带有伯顿翼板（打开时）的升起时的"小脚"风车。来自法国卢瓦尔-因费里厄雷的萨沃奈。

车塔身由厚度相同的碎石墙筑成，碎石墙围在两个平行的框形构架外面，后者支撑着风车的上层地板。

随着塔式风车变得更高，有必要在它的周围建起一个台架，以便不需要梯子就可以够得到翼板（图 52，图 53，图 57），而且尾杆（在荷兰）的长度可以保持在合理范围内。多数台架都由木料建成，在英格兰也有一些用铁建造，在那里有时候长廊也是围绕着塔顶而建。

台架很吸引人，也很有用，但是走廊则影响了外观，破坏了翼板背面的气流。

所有的塔楼顶部都有一个可使塔顶旋转的轨道或围圈。原始的风车中，它是用没有贴面的木头制成的，塔顶在木制滑板上围绕着围圈滑行，并通过类似的支撑在围圈边上的滑板固定于中间位置。后来这些固定围圈在顶部和侧面贴上了铁皮，铁块可在上面移动。拉梅利（图 47）展示了单独插在塔顶和围圈之间的环形滚轴，滚轴安装在对准其中心的塔顶上，在荷兰的风车书籍中也展示了用在"帕尔特罗克"风车（*paltrok*，图 59 和边码 106）上的类似的环形滚轴。这些被称作"弹道围圈"。在荷兰使用的是相当大的木制滚轴（直径大约英寸，从剖面看），而在英格兰正常使用的则是只有一半尺寸的铸铁滚轴。但是"弹道围圈"在英格兰并不流行，人们很喜欢用一种修改后叫作"活动围圈"的模式。在这种模式中，铁滚轴本身安装在塔顶上，在围圈的轨道上滑动。在英格兰，围圈后来通常用铁来做，浇铸

97

几段，用锚栓紧连着塔楼。

就像布列塔尼或者荷兰乡下妇女的头饰一样，塔式风车的塔顶随地区的不同有着明显的差异。因此在英格兰东南部，典型的塔顶就似于英格兰单柱式风车的弧形柱顶（图52），在诺福克是一种匀称船形，在西北部是一种更大的船形，在东北部和中部则是一种洋葱形，这种形状在丹麦、瑞典和德国也都可以找到（图53）。在欧洲其他地方还有一些类似的变化，在法国和南部人们通常更喜欢用圆形的塔顶。

通过用手推动一根长尾杆，可使单柱式风车转到迎风位置上，尾连在风车车身上，穿过风车背面的梯子（图49，图55），并以一的角度向下伸展。在英格兰梯子通常都支撑在地面，作为风车的一后支柱，以防止风车在工作时倾斜。但在风车转动之前，梯子必须高离开地面。这要通过装枢轴于尾杆上的一个杠杆的转动来进行操

图55 巨大木制基座上的俄罗斯单柱式风车。
带有6个木制翼板的风轮转轴固定在风车车身右下角上，向上驱动。

作，杠杆的一端通过链子与梯子的底部相连。通过拉动杠杆的另一端，梯子就能够被提升起来，这时杠杆通过一个铁制定位销固定在与尾杆平行的位置上，然后推动风车，它就可以绕着尾杆转起来了。另外一种替代的方法是在尾杆上安装一个轮子，以使梯子长时间地离开地面（图 48）。在佛兰德，常用两个装着铰链的支撑杆来固定风车，而普鲁士则是通过卡在后部角柱与地面之间的木头柱子来达到同样的目的，欧洲大陆风车的梯子并不支撑在地面上。

如果风车平衡并维护得很好，用手转动风车也并不困难，但是不能小看机械手段。最早使用的是一种轻便的非齿轮传动的绞车，可以系在环绕风车的许多柱子中的一个之上（图 47）。有一根链子或绳子缠绕在绞车上，并伸出连到尾杆上，以此来转动风车。后来，绞车就安装在尾杆上。

伴随着 18 世纪中期冶金技术的发展，铸造铁齿轮成为可能，这为风车转动装置的改进开辟了道路。手摇绞车装上了齿轮，埃德蒙·李（Edmund Lee）在 1745 年取得了自动扇形尾舵的专利权[1]（图 51，这曾错误地归功于米克尔（Andrew Meikle）]。这种装置在尾杆的末端安装了一个最初使用在车架上的千斤顶或飞轮，通过铁齿轮和轴使速度极大地减小，驱动两个负重轮绕着风车在轨道上运动，此外还提供了一条辅助轨道以便使较小的轮子支撑住梯子的基部。只要风车垂直地迎着风向，扇形尾舵的叶片（通常是 6 片或者 8 片）就会将其边缘朝向风，当风改变了方向，风就会以一个角度吹击叶片而使它们转动起来，这样就会转动风车，直到它再次垂直地对着风。

人们发现当扇形尾舵安装在尾杆末端时，在强劲的狂风中它有时可作为风向标，所以在东英格兰地区尾杆通常被削短，扇形尾舵架安装在梯子末端。一些单柱式风车也在它们的顶部安装上了扇形尾舵，用来驱动梯子底部的轮子或者安装在风车底部地板底下的涡轮。

尾杆也被用来转动塔式风车的塔顶（图 52，图 53）。在法国和个欧洲南部，尾杆通常固定在塔顶内部而没有外部支撑物，在早期带插图手稿中曾展示了这种方法。但是在英格兰、荷兰和北欧，则惯于使用外部支撑物[1]。人们使用安装在尾杆上的可移动非齿轮绞车齿轮绞车，将绞车也移到塔顶上，或者像荷兰那样从内部进行操控，者像英格兰那样通过与固定在风车塔顶部围圈上的齿条相咬合的闭铰链和齿轮，从地面进行操控。从后一种方法来看，扇形尾舵的驱的发明只是前进了一步。直到这一发明出现了约一个世纪后，扇形舵才从英格兰传到丹麦和欧洲西北部地区，但始终没有到达荷兰北两省以南的欧洲大陆地区。这项技术的应用把磨坊主从繁重的工作解脱了出来，使其能够在非工作时不再被困缚在风车里。它的一个点是如果雷暴逼近，会有"尾部摇摆"的危险，因为在使用任何形的减速齿轮时，用手快速地转动塔顶都不是一件容易的事。

早期的翼板[12]是平面形框架，以某个角度倾斜，再在上面铺上罩或在翼板框架横桁之间穿扎一些布条（图47，图48）。现在我还能在布列塔尼发现非常原始的翼板结构，它由未锯的一根木梁构成，没有闭合板条框架，只在木梁上连接着一根根横桁，使翼板看起像一把梳子。在瑞典以及近期在德国还发现了另一种原始形式，有移动的木板代替了翼板帆布安装在翼板框架上。在苏联，翼板则是许多和翼长相同的轻木板拼成的（图50，图55）。荷兰风车书籍有关于翼板被扭曲或"风化"的最早信息，是我们所知道的帆布翼的一个特征，它们用帆布覆在翼板表面，而不是用布条在横桁上穿交织而成。

翼板的帆布与沿翼板内端的一根横桁上滑动的环系在一起。当不帆布时，它们就卷到一边，像绳子一样缠绕收拢，再系到邻近翼板部末端的一根横桁上。放下帆布时，每个翼板都要依次转到底部的

在地中海地区，"塔顶"通常是通过一个撬杆和一系列环绕围圈的孔洞从内部来转动的。

第4章　　　　风车

位置，帆布被解开，布的边缘上的环形绳索就会沿着翼板框架前缘
木条滑动。然后，布罩就会通过 4 条与边缘相连的"尖头绳索"
展开来罩住整个翼板框架。通过它们，翼板帆布就可以根据风和
需的力量分别设置为"sword-point""dagger-point""first reef"和"f
sail" 4 种状态了。

翼板框架由一些水平的横桁组成，它们搠入一个被称为风车臂
主干木架上，外端则连在翼板外边框上。在原始的翼板中，在风车
的两端都有一个翼面。在英格兰、低地国家和北欧的部分地区，发
的是单面翼板，只在风车臂的后缘上有翼面，而在前缘上只有一块
导板。在荷兰，这种设计带来了很高的效率。在伊比利亚半岛的海
和地中海东部使用的是三角形状的翼板。如果没有翼板框架，布罩
会缠绕在径向的柱子上，所需数量的翼板就会从缠绕状态中松解开
靠在后一根柱子的顶端。有一根斜桅从中心向前伸展，翼板柱子的
端就支撑在它上面，翼板的数量从 8 块到 16 块都曾经使用过。

斯米顿（John Smeaton，1724—1792）最先科学地研究了风车翼
的设计，用旋转的台板进行了试验，并在 1759 年向英国皇家学会
示了他的研究结果[13]。他关于风向角度的推荐无疑在一定程度上
风车制造师们所采用，但至少在英格兰和荷兰，大部分的乡村风车
造师们仍然沿用着自己的传统做法，凭经验不断地改进。

在不确定天气下收放翼板布罩的困难，使得米克尔于 1772 年
英格兰发明了弹簧翼板。他在翼板框架上安装了一些带弹簧的百叶
通过一个扣栓连在一起，以弹簧控制扣栓的运动，这样通过翼板末
的调节设备就可以改变弹簧的压力。对弹簧进行调节以允许利用一
的风压，当风压超过了弹簧所能承受的范围时，百叶就会打开"
风溢出"。一旦每个弹簧进行了调整，每块翼板的动作也会自动调
从而整个翼板就会实现自动调节。但是百叶翼板不能提供像布罩翼
那么大的力量，而且只能近似地估计"风向"，因此一台风车通常

由两个百叶翼板和两个普通翼板驱动的，以便最好地利用这两种
方法。

1789 年，肯特郡马盖特的胡珀（Stephen Hooper）发明了他的卷
帘式翼板，为代替弹簧翼板的百叶，前者安装了小的卷帘，所有翼板
的操纵杆都通过曲柄和杠杆连接在中心处的十字轴联轴节上。在支撑
翼板的风轮转轴上钻有一个洞，一根木棒穿过其中，前面连接着十字
轴联轴节，后端连着一个齿条和小齿轮，还有一个滑轮，上面缠着闭
合的链子，一直垂到地面上。通过这种方法，不必
停止风车就可以同时开合所有翼板上的卷帘。发明
者声称当风车工作时帘子可以自动操作，但在实际
中却没有发生过。这种翼板使用于肯特郡、林肯郡
和约克郡。

1807 年，丘比特（William Cubitt，1785—1861）
将米克尔弹簧翼板的百叶与胡珀卷帘式翼板的远程
控制结合在一起，发明了所谓的"专利"翼板（图
51，图 52，图 53）。它的运转才是真正自动的，
翼板由控制链一端所悬挂的重物来控制，重物越重，
打开百叶使风溢出所需的风压就越大。通过在链子
的另一端悬挂重物，百叶就可以被打开。百叶翼板
可以在风车臂的两端都有百叶，或者只在后缘（或
前缘）的一端有百叶。如果设计得好，单百叶翼板
在低风速的情况下将会更加容易启动，一些翼板就
是因为这个原因而从双百叶转换成了单百叶。

大约 1860 年，萨福克郡萨德伯里一位名叫卡
奇普尔（Catchpole）的磨坊工匠，首先发明了气闸
（图 56）。他在"专利"翼板的前缘顶部和与主体
百叶成直角的位置上安装了两个与风车臂平行的纵

101

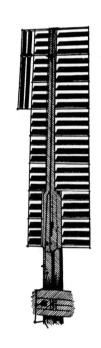

图 56 装有卡奇普
尔气闸的一块翼板。
它是由在翼板主框架
的边上安装了两个纵
向百叶构成的。来自
萨福克郡盖丁的一架
单柱式风车。

向百叶。当它们关闭的时候，会给出额外的翼板面积。但是当它们
开的时候，就会扰乱气流从而起到气闸的作用。尽管这一设计仅仅
萨福克郡、林肯郡和约克郡等地得以应用，但 20 世纪 20 年代时
荷兰再次回潮。

　　大约同时，在萨福克郡的黑弗里尔，一位磨坊主首先设计出了
形翼板，直径有 50 英尺，带有的百叶就像"专利"翼板中的那样
作（图 57）。在东英格兰地区有 4 个这种类型的翼板，它们也是美
各种类型的风力泵的先驱。

　　法国大约在 1840 年发明了伯顿翼板[14]。这是一种造价低廉
非自动翼板，可以在风车内部对它进行遥控操作。它由一些平行的

图 57　萨福克黑弗里尔的带有环形翼板的塔式风车。
可以看见长廊和扇形尾舵。

条组成，操作起来像平行直尺。打开的时候，它们呈现出一个带有变风向角的完整矩形表面。关闭的时候，它们就一个压一个地向叠起来。伯顿翼板被广泛采用，现在在法国仍能找到它的身影（图4）。

支撑翼板的风轮转轴位于单柱式风车车身的顶端和塔式风车的塔上[15]。通常，风轮转轴向上倾斜5到10度，以便使翼板能够畅无阻地通过风车较低的部分，更容易在与其后部直接相连的风轮转的颈轴上达到平衡，也使风轮转轴尾部能够安装一个推力轴承。最的风轮转轴是木制的，在风轮转轴前端的榫眼处装有两个成直角的大木托架，每边一个对称布置，每个木托架支撑着两个翼板，上面结、夹钳着风车臂。在荷兰，风车臂被省掉了，翼板横桁直接榫接托架上面。但在布列塔尼，原始的翼板都是由风车臂末端揳入到风转轴上而没有托架。风轮转轴前端的腐蚀问题是一个麻烦，直到斯

顿引入了铸铁风轮转轴，这一问题才得以解决。相对于4个翼板而，斯米顿更加偏爱5个翼板的设计，他发明了一种替代办法，将板固定在风轮转轴前端一个铸铁做的带有十字交叉臂状物的叶毂上。车臂的尺寸增加了，它们被拴结或捆绑在十字交叉臂上。这一更为进的应用方法大体上被限于仅在英格兰剑桥北部和西部的地区使用，在欧洲大陆也有少量使用的例子。在英格兰和欧洲的其他地方，铁的钝端就像两个直角已被敲掉的盒子，被固定在木轴上，否则就安铁轴与其连成一体。

既然前面提到过8到16块三角翼板的应用，那么这里也应该说下在地中海地区和俄罗斯使用的由6块普通翼板构成的风车（图）、图55）。但是在西欧，只有英格兰流行过多个翼板的风车，也是在那里曾采用过十字交叉物。6块翼板是最流行的，但5块翼板风车也很常见，而8块翼板的风车据知至少曾建造过7座（图53）。

木制风轮转轴的轴颈由平嵌入木料的锻铁条组成，这些锻铁条

看起来有些像直流电动机的转向器，但在许多风车上就像钝端一铁制的末端都固定在木轴上。木轴上的推力轴承是后端面的一个环，当铸铁的末端固定后，就由轴颈顶部的一个小法兰来推进。早的轴承是木制的或者石制的，这些材料今天仍被成功地使用着，间轴承有着 1/4 到 1/3 的圆周接触。在英格兰，铸铁轴颈逐渐使上了黄铜轴承，中间轴承也就被称为"颈部黄铜"，在法国则被称"*marbre*"。在东英格兰地区所找到的耳轴上的自动校准轴承是精品

风车的风轮转轴上安装有闸轮（图版 4B），之所以这样称呼是为它的边缘有一个可收缩的闸。一些单柱式风车中，一种类似的被作尾轮的更小的轮子安装在风轮转轴更靠后的位置上。在直接驱动部位，这两种倾斜轴上的平面齿轮，通过一个叫作石磨螺母的小齿从上方或者"上动方式"驱动石磨。在间接驱动的部位，闸轮驱动装在垂直轴上的"滚轮"（风车上最先被驱动的齿轮），石磨螺母则安装在相同轴上较低位置的巨大正齿轮驱动[16]。在间接驱动的情下，上动方式的石轮由安装在"桨轮"上的石磨螺母驱动，但是如是"下动方式"，石磨螺母就要安装在支撑着上石磨的"石心轴"面。在苏联，从翼板正面看去，一些单柱式风车的风轮转轴低低地装在风车车身右下角，风车车身的入口则在左面而不是后面。这意着风车采用的是一种向上的驱动，就像水车一样（图 55）。

104

在布列塔尼，早期的风车并没有闸，而是靠"转成直角"来风车停止转动，即风车转动直到翼板与风向成 90° 的位置才停下闸通常由巨大的杠杆来操纵，杠杆的重量作用在闸上将其拖住。闸身往往也是木制的，弧形部分与金属板相连，不过在英格兰也使铁环。

最早的传动装置是"环臂"轮，两三个臂状物用木销钉直接榫在它们的木轴上。轮齿（或嵌齿）就是粗糙的销子，与滚柱式小齿的圆木横档啮合在一起，这些横档上下有凸起的木法兰。后来，上

法兰省去了，而采用了类似于轮子中的销子。直到铸铁齿轮出现以
才采用了斜角啮合的办法，但即使如此在斯米顿设计的风车中也看
到斜角齿轮。环臂轮大大削弱了它的轴，18 世纪初钩臂轮被引入
。两对交叉的臂状物在中心形成了一个扣紧中轴的直角，齿轮通过
入的方式放在正中。铁制闸轮通常浇铸成二等分以便安装，但是垂
轴顶部的铁制"滚轮"却是一整片（图版 5B）。闸轮也由铁制的轮
和臂状物以及木制斜面和轮缘构成，木制嵌齿通常被锯掉，在其位
上以铁齿栓柱替代。塔式风车中的铁制垂直中轴，几乎都被分成两
或者由齿式离合器联结在一起的更多部分，[1] 在一定程度上实现了自
校准。

　　大型驱动轮在结构上像闸轮一样变化多样，石磨螺母有时候完全
木头制成，有时由带有木制嵌齿的铁制成，有时则完全是铁制的。
们有许多方法可脱离大型驱动轮。在超速驱动时，桨轮顶端的轴承
排列起来，以便使桨轮或者轴承能够从轮子旁边移开。在减速驱动
，木制螺母的一些嵌齿很容易被移开，铁制螺母中边缘的部分有时
也是可分离的。但是更多的时候，铁制螺母会由链子将其从大型驱
轮上提升起来，通过一个齿条和小齿轮从下面操纵一个环或者螺杆。

　　石轴穿过一个涂有油脂的木制轴承固定在基石上，驱动在其顶部
到平衡的上石磨转动（图 58）[17]。它在一个推力轴承上旋转，推
轴承由一个一端装有铰链的紧木箍支撑，紧木箍可以升高或者降低
调节石磨之间的缝隙。当速度变化时，旋转的石磨也会升降，紧木
相应地通过一个复式杠杆来进行调节，复式杠杆最初是手动的，采
一个离心调速器后成为自动的，缝隙最初的调整是通过一个手动的
杆实现的。尽管有许多例外情况，但调速器通常由一个传送带带动，
上动方式传动石磨时离开垂直中轴，而在下动方式传动石磨时离开

105

齿式离合器由带有突出部分和槽沟的两个相对的法兰组成。

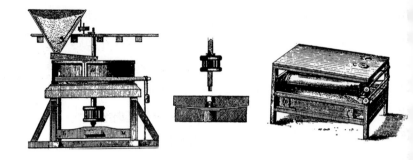

图58　下动方式运行风车时石磨和齿轮的全景图和局部图。
注意用于调节石磨间缝隙的配重杆和送料斗中的报警铃。（右）早期的圆筒筛面粉机。

石轴。

　　谷物从石磨的木制罩壳上方的送料斗中注入，下落到一个倾斜的料槽或者"鞋状"容器时，一个由弹簧控制的桨轮或者一个被称作"姑娘"的铁制机件会将其搅动。在英格兰，为了提醒磨坊主送料斗中的谷物快没了，通常会安装一个报警铃，送料斗传送带上的谷物有足够的重量，会使系在绳上的铃不会落下来，以保护机器中的某些运动部件。

　　早期风车石磨上的送料斗中的谷物，是从大麻袋或篮子里手工倒进去的。在16世纪以前，从来没有提及或描述过送料斗上方有一个用来把谷物倒入斗内的袋式起重机。当法国还在使用手工操作的袋式起重机时，由动力驱动的起重机已经在英格兰成为主导了（图版4A）。动力通常来自一个传送带，正常情况下传送带是松弛的，需要时通过提升起重机上提升卷筒的一个支承物使其变紧。这是由一根向下经过风车整个基座的绳索来完成的。麻袋链穿过基座内双层活板门，缠绕在提升卷筒上。

　　单柱式风车中的链条卷筒置于屋顶的边缘，皮带传送动力要么直接来自风轮转轴上的一个皮带轮，要么来自闸轮或尾轮的齿轮传动或摩擦驱动。塔式风车中皮带传送的动力，通常来自一个由垂直中轴

斜齿轮驱动的副轴。还有一个常用的方法是在滚轮下面装一个摩擦
动装置。

在碾磨谷物的风车上有很多辅助机械，其中最常见的是筛面粉
和用于从粗谷粉中分离或精选面粉的"金属丝网"。筛分面粉最初
由配餐员手工完成的，茹斯最早描述了风车中的筛面粉机（图 58）。
种机器由风车主传动装置上的一个小齿轮来驱动，最终的驱动由传
带完成。在英格兰北部，用附近的窑炉中烘烤过的燕麦制取燕麦粗
，使用的是燕麦机器和筛谷机。在美国，可以找到从玉米穗中榨取
米颗粒的玉米穗压碎机，而在荷兰使用的则是生产珍珠麦的大麦风
。通过风轮转轴上的凸轮操纵落锤的磨油风车，一直使用到大约
040 年。在荷兰，通过三程曲柄运转组锯的拉锯风车仍在使用。排
风车驱动着扬水轮和木制阿基米德螺杆（图版 20），在英格兰只使
前者，数量自 1588 年起一直增加，但在 1820 年出现蒸汽泵以后
130 年里事实上渐渐消亡了。它们在荷兰的衰落要慢一些，尽管
种采用微缩骨架"tjasker"（图 204，它的阿基米德螺杆直接倾斜地
在风轮转轴的尾部）的排水风车像英格兰和新英格兰的盐水泵风车
样已经消失了。在西班牙和亚丁还残存着一些使用链式壶罐的排水
车。

最早的风动锯木机是由科内利松（Cornelis Cornelisz）于 1592 年
荷兰建造的，它被安置在一个可以曳着转向满风的筏形基座上。从
发展出了帕尔特罗克风车（paltrok mill）（图 59），整个风车可在一
运转在几英尺高的砖台上的滚环上转动。从外表上看，它是一个
边各带一个挂篮的正方形罩式风车，而在德国一些单柱式风车就
成了帕尔特罗克风车。在荷兰，风车被用在各种可想象得到的行
，尤其在泽兰地区，蒸汽动力发明之前有超过 900 座的风车同时
作着。

在波斯东北部的锡斯坦，现在仍然可以找到翼板呈放射状地连在

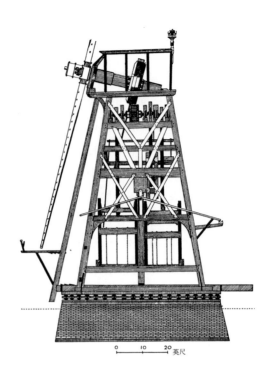

图 59　帕尔特罗克拉锯风车的局部。
风轮转轴通过倾斜齿轮与曲柄轴相连，曲柄轴带动两个上下往
复运动的组锯。风车的木制车身在砖砌基座上的滚轮上旋转。

一个垂直轴上的卧式风车，该类风车起源于此地，设计思想由此传到
了中国（第Ⅱ卷，图 558）。在西欧，由于它的机械局限性而从来没
有取得很大的成功，还妨碍了大功率风车的发展。从 1600 年到今天，
它曾被重新设计了多次，并在俄罗斯南部有一定程度的使用。唯一持
续成功的种类就是萨沃纳的 S 形转子风车，但现在它也已被淘汰了。

　　因此，总而言之，风车最先进的机械装置是在英格兰风车上使用
的——导致圆形齿轮出现的铸铁，以及锥齿轮、扇形尾舵和百叶翼，
东盎格鲁单柱式风车的设计根本无法与之匹敌。我们在荷兰可以发现
结构最好的塔式和罩式风车，其他地方也无法与之匹敌。另外，荷兰

帆布翼板的设计上也始终领先。

　　磨坊工匠们利用斧子、锛子和螺丝钻、撑杆、木石块、滑车以及
重机器，设计和建造了这些风车，他们是机械工程师的祖先，在
00 年前就开始改造世界。我们很难了解是什么人建造了早期的风
，庄园记录可以告诉我们维修风车的费用，从中我们知道除石磨以
，风车的铁制部分是昂贵的，也相应地受到较多的照料。最经常提
的部分是石轴和风车的轴心铁，这些在老式风车的遗迹里是很少见
，老式风车被挖掘出来时遗留的主要是一些钉子和碳化或者腐烂的
头。这些钉子钉在挡风板上，因为风车的框架是用木制的钉子钉在
起的。

　　磨坊工匠们是多才多艺的木匠，如果必要的话，他们也能够设计、
挂教堂的钟，作品可以与木制谷仓相匹敌，后者也很有可能是他们
造的。他们早期的图纸即便有也没有残存下来，因此我们前面已经
到的（边码 89）于 1702 年发表的一篇关于木工手艺的论著中首次
风车所作的技术描述是非常重要的。

　　从 1728 年开始印刷的荷兰风车书籍最先描述了工作中的磨坊工
们和他们的工具，从那时起我们就能把相关的操作描绘成一幅清晰
画面了。阔斧和锛子被广泛地使用，这在对遗留下来的老式风车作
料检查时可以明显地看到。重型起重机也很重要，但在磨坊工匠的
备中最重要的工具也许是他的绳索用具。绳索必须相当地长、结实，
便首先在撑竿的帮助下拉起巨大的风轮转轴，然后是翼板，因为翼
的维修和更新都会经常地使用到绳索用具。

　　除了建造风车以及更新和维修翼板以外，磨坊工匠还要承担起管
维修、供应安装新轴承、更新齿轮以及时常清理石磨的工作。然而，
理石磨更多地由磨坊主、他的伙计或者流动的石磨清理工来做。磨
工匠们的商号影响力通常可以在该地区的风车设计中体现出来。这
点可以沿着传播的主线来追溯，这种传播不但从磨坊工匠的家乡或

者村庄扩散开来，也从他的学徒独立创建做主的其他中心地区扩散开
来。因此，各国的风车类型还可以再细分，很容易辨别出它们的地区
性和地方特点。

　　磨坊工匠自己通常就是铁匠，或者至少会雇用一个铁匠，但他会
把砌砖工作或石匠的工作留给其他人来做，做砖块和采集石块通常都
在风车附近的地点完成。他必须是一个具有相当事业心、创造力和智
慧的人。随着蒸汽动力的发明，不但是磨坊工匠们建造、安装以及后
来设计了发动机，而且也是他们设计建造了由发动机驱动的机械装置，
这可以从许多著名工程公司的历史中看到，真正公平地讲，磨坊工匠
应该被看作是当今机械工程师的祖先。

关文献

Ramelli, Agostino.'Le diverse et artificiose machine.' Published by the author, Paris. 1588.

Jousse, M. 'L'art de charpenterie' (2nd ed.). Paris. 1702.

Diderot, D. and D'Alembert, J. le. R. (Eds). 'Encyclopédie ou dictionnaire raisonné des sciences, des arts et des métiers.' Paris. 1765.

Linperch, P. 'Architectura mechanica of Moole-boek.' Amsterdam. 1727.

Van Natrus, L., Polly, J., and Van Vuuren, C. 'Groot Volkomen Moolenboek' (2 vols). Amsterdam. 1734, 1736.

Van Zyl, J. 'Theatrum machinarum universale of groot algemeen Moolen-boek.' Amsterdam. 1761.

Bennett, R. and Elton, J. 'A History of Corn Milling', Vol. 2. London. 1899.

Wailes, R. Trans. Newcomen Soc., 15, 117, 1934–5.

Huard, M. G., Wailes, R., and Webster, H. A.

Ibid., 27, 209, 1949–51.

[7] Wailes, Enid and Wailes, R. Ibid., 20, 113, 1939–40.

[8] Wailes, R. and Webster, H. A. Ibid., 19, 127, 1938–9.

[9] Clark, H. O. and Wailes, R. Ibid., 27, 212, 1949–51.

[10] Huard, M. G., Wailes, R., and Webster, H. A. Ibid., 27, 203, 1949–51.

[11] Wailes, R. Ibid., 25, 27, 1945–7.

[12] Burne, E. L., Russell, J., and Wailes, R. Ibid., 24, 147, 1943–5.

[13] Smeaton, J. "Experimental Enquiry Concerning the Natural Powers of Wind and Water to turn Mills." Phil. Trans., 51, 100, 1759.

[14] Clark, H. O. and Wailes, R. See ref. [9], p. 211.

[15] Wailes, R. Trans. Newcomen Soc., 26, 1, 1947–9.

[16] Clark, H. O. and Wailes, R. Ibid., 26, 119, 1947–9.

[17] Russell, J. Ibid., 24, 55, 1943–5.

考书目

nnett, R. and Elton, J. 'A History of Corn Milling' (see: Handstones, Slave and Cattle Mills, Vol. 1; Watermills and Windmills, Vol. 2; Feudal Laws and Customs, Vol. 3; Feudal Mills, Vol. 4). Simpkin and Marshall, London. 1898–1904.

usse, M. 'L'art de charpenterie' (2nd ed.). Paris. 1702. Reprinted in the article: "Agriculture" in 'Encyclopédie ou dictionnaire raisonné des sciences' (ed. by D. Diderot and J. le R. D'alembert). Paris. 1765.

nperch, P. 'Architectura mechanica of Moole-boek.' Amsterdam. 1727.

nse, A. 'De Windmolens.' Desclée de Brouwer, Bruges. 1934.

ilton, C. P. 'British Windmills and Watermills.' Collins, London. 1947.

neaton, J. 'An Experimental Enquiry concerning the Natural Powers of Water and Wind to turn Mills and other Machines, depending on a Circular Motion.' London. 1794.

n Natrus, L., Polly, J., and Van Vuuren, C. 'Groot Volkomen Moolenboek' (2 vols). Amsterdam. 1734, 1736.

n Zyl, J. 'Theatrum machinarum universale of groot algemeen Moolen-boek.' Amsterdam. 1761.

ailes, R. 'Windmills in England, a Study of their Origin, Development and Future.' Architectural Press, London. 1948.

em. 'The English Windmill.' Routledge, London. 1954.

第 2 编

制造业

第 5 章

工匠的工具
（约 1500—1850）

R. A. 萨拉曼（R. A. SALAMAN）

17 世纪末，手艺人被称为工匠，这个名称一直沿用到中世纪以后的好几个世纪（第 Ⅱ 卷，第 11 章）。

说到手工工具，根据其用途将其粗略地分为以下几种主要类型将会非常方便实用：

锤打工具：锤、木槌、大槌；

砍、劈、刮削工具：刀、楔、锛子、斧、锯、凿刀、锉刀；

穿孔和钻洞工具：锥子、钻、螺丝钻；

测量、标识工具：直尺、直角尺、铅锤线、圆规、测径规；

夹具和握具：钳子、老虎钳、金属压弯机；

削磨工具：砥石、磨刀石、修锯齿工具。

人类约于 50 万年前就开始制造工具，因此不足为奇，一些最普通的手工工具的设计在古地中海文明时期已进化到最终阶段，此后则变化不大（图 60）。事实上，许多现代工具的式样与新石器时代相比几乎没有变化。例如，现代童子军使用的刀具，在形状和大小上与大约古埃及前王朝的阿拉克（Gebel el-Arak）燧石工具很相似（第 Ⅰ 卷，边码 667）。此外，"扬基"式的现代伐木斧与新石器时代的石斧相似（第 Ⅰ 卷，边码 601），都是两面鼓起，并带有光滑的劈尖，可以同时劈和割。

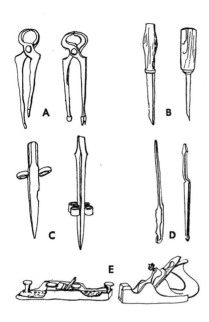

图 60 罗马时代的与现代的工具比较（比例为
1：18）。
（A）木匠的钳子，分别来自约公元前 50 年德国
的一个遗址与现代英国；（B）榫眼凿，分别来自
约公元前 50 年的意大利和现代英国；（C）割草
机测量头，分别来自约公元 50 年的塞尔克斯特
和现代法国；（D）钩状钻孔器，分别来自约公元
前 50 年德国的一个遗址和现代捷克斯洛伐克；
（E）木工刨，分别来自约公元 40 年的塞尔克斯
特和现代英国。

如前所述（第 I 卷，边码
687—边码 702），公元前 14 世
纪埃及木匠的工具和产品，可以
根据现代西方相对应的工具很
容易地辨认出来。虽然我们还
未确切了解罗马的整套手工工
具，但在许多地区，甚至是罗
马统治时期的欧洲边远地区（例
如不列颠），劳动者已拥有除了
手摇钻之外的大部分普通手工
工具。有证明清楚地表明，15
世纪以前手摇钻并未在欧洲出
现（图 65；第 II 卷，边码 653）。

大约公元 500 年之后，普
通手工工具的外形基本保持不变，
但是随着中世纪以后手工行业
业数目的不断增多，某些工具的
设计不断发展、变化，这一情况
一直延续到 19 世纪末及以后。

约从 1750 年开始，人们
开始尝试增强木制工具的耐磨性。所以，在木工刨、开槽刨和刮具
的底部都用螺钉钉上铁板或黄杨木嵌入物，木制摇钻被包上黄铜板。
铁制或炮铜制成的木工刨出现于 1800 年，最后引领了一种外观优
美、极受欢迎的铁刨的问世，它最初的制造者之一是艾尔的施皮尔斯
（Spiers）[66]。现代的铸造铁刨产生于美国，木匠或细木工曾使用的木
制台刨现在已不多见。

1 农村作坊

从中世纪开始，大多数村庄有了铁匠、制轮木匠和泥瓦匠。铁匠可以是蹄铁匠，木匠铺也可以完成磨坊工匠的工作以及出殡用品的作，泥瓦匠成了村庄的建造者。这样，村庄的需求从村庄内部就得了满足。

锻铁场或车轮匠铺有时是住宅的一部分，通常直接对着道路，其方是一个搁放各种二轮、四轮马车和车轮制作用具的堆置场院，赫尔（Hennell）将这一情景生动地描绘了出来[7]。像酒馆一样，村庄锻铁场变成了集会场所，是买卖和友好往来的中心。直到近代，每人都熟悉打铁声、灼烧马蹄铁的气味、锯木坑里锯木工人有节奏的木声以及那令人舒畅的锯木味道。

农村工匠们发展了传统技能以及优美设计的本能。高水平的手工艺和设计图案都被保留了下来。无论你走到哪里，几乎都看不到制粗劣的手推车或犁、锻造不精的耙以及质量低劣的马鞍或挽具。

112

当看到碟形车轮的轮辐与轮辋在轮毂上形成一个扁圆锥体（边码4）、装配狭桶板进行捆扎形成双重拱形桶身（边码 130）、马车底上复杂的十字形支撑物，或裁缝裁剪出合身的衣物时，我们很难想工匠们是如何在没有工作图纸或记录笔记的情况下学会制作这些东的。因为据我们所知，有关这方面知识的文字资料几乎没有。

不过，幸好还存有不少韵诗，它们可能是用来帮助学徒学习操作。下面就是关于如何操作老式犁形铁匠风箱的经验（由一个赫特福郡铁匠叙述）：

上高，

下低，

上快，

下慢——

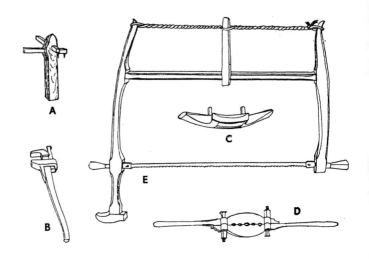

图 61 自制工具的一些例子。

（A）制轮匠的量规，用于划出榫眼和榫头的轮廓（比例为 1∶10）；（B）楔形活络扳
手（比例为 1∶14）；（C）制桶匠的横向刨，用于逆纹刨光桶等器具的内壁（比例为
1∶13）；（D）螺丝钉模，通过压或滚而不是割来形成螺纹（比例为 1∶15）；（E）弓
形锯，由制轮匠制造，用于切轮缘（比例为 1∶15）。

此乃鼓风之道也。

还有锯木匠对所有最艰辛行业之一的初学者的忠告：

冷时脱衣活到老。

113 以及马衔匠的格言：

每个马嘴都有它的关键所在。

这一俗语力求解释马衔设计的多样性[53]。

除了这些箴言和示例之外，人们认为可能还有一些传授复杂技术的东西。但即使这样，这些东西就像劳动者的生活、思想中的其他许多方面一样，基本上都不为我们所了解。

.2　自制工具

尽管许多城镇比如设菲尔德从中世纪起就以工具制造中心而闻名[1]，但在 1500—1700 年之间，多数农夫和工匠使用的工具都是由农村木匠和铁匠制成的。这种情况普遍存在于整个欧洲。

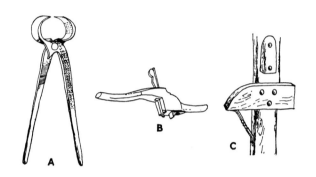

图 62　（A）蹄铁匠的蹄铁钳，由"铁钳杰克"（Princher Jack）用旧锉刀锻造而成（比例为 1 : 8）；（B）马车工的手枪式开槽刨，用于开槽镶板（比例为 1 : 12）；（C）制轮匠的柱式轮箍折弯机（比例为 1 : 24）。

晚至 19 世纪中期，铁匠们不是个例而是普遍地制作自己使用的钳子、铁砧甚至螺丝板和丝锥等。木匠制作自己的测量器、锯框，常常还有刨子。磨坊工匠使用由当地铁匠打造的特大号滑动扳手和螺丝钳子。制桶匠自制刨刀和接缝刨。但在 19 世纪晚期大量模锻的手工工具涌向市场时，工匠们很快就不再视工厂制造的工具为奢侈品了。

18 世纪狄德罗（Diderot）的《百科全书》（*Encyclopédie*）[5]中的

设菲尔德削木刀（手工刀）在乔叟（Chaucer）所在的时代很常见。

插图很清楚地表明大部分手工工具均为自制，图 61 列举了 18—1
世纪英国的自制手工工具。

114　　凿刀和螺丝钻的木制把手几乎一直都是自制的，其中的一些把手
不仅至今都好用而且非常漂亮。援引一段巴曼（Christian Barman）在
英国广播公司（1948 年）评论一次英国旧式手工工具展览的话：“每
一个欣赏材料质地的人都喜爱用木材，它们被制成……手感很好的特
殊雕刻品，适于手的握取……我记得当老手艺人们买一套新的凿刀时
他们总是把新把手扔掉，很小心地配上自己的把手。因终身使用，这
些把手……已被磨亮并且成为其主人生命的一部分……”

　　在 19 世纪末之前，工厂开始以低于铁匠可接受的价格生产工具、
马蹄铁及各类铁器，这使得数以百计的乡村铁匠退出这一行当。但人
们对自制工具的偏爱和感情仍然挥之不去，这在 19 世纪 90 年代流
行铁匠们既传奇但又往往是悲剧性的故事中得到了印证。他们像从前
徒步漂泊的手艺人[22]一样游走于各村庄之间，在日益减少的铁匠市
场中寻找工作。他们专长于像老虎钳嘴的修理或螺丝板牙的制造维修
等这样一些技能要求较高的工作，其中有一个叫作“铁钳杰克”的著
名人物非同一般，曾走遍整个英格兰和威尔士，在铁匠铺中驻足，用
旧锉刀制作出蹄铁匠使用的铁钳（图 62A）。无数老一代铁匠仍认为
他的技能几乎达到出神入化的
地步，而他的故事虽不十分有
根据，但正说明了人们长期认
为手制工具优于工厂产品。

即兴而作在农村作坊中起
着重要作用，并对以后工具的
设计产生了影响。例如著名的
平衡梁钻床无须下调螺丝便可
操作（图 63），柱形轮箍折弯机

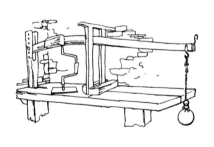

图 63　铁匠的平衡梁钻床。钻孔器在平衡锤
控制的杠杆的压力下手工旋转挖洞（比例为
1：45）。

须带齿轮滚轴便可将铁轮或轮箍变成圆形（图62C），还有自制的
螺钉调整的活络扳手（图61B），因其能夹紧破裂的螺母而被工匠
广泛使用。

起初新建工厂都从村镇作坊招募工匠，他们的技术在控制工厂产
的工具车间和模型设计车间以及安装和保养机器的维护技师（这些
而不精的"万事通"仍被通称为"磨坊工匠"）中得以保存。

3 制造工具的城镇

有些城镇成为工具制造的中心，中世纪的托莱多和大马士革因铸
而出名（第Ⅱ卷，边码57）。几个世纪以来，德国的索林根、法国
梯也尔、英格兰的设菲尔德以及奥地利的施蒂里亚州诸城镇，成为
界上大部分手工工具的生产地。施蒂里亚州的铁矿含有锰，这一地
的钢甚至在罗马时代就已受人重视。

这些地方会成为工具制造中心的原因无从考证。或许是矿石和木
燃料供给充足，在某些地方——如施蒂里亚州和设菲尔德——河流
落锤和磨石提供了水力（边码32—边码34）。但是无论什么原因，
旦开始进行贸易，它们就会逐渐集中在这些中心城市进行。

这些城镇中的居民有很大一部分从事工具制造。例如，1600年
的50年间，在设菲尔德教区教堂结婚的新郎中超过一半从事工具
刀具制造业。具体分类如下[8]：

刀具工	122人	镰刀匠	3人
剪刀匠	42人	锉刀匠	2人
鞘 工	7人	锤 匠	1人
剪切工	7人		

当钢在1700年后变得更易得到以后（边码34），同时在18和
世纪对各种手工工具的需求也不断增加，设菲尔德成为大型锻造
产集地，不仅正规工厂，就连农舍的后房都在生产。甚至到了今

天，走出设菲尔德的商业中心，游客们还能在每一条小街里听到铁锤敲击铁砧的声音。

许多木制工具——木工刨、马车工的开槽刨（图62B）、麦芽辐刀、锯框——由处于制造中心以外的小型专业商行制造，例如已存在的诺里奇的汉娜·格利菲斯（the Hannah Griffiths of Norwich）商行或巴黎费龙（Féron）专业商行[51]。工具把手、连枷、耙、镰刀柄主要由位于砍伐木材的林地附近的个体企业生产[6]。

人们普遍认为1914—1918年战争以前的钢质量最好。尽管战迫使劣质产品被接受，但最好的制造者仍继续保持高水准的生产。而，即使最好的手工工具的使用寿命似乎也没有延长的希望。事实这种工具的耐磨性在最近一百年里并没有显著变化。

116　5.4　行业的专业化

任何行业发展到一定阶段都会在其多个分支中产生专业人才，金属工匠、泥瓦匠、木匠、磨坊工匠、面包师等主要行业内逐渐显出大量的专业技能。于是，金属工匠又被细分为铁匠、锡匠、锚铁铁钉匠、剪切匠、链铁匠等。还有许多相对次要但技能娴熟的工例如马刺匠、马衔匠、金箔匠、白镴匠、小提琴匠及玻璃画匠。

16世纪以后，行业的数目和种类越来越多。1568年瑞士艺术安曼（Jost Amman，1539—1591）描绘了他那个时期存在的90多种同行业[19]。200年后狄德罗在《百科全书》中描述和说明了250种行业[5]。17世纪，皮古特（Pigot）公司的商业目录（伦敦，1826年中记录仅伦敦就有不下846种行业。当然其中有些是非常小型的业，例如鲸骨切割业、死者纪念戒指制造业、沙漏制造业、鞭子和棒装配业，但每一行业都有自己的技术，而且许多不同行业都有自的一套特殊工具，这些工具由专门的工具制造者提供。

自16世纪起，各类工匠必需的成套工具数量稳步增长。这可下面的对木工车间或成套工具的统计资料上看出：

年份	出 处	图中工具数量
1568	安曼[19]	14
1703	莫克森 (Moxon)[14]	30
1751	狄德罗[5]	51
1892	提明斯 (Wynn Timmins) 公司的目录[41]	90

5 工具的专业化

工具的多样性随着行业的多样性快速增长。

工厂制造的工具千变万化，原因之一是为了满足最初由农村铁匠发展起来的多种需求，他们的产品具有地区特征。这种倾向可在早期商行［如艾萨克·纳什（Issac Nash）商行］的样本里用地名和姓氏来区分不同的工具设计中看出来[61]，这些样本的实例可以在汉普郡奥尔顿的柯蒂斯博物馆里找到。

威廉·亨特父子公司（William Hunt & Son）1905 年的目录[44]描绘了 42 种用于铺设竹笆、割荆豆、劈柴等用的钩镰，其中许多以城镇或县郡命名，在有的几个例子里也会看出它们功能大不相同。显然这种多样性设计是为了满足当地的需求。农夫和住户原先都从当地刀具工购买用具，只有当工厂能提供购买者惯用的特殊工具时，才能取代刀具工获得生意。

即使在工厂产品被大众认

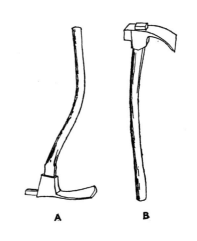

117

图 64 锛子。
（A）造船师的锛子，带有宽平的尖爪用于取出坏掉的钉子；（B）制轮匠的锛子。木匠的锛子类似于（B），也带有（A）中的宽平尖爪。比例为 1∶12。

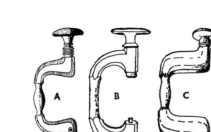

图 65　木制手摇钻。
（A）木匠和细木工的手摇钻，带有锁紧钮；（B）制桶匠的装榫手摇曲柄钻，带有一个大顶，工人作业时要用胸部顶着它；（C）制椅匠的手摇钻，带有小尖头，装入顶于胸部的木支架内。比例为1：10。

为已达到很高标准化程度的美国，贝尔克纳普（Belknap）邮购商号[42]仍然列出40多种供邮购的砍斧，每一种都有6种尺码甚至更多。

例如，不同行业之间的锛子就有所不同。造船师的锛子不同于车轮匠的（图64），而木匠的锛子与两者又略有不同，不过他们可以互用工具，也不会有大的不便。同样，制桶匠使用的木制手摇钻不同于木匠所用的类型

制椅匠又使用另一种（图65）。可以推测，尽管工具是基于用途分类的，但工具制造者为了扩大生意而生产各种工具以满足特种行业的需求，这在有些时候刺激了工具的多样化。

为国际市场生产工具的商行不得不运送各种各样别具一格的商品。由阿尔萨斯的戈尔登博格和西埃公司（Goldenberg & Cie）[3]于1875年发表的工具表单，列出了锛子、斧子、泥铲的以下区域的"式样"：

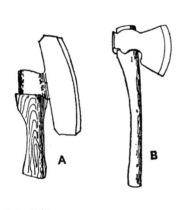

图 66　披斧。
（A）制桶匠使用的；（B）马车匠和制轮匠使用的。比例为1：12。

阿尔萨斯、美洲、阿拉贡、阿斯图里亚斯、巴伐利亚、巴纳讷、比利时、贝里、比萨拉比、比斯开、波尔多、布拉班特、布雷斯、卡斯蒂利亚、加泰罗尼亚

于兰、英格兰、佛兰芒、哥达、希腊、汉堡、阿夫里、匈牙利、意大
利、肯塔基、伦敦、东方诸国、里昂、马赛、墨西哥、莫斯科、南特、
博讷、那不勒斯、诺曼、巴黎、佩皮尼昂、彼特斯堡、皮卡第、波
美拉尼亚、葡萄牙、普罗旺斯、萨克逊、西里西亚、西班牙、斯特拉
斯堡、斯瓦比亚、鞑靼、图卢兹、土耳其、美国。

不仅不同区域的工匠需要不同种类的工具，而且对于工具制造者
来说，不知是幸运还是不幸，不同工具还有很奇特的区别。例如，比
利时列日区的制桶匠使用的斧子[27]与英国马车匠的斧子在外形上几
乎一样，而英国制桶匠普遍使用的斧子在欧洲许多地方也被使用（图
96）。但没有一个英国制轮匠或马车匠会使用制桶匠的斧子修整轮辐
或楔子，尽管它们使用起来几乎一样。

凿刀的功能区分更大。大约 1900 年，一位著名的伦敦刀具商[45]
列出了如下 24 类有明显差别的凿刀，每一类都有各自的式样和大小：

木工凿类、工具柄类、扣眼类、制箱盒子类、四轮马车类、磨坊工
匠类、削修类、套准类、驳船建造类、开榫眼类、制框格类、船体切分
类、榫眼锁类、抽屉锁类、地板铺设类、运货马车类、车轮制造类、切
刀类、雕刻类、旋钻类、泥瓦匠类、砌砖匠类、轮机工类、锻工类。

1850 年约克郡的一家刨刀制造商行[34]列出 29 种区别显著的样
板刨，每一种都有 5 种或更多的尺码。
以下是几种特殊工种的工具列表：

菲力普斯的《马车制造工具》(Coachbuilding, 1897 年)[17]	275 种工具和器械
铁路工人使用的工具列表（约 1950 年）	159 种工具和器械
林学调查委员会的林木工具表（1951 年）	173 种工具和器械
马具商的工具（1980 年）[50]	112 种工具和器械

5.6 专业技工工具的起源

基本工具的发展自石器时代以来源远流长，而专业技工工具的起源却很难追溯。如果名称的词源能够被视作探究这些工具起源时间的指导性信息，那么，很显然其中的许多工具在 12 世纪以前已被人熟知。下面所举的例子可以作为典型[1]：

凿刀 (*bruzz*，图 67A) 是一种著名的三角凿刀，制轮匠用它凿出榫眼的边角，其名称来源于古英语单词 "*brysan*"，意为挤压碾碎。

螺丝钻 (*augar*)。制轮匠、造船师使用的一种传统的钻孔工具，其名称来源于 12 世纪前的古英语单词 "*nafu-gar*"，由 "nafu"（轮毂）和 "gar"（穿孔器具）构成。"f" 已被去掉，首字母 "n" 被省略以避免使 "a nauger" 和 "an auger" 相混淆。

凿槽具 (*croze*，图 67B)。制桶匠用于在桶的狭桶板末端挖槽，以便接合桶顶边缘，其名称可能来源于古法语 "*croz*"，意为沟、槽。

圆木刨 (*nogg* 或 *moot*，图 67C)。应用于多种行业，用于把粗糙的木棍修整为圆形把手或木钉。("*moot*" 特别适用于制作船只用的大木钉。) 这两个词的来源不是很清楚，或许比前三者更早。

某些工具或工种的名称几乎已经在英国的作坊语言中消失，但在美国的作坊中仍通用。例如盎格鲁-撒克逊的单词 "*speech*" 意为有轮辐没外轮缘的轮毂，劈板斧 (froe，图 67D) 是一种劈出狭板、轮辐和椅腿的劈砍刀具的名称。在英格兰这种工具有时被称为 "*frower*" 或 "*frommard*"，但通常被称为劈斧或碎斧，"*froe*" 大概来自古英语单词 "*fromward*"，意为 "打发"。

手工工具特有的设计特点明显已保留了许多年，但很难解释。例如，木匠铁钳一脚上的小球（图 60A）可能是给另一脚的做爪工具扣上

---

[1] 词源选自《牛津英语大词典》。

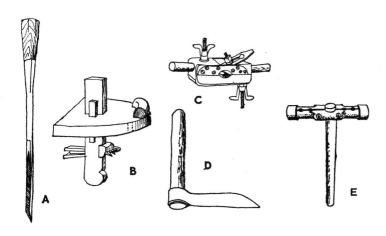

67 （A）三角凿刀；（B）凿槽具；（C）圆木刨；（D）劈板斧或碎斧，刀刃尾端插有一个木
〔柄〕；（E）造船师的填隙锤。比例为 1 ：11。

〔共〕金属。造船师砸边用的填隙锤顶部的挖槽（图 67E）或许易于解释，
〔它〕能够消除声响并产生足够弹力以防手被震痛。老造船师非常喜欢听
〔这〕种木槌"歌唱"，而几个人使用普通木槌嵌塞甲板时很可能会被彼
〔此〕发出的声响震聋。

〔5〕.7　设计

　　对以往文明的人工艺术品的
〔赞〕叹，不应该使我们忽略许多普
〔通〕工具和行业用具在现代应用中
〔的〕功劳。很少有难看的工具被制
〔造〕出来，每一种设计都是经过几
〔个〕世纪的反复实践后的完美作品。
〔经〕验丰富的铁匠好像天生就会生
〔产〕外观优美的工具。这种趋势不
〔仅〕表现在常用工具上，例如断栅

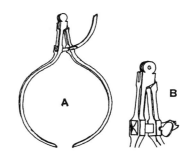

图 68 （A）翼形卡钳（比例为 1 ：13）；（B）卡
钳上制动-倒棱的详图（比例为 1 ：6）。

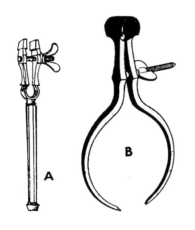

图 69 （A）钟表匠的针钳；（B）带有螺丝调节的
弹性卡钳，手工铸造。比例为 1：3。

篾机、凿刀、斧，而且还体现在
某些新兴行业的工具上，例如使
车技工使用的有两个六边形的圆
状扳手（它由马车匠的轮帽扳手
发展而来）具有优美的曲线，是
优良的工业设计的典范。

大约 1750 年之后，在传过
着丑恶和肮脏信念的环境里，许
多外观极其优美的工具被锻造出
来。这种状况仍旧存在于许多工
业化城镇过度拥挤的偏僻街道内

那些工具中有一种带有两个弯脚的"兰开夏郡"测径器（图 69B
贺加斯（Hogarth）在其《美的解析》（*Analysis of Beauty*，1753 年）一
书中有相关介绍。还有全金属的苏格兰手摇钻、制表匠的针钳（图
69A），它们均由生活和工作在工业城镇最隐蔽角落的工匠制造。

金属工具的一个很有吸引力的特点是带有定做的调整装置的倒棱
（图 68B）。这来源于运货马车制造匠，他们用刮刀（图 70A）减轻马
车的骨架，以便使接缝保留所需要的宽度，使其成为了一种装饰。同
样的加工工序可以在后来的机车活塞杆和早期自行车的铸造骨架上
看到。

16—17 世纪，在意大利和
欧洲其他地方（但不大在英格
兰），这种由军械工人发展起来
的同类精巧装饰和外形被应用于
金属锯框和外科器具，尤其是截
肢手术的锯子。或许就像剑柄上
的装饰物一样，这么做给予了这

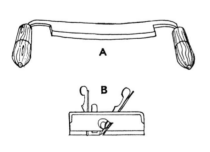

图 70 （A）刮刀，用于修形、削切和斜切；（B）
挖槽刨，用于逆纹凿槽。比例为 1：12。

致命的"交易"某些神圣的仪式感。

具有美丽有时甚至是精致线条的木刨产生于 18 世纪的欧洲大陆，许多被进口到英格兰。但像巴洛克式艺术一样，异域的工具风格终究没有占领这个国家，英国的工具制造者们仍坚持严谨但线条雅致的传统方向（图 70B）。

边码 124 和边码 129 的注释更详细地讲述了车轮制造和制桶两个木工手艺行业中几种特殊的工具的使用，这两个行业一直存在，到 20 世纪其技术仍非常缓慢地变化着。

相关文献及参考书目

[1] 'Boys' Book of Trades.' Routledge, London. *c* 1850.

[2] Ashton, T. S. 'An Eighteenth-century Industrialist, Peter Stubbs of Warrington, 1756–1806.' University Press, Manchester. 1939.

[3] Barras, R. T. 'The Sheffield Standard List.' Pawson and Brailsford, Sheffield. 1862.

[4] Childe, V. Gordon. 'The Story of Tools.' Cobbett, London. 1944.

[5] Diderot, D. and D'Alembert, J. le R. (Eds). 'Encyclopédie ou dictionnaire raisonné des sciences, des arts et des métiers.' Paris. 1751–72.

[6] Edlin, H. L. 'Woodland Crafts in Britain.' Batsford, London. 1949.

[7] Hennell, T. 'The Countryman at Work.' Architectural Press, London. 1947.

[8] Himsworth, J. B. 'The Story of Cutlery.' Benn, London. 1954.

[9] Holtzapffel, C. 'Turning and Mechanical Manipulation.' London. 1846.

[10] Knight, E. H. 'The Practical Dictionary of Mechanics' (4 vols). Cassell, London. 1877–84.

[11] Lilley, S. 'Men, Machines and History.' Cobbett, London. 1948.

[12] Massingham, H. J. 'Country Relics.' University Press, Cambridge. 1939.

[13] Mercer, H. C. 'Ancient Carpenter's Tools.' Bucks County Historical Society, Doylestown, Pa. 1929.

[14] Moxon, J. 'Mechanick Exercises' (3rd ed., to which is added "Mechanick Dyalling"). London. 1703.

[15] Needham, N. J. T. M. and Wang Ling. 'Science and Civilization in China.' University Press, Cambridge. 1954.

[16] Petrie, Sir (William Matthew) Flinders. 'Tools and Weapons.' Constable, London. 1917.

[17] Philipson, J. 'The Art and Craft of Coachbuilding.' London. 1897.

[18] Rose, W. 'The Village Carpenter.' University Press, Cambridge. 1937.

[19] Schopper, Hartman. *De omnibus illiberalib sive mechanicis artibus, humani generis, e* [Illustrations by Jost Amman]. Frankfurt a.M 1574.

[20] Sturt, C. 'The Wheelwright's Shop.' Univers Press, Cambridge. 1923.

[21] Woods, K. S. 'Rural Crafts of England.' Harrap, London. 1949.

[22] Hobsbaum, E. H. *Econ. Hist. Rev.*, second series, **3**, 299, 1951.

博物馆出版物等：

[23] Cambridge and County Folk Museum. 'Some former Cambridgeshire Agricultural and othe Implements' by R. C. Lambeth. Cambridge. 1939.

[24] Curtis Museum, Agricultural Section. 'Illustrated and Descriptive List of the Smalle Implements, etc., Formerly (or still) in use on Farms' compiled by W. H. Curtis, and S. A. Warner. The Curtis Museum, Alton, Hants. 1946.
Castle Museum, York. 'Yorkshire Crafts' by ● M. Mitchell. York Corporation. 1954.

[25] West Yorkshire Folk Museum. 'Barns and Workshops' (2nd ed.) [by F. Atkinson]. Halif Museums. 1954.

[26] High Wycombe Museum. 'Windsor Chairmaker's Tools' [by L. John Mayes. 1948

[27] Musée de la Vie Wallonne. *Enquêtes du Musée de la Vie Wallonne*, various numbers Liége 1926–49.

[28] Museum of English Rural Life, Reading. Card index of tools.

[29] National Museum of Wales. 'Guide to the Collection Illustrating Welsh Folk Crafts and Industries' (2nd ed.) by I. C. Peate. National Museum of Wales, Cardiff. 1945.

行业目录：

[30] Ford, Whitmore & Brunton, Birmingham. Tool-makers. Birmingham Reference Library *c* 1775.

[31] W. & E. Wynn, Birmingham. List of tool prices, *c* 1810.

122

2] Peter Stubs Ltd., Warrington. File-and tool-makers, *c* 1845.

3] Richard Timmins & Sons, Birmingham. Tools and steel toys. *c* 1850.

4] Varvill & Sons, York. Plane-makers. *c* 1850.

5] Hannah Griffiths, Norwich. Price list of planes and coach-builders' tools. *c* 1850.

5] William Gilpin & Co., Cannock. General tool-makers. *c* 1868.

7] George Barnsley & Sons, Sheffield. Boot-and clog-making tools. *c* 1868.

3] Goldenberg & Cie, Saverne, Alsace. General tool-makers for international market. *c* 1875.

9] Ludvig Peter Schmidt, Germany. General tools. *c* 1875.

0] Arnold & Sons, London. Surgical and veterinary instruments. *c* 1885.

1] Wynn, Timmins & Co., Birmingham. General tools and steel toys. *c* 1892.

95—1950 年发布的行业目录：

2] Belknap Hardware & Manufacturing Co., U.S.A. General tools and hardware.

3] E. A. Berg Manufacturing Co. Ltd., Sweden. General hand-tools.

4] The Brades Ltd. (Wm. Hunt & Sons), Birmingham. General tools.

5] Arthur Collier (Brixton) Ltd. Plumbers' and general tools.

6] A. Copley, London. Saw-makers and masons' tools.

7] Bryan Corcoran Ltd., London. Millwrights' tools and equipment.

8] Coubro & Scrutton, London. Ship chandlers', including sail-makers' tools.

[49] Henry Disston & Sons, Inc., U.S.A. Saws and files.

[50] Joseph Dixon Tool Co., Walsall. Leather-workers' tools.

[51] Féron & Cie, Paris. Planes and other wooden tools.

[52] J. & J. Goddard, London. Organ and piano tools.

[53] Hampson & Scott, Walsall. Harness and saddlers' tools.

[54] Herbert & Son Ltd., London. Butchers' tools and equipment.

[55] Hirst Bros. & Co. Ltd., Oldham. Watch-makers' and jewellers' tools.

[56] C. Isler & Co. Ltd., London. Well-sinking tools.

[57] W. Langley & Co., London. Coopers' tools.

[58] W. R. Loftus Ltd., London. Cellarmen's and coopers' tools, etc.

[59] Lusher & Marsh, Norwich. Wooden shovels.

[60] William Marples & Sons, Sheffield. General tools.

[61] Nash Tyzak Industries Ltd., Stourbridge. Scythes, edged tools, etc.

[62] Peugeot Frères, France. General tools.

[63] Edward Preston & Sons Ltd., Birmingham. Rules and measures, plumbs, etc.

[64] V. Richter, Czechoslovakia. General hand-tools.

[65] C. T. Skelton & Co. Ltd., Sheffield. Spades, garden and contractors' tools.

[66] Stewart Spiers, Ayr. Iron plane makers.

[67] Thomas Tingley Ltd., London. Wheels, coach and cart ironmongery.

123

关于车轮制造的注释

J.杰兰特·詹金斯（J. GERAINT JENKINS）
R.A.萨拉曼（R. A. SALAMAN）

在许多方面，制轮匠的技艺与硬细木工相似，但细木工主要是
黏胶将接合处粘牢，而制轮匠是把接合处卡紧、塞牢，他们使用的
多工具与木匠相同，而自己特有的工具却很少。

车轮包括车轮中心的轮毂、托盘、由风干得很好的榆木（偶尔
用橡木）做成的轮轴、从轮轴向四周发散的偶数个橡木劈制成的轮
轮辋——形成轮缘的弯曲木材，常用桦树制成，有时也用山毛榉或
木。铁轮环（或先前一系列新月形的称为轮箍的铁片）被紧缩在轮
上将车轮箍紧。

1. 轮毂

所有用于车轮生产的木材必须是经过良好风干的，这一过程长
10 年。对于轮毂来说，要用厚度适中的笔直的光滑榆木，把它砍
14 或 15 英寸长，在中心钻螺旋孔以利于风干，仍旧带有树皮的部
要储存到完全风干为止。当风干过程完成后，把干燥的木头放在车
里，旋出所需要的形状和直径，大致为一个圆柱体，一般是直径 1
英寸、总长 12.5 英寸。在过去，轮毂必须安装很粗的木轮轴，所
直径更大一些。

旋完轮毂后，要在其上做两个测量标记。第一是在离轮毂的背
边缘 8 英寸处做一标记，作为轮辐榫眼的前端基准。另一个标记

图 71　制轮匠作坊。
制轮匠正在轮辐上安装轮辋，用轮辐压板拉紧两个轮辐使舌榫
进入轮辋上的榫眼（边码 127）。（1）车轮凳；（2）榫眼架，在
凿榫眼以安装轮辐时，支撑固定轮毂；（3）轮毂；（4）轮辐；
（5）轮辋，形成轮缘；（6）轮辐压板；（7）测长轮，用于测量
车轮圆周并在用作轮箍的铁条上测量出相等长度；（8）支承柱，
安装轮辋时保持车轮固定不动（进一步参见图版 6）。

从刚才的 8 英寸标线处向后取 1/2 英寸，这充分考虑了榫眼的交错
排位。最近的手制车轮中，轮辐通常都是错开的，所以一行轮辐前端
位置一致，而相邻轮辐的前端则向后错一点。如果小直径的轮毂上的
轮辐都装成一排，那么榫头就会磨损轮毂。对于更老式的较大的轮毂，
这个问题相对就不太重要，因为车轮的碟状或凸面形状很明显，轮辐
通常都安装在一直线上。

多数双轮或四轮马车的车轮是"碟形"的（图 84），也就是说轮

辐与轮毂成略小于 90° 的角，形成一个扁平的锥体。当车轴轻微
曲时，最低的（承重）轮辐成直角而车轮上部向外倾斜。碟形设计
被批判又被提倡，它的主要优点是轴上可以负载更宽的车体，泥土
易从轮圈上部掉入轴承中，此外车体摆动倾斜或侧向行驶时这种车
较平坦且不易变形。

2. 接榫眼

旋完后，轮毂被放在一个称为榫眼架［图 71（2）］的矮凳
经反复测量，用圆规在铆行线上标出所需轮辐榫眼的中心，用小直
尺标出每个榫眼的中心线。

标出轮毂上所有的榫眼需用一个轮辐。将 3 英寸 ×1 英寸的
辐底部对准铆行线，并处于中心线正上方，划出底部轮廓，用带有
英寸钻锥的螺丝钻或者用 12 或 14 英寸的曲柄手摇钻钻榫眼。在
一榫眼标记处钻 3 个孔，一前一后一中央，制轮匠完全依靠自己
判断力和技术进行操作。考虑到车轮的碟形形状，前面的孔必须略
偏一个角度。

下一步是凿出轮辐榫眼，在这之前要准备一个轮辐规，也就
一根 2 英尺 9 英寸长、约 2.5 英寸宽、1 英寸厚的硬木。距离一端
英寸处钻一个能安装 7/16 英寸的方头螺钉的孔，从另一端钻若干
3/8 英寸的孔，每隔一英寸钻一个。用一段 9 英寸长的鲸须，从所
求的孔中穿过并搂牢。鲸须的位置依车轮的大小而定。例如，做
个直径为 4 英尺 10 英寸的车轮，鲸须的位置应在车轮半径（2 英
5 英寸）减去轮辋厚度（例如 3.5 英寸）的地方，即距离轮辐规方头
钉中心 2 英尺 1.5 英寸处。

轮辐规准备好后，下一步是塞住贯穿轮毂的中心穿孔。用圆规
到轮毂的表面中心，在该点钻一个足够大的孔用来装上方头螺钉。
轮辐规靠近轮毂表面拧紧，以便刚好在转动轮辐规时可使轮毂不
轮辐规的主要目的是测量车轮的凹度。由于碟形轮的轮辐与轮毂成

125

角度，所以榫眼也必须以这个角度为准切割出来。规上的鲸须被安
在轮辐接入轮辋的地方，即距 58 英寸车轮的中心 2 英尺 1.5 英寸
。接着，测量车工在轮毂上的轮辐前端底部所做的表层符号和轮辐
之间的距离。在长 12.5 英寸的轮毂上，当表层符号在距轮毂后端
英寸处时，这个距离是 4.5 英寸。如果需要 0.5 英寸的凹度，那么
须应在规尺处伸出 4 英寸。凿榫眼时，钻孔的倾斜必须使抵住榫
前方的一个狭窄的直角边恰好触到鲸须。轮辐规使用弹性鲸须而不
硬木尺的原因，在轮辐被敲进轮毂的过程中很清楚地体现出来。

　　做榫眼需用许多工具。第一个就是榫眼凿刀，带有 V 形刀刃的
柄凿刀（图 67A）用于刮干净榫眼的边角。凿榫心要用 2 英寸刀刃
更结实的凿刀。为削去榫眼前后两端，要用 3/4 英寸和 1 英寸的
凿。最后还需要一个重木槌及一个内卡钳，用于在工作过程中检查
眼尺寸。

　　所有榫眼准备好后，轮毂被送到铁匠那里，铆上铁制的侧面和后
连接物。为避免连接物滑脱，在轮毂上钉 3 个特殊形状的钉子，顶
侧面连接物的前端和后部连接物的后端。

3. 轮辐

　　现在准备在轮毂上安装轮辐。轮辐由纹理清晰、树干均匀笔直、
干 4 年以上但尚未加工的橡木制成，用披斧（图 66B）砍出雏形，
轮辐削修整成所需要的形状。轮辐末端经整形后形成 3 英寸长、1
寸宽的榫头（第 II 卷，图 505）。

　　轮毂被放在车轮槽上以敲入轮辐。车轮槽呈 6 英尺长、10 英寸
的矩形，周围砌上砖或衬上木材，以便敲入轮辐时可提供坚固的底
。一人扶稳轮毂，使轮辐保持垂直方向，另一人抡动 14 磅的铁锤
轮辐敲入。每击两三次后，把轮辐规推到正确位置，确保轮辐角度
确。由于榫头被削尖了，每一击使得轮辐在轮毂中插得更紧，因此
果轮辐安装角度不对，就会越来越难纠正，只有等安好相邻的轮辐

后，取一根 2.5 英尺长的弯曲的桦木棒，称"撬杆"，放在待向前的轮辐后面和相邻的轮辐之前，安装不好的轮辐会靠住轮辐规，并重新锤打，再使用弹性"触角"才能得到纠正。所有轮辐安装好用轮辐规测量车轮确保其凹度正确。

下一步是做轮辐的舌榫。主要是在 1850 年以前车轮有宽箍的代，轮辐舌榫和轮辋上的榫眼都是方形的，后来改为更易安装的圆用划线器（嵌有一个打眼钻锥的桦木高 2 英尺、底面积 0.75 平方寸）标出每个轮辐表面的肩角，划线器沿着轮辐放置，其底部紧紧于轮辐与轮毂的接合处，然后划出肩角。在直径 4 英尺 10 英寸的轮上，肩角应在距离轮毂 1 英尺 7.5 英寸的轮辐处。做完这些工作把轮辋模型放在划好线的轮辐上以便正确安装。用榫锯和凿刀凿出后肩角，把轮辐舌榫修成略微呈椭圆的形状。

4. 轮辋

过去，锯轮辋用带有薄刀片的框锯（图 61E），每一种轮辋同轮匠保存在作坊里的许多样式里的一种相一致。现在用带锯锯轮锯完后用斧和锛子修形，然后用木工刨刨光。为了安装轮辋，车轮朝下放在车轮凳上。用一个小斜角规，得出正确的轮辋斜面角度，每一轮辐舌榫的位置都标在上面。用轮辐规标出轮辋上轮辐榫眼的心，并用 1.5 英寸的螺丝钻钻出。钻完后，下一步制作榫钉连接轮它们是橡木制成的短杆，长 4.5 英寸，直径为 1 英寸，插入轮辋后出的一端应凸出 2 英寸，榫钉头略成圆形以便于轮辋的连接。

车轮制作到这一步之后，现在将轮辐安装到轮辋。车轮面朝下在车轮凳上，将一个轮辋对准轮辐舌榫轻敲进 0.75 英寸。第二根辐不能直接插入第二个孔中，原因是轮辐以辐射状安装在轮毂上，得轮辐舌榫在轮毂处比在肩角处分得更开。为了将两根轮辐靠拢以轮辋容易敲上，就用"轮辐压板"［图 71（6）］扳动轮辐。当制轮向前扳动轮辐压板的柄时，轮辐弯曲，轮辋被轻易地接入。所有轮完后，楔子被敲入轮辐舌榫末端，使舌榫搣入轮辋中免得碰到轮箍。

完成的车轮此后被放在车轮架上，用各种量规进行检查，最后刨到光。

5. 上轮箍

车轮从制轮匠手中再送到铁匠铺上轮箍。一条 16 英尺长、2.5 寸宽、0.75 英寸厚的铁条平放在地上。用粉笔在未上箍的轮边和长轮上 [图 71（7）] 各作一标记，将标记点作为起点，测长轮沿边滚动推进并记录下旋转圈数，然后沿铁条推进相同圈数。这是在量车轮的周长，同时也考虑了焊接点的重叠和轮箍受热后的膨胀。条穿过一系列的滚轧器弯曲成所需形状，两端点再焊接起来。早些候的乡村铺里，铁条都是在柱式折弯器上（图 62C）靠手工实现弯的。

没有上轮箍的车轮被拧紧到圆形的铁制箍轮台上（这是铁匠铺里永久设备），点燃稻草和刨花加热轮箍，充分膨胀后用长柄铁钳夹箍轮台上，再用箍轮夹头装到车轮上。最后往轮箍上泼水，轮箍收时强大的收缩力会束紧车轮。

128

6. 上轮轴

最后，要在轮毂中心安装铸铁轴承或轮轴。用大的起钉凿和半圆在轮毂上凿穿一个大的内径逐渐变细的孔，多使用一种叫装轴机的具（一种在螺杆上运作的旋转削切器）。将铸铁轴承轻轻地装入毂，反复调整。轮轴托杆临时放在木工台上，使挂在上面的车轮旋转刚好同地面有间隙。在地上放一小木块，正好触到轮缘。慢慢旋转轮，当它转到同木块有间隙时，把橡木小楔子锤入轮轴周围的轮毂尾纹中，反复操作，直到轮轴处于中心位置并被搣牢。最后凿掉楔，打光上漆，车轮就制造好了。

参考书目

Sturt, G. 'The Wheelwright's Shop.' University Press, Cambridge. 1923.

Weller, G. W. Articles in *The Illustrated Carpenter and Builder,* June–July, 1950. The authors drawn heavily on this description, written by a practising wheelwright of Sompting, Sussex, recently deceased

关于制桶的注释

J.杰兰特·詹金斯（J. GERAINT JENKINS）
R. A.萨拉曼（R. A. SALAMAN）

制桶是指制作和修理由狭桶板和桶箍形成的木制容器。制桶工人
乎没有记录下来的测量数据和样图，即使在制作特定容量和尺寸的
器时也主要是以惯例为准。他必须了解不同容量的木桶所需狭桶板
数量和尺寸，并在修整后准确安装。制桶技术是尚存较少的未被机
取代的古老的手工艺之一。

这种手工艺产生于古埃及（第Ⅰ卷，图500），罗马时代非常有
，经过中世纪仍然存在。贸易（尤其是海上贸易）的发展增加了对
准容量的桶的需求。船上所有物品几乎都是桶装的，直至19世纪
期为止，制桶匠都是船员中的重要一员。在陆地上，制桶基本上是
种行业手艺。但到19世纪末，技艺高超者渐少，大部分制桶作坊
在酿酒厂里。

129

干桶工是这一行业中专业技术最低的分支，主要制作装面粉、烟
、食糖、陶器等固体物质的木桶。他的工作远没有湿桶工的要求严
，因为狭桶板无须接合得非常紧密，并且桶可以用桦树或榛树箍环
束住，也无须太鼓。道格拉斯冷杉是最常用的狭桶板原料，但也用
木、云杉木、白杨木、山毛榉。在制桶业的这一分支中，机器很早
取代了手工操作。狭桶板被置于箍环中形成一个完全的圆形，然后
至有韧性为止，再用小绞车使其两端弯曲成桶形，并加热定形。在

图 72　制桶。

制桶匠正在为桶起拱，敲打桶箍（边码 130）。（1）大木桩；（2）木桩钩，用于用刮刀修整狭桶板时悬挂狭桶板；（3）木制桶箍，用于安装狭桶板时使其不错位；（4）铁整形箍，在桶起拱时维持圆形；（5）狭桶板；（6）刮刀和大头刀；（7）披斧，用于修整桶顶、狭桶板等；（8）接缝刨上的孔，可以承接托架（见 10）；（9）接缝刨，用以刨光狭桶板边缘；（10）托架，使用时接缝刨放在上面，顶部的栓安在接缝刨孔中（见 8）；（11）篝灯或火盆，当弯曲、安装狭桶板时，用它烧火加热桶内壁；（12）紧箍斧，用于在桶起拱时，敲入桶箍；（13）锋利的圆形扁斧，代替刀切割槽（见 14）；（14）各种尺寸的刀刨，用于在狭桶板顶部凿浅槽，在浅槽处又用凿槽器挖出沟槽放桶盖；（15）"直落刮刀"，一种刮光桶外侧的刮刀；（16）stoup，刨光桶内侧的圆规型刨子；（17）尖锥螺丝钻，用于挖尖孔放桶塞；（18）香蒲，用于填塞接缝的干灯心草；（19）带有筒形钻头的手摇曲柄钻，用于钻榫眼，以便和桶盖的榫头连紧（见 21）；（20）铁砧，在其上铆接箍环；（21）桶盖；（22）桶帽，或称凹槽箍；（23）四分之一箍；（24）腹箍；（25）桶孔；（26）顶孔（盖孔）；（27）箍环起子；（28）用于刨平桶盖时摆放的木板；（29）制盖架，用于刨桶盖；（30）字母模板，为桶做标记（进一步见图版 7）。

些特殊用途中，甚至盛干物的容器制作也采取了湿桶工的制作技术。

制桶业的第二分支是白铁桶制造，19世纪后期几乎完全绝迹。

白铁桶工制作各种提桶、黄油搅拌筒、脸盆等日常家用产品。他们

工作于村庄和小镇中，从19世纪早期萨塞克斯黑尔舍姆的一个押

韵招牌中可以看出他们的某些生产观念：

像其他人都有一个招牌，
我说——请停下来看看我的售卖！
拉滕 (Wratten)，一个制桶工生活于此并制造
木条篮、干草耙和牛颈套。
出售铁锹，可把面粉、谷物掀动，
还有 shauls，我还做很好的乳酪搅拌筒，
碟、匙、撇乳器和长柄勺，
还有木盘等供您正餐使用。
我制作、修理木盆木桶，
箍环牢固，经久耐用。
这里还有黄油印模、黄油秤、
黄油板、牛奶桶。
我的朋友，所有产品您尽可完全信任——
为提供它们我会尽我所能；
所有买来的，我会好好使用，
因为我制造产品为的就是出售。

橡木是白铁桶工的主要原料，但也用栎木和枫木。木盆或吊桶的
作方法类似于湿桶制作，但在刨光内侧时是逆着纹理而不是顺着纹
理。

第三个也是最普通、专业化最高的分支行业湿桶制造，即制作防

水的用于盛装液体的木桶。这是要求很高的工作，不仅要精确安装桶板，还得使桶能够承受住运输过程中液体晃动的冲击力和粗野的运。此外，木桶容量必须精确。橡木是唯一使用的木材。美国人偏烈酒，地中海地区是葡萄酒，而北欧是啤酒。不同的用途需要不同量的木材，所以多孔性对于某些葡萄酒很重要，木材透气有助于发烈酒要用沿树干年轮砍下的桶材，这是因为沿树木的自然年轮砍下狭桶板才会接合紧密，水和酒精不会散发。

木工的任务结束后，就该手艺人工作了（图 72）。把树干直在 18—24 英寸之间的生长 200 年的树木砍成狭桶板所需的长度，圆木用锤和楔劈成 4 份，再用长柄劈斧（图 67D）砍出所要求的形接着用刮刀（图 70A）刨平并用横锯截出准确的长度。直径大于 24寸的圆木用于做桶盖。根据气候条件将粗糙的狭桶板堆积在户外晒一段时间，然后放进窑里进一步干燥，直到水分含量不变。将狭桶最终制成为严密的桶具，包括以下几个工序：

1. 制备狭桶板

狭桶板的雏形被夹到刨工台上，或紧紧固定在大木桩（2 英尺的树干）的挂钩上。容积小于 9 加仑的较小的狭桶板，被夹在刨工正面的斜面上。制桶匠跨坐在刨工台上，调节脚踩狭桶板的压力。于较大的狭桶板，则将其挂在大木桩顶部的齿钩上，用刮刀修整狭板外部，然后翻转狭桶板，用带有圆形刀刃的刮刀修整其内侧。

狭桶板中间宽两边窄，先用单面有刃的斧削出窄的一头，斧柄弯向锋利面，以防木工在劈削时使自己的指关节碰到桶壁（图 66A再用刮刀削修狭桶板两面，此时狭桶板仍放在刨工台上。

根据桶的半径，在企口刨上刨斜狭桶板的边。长刨竖直向下，头着地，一头搭在一个松插在长刨前部榫眼里的架子上。这样，长一头朝着制桶匠抬高，以使制桶匠能够向下滑动狭桶板，经过上翘刀口而将狭桶板边刨平滑。这个长刨长 6 英尺、前端抬高约 2 英尺

2. 桶的起拱

狭桶板被箍在铁整形箍内直到形成完整的圆。桦木桶箍被敲下去保持狭桶板位置不变，之后要被移走。此时桶外观成无顶的圆锥体，部用铁整形箍箍着，下部向外展开，等着套桦木桶箍。这时的木桶称作"已起拱了"。

3. 捆箍弯曲

为使木材有韧性必须蒸桶。在大作坊中，起拱的桶用蒸箱蒸20钟，更常用的方法是将狭桶板弄湿，放在烧着刨花的火盆上，软化维以便弯曲狭桶板。对于用韧性较好的地中海橡木制成的葡萄酒桶，用绳索滑车绕住狭桶板底部，勒成桶形，再用铁环或木环箍住。啤桶的狭桶板通常又厚又硬不易捆成形，制桶匠就用重的紧箍斧把几 **131**
越来越小的桦木桶箍砸下去，箍住狭桶板底部。然后再放到火盆上15分钟，除去在蒸桶过程中吸收的水分，这一加热过程也被认为收缩桶膨胀处内侧木材的纤维，这有利于狭桶板成桶形以便取掉箍后保持不变形。

4. 凿顶槽

用锛子修整狭桶板使其底部形成一个斜面（即"桶底凸边"）。制 **132**
匠的这种特殊的锛子有一短柄，约有9英寸长，能在桶半径以内范围挥动作业，然后用带有半圆柄的平底修顶刨修整底部使之完美。着用一种特殊刨（人们称其为"小刀"）在顶部下方2英寸处凿一大而浅的槽，用空心刀片的刮刀或厨用刮刀修整一下。在槽中央用槽具（图67B）凿一个深而窄的栓槽来安装桶盖。与"小刀"相似，槽器有一个很大的半圆栏靠在桶壁上。它更像是木匠的特大标准尺不是一个刨子，其销钉带有穿过半圆栏并用楔进行调整的切割工具。切割具或者有3个简单排列的锯齿用以凿宽槽，或者有开槽刨一的单个鹰钩齿。半圆栏被水平放在桶的上部边缘，刀片安在其下方所需位置，沿狭桶板上部内壁推动凿槽具就可凿出一个环槽安置桶盖。

5. 修齐

用各种刨使桶的内外两侧光滑。由于桶已安装好，除了底环外，其余箍环都可以被敲脱。用一个刀刃略凹的小"直落"刨沿桶外侧下去，修出锥形，再用刮刨推一遍。对于桶的内侧，则用类似的但刃较凸的刨沿接缝处向上拉。

6. 钻塞孔

用锥形螺丝钻钻出桶塞孔并用圆锥形烙铁打光。内侧的粗木边用一个钩状小刀（它很奇怪地被称为"小偷"）加以修整。在啤酒桶临时用软木塞最后用薄型圆柱木塞塞住桶孔。整个桶装配完时，在盖上钻尖孔并用软木塞塞住，直到在它上面安上龙头。由于没有通口，啤酒无法流出，所以安上龙头后要在软木塞上戳一个小孔。这小孔用削尖的小钉即木栓塞住。

7. 加盖

桶盖由 3 片或更多的橡木用销钉接合而成，并用干燥的灯心塞住接缝处（见 8）。销孔用手摇曲柄钻（图 65B）和空心刀刃钻出为了得到桶盖的近似半径，制桶匠将圆规绕着桶顶槽向前移动相等 6 步或 6 个弦，反复尝试，直到这 6 步正好绕桶顶一圈，那么圆规脚之间的距离就是桶的半径。制桶匠把桶盖放在大木桩上，用左手身体撑住，然后用披斧劈出形状，再用刮刀沿边把桶盖刮斜。桶顶安有一个 2.5 英寸长的刮缝刀的重刨逆纹刨平。在插入桶盖时，由在其内的粗螺钉支撑着，之后要移去螺钉。去掉临时的槽环，桶盖很容易地安放好。如果桶盖掉到槽沟下方，就用一端弯曲的铁棒插桶塞孔把桶盖拉上来。

8. 填塞灯心草

133

把干灯心草（"香蒲"）用一个凿刀样的工具塞进桶盖接缝、桶与槽沟之间的空隙。在修整中更多是在生产过程中，灯心草被塞进板之间，但只从板两端到桶腹部位。一个叉样的工具（"标记铁"）用于轮流撬起每一片狭桶板，使板缝隙足够大以便塞进灯心草。在州大陆，用其他工具完成这一工序。这样的工具在1574年的安曼刻画中已有所描述（边码122，相关文献［19］）。

9. 安装箍环

截取铁环，打造成形，在T形铁砧上铆接，用锤和螺丝起子将箍在桶身上。后者是一种带有橡木把手的楔形钢具，窄端开着槽以从箍环上滑脱。最后，用称为斜杆的刻度尺确保桶的容量正确。

参考书目

Coleman, J. C. "The Craft of Coopering." *J. Cork hist. archaeol. Soc.,* second series, **49**, 79–89, 1944.

Elkington, G. 'The Coopers' Company and Craft.' Low, London. 1933.

Firth, J. F. 'The Coopers' Company.' London. 1848.

Foster, Sir William. 'A Short History of the Worshipful Company of Coopers of London.' University Press, Cambridge. 1944.

Hankerson, F. P. 'The Cooperage Handbook.' The Chemical Publishing Company, New York. 1947.

Legros, E. "Le tonnelier à la main à Huy." Enquêtes du musée de la Wallonne. Liége. 1949.

6章　农具、交通工具和马具（1500—1900）

奥尔加·博蒙特
（OLGA BEAUMONT，6.1 节、6.3 节）

J.杰兰特·詹金斯
（J. GERAINT JENKINS，6.2 节）

1　农具

1500 年到 1900 年间人们所用的小型农具大多数是传统的工具，仅仅在设计细节和构造材料上和中世纪的类型有所不同。塔瑟（Thomas Tusser）、马卡姆（Gervase Markham）、布里斯（Walter Blith）、莫蒂默（John Mortimer）等 16 和 17 世纪的农业理论家的作品清晰地描述了工业时代之前发明的缓慢进展。在《农业的五百个好点子》（Five hundreth good pointes of husbandry，1573 年）中，塔瑟列出了一个农夫必备的工具清单，包括连枷、稻叉、耙子、干草叉、施肥耙、铁铲和铁锹。事实上，农场除了有一张犁、一辆四轮运货马车、一辆双轮车，通常还要有一小批铁锹、除草钳、叉子、镰刀和连枷。自然农业耕作如果少了这些工具几乎无法实施。

挖土、耙土和排水　摆弄土壤准备播种时，一开始要用

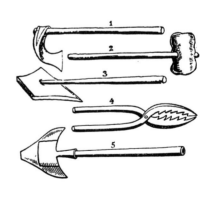

图 73　17 世纪农具精选，引自马卡姆的《再见，农业》1620 年。

（1）用于犁地后碎土的镐；（2，3）碎土锤；（4）除草钳；（5）用于清除杂草、修整土地的削铲。

图 74　胸顶犁，5 英尺 3 英寸高；横木有 2 英尺 4 英寸宽。

犁犁地，最终用耙子（图 73）平整土地，其间手工工具经常可以派上用场，用各种形状的铁锹、嘴锄、土槌敲碎土块。初期使用的是带金属尖的双刃木锹，其后才使用完全用金属制成的铁打碎土块的工具造型很多，从棒状的木槌到扁的捣碎机和配有直的或者弯曲的刃片的十字镐有。随着方法的改进以及耙和耕耘机获得更普的应用，这些工具被取代了。

1660 年后的许多作者描写了胸顶犁（图 7的使用方法，用来耕作小块土地和修剪地表的野莫蒂默在《农业百艺》（*The whole art of husband*1707 年）一书中提到，英格兰西南诸郡在修剪及焚烧野草之前使用胸顶犁。最常用的类型上有一个 5—8 英尺长坚固柄状物，顶端分叉，上面铆有一根横木。犁片大约 1 英尺长、英寸宽，带有的犁刀可把物体切成薄片。推动横木让犁在地表下进，可挖出 2—3 英寸薄而宽的土层。在 1802 年，农业委员会主约翰·辛克莱尔爵士（Sir John Sinclair）赞成用胸顶犁开垦苏格兰的地，不过 19 世纪中期以后一般不再普遍使用它了。

在开排水沟犁于 18 世纪末发明之前，手工工具是排水的唯一具。1600 年到 1800 年关于耕作的书中经常讨论排水工具的问题，如 1652 年布里斯在他的《改进了的英格兰改进者》（*English Improv Improved*）一书中就对此做了详细的论述（图 75）。各种宽度的铁对于不同地层的沟渠修建都是必要的。有一种由操作者在后面推的锹，边上有两个角状突出物可以铲除草皮。这个时期结束时，长满草、充满石块的排水沟逐渐被弓形瓦制排水沟，最终被边与边相接成管道的圆形排水瓦管取代了（第 IV 卷，第 1 章）。

播种　最早和最简单的播种方式是撒播，许多农民直到 19 世

期仍然实行这一方法。播种
肩上吊挂着装着种子的浅篮
或者木制播种器，在田里的
沟中来回走动，通过有节奏
抡动双臂去播撒满手的种子。
正种子均匀播撒是需要高超
巧的。

播种的第二种方法是点播，
在机械化的播种机普及之前
很普遍的，尤其是点播像豆
这样的大粒种子。一名男子
只手各拿一个尖头的铁棍即
点播器"（图 76，右），后退着
田地上有规则地间隔取洞。这
工具有像铁锹那样的大约三英
长的柄，底部有一个逐渐变细
圆形物。妇女和孩子跟着把种
扔入洞中。休·普拉特爵士
ir Hugh Plat）在他的《新奇而
人惊叹的谷物播种术》（*Newe*
d admirable arte of setting of
rne，1601 年）中描绘了一种
制的设定板，长 3 英尺，宽
英尺，带有间隔的洞眼，站在
跪在木板上的人能通过洞眼把
播器和种子推入。这种方法
作费力，所以从未推广使用。

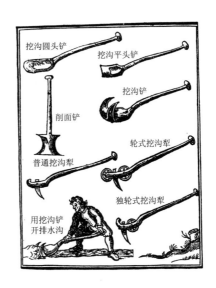

图 75　开排水沟工具。引自布里斯《改进了的英格兰改进者》，1652 年。

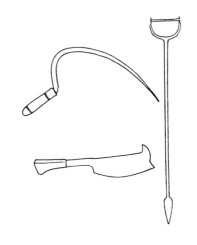

图 76　（右）播种的点播器；（左上）格洛斯特郡的镰刀，坚固的弯刃超过 22 英寸长；（左下）北安普敦设计的钩镰。比例为 1:14。

136

6.1　农具

1800 年后，条播开始取代所有其他的播种方法。

除草和设制篱笆 对于除草这项重要任务，使用有齿夹具是必[要]的。它起初是用木头做的，后来改用金属。有两个大的叉齿和一个[上]面起杠杆作用的弯曲叉齿的工具也被使用，尤其是用于清除牧场中[一]种常见的酸模草。割草时，耕地上的草可以被长柄小刀刈割，而带[有]分叉的长杆可使野草在割除时保持不动。每只手拿一件工具。蓟草[在]种子播下之前就被长柄镰刀割除或者被蓟锄捣碎了。

随着中世纪敞田制度的逐渐消失，篱笆变成了英国风景的一个[特]色。圈占敞田在这个时期一直持续着，用篱笆、石墙、木障等把田[地]割成小块土地。大的篱镰（hedging-hook）和小的钩镰（图 76，左[）]被用来安置、清理、修整篱笆。每一个地区有各自的工具样式。最[早]由当地铁匠锻造的传统的地区工具样式仍然被现代制造者所遵循（[边]码 116）。

收割 在机械化收割机发明以前，人们是用镰刀、钩刀、长柄[镰]等工具手工收割农作物的。镰刀（图 76，左）是最早用来收割谷物[的]工具（第 I 卷，边码 513—514、边码 541—边码 542；第 II 卷，边[码]94），它的样式从 11 世纪以来一直没有变化，刃是连续的弧线，[顶]端锋利，在把手前方几英寸处。一些镰刀是平刃的，另一些除了顶[端]一二英寸处，都有锯齿状刀刃用来成把地收割谷物。收割时人弯腰[或]者跪地，用一只手抓住茎秆，另一只手挥舞镰刀。

在 19 世纪中叶，镰刀经常被钩刀取代。这种工具有更长但弯[曲]较小的刀刃，是挥砍而非刈割用的。用钩刀收割的人另一只手拿着[一]木弯钩，可以把面前的农作物拉向自己。

长柄镰（第 II 卷，边码 95）是这一时期常用的割草工具，也逐[渐]用于收割燕麦、大麦和麦子。它由安装在木柄上的宽金属刀刃构成[，]柄上附有两个把手。中世纪的图片表明长柄镰是直柄的（第 II 卷，[边码]62），不过到 17 世纪末，柳木制造的曲柄也逐渐投入使用。弯曲[成]

137

长柄镰的刀刃平行的轻巧的木制框架或者"摇篮架"，在割草过程可以收集茎秆，使它们能紧凑均匀地成排放入。

收割后，用木叉或者干草翻晒机把草均匀地铺到地上晒干。草晒后，用牵引耙把它们摊成一行，随后放入手推车中运回，用叉子做草垛。妇女和儿童把谷秆系成束（图77）。这样用干草叉把草装上推车前，它们可呈竖立状。干草叉和牵引耙样式长久未变，这一点以比较18和19世纪的图片和现代的实例看出。

脱粒　连枷在机械化脱粒之前一直是北欧国家常用的工具。它有个关键部分：手柄是四五英尺长的杨树或者山毛榉树木做成的直而巧的木棍，打禾棒（或称脱粒棍）是用短的更坚硬的大约3英尺长冬青树、黑刺李树或者其他硬木制作的。两部分用皮带松弛地系在起，这可以使打禾棒呈任意角度挥动。连枷两部分之间的长度比例连接的确切方法在不同地区有所变化。

图77　19世纪的收割场景。
显示了牵引耙和长柄镰的使用，以及捆束过程。约1840年。

138

图78　19世纪早期在汉普郡使用的大麦除芒器。

用连枷脱粒通常在冬季的几个月中进行，这是一个很需要技术的活儿。双手靠近，握住连枷手柄，把它举过头顶然后重击谷穗（第Ⅱ卷，边102）。通常这一工作在为脱粒而专门建造的谷中进行。谷仓有一个进行脱谷的中央带状地带即粒场，场地用硬的夯实的土或者厚的橡木板、石铺成。带状地带的某一边建有一些小房间。谷仓一个高得足以赶进满载的四轮马车的门。捆好的物放在一个房间里，脱粒后的稻草则堆放在谷仓一边的相应位置。

为了在脱粒后除去粗料，谷物可以通过一个形宽大的杨木或者柳木做的网状筛子筛滤。谷物和谷壳通过簸扬被开，这个过程可在山顶或谷仓内进行。它们的混合物用木铲或柳条制的浅篮子扬入空中，让谷粒落地，风吹走谷壳。为了有助于簸建造的谷仓通常可以让风直接吹过。扬谷机由安装在粗制的支撑物系着麻袋布的木制臂状物组成，用这个粗制的扬谷机能够制造人工流。一个人旋转把手，另一个人用铲子或者下凹的托盘（桦树或枫木片做成）在机器前面扬起谷子。

139　　除芒器是用来除去大麦的芒刺或针须的，有好几种形状，最见的一种由装有平行铁刀刃的四方形铁框和直立其上的短柄构成（78）。收割后的大麦堆积起来，用铁框压打。当使用带有设在滚筒围的刀片的旋转式除芒器时，它就可像剪草机那样滚过谷物。

农业的发展依赖于新思想的传播、适合制造机械设备的材料的获得以及交通的改善。在一些农场中，用于农耕时节所有作业的新更复杂设备的逐渐采用，并没有导致旧式地方性工具的弃用。新旧备常常共存。在不列颠，机器现在已经取代了大多数手工工具，但现代农场中还有像除草工具这样的旧式工具残存着，它们与中世纪

型紧密相连。放眼欧洲，在机械化尚未彻底改变农业作业本质的
方，收割时的那些景象和在 14 世纪英格兰所见到的并没有多大的
同。

2 农用交通工具

担架车和驮畜 尽管 16 世纪的农业交通普遍改善，但是封闭的
区仍然墨守着更加原始的方法。在那些地区，人力搬运在短途运输
仍然十分普遍，而驮马、骡子和驴则用于长途运输。

最简单也可能是最古老的运输方式是用人背载运。然而，货物运
的距离与人背所能承受的重量密切相关。在农场里，用稻草、灯心
茎或者马毛做的辫绳被用来捆扎大捆的干草或者稻草，把它们从干
场院运到牲口棚里。现在的爱尔兰仍能看到妇女用的深篮子，用于
泥塘的泥炭运送到农场里。它们被称为背篮，像帆布背包一样挂在
上，这可以使背篮子的人在走路时空出手来做编织。在马恩岛上，
篮通常用系过搬运者前额的捆带悬挂着。

短途运物的一个略微先进的东西是提架（图 79），它由两根平行
木棍中间连上一些横木组成，横木构成了提架的承载面，两根木棍
延长出去，构成了把手。迟至 1850 年，在梅里奥尼斯郡仍然用这
提架把粪肥运到田间。一个地方的每一个农场都选一个日子专门运
粪肥，所有邻近的居民都拿来他们的提架集合在指定的农场里，以
途区间运送的方式运送粪肥，最终到达地头前可以多次换手。

140

图 79　格拉摩根郡的提架，184 英寸长，65 英寸宽。

无轮的担架车在山区使用也很普遍，它们主要用于农场附近的距离搬运。直到最近，不列颠群岛的康沃尔郡、德文郡、威尔士、布里亚郡、苏格兰、爱尔兰、东英格兰沼泽地区仍然在使用担架它有两种——背车和滑车。

背车（图80）由两根坚固的、平行的圆木中间加上一些横梁组木头延伸出去，形成了一对车辕，它可以高高地向上，和马上的皮

141 连到一起。由于车子在地面上被牵引时呈现为一个倾斜角，所以有要在它的后部安上木框或者梯架，这样货物就不会落下。一个小一的梯架同样装在前面，可以用绳子把货物绑住。这是一个必要的施——在运送干草、谷物或木头过陡峭的山区的时候，可以保证货更加安全。

滑车（图81）的整个底部都像雪橇一样在地上拖着，这不同于车。滑车有两个平行的侧板和一些横的短木相连，构成车子的承载背车被拖拉时，它的侧板末端支撑在地面上，而滑车装有一对滑木载车体重量。通常车子在滑木上向前翘起，翘起的角度依所在地面坡度而定。车子是用一对挽绳而非车辕连接到马身上的。

图80 格拉摩根郡布伦科格（Blaencorrwg）的背车。

图81 蒙哥马利郡兰布林迈尔的滑车。

这些交通方式很早以前就为人们所熟知了（第Ⅰ卷，第26章；第Ⅱ卷，第15章），现在在山区里有时仍然被使用。它们很适合这些地区的地形。与此同时，农民自己能够用农场生长的木材做车子，这一事实在很大程度上解释了它们被持续使用的原因。山区农业通常是艰苦的，因为个体农民的收入很低，所以工具和设施也是简单的，专业的工匠很少。

虽然人力搬运和担架车运输对短途距离有效，但是长途运输需要更加可取的方法。中世纪常见到的驮马队仍然在山区使用，例如直到19世纪末在德文郡和康沃尔郡仍然很常见。这些郡县里，驮马不仅用于长途运输，在农场内部也使用。驮马背部载着一对挂篮（驮篮）用来运送泥炭或者类似的东西，或者用一对箱子（罐子）运送粪肥，或者用一副木架（钩形物）运送收割的东西。这些都挂在马背上。除此之外，驮马有时也配备上弓形木制马鞍，运载的东西通常打包悬挂在马鞍上。

双轮车 在中世纪，双轮车普遍用于各种适于轮载的地区。它或者用马拉，像在《勒特雷尔圣诗集》（*Luttrell Psalter*）里的图片（第Ⅰ卷，图500）中所见到的，或者用一队牛拉着。轮子或者是轮辐型的，或者是原始的实心型的。直到现在，世界上许多地方仍然使用实

142

心轮，在许多封闭的地区现在仍然可以看到它们。虽然逐渐被单马拉动的轻便马车所取代，但在19世纪早期的苏格兰北部，仍然有很多带3只盘形车轮的重型马车。旧式的重型马车的车轮与车轴是一体的，由于行驶颠簸，被称作"翻滚车"。

苏格兰中部的低地是18世纪后期和19世纪初期大农业运动的中心。英格兰的农场主们把自己的儿子送到苏格兰去做农业小学生，他们认为那里践行着最先进与最熟练的农业技能，马车的设计和农用用具通常远远优于那时不列颠的其他地方。通过英格兰和苏格兰之间的接触，苏格兰的双轮车不仅被整个不列颠也被欧洲大陆的工匠所造。虽然它有长的大车厢，车体却很轻，一匹马就能够拉动（图82）。一个典型的双轮车长5英尺6英寸，宽4英尺6英寸，前部深1尺7英寸。窄的有轮辐的车轮的直径，在4英尺6英寸到4英尺1英寸之间。车体通常倾斜，这样的车被称为"倾斜车"。在收割的时候，这种车可以在车顶上加一个木框，大大增加了车体装载量，所以是多用途的农用交通工具。整个19世纪，苏格兰式的单马拉双轮车取代了英格兰农场上传统的重型交通工具。

14世纪的《勒特雷尔圣诗集》表明，双轮重型货运车在中世纪的英格兰是常用车。它由成纵列的3匹马拉动，大的六辐车轮安上

图82　苏格兰双轮车，1813年。

143

凸耳以防止车体滑落。车子侧边是开放的而不加厢板，前后安装的
架可使装载的货物伸出车体。18世纪晚期，在苏格兰双轮马车引
之前，英格兰双轮马车遵循着这种中世纪的传统，一直是沉重而笨
的，至少需要2匹马或者4头牛来拉动。在沼泽地区轮子甚至没
钉上铁皮，但在其他地区都用弦月形铁片（叫作轮箍）钉到轮子上，
防止车轮磨损。然而在英格兰中部平原一个很重要的进展是，四轮
车在17和18世纪的某个时候取代了传统收割用双轮车，尤其是
大农场里。在小农场里，直到相当近代之前仍然使用敞边、前后装
梯架的双轮车，虽然这些车通常都很轻，在很大程度上仍然沿袭中
纪的传统。

　　虽然四轮马车在英格兰平原和平坦些的欧洲大陆地区仍然普遍使
于收割，但是小容量的双轮车在农场里仍然有专门的用途。运粪就
直使用双轮车。早在18世纪中期，整个西欧就使用倾卸式双轮车
可翻卸的双轮车（图83）。翻卸式双轮车的车轮相当低，车身向上
很高的前板倾斜，压过了马背。两根重的橡木做成双轮车的车框，
们向后延伸，当双轮车翻斜车身卸货时，可支撑在地面上。更加老
的翻卸式双轮车是箱式车身，不能倾斜。它是常用的一种样式，不

144

图83　埃塞克斯北部的翻卸式运货车。

6.2　农用交通工具

过卸货时马被解下挽具，整个车包括车辕都向后倾斜。

在欧洲有些山区，因为地形过于陡峭不能使用四轮马车，但并
完全无法进行轮式运输，所以双轮车被用于各种农用目的，包括收
虽然顶部加装了支架的箱式双轮车在收割时常被用到，但是专门的
割用双轮马车从来没有普及过。最简单的双轮车是由安置在一对轮
上的平坦木板组成的。18 世纪或者更早一些时候，康沃尔郡农用
是这样的——长方形的平板，带有压过很低车轮的弓形护栏。它有
后梯架，同时后部有小的辘轳，用来收紧穿过货物的绳子。苏格
收割车在形状和设计上与其相似，不过稍小些。但威尔士的"甘博
（gambo）则有所不同，使用一副栏杆而不是弓形护栏，以防止货物
到车轮上。凯尔特人的收割车用马或用牛拉，可以看作是地中海双
运货牛车在英国的对应物。

一般而言，在斯堪的纳维亚和欧洲西北部，通常用的收割车则
有不同。它有一个很长的狭窄、矩形的车架，有许多木轴，每根
近 12 英寸长，以一定的角度安在车框上，使其可凸出在两个车轮
车轮通常很低，而且车身上也安装了前后梯架。

四轮运货马车　我们对不列颠引入四轮车的日期不太清楚，不
几乎可以肯定的是，它们直到 16 世纪还是很少。在中世纪，各地
间缺少接触，加上农业具有公共性，这都意味着精致的有轮车辆既
必要，也很稀少。有帆布顶的长的四轮运货马车，像《勒特雷尔圣
集》中所画的，无疑是载人而非运货的。它是罗马四轮车（carruca
（第 II 卷，边码 540）的继承者，而非货用四轮马车的祖先。然而
轮车在中世纪的欧洲大陆上使用普遍，各搬运商行在主要的运输路
上有了一定程度的竞争。由于英格兰中世纪道路上的长距离运输量
限，使用的双轮车运载不超过一吨。到了 16 世纪，中世纪的地方
义开始衰退，这意味着需要更多更好的车辆，把农业区的产品运送
正在发展的市镇上去。四轮运货车在 16 世纪后期已经很常见了，

145

那时最大的车仅能运 4 吨货物，但是到 17 世纪末，能运送达 8 吨
四轮货车已经很多了。这些大型的交通工具由多达 12 匹马拉动，
事先指定的路线上行进多天。例如，在萨塞克斯一些市镇和伦敦之
有一条定期线路，四轮运货马车运载着小麦和燕麦到首都去，返程
则从伦敦废船拆卸厂装运陈旧但结实的木料，这是萨塞克斯地主买
在庄园里造村舍和谷仓用的。

老式驿马车非常适用于长途运输，但由于太重而不适合在农田里
输货物。在 18 世纪中期，英国农业的整个面貌变化很快，1727 年
1760 年间，通过了两百多个私有化的圈地法案。圈地的农场成了
规而非例外。随着新法案的发布，使得比当时英格兰农场所使用的
轮车更大的运输工具的需求激增。乡村四轮货车制造者以当时的驿
车为原型，并根据自己的需要进行了改良。载重 3 吨到 4 吨的四
车成了常用的车，它们装上干草或者是谷物捆，能够轻易地用两匹
从田间运送到干草场院。

制造四轮车的一般方法在整个国家是统一的，但是在细节上有许
变化。各个郡县和地区都偏爱他们自己独特的设计，这些差异归因
土质和地形的不同要求。例如，东英格兰地区的四轮车车身重，又
箱式的，适合于有大块田野的平原地区。另一方面，科茨沃尔德的
轮车用在地势陡峭起伏地区更加轻巧，任何不必要的过重部分都被
掉。英格兰农场的四轮马车一般可以分成两种类型——箱式和弓式。
名思义，箱式四轮车，有一个深的矩形车体，四周的栏板或者边板
人认为它们一般很窄（图 84）。这种类型的车出现在英格兰的东部、
部、东南部以及威尔士边境郡县。弓式四轮车车体浅得多，弯过后
的弓形边板十分显眼。它降低了车身，却没有减少车轮的直径，在
格兰西部很常见，从东头的奇尔特恩丘陵地带到西头的格拉摩根郡
德文郡都可看到。

大体上，林肯郡一般的车型设计与低地国家以及西欧的相似，可

146

图 84　林肯郡的箱式四轮车。

以看作是英格兰箱式四轮车中最简单的。典型的林肯郡四轮车是车（
很深的大型车辆，后部深 27 英寸，中部深 24 英寸，前部深 38 英（
高而倾斜的前板通常装饰精致，标有车主的名字、地址以及车的生〗
日期。虽然车体一般较窄，宽不超过 42 英寸，但长达 12 英尺 6〗
寸，车身两侧有许多木栓或细长的连杆支撑着侧面边板，底部的框（
则开有槽口，形成了车腰。在四轮车转弯时，车轮会进入车腰，所〗
制动是很重要的。车轮本身呈碟形且很大，后轮直径 65 英寸，前（
直径 54 英寸。这种四轮车通常不装备侧板，有点类似欧洲大陆的〗
辆，但是为了装载向外悬伸的货物而配备了木质框架。

147　　　　威尔特郡四轮车可能是所有英格兰西部弓形四轮车的原型，因（
虽然它在形状上与科茨沃尔德、牛津郡、格拉摩根郡的相似，但其〗
计更加简单。该郡南部的四轮车车轮较窄，适合于索尔兹伯里平原〗
硬的白垩土质；北部的四轮车车轮宽，达到 8 英寸，适用于皮尤〗
山谷和怀特霍斯山谷的黏土地。除了车轮宽度有很多种类外，全郡〗
车在造型上明显是一致的。威尔特郡四轮车的突出特征是盖住后轮〗
弓形的宽边板，这种边板在大陆是看不到的。由于这种车底框是直（
车子急转弯时，车轮会与车厢摩擦，所以拐弯需要 0.25 英亩大的（

，这是该车的一大缺点。典型的威尔特郡四轮车车身很浅，深不超

15英寸，车体最大宽80英寸，长12英尺6英寸。虽然实际车身

较小，但外伸的边板大大增加了它的承载容量。车轮通常比箱式四

车小，马车的后轮平均直径55英寸，前轮45英寸（图85）。

所有早期农用四轮车都是按照不同的土质和郡县情况设计的，由

循传统方法与样式的乡村工

制造，这样就出现了明显不

的地区样式。直到19世纪末

，大规模的制造厂生产出来

标准车辆才走向市场，这些

有小车轮、大刹车和弹簧底

的舟式四轮车和手推车，一

和老旧的乡村制造的车辆一

使用。

图85 威尔特郡的弓式四轮车。

3 马具

关于1500年到1900年之间马具历史的信息，我们所知甚少，

过现在用的马具和1800年的（图86）相比变化不大。依所用马的

小、品种和所做工作的不同，马具有所变化。像运输和犁地这些不

的工作需要不同的马具，运输时用全套车辕，犁地时用挽绳。辕马

装备齐全，上了辕的马需要颈圈、颈轭、马鞍、尻带（或背带）和

头。犁地时，则只需要颈圈、颈轭、背带和笼头。

颈圈是各种拖曳马具不可缺少的工具。辕通过一根叫作辕杆的长

和车子或者犁连接在一起，当时牛是农场里常用的役畜，在被马取

之前用于耕地、运输时，就开始挽上了颈圈和颈轭两种挽具（第Ⅱ

，第15章）。为了适合公牛宽肥的脖颈，人们使用了轻质木料做

明显弯曲的颈轭。

图86 19世纪商业目录画中套车的、带着马具的马。

辕马备有整套的马具，但挽缰马只配上了颈圈、颈轭、笼头和3根皮带。

149 　　人们通过牵引颈圈来驭马，好的颈圈能保证牵引稳定。山区的需要紧贴的颈圈，因为这里坡度变化大，牵引不平稳。利物浦颈圈北部各郡使用很普遍，它比中部平坦地区设计的颈圈更加紧密，而较轻较薄。通常颈圈由填充稻草的牢固的皮革软管组成，但早先也一些用灯心草做的颈圈。这样的管子称为横档，颈圈的主体也是由草做成的，外面包着毛织布。颈圈把很重的木制或金属颈轭和系着以拉动车子或农具的挽绳的钩子连接到一起。在马具中，辕木上的子也越过了下面垫着毛毡或稻草的马鞍。

　　马具中和颈圈、马鞍相关的每一根皮带都有其专门的名称。从鞍经过马肚子的肚带（腹带）是防止车辕抬高的。从马背吊挂过马部的带子是尻带（背带），它可以保证马车下山时车辕足够紧凑地住车子，而不使车子冲向马身。从马尾到马鞍伸展着一根宽带子称尾鞴，在马腿之间悬挂着一根系到颈圈和肚带上的马额绳。

　　在颈轭上的缰绳通过马背上方和马鞍，系到马嘴边的马嚼子头上的马勒由马络头、耳朵下的额带、鼻带以及限制马视野的眼组成。

　　整个19世纪城镇和乡村的运输马匹都使用装饰性的马具，这饰性马具在 1850 到 1900 年尤其重要。除了传统造型的铜牌系到领绳、眼罩、面罩，一些马也配着悬挂有铜环的铜制圆盘，或者镶在铜牌和飞扣环上的红色、白色或蓝色的羽毛。铜铃系在颈圈上的罩上，常用红羊毛作为饰边，它可以发出马和车来到的警告。黄铜嵌或图画装饰的、经常制成半圆形的鞍罩和颈圈顶部相连在一起。世纪用木制鞍罩，不过 1800 年后皮制的更为常见。但这种装饰和他马饰一样，现在已经不再被使用了。

编著者感谢雷丁的英国乡村生活博物馆馆员希格斯（J. W. T. Higgs）先生对章准备工作所给予的协助。

150   参考书目
农具
Beecham, H. A. and Higgs, J. W. Y. 'The Story of Farm Tools.' Young Farmers' Club Booklet, No. 24. Evans
London. 1951.

Copeland, S. 'Agriculture, Ancient and Modern.' London. 1866.

Fussell, G. E. 'The Farmer's Tools, 1500–1900.' Melrose, London. 1952.

Hennell, T. 'Change in the Farm.' University Press, Cambridge. 1934.

Slight, J. and Burn, R. Scott. 'The Book of Farm Implements and Machinery' (ed. by H. Stephens). London.
1858.

马具
Stephens, H. 'The Book of the Farm' (3rd ed., 2 vols). London. 1871.

Woods, K. S. 'Rural Crafts in England.' Harrap, London. 1949.

交通工具
Berg, G. 'Sledges and Wheeled Vehicles.' Nordiska Museets Handlingar, No. 4. Stockholm, Copenhagen. 19

Fox, Sir Cyril F. "Sleds, Carts and Waggons." *Antiquity*, 5, 185, 1931.

Lane, R. H. "Waggons and their Ancestors." *Antiquity*, 9, 140, 1935.

Peate, I. C. "Some Aspects of Agricultural Transport in Wales." *Archaeologia Cambrensis*, 90, 219–38,
1935.

塔尔（Jethro Tull）的锄犁，显示了把马套到犁上的方法。1733 年。

纺纱与织布

R. 帕特森（R. PATTERSON）

1 纤维及其制备

1500年至1760年是欧洲纺织史上最重要的时期之一。人们对活追求的改变和生活标准的提高反映出文艺复兴的深远影响，冒险商业进取精神导致贸易在新兴市场中得到了巨大的发展。

纺织品特别是羊毛、亚麻和丝绸，是与国家经济的兴衰紧密地联在一起的，控制纺织品的制造和销售成为这些新兴民族国家经济政的基础。宗教改革和反宗教改革引起的动乱造成国家分裂、人口流，在对内对外战争中，力量的优势频繁转换。繁荣的纺织品贸易常是国家强大的基础。16世纪的西班牙有着繁荣的纺织品工业，德的贸易也处于鼎盛时期。荷兰在17世纪达到其黄金时代，随后是国在18和19世纪的霸主地位。

随着行会权力的衰落，国家开始控制纺织品生产，严格管理每一工序，保证原料供给，保护国内市场。许多欧洲国家都建立了纺织校来促进贸易，在苏格兰，每个熟练的学生都有一台手纺车。许多怪的法令出现了，例如在西里西亚，无论男女，农场工人直到会纺才允许结婚。英格兰在1666年到1786年间，使用除羊毛织品以外其他物品裹尸下葬都是非法的，而在苏格兰则规定要用亚麻做寿衣。

这一时期在欧洲建立起了牢固的工业体系。在16世纪初，威

奇康（John Winchcombe）已经在伯克郡的纽伯里建立了工厂，德洛
（Thomas Deloney）这样描述道：

> 在一间又长又大的房子里
>
> 蠢立着两百台高功率纺织机……
>
> 在另一个不远的地方
>
> 一百个妇女正欢快地
>
> 努力粗梳羊毛，且神采飞扬
>
> 她们坐着，用清澈的声音歌唱
>
> 在另一间紧挨着的房中
>
> 两百个少女在耐心地劳动……
>
> 这些美丽的少女一刻不停地劳作
>
> 在这里整天地纺纱……[1]

这个工厂涵盖了羊毛生产的所有工序。1550 年以前，在马尔
斯贝里、伯福德、拉文纳姆、纽伯里、赛伦塞斯特、巴斯、哈利法
斯、曼彻斯特和肯德尔均建有类似的工厂，但是 1555 年的反工厂
却试图规定乡间的织布工每人只能拥有一台织布机。在 17 世纪，
布维尔出现了罗拜斯（Van Robais）管理下的科尔伯特范例工厂，雇
了 1692 名工人，但只是在 18 世纪下半叶，工厂才开始主要使用
的纺织机械。

羊毛是最具经济价值的纤维，继续在服装上占据着最主要的地
在 16 世纪，西班牙美利奴羊的改良和大幅增产提供了最好的商用
毛。最好的西班牙羊毛产自塞哥维亚，品质略逊一筹的产自卡斯
尔、埃斯特雷马杜拉和安达卢西亚[2]。英国羊毛的品质仅次于西
牙，再就是产自朗格多克和贝里的法国羊毛。在英格兰羊毛中，最
的产自诺福克郡、萨福克郡、埃塞克斯郡和赫里福德郡，次一等的

埃塞克斯郡、威尔特郡、多塞特郡、萨默塞特郡和格洛斯特郡，第
等的产自剑桥、肯特、汉普郡、德文、康沃尔、诺森伯兰郡、赫
福德郡和莱斯特郡，最差的产自约克郡、维斯特摩兰郡、坎伯兰
和林肯郡[3]。威尔士羊毛和爱尔兰羊毛是比较差的，苏格兰羊毛
不受欢迎，因为羊身上常涂抹焦油来抵御恶劣天气。从1660年到
25年，法令禁止英格兰羊毛出口。

从中世纪开始，手工剪羊毛的方式一直没有变化（第Ⅱ卷，图
4），剪下的羊毛被整片取下并按品质分类。在西班牙，腹股之间
下腹的羊毛被去掉，其余部分按品质依次分成三个等级：一等毛、
等毛和三等毛。各个等级之间的数量比为12∶2∶1[2]。法国羊
被分成两类：长纤维的高级羊毛和短纤维的低级羊毛。在英格兰羊
则被分成三个等级：取自背部和颈部的胎毛、尾部和腿部的毛、胸
和腹部的毛。剪下的羊毛被分成三类：（i）最好的羊毛，用来织毛
，这包括大多数的英格兰羊毛；（ii）长绒，用来精纺毛纱；（iii）中
长度的，用于针织品行业。

在处理前，为去除油脂和盐，用水和尿比例为3∶1的混合物
涤羊毛，然后用流水漂洗，通常把羊毛放在一个系在静止筏子上的
子里。洗过的羊毛被放在阴凉处的架子上晾干，再放在围栏或用绳
系成的架子上用木棍敲打，使其疏松，然后就可以准备粗梳、弓弹
精梳了。1773年凯（John Kay）发明了一种机器，可通过装在轮上
梃杆举起弹簧板条来敲打羊毛[4]。

粗梳生产羊毛纱线的短羊毛纤维时，几乎完全采用中世纪式的手
梳毛机（第Ⅱ卷，图167）。与早些时候一样，采用以下三步来处
：把纤维摊成一均匀的平面，从一个梳子剥到另一个梳子，再把疏
的纤维落成海绵状的薄片。为增加产出，梳子做得很大，其中一个
子装在长凳一头的角上（图87）。由于台式梳机是固定的，梳毛工
以双手操作活动的梳子，活动梳常常吊在天花板上，靠配重来平衡。

153

图87　粗梳羊毛。引自18世纪早期的版画。

台式梳的梳理通常是手工梳之前预备性的开松工序。为备梳理要在羊毛上喷洒橄榄油用于纬纱时，油与羊毛的比为1：5；用于经纱时，油与毛的比例为1：9。通常还使黄油来代替橄榄油。

保罗（Lewis Paul）在1738（边码162）预见了机械化纺的到来，他在10年后设计了台粗梳机[5]。第一台实际上一台巨大的台式梳机，3英尺长2英尺宽，带有装在平行板条上的理机针布（图88）。它被水平安装在垂直的轴上，剥取时可以通过个脚踏操纵杆来旋转。活动梳子上装有两个手柄以便人工操作。梳好的薄片用一个长针梳移开，做成首尾相接的长片，绕在皮带操纵辊子上。

在保罗的第二台机器上，梳理机针布呈带状贴在圆筒的表面，

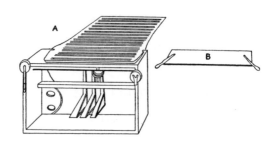

图88　保罗的矩形粗梳机，1748年。
纤维被放在3英尺长2英尺宽的主干梳子上（A），用手工梳子工作（B）。用踏板将A旋转180°后，纤维卷被剥离，并被绕在穿过梳机前方的两个滑轮的带子上。

第7章　　　　　　纺纱与织布

可以用手转动（图 89 ）。圆筒
着一个衬有针布的凹板转动，
板可以被降低和转动以便剥取。
个工序依然是间断的，但像以
那样与梳子一起移开的单独梳
却被合并了起来。

早在 1748 年，莱姆斯特的
恩（Daniel Bourn ）申请了一
更为先进的粗梳机的专利[6]。
种转轮机带有 4 个有梳齿的
筒，可以通过手或水轮驱动，

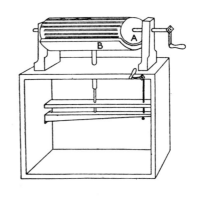

图 89　保罗的旋转粗梳机，1748 年。
（A ）覆盖带状针布的圆筒 ;（B ）由针布完全覆
盖的凹形梳子。为剥离已经梳好的纤维条，圆筒
被降低并旋转 180° 。

此反向转动（图 90 ）。圆筒之间的距离是可以调节的，其中的两个
以自动地沿其轴转往复运动，使纤维均匀地覆盖在表面。专利没有
出工作细节，但毫无疑问落纱要使用一个长的梳子。

尽管这个机器没有获得成功，但它却是后来滚筒粗梳机的原型。

羊毛和棉花的弓弹（第 II 卷，
码 195 ）继续成为梳理的替代
序或者前道工序，特别是在毛
制造业或金属丝梳子无法轻易
得的地方。弹羊毛的弓的尺寸
断增加，并且通常是悬在空中
。长度达 6 英尺的弓的核心
件是一块弹动的长木和一根不
振动的弓弦，弓弦穿过纠结缠
的纤维，使纤维疏松并去除微
杂质。

精梳长绒羊毛在这个时期都

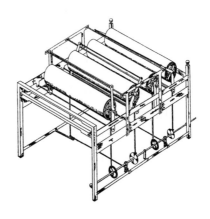

图 90　博恩的粗梳机，1748 年。
纤维在成对的反向旋转的圆筒之间被梳理，圆筒
由水力带动的轴和齿轮驱动。

7.1　纤维及其制备

采用手工操作。这个工序对精纺毛纱的生产至关重要，因为精纺毛
要求所有的纤维都是平行的，其中最短的纤维要去除掉。精梳用的
子几乎一直没有变化，有两到三排一头逐渐变细的长钢齿，钢齿安
在一个带有木质手柄的角上。梳子在炉子上加热后，通过一个钩子
在一个竖直的杆子上（图 91）。羊毛被预先浸泡在肥皂水中，然后
绞盘拧干，再用黄油、橄榄油或者菜油上油。西班牙羊毛在剪之前

经洗过，仅仅在热肥皂水中浸
即可，梳理时不再加油[2]。
法是把大约两盎司的羊毛放在
个梳子的齿上，用另一把梳子
理。梳理的过程首先从纤维的
梢开始，每一次划动都逐渐深
直到羊毛全都转移到第二把梳
上。在交换梳子后重复这一操
接着，将呈长须条状的羊毛从
子上拉开，有时候还要在盘绕
"陀螺"之前再用凉一些的梳

图91　精梳羊毛。引自 18 世纪的版画。

轻轻梳一遍。短纤维或者精梳短毛被留在梳子上，用来制造毯子。

　　梳子齿十分锋利，必要时用一个黄铜管子扳直。一个羊毛精梳
人一天可以梳理 28 磅羊毛，直到 19 世纪发明家们才有能力将这
过程机械化。

　　亚麻　许多世纪以来亚麻种植变化很小，但在土地耕作准备和
种上投入的精力越来越多。尽管爱尔兰人发现把第一茬收获的种子
于第二茬播种更为经济，但在荷兰，人们通常把重质土产的种子种
轻质土中去，或反过来操作。为得到上等的亚麻来制造极为精美的
国北方麻纱，种子撒得很稠密，生长中的作物被扶直，为了遮风挡
在它的上面盖上枝条，并用树桩将枝条支撑住。

亚麻在种子完全成熟以前被拔出，以保持其纤维柔软。这种亚麻搁置3或4天以使种子成熟，在荷兰，被放在草地上，在爱尔兰扎成捆堆在一起。此后，把成捆的亚麻拉过一个长的粗糙的梳子（称"粗钢梳"）以脱去种皮（图92）。这种粗钢梳经常装在长凳上。

沤麻的过程要利用池塘、湖泊或者河流，也经常挖沟或坑来进行。沤泡1到2个星期之后，亚麻被铺开放在矮草地上，放置3到6以初步晾干和漂白，并让露水最终完成沤软过程。在俄国、德国和国的部分地区，只采用露水沤软而不用浸泡，但要用3或4个星来完成发酵，而在俄国和瑞典的雪沤却要持续整个雪期。在德国，好的亚麻要在稀释的温牛奶中浸泡4或5天，而在别处则放入锯灰和其他化学辅助成分。作为一种催熟的方法，浸泡未成熟的亚麻比利时被广泛采用。

沤过和在草上晾过的亚麻通常进行人工干燥。在荷兰，为此特制烤炉能使置身其中的人不感到难受。在爱尔兰，亚麻被放置在火架

图92 亚麻制造。引自霍多维茨基（D. Chodowiecki，1726—1801）的版画。
（从左到右）用粗钢梳梳理亚麻秆；用棒槌和打麻机加工、开松亚麻秆。

上，但干燥得不够均衡，而且会烟熏变色，损失的风险很大。由于存在发生火灾的危险，通常禁止在室内的炉子上烘干亚麻。

干燥后，亚麻可以揉碎了。荷兰揉碎机在全欧洲被广泛采用，它装有两个或三个横木以把木质茎或麻秆打碎。希尔（Abraham Hill）1664 年、莫尔顿（Charles Moreton）和威尔（Samuel Weale）在 1692 年都尝试过将亚麻揉碎过程机械化[7]。在 1727 年，苏格兰人唐纳（David Donald）发明了双圆盘机构来打麻，次年，这种由水轮驱动的机器在法夫工作得很顺利。斯波尔丁（James Spalding）在 1728 年发明了一种打麻机，他是在一次赴荷兰旅行期间获此灵感的。类似的机器被引入爱尔兰[8]，包括一个水平的槽纹辊，上下各有类似的轧辊与它啮合（图 93）。亚麻从上面的两个轧辊中卷入，从下面的两个轧辊中脱出，这一过程重复多次，直到亚麻杆（木质部分）被充分碾碎。

用矩形打麻刀击打搁有亚麻的打麻板边缘，可脱去打碎的亚麻（第 Ⅱ 卷，图 158）。如果打刀在打麻板上击到亚麻就会破坏纤维，而荷兰打麻板的一侧带凹槽，可带走亚麻，消除了这危险。

机械打麻在 18 世纪早期采用。在苏格兰和爱尔兰，通用的样式是一根竖直轴上带有 4 根伸出的辅柄，辅柄在一个水平放置的筒中转动（图 93）。亚麻从筒的顶部和侧面的狭长缝隙中插入，辅柄重复着打麻刀的动作除去亚麻杆。

在苏格兰、爱尔兰和其他

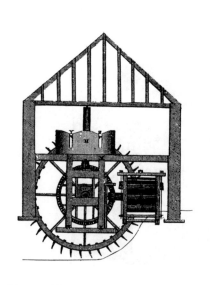

图 93 亚麻揉碎机，上面带有打麻机（H）。
（Y，Z）是插入孔，用以插入待击打的碎亚麻；
（1，2，3）是用来碾碎亚麻的轧辊。

地方，纤维被放在一个木块上，人们用带棱的棒槌敲打以使其柔软（图92）。1736 年前的荷兰则使用精轧机（图94），它靠风力、畜力、水力或人力驱动，包括插在两根木质立柱间的带槽的轴，轴周围绕着一个可移动的细长杆。使用时，亚麻纤维从带槽的轴中成捆插入，然后交替向前向后各转两圈。这个机器能装 6 磅亚麻，经过前后转动，纤维摩擦长杆，被分成很好的细丝。大约经过 80 次来回转动，就可以达到预期的效果。

把亚麻束拉过固定的精梳机或手工梳麻台，使纤维最后分开（图95）。先梳一端，然后再梳另一端，这一过程用细齿梳麻台重复。苏格兰的梳麻台装有短粗的黄铜梳齿，但 1728 年英格兰和荷兰的带有钢齿的梳麻台被引进。梳麻是细致的操作，因为要避免纤维断裂，常雇用女人来干这个活。短的纤维下脚被称为"短麻"，长的适合的纤维被称为"长麻"。像羊毛和棉花一样，短麻被粗梳和纺制，做日常使用的罩衫、内衣和床单，打麻过程的回丝做成粗麻布。

在荷兰，粉碎和打麻过程大约需要 3 个月，一个工人每天可以加工 20 磅亚麻。

让马在谷仓里的地板上踩准备用于播种的种子，可使它们从圆荚中分离出来，荚壳然后通过风选机去除，就像打谷一样。

大麻也同样被广泛种植，尤其是在意大利、德国、荷兰以及后来的俄国，它取代了亚麻，特别是用以制造帆篷和绳索等。

大麻植株（*Cannabis sativa*

图 94　荷兰精轧机，约 1735。
亚麻被插进中轴的孔眼里。

L）通常会长到 6 英尺高，但在有些地区可高达 16 甚至 20 英尺。

种植物被拉倒并放在静水中沤泡 15 天，然后成捆地晾干。在 16
纪的意大利，这些纤维被手工分离，通过槽纹辊，后像亚麻一样用
槌敲打和梳理。大麻捣碎机在 1721 年由布朗（Henry Browne）申请
利，它由轴、梃杆和竖直原木构成。轴通过人力、风力或畜力来转
带动梃杆，梃杆控制原木起落[9]。

草棉属植物（*Gossypium* spp）有许多种类。林奈（Linnaeus）
1753 年列举了 5 个明显不同的种：

1. 草本棉（*Gossypium herbaceum*）
2. 木本棉（*Gossypium arboreum*）
3. 陆地棉（*Gossypium hirsutum*）
4. 印度产木本棉（*Gossypium religiosum*）
5. 海岛棉（*Gossypium barbadense*）

第一种是一年生草本，可以长到 18 至 24 英寸高。它们种植
印度、中国、地中海东部国家、南欧和北美，在经济上最有价值。
二种是一种可以长到 12 到 20 英尺的树，这种多年生的木本植物
亚洲、北非和美洲部分地区可以找到。其余 3 种都是灌木，高度从
到 10 英尺不等，在热带国家是多年生的，在冷一些的气候条件下
一年生的，它们分布在亚洲、非洲以及中南美洲。

直到 18 世纪欧洲还主要从塞浦路斯、士麦那、阿卡、叙利亚
口棉花。棉线产自大马士革、耶路撒冷和印度，最好的产自孟加拉
地区。在 18 世纪上半叶，由于种子源于暹罗而被称为暹罗棉的优
棉花从西印度群岛进口，而在 18 世纪末以前，西印度群岛的棉花
为英格兰主要的供应源。在 16 世纪末的普罗旺斯有过不成功的种
棉花的尝试。

在那个世纪初，棉织业尤其是棉麻混纺在意大利、瑞士、德国
佛兰德牢固地建立起来。这一时期粗斜纹布工业在法国复兴，并且

扩展到了荷兰。尽管英格兰从 1430 年起，一直尝试用黎凡特的棉来织粗斜纹布，但首先明确提及棉花工业大约是在 1621 年的兰开郡[10]，可能在安特卫普 1585 年陷落之后，由佛兰德移民引入。

荷兰和英国东印度公司大规模进口印度棉制品，导致英格兰在 00 年禁止这样的进口。考虑到对本地制造业的竞争，许多其他欧国家晚些时候也采取了这种做法。从 1720 年到 1774 年，在英格禁止生产纯棉平布。

棉花经手工采摘后，通过两个辊子来分离种子和纤维。轧棉机在度用手转动，而在西印度群岛还使用脚踏板，一个工人每天分出的达 60 磅。棉花被紧紧踩入一个 9 英尺高、4 英尺宽的潮湿的粗布子里，每个袋子可以装 300 磅棉[2]。在像羊毛一样粗梳和弓弹之，大包里的棉花必须在栏杆上或金属架上用木棍敲打来彻底开松。

2 纺纱

制备好的羊毛、亚麻、短麻或者棉花，要么用锭杆-纺轮要么用纺车纺成纱线。锭杆-纺轮方式历来一直在使用，特别是用于经线制和一些边远地区，不同的地区又普遍使用着不同的传统纺车（第卷，边码 202）。

直到近代，手工纺车（其种类五花八门，如二轮纺车、纺车、长纺车或泽西手纺车）依然在使用，特别是用于纺纬纱。由于可用作纬机[1]，使它的存在时间更延长了，现在依然是不发达社会的标准车。

那一时期典型的纺车毫无疑问是飞轮纺车，它发明于 15 世（第 II 卷，边码 203）。操作者坐着并连续操作，因此可以用一脚踏板协同工作。踏板的发明常归功于不伦瑞克的泥瓦匠于尔根

纬纱管是带有纬纱的木制绕线管，用于装入织布机梭子。

（Master Jürgen），时间是 1530 年[11]。但在他之前，1524 年《格
肯东圣经》（*Glockendon Bible*）中有一张描述这种装置的插图[12]，
能是一个英国人想出来的[13]。踏板是装在两个凳脚之间的可绕枢
转动的简单装置，远端通过一个绳圈连接一个连杆，连杆另一端套
飞轮轮轴末端的曲柄上。这样，当踏下踏板时，就会带动飞轮转

161

这种踏板纺车可以由双索或单索驱动，前者的线轴和锭翼被一起驱
而后者只有线轴被驱动，锭翼由纱线牵引转动。一根可调节的制动
摩擦飞轮皮带盘，其张力可调节，随着绕在线轴上的纱线的直径增
为纺出均匀的纱线提供必要的滑动。如果驱动锭翼而线轴被制动带
速，可以得到类似的效果。一个标准的双驱动纺车经常被纺织女工
装成带导管或翼导的单传动纺车。

尽管踏板驱动有很多优势，值得注意的是许多飞轮纺车依然通
装在轮辐或者曲柄轴上的球形把手来用手转动，特别是在法国。这
就只能腾出一只手从纤维中抽
而这种方法在实际操作中是不
行的，除非是纺亚麻或大麻中
长纤维。

脚踏纺车是文艺复兴的一
产物，当它传遍欧洲时，技术
能成功地和装饰形式结合起
发展出多种类型，锭翼可以装
纺车的侧边或上面。前一种被
作荷兰或爱尔兰低纺车（图 95
后一种被称作英格兰纺车或
克森纺车（图 96）。另外，爱
兰的卡斯图尔纺车是独一无
的，因为它的锭翼装在纺车的

图 95　爱尔兰低纺车，用来纺亚麻。

（图 97）。在北美，纺车倾向于变得更实用，那
制造的一种椅架型纺车带有一对踏板和一个中间
轮以增加锭翼的速度。有一种亚麻纺车有两套锭
-线轴装置，它可能起源于奥地利，18 世纪时引
不列颠。

手工纺纱杆变得越来越精巧。虽然通常装在纺
上，但它还经常被安装在矮凳上。高大的手工纺
杆是亚麻纺纱的一个特征。纺纱女工为了在纺纱
显润纤维，纺纱杆上常附设一个水罐。

纺纱一直是纺织过程中最慢的一个环节，尽管
踏纺车稍稍加快了速度，为一个织布工供应纱线
然需要三到五个纺纱工。1733 年凯（Kay）发明
梭后（边码 169）增加了这一不均衡性，发明家
而将注意力集中到提高纱线生产率的方法上。他
的这些尝试，达・芬奇（Leonardo da Vinci）早在约
90 年就曾设想过，在《大西洋古抄本》（Codice
antico）中画了一种双锭翼的草图，可同时生产
根线。他还设计了水平安装许多这种锭翼组的
器，但这些构想从未付诸实践。1678 年德里翰
ichard Dereham）和海恩斯（Richard Haines）为一
手动装置申请了专利，它能代替多名纺纱工同
操作 6—100 个纺锭[14]。伯明翰的保罗（Lewis
ul）在怀亚特（John Wyatt）的配合下，首次尝试
际解决这个问题。他在 1738 年的专利说明[15]
描述了一种罗拉牵伸系统，由一系列成对的罗拉
成，每一对罗拉依次都比前一对旋转得更快。他
预备了一对或多对罗拉围绕纱的轴心旋转来轻捻

图 96 英格兰纺车。
锭翼装在纺轮的上方。

162

图 97 爱尔兰卡斯
图尔纺车（主要在安
特里姆和多尼戈尔
使用）。

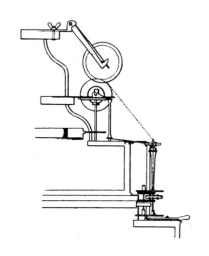

纱线，或只使用单对罗拉。17□年保罗的另一项专利[16]描述□两个罗拉，其中一个缠绕着连□的梳条，供给筒管和锭翼，它□相应转得较快，以便梳条被牵□并纺成纱，绕在筒管上。他的□图显示，一个垂直驱动轴周围□装了大约24个纺锭（图98）。

1754年兰开夏郡泰□（James Taylor）所获得的专利□直没有受到重视[17]，这是"□台可由人力、畜力、风力或水□驱动的机械装置，用以将棉花□羊毛纺成纱线"。尽管没有设□

图98 1758年获得专利的保罗纺纱机。
梳理好的纤维接成纤维长条，在两个辊子之间传递、压缩，然后用快速旋转的纺锭和锭翼将其抽出。围绕中轴的环上安装多对辊子和纺锭，中轴用来驱动下面的辊子和纺锭。

图，这台机器被描述成有一排竖直的纺锭，上面装有粗纱筒管，这□粗纱从纺锭绕到纱框上。其曲柄-棘轮机构控制纱框交替地卷绕和□止，每次操作纺2英尺线，然后绕到纱框上。

泰勒的专利没有实际使用的记录，但是保罗的机器于1731年□伯明翰得到使用，由两头驴子拉动，1743年在北安普敦则用水轮驱□由于不是很成功，所以它的真实价值体现在后来根据它的原理制造□第一台令人满意的纺纱机上。

7.3 摇纱、整经、上浆整理

纺好的纱线卷绕成绞，以便洗涤、漂白、浆纱或者做其他处□交叉式摇纱（第Ⅱ卷，图173）被广泛用于此目的，此种摇纱方法□生产出两倍纱框长度的绞纱。

然而，交叉或手摇摇纱在尺寸上差错很多，因此1695年在苏□

被禁止使用，而固定尺寸的校准纱框被强制使用。那是带有一串齿的可旋转的纱框，当转到特定圈数时能产生听得见的咔嚓声。这些准纱框的周长在许多国家都被严格控制，在英格兰羊毛和棉花纱的周长是 1.5 码，在苏格兰亚麻纱框的周长是 2.5 码，而羊毛纱框周长是 2 码。每绞的长度各不相同，但在英格兰的标准是一绞粗毛纱为 256 码，一绞精纺毛纱为 560 码，亚麻 300 码一绞，棉线 0 码一绞。

绞纱要洗涤以去除油污。亚麻和棉花被放在肥皂水或含少量面粉钾碱溶液中煮沸，粗梳毛纱则在羊皮或兔皮的浸膏中浆洗。处理后绞纱被放在可调整的或圆锥形的绞纱支架上，然后卷绕在筒子上做纱或者绕在纬管上做纬纱。这道工序经常用纺车来完成，但也可用殊的纺车（包括手动和踏板操作的）。一种 18 世纪早期引进的改绞纱支架带有两个圆锥形的支承架，被称作"纱框"。

经纱依然由钉在墙上的纹钉或者在分条整经机上制备，但 17 世时引进了整经机并于 1687 年在苏格兰启用[18]。这是一个绕垂直转动的手动大纱框（图 99），约 6 英尺高、3 英尺宽。架子上 20 筒管的线通过一个手持的目板抽出，在纱框上绕成螺旋形。当经纱到所需长度后就构成纱束[1]，这些线绕过顶端的纹钉，然后在前一纱旁反向卷绕另一纱束。重复这个过程，保持两头纹钉上的线交叉，到经纱的线达到所要求的数量。更为先进的整经大纱框可握住把手转，带动一根绳索和两个滑轮，目板被导纱箔代替，导纱箔通过绕纱框轴上的绳子自动提升。导纱箔带有微型的综片，用来分开相间线以形成交叉，并可容纳 40 根线。

经纱被打成环链以防止缠结，绕在经轴上，通过木梳或者分纱箔使线均匀地隔开，被装进织布机。

164

一个纱束指一组适宜的经纱，此例为 20 根线。

图99 整经机。引自 18 世纪的版画。

亚麻、棉花或粗梳毛线的经纱经上浆整理后，能增加织造时的〇度并使织物平整。粗梳毛线在整经之前被上浆整理，但亚麻或者棉〇经纱是在织布机里被刷上淀粉糊进行上浆的。淀粉糊是用小麦面粉〇马铃薯在水中煮沸制成的，偶尔加入一点用盐水浸泡过的青鱼肉或〇肉以防止纱线完全干燥。综片和经轴之间的经纱被加工处理，当它〇分干燥时刷上一点油脂。在每一段织好后这个上浆整理过程被重〇亚麻织布机经常配以一个装置来疏开缠绕的经线部分以便上浆整理〇

7.4 交织

平纹织机　第 II 卷（第 6 章）描述的各种不同类型的织布机一〇沿用至今，但水平机架式织布机或者踏板织布机在更为先进的欧洲〇亚洲国家替代了所有其他类型的织布机。它变成了所有平纹和简单〇纹织造的标准织布机，适用于各种纤维。

荷兰织布机非常重，带有一个便于上浆整理经纱的装置，只〇用于重磅亚麻布。法国和英国的织布机要轻巧些，而矮的埃斯特〇（Estille）织布机是为细薄布设计的。丝绒织布机则是特别设计的（〇码 204）。

简式手工提花织机　花纹织造被综片数量所限制，综片可以方〇

放在钢筘和经轴之间，数量一般不会超过 24 个。要织造更复杂的
纹，就要用手工提花织机。

手工提花织机的起源已经无从得知，但毫无疑问它最先出现在
方，用于织丝绸。在欧洲，它自然是在中世纪首先被引进意大利
丝绸制作中心，然后再随着丝绸工业进入法国。在 16 世纪，手工
花织机因法国的加朗捷（Galantier）和布拉什（Blache）、英国的梅森
oseph Mason）在 1687 年的发明而有了很大改进[19]。改进的纽扣提
织机一直被使用到 18 世纪末。

手工提花织机的基本特征在别处已有描述（边码 187）。在纽扣
花织机里，牵线[1]根据花纹联合成组，通过第二个衢盘，终止于纽
或者小重锤。当纽扣被拉下，适当的综束被提起，形成一个合适的
口，作为织布梭子的特殊路径（图 124）。

依正确顺序提线的同时，织工让梭子穿过生成的梭口，就产生了
纹。提拉牵线的任务通常由没有专门技术的助手"拉花工"来完成，
依照一个方形的有色图表进行工作（图 128）。

大量必须由拉花工提起的金属衢脚的重量限制了纽扣提花织机
应用，直到约 1600 年当贡（Claude Dangon）发明了一种织布机（图
0），使综束的数量从 800 增加到 2400。它的牵线长曳到地，而且
杆在选出的线的后面滑动，使得拉花工可以举起额外的金属衢脚的
量（边码 189）。作为杠杆提花织机，这种织布机一直被用来织造
缎，直到 1800 年以后。

自动提花织机　雇用助手的不便，加上容易出错，促使人们寻找
种能自动完成拉花工工作的机械装置，同时也易于花纹的变化。为
一个特定的花纹，熟练织匠要花费大约两星期来装配简单提花织机
综束和牵线，而一旦花纹设计有重大变化，这些工作又要重做。

拉起经线的装置。

由于法国是提花织造之国，所以大多数梭口装置的发展都源于里也就毫不奇怪了。第一个显著成就是布雄（Basile Bouchon）在 17 年设计的一种装置，它可以自动选出要提拉出来的线（图 101）。线穿过能在针匣中滑动的一排针眼，通过按照花纹打孔并绕过打孔筒的纸卷来达到选线目的。当圆筒推向针匣，若遇到没有打孔的地针就带着牵线一起向前滑动，而其他穿过纸孔的针则停了下来。出来的牵线被脚控梳子拉下来，梳子作用在和牵线拴在一起的小珠每次投梭之前，圆筒转动显出下一组穿孔，并拉下相应的牵线。

3 年后，福尔肯（Falcon）改进了这种机器，把针增加到几排，

图 100　里昂的织布工当贡发明的织布机，约 1605—1620 年，显示了他在提花综线上的改进。（A）经线；（B）挂钩；（C）金属衢脚；（D）衢盘；（E）尾索；（F）滑轮；（G）系尾索的杆；（H）在 J 点和尾索系在一起的牵线，并固定在基座 K 上。综束系在牵线上，要被拉在一起的每一组综束都系在牵线手柄上。每次投梭之前拉住相应的手柄，就能提起所要的经线，从而织出各种花纹。要了解更多的详情请看边码 189 和图 124。

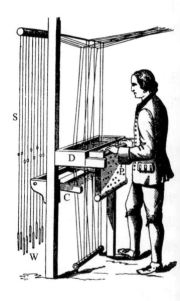

图 101　布雄的选线机械装置，1725 年。（S）综束；（W）金属衢脚；（D）针匣；（P）孔纸；（C）作用在垂直牵线上结点或珠子的梳子。

一连串的矩形卡片代替纸卷。这些打孔的卡片串在一起形成循环序
，用手持的带孔模板可把这些带孔的卡片压向针丛完成选线。

配有这种选线装置的织布机并不成功，尽管它们便于花纹的改变，
除了错误，并可由一个织布工操作。然而，依同样原理改进的选线
置在多综纺织机上获得了成功，由于要操控的牵线减少了，原来的
处变简单了。

著名的机械天才、发明家沃康松（Jacques de Vaucanson，1709—
82）在 1745 年制造的一台织布机（图版 8A），改进了布雄和福尔
的设想。他取消了单色线和尾索，把盒式选卡器安装在织布机上方，
而可直接作用于连接颈线的钩子上。这些钩子穿过针并挂在一根结
的金属棒上，置于要求的高度。带孔卡片绕过复杂的滑动圆筒时，
就被挑选出来，选针过程无须拉花工的帮助就可以完成。

167

没有证据表明这种机器曾使用过，因为它不具备可操作性，结构
别复杂的圆筒存在明显的缺陷。它之所以没有被历史湮没，仅仅在
它碰巧成为成功的提花织机的设计基础。

动力织机　当法国人想方设法改进梭口装置时，其他的发明家在
力于发明一种可以自动织造的织布机。达·芬奇走在所有人的前面，
在 1490 年设计出这种操作的最主要的原则[20]。他的草图既不清
也没有比例标尺，但有一点很明显，梭子由位于织布机旁的机械臂
送，可穿过梭口的一半距离，梭子的另一半行程则由织布机另一边
似的一条机械臂来完成。这种机械装置并不完善，而这样的织布机
属想象。

约 1586 年，据说但泽的默勒（Anton Möller）发明了一种织布机，
以由无技能的人操作，只需出力操纵一根杆或杠杆即可[21]。这样
织布机确实存在，这可从 1620 年在莱顿因使用它们而引发了骚乱
出来，而且 1623 年及后来的荷兰法令控制了对它们的使用。17 世
早期的许多城市发布法令进行反对，德国从 1685—1726 年这些织

168

图 102　荷兰的织带机。
(b)经轴；(c)滑轮；(d, w)配重物；(p)织轴；
(h, h')综丝；(u)钢筘；(m)卷布辊。经纱沿箭
头方向通过。

布机和它的产品是被禁止的。

种自动织布机于 1616 年引

伦敦，却引发了 1675 年的

乱[22]。这种名为杆织布机或

兰织布机械的织带机能够同时

4 到 6 条缎带。1604 年德塞

斯（William Dircxz）把一次织

缎带数增加到 12 条，1621 年

增加到 24 条，最后达 50 条

多。1800 年以前这种织布机

限于平织。

加梭织机即新式荷兰织布

是荷兰织布机械的改装，可以

次织 24 条花边（图 102）。各

钢筘之间的筘座槽里有一个梭

用连有把手的短臂推过梭口。

有的梭子同时驱动，每次向左或向右交替运动替代与它相邻的梭
（图 103）。

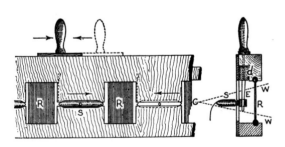

图 103　穿梭装置和加梭织机筘座的侧面及截面。
（R）钢筘；（W）经纱；（C）织物；（S, S）板条间自由滑动的梭子；
（d）弹簧摆梭托；（E）推动梭子穿过经纱的纹钉。

1745年，凯和斯泰尔（
oseph Stell）为一种用梃杆控制
板的方法申请了专利[23]，大
也是在这个时候，使用了齿
-小齿轮梭子，每个梭子的上
装有齿条，与每个梭口之间的
齿轮啮合（图104）。

巴塞尔的赫梅（Hans
ummel）约在1730年设计了用
力操作织带机的方法，但被禁
使用。1760年，曼彻斯特一
工厂安装了水力驱动的加梭织
，却由于这一发明的不可靠性
及需要为每一台机器配备一名
理员而告失败。此刻，就那些
有几英寸宽经纱的织带机而言，
动动力织机的梦想几乎就可实
了，而处理宽幅织物的问题仍
没有解决。

法国海军军官德热纳（M. de
nnes）在1678年描述了一种
布机"无须技工帮助便能织出
麻布"。一根固定在高端的轴
穿提起综片和象限板的曲柄
动装有弹簧的筘（图105）。
纱被从反面进出经纱的机械臂
入，同时传送梭子。据说一

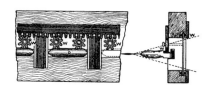

图104 齿条-小齿轮梭子。
梭子上的小齿条和小齿轮（w）啮合。大齿条的
移动推动所有的梭子穿过梭道。

图105 德热纳的"无须技工帮助便能织出亚麻
布的新机器"。
（E，E）用细绳提起综片以形成梭口的曲柄；（F，
F）作用在杠杆G、G上的象限板，推动筘C；
（H，H）操作穿梭装置的凸轮；（D，D）传送梭
子的机械臂，它们在梭口中间相遇。

个水轮可以驱动 10 到 12 台这样的织布机，并可以织任意宽度的

但没有记录表明这样的织布机曾被使用过。

下一步是最简单然而却是研究自动织机最具决定性的一步。这

是贝里的凯 1733 年申请的飞梭专利[4]。他早先在 1730 年已经为

种捻转精纺纱线或细丝的机器申请了专利[24]，但飞梭装置使他闻

遐迩。一个皮革驱动器或击梭器沿着一根金属杆在筘座的两头滑

中间有木把手的一条松弛细绳把两个击梭器连接在一起。当从一个

向急拉细绳，击梭器会将梭子射过经纱（形成的梭口，图 106）。

子被对面的击梭器挡住，再向相反方向急拉将它射回来。梭子带有

个轮子，由走梭板引导，走梭板在低层经线之下，像个凸缘加在筘

上。采用这种方式一个人可以织任意宽度的布，织造的速度也显著

高。然而，凯的发明的真正价值在于它随后在自动织造中的应用。

沃康松在 1745 年改进的织布机（图版 8A）也是一次生产宽幅

图 106　凯的飞梭，1733 年。
（右）织布机整体；（左上）通过操纵绳，梭子在筘座上移动；（左下）梭子。

织机的尝试，他的织布机以摩擦驱动卷辊。他显然不知道凯的飞梭
配用了德热纳的梭子臂。在 1760 年，全自动动力织机依然停留在
想阶段，许多应用上的难题直到下一个时代才得到解决。

后处理过程

洗涤和缩绒　织物首先要洗涤以去除油污物或者浆料。亚麻和棉
物用清水浸泡，用肥皂或碳酸钾洗涤。肥皂同样用于毛织物，但为
省钱，人们广泛使用漂土或猪粪和牲畜尿。

修补了织造瑕疵后，毛织物要通过缩绒使之加厚、牢固。这项
作在古代就会做，直到近代，毛织物都是用脚踏实或"脚踏缩绒"
见第 II 卷，图 186 ）。然而在更为先进的织布中心，织物通常在
式缩绒机中缩绒。缩绒机的介绍于 1607 年率先出现在意大利（第
卷，图 187 ），但其实在中世纪晚期就已经广泛使用。类似的水轮
动的缩绒机于 1735 年在德国也有记载[25]，1733 年在法国也曾提
[2]。而荷兰于 1734 年[26, 27]提到的缩绒机是由风车驱动的。畜力
扬机也被用来提供动力，有时也用手动。

这些 18 世纪早期的缩绒机有两种类型：在枢轴末端装有踏脚或
锤的悬式缩绒机，或踏脚在导轨间竖直下降的下降缩绒机。两者都
在水平驱动轴上的桯杆举起踏脚，并允许其下落到下面缩绒槽或缩
机中捆扎好的织物上。沉重的橡木踏脚有节奏地进行敲打，台槽的
状能使织物每被敲打一次都转过一点，以保证受力均匀，防止织物
损。在对帽子和长裤进行缩绒时，常给踏脚配上木钉或马、小公牛
牙齿。

织物用热肥皂水和漂土处理——光用肥皂就太贵了。最好的肥皂
自卡斯蒂尔和热那亚。在 1751 年的法国，漂洗 45 厄尔的白色织
一般用肥皂 10 磅，有色织物则用 15 磅。取其中一半肥皂溶于两
水中，水温尽量高些，只要手能耐受即可，再用肥皂水浸没洗衣槽

170

171

中的织物。缩绒 2 小时后，取出织物抹平，并立即回投入肥皂水
再缩绒 2 小时。然后将织物绞干，剩余的肥皂以类似的方式溶于
继续上述缩绒流程，直至缩绒完成，其间每隔两小时就将织物取出
平。最后，织物在同一个洗衣槽中用热水洗涤，再在流动的冷水中
洗。在 1669 年，法国的缩绒工必须在每个缩绒槽中使用 4 品脱优
燕麦粉与清水和成的稀粥，一次只处理两匹粗斜纹棉布或 4 匹驼
呢。英国规范则坚持在洗衣槽里同时只放一匹宽幅布或者两匹半
布[28]。织物在第一次拉绒后偶尔会进行第二次缩绒。

洗衣槽也用来进行初步的洗涤，但冲洗台有较轻的踏脚，踏脚
常平稳，几乎作水平运动，其目的是减少重击。精心挑去沙砾和石
的漂土兑了大量冷水。黑肥皂也被使用，而最后的漂洗在溪边进
或者放在河中漂浮的筏子上，织物由长杆操纵。

在缩绒洗涤后，织物放在张布架上晾干。这种张布架由若干根
直的木杆、一根固定的上横杆和一根可以通过栓钉或楔子调节位置
下横杆组成（第 II 卷，图 184）。两根横杆上每隔 2 到 3 英寸就装
一个张布钩。张布钩是 L 型的双头螺钉。上横杆上的螺钉向上，
横杆上的螺钉向下。湿织物的布边（布的织边）固定在上下两根横
上，然后调节下横杆，按布幅将布展开、拉紧。将张布架上的织物
得过紧是违反操作规程的，因此有时被禁止。在多数欧洲国家，织
的拉伸幅度被限制在长和宽的 5%—10%。

拉绒、剪毛和起绒 依靠装有拉绒刺头的木制或金属工具，手
从毛织物表面拉绒这一操作（图 110；第 II 卷，图 189）一直持续
19 世纪。织物用水喷洒，挂在杆子上或平放在长椅上用拉绒器摩
其表面（图 107）。一次拉绒轻刮后，接着是一次较有力的重复动
拉绒时总是第一下逆着织物的绒头，而第二下顺着绒头。剪毛之前
先干燥。

机器拉绒是在 15 世纪发明的，或许还更早些。尽管这种"拉

172

图 107　用装拉绒刺头的拉绒器在织物上拉绒，约 1770 年。

"在英格兰被 1551 年颁布的法令禁止使用，但格洛斯特 1640 年前就一直在使用拉绒机。最早的拉绒机的图解见达·芬奇在 1490 左右手绘的两张草图[29]。第一张画的是一个手动设备，但这张图太容易看懂。第二张图画的是复合式机器，由一匹马拉动绞盘进行作（图 108）。两端被缝在一起的织物绕过两根辊子，推动其中的根，当它移动时，织物经过其下方装有拉绒刺头的可调节横杆。它时可为 5 张织物拉绒。

这种带有固定拉绒器的拉绒议是非同寻常的。在使用拉机的整个时期（实际上直到现），覆盖拉绒器的辊子转动时，物在下面反向擦过。1607 年卡（Zonca）首先画图说明了这原理（图 109）。

粗糙的毛织物经常使用压平

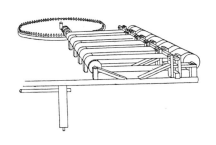

图 108　达·芬奇的拉绒机。引自《大西洋古抄本》。

7.5　后处理过程

图 109 在织物上拉绒的拉绒机，1607 年。

图 110 修剪工在工作。引自 17 世纪的版画。

理机来拉绒，它们只是放大的带金属丝齿的手动梳理机。英格兰在
1年禁止它们的使用，法国则在1669年禁止。

拉绒以后毛织物的修剪工作依然让修剪工来做。像杠杆一样手
操作的镫型夹具（图110）一直使用到17世纪末。在随后的一个
纪里，改进了的工具出现了。它是一根可围绕上方刀片的背面旋
的杠杆，通过两根绳子连接到附着在下方刀片上的一个滑块上（图
1）。当用左手压下杠杆，刀口就合拢了，弓形杆上的弹簧重新打
刀口。后来下方刀片做成了曲线形以适合加衬垫的工作台，上方刀

在1760年以前改成倾斜的，倾斜度增至30°。通常两个修剪工一
工作，为了紧密剪切，铅制的重物被压在下方刀片上，使它更深地
入布中。每次拉绒后都要剪毛，1748年，法国的毛织物要在正面
剪4到5次，在反面剪一次[2]。

剪毛是个又慢又费力的工作，人们很早就尝试将它机械化了。
95年在英格兰被禁止使用的剪毛机，可能和达·芬奇草图上画的

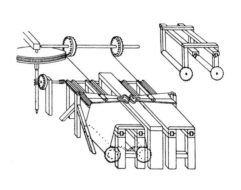

图112 达·芬奇的修剪机。引自《大西洋古抄本》。
（右上）通过一根绕过下方转轴上的绳子，可牵引工作
台沿机器的主框架移动。剪刀的一块刀片是固定的，第
二块刀片用另一根绳子来开合，绳子系在一个杠杆上，
而杠杆由上方转轴上的齿轮驱动。

11 修剪剪刀，约1760年。

很相似（图 112）。它只是一把利用曲柄系统张开和合拢的普通手

可自动处理织物表面。达·芬奇的其他草图还提出了一个新奇的使

分离刀片的方法。达·芬奇的设计是没有结果的，解决方法直到

世纪末才找到。

在 17 和 18 世纪，毛织物表面常常带有绒球以显示时尚。这

意味着需用转圈的动作摩擦绒毛以产生粒状效果。起绒最早采用

工方式，由两个工人操纵 2 英尺 ×1 英尺的厚木板压在织物的表

织物事先要用蛋白或蜂蜜弄湿[30]。更普遍的是使用水力、畜力或

力驱动的起绒机（图 113）。

织物在两块厚木板间经过，厚木板约 10 英尺长、15 英寸宽，

一个角钉辊缓慢拉过。下位厚木板覆盖着粗毛织物，上位厚木板的

表面上涂上一层由胶、阿拉伯树胶、黄沙和少许烈酒（*aqua vitae*）

尿[30]搅拌成的黏合剂。摇动两端的曲柄，稍稍旋转上位木板，使

与长绒毛摩擦就形成了一个个均匀的小硬毛卷。黑色织物通常仅在

面起绒，而有色织物和混纺织物则在正面处理。

漂白 亚麻和大麻织物经织布机加工后必须漂白，以使它们

外观和质地上更吸引人。18 世纪初，荷兰工人被认为是欧洲最好

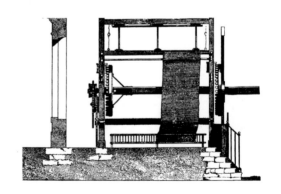

图 113　起绒机，1763 年。

下方是由齿轮驱动的角钉辊：竖直的小齿轮转动上方的支架。

白工人。他们的方法是先将织物泡在热的废碱液中"浸洗",然后
用新鲜的碱液浸洗 8 天;浸洗完毕,用黑肥皂洗涤并拧干;下一
织物被浸泡在盛有脱脂乳的大缸中,牛奶加入后要用脚将织物
实,在压力下保持 1 到 3 个星期;再重新用肥皂洗涤,拧干,铺
草地上,在阳光下晒 2 到 3 个星期。在此期间织物要定期打湿;
脱脂乳中浸泡、酸化,在草地上曝晒漂白,此过程要重复 5 到 6
碱液的浓度要逐次降低。整个过程要延续半年的时间,并且只能
夏季进行。

1755 年,哈勒姆是最白、最有光泽的荷兰亚麻的制造中心。在
里,织物在含各种灰分的碱液中浸泡 10 个小时,再将打湿的织物
于草地上 24 个小时[31]。这个过程重复 10 次甚至更多,然后再放
脱脂乳中酸化 5 到 6 天。黑麦粗粉或糠有时被用来代替牛奶。一
列的酸化、洗涤、浸泡、洒水等操作根据需要重复多次,整个漂白
程要持续 6 到 8 个月,然后再将织物上浆和干燥。

在同一时期的皮卡第,亚麻被交替浸泡在用过的木灰冷碱液和新
的热碱液中。每一次处理后织物都要被洗涤并放置到田野上,用勺
从河里取水打湿。当足够白时,织物被浸泡在发酵的脱脂乳中,然
浸在稀淀粉和大青蓝(荷兰语称 lapsi)溶液中。织物在晾杆上晾干
后,最后被放在大理石块上,用光滑的棒槌敲打。

在爱尔兰,洗涤后的织物被放在碱液中煮两小时,比浸泡的时间
。这种处理重复 6 到 7 次,在每两次之间要暴露在空地上并洒水。
后织物被放在温水和糠或小麦的溶液中酸化 3 天,再放到肥皂水
洗涤,之后用两块木板摩擦织物。最后将亚麻放在槽中细磨,然后
浆、干燥、轧光或锤实。在苏格兰,从 1648 年直到 1815 年,尽
触犯者使用的水化石灰没有对亚麻产生有害的作用,但用石灰漂
织物一直被莫名其妙地禁止,爱尔兰的霍尔登(Richard Holden)介
了一种廉价的用海草灰漂白的方法,它大约在 1732 年在邓迪附近

被成功应用。在 1756 年，因使用稀硫酸替代脱脂乳的乳酸进行酸漂白所需时间缩短了一半。这个方法是爱丁堡的霍姆（Francis Hor提出的。

大麻采用类似的方式漂白，但由于它是一种粗纤维织物，处理程没有如此仔细。棉织物的漂白处理则简单得多，它的纤维比亚麻容易脱色。羊毛在缩绒后漂白，方法是在密闭房间里把半干的织物露在硫黄燃烧产生的烟雾中。在用硫黄处理之前，白垩和靛蓝经常加到最后的冲洗水中。

压平　在被压平前，亚麻和棉织物先要用磨光的石头或木头磨

177

毛织物顺绒毛的方向刷，并用一块板轻柔地去除所有松散的微粒，板下表面涂上一层由乳香、树脂、石粉和细金属屑制成的油灰。纺还要用一个装有热铁块的大金属盒子来熨烫。盒子用绳子和滑轮降放在织物的上面，由两个人握着装在枢轴上的长把手前后移动。

在法国的某些地区，毛织物被紧裹在辊子上，放在盛有沸水的形壶或铜锅上方，用蒸汽来而在其他地区，织物的反面喷上阿拉伯树脂液，在燃烧炭火之上将紧裹在辊子上的物裹到另一根辊子上，或将在一系列抛光金属杆之间的物裹到一根单辊上。

多数织物最后都要被平，以便去除所有的褶皱并光。巨大的螺旋压平机由一在信号间操作的杠杆转动，杆和螺纹柱连在一起（图114织物被仔细地折叠（就是说折

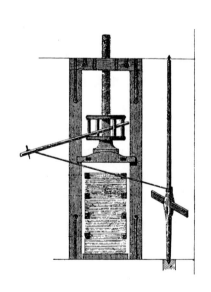

图 114　亚麻织物压平机，约 1760 年。

置正确），放在上下压板之间，
上硬纸板、牛皮纸或者木板。
了更有光泽，最好采用热压
。在织物反面洒上水或稀阿
伯树脂液，折叠后按以前的
置交叉放置，每6到7层之
插入灼热的黄铜或铁板。织
要压10到12个小时，重复
过程4到5次，让折痕落在
同的位置上。为获得巨大的压
，压平机的杠杆用绳索和绞盘
连，绞盘由人力或畜力驱动。

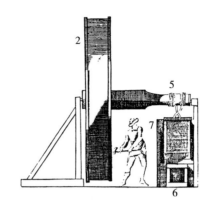

图115 一台研光机（侧视图）。引自18世纪早
期的版画。
（2）轮子，由里面的两个人踩踏；（5）轴和绳
子；（6）平台；（7）配重箱。

研光常替代压平，或用于压平后上光。研光机是一个大木箱，内
黏结在一起的重达10吨或更重的石块，可以在一个平台上的两个
常光滑的辊子上面滚动（图115）。亚麻或毛织物被仔细卷绕在这
辊子上，依靠绕在轴上的绳子，箱子可前后移动，轴的动力来自畜
卷扬机或脚踏轧机。为替代一个辊子，箱子的一头被缠起来，略微
斜地搁在另一个辊子上。通过织物层之间的巨大压力，可使粗平织
纺毛纱或丝织物获得水洗效果。按柯尔贝尔（Colbert）指示在巴黎
成的一台非同寻常的研光机，有抛光的大理石底座，箱子的下面覆
着一层高度抛光的薄铜板。

178

附　录

　　织物的种类。单独或混合使用的各类动植物纤维可制成种类繁
的织物。羊毛的应用范围最广，可分成三种基本类型：

　　1.粗梳经纬纱（羊毛）织物。

　　2.精梳经纬纱（精纺）棉经毛纬平纹呢。

　　3.精梳经纱和粗梳纬纱的（混合）哔叽。

　　根据纺纱、织造或后处理的不同，以上每种类型又可再细分出
多品种。

　　一些主要的织物类型列举如下，但其中许多品种的性质会随时
而变化，而且仿造品的标识不可靠。

巴拉坎风雨大衣呢	羊毛或山羊毛粗斜纹织物，经煮沸， 平，具防水性能。
贝斯呢	精纺经纱和粗纺纬纱，经过轻微的缩 和拉绒。
邦巴辛毛葛	蚕丝或亚麻经纱和棉纬纱（也是棉布 统称）。
宽幅绒面呢	粗纺经纬纱的宽幅织物，经充分缩绒。
卡拉曼科呢	高度光滑的粗纺织物，外观类似缎子。
卡利卡印花棉布	棉织物，通常印花，以印度的卡利卡

1
7

	命名。
仿驼毛呢	羊毛或羊毛/山羊绒交织，有时含丝线。
康布立克细麻纱	非常精细的亚麻织物，以法国的康布雷命名。
粗纺呢绒	粗纺经纬纱织物的统称，经 S 捻纬和 Z 捻纬，常经过缩绒。
粗服呢	粗的粗纺织物，经过缩绒和拉绒。
重绉纹织物	精纺轻织物或精纺/丝交织织物，经纱捻度比纬纱大。
迪亚普尔（亚麻花缎）	提花亚麻织物，以中世纪希腊的迪亚斯普罗斯命名，纯白色。
迪米雅（条格麻纱）	重磅提花棉织物，以希腊的迪米托斯命名，双线。
杜拉斯粗布	粗亚麻织物，以布列塔尼的杜拉斯命名。
粗花布	显花织物，以丝或丝/棉花交织，羊毛或羊毛/亚麻/棉交织。
纱罗	精纺经纬纱或羊毛/丝绸交织。
法兰绒	松结构粗纺织物，背面粗糙。
福斯蒂安纬起绒织物	亚麻经纱棉花纬纱，以开罗的旧称——福斯塔特命名。
格罗格兰姆呢	粗丝和羊毛织物，名称来源于法文罗缎(gros-grain)。
克尔赛密绒厚呢	粗的粗纺织物，经过缩绒。
麻经毛纬交织物	亚麻经纱精纺纬纱的粗织物。
曼彻斯特布	最初指粗的粗纺织物，经过缩绒和拉绒；后指纬起绒织物。
马卡多斯绒布	山羊毛起绒织物［？意大利文莫卡伊阿

179

附 录

尔多（*mocaiardo*），毛织品］。

莫斯林细布	优质白棉布，以美索不达米亚的摩苏命名。
珠皮大衣呢	密织粗纺织物，充分缩绒，常滚球。
细哔叽	便宜的细织物，类似哔叽。
哔叽	精纺经纱粗纺纬纱，有时经缩绒，通织成斜纹。
长毛绒	山羊毛起绒织物。
沙隆（斜纹里子薄呢）	精纺斜纹织物，以法国的马恩河畔沙命名。
斯堆曼特	粗精纺织物。
毛料	精纺织物的通称。
塔夫绸	粗平织丝的水洗织物，以波斯的塔夫赫（*tāftah*）命名的机织织物。
精纺毛筛	高度光滑的精细羊毛织物，其命名源法语"*tamis*"（一种筛网）。
平纹呢	精纺经纬织物的统称，经纬线捻度相名称可能也源自"*tamis*"（一种筛网）
丝绒	丝或棉的起绒细织物。
巴里纱	细精纺织物。

文献

Deloney, T. 'Pleasant History of John Winchcombe.' London. 1626.

Pluche, A. N. 'Spectacle de la Nature; or Nature Display'd' (Eng. trans. from original French), Vol. 6. London. 1748.

Luccock, J. 'Nature and Properties of Wool.' Leeds. 1805.

Patent no. 542, 26 May 1733.

Patent no. 636, 30 August 1748.

Patent no. 628, 20 January 1748.

Patent no. 143, 3 March 1664; Patent no. 288, 22 January 1692.

Gray, A. 'Treatise on Spinning Machinery.' Edinburgh. 1819.

Patent no. 435, 12 August 1721.

Price, W. H. *Quart. J. Econ.* **20**, 608, 1906.

Rehtmaier, P. J. 'Chronicle Brunswick-Lüneberg.' Brunswick. 1722.

这本由格罗肯东（Nikolaus Glockendon）阐述的圣经收藏在沃尔芬比特尔图书馆。Schönemann, G. P. C. 'Hundert Merkwürdigkeiten der herzoglichen Bibliothek zu Wolfenbüttel', no. 68. Hanover. 1849。

Feldhaus, F. Maria. 'Die Technik der Vorzeit, der geschichtlichen Zeit und der Naturvölker.' Engelmann, Leipzig. 1914.

Patent no. 202, 18 April 1678.

Patent no. 562, 24 June 1738.

Patent no. 724, 29 June 1758.

[17] Patent no. 693, 3 July 1754.

[18] Scott, W. R. 'Records of a Scottish Cloth Manufactory 1681–1703.' Scottish History Society Publ. no. 46. Edinburgh. 1905.

[19] Patent no. 257, 3 October 1687.

[20] Beck, T. *Z. Ver. dtsch, Ing.*, **50**, 645, 1906.

[21] Beckmann J. 'History of Inventions' (trans. by W. Johnston, 4th ed.),Vol. 2. London. 1846.

[22] Wadsworth, A. P. and Mann, J. de L. 'Cotton Trade and Industrial Lancashire 1600–1780.' University Press, Manchester. 1931.

[23] Patent no. 612, 18 April 1745.

[24] Patent no. 515, 8 May 1730.

[25] Leupold, J. and Beyer, J. M. *Theatrum machinarum molarium.* Leipzig. 1735.

[26] Van Natrus, L., Polly, J., and Van Vuuren, C. 'Groot Volkomen Moolenboek' (2 vols.). Amsterdam. 1734, 1736.

[27] Van Zyl, J. *'Theatrum machinarum universale* of groot algemeen Moolen-boek.' Amsterdam. 1734.

[28] Statute 7, Anne, cap. 13.

[29] Beck, T. 'Beiträge zur Geschichte des Maschinenbaues.' Springer, Berlin. 1900.

[30] Croker, T. H., Williams, T., and Clark, S. 'Complete Dictionary of Arts and Sciences', Vol. 2. London. 1765.

[31] Home, F. 'Experiments on Bleaching.' Edinburgh. 1756.

180

考书目

nes, E. 'History of Cotton Manufacture.' London. 1835.

low, A. 'History and Principles of Weaving by Hand and Power.' London. 1878.

aton, H. 'Yorkshire Woollen and Worsted Industries.' Oxford Historical and Literary Studies, no. 10. University Press, Oxford. 1920.

ner, J. 'The Linen Trade of Europe.' McCaw, Stevenson and Orr, Belfast. 1920.

son, E. 'The History of English Woollen and Worsted Industries' (3rd ed.). Black, London. 1950.

h, H. L. 'Studies in Primitive Looms.' Bankfield Museum Notes, Halifax. 1918.

ner, A. P. 'A History of Mechanical Inventions' (2nd rev. ed.). Harvard University Press, Cambridge, Mass. 1954.

arden, A. J. 'Linen Trade, Ancient and Modern.' London. 1864.

关于针织及针织品的注释

詹姆斯·诺伯里（JAMES NORBURY）

　　针织的起源我们全然不知。织物碎片、若干鞋袜和几顶科普特的帽子，为我们提供了仅有的能证明其早期历史的证据，甚至对不经纬交织，而是由一系列线圈构成的织物技术的起源都模糊不清。

　　织物和针织物在结构上有根本的区别。原始的织物全由直角交的经纬线织成（第Ⅰ卷，第16章）。早期的织物是用粗厚的纱线成的，看着厚、摸着硬，这或许是导致产生针织物的因素之一。与始织机生产的织物相比，针织物较有弹性，它的产生完全出于实用需要。针织物的最大优点是穿在身上很合体。

　　针织技术发展的第一步是网眼织物技术的出现，用该技术织出网眼比用梭和棒织成的织物要密。在埃及和斯堪的纳维亚发现的早织物碎片上，可找到这一技术变化的证据。它们是一种网眼织物，织物的弹性好得多，并具一个北欧的术语"*sprang*"[1]。网眼织物可产生于公元前1500年到公元前1000年之间，与针织非常接近。不同的是，组成网眼织物的线圈是竖直交链，而不是真正的针织物样的水平交链。

　　在织造网眼织物时，似乎采用了两种技术。第一种是用针织，由织网的针演化而来，在很多方面像现代的缝纫针。织法如下：

1　　冰岛语"*sprang*"意指网眼织物。

在一个大的长方形框架上设置竖直经线。
条经线剪成待织布料长度，头尾分别系在框
上下两端，线与线紧靠在一起，绷紧且互相
行（图116）。一个简单线迹均匀缠绕在第
条经线上，打结并在上端系紧。第二排捻搓
的线迹缠在第二条经线上，每一个线迹都与
一排经线上的相邻线迹交织。如此一排排结
去，直到网眼遍布所有经线。交叉的线端要
牢，以防脱开。拆开并卸下经线后，一块像密网一样的网眼织物就
成了。

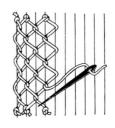

图116　在竖直经线上交叉
勾连成网眼织物的简易方法。

一旦人们掌握了这种简单的针织技术，各
款式的织物便迅速发展出来。在现存的一块
眼织物碎片上，可看出使用了定位每个线圈
半结技术。这就使织物底部结构对称，检验
明其生产的织物就像一张精细的渔网。

另一种不同的网眼织物是在第一根经线上
一链式线，而不是简单绕圈。链式线套在剩
的每根经线上，每条线都沿竖直方向与每条
套在一起。经线被抽掉后，该织物很像针织
，以至早期的这种网眼织物的残片，直到最
，都被当成最早的针织品。

第二种织造网眼织物的技术就先进多了，
不将经线绷在矩形框架上作织物的临时绷
，而是用整根的经线在矩形框架上织成网眼
图117）。从框架中间开始织。每将线织一
，就在框架上下缘各穿一根细棒将织出的网
固定住。后续的网眼织出后，再插入成对的

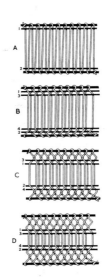

182

图117　织网眼织物。
（A）头两根细棒插进环圈；
（B）再插入两根细棒，织出
第一排环圈；（C）头两根细
棒抽出，重新插更靠中间
处，织出更多环圈；（D）环
圈越织越靠中间。

细棒，此前两根起固定作用的细棒则被抽出供下一轮再使用。这种法是从框架中间向上下方向织的。如此往复，一块以中心为轴并完对称的网眼织物便告完成。织完后在中轴打上结，以防织物下架后开（图版 8B）。

颇为有意思的是，大约在埃及发展网眼织物技术的同时，秘鲁开始形成一种虽稍有不同，但足可比拟的针织技术。这种秘鲁针织比网眼织物更接近真正的针织。它不是在框架的经线上织成的，其细织物实际上是一种原始刺绣。底料的整个表面覆盖着网眼组织，成了一层新的织物，很容易被误认为是原始的针织物。秘鲁针织物采用了多种颜色，织成后的织物表面有复杂的图案，有点像阿拉伯色针织物。

尚未有证据表明网眼织物和针织技术是怎样演化为框架针织迄今发现的只有可能早在公元前 7 世纪的来自阿拉伯半岛的鞋袜（118），以及一块在福斯塔特（开罗古城）出土的公元 7 至 9 世纪的拉伯彩织布片。它是用交叉袜针织成的，每英寸有 36 针，图案是深栗色羊毛线织在金线底上。这是所发现的丝毛多股绞织织物中最精细的。

183　在早期阶段，阿拉伯针织是在框架上进行的，并逐步演变成今的针织技术。框架有圆形的也矩形（图 119，图 120）的。架周围等距离地安着木钉或骨钉越细、间距越小，织出的织就越精细。

这种框架针织的起针很简把纱线拴在第一个钉上然后逆针依次绕在每根钉上，直到框上每根针基部都有了一个交叉纟

图 118　红毛线织成的阿拉伯鞋袜。

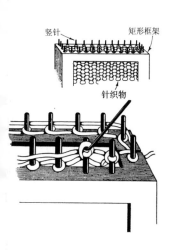

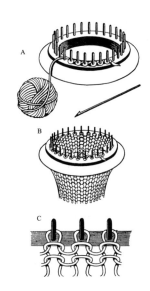

图 119　在方形框架上针织。

图 120　在圆形框架上的针织。
（A）起针；（B）织出织物；（C）线圈详图。

第二轮缠绕的线圈如法套在钉上。将第一轮钉基部的线圈拉起下，压在刚做好的第二轮线圈之上。或许这一操作最初是用细木针完成的，而在较粗糙的织物上就直接用手指。后来发明了一种钩形工具，帮助拉起一轮线圈搭到另一轮上。当第一轮线圈被拉下压在第二轮上时，便完成了起针，用于针织的框架也准备好了。这是一种重起针工艺，框架底部的系列线圈连续穿过第二轮线圈，这样织出的织物就是交叉的织袜用线迹了。这种用钩子的织法导致很久以后钩针织物的发明，时间约在 16 世纪末。

一些早期研究针织物的人错误地设想：公元 1 世纪源于埃及或北非的羊毛帽子是钩针织造的。实际上这些帽子是在框架上织出的，一个早期的基督教派从生活在埃及沙漠中的游牧部落那里学会了这种框架针织手艺。使用硬质框架和钩子的针织法，对现今使用的针织技术的出现起着重要作用。

在所有完好的针织技术中，通常是一根针完全固定，织造时用一根针把线绾成扣转到固定的针上。最早的针织用针是带钩的，法朗德地区的牧羊人至今仍在使用这类针。一旦完全掌握了在框架上织的技术，也就不难理解人们当时怎么会想到针织时在一根针上起而不是从安装在框架上的一组木钉上起针。

很有意思的是，迟至 20 世纪初欧洲所有农村地区的针织工在上起针时，仍然沿用类似原始的框架针织的方法。线圈是从拇指上到针上的。足够的线圈做成后，将毛线绕到第一个线圈前的针尖之接着用第二根针把线圈拉起，套到这根毛线之上。如此重复，直到有线圈处理完毕，此时起针结束，织工开始针织。

这成套的硬钉就这样被一根针取代了，针的一头要牢牢插入织或织鞘中（图 121）。早期的织棒只是一块方形或圆形木头，一端有洞。针插入洞中，棒塞进扎在腰上的皮带中。就在这个固定的针起针，方法如前一段所述。织鞘是由织棒演变而的，许多织鞘还雕有非常精美的图案，有些还是工巧匠的绝活。

在农业工人和渔民中还常见另一种织鞘，它由绑在一起的羽毛管构成的，针插在一根羽毛管开的一端。织袋包括一个垫子，是用皮革或织物成的，固定在皮带上。袋内填有稻草、刨花、干或马毛。织针一端穿过织物扎进填充物中，因此得很牢。

值得顺便提一下的是，式样的变化也影响织的发展。例如，约克郡的织工在走路或与商人交时还经常继续工作，于是把织鞘的一端做得扁平弯曲，可夹在腋下，就像插在皮带上那么方便。这一腋下针织的新方法，还演变出把右手针夹在

图 121　一根简单的织棒。

的针织技术，在至今保留着针织传统的国家仍普遍使用。

这种方法在英格兰南部是例外，因为那里使用的是一种短针，没
长到足以夹在腋下。这个例外可解释从伊丽莎白一世（Elizabeth I）
治末期到维多利亚时代中期英格兰南部手工针织的实际消失。

源自早期针织工简单织袜的花边织物的发展，是纺织品发展史上
动人的故事之一。这种花边织物由一系列网眼构成，是在织袜针法
基础上，将线圈缩小而成。缆绳状织物可能是因为渔民捻搓绳子而
明的，通过把一组线或后或前地交叉穿过另一组线而织成。彩色针
物是一种带图案的织物，用每行都有两种或更多种颜色的袜子线迹
成。线迹用一般方法针织，暂时不用的色线转到织物的背后，或者
绕到正在织着的那些线迹的背后，这种绞的方法在早期针织物中都
应用。彩织最早起源于近东，后来出现在欧洲各地。在欧洲，这种
物似乎最早出现在西班牙。西班牙的一只 11 世纪的圣坛手套，就
采用这种针织法的一个很好的例证（图版 9A）。

16 和 17 世纪的佛罗伦萨针织工完善了制作彩色和织锦织物的
造技术，全欧洲的朝臣都穿他们织造的彩色锦缎和针织外套（图版
3）。

在伊丽莎白一世统治期间，剑桥毕业的牧师李（William Lee，约
于 1610 年）发明了第一台针织机。这台针织机结合了如前所述的
拉伯人框架针织和钩针技术，精巧的机器上有一组固定的钩子，另
组可移动的钩子与固定钩子成直角。在固定钩子上起针的方法，与
拉伯人在框架上起针的方法完全相同。用简单机械操纵的活动钩子
入位于一系列固定钩子上的线圈中。纱线水平放置在固定钩子下
，活动钩子将线圈钩起后压在纱线上。这种简单动作是各式针织
的基础，李的发明导致了机械针织工业的建立，现今已遍布全世
。但是，李本人由于在家乡得不到支持，不得不到法国国王亨利四
（Henri IV）那里寻求资助。由于手工织工的反对，针织机在 17 世

纪发展很慢。

另一种针织物必须提及，
毡化针织物。它从前都铎王朝
期起就对制帽的发展起着重要
作用。这种毡是将针织物浸到
中经重石块猛力锤打制成的，
样能使纤维蓬松并缠结在一
这种织物看上去像毡，在巴斯
地区用来生产童帽，后称贝雷

图 122　用针织和毡化针织物做成的都铎帽。

都铎王朝时期流行的徒工帽（图 122）也是用这种织物制作的。

还有一种不同类型的凸花针织物，是荷兰、德国、英国以及阿
岛上的产品。凸花针织物是在普通织袜针法的基础上颠倒、反针织
复杂图案的。查理一世（Charles I）被处死刑的那天（1649 年 1 月
日）所穿的马甲就是凸花针织物（图版 9C），而在伦敦维多利亚和
尔伯特博物馆中还收藏着一块 18 世纪的荷兰圆形针织物，上面有
鸟、兽构织出的令人难以置信的系列复杂图案。

在法国从 15 世纪起，花边长袜成了针织行业的主要产品。长
袜子上的图案照抄手工制作的花边。设得兰群岛的透孔织物是 19
纪发展起来的，最早的产品模仿一个名叫斯坎伦（Jessie Scanlon）的
带上岛的那批透孔织物制成。维多利亚和阿尔伯特博物馆还收藏着
件 1840 年的令人瞩目的针织物，是凸花和透孔的组合。矩形图案
中心织有一位为议会高等法院祈祷的人，是以普通针为背景用反针
出的，周边是透孔织法的绝好代表。

如今，针织这一居家手艺似乎又回到了较简单的最初状态。虽
大工业机械化生产的长筒袜、匹头针织布和其他许多针织品都是用
杂而昂贵的机器生产的，但它们还是以古代手工针织的基本方法为
础，把连续的系列线圈结成网眼织物。况且成千上万的妇女仍在用

技术为家人织衣服，而几件简单家用针织机（圆形或平板式）织出成品，能使我们回忆起三个世纪之前李的发明以及由此最终推动的用织袜机产业。

第8章 　显花织物

J. F. 弗拉纳根（J. F. FLANAGAN）

8.1　手工提花织机

　　显花织物一词经常被用于表示任何通过织造、刺绣、绘画、印或者其他方式制作的带图案装饰的织物。但对于一个织工而言，显织物仅仅指那些在装备了提花综线的织机上织出花纹的织物，提花线是一种能够使单元图案在织物的横竖方向上都可以反复织出的设在19世纪初贾卡（Jacquard）提花织机引进之前，这种织机叫作手提花织机（边码165）。

　　综主要有两种，片综（heald-harness）[1]和束综。前者用于没有提的织物，例如普通的平纹、斜纹和缎纹织物，还有小图案效果的织例如那些传统的瑞典农民的织物。片综的目的是要抬起或者压下经以形成一个梭口让梭子穿过，这叫作引纬。束综则抬起经线以满足织物上织出图案的要求。手工提花织机有两种综，用作图案的束综用作织物的组织的片综（图123）。织工的助手，管理手织机吊线男孩，在织机的顶部或者边上负责控制束综。织工则坐在织布机的面，踏着脚踏板操纵片综。他用手把梭子穿过由片综造成的梭口和

---

[1]　heald 和 heddle（综片）是同一个词的两种形式。例如，heddle 在第 I 卷边码 426 图 269 和第 II 卷的第 6 章中比较简单的织机时用过。也许是因为它和有时作用于它的踏板（treadle）押韵，它成了一个人们比较爱用的而在本章对织物的讨论中，则需要用 heald 这个词。

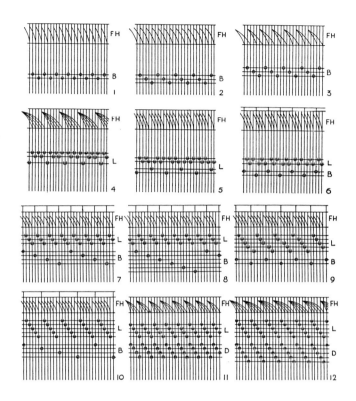

123　图示为织机中经线和综片的平面图。

(1) 纬面显花平纹；(2) 纬面显花斜纹；(3) 纬面显花斜纹：拉索控制着用于"缩放"的提花综线的成 经线；(4) 早期的平纹织物，带 1 枚可用于连结的接结综片；(5) 带有 2 枚用于连结的接结综片的平 纹织物；(6) 带有 2 枚综片和用于连结的接结经的平纹织物（diasprum）；(7) 以斜纹为地的织物，带有 枚综片和用于连结的接结经；(8) 带有 6 枚综片和用于连结的接结经的斜纹织物；(9) 带有 2 枚综片 用于连结的接结经的缎纹织物；(10) 带有 4 枚综片和用于连结的接结经的缎纹织物；(11) 带有 4 枚 结综片的斜纹花缎；(12) 带有 5 枚综片的缎纹花缎。[FH 代表提花综线的索；D（⊓）代表伏综；L ⎤）代表起综；B（○）代表接结经综片。]

，并用分纱杆、梳片或者筘击打纬纱以形成织物。

2　束综

　　束综是从 17 世纪初开始使用的，它由尾索、滑轮架、颈（把 ）、目板（衢盘）以及带综眼和金属线锤（衢脚）的连接器（衢线）

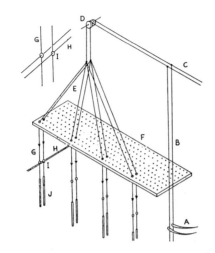

图 124　带颈提花综线的主要结构。
(A)提花线(牵线)；(B)单索；(C)尾索；(D)
滑轮；(E)颈索；(F)目板；(G)连接器(衢线)；
(H)经纱；(I)综眼；(J)金属丝锤。

等构成（图 124）。滑轮架位
织机的顶部上方，它包括几
个滑轮，用于把尾索从垂直
向转到水平方向。目板位于
轮架下面的几英尺，上面打
小孔，以让每根颈索穿过，
的是扩展衢线的范围到整个
线的宽度。颈索在目板和滑
架下的尾索尾部之间的聚集
形成了"颈"。连接器由顶部
底部两部分组成，一个综眼
它们连起来。连接器的顶部绑
尾索的尾部，比目板低 6 英
或更多。经线穿过综眼。一

通常是铅制的，金属重物大概 6 英寸或者更长，绑在连接器的底
它叫金属线锤，用于绷紧衢线，并使经纱在提起后能落回原来的位
连接器和颈索的数量比尾索更多。如果在织幅的横（宽）向上有 4
图案，每根尾索就要配上 4 根颈索。因此，通过拉尾索就可抬起
个图案中的经纱。颈的最先进之处在于由管理手织机吊线的男孩控
的牵线的数量比经线（或衢线）的数量要少得多。这样有 1600 个
眼和 4 个图案的束棕只需要 400 根尾索。颈的发明者对于束综的
造作出了非常有价值的贡献。

　　人们相信，1606 年里昂的当贡（Claude Dangon）仿造了意大利
手工提花织机（边码 165），并在上面加了单索和提花线（*semples*
lacs）。单索就是从尾索拉到拴在织机一边底板上的杆上的绳索。
花线是扎在单索周围的带圈，其数量与要拉起的用于纹纬的尾索
目相同。用以仅仅提起衢线的提花线集在一起，并打了个结。要

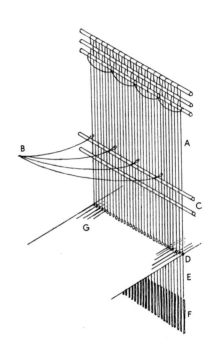

个长的图案，就必须有上千个这样结在一起的提花线。单索的引入
使管理手织机吊线的男孩能够站在织布机一边的底板上，而无须站
织布机的顶上（图 100）。

对于 17 世纪以前的提花织机，我们没有更多的信息，也没有关
它们在中世纪时的描述。17 世纪初单索被加在束综里，这一事实
助我们获得了有关一些直到上个世纪的织机发展步骤的概念。除了
有当贡单索的织机之外，还有带有控制综线的水滴状钮结的织机。

说它是 15 世纪时由卡拉布雷斯（Jean le Calabrais）发明的。提花线
扎在尾索上，它们的结有一根
，穿过板上的洞孔。水滴状钮
系在绳索的末端，拉一个钮结，
应的经纱就抬起来以便形成纹
。钮结的数量和形成图案所需
纹纬数目相一致。这种方法不
用于大的图样，因为那样需要
钮结就太多了。人们认为，这
织机用了颈综，但是令人怀疑
是，在远远早于 15 世纪时是
已使用颈（图 125）。

中国的手工提花织机（图
26）有一根没有颈、目板、滑
结构和尾索的提花综线。管理
吊线的女孩坐在提花综线后面的
机一边，拉索在她右肩上方穿
。由于没有颈索和尾索，每个
案就需要有一套环或者综丝，
不像带颈的那样只要一个环或

190

图 125　早期没有颈的提花综线的可能装置。
（A，E）综线；（B）拉索：拉向每个图案或重复之
处的绳索；（C）交叉棒，保证综线的正确顺序；
（D）综眼；（F）保持综线绷紧的金属重物；（G）
经线。

图126 中国的手工提花织机，17世纪。
虽然织工(左)在把梭子穿过梭口，但是既没有提花综线也没有综片在形成梭
口。在绘图者的描绘中还有其他技术上不准确的地方。

者综丝去管理多个对应的重复图案。欧洲在中世纪早期用的提花综
想必和中国用的近似。

8.3 牵线上图案的形成

所有的提花综线都是分段组成的，一个分段对应于图案中的每
循环。一个分段织一个图案循环，因此织工把图案的重复叫作纹样
元。花样与织物的底料不同，由于它是由提花综线运动织成的，所
也叫图案。在建造或者装配提花综线时，交替的花纹有时是反着（
对称）的，因此这样做成的束综叫作点束综，实际的点就是换向开
和结束的地方。点束综能织出对称的花纹，比如那些在中世纪的丝
物上圆形饰物（联珠纹）内的面对面的或者背对背的动物以及小鸟
纹。从早期一些提花丝织物上的对称花纹，我们可以看出那时用的
没有颈的提花综线。带有颈的提花综线能够反转图案的所有细节，
没有颈的提花综线只能反转花纹的一部分。这在10世纪的圣约

int-Josse）的"大象"丝织物（图版 10A）上清楚地表现出来。这件
织物上有伊斯兰的题词，标有库拉森的一个统治者的名字。大象和
他图案细节都被反转了，但是题词没有被反转。同样的情况出现
13 世纪里昂的一件丝织物上，也出现在其他没有题词的丝织物上，
一些细节没有被反转。织这些伊斯兰丝织物的织机和那些同时代织
占庭丝织物的织机是一样的，因此早期欧洲的提花综线一定是没有
的。

在图示的中国式织机上，在
花综线前面有两套综片，一套
5 枚起综，一套有 8 枚伏综。
枚起综用于织出缎纹地，8 枚
综用于织出图案的接结组织。
世纪晚期和 15 世纪的意大利
机有 5 枚起综用于织缎纹地
织，6 枚伏综用于纹纬的接结。
国式织机的伏综以足够的弹性
杆上悬挂下来，让综片被压下
后能够弹回。欧洲（织机）伏
却没有这样的杆，它们从有
量的杆上悬挂下来（图 127）。
世纪末的同时期的西班牙织机
5 个用于织缎纹的起综，但
用于提花接结的少一些。

缩放 通过控制两组或者更多
综线可以增加图样的尺寸，或
也可以通过把两根或者更多经
穿进每个综眼的方式做到。一

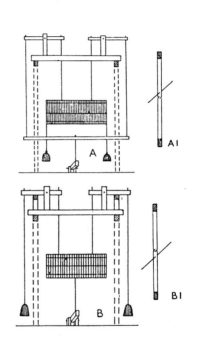

192

图 127 在过去两三个世纪里，就已经使用上述
抬起和压下综片的方法，但由于没有对中世纪手
工提花织机的描述，不可能断言它们何时首次用
于织图案。可以肯定的是，对于控制一定数目的
综片来说，类似方法是必要的。（A）用木杆抬起
综片的方法；（A1）经线的一端穿过了综片线围
形成的顶环；（B）用木杆压下综片的方法；（B1）
经线的一端穿过了综片线围形成的底环。

英寸上有 50 根经纱的布，如果在横向上有每隔 8 英寸重复一次的纹，就需要 400 根综线。如果一对对地控制综线，重复花纹的宽就可以织到 16 英寸。早在 7 世纪，这个原理就被拜占庭的丝织工握了。缩放使得图案轮廓的周围呈现水平的步距（图版 10B）。

有时提花纹纬也被重复以减少提花线的数量。这在图案轮廓周形成了一个垂直的步距，在一些早期显花织物上都有这个特征（图10B）。

对经纱的双重控制　中国织机的经纱穿过提花综眼，并穿过枚起综，也许还穿过 8 枚伏综。中世纪中期以前，欧洲实践过这控制经线的方法。它还用于织锦的丝织物和花缎。这是一种比较难方法，因为经纱要被提花综线和综片抬起和压下。这要求在提花线和布之间有足够的空间，因此让梭子穿过的通道（梭口）就非常限了。

织锦缎是把额外的纬线仅仅引入到部分梭口中来丰富图案的细金线主要用作锦纬。

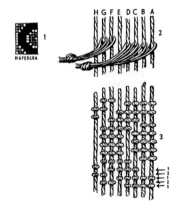

193

图 128　在单索上"解读"或者设置图案的方法。
（1）用于双纬线图案的一小块意匠纸绘画；（2）
用于图中一根线的单索上的提花线；（3）单索的
背后，显示出了所有用于纸上图案的提花线。

8.4　在综线上设置图案

为了通过抬起一些经纱并另一些留在下面而在布上复制案，正如制出用于提花纹纬的确梭口所需的那样，必须选择定的绳索进行牵拉。在过去的个世纪里，图案已经首次画在意匠纸上，方格的数量在纵向与尾索或者单索的数量一致，向上与提花纹纬的数量一致。个人"解读"意匠纸上水平方

纵行，而另一个人在尾索或单索上"扎"综线（图 128）。意匠纸
少早在 15 世纪似乎就开始使用了。至于用十字针法的刺绣织成的
样，肯定要更晚一些才开始使用。我们只能总结出手工提花织机的
期所使用的方法，很可能与最初的描绘不同，图案没有借助任何帮
，就直接交织在拉索上了。后来，不过是在印刷术发明之前，图案
可能是由设计者在方格中划线形成的。

当手工提花织机织法首次在罗马统治时期的埃及或者叙利亚使用
，相当数量的织锦是用直接的方法织出来的。我们知道这些织锦有
由手工提花织机织成（图版 10C）。在印度晚至 20 世纪，织出提
丝织物的图案花样没有借助意匠纸的描绘，而是直接在线上织成。
度提花丝织物的传统起源于波斯，波斯的方法又源自与早期拜占庭
期同样早的中世纪初期。

5 纬面显花织物

我们所知的最早的显花织物，除了中国的那些织物以外，主要是
面的，材料的正面和背面的确都是如此。织物表面的背景和图案都
用同样的织法。它们有两套经纱，而且开始都很可能在一个经轴上。
套经纱被某种形式的提花综线所控制，另一套由综片或者相当的东
控制。我们所以说用"某种形式的提花综线"，首先是因为形式必
曾经是非常原始的。而且，对于最早期的这些织物——纬面平纹织
，分纱杆也许已经用于制造平纹所需的两个梭口中的一个。提花
线的经线仅用于织出图案，而另外的经线就用于织物接结组织。提
综线的经线是隐藏着的，夹在背面纬纱和正面纬纱之间，用来使织
图案正面不需要的纬纱保留在反面。它也不能叫作地经，因为它并
有做出地组织。有两种早期纬面织物，显花平纹织物和显花斜纹
物。

纬面显花平纹织物（图 129） 人们相信，就所注意到的用这种

194

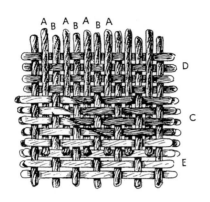

图 129　纬面显花平纹织物。
（A）由拉索控制的经线；（B）用于接结纬线的经线；（C）经线和双经线；（D）移除了纬面的织物构造；（E）同样移除了纬面和接结的织物构造。

织法织成的织物而言，它最也不会早于公元 3 世纪。它用羊毛或者羊毛和亚麻混合成。这种织物已经在罗马帝晚期和拜占庭时代早期的埃墓地里大量发现。许多都有的图案装饰，就像是罗马大上铺满的小花纹。这些图案的一些，所用的拉索可能非少，因此只需要一种形式非常始的提花综线。一些作者设想小的花纹可能是由不用拉索的

量综片织成的，但这是不可能的。我们有必要考虑这些织物的整包括那些有较大图案的织物，其中一些由希腊风格的狩猎场景所装它们需要相当数量的拉索才能织成。

这些早期的用手工提花织机织成的织物，许多发现于埃及-罗墓地，看上去似乎是织锦者用原始的技术织成的。其中一件织物装有用手工提花织机织成的大道花纹，上面有两块织锦是由同一个织织成的，并且是用手工提花织机同时织成的（图版 10C）。使用了索的证据就在那些小的偶尔出现的疵点上，它们在花纹上每隔一定度重复出现。在许多显花羊毛织物上的图案是这样排列的，以至为能被正确地观察，经线必须是水平的，而纬线则必须是垂直的。图10C 中所示织物边缘上的线，就是用这种方式织成的，它不是镶边一部分，而是把经线的尾部捻在一起的结果。织锦的织工有时就像多埃及-罗马的织锦者一样处理他们的图案。

从中世纪晚期开始，已经有了一种习惯，把大多数织锦织得当们悬挂起来的时候经纱就是水平的。这种图案的安排在一些纬面织

平纹镶边以及斜纹镶边的显花丝织物上也有（图版12A）。大约在
世纪时，纬面显花平纹织物第一次得以用丝绸织成。早在基督纪
，中国的织工织了一件显花丝绸织物，是一件彩色的棱纹平布或经
平组织。在中国的西北地区和蒙古南部发现了很多这样的实例。这
中国丝织物的一些残片在帕尔迈拉和西方的一两个地方也曾被发现。
果同时检查中国彩色的棱纹平布和西方纬面显花平纹织物，一个有
直的经纱，另一个有水平的经纱，在织法上它们看起来几乎是一样
。这并没有指出任何技术上的联系。中国的丝织物有经织的效果，
西方的织物有纬织的效果。用来织其中一种织物的织机，不会用于
另一种织物。

　　技术的发展是彼此独立的。20世纪初，没有考虑到技术，人们
设想显花丝织物的织法在波
末代王朝期间（公元226—
1年）从中国传到了波斯，后
又传到了拜占庭帝国。这种
想部分是由如下的事实引起
：在大约16世纪中期拜占庭
国开始养蚕之前，波斯人是
西方生丝贸易的中间人。将

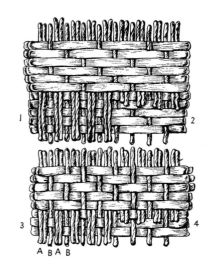

下一世纪末，西方纬面显花
纹和显花斜纹织法传到了中
。最重要的两种早期的西方
面显花平纹丝织物是来自安
诺波利斯的"阔步的狮子"
triding Lion，图版11A）和桑
的"酒神女祭司"（Maenad）
织物（图版12A）。6世纪以

图130　纬面显花斜纹组织。
（1）去除了表面纬线；（2）去除了表面纬线和提
花综线的经线末端；（3）去除了背面纬线；（4）
去除了背面纬线和提花综线的经线末端；（A）提
花综线的经线末端；（B）接结经的末端。顶部的
图显示了正面，底部的图显示了背面。

后就很少有用上述织法织成的丝织物了，因为它被显花斜纹织物代了。

纬面显花斜纹织物（图 130） 这是对纬面显花平纹织物的发用 3 枚综片而不是 2 枚来接结。13 世纪时这种织法中还有用 4 枚片织的一些丝织物。毋庸置疑，斜纹取代平纹是因为它能织出更长浮纬，因此花样的效果更加纯直，而且还因为用丝织成的布比用羊织成的布更好，但要求更松一些的接结组织。有一些用羊毛织成斜纹接结的早期织物，但都很粗糙。纬面显花斜纹织物（早期拜占的显花斜纹织物）是中世纪前半叶最主要的显花丝织物，它出现在东，可能是在叙利亚或者埃及。一些主要的织物是大约 10 世纪在士坦丁堡完成的，"大象"丝织物来自亚琛的查理大帝（Charlemagr的圣陵，上有直径 30 英寸的圆形物，伟大的"阔步的狮子"也是亚琛织出来的（图版 11A 和 11B）。这种织法后来在西班牙、意大和德国得到采用。13 世纪以后，它在更古老的织造中心被新的纺方法所取代了，但在德国一直保持到晚至 16 世纪。15 世纪时，它用于制作精致刺绣和其他教会的装饰（图版 12C）。刺绣中有厚亚的经线，它们的装饰包括圣徒像，有脸、手等的刺绣。在有些情况图案如此互不相同、绝少重复，以至令人怀疑是否使用了提花综线织造。

这种纬面显花斜纹丝织物有相当数量的残片保存了下来，其中多存于没有织出它们的国家里，例如法国、比利时、荷兰、英格和西班牙。那些保存于德国的主要是德国本国没有织出的品种，它大量地用于包裹神圣的遗物、教会的法衣以及皇家的礼服，许多都缝制成密封的袋子。在坎特伯雷收藏有大量的早期中世纪织物。达姆则有少量非常重要的早期织物。在威斯敏斯特大教堂有许多小的片，主要是密封袋子的碎片，没有坎特伯雷和达勒姆的一些最早织那么早。在欧洲大陆上还有更多重要的收藏，保存在梵蒂冈、桑

斯特里赫特、科隆、米兰和其他许多地方。没有其他织法能够用于
么多的重要作品，以及织出那么多种有趣的图案。

织锦织物

成熟的织锦织物首先制造于大约 12 世纪。它们有两种经线，一
是地经，一种是接结经。地经和地纬形成织物的基本组织。由于地
远多于地纬，所以织物就有经织的效果。对于大部分中世纪的织锦
说，综眼中的地经是成双的。纹纬（叫作锦纬）由接结经接结起来。
以实际上有两张纤维网，一张由地经和地纬组成，另一张由接结经
锦纬组成。由于锦纬通过织品的表面和背面（这是织出图案所要求
），两张纤维网就结合在一起形成一件织物。地纬不是纹纬，因为
花综线无助于为它制造梭口。地组织实际上是平纹、斜纹或者缎纹
物的平面基础布料。织工只用综片织出它。如果织工织造地纬时抬
整个接结经，在两张纤维网之间就会出现一个口袋。

织纬面显花织物时，综片只用于控制接结经。然而对于织锦织物，
额外有一套综片用于抬起地经。地经穿过提花综线的综眼和地经综
顶环。这种对于地经的双重控制，是花纹织法的一个新的原则，而
是非常重要的一个原则。在实践这种原则的纺织中心，比较老的
面方法就被放弃了。13 世纪以后，对于地经的双重控制更加复杂，
是织造的速度加快了。它最大的优点在于，有经织效果的地和有纬
效果的织锦使织物有了更多的多样性。纬面织物则只具备纬织的
果。

平纹织锦　12 世纪时还没出现这种织锦的方法，它只是以一种
成熟的形式存在于更早的公元 5 世纪。平纹织锦起源于一种用亚
织出凸纹的羊毛织物，没有使用提花综线。地组织是平纹。这种由
毛和亚麻织出的凸纹织物是在罗马时期的埃及墓地中发现的许多
种之一。大约在公元 7 世纪，丝绸被用于代替羊毛和亚麻，图案

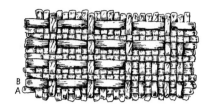

图 131 早期的平纹织锦，用一枚综片（或其同类物）在每第 6 根经线织出接结。
（A）地纬；（B）锦纬。

则用锦纬而不是织锦织成。

些羊毛和亚麻织锦织物，每ı

根经线做一次图案接结，而

他是每 6 根经线接结一次。

样的情况也出现在最早的丝

织锦上，一件是在瑞士圣莫里

每 4 根经线接结一次，而在

勒姆的两件、在乌得勒支的一

都用每 6 根经线接结一次（图 131）。达勒姆的残片是在圣库思伯

（St Cuthbert，公元 635?—687）的棺材里发现的，是最大、保存最

好的残片。那些在乌得勒支的是圣威利布罗德（St Willibrord，约公

657—约 738）法衣的碎片，圣威利布罗德与圣库思伯特是同一时

的人，但年纪较轻。大约 10 世纪和 11 世纪的实例主要是伊斯兰

198 家的，用第 10 根或者第 12 根经线来接结图案。

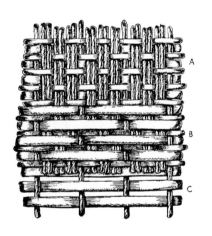

图 132 碧玉织物组织。
（A）布料背面带有纹纬的地组织；（B）布料前面带有纹纬的提花组织；（C）布料前面去除了地经和地纬。

这些早期的平纹地织锦只

一根经线，而图案接结只需要

枚综片。因为只有一枚综片用

织锦接结纬，每个锦纬就需要

个地纬，否则平纹地就会不完

只有一枚综片的接结会织出一

令人讨厌的斑纹效果，使得这

织物没有纬面织物受欢迎。大

11 世纪时两枚综片被用于织

接结，使织锦具有平纹结合的

意效果。用两枚综片，则只

一个地纬用于锦纬。到了 12

纪，引入了第二种经线——

圣，以完成织锦的平纹接结。这是很先进的，因为它有助于织出更

及引人的织物。以前这些平纹织锦是自带颜色的，经线和纬线颜色

司。这时就可能让织锦接结和地经颜色有所不同。带有接结经的

文织锦叫作碧玉（*diasprum*），是第一种成熟的织锦（图 132）。最

的碧玉之一是在巴勒莫的亨利六世（Henry Ⅵ，卒于 1197 年）的坟

里发现的长袍（图版 12B）。锦纬是金线，地是暗淡的玫瑰色丝绸。

如西班牙的实例（图版 13A）那样，一些早期的碧玉中不仅仅使用

种锦纬。许多这类织物都是织出凸纹的（图版 13C 和图 13D）。

11 世纪末和 12 世纪初人们做出了一些尝试，想在用于织造拜

庭显花斜纹织物的织机上织出平纹织锦的效果。要这样做，整个

花综线经线就要被抬起以搭出一个平纹梭口，而整个接结经就会

出另一个平纹梭口。这就织出了背面地组织，纹纬就由通常的

面斜纹方法织成。这样织成的丝绸据说曾是亨利二世（Henry Ⅱ，

3—1024）长袍的一部分材料，是克莱尔沃的圣伯纳德（St Bernard，

91—1153）可能穿过的法衣的一部分，也是圣徒爱德华（Edward，

02?—1066）圣陵中的一部分材料。在桑斯大教堂的圣斯沃德

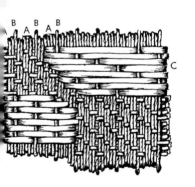

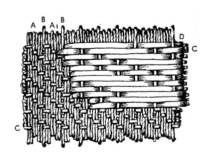

133 经织效果的斜纹地织锦，上面有平纹和
斜纹提花接结。
）地经；（B）接结经；（C）4 枚斜纹织锦接结；
）平纹织锦接结。

图 134 14 世纪意大利的斜纹地织锦。
（A）地经；（B）接结经；（C）地纬；（D）锦纬。

（Saint Siviard，卒于公元 687 年）的寿衣是平纹织锦和拜占庭斜纹
组合。

斜纹地织锦（图 133，图 134） 有了用于地组织的 3 枚综片
替织碧玉组织的 2 枚综片，3 枚斜纹织锦就成为可能了。欧洲这种
纹织法可能是受到了来自中国的斜纹和缎纹地织锦的启示，它们在
约 13 世纪末时传到了近东的伊斯兰国家。1921 年，某些东方丝绸
在维罗纳 14 世纪的坟墓中被发现。对中国式花纹图案的间接艺术
达和对中国式花纹的随意处理在欧洲的首次出现，是 14 世纪意大
北部的斜纹地织锦（图版 13B）。这种东方花纹对西方的影响，与
世纪前西方花纹的更为固定的处理形成强烈对比。人们认为，许多
大利斜纹地丝绸织锦都是在卢卡生产的，它们经常被认为是卢卡的
物。斜纹地织锦在西班牙也有生产。意大利的织工用于织锦接结的
片，比用在其他任何地方都要多。4 枚斜纹织锦接结很普遍。另一
织锦接结是一种特殊形式的 6 枚综片组织（图版 14A）。在 15 世
早期之后，斜纹地织锦组织并不特别受欢迎，那时缎纹和丝绒的织
更加流行。带有各种奇妙的
物和鸟类花纹的斜纹地织锦
样式，让位于一种更加大胆
固定的模式，这种模式更加
合新的花缎和丝绒。也许是
于斜纹地织锦的染料在光照
会褪色的事实，使人们不再
欢它了。

缎纹地织锦（图 135）
纹组织所需综片的最小数量是
枚。有 4 枚综片的组织，例
缎纹棉毛呢是一半斜纹一半缎

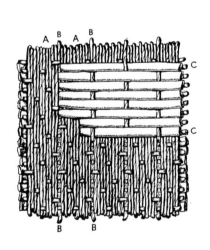

图 135　缎纹地织锦，带有平纹的锦接结。
（A）地经；（B）接结经；（C）地纬。

它并不是真正的缎纹。这种情形出现在一些伊斯兰的织物上。斜
纹物有许多对角线，缎纹几乎是没有这些对角线的，因此可以形成
清晰更平滑的表面。5 枚缎纹是 16 世纪前在欧洲唯一用于织造显
花物的。缎纹织锦上有经织效果的缎纹，也因此要比其他的织法需
更多的经线。最早的缎纹一英寸上大约有 200 对经线。16 世纪初
州织出的一些缎纹，一英寸上有多达 600 根的单根经线。中世纪
时，由提花综线控制的经线一般都是成对的。成对的线组成的缎
纹不如单线组成的那样令人满意，但是 200 根单线只能织出一个
糟的缎纹。15 世纪时使用单线的意大利丝织工增加了单线的数量。
后的几个世纪里，为了织出更好的缎纹，就进一步增加了单线的
量。

缎纹组织起源于中国。大约 13 世纪末期，缎纹织锦和花缎在西
变得知名了。最早的是由中国式图案和伊斯兰图案混合织成的花纹
装饰，其中包括伊斯兰手迹，有一些标有 13 世纪末和 14 世纪初
矣及马木留克王朝（Mameluke，约 1251—1517 年）苏丹们专用的
旬 "Al-Nāsir"。这些丝织品中的许多有各种颜色的经线斑纹，装饰
中国式图案或者伊斯兰图案，包括手迹。缎纹地斜纹组织在 14 世
和 15 世纪都被西班牙和意大利所采用。最早的西班牙实例中的一
有各种颜色的经线斑纹，覆盖着装饰和手迹（图版 14B），显示出
国-伊斯兰传统的延续，但是直接的影响是来自近东的伊斯兰而非
国，其中根本没有中国花纹的流畅，后面这一点在 14 世纪意大利
纹地织锦中有很多表现。15 世纪西班牙缎纹织锦中大部分的花纹
式，在性质上是西班牙-摩尔式的（图版 14C）。在意大利北部，缎
地织锦组织发展成了一种织物，这种织物在英国长期以凸花厚缎知
，16 世纪时，缎纹使图案和锦纬成为地———一种使织物变硬的厚
麻地纬。15 世纪时，意大利人制造出了一些带有缎纹背景的凸花
缎作为精致刺绣。它们被宗教符号和花纹主题所装饰，由著名的

艺术家绘制而成（图版 14D）。这些织品中有一些具有厚的绢丝地
取代了亚麻地纬。它们似乎是欧洲第一种用了绢丝的织物。

8.7　花缎

平纹花缎　花缎织法是一种提花织造的特殊方法，特别是在
世纪贾卡提花机引入之前。除了提花束综和织锦方法的起综以外，
需要一套伏综用于接结图案。至于织锦，图案是由接结经来接结
花缎只有一种经线，因此图案以及地的接结都是经线完成的，经纱
由提花综线控制。单条经线被三重控制着：一个是提花综线，一个
起综，一个是伏综。在斜纹和缎纹花缎中都是这样的，但是在平纹
缎中并非如此。只有一种经线与纬线，有平纹地，在 3 根、5 根或
7 根经纱之上织成的短浮纹花纹丝织物，可能列在不成熟的花缎之
它们是否用了伏综织是值得怀疑的。

　　12 世纪末和 13 世纪初，高级的平纹花缎在西班牙被织了出
其中许多都在布尔戈斯的王陵里被发现了，包括一些用另外一条纬
织成的伊斯兰手迹条纹的织物。这些西班牙丝织物中的一件，没有
迹图纹，被用于做德坎蒂卢普（Walter de Cantelupe，1236—1266）

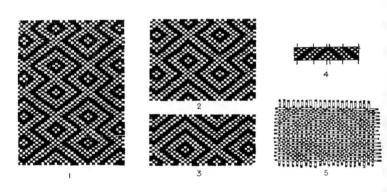

图 136　来自刻赤（克里米亚）的丝绸残片，可能是中国的。约公元前 100 年—公元 100 年。
（1）总体图案；（2，3）残片上图案的变化；（4）一个图案单元；（5）表示纱线隔行的图。

各部分的衬里材料，该衣物是 1861 年在他位于伍斯特的坟墓里发
的。西班牙的织工从平纹花缎中开发了一种彩色的丝绸，但是它并
有受到人们的长久喜爱。平纹花缎起源于中国。基督纪元的最早几
世纪里织成的许多实例，都在中国的西北地区被发现了。最早之一
在克里米亚的刻赤的希腊–西徐亚人的坟墓里发现的（图 136），这
牛被认为至少是基督纪元初年的织物。另一件发现于瑞典比尔卡一

10 世纪的坟墓里，它被认为是中国的，但是这种织法可能在那个
代之前已经传到了西亚。它肯定是从一些东方伊斯兰国家传到西班
的。

我们难以判断这些平纹地丝织物是用什么织法织的。一些可以在
几上用少数综片而不借助提花综线织成，克里米亚的例子可能是用
综片织的。然而，我们必须考虑大量的那些不用某种形式的拉索
织不出来的织物，例如来自比尔卡的、西班牙的，还有很多来自中
的。如果只用综片，那些花纹

是织不出来的。最可能的方
是用两枚综片（或者它们的等
物）织平纹地，用拉索织花纹。
里的拉索是指提花综线的某种
单形式。两枚综片可用作织平
村的起综。

斜纹花缎 斜纹花缎有许多
、3 枚综片、4 枚综片和 6 枚
片的花缎，在奥里尔·斯坦
爵士（Sir Aurel Stein, 1862—
43）于中国西北地区发现的
织物中都有。4 枚的斜纹（图
7）和平纹总是出现在同一块

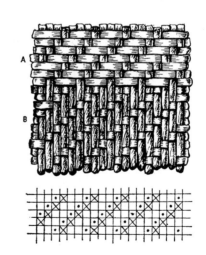

图 137　4 枚的斜纹花缎。
（A）图案中的纬织效果；（B）地的经线效果；
（·）用作地组织的被提起端；（×）用作图案组织
的降低端。

材料中，6枚和3枚的斜纹也总是一起出现。在欧洲保存的一些
缎上，发现了4枚的斜纹地和4枚的斜纹图案，其中有一件据说
米兰的圣安布罗斯（St Ambrose，340?—397）的法衣，还有一件是
斯特里赫特的圣塞尔瓦蒂乌斯（St Servatius）教堂的珍藏之一（图
15A）。在桑斯还有一些用上述织法织成的少数残片，上面有小花
米兰的丝织物上有希腊风格的狩猎场景，而马斯特里赫特的丝织物
有个大圆布景，后者的边界上有排列整齐的树叶图案装饰，近似于
些在中世纪早期所发现的用拜占庭提花斜纹织的丝织物。无法相信
些西方的斜纹花缎是在中世纪初织出来的。人们不得不怀疑它们是
初用纬面提花斜纹织法织成的丝绸花纹在斜纹花缎上的艺术表现。
纹花缎是一种非常先进的织法。它的织法肯定比纬面材料的织法复
而且斜纹花缎也更加有用。最令人惊讶的是，只存留下来这么几件

203

物。其中一件上有非常小的图案的4枚综片花缎，构成了伦敦维
利亚和阿尔伯特博物馆中14世纪凯特沃斯刺绣品的背景。另一件
相似花纹的包在威斯敏斯特大教堂中亨利五世（Henry V）遗体的
罩上。这些可能是中国的，因为它们与同时代中国的一些实例相
不过至少还有一件带有西方花纹，是意大利或者伊斯兰国家的。

缎纹花缎　在许多种缎纹花缎中只有一种是16世纪前欧洲
织物，即5枚综片的那种（
138）。织缎纹花缎的方法是
纹方法的一种扩展，使用了
多的综片。它要求有两套综
一套用于抬起经线，一套用
压下经线。要使用更多的综
提花综线和织物落下处之间
距离就要更大一些了。提花
线、起综、伏综加在经线上

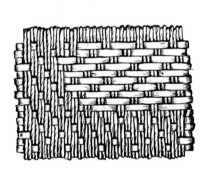

图 138　5枚的缎纹花缎。

力是相当可观的，这就更可能用丝的经线而不是其他东西织这些花了，因为丝线的强度和弹性比较好。没有任何织法比上述织法要求加小心地调试综框了，它需要一个杠杆控制的精致系统。这种技术识可以通过反复试错法获得。

就像平纹和斜纹花缎一样，缎纹花缎也起源于中国，13世纪末始为西方人所知。其中最早的织物中的一件，上面有中国的云彩花，并有中文的"福""寿"字样。另一件上有马木留克王朝苏丹穆默德·伊本·格勒努（Muhammad ibn Qalā'ūn，1293—1341）的名。15世纪以后，意大利在丝绸花缎方面十分著名。从早期意大利缎的花纹中看不出中国的影响，它们与当时的丝绒一样主要是意大风格。其中的一些织有金线。这就需要另加一套伏综，因而织法也加复杂了，所以织锦纬和缎纬相比，要在更长的跳花上接结（图版B）。

3 丝绒

花丝绒 丝绒与其他丝织不同，它的整个或者部分面都是绒面的，要么是割绒，么是毛圈绒头。毛圈绒头（毛）只是一个环。花丝绒通常有绒的图案和平纹或缎纹基组织（图139），但是也有很例外。丝绒织机有两种经线，个用于地组织，一个用于绒。一些织锦的丝绒需要第三种线来接结织锦的纬纱。不像大数显花织物那样，丝绒是织面

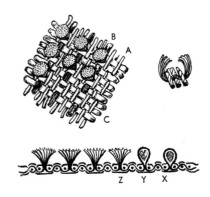

204

图139 以平纹为地的花丝绒。
（A）地经；（B）绒经；（C）地纬；（X）为织起毛圈或者毛圈绒头而准备的没切口的环；（Y）毛圈绒头，里面有引导切割工具用的带槽金属线；（Z）割绒。[绒簇（见小图）被相对缩小以展示地组织部分。]

向上的，这样织出凸花纹就不方便了。绒是通过在梭口中插入一根
属线取代通常的纬纱线而形成的。通常纱线有 3 个地纬。这种安
对于把绒结实地接结在织物的地组织中是很必要的。绒的经线被抬
以插入金属线，以便织出绒的图案。由于只有绒经的一部分被抬起
了，所以绒经就被不均匀地拉进织物。对于织平丝绒，把所有绒经
在一个辊子上是可能的，因为它是均匀地被拉进织物里的。织花丝
时，每个绒的经线都绕在一个单独的线轴上，每个线轴都需要一个
重物以保持线被拉紧。出于同样的目的，单独的辊也需要重物。小
线轴放在框架上就叫作绒经架。绒经架固定在提花综线的后面和地
线的下面，上面有成百个缠满了线的线轴。用作割绒的金属线上有
凹槽，如果用来做毛圈绒头就是平的。凹槽引导刀子切割绒环。织
在织机上，织工就利用一种叫作"割绒刀"的器件进行切割，并把
属线拉出来。如果把丝绒像其他织物一样绕在卷布辊上，就会破坏
因此要用一种特殊的设置来把丝绒足够紧地夹在辊上。在传统的手
织机上织丝绒是非常慢的。

花丝绒的发明想必要求有丰富的想象力和精巧设计。人们设立
各种装置来克服制作这种富丽织物的许多困难，带有用于绒经的独
筒管的绒经架，制造出一行行毛圈的金属线，切割绒环用的割绒刀
及特殊的卷布辊。在 18 世纪《科学词典》(*Dictionnaire des Scienc*
1765 年)中完美地描绘的这些装置，虽然时间晚得多，但是可能
205 常类似于 15 世纪能够精确完成同样工作的设备。不幸的是，我们
知道 15 世纪关于丝绒织机的描述。

花丝绒似乎是 14 世纪的后半叶在意大利北部织出来的，其
一个实例据说发现于查理四世(Charles Ⅳ，卒于 1378 年)的坟墓
还有一些例子，其花纹的细节与 14 世纪斜纹地织锦上面的类似。
像许多其他显花织物，丝绒不是中国的发明。平丝绒比花丝绒产生
更早一些，早在 14 世纪就被用作英格兰和欧洲大陆刺绣品的背景

。人们有理由认为，它在那之前就在伊斯兰国家出现了。15世纪
大利花丝绒是非常华丽而且是最奢侈的，有的有平纹地组织，其他
是缎纹的。一些实例的平纹地为金线织锦的织物覆盖着。割绒和毛
绒头有时不只有一种颜色，而且两层的割绒还用于做出多种效果。
多实例都用仿羔皮呢（*bouclé*）的金线织锦（图版15C）。15世纪意
利的丝绒和花缎都用在欧洲各地的教堂和宫殿中，画家们乐于描绘
徒、牧师和穿着教会衣服的贵族。在英格兰，人们在墙上绘上这些
物以替代真正的挂毯。

　　实际上所有的地组织的提花织都是在中世纪得以发展的。后来继
做的事情主要是扩展已经建立起来的原理，并使纺织的过程机械化。

参考书目

Cox, R. 'Les soieries d'art depuis les origines jusqu'a nos jours.' Hachette, Paris. 1914.

Falke, O. von. 'Decorative Silks' (3rd ed.) . Zwemmer, London. 1936.

Hooper, L. 'Silk, its Production and Manufacture' (2nd ed.) . Pitman, London. 1927.

Kendrick, A. F. "Byzantine Silks in London Museums." *Burlington Magazine,* **24**, 138, 185, 1913–14.

Idem. "A 'griffin' Silk Fabric." *Ibid.,* **29**, 225, 1916.

Kendrick, A. F. and Arnold, T. W. 'Persian Stuffs with Figured-subjects.' *Ibid.,* **37**, 237, 1920.

Sabbe, E. "L'Importation des tissus orientaux en Europe occidentale au haute moyen âge (IXe et Xe siècles) [with bibl.] ." *Rev. belge Philol. Hist.,* **14**, 811, 1861.

Thurstan, Violetta. 'A Short History of Decorative Textiles and Tapestries' (2nd ed.) . Favil Press, London. 1954.

9章

玻　璃

R.J.查尔斯顿
（R.J.CHARLESTON，9.1 节—9.5 节）
L.M.安格斯-巴特沃斯
（L.M.ANGUS-BUTTERWORTH，9.6 节—9.9 节）

中世纪晚期的玻璃制造大致可以分为两个区域，北方包括德国、□国、比利时、英格兰和波希米亚，南方则主要是意大利。这样划分□是基于地理范围，而是基于它们各自不同的工艺传统。在北方，罗□帝国衰落以后，一些玻璃作坊在林区中得以保留下来，玻璃由当地□沙子（提供二氧化硅）和内陆植物燃烧得到的灰（主要成分是不纯□碳酸钾，用作助熔剂）制成。在南方，二氧化硅通常来源于河床上□碎的白色卵石，助熔剂则是利用燃烧海生植物所得到的苏打（主要□不纯的碳酸钠）。我们可以很方便地对我们时代早期的这两个玻璃□造区域分别加以考察。

█ 北方的玻璃制造（约 1550 年以前）

助熔剂　罗马政权衰亡所带来的政治剧变使高卢和莱茵河地区的□璃制造者们被隔绝起来，切断了他们一直使用的苏打的来源，从而□始改用碳酸钾作助熔剂。这一切发生在何时，我们尚不清楚。然□可以肯定的是，在 10 世纪或 11 世纪初的特奥菲卢斯（Theophilus）□老时期，北方的玻璃制造已经确立了使用碳酸钾的传统。在特奥□卢斯的著作《不同技艺论》（*Schedula diversarum artium*，第 Ⅱ 卷□ 1 章）中，他提到"准备山毛榉木材的灰烬"。阿格里科拉（Georg

2
5
2

Agricola，1490—1555）的著作描述了我们现在所论及的这个时
《论冶金》（*De re metallica*，巴塞尔，1556 年）的第Ⅻ卷论述的是玻
制造。尽管阿格里科拉很熟悉当时威尼斯的玻璃制造，并把它作为
作的主要部分，但书中也同时反映了当时德国和波希米亚的玻璃制
工艺（图 140）。在谈完苏打助熔剂后，他继续写道：

> 但如果没有以上所说的树汁液，就用两份橡树、冬青、硬
> （roborei）或土耳其橡树的灰代替，如果这些都没有，就用山毛榉
> 冷杉的灰，并将它们与砾石或沙子混合，加入少量从咸水或海水中
> 取的盐（aqua salsa vel marina）以及微量的锰，然而用后者制出的玻
> 不是很白很透明。

207　　　在法国，使用的是欧洲蕨的灰，因此做出的玻璃称为蕨玻
（*verre de fougère*）。

熔炉　碳酸钾的使用似乎和对某种特殊类型的熔炉的偏好有
证据并不充分也不完全一致，但总的来说流行的是矩形设计的熔
这种熔炉每边排列有 2 到 4 个玻璃坩埚，并有一个延伸的部分可
用来加热调制原料或为成品退火。特奥菲卢斯在《不同技艺论》中
述了一种矩形熔炉，长 15 英尺，宽 10 英尺，高 4 英尺，在其高
的 2/3 处有一道墙，将熔炉分为两个部分。稍微露出地面的部分
建有一个平台或炉床，在它下面从熔炉的一头到另一头建造有煅烧
较大的煅烧室内的炉床每个长边上都有 4 个洞，两个煅烧室中炉
上的洞都是用于接收来自下面火室的热量。熔炉较小部分用来烧制
璃料。事先准备两份山毛榉灰和一份从泥土和石头中仔细筛选出来
沙子，在干净的平台上将它们混合，然后用干燥的山毛榉木材作燃
进行烘烤。煅烧过的混合料要细心地搅拌一天一夜，以防结块。此
特奥菲卢斯在书中还建议使用一个 10 英尺 ×8 英尺 ×4 英尺的单

火炉。

　　然而，在实践中这种熔炉显然有相当多的变型。一个名为希拉格（Heraclius）的人的著作《罗马人的绘画和艺术》（*De coloribus et* *bus Romanorum*）第Ⅲ卷中，有两章（第7章和第8章）用来讲玻璃造。原书写于10世纪，这一卷可能是后来在12或13世纪添加进的。这里描述的熔炉有3个不同尺寸的煅烧室，中间的也是最大室是玻璃热加工炉，炉床上有两个玻璃坩埚，第二室用来煅烧玻料，第三室用来烧坩埚。然而15世纪《约翰·曼德维尔爵士旅行》（*Sir John Mandeville's Travels*）手稿的一幅袖珍图中，描绘了一个有些不同的玻璃熔炉。图中显示主熔炉的这一侧有两个玻璃坩和两个工作洞口（"看火孔"），还有一个较小的辅助熔炉用来退火，的基底和玻璃热加工炉的底部在一个水平面上（图版16）。

　　中世纪晚期的熔炉底层平面设计图及英格兰出土的都铎王朝时期熔炉实物，都证实了当时这种在矩形熔炉的两个长边排列玻璃坩埚一般布局。就玻璃制造能力而言，这一年代的英格兰相当于法国的个省。这些熔炉遗址中保存得最好的一个是在英格兰东南的萨里区毗邻奇丁福尔德的瓦恩法姆。在都铎王朝时期之前，那里可能存在一个更古老的玻璃作坊。它的主玻璃热加工炉是一个长12英、宽5英尺6英寸的长方体，在四个角上是沿对角线凸出的扇形。显然是在这些扇形翼中利用主炉的热量来烧制玻璃料、加温（即热）和退火。这些熔炉有时是用石头制成的，有时用砖制成。

208

　　玻璃坩埚　这些熔炉使用的坩埚有两种。第一种是有一个外翻缘的梨形坩埚（图版16），第二种是一个底部稍微缩小的直边坩。特奥菲卢斯（边码206）对制作坩埚作了如下说明："取白色陶土，干并小心捣碎，浇上水，用木片使其充分软化。把坩埚制成上部，下部窄，在口部有一圈向内卷的小唇缘（*labium parvum interius* *curvum*）。"在英格兰一些玻璃制造遗址中，人们找到了这种普通

图140 正在运行的熔炉全视图。
注意玻璃吹管（A）、模具（E）、使熔融玻璃成型的钢钳（D）。（前）一个妇女在为一堆碎玻璃讨价还价；（左）旋转玻璃料泡；（右中间）在滚料板上将玻璃料泡弄平；（右）粘取熔融玻璃；（右后方）吹制。阿格里科拉，1556年。

形状玻璃坩埚的大量碎片，它尺寸规格各异。那些有内弯边的13世纪的碎片似乎验证了奥菲卢斯的描述。

工具 这个时期使用的工具很少有遗留下来。和阿格里科拉所描绘的短吹管（见图140）相比，遗留下来的吹管实物（图16）要长很多，顶部和短吹管一样有一个木质把柄。这好像是这个时期吹管的共同特征，后来也一样。在14到15世纪时期的英格兰玻璃作坊遗址中发现的吹管残段表明，当时吹孔的口径在1/4英寸到5/8英寸之间。

在图140中还绘有将玻璃大泡滚成圆柱形的滚料板。毫无疑问，在这个时期，如果滚料板不是用大理石制成，那实际上是用光滑的石头制成的（滚料板的英文名"marver"可能来源于大理石"marble"）。

在法国和比利时，13世纪甚至12世纪末期遗留下来的一些杯和瓶子上具有垂直的棱纹，由此可以确定在13世纪时人们已经在用一些能够在玻璃表面印制图案的模具了。在英格兰，许多中世纪玻璃制品上都具有封闭的螺旋形棱纹，这些棱纹是事先雕刻在模具上的。在1535年一个萨塞克斯玻璃制造者死后留给儿子的工具中就有一个模具（见图140中的E和图146中的3）。

另外，据保留下来的残片来看，这个时期制作器皿玻璃的技术或是最简单的。特奥菲卢斯提到了吹制的过程："加热"，铁棒粘取熔玻璃，展开器皿，旋转头部周围的玻璃料泡以制造长颈瓶，拇指压吹管的口部（参看图 140，图 147）。细长条的玻璃可以做成器皿柄或者粘在器皿上作为装饰。毫无疑问，整个中世纪时期一直在沿这些基本的技术。大概是在 15 世纪，在英格兰至少一种叫作封蜡的红色玻璃被用作装饰品，偶尔也用来制造整个的器皿。这个时期，格兰还能制造蓝色玻璃器皿，其蓝色可能来自钴的氧化物。但是约直到 16 世纪，器皿玻璃在欧洲北部还一直是玻璃熔炉的副产品。时这些熔炉主要用来生产窗玻璃（9.8 节，边码 237 以后）。

2　约 1550 年以前意大利的玻璃制造

威尼斯的玻璃制造大约从罗马时期开始就一直延续着。我们不知最早是在何时，但一个叫弗拉比亚努斯（Petrus Flabianus）的人写于090 年的《玻璃匠》（*Phiolarius*）就提到了当时已经在制造器皿玻璃。3 世纪，威尼斯的玻璃制造业开始繁荣起来。1291 年的一道法令使尼斯的玻璃制造转移到了穆拉诺，就是在这里制造了所有的"威尼"玻璃。大致在 1317 年就已经有了釉彩玻璃，而用于窗户的彩色璃的出现最迟不会晚于 1330 年。然而威尼斯在玻璃制造中最具意的革新，却是 100 多年后出现的水晶玻璃——一种像水晶一样透的玻璃。

助熔剂、石英粉、玻璃料和熔制玻璃　很显然，到 1450 年威尼的玻璃制造业已经高度发达、专业化，并且是有组织的大规模生。但奇怪的是，根据这个时期意大利玻璃制造的最早见证者的描述，个流程显然是在罗马看到的。这就是瑞典牧师蒙松（Peder Månsson）写的《玻璃的艺术》（*Glaskonst*）。蒙松曾于 1508 年到罗马旅行，之后就一直待在那里，直到 1524 年被召回瑞典。蒙松在论述的一开

210 头就指出意大利和欧洲北部玻璃制造的不同：

许多地方都在运用这一技术，并使用不同的原料，各国制造的
璃也并不完全是同一种类型。在罗马和威尔士兰［意大利］，玻璃
三种原料制成：精细的白沙，燃烧一种被称为"kali"或"alkali"（
大利语中称苏打）的植物而得到的黑灰以及一种碱金属盐。罗马从
班牙、亚历山大和法国及其他国家进口这种盐的灰来制造玻璃。苏
植物仅生长在海岸边。

蒙松接着描述了怎样在黏土作衬里的坑窑里燃烧苏打植物，
水，添加更多的植物，重复以上步骤直到坑窑填满。坑窑顶部是一
块的黑灰，下面是像灰色石头一样的成块碱金属盐。碱金属盐经过
粉、筛分而洗净，并通过浸滤而提纯。然后把等量的精细的白沙和
灰混合放在一个燃烧干木材的低拱炉的平台上（参见图141），在
上烤四五个小时，其间不时用铁耙翻铲。冷却时，将混合物取出碾
筛分。这种制好的玻璃料就可以放进主炉的坩埚里了，在里面经过
天的强火煅烧之后，用长铁铲将其从熔制坩埚转移到加工坩埚。这
通过加入适当的着色物质可使玻璃着色，或者加入二氧化锰使玻璃
得无色透明。

我们可以发现蒙松并没有说明碱金属盐是怎样加到原料中去
也没有说到底是否加了进去。比林古乔（Vanoccio Biringuccio）对这
面做了补充。他在 1540 年威尼斯出版的著作《火术》（Pirotechnia
中说道，"玻璃盐"（sal vetro，就是蒙松的"碱金属盐"）和沙子或碎
碎的白色鹅卵石以 1：2 的比例混合，再加上一定量的二氧化锰，
于反射炉中熔炼。比林古乔对玻璃坩埚的制作也很清楚，它们是用
于巴伦西亚、特雷圭达或其他地方的耐火黏土在转盘上制作成型的
坩埚要在阴凉处放置 6 到 8 个月慢慢晾干，然后放在烧结炉里，

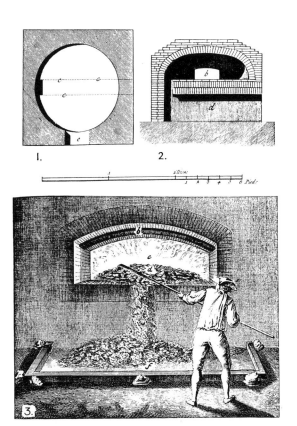

图 141 玻璃熔块炉（法语称 *"carcaise"*）或称烧结炉。

（1）拨火孔（c-c）和炉膛（e）的平面图；（2）横切面表示炉口（b）和通向炉膛的烟道（d）；（3）全视图，显示了炉口（b,c）、在炉膛上的玻璃料（d）以及用以与碎玻璃混合进行熔化和熔铸的成品料（f）。1772 年。

升高温度，直到坩埚被烧成红色。同时，主炉中的火也烧到赤热状……打开主炉（见后，边码 213）的一面拱壁，以便有足够大空间让……坩埚通过。然后用铁钳将坩埚很快地从烧结炉移到主炉的炉床上，面……操作孔放置。蒙松和比林古乔描述的熔炉与阿格里科拉描述的基本……致，但阿格里科拉作了图解且更为详细，这将在稍后进行讨论（边码 212）。然而，蒙松对实际操作的描写比另外两人都要更加清晰

（参见图 147）：

首先要有一根 56 英寸长的铁棒，接近圆形或八角形……拇指粗，穿有一个与鹅毛管一样小的洞。把铁棒浸入盛有熔融玻璃液的坩中，扭转它，玻璃液立刻附着在铁棒上。手的动作必须敏捷……动铁棒，在炉前的石头上使玻璃平滑，使它贴紧铁棒并向里面吹把玻璃再放到熔炉里，在火焰上均匀转动铁棒。再将玻璃拿出，用子使它最后成形。在空中旋转铁棒使玻璃器皿变长，并吹气进去，其体积变大，像牛膀胱一样。用一个尖头工具……或模具下压球体底部，制出瓶底，使瓶能够立住，用钳子使其通体光滑均匀。现在们拿起一块 2 英寸（指部）宽的木片，从右腿上部一直紧贴到膝然后他们用唾液弄湿铁钳，压在玻璃和铁棒的接合处，放在要截断开口前面。玻璃接触到唾液立刻断开。工人也有另一个 56 英寸长……形状同前，但并非空心的铁棒，叫作"实心挑料杆"，它的顶端总粘着一些玻璃在火上烤着。当铁棒在底部固定玻璃把手时，它很快被粘住了，然后放炉里加热。取出后，在捆绑在腿上的木片上滚用钳子使之成形……接着把制成的玻璃放到另外的炉室中退火，使其不会因为冷得太快而破裂。此外，他们在玻璃的必要之处用剪子进修剪使之平滑，使用内部有装饰、镶边……的各种铜制模具。把玻璃放在模具里面吹制成一定形状和纹饰的器皿，然后再拿出来吹大……

熔炉 尽管一定程度上是以比林古乔的描述为基础的，但阿格里科拉对熔炉的描述更加详细。他写道：

一些玻璃工人有 3 座熔炉，有的有 2 座或者 1 座。用 3 座熔炉的工人，在第一座炉子里烧制原料，在第二座熔炉里再加工，在第三座熔炉里冷却玻璃花瓶或其他热的产品。他们的第一座熔炉有拱盖

似一座烤炉。它的上室有 6 英尺长、4 英尺宽、2 英尺高，玻璃料
干柴烈火上煅烧，直到烧结成玻璃熔块……

第二座炉子是圆形的，10 英尺宽 8 英尺高，外部有 5 个 1.5 英
厚的拱架加固……它也由两个室组成，较低的室顶部有 1.5 英尺
低室前面有窄口可供往地上炉膛里添加木材。顶部中间是一个连
上室的大圆口，火焰可以穿透过去。但拱架间上室的墙壁应该有 8
足够大的窗洞，大肚（球形）罐可以放进去排在里面的大圈平台
……熔炉背后是个方口，长宽为一个手掌，热量可以通过它传进相
的第三座炉中。

第三座炉子是椭圆形的，8 英尺长、6 英尺宽，同样也由两个室
成，低室前有口用来添燃料。墙上添料口的每边各有一个室，是椭
形的陶制坑道……大约 4 英尺长、2 英尺高、1.5 英尺宽。较高的
室应有 2 个开口，一边一个，其高和宽足够容纳陶制坑道……做
的玻璃制品放在坑道里用中
令却（图 142）……

阿格里科拉继续讲解一些
去了烧结炉或退火炉的熔炉。
这些情况下，主熔炉在构造
有些细微差别（图 143）：

但这种类型的第二座熔炉
同于其他类型的第二座熔
因为它是圆形的，但其开
部分有 8 英尺宽、12 英尺高，

图 142　第二座熔炉没有退火室，但是连接了一
个退火炉。注意图中（H）为容纳玻璃进行退火
的土制管道。1556 年。

为它由 3 个室构成，最低的室和其他第二座熔炉的低室没什么不
中间室的外墙壁上有 6 个拱形开口，把加热了的坩埚放进去后，

214

图 143　阿格里科拉书中的第二座玻璃熔炉，有一个退火室；部分截面图展示了炉内的玻璃坩埚。1556 年。

就都用土堵上，仅留一个小中间室顶部中央是一个方形手掌大小，热量通过它进入高室。最高室的后面有一个口，玻璃制品在位于其中的制坑道里逐渐冷却……

从这段叙述中可以清楚看到，作者所处年代里已有量不同的实例。而阿格里科描述的一般类型的圆炉一直用了几个世纪（图 144，图 1图 423，图 424）。

玻璃和装饰技术　比林乔在书里对蒙松在参观罗马璃作坊时所描述的技术做了一点补充："除了给玻璃器皿上种可能的色彩以外，他们还能使其变得非常清晰透亮，就像真正的然水晶，还用绘画和上好的珐琅做装饰……"在他写书的时候，玻上的绘画装饰或许除了德国市场以外已经日趋式微。但他清楚地到了另一种当时已臻完美的装饰技术——乳白抽线（*latticini*）的使他写道：

看看那些大件和小件物品，它们由白色或彩色玻璃制成，有些有着像是用柳条编织成的等间隔花纹……我必须告诉你，我看到了珠色、淡绿色和蓝色的玻璃，还有各种完全由像细线一样十分纤细纤维构成的螺旋图案，足有 30 布拉乔奥（*braccia*）长，［约合 45

215

图 144　一个制作器皿玻璃的法国作坊内的情况。
注意图中拨火孔（A, B），长长的退火拱道（C）。器皿可沿着拱道在"铁托架"
中移动，到达"沙罗室"。1772 年。

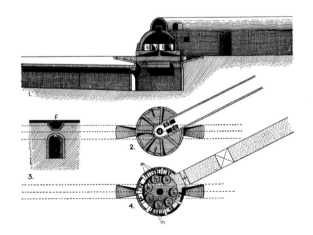

图 145　图 144 显示的玻璃作坊的平面图。
（1）横切面显示了炉床（a），带有坩埚（b）和炉口（c）；（2）退火拱道所在高
度的平面图，显示了和退火拱道相通的洞（d）和铁托架（e）；（3）横切面，显
示了炉口（f）和灰坑的进口（g）；（4）炉床所在高度的平面图，显示了坩埚
（h,h）、操作口（k,k）和喷火孔（m,m）。

尺], 构成一个整体, 就像穿过抽线板的金银线一样。

对文中提供的图像, 我们必须再加上一些保留下来的玻璃实物证据。这些水晶质原料很少是完全无色的, 一般呈较淡的褐色或灰或许是由于原料中有杂质的缘故。在遗留下来的彩色透明玻璃中, 经发现有翠绿色、蓝色和锰紫色。人们似乎没有对这些玻璃做过任分析, 在缺少这些证据的情况下, 我们至少可以暂时假设它们是按节所描述的程序 (边码 218) 制成的。彩饰和镀金技术在文中都曾到, 但很奇怪书中没有把它们联系在一起, 而事实上这两种技术往是一起使用的。一般是首先镀金, 然后在其上加以彩饰, 最后在隔炉内再次煅烧。但现在没有关于隔焰炉的文献材料, 也许退火炉中热的部分或者玻璃熔块炉在当时起到了隔焰炉的作用。阿格里科拉版画描述的陶土容器 (图 142), 可能用于保护玻璃不受烟熏。乳色玻璃可通过加入锡的氧化物得到, 有时乳白色玻璃也用于制作一中空的玻璃器皿。

另外有一种不透明玻璃上有着各色条纹, 大多是褐色和绿色的, 以模仿天然的花斑石头 (玉髓, 有时被误称为施梅尔茨玻璃釉彩玻璃也被制成各种颜色以供金匠使用, 或做成管状作为制(*suppialume*) 工人的材料。白色和彩色的藤条状玻璃都用于有花边案的玻璃器皿的装饰, 釉彩玻璃棒排列在中空的模具里, 将一团熔的透明玻璃料涂在模具的内壁上。这项技术最复杂的地方在于在一玻璃料泡里面吹另一团玻璃料泡。外层由朝一个方向歪斜的藤状玻装饰, 内层的藤纹则在另一方向上缠绕, 最后形成网状, 常常每个眼中都有一个气泡 (vetro di trina, 有白色花边图案的玻璃器皿)。

这些藤纹技术显然是威尼斯制造的用于玻璃工业的管状玻璃和状玻璃的副产品。另一种技术同样受惠于威尼斯的藤纹工艺。千花璃就是用这种工艺制成的, 它无疑直接受到了一些古代实物的启

216

些实物中有许多组合的玻璃棒在横截面上构成了一些图案。这些玻
棒的薄片也许放在耐火的盘子上，加热直到变软，然后逐渐挤在一
，最后形成一块连续的平板。

另一种装饰技术不得不提，那就是表面有裂纹的所谓冰花玻璃的
作。方法是将热的玻璃料泡浸入冷水中，然后再加热、加工，或者
将碎玻璃撒在滚料板上，然后在碎玻璃上碾压玻璃料泡，使碎片粘
一起。

威尼斯的玻璃料延展性相当好，通常做得很薄，因此宝石制作中
雕刻工艺不宜用来加工威尼斯玻璃。然而，大约从 16 世纪中期开
，偶尔有人使用钻石刻刀进行加工，在玻璃表面留下蜘蛛网般的乳
色细线。在蒂罗尔、英格兰和荷兰的会堂建筑中，这种细线技术得
应用和进一步的发展。

3　意大利方法的普及（约 1550—1615）

意大利在玻璃制造上的巨大优势令整个欧洲羡慕，各国王室和权
们都力图掌握这样的技术。尽管试图潜逃出穆拉诺的玻璃工人被抓
后会处以重罪，但高额的酬金仍使许多人铤而走险。此外，还有第
种方式可以得到意大利玻璃工人。在邻近热那亚的小镇阿尔塔雷，
里的玻璃工人行会通过遵循一种经过深思熟虑的政策来传播它的工
和技术。通过以这两种方式得到的工人作为中介，意大利的玻璃
艺传播到了整个欧洲，甚至瑞典（在 16 世纪 50 年代）、丹麦（到
72 年）、英格兰（不晚于 1570 年）等遥远的地方。不幸的是，除
保留下来的一些玻璃制品本身，几乎没有关于那个活跃时期玻璃制
方法的资料。

217

然而，美第奇家族的弗朗西斯科一世（Francesco I de' Medici）——
斯卡纳大公（Grand Duke of Tuscany，1574—1587 在位）画室的一
壁画，却展现了当时威尼斯式玻璃熔炉的工作情况（图版 30），上

面可以清楚地看到制成的玻璃放在熔炉的上室里退火。图中的玻璃
工（或吹玻璃工）坐着工作，直接将铁管放在腿上滚动，而不是搁
别的什么东西上。尤其值得注意的是保护工人的罩子，上面有铁
（halsinelle）用来搁铁管，铁管在小"喷火孔"（boccarella）中保持炽
左边的吹玻璃工正用玻璃钳[1]定型玻璃，剪子（tagliente）和另一把
璃钳挂在他凳子的右手边（长期以来都是这样放置的）。在吹玻璃
中还有一个男孩正忙于摆弄模具，右侧有一个"侍从"正在做着吹
玻璃的动作，他的脚边是炉子的拨火口，右手边显然是一个与阿格
科拉的描述非常接近的玻璃熔块炉。

玻璃制作直到 1612 年才有进一步的发展。那一年内里（Anto
Neri）出版了《玻璃的艺术》（L'Arte vetraria），这是最早也是最有
的玻璃制作教科书，主要部分都在讲述怎样给玻璃上色以仿制宝石
用于装饰的目的。

助熔剂　内里在开头花了几章讨论水晶玻璃的制备。他采用的
要成分是"来自黎凡特和叙利亚的花粉（Rochetta）……无疑它制成
盐比西班牙的巴里亚的更白"。灰被磨成粉后筛取，接着在铜锅里
直到所有的盐都从灰中析出。碱液倒进盘中静置一段时间以清除所
沉淀物，加热饱和盐水直到盐分开始结晶，这时可以用漏勺转移并
干盐分。在煮花粉之前，每个铜锅里需要加入大约 12 磅红葡萄酒
酒石，酒石是酿酒过程中桶壁上的沉淀物。这么做的目的，显然是
过添加钙[2]来生产比采用高纯度苏打更加坚固的玻璃。在后面各章
内里还提到从蕨类植物灰烬中，以及豆茎、荆棘和其他植物的灰烬
提取盐。

218

二氧化硅　内里提及了二氧化硅的多种来源，"塔索"（tarso）
这些来源中最为重要。"最白的塔索里面既没有黑色的矿脉，也没

1　英语为"pucellas"或"procellos"，意大利语为*borsello*，一种特殊的扁嘴钳，用于玻璃容器的定型。
2　酒石主要由酒石酸氢钾组成，但也包含一定成分的钙盐。

黄的铁锈。在莫兰［穆拉诺］，他们使用来自泰西诺的鹅卵石……

里的塔索是一种在托斯卡纳能找到的坚硬且最白的大理石……请注

那些用钢条能够敲出火花的石头适于用来制造玻璃……而那些不

敲出火花的石头永远也不会烧成玻璃……"这表明塔索鹅卵石尽管

起来像大理石，但肯定含有硅质组分。它们可能由硅酸钙组成。在

璃料中加入了一点起稳定作用的钙，这是使用含有硅酸钙的塔索的

点。然而，内里也提到了来自阿尔诺河谷的托斯卡纳砂石、天然水

、燧石（大概是打火石）和"calcidonies"。

煅烧玻璃料和熔制玻璃 为了煅烧玻璃料，塔索必须被粉碎成小

过筛，然后同准备好的"盐"按 200 ：130 的比例混合，放在充

加热的玻璃熔块炉里，用强火加热 5 个小时，不停地用长铁耙搅拌。

玻璃料被放进主熔炉后，"再放进所需剂量的锰"。和其他地方一样，

里一切都取决于司炉工（*conciatore*）的经验。

颜色 内里书中主要强调的部分就是玻璃的着色。这里不可能详

介绍他的配方和工艺。但大致说来，他的蓝色是通过加入钴而得到

，紫色则是加入了锰，红色是铁和铜，黄色是铁，绿色是铜。这些

属主要是以氧化物形式加进去的。添加不同金属氧化物的混合物，

可以实现各种色调的变化。

关于钴，内里仅仅提供了用煅烧、研碎和沉淀来配制的说明。梅

特（Christopher Merrett，1662 年）知道它来自德国，并且说在英格

使用前只需要研磨就可以了。孔克尔（Kunckel，1679 年）则完全

道钴的特性和配制方法，而且指出靠近迈森的施内贝格是来源地之

。关于锰，内里推荐说产于皮德蒙特的锰质量最好，产于托斯卡纳

利古里亚的锰含有铁杂质，因此呈现黑色。梅里特补充说在他那个

候，上好的锰是作为门迪普的一些铅矿的副产品得到的。铜是以氧化

铜（*aes ustum*）、铜绿或者通过煅烧、在酸里溶解等方式制造的各

铜化合物的形式加入到产品中去的。同样，铁也是以煅烧或沉淀作

219

用得到的磨料（氧化铁）的形式加进去的。

玉髓 除了各种颜色的配料，内里还介绍了一些特殊玻璃的制□例如在第 62—64 章里，他给出了 3 种制造玉髓玻璃（具有类似玛□或其他天然石的纹理）的方法。这些方法主要包括把前面提到过的□种金属溶解在硝酸（*aqua fortis*）里，混合这些溶液，通过沉淀从中□到一种粉末，然后把这种粉末和煅烧过的酒石、烟囱灰以及氧化铁□料一起加到玻璃配料中去。

铅玻璃 内里的第 Ⅳ 卷全部用来讲解如何制造"含铅玻璃"□铅玻璃。铅玻璃的高折射系数非常适合用来仿制珍贵的宝石。内□的技术规则以及梅里特（1614—1695）在将该书翻译为英文版（16□年）时对这些规则所做的评论，对 17 世纪末雷文斯克罗夫特（Geo□Ravenscroft）的实验可能有很大的启发作用（边码 221）。

釉彩玻璃 最后，内里在他第 Ⅵ 卷中从第 54 章起开始阐述釉□玻璃——也就是具有不同颜色的乳浊玻璃。尽管梅里特在他对 16□19 章的解说中曾建议用锑和硝石作乳浊剂与制作水晶玻璃的材料□起研磨、混合，但当时只有氧化锡被用作乳浊剂。

9.4　17 世纪的发展

玻璃制造者的"椅子" 虽然内里的著作一直是整个 17 世纪□璃制造技术方面的权威教科书，但是它没有关注玻璃作坊的生产□践。这一点尤其不幸，因为手工玻璃制造的基本工具之一在 1575□

到 1662 年间发生了演变，这就是吹玻璃工的"椅子"（图 146）。□们工作时坐在椅子上，推动吹管或铁棒（取熔融玻璃用）使容器保□圆形（图 144、图 147）。毫无疑问，这种椅子是由蒙松曾经在罗□描述过的绑在大腿上的长木片（边码 212）演变而来的，但它是在□么地方发明的，人们现在只能进行推测了。第一次书面提及这种□子似乎是在梅里特的书里："他们坐在长而宽、有两个长肘的木椅□

。"看来这种椅子有可能是从
兰的意大利式手工玻璃制造
心发展而来的。除了这一可
迅速为整个欧洲所采纳的新
明之外，17 世纪欧洲玻璃制
的主要发展都发生在英格兰
德国–波希米亚地区。

英格兰：燃煤 1615 年，一
"关于玻璃的通告"禁止使用
材加热玻璃熔炉，从而根本
改变了英国制造玻璃的历史
［码 78）。其实，公众对国家
材资源迅速减少变得日益关

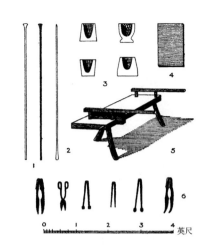

图 146　玻璃工的椅子和工具。
（1）铁制吹管；（2）粘取熔融玻璃的铁棒；（3）模
具；（4）铸铁制的滚料板；（5）椅子；（6）钢钳和
剪子。1772 年。

，以及煤作为燃料在许多其他工业生产中的成功应用，已经预示了
一发展（第 3 章）。虽然没有找到英国 17 世纪关于当时燃煤熔炉

221

描述，但是我们可以从梅里特对内里著作的注释以及一位瑞典建筑
在 1777—1778 年间访问伦敦时所画的一组著名的素描中（图 148、
149），去想象当时燃煤熔炉的模样。燃煤熔炉和旧式木材熔炉之
的根本区别似乎在于（在长方形"绿色"玻璃熔炉的情况下），煤
在纵向放置且有许多相互交叉的短棒支撑的铁格子上燃烧的（图
⁹c、图 152b）。这个铁格子下面是可以进去清扫的灰坑。烧煤似
比老方法能产生更高的温度，尤其是"绿色"玻璃熔炉，梅里特认
它能产生当时已知的最高温度，因而必须用特殊材料制造。

在 17 世纪期间，煤的使用似乎促进了现代型带有通向操作口的
状出口的闭口坩埚的发明。然而，这种坩埚似乎很明显只用在制
透明玻璃的作坊里，图 148—图 149 和图 151—图 152 所示的玻璃
作坊则仍使用老式开口坩埚。梅里特在 1662 年并没有提到这种闭

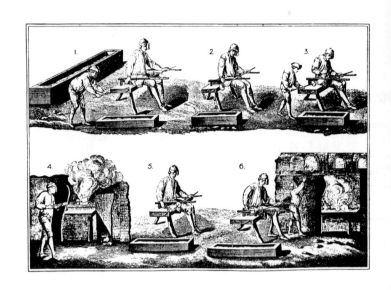

图 147　制作葡萄酒杯的程序。
（1，2）杯底的成形；（3）粘上铁棒，敲掉多余的玻璃料泡；（4）加热；（5）修整杯口；（6）酒杯的最终成形和退火。1772 年。

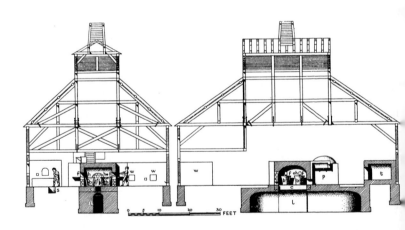

图 148　一间伦敦玻璃瓶作坊的外观和平面图（图 149），卡尔伯格（C. W. Carlberg）绘于 1777—1778 年本图给出了平面图上沿着线段 AB 和 CD 所得的截面图。熔炉内部有 9 平方英尺大、6 英尺高，坩埚有 3 英尺高，口径为 3 英尺 1.5 英寸，底径为 2 英尺 2 英寸。同时注意燃煤用的铁格子（c），操作（f）、喷火孔（h）、灰坑（l）、烧结炉（o）、加热碎玻璃的熔炉（p）、弧面窗孔（q）、地面上用在模上吹制瓶子的洞（s）、预热坩埚的熔炉（t）、退火炉（u，w），其中最大的两个退火炉每个能放 800 个瓶

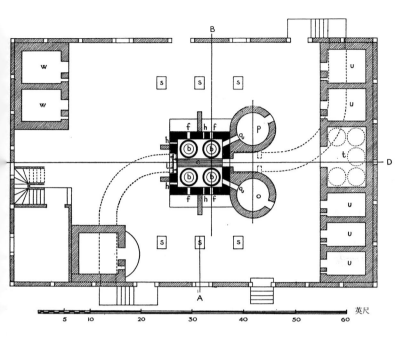

149　图 148 所示的玻璃瓶作坊的平面图。

坩埚，尽管人们通常认为它是用煤烧制玻璃工艺所必需的，应当在
世纪早期时就已经采用了，但是没有证据能证明这一点。燃煤产
的硫化物会和原料中的铅（哪怕是一点点铅）起反应而生成黑色的
化铅，而闭口坩埚的使用在避免玻璃着色方面发挥了作用，并可能
随后一些划时代的发明有着密切的联系。

　　铅晶质玻璃的发明　雷文斯克罗夫特被普遍认为是铅晶质玻璃的
明者。从 1673 年开始，他首次制造出了一种"像无色水晶一样的
晶玻璃"。但是它的严重缺点是有一些如同头发丝样若隐若现的裂
（微裂纹），这些裂纹很可能是由于盐过量造成的。1675 年雷文斯
罗夫特似乎已经开始使用氧化铅了，这样减少了盐的比例，使玻璃
加稳定。到 17 世纪末，该工艺已经在英国玻璃制造者中普遍使用。

在接近 18 世纪的时候，把越来越多的铅添加到配料中日益成为一趋势，结果产生了一种色泽深而油亮的很重的玻璃料。

德国–波希米亚：钾钙晶质玻璃的发明 在英格兰导致铅玻璃产的同一运动，似乎同时在德国引起了另一种玻璃的发展。相比威斯式水晶玻璃，它在透明度和光泽上更接近于真正的水晶，这就是入白垩而制造出的钾玻璃。开始使用钾玻璃的时间已无法确定，是 1677 年提到过的"水晶玻璃"很可能就是一种钾钙玻璃。某些种类型玻璃中的石灰含量很可能全部来自制造玻璃用的灰，但孔克（1630—1703）在《玻璃实验技艺》（*Ars vitraria experimentalis*，16年）一书中明确地提到过加入白垩。他在该书的第二版（1689 年）给出了配方：150 磅沙子，100 磅硝酸钾，20 磅白垩，5 盎司锰。17 世纪晚期，无疑还有许多其他类似的配方。作为无色的、质地密的玻璃，这种"水晶"尤其适用于转轮雕刻技术，是 17 和 18纪期间德国玻璃的首要荣耀。

转轮雕刻 人们普遍认为，玻璃雕刻技术是硬石雕刻的副产只不过把这种工艺转移到较软的人造物质上而已。这种转移始于何还不知道，但几乎可以肯定玻璃雕刻是在 16 世纪末以前开始的。外，雕刻的工具也不清楚。桑德拉特（Sandrart）是我们有关最早雕者的资料的主要来源，他在 1675 年写道：

现在，尽管就判断和绘画方面而言，这些艺术家已使玻璃雕刻术达到尽善尽美，可是由于使用功率太大而且笨拙的机器的缘故，们甚至不能使工作变得优雅和有魅力。当我们想到那些大而重但又得不用的轮子时——由那些仍在发育的瘦高个即他们那些蠢笨的助转动着——我们很可能对他们制造的作品感到大为惊讶。从那时更方便而有效的工具的发明使得玻璃雕刻不再是一项艰巨的任务，成为一种消遣……

人们一直以为安曼（Jost Amman，1568 年）时代还不知道使用踏
桑纵的转轮雕刻，但事实是晚至 1653 年，在布拉格宫廷里宝石
刻者米塞罗尼（Dionisio Miseroni）的车间使用的转轮仍然是老式的，
进工手工转动巨大的飞轮，带子从飞轮延伸到固定刻轮的轴上。后
到了 17 世纪水力被广泛使用，这很可能是那个时期需要在雕刻玻
上进行高浮雕（Hochschnitt）所致，在这些浮雕里整个无图案的玻 **224**
表面要研磨几毫米深，代价是巨大的体力消耗。尽管人们不能确定
凹雕（Tiefschnitt）中开始使用踏板操纵转轮的大致时间，但有理由
为这一革新应归功于桑德拉特。似乎已经没有此类器械的早期实物
存下来，但是在斯德哥尔摩城市博物馆里有一个 19 世纪早期的样
它可能包含传统模式的所有要素。在这个样品里，一个踏板操纵
飞轮借助一条带子，把力量传送给水平安装在工作长凳之上的主轴。
的末端被雕空以形成一个逐渐变细的小孔，在其中可安装一系列钢
每个钢轴装有一个磨刻轮。这些磨刻轮通常是铜做的，有不同的
彩和尺寸，从 1 到 10 毫米不等，根据不同的要求在工作时需要经
更换。磨刻轮的上面放置一条毛毡，实际雕入玻璃的油和磨料的混
物送到毛毡上，玻璃从下面压在磨刻轮上。从后来的实践中我们可
清测，所需图案大致磨出以后，就换用铅制和白镴磨刻轮，接着用
木磨刻轮将作品抛光，同时每次都会换用更细的磨料。但是人们目
还不知道在早期的雕刻中使用了何种磨料。

乳白玻璃和乳浊白色玻璃 17 世纪德国玻璃作坊里出现的第二
技术进步，就是通过加入煅烧的骨头或牛角来制造乳白色的或乳浊
璃。孔克尔在他的书的第一版（1679 年）中，仅仅提到了"烧毁的
屋和畜棚的灰烬"，但指出这种乳浊剂只有在玻璃重新加热后才有
可是在第二版中（1689 年），他给出了两种配方，包括烧过的骨
或牡鹿的角。他观察到玻璃的乳浊程度不仅受其吸收的热量的影响，

同时也受到配料中灰的比例的影响。这些玻璃可以随意地着色。

红宝石玻璃 16世纪，阿格里科拉的《论矿石的性质》（*natura fossilium*，1546年）一书的一个段落中提到黄金可以作为一给玻璃着色的颜料，这已经为人们所熟知[1]。内里（1612年）也说从金中能获得一种奇妙的红色（第V卷，第10章）。更早之前，人还不知道这种玻璃，而且直到17世纪的最后25年，德国才开始用金的氯化物。这一发展也归功于孔克尔，但是他表示自己是受惠汉堡的卡修斯（Andreas Cassius，1640?—1673?）。卡修斯发现在把化锡加入氯化金溶液中时，会有一种紫色粉末（卡修斯紫）沉淀下当玻璃和这种粉末熔合退火后，就呈现出奇妙的红宝石颜色。这种末很可能含有胶状金。虽然孔克尔没有留下红宝石玻璃的配方，但18世纪波茨坦的一个配方却毫无疑问反映了他的做法。这个配方把金币打成薄片，然后切成碎片，把它和0.5盎司的硝酸、1.5盎的盐酸以及1打兰（dram）的氨盐放进蒸馏器中，给混合物加热直金溶解，把溶液混合到水晶玻璃的配料里。这个过程也需要在红宝颜色达到最后的深度之前再次加热。该工艺很快就在德国的玻璃作里迅速传开了，很可能早在1668年就传给了奥尔良的佩罗（Bern Perrot）。

9.5 18世纪

英格兰 向配料中加入越来越多的氧化铅的趋势在18世纪头十年里发生了改变，并且在1745—1746年因按重量征收玻璃消费而很快得到控制。从那以后，英格兰的玻璃制造者被迫外加例如彩镀金和转轮雕刻技术（边码222）等装饰，来补偿玻璃体积的减少玻璃料的枯竭造成的损失，其中彩饰和镀金已经在前面关于威尼斯

1　根据汤普森（R. Campbell Thompson）的说法，古代亚述人（公元前7世纪）知道怎样利用金子制造红宝石玻璃。他的 'A Dictionary of Assyrian Chemistry and Geology'，Oxford University Press，1936，pp. xxxi—xxxvi。

…刳造的章节里提到过。

磨刻 铅玻璃是唯一适合通过磨刻来进行装饰的玻璃。这是由于…具有很高的折射系数，同时它在磨刻时相对柔软。

关于 18 世纪用来磨刻玻璃的设备和材料，人们确切知道得很… 从后来的实践中可以推断，最初可能是用铁轮磨刻的，沙子和水…上面漏斗状容器流到铁轮上。此后，粗糙的切口很可能在水槽里滚…的石轮上磨光，最后在装有优质研磨料的果木轮上抛光。这些研磨…究竟是什么还不清楚，但 1784 年达德利的玻璃作坊的原料中包括…刚砂……浮石等等"，显然这些东西是用于磨刻，而不是用于雕刻。…时期的图画（图 150）表明，这里的切割轮可能是石制的，固定在…子上，和更早时期的雕刻轮一样由人力转动的飞轮提供动力（边码…3）。如图所示，工人通常把玻璃向下压在磨刻轮上，这使他们能…使出相当大的压力，从朝着他们旋转的磨刻轮上获得有力的磨刻作…。这样的工匠被称作上手磨刻者。推测起来，下手磨刻者工作方式…好相反，使用背着他旋转的磨刻轮，在轮的下方握住玻璃，就像现…的凹雕磨刻者一样。这可能是一种更好的工作方式。

通过观察 18 世纪中叶的玻璃磨刻，能够知道当时使用的磨刻轮…

150 玻璃商梅德威尔（Maydwell）和温德尔（Windle）商业名片的局部，（左边）显示了一个正在工作的…离磨刻工。约 1775 年。

有钝的剖面，要么是扁平的、圆形的，要么有一个钝的斜角。用这
的磨刻轮把玻璃送到绕轴旋转的轮子上，就可以得到所有简单的轮
复杂类型的磨刻是在18世纪第三个25年里发展起来的，倾斜地
器皿送到磨刻轮的边缘形成斜边磨口，再把这些带磨口的部分结合
来，生产出一些不对称的、半月形的形状。

锥形玻璃作坊　直到17世纪晚期，玻璃作坊仍是围着熔炉建
的，像一个谷仓，屋顶用沥青浇过，熔炉的上面通常是灯笼式的天
（图148）。在18世纪的某一时间，开始出现圆锥形的玻璃作坊，
能够使所有气流集中成一股向上流动。这种结构在使用燃料方面
乎有更高的效率。《百科全书》（*Encyclopédia*，1751—1776年）'
璃"部分的编者曾单独指出这一点，认为它是英国玻璃作坊主要的
势（图151、图152）。1734年授予布里斯托尔的佩罗特（Humph
Perrott）的一项专利，可能就和此项发明有关，因其"熔炉……设
新颖，有人工通风，借此使热或火尽早发挥效用"。

助熔剂　朵思（R. Dossie）在《艺术的陪衬》（*The Handmaid to
Arts*，1758年）一书中写道："在玻璃中用作助熔剂组分的物质有
铅、珍珠灰、硝酸钾、海盐、硼砂、砷、冶炼厂的矿渣（一般称'
渣'），以及通过焚烧产生的含有煅烧土和过滤盐的木灰。"除了硼
和矿渣，这里没有什么新的东西。硼砂是以粗硼砂的形式从东印
228　群岛进口的[1]，因其价格昂贵，只用来制造梳妆镜。矿渣可从铸铁厂
得，只用在瓶子作坊里以减少木灰的用量。对于制造深色的酒瓶来
229　矿渣中的铁杂质并无大碍。这一时期用于制造优质玻璃的碳酸钾是
炼过的，叫作珍珠灰，从德意志、俄国和波兰进口。稍晚些也从美
进口。

乳浊剂　朵思在讨论彩饰时提到，在内里和孔克尔列出的物质

1　粗硼砂在马来语中称为"廷卡尔"（*tingkal*），在乌尔都语中称为"廷卡"（*tinkar*）或"塔卡"（*tarkar*）。

图 151　英格兰式圆锥形玻璃作坊。注意坩埚（f,f）放在炉床上，（g,g）正在烘干，（h,h）是退火拱道。1772 年。

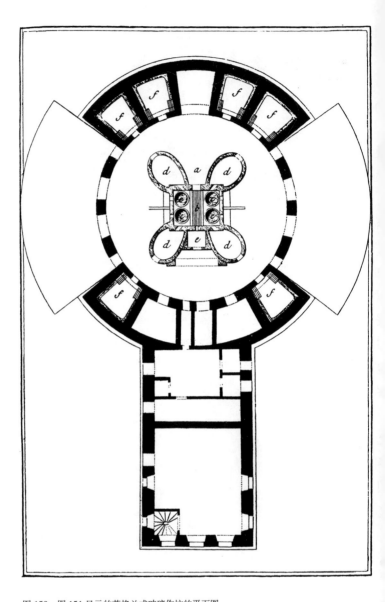

图152　图151 显示的英格兰式玻璃作坊的平面图。
注意燃煤用的铁格子（b），坩埚（c），加温炉（d），玻璃熔块炉（e），退火炉（f）。1772 年。

毡要加上砷。砷在玻璃冷却过程中发生结晶，从而使玻璃变得不透
孔克尔可能已经知道砷的作用。

透明的红宝石铅玻璃 1755 年 12 月 5 日，奥普奈姆（Mayer
aim）取得红色透明燧石玻璃的专利。奥普奈姆显然是德国后裔，
的成就在于将德国制造红宝石玻璃的方法应用到英国铅作熔剂的材
上。这项专利的说明书太长而不能在这里阐述，但奥普奈姆的方法
时使用了软锰矿（*Braunstein*）和液化的荷兰金。

欧洲大陆的装饰革新 尽管荷兰女艺术家菲舍尔（Anna Roemers
scher，1584—1651）曾在 1646 年将点刻技术运用到她用钻石尖雕
的一片眼镜片上，但是直到 1722 年格林伍德（Frans Greenwood）用
种方法装饰了几副眼镜后，这项技术才得到充分
用。海牙的沃尔夫（D. Wolff）是作品最多的点刻
之一，据说这位艺术家是用"一把小锤子驱动一
根小的蚀刻针"来点刻的。硬化的钢尖能在柔软
玻璃上制出刻痕，但是这种说法没有确凿的根据，
午不应该从其字面含义上来理解。

夹金玻璃（*Zwischengoldgläser*） 18 世纪第二
25 年期间，在德意志和波希米亚地区发展出了
种装饰技术。借助这种技术，可把用尖头器具蚀
出所需图案的金片（或银片或两者）夹在双层玻
（通常是大口杯）之间（图 153）。

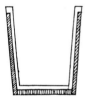

图 153 夹金玻璃
杯截面图，显示了
杯子的外层（斜线阴
影部分）和单独的底
部（竖线阴影部分），
蚀刻的金片薄层就置
于它们和内层（无阴
影部分）之间。

透镜和光学仪器

透镜和透镜磨光是技术史中十分重要的一部分。在从简单地应用
放大和缩小的镜片，到用作眼镜、组合应用于望远镜和显微镜以及
些更复杂用途的发展过程中，透镜已经改变了一些学科，而且事实
还创造了另外一些学科。

希腊人知道装满水的玻璃球体有放大的作用。托勒密（Ptole）于公元 2 世纪在他的《光学》（*Optics*）一书里，阐明了这种装满水玻璃球体的一些光学性质。伊斯兰作者发展了希腊人的光学概念。赛木（Ibn al-Haitham，即 Alhazen，约 965—约 1039）是他们中间最要的一位，工作有着坚实的实验基础。他不仅研究了凸面镜的反射能，而且还非常了解玻璃球体各部分的放大率。他对彩虹的研究成和他的《光学》（*Optics*）一书分别在 1170 年和 1269 年被翻译成丁文。这些译文对欧洲学者有着深远的影响。

在对光学理论作出最初贡献的最早西方学者当中，格罗斯泰（Robert Grosseteste）是林肯郡的主教（约 1175—1253），第一个注到透镜在放大小的物体以及使远处物体变近方面的实际用处。他还出了一个重要的理论，解释了彩虹的颜色是由于光的折射形成的。的关于光通过球状透镜或取火镜时发生双折射的理论——光线在过新介质时发生一次折射，从这种介质中出来时再次发生折射，集中一个焦点上——在 16 世纪之前一直为人们所接受。格罗斯泰特的生罗吉尔·培根（Roger Bacon，约 1214—1294）遵循了海赛木更为验化的倾向，设想出了一种用作望远镜的仪器，借助于平凸透镜折射原理，其实用目的是提高视力。

在培根去世时，意大利北部已经在使用眼镜了。比萨的一个修士乔达诺（Giordano）1306 年在佛罗伦萨的一次布道中讲道：

从能让人看得更清楚的眼镜制造技术的确立到现在还不到 20 的时间。这种技术是世界上已有的最好也是最必要的技术之一。这前所未有的技术是在如此短的时间里发明的。我曾亲眼见过发明并立这项技术的人，而且和他交谈过。

这有力地证明了眼镜的发明是在 1286 年前后，但是发明者

字仍无从知晓。几乎能肯定
镜不是在威尼斯发明的，但
们很快就在这个玻璃工业的
要中心开始制造。威尼斯的
璃工业中心是为了满足窗玻
和上等玻璃器皿的需要而形
的。1300 年，威尼斯关于玻
工人（*cristalerii*）的同业公会
则里提到了很小的眼用玻璃
（*roidi da ogli*），1301 年　提
了阅读用的眼镜（*vitreos ab
ulis ad legendum*）。1316 年，
有框眼镜"（*oculis de vitro cum
osula*）的售价为 6 个博洛尼亚

图 154　眼镜制造者的商店，1568 年。
注意图中用来画出镜片的圆规，长工作台上有磨制时操作透镜的小手柄。

尔多。从那以后，制造眼镜的参考书迅速多了起来（图 154）。第
幅画有眼镜的肖像画是摩德纳的巴里辛诺（Tommaso Barisino）在
52 年绘制的（图版 1）。

　尽管威尼斯玻璃工业在 1300 年以前制造出的产品质量之高足以
于眼镜，但它还是远远低于其后来所达到的高水平。起先眼镜仅能
供凸面镜片帮助老花眼，磨出的这种透镜曲率半径较小，比较容
制造。在矫正近视的凹面镜片的参考资料中，没有比 15 世纪中叶
萨的尼古拉（Nicholas of Cusa，1401—1464）所写的更早的了。用
何学术语对透镜矫正人眼缺陷的方式进行研究，是从 16 世纪开始
。那不勒斯的毛罗利科（Francesco Maurolico，1494—1575）说明
晶状体是如何把光线集中到视网膜上的。到 1600 年，法布里奇奥
eronimo Fabrizio，1537—1619）指出晶状体是在眼球的前部，而不
长期以来一直都错误认为的中部。

231

　　早在 16 世纪中叶就有资料提到当时成功地设计光学仪器的尝[试]，借助这些仪器，远处的物体能被放得更大，看得更清楚。英国数[学]家迪格斯（Leonard Digges，1510—1558）和迪伊（John Dee，1527[—]1608）都为这一目的做过实验。但人们通常认为，最早的实用望远[镜]是一名荷兰眼镜匠在 1608 年左右一次偶然观察的结果。这名眼镜[匠]发现，将一个凸的物镜和一个凹的目镜组合在一起，能得到正立的[图]像。当然此时是荷兰人最早制造了这种仪器，它引起了人们的注意[并]运用于军事领域。但是根据 1634 年的可靠记载，这名幸运的眼镜[匠]之子詹森（Johannes Janssen 或 Jansen）宣称，他的父亲"在 1604 年[根]据一个写有'公元 1590 年'字样的意大利望远镜样品制造出了我[们]当中的第一台望远镜"。这样看来，荷兰的望远镜似乎终究来源于[意]大利这个主要的玻璃制造和光学研究中心。此外，这一记载表明了[那]不勒斯人波尔塔（Giambattista della Porta，1536—1605）在他的《自[然]奥秘》（*Magiae naturalis*，1589 年）第二版中描述的改善远处景象[的]方法（包括把凸、凹透镜组合起来使用）有进一步的重要性，尽管[他]故意解释得很模糊。令人费解的是，伽利略（Galileo，1564—164[2]）在 1609 年得知荷兰人的"发明"之前，对此一无所知。他是望远[镜]镜和复合显微镜的实际科学发明者。他的第一台仪器是一个长 29[毫米]直径 42 毫米的铅管，装有一个平凸物镜和一个可以使直径放大 3[倍]的平凹目镜。

　　复合显微镜的发明应归功于谁有不同的说法。波尔塔似乎已经[制]造了一台复合显微镜，但是这种仪器的历史实际上开始于伽利略[望]远镜的使用，它的焦距很短，可用来辨别小动物的器官。到 1612[年]据维维亚尼（Viviani）说伽利略已经给一些人赠送过这类显微镜[，]它们的管子必定很长，以减短焦距。对望远镜和显微镜来说，两个[凸]透镜的组合（产生倒置的图像）是伽利略透镜系统的一大进步。开[普]勒（Kepler）在 1610 年第一次描述了这一望远镜装置。18 世纪后半[叶]

有的科学光学仪器都在使用由其他工人作了进一步改进的开普勒式
镜组合（图371）。

就在实验者努力争取更高的放大倍数时，现有透镜及其组合的
陷更加尖锐地暴露出来。这些缺陷有三种。第一，工艺上存在问
，玻璃是有瑕疵的，或者说成形和抛光很差。第二，理论上球面透
（或反射镜）不可能把照射在其上的光线集中到一个焦点上，而且
形色差也使图像清晰度不高。第三，对于极为普通的放大率和孔
，图像也会由于透镜色差而被彩色边纹所包围，这又导致进一步的
乱。这些缺陷中的第一个是可以克服的，一些科学家，如惠更斯
（uygens）和列文虎克（Leeuwenhoek），就用完美的技巧磨制他们自
的透镜。第二个缺陷的补救方法由笛卡儿（Descartes）在1637年提
，即透镜或反射镜要有抛物线
双曲线的曲率，这使得它们能
把光线折射或反射到一个焦点
。笛卡儿给出了得到这样的曲
的不同方法，但在操作上并不
行。牛顿（Newton）也对有关
机械问题作了进一步探索（图
5），但仍没有解决。在实践
，透镜不得不被磨制成球体的
部分。对于望远镜，可以把物

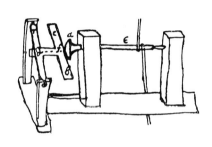

图155　牛顿设想的用于磨制双曲面透镜的机械
之一。
"如果玻璃片在心轴 ε 上转动而同时 cb 杆在向
它靠近倾斜的轴 rd 上转动（如前所示），则玻璃
片 a 可被杆 cb 磨制成双曲面形状。"约1666年。

焦距与其直径的比例做得很
，来降低球面像差。48英尺的望远镜并不少见，200英尺长的无
望远镜也尝试过。显微镜可以通过使用3个或4个透镜系统，缩
光圈，放弃很高的放大率（图370，图372和章末补白图）来得
改善。

关于第三个缺陷，牛顿于1671年发表的棱镜色彩研究解释了色

233

差的原因。他证明透镜不会把不同颜色的光折射到同一点，因此一个透镜无论做成什么形状都不可能形成一个单像，除非是在单色下。由于白光是复合光，它会形成一系列彩色图像。牛顿认为这种色散和折射呈一固定的比率，因而这种色差是无法补救的。得到这一发现之后，他开始转而研究反射望远镜（图 369）。事实上，可以通过把适当折射系数的凸、凹镜组合到一起，得到一种复合透镜，这种复合透镜能够折射白光而不会大范围地发散它，从而在实际上消除色差。霍尔（Chester Moor Hall）于 1733 年依据经验首先发现了这一现象。1758 年多隆德（John Dollond）再次发现这一现象并将其应用于商业目的。但是在接下来的 70 年里，并没有制造这种消色差显微镜用于商业目的，而是再一次被各种精制的反射仪器所超越。

到大约 1680 年，从光学角度来看，使用透镜的仪器的发展进入了停滞状态，尽管它们的机械性能十分精密并有了很大的改进（边633）。无论是折射望远镜还是折射显微镜，都未能扩展其视野。18 世纪，天文学家们为了定性工作日益转向使用反射望远镜［肖特（James Short）和老赫歇尔（Herschel）制造了一个 48 英寸的反射镜，使反射望远镜的效果异常完美］。生物学家主要使用简单的显微镜，它易操作、可靠，但放大率低。没有人能比得上天才的列文虎克，他能制造并使用焦距为 0.05 英寸甚至更短的单透镜组（图 368）。

9.7 磨制和抛光透镜

天然宝石和玻璃很早就被磨刻、磨制和抛光，用钻石磨刻，用砂子或金刚砂打磨。除了制作具有精确曲率或完美平面的玻璃以及进行不留擦痕的抛光之外，磨制透镜没有什么新的操作方法。这项技术有两个方面值得特别注意：（1）被加工材料的特性；（2）所使用的工具的特点。

玻璃的组成 值得注意的是，尽管对玻璃和玻璃制造的科学研

最近的事，但用于现代瓶玻璃和窗玻璃的标准配料组成，实际上与
世纪威尼斯所用的相同，几个世纪以来都没有变化。似乎应该这样
释，即虽然研究已经揭示了古代经验配方中的主要成分，但这种经
长期实践经验和反复试验的各物质比例已被证明是最适宜的，因此
可能再有什么改进了。

早期的透镜由苏打-石灰-二氧化硅玻璃制成，玻璃的原料配比
：350—380 份的苏打灰，180—230 份的石灰石，1000 份的沙子。
代光学玻璃的成分里包括许多铅、碳酸钾、钡和其他不知名的组
现存的早期威尼斯玻璃制品有一点轻微的混浊，表现出失透现象，
是为了降低熔化的温度而加入了过量的氧化钠（当作苏打）引起的。
世纪玻璃制造者还很难达到玻璃的熔点并尽可能地降低它，结果制
的玻璃相当不稳定。17 世纪制作透镜（特别是大尺寸的望远镜物
）时，最严重的障碍就是难以获得极高质量的玻璃。现存的那个时
的透镜经常能看到微裂纹和气泡。

制作方式　当时有许多制作望远镜的工匠，其中有些人如意大利
迪维尼（Eustachio Divini，1620—1695）和伦敦的科克（Christopher
ck，主要活动于 1660—1696 年）等，以所制的望远镜物镜而闻名。
了这些职业工匠，许多科学家包括笛卡儿、牛顿、惠更斯、列文虎
等也都是制作透镜的专家。意大利的伽利略和他的学生托里拆利
orricelli）为了科学目的做了很多工作，以提高透镜的磨制技术。虽
基本技术相同，但每个专家都在自己的细节上有所发展。首先，对
自玻璃作坊的玻璃片进行粗略的抛光并检查是否存在微裂纹。如果
适，就用圆规在上面标记适当直径的圆周，一个圆盘就被削切下来
图 154）。先将这一扁平圆盘磨出大致需要的曲率，然后一边修整
状一边抛光。这些程序几乎都是手工操作的，大约在 1640 年以后
借助于一些简单的机械完成，没有任何动力驱动的机械可供使用。

在手工制作程序中，将材料放在一个固定在长椅上的半球状凹面

或凸面金属工具上磨制成形。白沙、磨石沙砾和金刚砂是经常使用
磨料。随着工作的进行，需要更换用沉淀法得到的更细的磨料，不
每个步骤都要使用一个新的磨具。因此，透镜曲率的精确度依赖三

用磨具的精确度，以及操作者操控玻璃原坯的技术，以使原坯具不
模具相同的曲率。铁磨具是铸造出来的，青铜磨具则是用车床精硕
成的。不完善的车床本身（边码336）会使工作变得困难，特别是
磨具的曲率半径达到40英尺或更大时（图156）。操作时必须用手

图 156 使磨制透镜的磨具成型的机械。
通过手柄和齿轮，摆动或旋转垂直的长杆，可将 A 和 B 分别
磨制成双曲面的凹面形和凸面形，曲率半径和长杆的长度相
等。1671 年。

有一个连接其上的小柄将玻璃原坯紧紧压在磨具上，整个过程既费
又费时。

为了减轻劳动强度，人们制造了各种机械，这些机械的原理大 **236**
上与达·芬奇（Leonardo da Vinci）绘制的用于制造金属反射镜的机
目同。惠更斯使用了一个简单的装置，把玻璃片安置在一个回转
（图 157）上，通过可移动的砝码压在磨具上。下一步是机械地转
磨具或者玻璃片，或者两个都转动，例如惠更斯 1665 年做的机械
157）。这个原理现在也在
用。然而 17 世纪的一些光学
器商尝试发明新的机械以改进
种方法，他们想取消圆盘形磨
直接用车床加工。所有这些
械都用曲柄、带子和齿轮装置
动，因此需要两个人操作。

早在 1647 年，赫维留斯
evelius，1611—1687）就对同
制作大量小透镜的方法做了描
，他建造了一个垂直的车床，
其轴心上安装一个木质圆盘。
玻璃片用沥青粘在这个顶部呈
球形的圆盘上，当它们旋转时，
属磨具压在它们上面，于是所
玻璃磨出了磨具的曲率。

经过粗糙的磨制程序磨掉大
分玻璃后，玻璃片有了一个大
需要的曲率，更精细的抛光工
的目标是完成透镜的精确度并

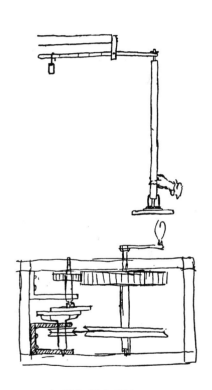

图 157　惠更斯的透镜成型设备。
（上）用操纵杆进行抛光操作，压力随着砝码向
右移动而增加，约 1600 年；（下）抛光机，皮带
带动固定在下面转轴上的透镜的同时，齿轮驱动
抛光器旋转。1665 年。

恢复玻璃原本光亮平滑的表面。表面没有高度抛光的透镜是没用
透镜还要在具有所需准确半径的金属磨具上，经过同样方式手工或
借助工具磨制。磨具的半径可能比透镜成品的半径略大。最后的步
中，磨具常常用树脂作衬里，使之在有塑性的同时还非常光滑且有
确的曲率，或者用硬化过的纸作衬里。抛光用的磨料是风化硅石
（硅藻土）、宝石匠的红铁粉（一种铁的氧化物）或者锡抛光物（氧
锡），它们被捻成各种大小的颗粒。抛光快结束的时候总是采用手
工作非常缓慢单调，当需要大的压力时是很费力的。最后，透镜在
个用踏板工作的简单车床上擦亮，这个工作不需要多大的力气，关
在于操作者的手、脚和眼睛之间的协调配合。

1671 年以后，反射镜在某种程度上取代了透镜，这时出现了
些特殊的问题。这些镜子都是由白色的锡铜合金铸造的，其中添加
少量的锑、砷和其他金属以提高反射镜的性能。由于合金比玻璃还
因此容易被粗糙的磨料或者过分用力的抛光损坏掉。但是反射镜有
重要优点，通过仔细使用试错法反复验证图像，可以制造出有价值
非球面曲度。肖特（1710—1768）首先成功做出了具有"抛物面"
反射镜并安装在望远镜上，他和赫歇尔都把反射望远镜的空前成功
功于这种抛光大镜面的技术——它是既费时又费力的工作，这种技
基本上和透镜成形、抛光时使用的技术相同。

9.8　窗玻璃

虽然在赫库兰尼姆和庞贝的房屋遗址中都发现了数量非常有限
装玻璃的窗户边槽，但事实上在公元 3 世纪之前，窗玻璃在罗马
国还很少见。由于这些城市毁于公元 79 年，所以窗玻璃的制造想
至少早在公元 1 世纪就开始了。罗马的窗玻璃不是压铸就是滚轧
来的，有时还需打磨，因此它们更接近于来自厚玻璃板而不是平
玻璃。

哥特式建筑的发展导致了教堂建筑中窗户面积的大量增加，刺激
塞纳河和莱茵河之间地区的窗玻璃工业的极大发展。可以想象得到，
国最早出现的窗玻璃看来是由镶嵌在教堂窗户上的彩色玻璃小片构
的。由于尺寸较小，而且原料中的杂质在最后着色时还能起作用，
而它们制作起来要相对容易些。

1567 年，第一批洛林的窗玻璃制造者来到英格兰工作。晚至 **238**
61 年，苏格兰的普通乡村房屋的窗户还没有安装玻璃，甚至只有
室宫殿窗户的上部分装有玻璃，较低部分开有两扇木质百叶窗，随
可以打开以透过新鲜空气。

通过压铸（coulage），威尼斯及后来的纽伦堡的厚玻璃板制作工
有了一些提高，但平板玻璃仍然很小。到 17 世纪中叶，人们需要
的清晰的平板玻璃用于镜子和马车门帷，特别是法国。路易十四
ouis XIV）的大臣柯尔贝尔（Colbert，1619—1683）于 1661 年上任，
来了威尼斯的玻璃工匠，早在 14 世纪威尼斯就开始生产玻璃镜了。
格兰也没落后，起初在白金汉公爵（Duke of Buckingham）带来的意
利工人的协助下，大约在 1670 年于兰贝斯制造出了用吹制的平板
璃制成的玻璃镜。遗留下来的最好的一些实物，现在保存在凡尔赛
的镜廊。

平板玻璃的压铸法在诺曼底得到了发展。为了鼓励其发展，1676
柯尔贝尔特意把法国王室的玻璃制作工作交给了诺曼底人德内乌
ucas de Nehou），他是这方面技术的专家。到 1691 年压铸工艺有了
大提高，以致做出了史无前例的大玻璃板。主要工序是把玻璃液倾
在金属台上，用滚筒均匀铺展，然后磨制、抛光。

德内乌在著名的圣戈班作品中设计的方法被别的地方模仿，并很
成为标准工艺。主熔炉在玻璃作坊中央，周围是一些组合炉或退火
（carquaises），另外是用于旧玻璃碎片再次熔烧前的煅烧和调制玻
料的炉子（图 141）。熔炉的使用很少超过 3 年以上，甚至必须每

6 个月就整修一次。

　　大尺寸的熔化埚（或坩埚）能容纳大约 2000 磅玻璃液。为了熔，许多阶段都要加入混合着碎玻璃的新原料，当前一层熔化时就入新的一层，直到坩埚被装满。此时，熔炉只要保持炽热状态就可了。接下来是玻璃澄清 [1] 阶段，熔炉的温度需进一步升高。必须在作中保持适当的温度，因为如果温度太低，玻璃液中就会留有气泡如果温度太高，坩埚壁就可能熔化而掉到玻璃中。熔制过程要花小时。

　　如何把熔化好可以进行压铸的玻璃液转移到压铸台上仍然是个题。当时还没有找到完全令人满意的解决方法。一种方法是用勺舀或多或少的玻璃液。另一种是熔炉里有一个装满玻璃液的桶，可以炉里放置 6 个小时，熔化后用由滑轮牵动的铁链上的钩子取出，到四轮支架上转运到压铸台上方后，可滑动的桶底滑脱开来，倾倒桶里的玻璃液。

239

　　人们后来发现，从熔炉中移出熔化埚翻到铸造台上是最合适的单方法。这种激烈的过程方式不适用于坩埚，并需要更坚固的提升轮，但的确可以将最大量的玻璃液在最佳状况下转移到台子上。其果是，与用制造其他类型玻璃的固定式坩埚相比，可以使用小一些坩埚用于压铸平板玻璃，这样就可以更方便地掌握它们的重量。

　　压铸台的侧面有可调节的铁尺限定平板宽度，可使玻璃流至侧边界。在这些铁制边轨上搁有一个滚筒，一个工人可以用它将玻璃整成相同的厚度，但这必须在玻璃快速冷却前，在一分钟时间内完后来，要处理更多的熔融玻璃，滚筒也就相应变得更大更沉，以至要 3 到 4 人进行操作。

　　经过大约 10 天的退火后，玻璃板就要被磨制、抛光了。它被

1　　澄清玻璃意即使玻璃干净无气泡。

放置在细粒毛石的平床上，并用石灰泥固定以防止移动。17世纪用的石头基座在18世纪改用铜制造，在19世纪前期就使用铸铁造了。平床用木架固定，木架周围有一个比磨台高2英寸的壁架。

磨制玻璃时，使用一个不及其一半大的玻璃片，用它在要磨制的璃上滑动。小片被粘在一个支架上，支架扣紧坚硬的轻木轮。工人后拉动木轮，有时转变方向而使两块玻璃产生摩擦。直到18世纪结束时，才开始使用蒸汽机提供磨制和抛光的动力。

早期的磨制机械需要使用一种磨料。首先是相应地加入水和粗沙，着用细一些的沙子，最后用玻璃粉或者蓝粉。磨好玻璃的一面后，翻过来以同样的程序操作另一面。然后就可以抛光了。

在欧洲大陆和英格兰通行一种抛光玻璃板的巧妙技术，即用裹以毡的板子和小滚筒进行抛光。滚筒两边各有一个把柄，由一个结实相当于弹簧的木箍固定在天花板上。由于弹簧带动滚筒不断返回到来的位置，因而使得工人手臂的动作更为方便。

形成薄片的吹制玻璃在许多用途上能够替代压铸玻璃，后者只在如马车窗户这类需要较大强度的地方继续使用。吹制的玻璃能够保原有光泽，因此无须打磨、抛光。"冕法"和"圆柱法"两种制作板玻璃的专门方法出现了，其中前者要更早一些。

冕法玻璃最初多少算是诺曼底所特有，但后来在英格兰也有制造。团熔融玻璃被吹进铁吹管尾部的中空球内，在球体的另一头，一根杆或实心铁棒粘附着一小块熔融玻璃液。原来的铁吹管断开，在球中留下一个开口。快速旋转铁棒使半熔融状态的玻璃向四周扩展开，成平盘形，通过中央的突起部分粘附在铁棒上。冕法玻璃有两个特，即用这种方法可以制作小尺寸平板玻璃，但会不可避免地在中心下圆厚玻璃。

在洛林和德国的各州，人工吹筒摊平工艺在制作"圆柱法窗玻璃"时使用，这种玻璃有时被称为德国玻璃板。它的工艺大概来自冕

法玻璃所用工艺，但作了显著的改进。冕法工艺所用的大的球形玻
如果自由摆动，就伸长形成一个圆柱。实际上它还有凹陷，使玻璃
能够得到额外的长度。根据所需圆柱的尺寸，所用玻璃的重量为
到 40 磅。圆柱的直径为 12 到 20 英寸，长为 50 到 70 英寸。吹制
它们底部被去掉，然后纵向断开，最后在窑或摊平炉中经过简单的
加热方法，圆柱就逐渐变成一块平板。

9.9　彩色玻璃窗

彩色玻璃窗的制作是一门传统工艺，早就达到了完美的水平。
撒比（Lethaby）说彩色玻璃窗户是已知最完美的艺术形式，他还宣
古老的玻璃里好像有阳光的存在，以至整个窗户就像镶嵌了彩色
火焰图形。

地中海地区的彩色玻璃工艺在 12 世纪有了新的发展。它的一
主要用途是阻挡过量的光线，使教堂保持令人舒适的凉爽。那个时
只能制造小片玻璃，但足以组装镶嵌成窗户。蓝色和红宝石色的不
则玻璃小块通过铅制企口拼接起来，然后放在有铁条支撑的石头框
内，这样形成了许多和谐的图案。为了进一步使光线减弱并变得
和，常常用单一的褐色彩料暗化玻璃，这种彩料的成分是玻璃粉和
的氧化物，用塞内加尔橡胶作黏合剂。在英格兰的坎特伯雷、约克
林肯郡、多切斯特（牛津郡）、威尔特郡和里文霍尔，都还能看到
世纪镶嵌图案的玻璃窗户。

在下一个世纪，装玻璃工制作出了更大的玻璃窗，图案主题也
加多样化。在英格兰，因为天空是灰色的，人们感觉需要更多的光
结果灰色模拟浮雕画的装饰风格得到了发展。灰色模拟浮雕画装饰
漂亮的乳白色和珍珠色效果，带有精致的叶形和几何形图案。约克
教堂的"五姐妹窗"是这种工艺的杰出范例，在索尔兹伯里也有一
优秀的作品。

早在 14 世纪，一个值得注意的发现是，玻璃可以用银的氧化物氯化物染成黄色，从柠檬黄到橘黄整个系列的色调都可得到。当其颜色加到玻璃画家的调色板上时，彩色玻璃迎来了辉煌的"装饰"代（约 1280—约 1380 年）。窗户上的纹章图案也流行起来，特别在英格兰、德国、佛兰德以及后来的瑞士。

在 14 世纪期间，华丽的彩色玻璃被用于法国许多地方的大教堂，其中包括沙特尔、埃夫勒、博韦、鲁昂、利摩日、卡尔卡松和巴。在英格兰，格洛斯特大教堂东边的窗户就是那个时期留下来的，全国最大的一个窗户，有 72 英尺 × 38 英尺大。其他的英格兰大堂以及牛津、剑桥等地的学院的小教堂，同样是在那个时期装饰的。

15 世纪，独具特色的英格兰式建筑风格即"垂直式"建筑得到发展，彩色玻璃也进入了丰产的时期，色彩搭配更加鲜亮，底纹也光。铭文不再用珐琅褐色来写，而是采用亮底暗字。擦毛的红宝石和蓝色涂层产生了新的效果。一种更自然的体现肉色的方法可通过用在白底上涂一薄层彩色珐琅获得，这种改进技术的一个最辉煌的用就是不断增长的纹章涂层和其他纹章图案的出现。

彩色玻璃最后的辉煌期是 16 世纪上半叶的文艺复兴时期。图案满整个窗户，使用大块玻璃不再受铅条和边框的限制，风景被浓墨彩地描绘在窗户上。格洛斯特郡弗尔福德的窗户和剑桥大学国王学的上等玻璃，都是这个时期早期的较好作品。到 1550 年以后，油技术使彩色玻璃的自然色彩黯然失色，彩色玻璃的使用开始急剧减。明暗对照法和类似的图案的采用，使它的地位加速衰退到一个令沮丧的卑微时代。

242

参考书目

前 2 节所引用书籍只偶尔涉及玻璃制造技术。

1. 概述：

Dillon, E. 'Glass.' Methuen, London. 1907.

Schmidt, R. 'Das Glas' (2nd ed.). Handbuch der Staatlichen Museen, Berlin. 1922.

Victoria and Albert Museum. 'Glass' by W. B. Honey. H. M. Stationery Office, London. 1946.

2. 具体国家：

美国：
Harrington, J. C. 'Glassmaking at Jamestown.' The Dietz Press, Richmond, Virginia. 1952.
比利时：
Chambon, R. 'L'Histoire de la verrerie en Belgique du iime siècle à nos jours.' Éditions de la librairie encyclopédique, S.P.R.L., Brussels. 1955.
不列颠：
Powell, H. J. 'Glass-Making in England.' University Press, Cambridge. 1923.

Thorpe, W. A. 'A History of English and Irish Glass' (2 vols). Medici Society, London. 1929.

Westropp, M. S. D. 'Irish Glass.' Jenkins, London. 1920.
法国：
Barrelet, J. 'La verrerie en France de l'époque gallo-romaine à nos jours.' Larousse, Paris. 1955.
德国：
Rademacher, F. 'Die deutschen Gläser des Mittelalters.' Verlag für Kunstwissenschaften, Berlin. 1933.

Schmidt, R. 'Brandenburgische Gläser.' Verlag für Kunstwissenschaft, Berlin. 1914.
荷兰：
Hudig, F. W. 'Das Glas.' Im Selbstverlag des Verfassers, Amsterdam. Vienna. 1923.
意大利：
Cechetti, B. and Zanetti, V. 'Monografia della Vetraria Veneziana e Muranese.' Venice. 1874.

Taddei, G. 'L'Arte del Vetro in Firenze e nel suo Dominio.' Le Monnier, Florence. 1954.

243

3. 中世纪和 16 世纪：

A. 工艺技术方面：

Abstracts of the most important passages bearing on glass in works of this period are to be found in S. E. Winbolt, 'Wealden Glass' (Combridges, Hove, 1933); the translations of this author have been used in present essay. Agricola's *De re metallica* is available in translation by H. C. and Lou H. Hoover (Dover Publications, New York, 1950). Peder Månsson's account of glass-making in Rome was first Published in 'Samlingar af Svenska Fornskrift-sällskapet', ed. by R. Geete, pp. 557–66 (Stockholm, 1913–15); it was rendered into modern Swedish by Hilding Rundquist in *Glastekn. Tidskr.*, **8**, 81, 1953. See also Johannsen's "Peder Månsson's 'Glaskunst'" in *Sprechsaal*, **65**, 387–8, 1932. Vanoccio Biringuccio's 'Pirotechnia' has been translated with commentary by C. S. Smith and Martha T. Gnudi (American Instit of Mining and Metallurgy, New York, 1943). A. Ilg edited both Heraclius ('Heraclius von den Farben und Künsten der Römer', Vienna, 1873) and Theophilus (*Schedula diversarum artium*, Vienna, 1874). Theophilus had a later editor in W. Theobald ('Die Technik des Kunsthandwerks im zehnten Jahrhunde Verein Deutscher Ingenieure, Berlin, 1933), and has been translated into English by R. Hendrie ('An E upon various Arts... by Theophilus', London, 1847).

B. 考古学方面：

Daniels, J. S. 'The Woodchester Glass House.' Bellows, Gloucester. 1950.

Pape, T. "An Elizabethan Glass Furnace." *The Connoisseur*, **92**, 172, 1933.

……述：

emacher, F. 'Die deutschen Gläser des Mittelalters.' Verlag für Kunstwissenschaft, Berlin. 1933.

17 世纪和 18 世纪：

eri's *L'arte vetraria* was translated into many languages: into English, with notes, by C. Merrett as 'The Art of Glass' (London, 1662); into Latin as *De arte vitraria* (Amsterdam, 1668, and frequently thereafter); into German, with notes, by J. Kunckel as part of his *Ars vitraria experimentalis* (Amsterdam and Danzig, 1679); and into French, with the notes of Merrett and Kunckel, by M. D. as 'Art de la Verrerie' (Paris, 1752).

……参考：

dicquer de Blancourt, F. 'De l'art de la verrerie.' Paris. 1697.
[arrow]. *Dictionarium polygraphicum* (2 vols). London. 1735.
……ew and Complete Dictionary of Arts and Sciences', Vol. 2, Pt Ⅱ, article: "Glass." London. 1754.
……erot, D. and D'Alembert, J. le R., *et al.* (Eds). 'Encyclopédie ou dictionnaire raisonné des sciences, des arts et des métiers', Vol. 17, article: "Verrerie". Paris. 1765.
……sie, R. 'The Handmaid to the Arts,' Vol. 2. London. 1758.

……化学玻璃：   244
化学仪器的历史：

……, R. S. and Court, T. H. 'History of the Microscope.' Griffin, London. 1932.
……jon, A. and Couder, A. 'Lunettes et télescopes.' Éditions de la revue d'optique théorique et instrumentale, Paris. 1935.
……g, H. C. 'The History of the Telescope.' Griffin, London. 1955.
……en, E. "The Invention of Eye-Glasses." *J. Hist. Med,* **11**, 13–46, 183–218, 1956.

……透镜研磨：

……ckman, I. 'Journal tenu par Isaac Beeckman de 1604 à 1634' (ed. with introd. and notes by C. de Waard), Vol. 3, pp. iii–xiv (between pp. 370–1), and pp. 371 ff. Nijhoff, The Hague. 1945.
……rubin D'Orléans. 'La Dioptriquc oculaire.' Paris. 1671.
……elius, J. *Selenographia.* Dantzig. 1647.
……ygens, Christiaan. 'Œuvres complètes', Vol. 22. Nijhoff, The Hague. 1932.
……ori, G. *Telescopium.* Frankfurt a. M. 1618.

……惟留斯 60 英尺长的天文望远镜，1673 年。

……筒是由木板制成的；单目镜 N 带有木制座，由仿犊皮覆盖的硬纸板做成。物镜 O，也安装在放于……面的木基座上。望远镜的方位角由台架上的一齿轨调节，高度由台架上的悬式滑轮和其他设备调节。……码 233、边码 634—边码 635）。

第3编

物质文明

10章 建筑构造

马丁·S.布里格斯（MARTIN S. BRIGGS）

1 意大利

文艺复兴重新唤起了人们对于希腊和罗马古典学术的兴趣，而此[ ]几个世纪它们在很大程度上被遗忘或忽视了。文艺复兴起源于意大

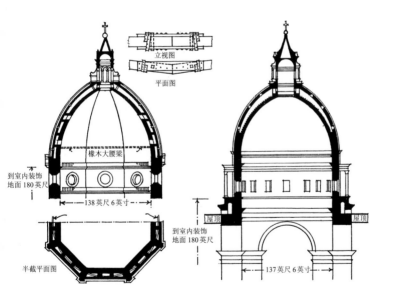

立视图

平面图

橡木大腰梁

到室内装饰
地面 180 英尺

——138 英尺 6 英寸——

半截平面图

到室内装饰
地面 180 英尺

屋顶   屋顶

——137 英尺 6 英寸——

58　文艺复兴时期意大利的穹顶结构。

[ ]布鲁内莱斯基 1420 年设计建造的佛罗伦萨大教堂的穹顶，上有橡木大腰梁（中部）的细部；

[ ]米开朗琪罗（Michelangelo）1546 年设计建造的罗马圣彼得教堂的穹顶。

利，特别是佛罗伦萨。14世纪的文学已经有了文艺复兴的气息，在建筑学上，文艺复兴的发端通常认为与年轻建筑师布鲁内莱斯（Brunelleschi，1377—1444）约1402年对罗马的造访相关。那时，正在为尚未完成的佛罗伦萨大教堂的穹顶——当时那是一个公开竞的目标——寻求灵感。他肯定直接研究过古罗马建筑的遗迹，并且得了这场竞争。穹顶按计划完成，现在仍矗立着。然而，尽管人们遍相信他的古迹研究有助于他的胜出，但他的尖头双层穹顶——文复兴建筑第一个重要作品（边码248；图158）——却绝不可能源古罗马，因为并不存在罗马或拜占庭式的双层穹顶，它的原型很可来自波斯。

布鲁内莱斯基对罗马建筑有着强烈的兴趣，是促进它在意大利兴的人之一。在意大利，哥特式建筑从未激起人们的热情，而在西其他地方，人们对发展哥特式建筑热情高涨。1414年，在瑞士的座修道院发现了一本古代的手稿，里面有失佚的维特鲁威（Vitruvi关于建筑和建筑构造的论述（在第Ⅱ卷中有引用）。1486年这一著得以付印，从而引起了人们对古代建筑构造的兴趣。

到15世纪中叶，在除了威尼斯以外的几乎整个意大利，哥特建筑已经显得过时，而代之以适应新环境的古罗马建筑形式。至少随后的50年，这一运动对其他国家的建筑没有产生什么影响，甚在那时也仅限于设计和装饰的较小细部。16世纪早期，意大利装在英格兰随处可见，主要见于伦敦及其周围由王室或贵族建造的教和官邸［如沃尔西（Wolsey）所建的汉普顿宫］，但是直到17世纪期人们才充分感觉到这一影响。在伦敦以外的地区，包括领主宅邸村舍在内的所有小型建筑，一直沿用传统的哥特式设计和建造方直到约1662年雷恩（Wren）涉足建筑界。

在本章，直至约1700年的文艺复兴建筑，将按新运动渗透到个重要国家的顺序进行论述：意大利、法国和英格兰。新的影响主

246

现在建筑设计和建筑结构两个方面：在这里仅讨论后者，但要理解
筑结构的变化，就一定要认识到翻天覆地的设计革命。

在第Ⅱ卷（第 12 章）中，我们解释了具有不同"柱式"的希腊
式建筑和以圆拱、穹顶、筒形拱顶为特征的罗马拱式建筑，在中世
如何被以尖顶拱为特征（有着肋架、细长柱和厚重扶壁系统支撑）
薄石拱顶的哥特式建筑逐渐取代。这样约到 1500 年，英格兰、法
和德国的哥特式教堂变为纯粹的砌筑骨架，其间的"墙"或空间镶
着玻璃。罗马帝国衰亡后的 1000 年内，由维特鲁威定义的古典柱
——多立克式、爱奥尼亚式和科林斯式——被彻底遗忘和抛弃了，
在它们重新被引入意大利的新建筑，但仅仅作为一种装饰而非结构
功能性的目的。

在佛罗伦萨，特别是大型宫殿内庭的拱券以及分隔教堂中堂和边
的柱子，均由科林斯柱式的柱
直接支撑，这一式样曾用于一
称为长方形廊柱大厅的古罗马
堂中。然而，佛罗伦萨大部分
殿的正面没有柱子，而经常是
一种古罗马风格的粗檐口覆
。这种檐口中最著名的要数约
500 年的斯特罗齐宫（图 159）。
得注意的是，檐口在街道上
的巨大突出约 7 英尺 3 英寸，
用加厚内侧墙来平衡，以使檐
线的重心在安全保证之内。佛
伦萨的里卡尔迪宫（1430 年）
檐口高约 10 英尺，而突出
是令人惊讶的 8 英尺 4 英寸。

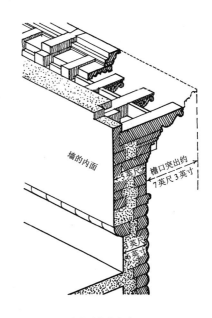

墙的内面

檐口突出约
7 英尺 3 英寸

图 159 文艺复兴时期的砌砖。
佛罗伦萨斯特罗齐宫的墙和檐口。

10.1 意大利

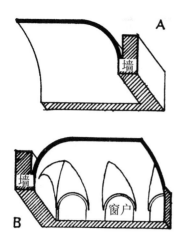

图160　意大利拱形的或"凹圆"的天花板。
(A)常见的形式；(B)中空以安设窗户。

所有这些大宫殿都以大石块装
表面，石块凿成粗面，让人产
一种坚毅永固的印象，尽管实
上大多数表面较薄，墙壁主体
由砖块或碎石砌成。

和中世纪的房屋相比，这
为达官显贵们建的意大利宫殿
敞明亮。罗马帝国的浴场和别
会令我们产生辉煌和隆重的感
而这在中世纪是没有的。随着
建纷争的消失和典雅风格的
展，需要有华丽的公寓套房，

常带有高耸的拱形天花板。一般来说，这种顶棚是扁平的，按罗马
式用扁砖建造，但在每一边的墙上以一种曲面或"凹圆面"向下延
（图160A）。若需要更高的高度以安设圆头窗，凹圆面便被它截
（图160B）。在这些砖瓦天花板中，扁砖或瓦既不连接又不相互重
全赖灰浆的黏力。在罗马的西斯廷教堂和法内斯宫可以看到这种形
的穹顶。然而，类似的凹圆效果经常由板条抹灰完成，天花板挂在
或绳构筑的木桁架之上，例如维特鲁威所描述的那样（第Ⅱ卷，边
418）。在热那亚很多优秀的文艺复兴宫殿中，可以看到这些例子。

佛罗伦萨布鲁内莱斯基的穹顶（1420—1434年）由两层砖构
中空，因而形成一种分格体系。砖砌的两个壳在八个角上以坚固
拱肋相连，角与角之间有相等间隔（图158）。他的说明书（1420年
对此结构的描述可以概括如下：内穹顶的砌砖由底部的6英尺11英
寸减至顶部的4英尺6英寸，而外穹顶的砌砖由2英尺6英寸减
1英尺4英寸。它们之间的空隙相应地从底部的3英尺8英寸增至顶
部的6英尺。连接两穹顶的24根拱肋是高约12英尺的石头。穹

248

用拱架建到 60 英尺高，但是布鲁内莱斯基却含糊其词地称"它将由那些建造此栋建筑的工匠们自己设计完成，因为在建筑上，实践会教你如何去做"。重要的是，指导人们的是实践而非理论。

1820 年，一位意大利作家出版了一幅旧设计图，显示布鲁内莱斯基的穹顶底部的檐口斜支柱支撑的脚手架，有几分像 17 世纪丰塔（Carlo Fontana）为罗马的圣彼得教堂所绘制的图中的拱架设计（图1）。布鲁内莱斯基可能就用了这一方法。由米开朗琪罗设计的圣彼得教堂的穹顶（图 158），与布鲁内莱斯基的穹顶惊人地相似，也没有什么重大的改进。附带说一下，佛罗伦萨的穹顶的曲线很陡，这就把天窗的重量有效地传递给立柱。

威尼斯的奇迹——圣玛丽亚教堂（1480 年）的拱形木屋顶有一个格天花板也是拱形的，屋顶的木杆件也是分段造起来的（图 161）。像前面解释的（第 II 卷，边码 442），一个屋顶在其起拱点需要一系梁以防因散架而把支撑墙推翻，而在半高处的领梁只是减轻了重量，通常不起什么作用。在奇迹圣玛利亚教堂，每个开间之间嵌入了铁质的系杆。在意大利宫廷庭院的拱门上，可以看到类似系杆。

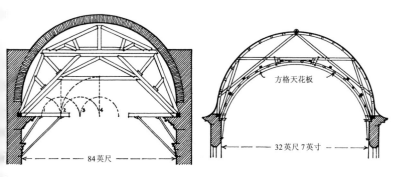

161　文艺复兴时期意大利的木作。

（左）罗马圣彼得教堂的主拱架；（右）威尼斯奇迹圣玛丽亚教堂的屋顶。

组合木料构成的拱屋顶，在帕多瓦市政厅（1306年）和维琴察政厅（1560年）以及意大利北部各种各样的其他建筑中都能发现。法国，这一类型似乎同时独立发展起来。类似地，双坡屋顶或复折屋顶（边码253）在意大利和英格兰的出现至少与在法国的出现一早。据说帕多瓦屋顶的设计者复制了他在印度所建的一座宫殿的设图纸。

然而，意大利许多文艺复兴时期的教堂都有木桁架结构的缓坡顶，如同罗马的长方形廊柱大厅式教堂所用的那样。这种情况下，大的系梁是总体结构不可分割的部分。这些屋顶有些是敞开的，从面可以看到所有的架构，而许多屋顶有非常精致的木质分格天花这是直接承继于古罗马时代的又一特征。罗马圣玛利亚大教堂的示（图162A），表明分格如何与桁架的双系梁连接。方格被涂成白装饰则装金。

许多文艺复兴时期的宫殿和教堂有非常明显的突出屋檐，而非质檐口，例如佛罗伦萨的帕齐堂（1429年）把椽最有可能受的部位厚度加倍，使突出达约英尺（图162B）。

在简略提及意大利文艺复建筑构造的主要特征后，我们需考虑它们有多少是由古代学的复兴所直接启发的。圆形拱筒形穹顶和"柱式"显然都直源于罗马的原型。然而古典的兴远不止此，古代的先例成了际建造过程和设计以及装饰的则。维特鲁威的著作在发现后

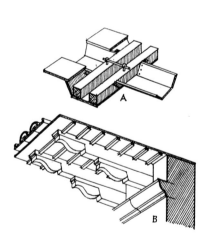

图162　文艺复兴时期意大利的木作。
（A）罗马圣玛利亚大教堂的天花板分格；（B）佛罗伦萨帕齐教堂的屋檐托架。

乢年的时间里，就成为建筑师们的经典。这些建筑师向维特鲁威请
如何烧制石灰、风干木材、装饰抹灰，完全自信他们与维特鲁威的
立一致。首版于 1485 年的阿尔贝蒂（L. B. Alberti，1404—1472）所
的颇有影响的《论建筑》（*De re aedificatoria*），大量引用了维特鲁
甚至希腊的狄奥弗拉斯图（Theophrastus，约公元前 371—前 287）
原话，不过该书在建筑材料方面的描述性甚于科学性。

当许多崇尚古代的建筑师沉湎于古罗马遗迹的研究，希望发现
列来解决他们的设计问题时，达·芬奇（Leonardo da Vinci，1452—
19）正实验着各种机械发明（图 273）。但是他能够给建筑科学作
什么有用的贡献吗？在这个大有可为的领域里还有没有其他的先驱
呢？

达·芬奇没有建筑师或建筑工匠的实际经验，也没有哪栋建筑哪
只是一部分可归功于他，尽管他画了很多建筑图纸和草图。早期他
乎并没有专门研究过数学或力学，但无疑从一本 15 世纪早期力学
面的书籍，以及和数学家帕乔利（Pacioli，1445—1509）的接触中
到了一些东西。然而，作为那个时代的"全才"，他对知识的探求
及科学的各个领域。达·芬奇并不像同时代的许多建筑师那样热衷
模仿古代的形式，飞行器更能激发他的兴趣。他自行设计了许多实
，一旦证实实验有实际用途，就往往立即结束实验。

达·芬奇的这类实验之一是测量金属丝的抗拉强度，他的一张图
显示了其装置。他在图上的注释如下：

实验的目的是测量铁丝可承受的负载。把一根长 2 布拉乔奥
[约合 3 英尺]的金属丝系在某个足以支撑它的物体上，然后把一个
子系在金属丝上，从漏斗的细孔里向篮子里注入细沙。固定一个弹
，以便在金属丝绷断时立刻把漏斗的细孔堵住……记录沙子的重量
断裂处。重复几遍以检验结果。

251

张力实验中沙子简单而巧妙的使用，在随后很长时间内一直被用，实际上一直沿用到我们这个时代——比如用于水泥试块上。

达·芬奇的很多图例阐明了结构细节，但对我们而言最重要的一张梁和柱的荷载图，这是他试图科学解决结构问题的几张图表之一般认为这些图表是迄今所知这方面的最早研究。他的笔记还包括把一个力或速度分解成两个分量，但不能肯定他是否掌握了我们现所理解的力的分解概念。

在处理承载物支撑的反作用力时，达·芬奇的研究不仅有静的——例如建筑师或结构工程师所做的那样，还有动态的——例如对鸟类飞翔和飞行器的研究那样。观察在固定间隔上被支撑的刚性构，他断定"所有不弯曲的物体会给所有离重心等距离的支撑物以量的压力，重心就是物体的质量中心"。他的措辞意义清晰，尽管达方式常常并不完美，缺乏一种合适的科学语言是他的最大局限。外，他还考虑了在不定间隔上施加负荷的结果。他的原理表述准但有时粗心的计算损害了他的计算结果。

对我们来说更重要的是达·芬奇对梁柱承载力的研究，这是一前无古人的领域。他证明只要集束材料有足够的强度，支撑柱束的载力将大于等截面的单一支柱。同样，对于两根等高但截面积不等支柱，他断定承载力与截面积成正比，与高度和直径之比成反比。于截面积相等而高度不等的支柱，他推断承载力与高度成反比。这结论都是正确的，但是又被计算错误弄砸了。在考察横梁受力时，引入了一种巧妙的方法，即由若干分离的部件组合而成的模型来显他据此法做过挠曲实验，虽然实验结果并不精确，却科学地处理了力学的这类问题。

252　　尽管达·芬奇做了先驱工作，但没有证据表明他同时代或下一的建筑师用到过结构力学。正在进行摸索的科学家与实际的建筑设

和建筑工匠间的鸿沟依然存在。众所周知，到了 17 世纪，做实际
作的人对金属条、木杆和玻璃棒作了系统测试，但建筑师或建筑工
对这些结果的了解和应用程度仍是未知数。

伽利略（Galileo，1564—1642）在力学方面作出了重大发现，也
现代建筑材料强度和悬臂原理的科学知识的真正奠基人。然而，到
世纪中叶，这一领域的主要工作已经不在意大利进行了，而是在
敦和巴黎，我们可以在雷恩和胡克（Robert Hooke，边码 257、边码
7）这一对成就卓著的朋友的科学兴趣中发现一些成果。

.2　法国

16 世纪的最初几年，文艺复兴开始对法国的建筑构造产生影响。
同时期的英格兰一样，最初的影响仅限于教堂的装饰细节以及君主
族的乡村别墅和宫殿。此外，也与英格兰一样，有钱人对府邸有一
新的要求，即空间更大、更明亮、更显尊贵。这种品味的变化在很
程度上可以追溯到法国在 1495 年至 1559 年间对意大利的军事行
，这使得入侵者对意大利盛行的新风尚相当熟悉。在法国，建筑物
实际设计和建造部分由意大利的建筑师和装饰者完成，部分由那些
在 1500 年前就去意大利学习的本地建筑者和工匠完成。

哥特式建筑在法国根深蒂固，远甚于意大利。很自然，在新风格
先期建筑上保留了许多中世纪的特征，例如陡峭的斜屋顶、高耸的
囱、山墙和有竖棂的窗。维特鲁威的著作被译为法文，不久就像在
大利那样被奉为权威，但在引进罗马的"柱式"以使设计或结构产
巨大变化方面，花了更长的时间。法国建筑结构主要的革新在于屋
、穹顶和窗户。

253

对于房屋和教堂，中世纪的陡坡屋顶在法国消逝得缓慢。实际上，
以一种变形存在了几个世纪，即所谓的复折式屋顶（mansard roof），
法国建筑师芒萨尔［François Mansart（Mansard），1598—1666］而

得名，他做了很多工作以使之流行。这种有两个斜坡的复折式屋顶（图163），实际上比它的名称更为久远。在意大利，这种屋顶的使用至少和在法国一样早，而建于1530年至1540年的英格兰汉普顿宫的大厅（边码265；图173）也采用了这种结构。在法国，1549由莱斯科（Lescot）设计的卢浮宫也部分采用了这种结构。

这种在欧洲仍然常见的屋顶样式的发明，有着一个功能性的起因。当文艺复兴传播到法国时，法国正流行高陡的屋顶，这样留给阁楼的空间不够充分。然而，复折式屋顶因和天窗相连，在垂直方向给阁楼留有足够的空间，既节省了一笔可观的砌墙费用，又多了一个居住层。因此，复折式屋顶现在仍很流行，并导致了附有阁楼的平房样式的产生。在美国这被称为"斜折式"（gambrel）屋顶。

屋顶木制作的另一革新应归功于德洛姆（Philibert de l'Orme, 1510？—1570）。尽管曾研究过古罗马遗迹，他的成名作却是非常实用的《超低成本建筑的新发明》（*New Inventions for Building Well at Low Cost*）一书。书中图文并茂地描述了用短轻木材建造屋顶的各种方案，以避免系梁的使用，系梁在跨度大时造价尤高（图164）。他宣称这一方法适用于跨度小于300英尺的屋顶，但是至少在一个事例中那一结构不到20年就塌了。

与中世纪时一样，大多数16和17世纪的法国屋顶仍用板瓦覆盖。也用到了从英格兰进口的铅。德洛姆诸多建议中的一条就是用铜替代铅。石板瓦

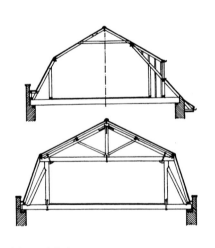

254

图163　复折式屋顶。
（上）简单型，左侧有女儿墙天沟，右侧有天窗和檐沟；（下）带女儿墙天沟的桁架形式。

常用来保护木框架房屋的垂直
前缘，布卢瓦有很多这种实际
子。巴黎附近的圣日耳曼皇家
堡（约 1540 年）有石质平台
顶，像在意大利那样用铁系杆
虽拱脚，并沿用法国中世纪的
充以扶壁加固。

16 至 17 世纪，穹顶是许多
国教堂的显著特征。雷恩从没
过意大利，他在 1665 年研究
巴黎的建筑，尤其是穹顶的设
。那时他还不能预见到他会被
请设计圣保罗大教堂，因为老
堂还不曾被伦敦大火焚毁。尽
如此，他还是在考虑给老的圣
罗大教堂加一个中心穹顶，并

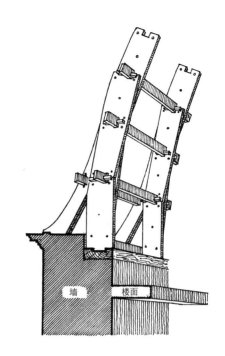

图 164　1561 年德洛姆设计的由短木料建造的
拱屋顶。

他 1666 年的设计中体现了这个设想。

16 世纪，法国教堂建起了一些小型的穹顶。这其中有：（a）巴
的圣母降临教堂（后来成了加尔文教教堂）用石板瓦覆盖的穹
（1632—1634 年）；（b）邻近的圣保罗和圣路易教堂的高穹顶
625—1641 年）；（c）瓜里尼（Guarini）皇家圣安妮的斯厄坦教堂的
顶（始建于 1662 年，此后遭破坏），它包含了雷恩在 1673 年试图
于圣保罗大教堂的希腊十字方案；（d）巴黎萨佩特雷里大医院礼拜
的高穹顶（1657 年）。所有这些雷恩都可能研究过，但比这更重
的是巴黎索邦神学院教堂的双穹顶（1635—1656），类似于罗马和
罗伦萨的设计（边码 246）。穹顶外部是木料，覆以石板瓦，内部
穹顶构架为石质，灯笼式天窗为木质。内穹顶的内直径约 44 英尺，

从起拱点铺面到上部为 94 英尺（图 165 ）。

在巴黎的圣宠谷修道院（始建于 1645 年），雷恩也许看过夏的穹顶，实际上它当时还在建造的过程之中。如同索邦神学院教堂穹顶一样，它也是有木质灯笼式天窗的双穹顶，同时也如同索邦神院教堂一样，外鼓形的石阁楼（女儿墙层）与石质穹顶内部结构的部一般高，这有助于抵抗外向推力。这一穹顶直径约 56 英尺，地到起拱点的距离为 105 英尺（图 165 ）。

巴黎第二荣军教堂的更为高耸的穹顶（图 165 ）与雷恩的作品着密切的联系，但是这一情况也可能恰恰相反，因为阿杜安–芒萨（J. Hardouin-Mansart，1646—1708），芒萨尔的侄孙，直到 1693 年开始建造它。当时雷恩正在忙于建造圣保罗大教堂，芒萨尔也许

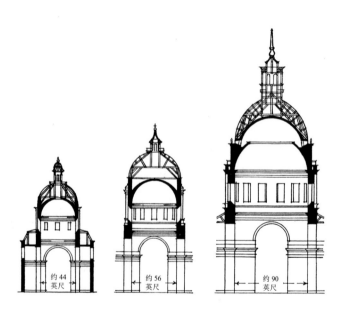

图 165　文艺复兴时期法国的穹顶结构。
（左）巴黎索邦神学院教堂的双穹顶，1635—1656 年；（中）巴黎圣宠谷教堂的双穹顶，始建于 1645 年
（右）巴黎第二荣军教堂的三层穹顶，1693—1706 年。按同一比例绘制。

雷恩"弃用设计"的雕版画（1673 年），而显然两位建筑师都借鉴
罗马圣彼得教堂穹顶的设计。阿杜安-芒萨尔的穹顶在很多方面有
于雷恩修建的圣保罗大教堂的穹顶（图 166）。内部直径约 90 英尺，
拱点与地面之间的高度逾 140 英尺。它有三重结构，同雷恩的作
一样。两个较低的穹顶为砌筑，最低的穹顶开了个大圆洞，从下面
以看到中穹顶的下侧。外穹顶为木质，覆以铅板，如雷恩的作品一
，但灯笼式天窗为木质，而雷恩的为石质，它的重量由雷恩巧妙设
的砖圆锥来承载。

　　这一时期的法国窗户仍然保留了中世纪的风格，使用直棂和横档
分。最普通的样式是宽两道、高两道，以一个直棂和横档分开，形
一个十字，因此以法语"*croisée*"表示这种窗户。逐渐地出于安全
虑，外墙所有的孔开到最小，一直到意大利的大长方形窗户出现。
质窗棂代替了石质，木栅栏代替了铅嵌条 [1]，直至最后木棂条也消失。
这一时期玻璃是很罕见的，甚至在华丽的皇家枫丹白露宫内，几乎
17 世纪末次等房间的窗户还用油亚麻布。

　　像雷恩一样，与他同时代的两位卓越的法国建筑师很晚才从科学
向建筑。但是无论是对于谁，我们都不能确证他们是否已将力学
识应用于建筑计算。贝洛（Claude Perrault，1613—1688）受过医学
练，在比较解剖学方面作出过杰出的成绩，直到 52 岁时才从事建
业。布隆代尔（François Blondel，1616—1686）曾是一名数学教授，
是在他 52 岁时成为新成立的建筑学院的首位主任和教授，第二年
出了一本弹道学和防御工事方面的书！像雷恩和胡克一样，这两个
是在融会贯通和卓越的创新上发挥了他们的科学才能，而不是在理
计算上。在法国建筑学院，则经常有关于结构、建筑材料和天然地
的讨论。

铅嵌条是一种开槽的铅条，用于固定和连接窗户中相邻的窗格玻璃。

10.3　英格兰

在约 1620 年前的英格兰，古罗马建筑复兴的主要影响体现在
些以哥特式设计和结构为主的建筑中加入意大利装饰特征。然而
1617 年到 1635 年间，琼斯（Inigo Jones，1573—1652）建了几杨
示着文艺复兴的建筑物，其中最著名的是格林尼治的女王宫、怀特
尔的国宴厅和科芬园的圣保罗大教堂。它们有罗马的"柱式"、缓
顶、石檐和栏杆、不显眼的烟囱、整齐的砌筑、大窗户、拱形天花
实际上前述所有的意大利特征都可以看到，却往往没有山墙、花窗
和其他典型的英格兰中世纪特征。琼斯引入建筑的这些变化直接游
意大利，他的作品对英格兰建筑史十分重要，不幸的是存世极少。

在琼斯的时代甚至还要更晚，传统建筑在英格兰一些僻远地区
然留存着。不仅都铎式风格仍在很多地方流行，甚至哥特式也处
257　可见，例如利兹的圣约翰教堂（1634 年）以及牛津的基督教堂里的
拱形楼梯（1630 年）。尽管别致的结构实质上是哥特式传统，现存
英格兰半木房屋，绝大部分是 16 和 17 世纪遗留下来的，而非此
法国和德国的情况也差不多。在科茨沃尔德丘陵和奔宁山脉地带，
些漂亮的石筑领主宅邸和村舍也大多是这两个世纪的，尽管其有着
世纪的外观及传统的结构。

1550 年至 1660 年，英格兰没建几座教堂。教区教堂的数量
饱和。1536—1539 年修道院解散之后，许多修道院成了大教堂或
区教堂，而 17 世纪的内战像欧洲大陆的三十年战争那样，造成了
利于教堂建设的混乱局面。

人们本可期望英格兰建筑复兴的结果也许会使建筑构造更为科
但在雷恩之前没有发现一丝这样的迹象。琼斯尽管有着杰出的天
却不是科学家，甚至没有受过良好的教育，他以一个剧院场景设计
的身份并因曾直接研究过古罗马遗迹而出名。相反，雷恩曾是著名
天文学家、几何学家和全能科学家，在 1663 年 31 岁时转向建筑

时他是牛津大学的天文学教授，在伦敦格雷舍姆大学也有类似的职
，他的发明涉及领域之广令人瞠目，涵盖了天文学、气象学、物理
、航海学、土木工程、解剖学、乐器、几何学、数学、测量学、制
术，同时他还是多种实用设备的发明者。其中一些与建筑结构相关，
如"比大理石坚硬的人行道""提高建筑强度等的新设计""建筑海
墅垒""修筑防御工事及港口的发明"。

在牛津，雷恩肯定会晤过沃利斯（John Wallis）———名数学教授，
批研究荷载梁理论的数学家之一，也是把塞利奥（Serlio，1475—
52）早期出版的设计方案用数学术语表述的人。雷恩同时代的好友
克（1635—1703）是一位实验主义哲学家，才能遍及很多科学领域，
括天文学、显微镜学、物理学和器械设计，弹性力学中的"胡克定
"便因其而得名。他成为建筑师的时间比雷恩要晚。没有证据表明，
为建筑师的雷恩或胡克用他们的静力学知识来计算建筑构件的强
，即使是以力线图[1]或其他的半图解方式。似乎直到19世纪才有

258

方面的尝试。另一方面，特别是雷恩肯定有一种敏锐的直觉，才
把基本科学原理应用于实际情况。同时，像其他文艺复兴时期的
筑师一样，他在结构设计中用到了几何学。他的一份圣保罗大教
的穹顶草图表明，他采用了伽利略在17世纪早期发现的悬链线原
（边码434）。

圣保罗大教堂的穹顶在英格兰建筑史上是一个里程碑，因为它是
英格兰建造的第一个。我们已知雷恩研究过巴黎的穹顶构造，而他
肯定通过版画熟悉了其他著名的穹顶——罗马圣彼得教堂的和佛罗
萨的，此外还有罗马万神殿的。历经几次失败后，他最终采纳的设
在结构上只能源于昔日的穹顶，它们足以承受重约700吨的砌筑
灯笼式天窗。雷恩把这看作是设计中最精彩的地方。圣彼得教堂就

即一种以规定比例、用对应于结构元件的直线来表示结构内力的图。

有一个这样的灯笼式天窗和砌筑的双穹顶（图 166）。

  双穹顶的目的主要是实用。如果曲线非常陡峭，外观令人满意，内部效果却不好，这是因为内部空间呈漏斗状且光线不足。相反，如果屋顶为半球状，则内部效果不错，外观就不怎么醒目了。雷恩的穹顶，内部为砖砌，厚 18 英寸，外部为木结构，覆以铅板，满足需求。他在内外部之间修了一个砖锥，也是 18 英寸厚，以支撑沉重的石砌灯笼式天窗。在整个结构的周围，与石廊同高即内部砖砌穹

图 166　伦敦的圣保罗大教堂：雷恩的穹顶的剖面。

底部与砖锥相接的地方，他加了一个巨大的铁环梁或称带梁，以防
们外扩。在较高的水平面上，他出于同样目的固定了两条结实的铁
（图 166）。

1922 年至 1930 年的修复工作表明，雷恩不可能预见到沉降对
体结构造成的严重破坏，因为这是近来下层土扰动的结果，不过砌
建筑本身的缺陷也是部分原因。尽管墙垛由中心为毛石的凿光石外
层组成，它比中世纪一般的墙垛结构建筑要好。一些破裂显然是因
雷恩在离石头表面太近的地方使用了铁箍，因此它们受到锈蚀。在
里雷恩没能遵照自己的声明，即"在把石头箍紧时，铁件离石表面
不能小于 9 英寸"。

圣保罗大教堂的穹顶是 1500 年至 1700 年间英格兰建筑主要的
造创新和成就。工程建造直到 1710 年才完成，耗时 25 年。然而，
了这一杰出的典范外，1500 年至 1700 年间英格兰建筑结构的发
是渐进且不为人所注意的。这里以"行业"或工艺来分项陈述最为
便。 259

首先考虑砖石建筑，文艺复兴带来的变化主要体现在建筑风格
。带尖顶的花窗格和其他哥特式特征逐渐消失，引入了罗马的"柱
"、石檐和栏杆。但是，建筑中这样新颖的东西相比较而言还是少
，至少到 1620 年，乡村里的
多数住房仍有石棂小窗（图
7）、山墙和其他的中世纪特
。稍正式一些的建筑通常以方
为面层，领主的小宅和村舍则
毛石砌体（正方形的、层砌的
至是乱石的）。 260

石砌建筑建造的两个主要
域是：（1）从多塞特海岸，经

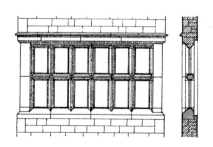

图 167　约克郡斯温斯蒂农庄凸窗中的石窗棂和
砖石结构，1579 年。

巴斯、科茨沃尔德丘陵地带、北安普敦郡、拉特兰郡到亨伯河的石石地带，一般称为"科茨沃尔德"区；（2）西约克郡、北德比郡、兰开夏郡等毗连奔宁山脉的地区。前一区域里可用的石头是细鲕状灰岩，后一区域里可用的则是砂岩和磨石粗砂岩，另有一定数量的灰石。位于波特兰的著名采石场——乃雷恩为建教堂及公共建筑所辟——在"科茨沃尔德"区，巴斯细石场也如此。这一地区的老房的屋顶有很陡的山墙，覆盖着所谓的"石板瓦"——实际上就是用墙体和烟囱的同一种石料的薄板。这些"石板瓦"被"干砌"——没有灰浆垫料——到橡木栓揳入钻出的孔中，且经常"入灰浆"或在下面涂上麻刀泥。屋顶排水沟由类似的"石瓦"组成，经特殊切削以便屋顶的交叉，但屋脊用从一块石料上锯下的倒 V 字形石构成（图 168）。过去用于加"石板瓦"的石料在 10 月采一块整石（现在仍如此），这石料可以露天放置，等到冬的霜冻来临使其分层解裂，锤子就可轻易地把石料采下按照尺寸的等级把石板瓦砌屋顶上，最大的在底部，向脊逐渐减小。

这些房屋的墙体厚度通为 18 至 24 英寸，以方石、砌块石或乱石砌筑，但经常

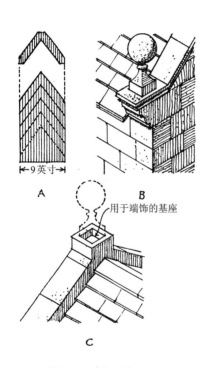

261

图 168　英格兰砖砌建筑的细部。
（A）从一块石头上锯下科茨沃尔德"石板瓦"的方法；（B）约克郡位于山墙基部的石质端饰；（C）位于山墙顶点的相同饰物，显示了接合的方法。

以方石为铺面，而里面为碎石。内部建筑例如谷仓建造中经常不用，像田地中间的篱笆墙那样。门窗上的楣为石砌，窗的直棂与横棂也是如此。玻璃最初镶嵌在网格状或菱形的铅嵌条上（边码 256），很快就被小的矩形铅嵌条所取代。1700 年以前，几乎没有使用升降窗。铅制檐沟和水落管也很少使用，从檐口上流下的雨水滴到墙基，易引起墙的毁坏。

奔宁山脉地区的古旧房屋有类似的"石板瓦"，但比科茨沃尔德地区的更大、更厚、更重。屋顶坡度较小，不超过 45°。墙比科茨沃尔德地区的稍厚，可能为方石铺面或完全是毛石砌体。在其他方面，奔宁山脉地区的房屋与科茨沃尔德地区的类似，但因材料不易处理而显得较为粗糙。有石砌建筑传统的英格兰其他地区，有西萨塞克斯（砂岩），德文郡和康沃尔郡（花岗岩）以及湖区（板岩）。

在英格兰，砖的使用始于都铎式时代晚期（第 II 卷，边码 438），特别是在东部的郡县。到 17 世纪，东南部地区和东英格兰地区砖的使用开始变得非常流行，这是由于这些地区天然建筑石料较为稀少。这时所有房屋甚至村舍都有壁炉和升出屋顶的高烟囱。由于木头为燃料，壁炉非常宽大，这样烟囱的底部到顶部就需要分几步骤来巧妙地减小砖砌的宽度（图 169）。

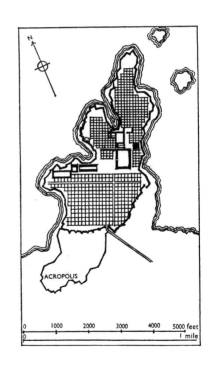

图 169　一个古旧村舍的砖砌烟囱：17 世纪在肯特郡和萨塞克斯郡建造的类型。

10.3　英格兰

262　　　　砖一般为英格兰式砌合，但在 1625 年至 1650 年间引入了 式砌合 [1]。1571 年的章程规定砖的尺寸为 9 英寸 ×4.25 英寸 ×2.2 寸。灰浆接缝很宽。1625 年至 1650 年，从荷兰引进了"规准" 砖砌、磨砖和细白接头。这时切割砖和模制砖也开始流行。50 雷恩非常巧妙地使用了砖砌，既平滑又规准，这在汉普顿宫上特 得注意。17 世纪末，引进了尺寸约 6 英寸 ×3 英寸 ×1 英寸的 小荷兰砖，用于铺砌庭院和马厩。

　　　　在 17 世纪及其后，纯木构建筑仍在建造。法国和英格兰在 点上的主要区别是，法国很少使用曲撑条，而英格兰却很普遍， 是因为又高又直的法国橡树不能像英格兰橡树那样提供随意弯曲 料。在英格兰，榆树、山毛榉、甜栗树偶尔也被用于木构架。

263　　　　图 170 显示了建造的主要原理。较重的楼层柱有 8 或 9 平 寸，被放入砖或石质勒脚墙体之上的底梁中。拐角处的柱子比其 的要大，由树粗大的一段加工成形，放置时根部向上，顶部沿对 向外弯曲，以支撑上层的角柱。横梁置于这些柱子上，从下面的 前悬出约 18 英寸，拐角处的梁沿对角线方向放置，在屋内可见。 余横梁与其纵向连接，后者与地板龙骨榫接，悬出距离与主梁相

　　　　上层的构架与下层类似，横木与底梁分别铺放在悬出木料的 房屋在建造的第一阶段里只是一个木料骨架，在完工前要从外部

264　　支撑。在许多例子中，低层的较大木料上仍然可以见到安装支撑 狭槽。主柱之间的空间填充了约 8 或 9 英寸宽的等距立柱。在后 的做法中，这些主柱距离更宽并且引入了曲撑条，特别是在从伍斯 郡到南兰开夏郡的中西部地区，它们形成了精巧的几何样式。16 年的伦敦大火中，由于多数房屋为木结构，据估计其中约 13 200 房屋被焚毁。霍尔本的大旅馆（1581 年）则幸免于难。此后伦敦禁

1　　在英格兰式砌合中，每皮砖中完全由顺砌和丁砌交替。在荷兰式砌合中，每一皮砖中都由丁砌和顺砌交替，
　　　个丁头都被设置在上一皮砖或下一皮砖中的顺头的中间。

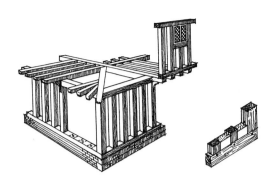

图 170 英格兰半露木架结构。

（左）主木料的典型构架；（右）图示间隔填有石质板层。大查
尔菲尔德庄园，威尔特郡。

建筑。

这些所谓的"半露木架"结构在外部以不同的方式制作（图
）。有时在不同柱子和横梁之间充满着编枝（0.5 至 1 英寸厚的榛
还带着树皮）和木板条，涂上混有碎草的黏土，最后抹灰至与木
部分齐平。灰浆由混有毛发或碎草或牛粪的石灰和砂子制成，它很
韧，像皮革一样。另一种办法是，整栋建筑物外面覆盖着直陶瓦。

种方法在肯特郡、萨塞克斯和萨里很普遍，但在那些瓦片有着圆头
叠瓦状"）的地区出现的时期大概稍晚。在埃塞克斯郡、赫特福德

265

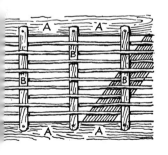
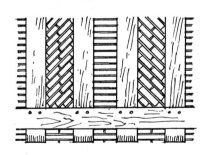

71 英格兰半露木架结构。

）"荆笆墙"覆盖物，（AA）木构架、（BB）木板条；（右）柱间填砖砌体。

郡以及米德尔塞克斯郡，护墙板大都用作外部的遮蔽物。这一习惯
清教徒带到了美洲，成为新英格兰地区房屋的特征。在英格兰，术
由橡木或榆木制成，约 9 英寸宽，钉在构架的中间立柱上，木板
间有 1 至 1.5 英寸的重叠。

　　除了琼斯从意大利引进的可能是维特鲁威自己设计的低坡顶以
英格兰屋顶的设计在雷恩之前没有太大的变化。带有曲撑条的哥特
桁架继续被建造，例如约克郡 1579 年建造的一幢农庄（图 172），
有哥特式教堂常见的侧面装饰性风撑。同样，迟至 17 世纪仍偶尔
造托臂梁屋顶。位于汉普顿宫（图 173）的托臂梁屋顶建于 1531 年
1535 年，结构本质上是中世纪的，拱肩、吊饰和梁托都有着文艺
兴时期的装饰，也有与复折式桁架相关的双斜坡。

266　　雷恩于 1663 年设计的牛津谢尔顿剧院的屋顶（这是他从天文
转到建筑学后不久的事）标志着一个革新，这被当时的人们看作是
代的奇迹之一。为了迎合时尚，他把古罗马的马赛路斯露天剧场

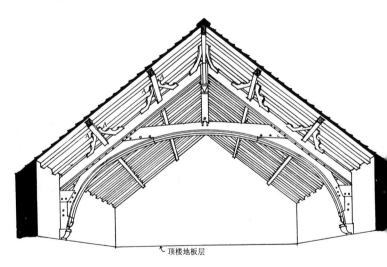

顶楼地板层

图 172　约克郡斯温斯蒂农庄的橡木造屋顶结构；注意其风撑（AA）。1579 年。

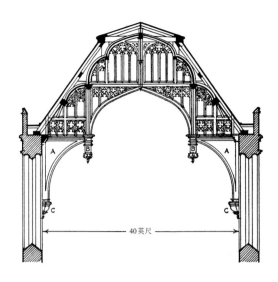

图173 汉普顿宫大厅的托臂梁屋顶，约1531—1535年。
典型的文艺复兴特征包括双斜坡以及拱肩（AA）、吊饰（BB）
和梁托（CC）上的装饰。

前11年）作为建造的模型，顶上是敞开的，这在英格兰的气候中
然不现实。雷恩的建筑有着68英尺的惊人跨度——远超过任何
通形式的木结构建筑的跨度。1663年时雷恩还没到过法国（边码
4），但是他很可能看过德洛姆关于大跨度木组合桁架的著作（边
253）。无论如何，他完成了这一精妙绝伦的设计，以适当长度的
材通过楔接和榫接相连接组成桁架（图174），用许多重铁栓、铁
和铁板把木料固定，最后用一个对角十字斜撑系统把桁架拉紧。这
屋顶的双斜坡，会使人想起复折式屋顶。

267

1694年雷恩被召去修复奇切斯特大教堂的哥特式石尖塔，在这
独特的结构装置上显示了他的科学天才。为了消除频繁发生的大
的影响，他用一个铁环从塔顶的石尖顶饰上悬挂了一个巨大的木
。木摆由黄冷杉（yellow fir）[1]制成，长80英尺，横截面13平方英

这一名称可被用于称呼苏格兰松树、道格拉斯冷杉，或白冷杉（*Abies grandis*）。

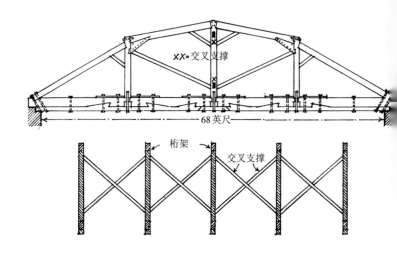

图 174　雷恩为牛津谢尔顿剧院设计的复合式屋顶桁架。
（上）单一桁架的立视图；（下）桁架间的交叉支撑。

图 175　奇切斯特大
教堂的尖塔，上有
雷恩的"摆"。（A）
"摆"，80 英尺 × 13
英寸 × 13 英寸；（B）
"平台"；（C）压铁。

寸，底部装有一个铁锤（图 175）。他在摆上固
了两个结实的橡木制平台，较低的一个比尖塔
砌筑墙体小约 3 英寸，较高的一个小约 2.25 英
当大风吹向尖塔的一面时，摆就会接触到墙的背
面，向风面的空间就会增加。当风停息时，摆恢
到垂直位置上。一直到 1861 年塔楼和尖顶坍塌
重建之前，这个装置被证明非常成功。

17 世纪，木作工艺发生了巨大变化，哥特
时代的狭窄而又不便的石制螺旋楼梯，被宽而轻
且美观的木制楼梯所取代。琼斯在怀特霍尔国宴
和格林治女王宫仍使用竖框窗户，但是据说
威廉三世（William Ⅲ）从荷兰引入的窗框已经被
恩于 1685 年用于怀特霍尔宫中。它们有拉绳和
滑轮。伊丽莎白时期和詹姆斯一世时期，墙板具

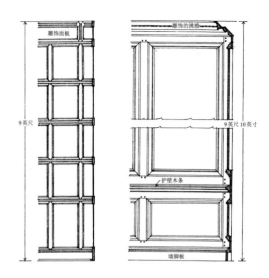

图176 英格兰墙板。

（左）约克郡的斯温斯蒂农庄，1579 年 ;（右）伦敦的克利福德酒馆，1686—1688 年。注意其大小、凸出的不同，面板的特征，以及在构架中使用的木销。

常轻的框架（约 1 英寸厚）、精致的造型，以及相当小的，常约 18 寸高、12 英寸宽的长方形嵌板。从琼斯的时期开始，嵌板的尺寸大增加。它们具有倾斜的边缘，周围固定着显眼的凸出花边，而不以前框架边缘上那种较小的花边（图 176）。

参考书目

Addy, S. O. 'Evolution of the English House' (rev. ed., enl. from the author's notes by J. N. Summerson).
　　Allen and Unwin, London. 1933.

Ambler, L. 'The Old Halls and Manor Houses of Yorkshire, with some Examples of other Houses built befo
　　1700.' Batsford, London. 1913.

Blomfield, Sir Reginald (Theodore). 'A Short History of Renaissance Architecture in England, 1500–18
　　Bell, London. 1900.

Idem. 'A History of French Architecture from the Reign of Charles VIII till the Death of Mazarin.' Bell, Lond
　　1911.

Blomfield, Sir Reginald (Theodore). 'A History of French Architecture from the Death of Mazarin till the
　　Death of Louis XV, 1661–1774.' Bell, London. 1921.

Briggs, M. S. 'A Short History of the Building Crafts.' Clarendon Press, Oxford. 1925.

Idem. 'The English Farmhouse.' Batsford, London. 1953.

Idem. 'Wren the Incomparable.' Allen and Unwin, London. 1953.

Choisy, F. A. 'Histoire de l'architecture', Vol. 2. Paris. 1899.

Crossley, F. H. 'Timber Building in England from Early Times to the End of the Seventeenth Century.' Bats
　　London. 1951.

Dawber, Sir (Edward) Guy. 'Old Cottages and Farmhouses in Kent and Sussex.' Batsford, London. 1900.

Idem. 'Old Cottages, Farmhouses and other Stone Buildings in the Cotswold District.' Batsford, London. 1

Durm, J. 'Die Baukunst der Renaissance in Italien' in E. Schmitt *et al.* (Eds). 'Handbuch der Architektur', Pt
　　Vol. 5. Bergstrå β er, Stuttgart. 1903.

Geymüller, H. von. 'Die Baukunst der Renaissance in Frankreich' in J. Durm *et al.* (Eds). 'Handbuch der
　　Architektur', Pt II , Vol. 6 (2 vols). Bergstrå β er, Darmstadt. 1898–1901.

Gotch, J. A. 'Early Renaissance Architecture in England 1550–1625' (2nd ed.). Batsford, London. 1914

Idem. 'The Growth of the English House from Early Feudal Times to the Close of the Eighteenth Century' (
　　ed.). Batsford, London. 1928.

Horst, K. 'Die Architektur der deutschen Renaissance.' Propyläen-Kunstgeschichte, supplementary volume.
　　Propyläen Verlag, Berlin. 1928.

Innocent, C. F. 'The Development of English Building Construction.' University Press, Cambridge. 1916.

Jackson, Sir Thomas G. 'The Renaissance of Roman Architecture' (3 vols). University Press, Cambridge.
　　1921–3.

Knoop, D. and Jones, G. P. 'The London Mason in the Seventeenth Century.' University Press, Manchester.
　　1935.

Lloyd, N. 'A History of English Brickwork (new abr. ed.). Montgomery, London. 1935.

Moxon, J. 'Mechanick Exercises, or the Doctrine of Handy-works.' London. 1677–9.

Straub, H. 'A History of Civil Engineering. An Outline from Ancient to Modern Times' (trans. from the Ger
　　by E. Rockwell). Hill, London. 1952.

Summerson, J. N. 'Sir Christopher Wren.' Brief Lives, No. 9. Collins, London. 1953.

268

工作中的石匠。引自 1568 年的一幅木刻画。

第11章　从古代到文艺复兴时期的城市规划

马丁·S.布里格斯（MARTIN S.BRIGGS）

11.1　最早规划的城市

新石器时代早期，当人类开始以比家庭大的单位聚居时，其居点没有什么秩序可以识别，每个家庭的居住选址只是出于各自的利。然而，即使在新石器文化时期，人类喜好群居的习惯仍产生某种样式，以至最终形成了高度发达、安排上非常有特点的村落（Ⅰ卷，图197）。随着早期城邦逐渐发展成古代帝国（第Ⅰ卷，边44），这种模式更为明确。但是，并不能就此认为这种城市的形态由城市规划者预先规划的，这些模式应该被看作是它们一种出于其文化的自发表达。在任何一座城市按照设计思路发展起来以前，古帝国早已成功建立起来。

尽管直到大约1904年才被称呼为"城市规划"，尽管其应用艺术与科学直到后来才被当作课题进行专门研究，城市规划却起源遥远的古代。作为一门科学，城市规划就在于预先制订计划，以调城镇布局，要考虑充分利用选址的自然优势，并为住房、交通、工以及娱乐提供便利条件；作为一门艺术，城市规划寻求创造一种体和谐与美的效果。我们这里关心的是前者，以及在古代帝国中城市划的实践情况。

现代的研究是以每一个古代河谷流域文明中的实例为起点。其

昂的一个是埃及典型的卡洪劳工社区，它位于开罗以南约 60 英里
是在第十二王朝（约公元前 1900 年）为在附近建金字塔的工人
共住宿而建立的。它严格按照国际象棋棋盘的格式，占地约 20 英
大约有 300 套 4 间或 5 间一套的住房，还有 10 到 20 套专门为
头建造的大房子和为主要官员建造的 10 座官邸。在稍高于平地处
一小型公众聚会场所。城镇的一部分专用于安排奴隶。方形住宅区
同每一条笔直的街道当中都有排水沟，这是街道排水设施为人所知
最早例子。这个小城有人居住的历史仅 21 年，而当时金字塔仍在
造中。

270

对自公元前 2500 年起繁荣了千年之久的伟大的印度河流域文明，
们知道得仍然太少。它最著名的城市是摩亨朱达罗和哈拉帕。它们
度单调的文化特点在城市规划中反映了出来。这些居住点均包含一
城堡，可能是皇宫，周围被众多清一色的呈长方形的劳动者住房所
围，其布局几乎不顾及美观或者体面（第 I 卷，图 30）。

在第三个古老河流文明即美索不达米亚文明中，我们了解最
的是公元前 8 世纪以来的伟大的巴比伦城（图 177）。它占据了
当大的面积，并被幼发拉底河分开。公元前 5 世纪，希罗多德
erodotus）在其著作中写道："这座城市建立在宽阔的平原上，呈严
的正方形。其宏伟程度没有哪一座城市可以媲美。该城被又宽又深
护城壕沟包围着，壕沟后是宽 50 敕定肘尺、高 200 敕定肘尺的城
。"希罗多德解释了从壕沟取来的土如何用模子制成城墙砖坯，砖
如何在窑中烧制，以及砖如何用沥青砌牢，沥青取自 8 英里外河
的一个土墩中。希罗多德还说道，每砌 30 层砖要铺一层苇席，以
成一系列（通风）干燥层。城墙的顶部非常宽，足以使一辆四匹马
的战车掉头。城市被"宽阔湍急的深河截成了两部分"，城墙延伸
了河两岸。房子都呈矩形，街道笔直，伸到河边处有铜门封闭。房
大多数都是 3 层或者 4 层高[1]（第 I 卷，图版 18）。

271

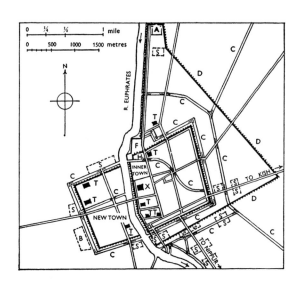

图 177　古巴比伦平面简图。

（A）尼布甲尼撒（Nebuchadrezzar）的夏宫；（B）墓葬区（C，C，C）运河和护城河；（D）城的外墙（尼布甲尼撒所建）；（F）要塞；（H）"空中花园"；（S）郊区居民点；（T）寺院；（X）"通天塔"。

　　希罗多德对巴比伦的介绍有很多地方令人困惑，但是上述他的括性描述大部分已经通过考古发掘得到证实（第Ⅰ卷，图 286）。同亚述和尼尼微一样，巴比伦有一个长长的可通过队列的街道（或林荫大道）。这与乌尔城截然不同，因为尽管乌尔城在公元前 18年左右拥有很多宽敞的房子（第Ⅰ卷，图 300），但是它的街道狭没有铺砌，弯弯曲曲，不可能适于有轮交通。

　　这些更古老的河流帝国取得了辉煌的成就，然而要追溯其中任一座城市的规划都是不可能的。不过，城市规划的一些演变还是能在被研究得更充分的地中海国家看到。在地中海国家，从新石器时早期农民的第一批不规则的居住点到公元 2 世纪罗马帝国最宏伟城市，每个发展阶段都可以发现规划的演变，尽管直到公元前 4

272

也中海沿岸地区才达到了城邦的规模。

小国的首都很自然地逐渐增长形成一个中心根据地或卫城，后发展成为一座宫殿，常常与庙宇以及用于聚会和市场的广场（称"ora"）或开阔地相关。根据这个地方的轮廓，人们的住所以一种致同心圆的方式聚集在这一核心周围。在这种文明早期阶段，这就可以识别出来但未经规划的定居形态。

2　希腊以及希腊化的世界

尽管在久远的文明中已经出现了壮观的宫殿和庙宇，但是直到希化时期之前，城市规划中的艺术或科学并未兴盛。出生在小亚细亚利都的希腊人希波丹姆（Hippodamus，公元前 5 世纪）是当时第一个名的实践者。根据亚里士多德（Aristotle）的说法，"希波丹姆采用阔笔直的街道的原则，在所有建筑师中第一个为合理的住房布局准，并特别重视把城市中的不同部分组合成一个以广场为中心的和谐整体"[2]。亚里士多德在这里只谈到了他自己的希腊化世界。公元443 年，希波丹姆在意大利南部设计了一个新的希腊城——图里。里克利（Pericles，约公元前 495—前 429）雇他设计了比雷埃夫斯。雷埃夫斯是雅典的海港，希波丹姆把这个海港设计在一个方形区域，这是为了使主要街道上的交通能够避开广场（图 178）。这种体的安排与雅典的建筑形成对照。在雅典，脏乱的居民区与卫城及其城区的豪华建筑群全然不同。居民区的建筑都是没有规划的，街道狭窄又弯曲，没有铺砌，也没有照明设施。广场尽管被大理石柱廊及优雅的建筑包围起来，却被用作市场场地和露天游乐场，货摊、酒店以及待售的一堆堆的货物散布其中。当公民们被喇叭声吸引奔公众集会场地时，这些摊点都不得不赶紧转移。狭窄的街道上，商的门面都是敞开的，就像今天东方的市场一样。这种情况在雅典的要劲敌斯巴达也非常流行。

273

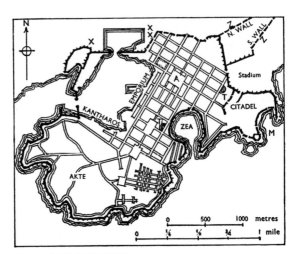

图 178 比雷埃夫斯平面简图。
图中显示了希腊的防御工事以及街道和建筑物的可能布局。(A)广场；
(M)兵工厂；(T, T)剧院；(X, X, X)现代的火车站；(Z, Z)连接
比雷埃夫斯和雅典(6英里远)的长壁。船库围绕着齐娥海湾和兵工厂。

不过在西西里岛的塞利努斯规划中也可能留有希波丹姆的影
这一规划大概始于公元前 408 年。这里城区的布局都是矩形街坊（
者称"insulae"，如后来在罗马时代被称呼的那样），而不管这个
块的外廓如何。其故乡米利都城在公元前 494 年被毁之后，希波
姆在重建中起了多大作用（图 179）不得而知，但他肯定对此有所
献。这里街坊的面积约为 78 英尺 × 96 英尺，尽管这个地方形状
规则，但还是有些一致性。两条主街道宽约 25 英尺，以直角相互
叉，样式相同的普通房子整齐地沿街排列。其他街道宽约 14 英
一些庙宇建在东南部城区，它们要比街道和房屋的格状布局古老，
街道和房屋中没有具有纪念意义的建筑物。

在马其顿的奥林索斯（图 180），在同一世纪以格状的规划建
了一个新居住区，划分成 283 英尺 × 117 英尺大小的街坊，主街
的宽度从 16 英尺到 23 英尺不等。每一个街坊都被一条宽为 4.5 英

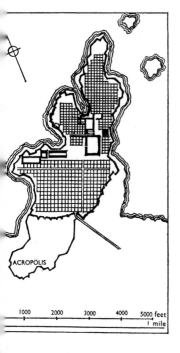

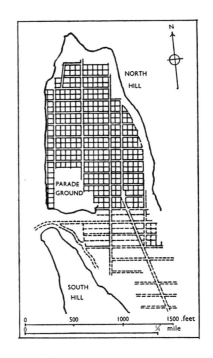

9　米利都平面简图。　　　　　　图 180　奥林索斯平面简图。

小巷平分，每半个区域又被分成大约 57 英尺见方的房宅地。每栋
子都设计成向南，并有一个铺有鹅卵石地面的庭院。大多数房子都
一层，墙是以碎石为地基建成的泥砖墙。有遮蔽的门廊也设计好了。
室的主房朝南，一般在中心配有炉床。没有卫生设施。

格状规划在希腊时代一直盛行。一个有趣的例子是小亚细亚的米
都附近的普里恩小城（图 181），它从形成天然卫城的陡峭岩石向
每方向急剧倾斜。不管怎么说，这个设计是严格垂直的，有 7 条
街道大致平行于卫城的斜坡，并与急剧倾斜的 15 条街道相互交叉。
些主街道的宽度从 18 英尺到 24 英尺不等，其他街道的宽度则从
英尺到 15 英尺不等。整个区域被分割成了许多 116 英尺 × 155 英

274

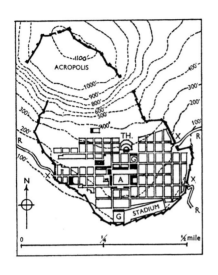

图 181 普里恩平面简图。
(A) 广场；(G, G) 体育场；(R, R) 道路；
(TH) 剧场；(X) 城门。等高线表明了海拔高度
（英尺）。

尺的街坊，居住区域进一步
划分为平均 58 英尺 × 78 英
的房宅地。中心城区的一些
坊建有公共建筑。据估计共
住宅 400 到 500 所，能容纳
4000 名居民。为了达到防工
的，该城设计紧凑，没有在
尽管普里恩的标准住房类型
现出了一些奢华，但仍与奥
索斯的住房很像，有庭院，
遮蔽的门廊，还有一个大房
普遍地，还有一个从前到后
房子的长走廊。在提洛岛（比
普里恩稍微晚些），很多房子

有一个漂亮的大理石圆柱廊或者围绕着庭院的柱廊，经常有一个位
中心的水槽，就同后来罗马时期的一样。

　　比希腊的这些城镇更有名的是庞贝，这座城市在公元 63 年一
大地震中遭到毁坏，并最终于公元 79 年淹没在维苏威火山灰中。
被埋没街道和房屋的发掘揭示出希腊罗马城镇的完整规划，房屋建
时期可以追溯到公元前 3 世纪。这个设计并不是严格的矩形，其
坊略呈不规则四边形，但是在这个地方有一个早期的村落，它影响
整个规划。公共集会场地为 500 英尺 × 150 英尺，并有庙宇、长
形廊柱大厅、市场以及公共厕所。主街道的铺砌略高出地面，两边
排水沟。不过，与其说庞培代表了城市规划，还不如说它体现出了
筑与装饰风格。有些房屋占据了整个街坊，并拥有在希腊原型中找
到的特征。较大房屋的规划是严格对称的，即从前到后在房宅地的
向上把整个区平分。著名的"农牧神殿"有一个被柱廊环绕的花

275

沿宽度方向与另一个柱廊庭园相接，它再一进是一个所谓的中庭，
庭面对着主房间。内部花园非常多。

在其他希腊化城市中，有一个在公元 4 世纪消亡了，这就是巴
米拉附近的幼发拉底河上的一座名为杜拉欧罗普斯的边疆碉堡城市。
个城市已被很好地探测过，它是格状布局，主街道宽超过 36 英尺，
他街道宽约 20 英尺，与 12 个狭窄街道以直角交叉。

小亚细亚的以弗所围绕精美的公共建筑规划得十分雄伟。它包括
型公共浴室、剧院、运动场、体育场以及一些气势宏伟的露天场地，
约为 525 平方英尺的广场。主街道宽为 36 英尺，铺有大理石，每
侧都有柱廊，在它们后面是成排的商店。柱廊街道如果不算一项发
的话，也是希腊化时期的一种特色，具有希腊特色的广场也获得了
大发展。

科林斯城是在希腊罗马时期精心设计的，它有一些非常小却很古
的卫城以及作为中心的庙宇。这一规划的主要特点就是巨大的复式
廊或盖顶的门廊，其长接近 550 英尺，排有 33 家商店，每家商店
两间房。城市供水来自山上的长期水源，被诗意地称作"普里恩之
"，被储存在 4 个并列的水库中，通过 6 个闸门放流。每个商店都
一个正方形的深约 36 英尺的水坑，水坑背后是一个来自水源的连
渠道。有人认为流动着的冷水使这些坑成了冷藏室，因而这个精心
计的系统没被用于居室。这个令人瞩目的设施建成时期要比这个城
的主要规划早得多，很可能是在公元前 4 世纪或者前 3 世纪。

安条克是另外一个经过正规规划的希腊化城市，埃及的大港口亚
山大也是如此，海港的主要现代通道完全沿着古老的主街道笔直
延伸了约 4 英里。这座城市是由亚历山大大帝（Alexander the Great）
建筑师狄诺克莱特斯（Deinocrates）在马瑞提斯湖与地中海之间狭
的沙地带为亚历山大大帝设计的。这是一个格状规划，但是先前的
煌包括有名的法罗斯岛灯塔，很少有遗迹留存下来。在大马士革，

"直街"接近一公里长，两边排列着柱廊。

11.3　罗马及其帝国

　　罗马帝国统治下快速发展的城市规划所达到的辉煌，直到文艺复兴时才再次达到（边码285）。出于种种原因，罗马自身的设计（182）并没有遵循与其他罗马城镇一样的演变方式，其他城镇的规划普遍是棋盘状或者格状的。这个非常典型的罗马规划是归于希腊前还是受到了古代意大利城镇如弥扎博托（建立于约公元前500年）启发，或者仅仅是罗马军营的传统规划（图183，罗马军营是正方或者长方形，被两条主街道分隔开，一条街道东西朝向，另一条南

276

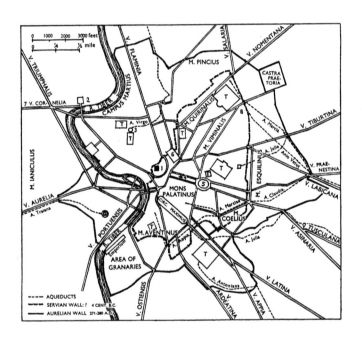

图182　帝国时期罗马平面简图，显示有城墙、主干道、水渠和公共浴室。显示区域约9平方英里。

（1）朱庇特神庙；（2）哈德良墓（圣安杰洛堡）；（3）万神庙；（4）古罗马广场；（5）椭圆形大剧场（斗兽场）；（6）图拉真广场；（7）圣彼得大教堂所在；（8）现火车站所在；（T）公共浴室。

，总部建筑靠近这两条街的

叉地带），至今令人疑惑不解。

特鲁威（Vitruvius）讨论了如何

新城镇选址，并就沼泽地及排

提出了建议，对防御工事、房

的合适的方位以及公共建筑的

址进行了论述[3]。

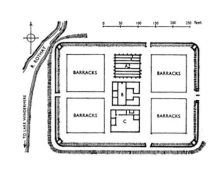

图 183　威斯特摩兰的安布尔赛德的罗马要塞平面图。公元 2 世纪。
（A）谷仓；（B）总部；（C）司令住处。

在意大利以外，罗马的地方

镇要么是殖民地，即退役军人

新居住点，要么是被赋予这种

位的现有城镇，要么是自治市，这一称谓被用于重要的本土城镇。

不列颠，仅有一个公民自治市——圣奥尔本斯（沃鲁拉名姆）——

好与 4 个军事自治市相互对应，分别是科尔切斯特、林肯、格洛

特以及约克。等级较低并且数量较多的是城（civitates）、部落或者

县的首府，后者包括埃克塞特、温切斯特、凯尔文特、坎特伯雷和

切斯特。一般来说，英格兰地名中以 "切斯特"（-chester）结尾的

代表拉丁文 "castra"，即军营。

不列颠典型的罗马城镇是塞切斯特和沃鲁拉名姆（图 184，图

5）。塞切斯特最初是一个部落首府，后被罗马人作为行政中心保

下来，并以棋盘形式重建，这大概是罗马征服以后半个世纪之内的

。它包括一个广场、一个长方形廊柱大厅、一个供旅客使用的大旅

和诸多公共浴室。小基督教堂是后来建的。城镇处于一个重要的枢

位置，从伦敦延伸而来的巴斯路在这里分岔成三条到达赛伦塞斯特、

切斯特和巴斯的道路。尽管被笔直的街道分成了垂直的街坊，建造

些街坊的房子的实际地形还是很不规则的。也许罗马的建筑师们

划了这些街道，但是当地居民则根据各自的喜好来安排他们的住房。

大多数罗马和希腊的城镇中，住房都紧密地排在街坊中，而在塞切

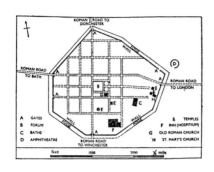

图 184　塞切斯特平面图。　　　　　图 185　沃鲁拉名姆平面图。

斯特的住房却相互分离，构成了早期的田园城市。因此，尽管塞切特的面积（100 英亩）接近罗马统治时的伦敦（325 英亩）的三分之它却只有 80 间房屋，柱廊广场为 310 英尺 ×275 英尺，包括商店及 "市政机关"。城镇边缘是不规则多边形，城墙可能建在早期不颠的土垒上。

　　沃鲁拉名姆（图 185）面积为 200 英亩，是继伦敦（325 英亩）赛伦塞斯特（240 英亩）之后不列颠最大的罗马城镇。它位于伦敦向切斯特的沃特灵古道。进入城市的路通过精巧的南门，门的两侧

278　凸起的塔，构成一个双向通行的拱门。巨大的城墙因有城垛和壕沟得到加强，这些城墙是砖石建筑，并有两英里长的封闭环路，它们4 个门。在广场附近，广场临近两条主干道交叉口，沃特灵古道被宽到 35 英尺，大概是为了提供一个相当于停车场的地方。除了罗城市中一般的公共和民用建筑外，沃鲁拉名姆拥有不列颠唯一知名罗马剧院。

　　罗马统治下的伦敦的人口略微低于 2 万人。城市以城墙为现在城墙的大部分已发掘出来（图 186）。城墙朝陆地的部分可能于公元 60 年到公元 150 年之间，城垛稍晚一些，河堤的建立可以溯到 3 世纪下半叶。城墙由燧石、砖与石头构成，它的环路大约

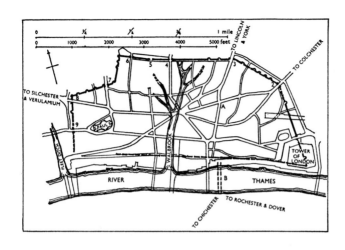

图 186　罗马统治时伦敦平面简图（粗线指城墙，细线指现代街道）。
A 为长方形廊柱大厅的位置；B 大概是桥梁的位置。
城门分别是：（1）塔的后门；（2）奥尔德门；（3）毕晓普门；（4）莫尔门；（5）
奥尔德曼伯里后门；（6）克里普尔门；（7）奥尔德斯门；（8）纽盖特门；（9）卢
德门。

英里。纽盖特门是唯一被挖掘出来的门，好像有一个双行车道，车
两侧是两个突出的矩形塔，就好像沃鲁拉名姆的一样（第 II 卷，图
4）。6 条主路在伦敦汇聚，分别来自多佛尔（沃特灵古道）、奇切
特（斯塔那古道）、塞切斯特（阿克曼古道）、罗克斯特和切斯特
特灵古道）、约克（厄迈因古道）和科尔切斯特。

　　伦敦矗立在一个砾石平原上，最高海拔约为 50 英尺，一条现在
叫瓦尔布鲁克的小河把它一分为二。罗马城原来的高度要低于现有
道的高度 10 到 30 英尺。沿瓦尔布鲁克的河床已经发现堆积的木
。公元 60 年的伦敦肯定是一个繁华的地方。在城墙内部有两座公
，较大的那座靠近圣保罗大教堂，它的规划是长方形，但因为资料
足，所以不能可靠地重建。最重要的建筑是长方形廊柱大厅。

　　意大利以外的罗马城市中，没有几个保留了原始规划中的较大部
，不过特雷夫斯、科隆也许还有贝尔格莱德的一些街道遵循的是旧

279

设计路线。特雷夫斯城墙建于公元2年，面积为704英亩，是罗
统治时伦敦的两倍大，是提姆加德（见下）的23倍大。君士坦丁
由君士坦丁（Constantine）于公元330年在拜占庭老城遗址上重建（
187）。413年、447年和后来建造的一系列城墙，使它的面积有所
展。最新的城墙100英尺高，有很多高塔。其内部规划很正规，
并不是严格的长方形，这是由于它的轮廓像在罗马那样形成了7
小山。对设置主要建筑来说这是极好的。主街道有拱廊或柱廊，并
有至少6个宏大的广场而显得特别突出。著名的竞技场能够容纳
万名观众。供水系统也引人注目。水引自不同距离的溪流和泉水，
了跨越山谷时外，由铺设在地下的水管传输。引来的水储存在一个
天水库，或存在城中带盖的贮水池中，后者有些现在还在使用。一

280

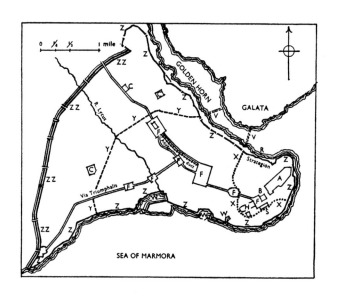

图187 拜占庭（伊斯坦布尔）平面简图。
（A）卫城；（B）圣索菲娅；（C,C,C）主要的蓄水池；（F,F,F）广场；（H）
竞技场；（S）元老院；（R）现代的火车站；（X,X,X）古代陆地城墙,（Y,Y,Y）
君士坦丁所建古代陆地城墙；（Z,Z,Z）其他防御工事；（W,W,W）古代港口；
（V,V）现代桥梁所在。

水池的贮水量是650万立方
尺，另一个贮水池的顶由224
柱支撑，每一根柱都由3根
组成。

　　阿尔及利亚的提姆加德由图
真（Trajan）在公元100年建
，当时是作为退役军人的居住
。对它的考古发掘得非常完整，
示出最严格的格状规划（图
8）。它只有30英亩，却被分
了132个街坊，每一个街坊
约为75平方英尺，其中近20
街坊连接在一起，为公共建筑
。剩下的就是一些住房区，其

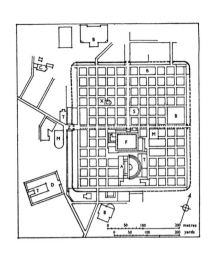

图188　提姆加德平面简图。
（A）剧场；（B，B）公共浴室；（C，C）教堂；（D）
朱庇特神庙；（F）广场；（M，M）市场；（S）古代
罗马学校；（T，T）神庙；（X）洗礼堂；（Z）凯
旋门。

大约有400间住房。主要街道有铺砌并设有柱廊。靠近广场的地
有长方形廊柱大厅、一个能容纳3500名观众的剧院以及公共浴室。
一格状设计的整体效果极度单调。

　　叙利亚的巴尔米拉大部分是公元3世纪后期在老城址上设计的，
留了一些已有的建筑。它的主要特点是主要中心道路有3500英尺
、37英尺宽，两侧是16英尺宽的廊柱。现在叙利亚和约旦还有这
时期其他著名城市的遗址——例如杰拉什和布斯拉。

　　在意大利公元前25年作为军事殖民地建立的奥斯塔和都灵（图
4），旧城区至今还保留了最初的罗马棋盘结构的规划。卢卡和佛
伦萨也是如此，只是规模较小。奥斯蒂亚显示出一些特别的方面
图189）。它位于台伯河的河口，距离罗马15英里，到公元前3世
已经成了罗马的一个海港，同时也是一个海军基地。原来的城镇是
一个常规的军事防线上规划的，从罗马到此的主干路与这条河平行。

随着城镇的发展，道路铺砌了熔岩并装有廊柱。如通常一样，城镇
4 个门，公共建筑围绕中心附近的广场。奥斯蒂亚的明显特征是有
多贮存谷物和其他产品的仓库，街坊许多地方为大量的商务办事处
据。当时所知世界上的大约 70 家商业机构和船主，都有代表在这
办事处中。其他的街坊由商店占据，其上有住房大楼和独门独户的
寓，其中一些有好几层高（第 II 卷，图版 29A）。多数人都居住在
里，与迄今所说的住在希腊和罗马城镇中相对较低的住房形成对
从这一方面来说，奥斯蒂亚有点像罗马，它比罗马保存了更多这类
屋的遗址，其人口最多时曾达到 4.5 万人。

尽管罗马的公共建筑和皇宫非常壮观，但是罗马从来没有系
地规划过（图 182）。公元 2 世纪，它的人口在 125 万到 150 万之
面积在随后的 1 个世纪超过了 3000 英亩。它逐渐扩大，靠近台
河滩的小房屋扩展到了 7 座山上，这些小山在历史上都变得很有
这样看来，尽管皇家广场和该城其他一些部分的设计可作为后代的
式，但这座古城的规划在整体上对于城镇规划来说没有多大意义。
同在雅典一样，高耸城墙中的多数区域都是乱糟糟的破旧街道和弄
许多多层住房摇摇欲坠。

在这座城市的急剧扩展中，河岸边平坦沼泽地的水渐渐被排
小溪流周围全都是阴沟，其中最大的阴沟至今仍存。早期铺砌的
多条宽道路，都向这座城市汇集，其中有一些还延伸到城墙以内（
189）。

奢华的公共浴室和其他的舒适设施部分缓解了住房卫生设施的
乏，这些住房没有供热设备，没有炉灶，也没有烟囱。一些较大的
人住宅有化粪池。在一些从罗马通向外地的道路上，还有一些收费
公共厕所。在提姆加德，广场附近的公共厕所有 20 个雕刻石座，
个座位侧面都有优美的海豚图案，污水由相邻的水箱冲洗排出。奥斯
蒂亚靠近广场的地方也有公共厕所，公共厕所有一个可旋转的门和

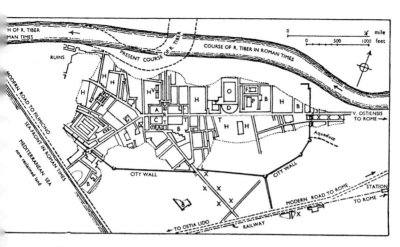

9 罗马奥斯蒂亚平面简图。

长方形廊柱大厅；（B）公共浴室；（C）元老院；（D）剧院；（F）消防兵营；（G）基督教堂；（H）仓
J）罗马纳门；（L）劳伦蒂纳门；（M）马里纳门；（O）商用办公室；（P）体育场；（R）广场；（S）学
T）神庙；（V）市场；（X）坟墓。

座位。

　　罗马的供水设施奢华（第Ⅱ卷，图 614）。废料处理好像一直都
只卖废旧物品的人可得到的外快，而没有任何城区清扫的服务。墓
都远离城区，就像罗马多数城镇一样——因此形成了邻接亚壁古道
一列气派的坟墓和众多的墓穴。当城市的边界延伸到把埃斯奎利诺
也包括进来的时候，过去在城墙之外存留的墓地变成了公园，并很
成了时兴的景点。

　　罗马的街道没有照明设施，尽管在安条克和以弗所好像都曾有公
或者市政照明系统。人口密集的街道遇上火灾，一般是由 7 个消
站的公共消防来解救，但是很多富有的个人家庭也保留由他们的奴
组成的私人消防队。

4　中世纪

　　从古罗马衰落到文艺复兴的一千年时间里，城市规划就其本来意

义上讲基本上被人遗忘或忽视了。城市的发展是偶然的、自发的，□
有规划和预见。它们从小村落发展起来，也有一些是在原古罗马城□
的基础上发展起来的。它们往往聚集在某个大教堂的周围，或分布□
一座堡垒的边缘。

出于防卫的需要，封闭城墙内的住房与商店分布非常密集，往□
总是很窄，甚至市场也很拥挤，也不会有地方修建花园。建筑规章□
乎没有。中世纪的卫生设施将在其他章节讨论（第Ⅱ卷第14章和□
19章）。

尽管如此，在中世纪的英格兰和法国，仍有一些经过精心规□
的城镇范例。13世纪的法国国王们在新征服的朗格多克领土上建□
了一系列专用于防御的城镇（城堡）。一些显要贵族也加以模仿。□
格兰爱德华一世（Edward I, 1272—1307）在占领加斯科涅公国之□
总共规划了大约50座城镇。其中，位于多尔多涅河畔的蒙帕济□

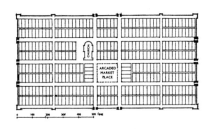

图 190 蒙帕济耶平面图。

（图190）是最具代表性的一□
整个城镇的布局是一些单调□
矩形结构，唯一的变化就是有□
块长方形的地被用来建造教堂□
有连拱的市场，在那里有一口□
在封闭的城墙上共有10个□
城门两边可以看到在城墙内的□
地带，伦敦的伦敦墙街（Londo□
Wall）和南安普敦的后墙街（Back of the Walls）等街道名称就由此而□
通常这些空地互相连通成一个环形的整体，以容许卫戍部队的快速□
动。在蒙帕济耶的每一座房屋后面都有花园。另外一个著名的法国□
堡是位于卡尔卡松的下城（La Ville Basse），它是路易九世（Louis □
在1247年设计的，是为了给旧城的居民提供住处，整个城市格局□
如棋盘（图191）。旧城环绕着现在仍很著名的斯德要塞，政府为□

283

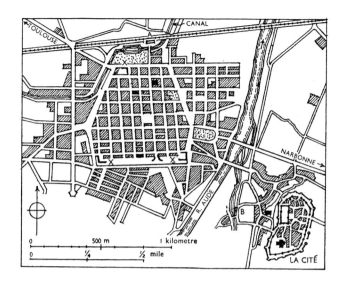

图191 卡尔卡松平面图，下城的五边形轮廓清晰可见，中世纪的教堂用黑色表示。
（A）火车站；（B）皇室磨坊（*Moulin du Roi*）；（X，X）中世纪时期防御工事的遗迹。

强这一要塞的防御而拆除了这些居民的房屋。

在不列颠，爱德华一世设计了许多城市，包括赫尔河畔的金斯顿、**284**
耶封、康韦和弗林特。最有趣的是萨塞克斯的温奇尔西小城，建造的原因是海水淹没了旧城。1281年，爱德华一世指派3名专员设新城，其中一人曾经帮助爱德华一世规划其在法国的一些要塞。现乃然保留着当时的部分草图（图192）。最初的设计包括39个方形区（其中一个街区现在仍为教区教堂所占据），但这个计划一直没完成。这里还有一个市场，东南方的区域划分给了灰衣修士会。整区域被有门楼的城墙包围，在靠内陆的一边还有护城河保护。

1293年规划的赫尔镇是约克郡的一个海港，它是按照棋盘的形设计的，在靠内陆的一边有一条壕沟保护。大教区教堂矗立在市一侧，就像现在一样。1296年，爱德华命令伦敦市民们推选出"4

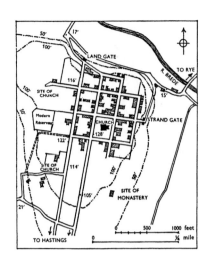

图192 温奇尔西平面简图，等高线上所注数字为海拔高度，单位为英尺。

位技艺精湛……能够进行城市规划的人……最有能力、最职也最懂如何设计、规划和部署个新的城市"，以重新设计化刚占领并已经焚毁了的特威河畔的贝里克。其他23座城各配备2名设计者，共计50这个引人注目的委员会经常被为13世纪英格兰已有广泛的市规划实践的证据，而如果采谨慎一点的态度的话，我们实上只能得出这样一个结论，即王希望通过全国范围的呼吁争50名有能力的土地测量员的帮助。

　　德国有许多美丽如画的中世纪城市，其中有许多在1939 1945年的世界大战中受到严重破坏。有些城市（诸如最美丽最著的城镇之一——陶伯河上游的罗滕堡）仅仅是在狭窄弯曲的街道无规则地增加了一些住房和其他建筑，它们通常围绕着一个城堡者大教堂。还有一些城市的规划是出于单纯的防卫目的，另外一如科隆、科布伦茨以及雷根斯堡，则是从罗马时期的矩形老城发而来。不过，在东部德国有几个13世纪新建的城镇规划得非常明建造得非常系统。一个典型的例子就是新勃兰登堡（在柏林以北85英里处），它在14世纪并入梅克伦堡。这座城市是1248年由兰登堡侯爵以直线形体系设计的（图193），被分为许多几乎相同街区，其中一个完整街区现在被圣母玛丽亚教堂所占据，另一个街（当时的市场）在18世纪修建了市政大厅和公爵的宫殿，这座宫殿于1774至1785年。4个显著的砖制门塔把整个城墙带分为几个部

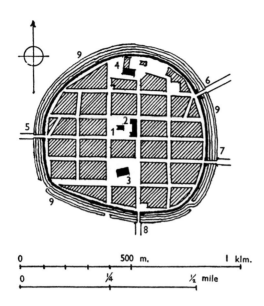

图193 新勃兰登堡平面简图（图中粗线表示中世纪的城墙）。
（1）市政厅；（2）宫殿；（3）圣母玛丽亚教堂；（4）约翰尼斯教
堂；（5，6，7，8）门塔；（9）一条干涸了的护城河。

勃兰登堡的这些门塔以及教堂，实际上拥有一些德国中世纪砖结构
筑的典型例子。

.5 文艺复兴时期：意大利

因为文艺复兴起源于意大利（它最早体现在15世纪上半叶的意
利建筑中），因此城市规划的复兴自然也是首先从意大利开始的。
方面有很多建筑师和作家，在各种各样的论述和工程中形成了关于
想城市规划的理论，另一方面是他们努力把这些理论应用于建筑实
当中。多才多艺的天才达·芬奇（Leonardo da Vinci，1452—1519）
这些理论家中最著名的一位。在1481到1499年旅居米兰期间，
不仅完成了许多军事工程的设计建造，还进行了一些城市规划理论
研究。在他长达5000页的笔记中，有几处是写于1483至1518年

间的关于这一主题的备忘录。

一些笔记提到了城市的美学方面，例如"傍晚或者雾蒙蒙的早晨看到的城市以及其他建筑""城市上空的光与影"和"城市的烟雾"。其他笔记则涉及一些更加实际的问题，例如"如何防止城市受到河水的冲击，保证不被洪水破坏"。另一篇笔记预言了现代城市规划的一个合理法则，"街道的宽度应当和房屋的普遍高度相等"。还有一则笔记预言了建立卫星城以分散大城市中过于拥挤的人口这一现代法则。这个备忘录是在 1484 至 1485 年间米兰受到了灾难性的瘟疫之后，以告诫的形式呈给米兰统治者斯福尔扎公爵（Ludovico Sforza）的，值得引用：

他［统治者］建立并扩张了这座城市，城市中的居民也将名垂千古……这里将会有 10 座城市，5000 所住房容纳 3 万人口。正是人口的高度集中使得难闻的气味充满每个角落，并种下了瘟疫和死亡的种子，而你将把那些像山羊一样聚居在一起的居民分散开来。这个城市将获得名副其实的美，它税收的增加和扩张所带来的不朽名声将对你有益[4]。

甚至更加令人惊奇的是，达·芬奇在一张草图中为重建新城所设计的双层交通系统。上面一层街道为人行道，下面一层街道供车辆行驶。在城市的各入口处有高架桥可以通到上层街道，每隔一段距离就会有楼梯连接上下两层。所有街道都有柱廊装饰，而底层柱廊的照明是通过上层开口解决的。

达·芬奇的很多笔记中提到了运河及城市内部其他水道，其中一个设计图案用运河取代了下层街道，货物可以直接从小船上搬到通过从上层进入的房屋的地下室中。他更多地注意到了灌溉，并被认为发明了人字形闸门（图 282）。"禁止向运河倾倒任何物体，每一艘驳有义务从运河中带走大量的污泥，然后扔到岸上。"[5]

1494 年，达·芬奇受聘设计维杰瓦诺的灌溉工程，但是好像没证据表明他确实规划过某个城市。

大约 1500 年，意大利建筑师马丁尼（Francesco di Giorgio Martini）出了一系列新奇的理想化的设计方案，所有设计都是一些多边形的镇，街道从一个中心广场延伸到多边形的各个角上。在这些方案中，更多关注的是街道的几何形式，而不是便利的住房。威尼斯的洛里（Buonaiuto Lorini，1592 年）和斯卡莫齐（Vincenzo Scamozzi，1615）还设计了一些理想化的多边形的堡垒城市。比这一切更有趣的是沃尔尼安（Giulio Savorgnan）于 1593 年设计的新帕尔马镇（位于乌内和阿奎莱亚之间的韦内奇亚），因为它确实建起来了，而且还保至今。这个小城市目前拥有 3000 到 4000 人口，现在还大致保留一个九角星形的城市轮廓。

作为从罗马时期的原城演变成建有牢固防御工事的城市，都灵一个非常有趣的例子。整个城市是在一个由城墙封闭的 2526 英×2320 英尺的矩形内呈格状设计的。甚至直到 16 世纪末，除去加了城堡和一条护城河以外，其城墙与城市格局几乎没有什么变化。世纪的 3 次大扩张，使都灵的边界大大超出了罗马时期的原城。原和 17 世纪增加的部分现在仍然包含在都灵的城市规划当中，而那精致的防御工事则早就被林荫大道以及街道取代了（图 194）。

里窝那（来航）在大城市中是一个很有趣的例子，其核心部分是个 16 世纪修建的多边形防御城镇。街道的原始风格以及护城河和河大部分都保留至今。

罗马是意大利乃至整个世界文艺复兴和巴罗克式城市规划的杰出范，在这个时期被彻底改造过了。中世纪时期，这个罗马帝国首府所有辉煌几乎都已经不存在了。据估计，公元 2 世纪时罗马的人曾一度为 125 万至 150 万，然而在 1309 年至 1377 年教皇常驻阿

287

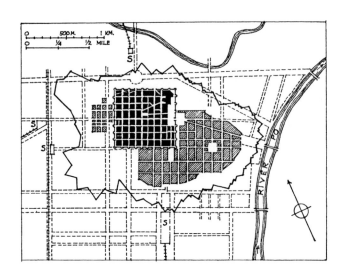

图194 都灵市中心平面图。
罗马时期的古城用黑色方块表示；1700年之前修建的部分用阴影表示；当时
的防御工事用黑线表示；1700年之后修建的主要街道用虚线表示；S是火车站。

维尼翁期间下降到了1.7万人。那时，城墙内四分之三的面积都是
园，绵羊在罗马广场以及帕拉蒂诺山和阿文蒂诺山之间的山谷中吃
多数人居住在城中地势较低的部分，在那里的拥挤的牲口棚和其他
遗忘的古代废墟之上，矗立着以前贵族们修建的数不清的带有城垛
塔楼。

288　　　教皇保罗三世（Pope Paul III，1447—1464年在位）将从圣马可
堂到马库斯·奥雷柳斯凯旋门（后来在这里修建了人民门）的科尔
大街（古代的弗拉米尼亚大道）拉直，开始重新改造这个城市。一
杰出的建筑师——布拉曼特（Bramante）、佩鲁齐（Peruzzi）、圣加
（Sangallo）——开始研究这些古迹，比翁多（Flavio Biondo）于1444
至1446年完成了他的著作《罗马的重建》（Roma Instaurata）。西
克特四世（Sixtus IV，1471—1484年在位）促成了一个准备付诸实
的城市的总体规划，并于1473年在台伯河上修建了西斯托大桥。

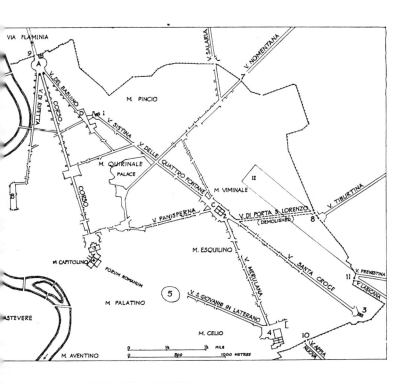

）5　注有主要街道和建筑物的罗马中心平面简图。

山上的圣三一教堂；（2）圣玛利亚大教堂；（3）耶路撒冷的圣十字大教堂；（4）拉泰拉诺的圣乔瓦尼
；（5）椭圆形大剧场；（6）西斯托大桥；（7）皮亚门；（8）圣洛伦佐门；（9）人民门；（10）圣乔瓦尼
（11）大城门；（12）现代火车站；（13）埃马努埃莱二世纪念堂；（14）米开朗琪罗广场；（A）人民广
（B）纳沃纳广场；（C）埃斯奎利诺广场；（D）西班牙广场。

山大六世（Alexander Ⅵ，1493—1503 年在位）在河东岸重新规划了
郊。尤里乌二世（Julius Ⅱ，1503—1513 年在位）设计了朱利亚大路。
奥十世（Leo X，1513—1521 年在位）开辟了利奥尼亚大路，即现在
里佩塔大路（图 195）。

　　这项重建工作因 1527 年法国对罗马的洗劫而中断了，直到
皇保罗四世（Paul Ⅳ，1555—1559 年在位）和庇护四世（Pius Ⅳ，
59—1566 年在位）统治时期才得以继续。此时，切利奥山、维米
莱山、埃斯奎利诺山以及奎里纳莱山还无人居住。主街道都集中在

289

圣天使桥一带。街道和房屋的布置在很大程度上取决于古代导水梁的布置。1540 年，米开朗琪罗（Michelangelo）规划了通向朱庇特神的宏伟道路。

在有关罗马城市规划上的影响，教皇西斯克特五世［Pope Si V, 原名佩雷蒂（Felice Peretti），1585—1590 年在位］——丰塔纳（Domenico Fontana）是其建筑师——要比他的前任们大得多。他的要成就是设计了一些以圣玛利亚大教堂和圣约翰拉特兰大教堂为端点的街道，其中包括西斯蒂纳大路、费利切大路、夸特罗喷泉大路及圣洛伦佐门。除了这些，他还设计了拉特兰广场和埃斯奎利诺广场，修建了拉特兰宫，扩建了梵蒂冈宫殿，并在这个城市的 4 个主要广场上建起了方尖塔。1527 年罗马被袭击导致人口从 9 万降到 3 万之后，在西克斯图斯五世统治期间人口又从 4.5 万人增加到了万人。

西斯克特五世显然对历史古迹缺乏应有的尊重。他破坏了塞鲁（Severus）的七丘（*Septizonium*），甚至试图毁坏韦拉布罗凯旋门梅戴拉（Cecilia Metella）的陵墓，但最终在别人的劝说下放弃了。他的建筑师丰塔纳成功地规划了科尔索大街东边的巴布尼奥大街，使它与从科尔索大街西边进入人民广场的里佩塔大路对称，这样通过房的弗拉米尼亚大道，从北部来罗马的旅行者就有 3 条聚合在一起的街道可以选择，其中科尔索大街位于中间，是弗拉米尼亚大道的延对称地分布在科尔索大街入口处的两个教堂，一个重建于 1472 年 1477 年间，另外一个（正如我们现在所看到的）则是 17 世纪的作人民广场设计的整体效果给人的印象深刻。巴罗克时期的教皇从保五世（Paul V）到亚历山大七世（Alexander VII，1605—1667）也都积进行城市规划，把它作为他们重建教皇圣城的一个组成部分。这一段由天才的建筑师贝尔尼尼（Lorenzo Bernini）来主持，他的工作包宏伟的带有廊柱的圣彼得广场以及纳沃纳广场、石柱宫殿和巴贝里宫罗马现在还留有他设计的许多优美的喷泉和大型建筑。

6　文艺复兴时期：法国

在法国，一些城市保留了
整的矩形规划，以此为基础
十了这一时期的城市，尤其
维特里-勒弗朗索瓦、沙勒维
昂里什蒙以及黎塞留。其
最早的是维特里-勒弗朗索瓦
恩省），位于沙隆以南约20
里处（图196）。它最初规划
1545年，由波伦亚的工程师
里诺（Ieronimo Marino）为法兰
斯一世（François I）所建，以
代被查理五世（Charles V）焚
的邻城维特里昂贝尔多瓦。尽
堡垒在1891年被夷为平地，

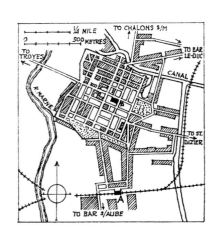

图196　尽管在1891年拆除了防御工事，多
边形城墙内原来城市的规整布局仍然清晰可见。
维特里-勒弗朗索瓦。
（A）火车站；（B）教堂。

近的沼泽也已被排干，但城市规划的一般线路还是有迹可循的，其
式显然源于意大利，以兵器广场为主要特色。[1]

与此同时，以制陶为生的帕利西（Bernard Palissy，1510—1590）
一他曾著有园艺学和其他学科的书——也开始关注城市规划，提倡
城市各部分的规划都要方正而规整"。尚贝里（Perret de Chambéry）则
又一位关注虚拟城市和理想化城市设计的作者。

法国和意大利对于这一主题的理论成果，体现在17世纪前30
对3座城市的规划中。沙勒维尔（阿登省）是一个邻近现比利时边

维特里-勒弗朗索瓦在1939—1945年的战争中已基本被毁。现已按原规划重建。

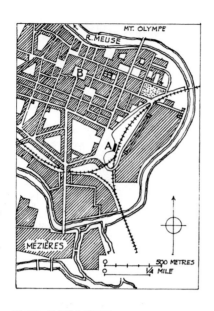

图 197　沙勒维尔平面图。
（A）火车站；（B）17 世纪公爵广场附近的旧城的
设计。

界的城市，其名字得自贡特
的查理（Charles）——曼图亚
讷韦尔的公爵兼香槟地区的
治者，他在 1606 年创建了这
城市（图 197）。这座位于奥
匹斯山脉上、跨越默兹河的古
堡经历了很多次战争，直到皇
路易十四（Louis XIV）之手。
的规划十分规整，以公爵广场
中心建筑。这是一个美丽的广
为前壁下带拱廊的老房子所环

　　几乎与沙勒维尔同时的
有南锡的 3 座防护门，分别
克拉夫门（1598 年）、圣乔治
和圣尼古拉门。但由于 1588

291　意大利人制订的这座城市的精美规划大部分直到 18 世纪才付诸实
对它的描述这里就从略了。小城昂里什蒙位于布尔日（谢尔省）西
约 20 英里处，1609 年由萨利（Sully）创建，其设计是辐射规划和
形规划的结合。

　　样板城镇黎塞留（安德尔-卢瓦尔省）由黎塞留（Richelieu）这
著名的红衣主教所建，由建筑师勒梅西埃（Jacques Lemercier，1585
1654）设计。它规划于 1631 年到 1638 年间，附属于 1620 年红衣
教年仅 35 岁时兴建的华丽城堡。这片沼泽地被排干，改马布雷小
为护城河（图 198），环绕着城堡和城市。有 2000 人被雇来建造城
该城堡于 1635 年竣工。自 18 世纪衰落以来，仅有一个名为多姆
凉亭、两个分隔的小型农场建筑以及城堡的基础和护城河保留下
伊夫林（John Evelyn）记录了他对城堡和邻接的样板城镇的印象，他

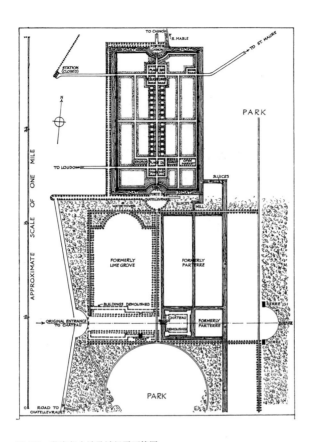

图 198　黎塞留小城及城堡平面简图。

写道：

　　小城建在低洼的沼泽地上，有一条人工开凿的小河，十分平直，

以承载一条小船。它只有一条大街，两侧有房屋 (实际上遍布小

)，经现代化的精心设计，建造得整齐划一。有一个大的市场和广

，对面是用毛石建的教堂……正是这个地方的名字，以及矗立着的

一座他祖先的老房，促使他去建城。这座漂亮的小城也有围墙和护城

，还有一些简易的防御工事、两座城门和吊桥。宫殿门前是一个宽

敞的圆形场地，这里每年都会举行节日聚会[6]。

伊夫林对这座城市的描述就今天而言依然是很忠实的，它是文复兴时期城市规划一个罕见的甚至堪称独一无二的例子。主干道两的28所主要房屋开始是为红衣主教庞大的随行队伍中的主要官员建的，一些较小的住处用于安置其他家庭成员，但小城并非仅限于自己的雇员，实际上他提供了诱人的事物以吸引其他一些人。在房屋建好前，市民们被免掉所有税收，随后给予特殊的豁免。但子的业主必须应用勒梅西埃的标准设计，且房子必须在规定的期限完工。据估计，17世纪最盛时其人口达5000到6000人，现在则为1800人。

主干道南北走向，有横向街道贯穿其中，正如最初规划的那被前进广场和宗教广场所截断。整座城市面积约为600码×400

292

外围是一座设有若干入口的高石墙，一条宽70英尺、最初深10尺的护城河（现已被填平），以及环绕的大道（约一半还保留着）。干道宽约37英尺，其他街道则为20英尺或更窄。教堂至今还是样子。教堂对面的市场是木工建筑的一个范例，其中廊（宽约28

293

尺）的主柱大小为15英寸×12英寸。主干道两旁的主要房屋几乎有什么变化，只不过到处都是商店门面。它们均为砖砌，现在外层抹灰，还有精美石膏的装饰。每座房子的临街面约为70英尺，前进深约30英尺，后面还有庭院和宽敞的围墙花园。

大量的城市规划及城市改进也于17世纪在巴黎展开。亨利四（Henri IV，1589—1610年在位）是罗马时期以来欧洲首位出于政和社会目的（包括提供就业）而大兴土木的统治者。1600年，巴黎处于非常糟糕的状况——规划不善，拥挤不堪，且卫生条件差。值一提的只有塞纳河上的两座桥，还有5个不起眼的广场。1600年1608年，亨利颁布了拓宽、修直并铺砌街道的法令，禁止楼房出挑

0 年，设计建造了三角形的太子广场，附带有中产阶级的房屋和
……，并有两块孤立地带。1604 年，新桥竣工，新桥广场也随之完成。
……的宫廷广场——一个在正立面下部有连续拱廊的贵族府邸环绕
……场花园——现为孚日广场仍然存留。在城市北部建一座门和法兰
……场的宏大方案[7]在国王的监督下拟定，但在他死后却被否决了。

亨利四世的继任者路易十三（Louis XIII）1635 年规划了圣路易
……那时它依然为草地和花园所覆盖。方案按棋盘形式建造房舍和
……道。路易十四（Louis XIV）时期，圣但尼门（1672 年）和圣马丁门
……574 年）建立起来，圆形的胜利广场（1684—1686）以及现称旺多
……广场的路易大帝广场系为国王的荣耀而设计，马拉给滨河路（1670
……）也被建成。1676 年，路易十四命令城市建筑师比莱（Pierre Bullet，
……39—1716）拟定巴黎的完整规划，不仅要表现当时已有街道和建
……，还要有建设中或已计划的新工程。

.7 阿姆斯特丹的建设

历史上城市规划最引人瞩目的例子之一是阿姆斯特丹较古老的内
……部分（图 199）。这座城市的名字阐明了它的状况与起源，因为它
……人想起 1204 年在小河阿姆斯特尔河上的一座城堡和一座大坝的建
……。在这里河水流入艾河，也就是须得海的入口。同时，为防止艾河
……滥，建立了一座海堤。首批房屋在阿姆斯特尔河东岸建立，随后房
……也在河西岸建起。最早的防卫渠（*Voorburgwallen*）于 1342 年在
……的定居点外开挖，并与阿姆斯特尔河及艾河通过泄水闸相连。西渠
……19 世纪被填平，但取代它的街道仍被称为新边防卫渠（Nieuwezijde
……oorburgwal）。1383 年，另一条名为辛赫尔（Singel，意为腰带）的渠
……防卫渠外 60 码处开挖，同样受泄水闸控制。以后的住房都是沿着
……河建在约 40 英尺长的木桩上。扩展是在 1442 年，修道院建立起
……，造船厂和其他工业也出现了。1481 年至 1482 年，城市首次筑起

294

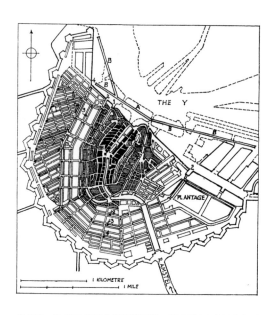

图199　约1670年时的阿姆斯特丹，显示了城市发展的各阶
段。黑色区域代表约1400年时的城市；水平阴影线区域建
于1400年到1600年；防御工事以内的现存街道，据1612
年的规划，建于1600年到1670年。(A)中央火车站；(B)
损毁后的防浪堤或防波堤。运河：(1)辛赫尔；(2)绅士运
河；(3)国王运河；(4)王子运河。虚线表示现在的海滩、码
头等等。

了防御性的塔，其中的斯赫莱尔斯塔（Schreijerstoren）至今尚存。

1593年，为保护商船运输，建立了一套更为精巧的防御系统
一座拦河坝也在艾河上建立。1610年，著名而宏伟的同心扩展计
开始了，使居住地扩为原来的4倍，从而产生了阿姆斯特丹的独
规划。完成于1593年的新防御工事被拆除，代之以一条新运河（约
士运河），另两条运河（国王运河和王子运河）与它平行而建。第四
条运河（辛赫尔运河，1658年，6.5英里长）围绕着这3条运河，开
成一条新的防御线路。辐射状的小运河横贯主要的同心运河，形成
个蜘蛛网图。不过，最外环（即辛赫尔运河和王子运河之间）的规划

非呈严格的辐射状。除去西部的工匠住宅区，所有运河都有成排的
木以及富人住的豪宅。东北部建有一个在建成后就名为植物园的
园，但是除去这个公共场所，整个区域到 1667 年都已布满了房屋。
些房屋均留给私有企业建造，尽管其总体规划和运河建造是市政府
为。17 世纪期间，"大坝"部分被填平，而市政厅（现为皇家宫殿）
于 1648 年至 1655 年间在此建立，地基上有 13 659 根木桩。除了
已斯及东部一些现代城市外，建立阿姆斯特丹的地点肯定是世界上
糟糕的地方之一。泥土表层以下约 50 英尺是 10 英尺厚的泥沙带，
木桩必须贯穿其下。运河把这座老城分成近 100 座小岛，约 300
桥横跨其间。

　　阿姆斯特丹外围的防御工事毁于 19 世纪的第 3 个 25 年间，沿
辛赫尔运河的地方都成了花园。城市后来的一些改动参见图 199
的虚线。其人口从 1600 年的约 5 万人增至 1859 年的约 25 万人
乎所有人都在防御工事之内），现有逾 86 万人居住在更广阔的范　　**295**
中。

.8　大火后的伦敦规划

　　1666 年伦敦大火前，没有什么证据表明英格兰曾有意识地进行
城市规划。实际上，为限制向伦敦古城墙外无控制的扩展，伊丽莎
一世（Elizabeth I）和詹姆斯一世（James I）曾作了不懈的努力，也颁
了一些法令以规范建筑的建设。但城市规划的首次正式尝试应归于
筑师琼斯（Inigo Jones），他曾在意大利学习过（边码 256）。1618 年，
以一座由诸多豪宅环绕的大型开放广场规划了林肯法学院区，其中
的建成于 1638 年至 1639 年。广场前两边于 1641 年竣工，第三边　　**296**
1659 年建成，第四边则在若干年后建成。1631 年，他开始为贝德
德公爵（Duke of Bedford）规划科芬园以及邻近街道，中间有一块空
1632 年在此建成市场货棚，周围是一些带拱廊的房屋，而圣保

罗大教堂（在原有样式上重建后）则是这里的主要建筑。

莱斯特广场（最初为莱斯特方场）的发展始于莱斯特伯爵（of Leicester）约 1631 年建的官邸，但计划的剩余部分直到 1660 王政复辟后才完成。布卢姆斯伯里广场和圣詹姆斯广场均始建于 1664 年。与此同时，沿泰晤士河建路堤或码头以及沿弗利特渠的计划也已经过讨论。伊夫林出国旅行回来后，在他关于消除烟尘论文《驱逐烟气》（*Fumifugium*，1661 年）中敦促重新规划伦敦。于 1666 年 9 月 2 日、持续了五六天的大火，焚毁了伦敦的大部分筑，但借助这一前所未有的契机，伦敦开创了英格兰城市规划的新章（图 200）。

297

大火的经过及后果可见于伊夫林和佩皮斯（Pepys）的叙述。墟还在闷燃，伊夫林这名专家便令人惊异地向查理二世（Charles 提交根据个人草草测量的结果进行重建的规划。1666 年 9 月 13 日日记中，他描述了在"王后的寝宫，王后与［约克］公爵在场时"国王见面的情景，向他们解释了自己的规划。"但雷恩（Wren）博已比我先行一步。我们确实在许多方面意见一致。所以陛下不会不同这个计划，但它也产生了一些分歧。实际上，地球上不会有比这辉煌的凤凰了，要是凤凰最后从灰烬中涅槃而出的话。因为设计已提出，现在还有重建者的热情。"

那时候，雷恩作为建筑师仅有两三年的时间，但凭借其科学进他已经对旧的圣保罗大教堂的修复提出了自己的建议。9 月 13 日见后，国王的首次行动是委任 3 位国王专员（雷恩也在其中）与伦市的 3 位代表［包括胡克（Robert Hooke）和米尔斯（Peter Mills）］合组织伦敦的重建工作。胡克（边码 257）也曾提交了一份重建计

298

还有米尔斯（他的规划已丢失）和另外两个人，其中一个还有两套选择的方案。共 7 份计划中，有 6 份保存下来，而这些设计中雷和伊夫林的最为巧妙也最知名（图 201）。

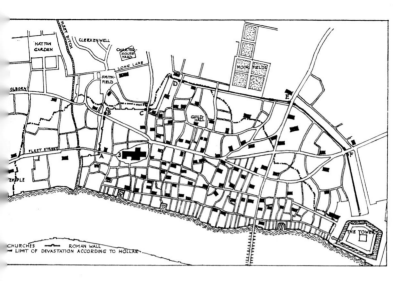

200 伦敦城市平面图，据1666年12月大火后奉市政当局之命对废墟的测量而绘。

（A）拉德盖特门；（B）纽盖特门；（C）奥尔德斯盖特门；（D）克里普尔盖特门；（E）毕晓普盖特门；（F）奥尔德盖特门；（G）庙吧；（3）圣保罗大教堂。

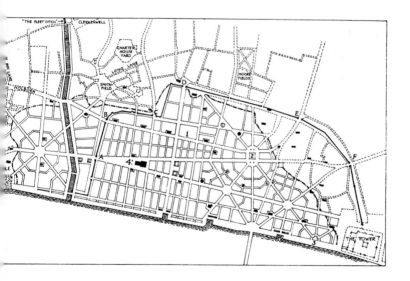

201 大火后雷恩的伦敦重建规划，粗略测量后匆匆拟定。

（A）拉德盖特门；（B）纽盖特门；（C）奥尔德斯盖特门；（D）克里普尔盖特门；（E）毕晓普盖特门；（F）奥尔德盖特门；（G）庙吧；（1）市政厅；（2）皇家交易所；（3）海关大楼；（4）圣保罗大教堂。

正如伊夫林所看到的，他与雷恩的计划有很多相似之处。两者都标出了经拓宽、修直了的弗利特河两岸的堤防，都把圣保罗大教堂（中世纪建筑）看作是会聚街景尽头处的一个活动中心，都在弗利特桥（现拉德盖特马戏团处）与庙吧之间半路上的弗利特街设计了广场。雷恩建议从伦敦塔到庙吧建一座宽而长的河岸码头，伊夫林则安排一列面朝河流的公共建筑，后面还有一条街道。伊夫林把皇家交易所移到了河岸，而雷恩则让它保留在原有位置，并使之成为他规划中的一个亮点。两份规划都有很多条斜街，尽管安排上有所不同。雷恩的计划包括从弗利特桥经圣保罗大教堂到奥尔德盖特门、从圣保罗大教堂到塔山以及从昆希瑟到穆尔盖特门的宽阔而笔直的街道。两者的设计都考虑了大量的教区教堂。这两份设计中，雷恩的更为可行，伊夫林的则更为理想化和几何化，但两者都表现出对欧洲大陆城市规划原则的熟知。

无论哪一份计划对伦敦都大有裨益，但和提交上去的其他计划一样，没有一个得到实施。国会下院对此有过长时间的争论，但最后成千上万的所有权和补偿问题所牵涉的庞大成本和法律难题，加之商业主及其他人迫切希望在旧址上立刻恢复营业，对当局来说实在是太大的压力。所有提案都被否决，而这一值得纪念的精英角逐的唯一结果就是在 1671 年至 1674 年把从泰晤士河到霍尔本桥（位于霍尔本高架桥处）淤塞的弗利特渠或弗利特河河段改建成运河，由作为城市测量员的胡克完成。但这一引人注目的改进（及其码头），却长期掩埋于新桥街和法灵顿街的地下。

17 世纪后几年，伦敦规划了几个更为优美的广场，即黄金广场（1688—1700 年）、格罗夫诺广场（1695 年）、伯克利广场（1698 年）、红狮广场（1698 年）以及肯辛顿广场（1698 年）。

文献

Herodotus I, 178–80. (Loeb ed. Vol. 1, pp.
220 ff., 1920.)
Aristotle *Politica,* Ⅱ , 8 (1267 b 22 ff.) ,
trans. by B. Jowett in 'Works of Aristotle',
ed. by V. D. Ross, Vol. 10. Clarendon Press,
Oxford. 1921.
Vitruvius I, iii; iv, 11; v; vii. (Loeb ed. Vol. 1,
pp. 32 ff.; 42 ff.; 46 ff.; 66 ff., 1931.)
McCurdy, E. 'The Mind of Leonardo da Vinci',
p. 41. Cape, London. 1952.

Da Vinci, Leonardo. Codice Atlantico, fol. R.
1203.
[5] McCurdy, E. See ref. [4].
Da Vinci, Leonardo. Codice Atlantico, fol. 65.
v. B.
[6] Evelyn, J. Diary for 15 September 1644.
(New ed. by E. S. de Beer, Vol. 2, pp. 150–1.
Clarendon Press, Oxford. 1955.)
[7] Lacroix, P. *Gazette des Beaux-Arts,* **3**, Pl.
facing p. 562, 1870.

书目

crombie, Sir (Leslie) Patrick. 'Town and Country Planning' (2nd ed.) . Oxford University Press, London.
  1943.
inson, R. E. 'The West European City.' Kegan Paul and Routledge, London. 1951.
an, A. von. 'Griechische Städteanlagen.' Gruyter, Berlin. 1924.
annoni, G. *et al.* 'L' Urbanistica dall' Antichità ad Oggi.' Sansoni, Florence. 1943.
ett, B. 'Man, Society, and Environment.' Marshall, London. 1950.
rfield, F. J. 'Ancient Town Planning.' Clarendon Press, Oxford. 1913.
ert, A. 'Old European Cities' (with 24 plans reproduced from Braun and Hogenberg's *Civitates orbis*
  terrarum) . Thames and Hudson, London. 1955.
o, L. 'Rome impériale et l'urbanisme dans l'antiquité.' Michel, Paris. 1951.
hes, T. H. and Lamborn, E. A. G. 'Towns and Town Planning, Ancient and Modern.' Clarendon Press,
  Oxford. 1923.
n, A. 'History builds the Town.' Humphries, London. 1953.
chester, H. V. 'The Art of Town Planning' (2nd ed.) . Chapman and Hall, London. 1932.
dan, P. 'Histoire de l'urbanisme. Antiquité, moyen âge.' Laurens, Paris. 1926.
m. 'Histoire de l'urbanisme. Renaissance et temps modernes.' Laurens, Paris. 1941.
nussen, S. E. 'Towns and Buildings.' University Press, Liverpool. 1951.
mond, I. A. 'Roman Britain', ch. 2:"Towns and Urban Centres." The Pelican History of England, Vol. 1.
  Penguin Books, Harmondsworth. 1955.
ge, Sir William G. 'The Making of our Towns.' Eyre and Spottiswoode, London. 1925.
, C. 'Der Städte-Bau.' Vienna. 1889.
art, C. 'A Prospect of Cities.' Longmans, Green, London. 1952.
t, T. F. 'Medieval Town Planning.' University Press, Manchester. 1934.
rd-Perkins, J. B. "Early Roman Towns in Italy." *The Town Planning Review,* **26**, 126, 1955.
eeler, Sir (Robert Eric) Mortimer. 'The Indus Civilization.' The Cambridge History of India, Supplement.
  University Press, Cambridge. 1953.
cherley, R. E. 'How the Greeks Built Cities.' Macmillan, London. 1949.

第 12 章 土地排水和改造

L. E. 哈里斯(L. E. HARRIS)

土地改造主要是指为了农业或其他目的对土地进行改良。它有下几种特定的方法：(a)围海造地；(b)疏浚和整治河流以防洪；此引出了(c)低洼地和沼泽地的排水；而与之完全相反的则是(d)旱荒地的灌溉。然而，本文不涉及最后一点。我们的调查限于4主要的欧洲国家：荷兰、意大利、法国和英格兰。在16和17世这几个国家没有大范围地实行灌溉，并且至今也没有较大规模地实过。不过这4个国家都有一套其特有的土地改造的方法和原则，有技术特色又有历史特色，并且这些国家的土地改造都在16和世纪得到迅速发展，在此基础上形成了它们今天的排水系统。

12.1 荷兰

在北欧，土地改造、海防作业和围海造田——或可称之为人工填——真正的先驱者是荷兰人，他们改造土地的动机，在很大程度是为了自己的生存。早在10世纪末期，其他一些国家就利用了荷人所获得的技能，例如当时不来梅的主教、勃兰登堡的侯爵以及其人，在此类工程中都雇用了沿海的弗里斯兰人(第Ⅱ卷，边码683但要着重说明的一点是，我们上述的阐述仅限于北欧，尤其要把意利排除在外。在意大利，正如后面将看到的那样，即使在某种程度荷兰的影响，也远非显著（边码 309）。

到 16 世纪初，以沿海地区尚未被淹没的黏土岛屿上的很早以前
居住地为基础，荷兰已经拥有一套相当完善的土地改造系统。在这
沿海地区，几千年以前海水穿越沙丘，然后在海岸线上形成了一道
屏障（第 Ⅱ 卷，边码 681—边码 685）。这一原始但系统的围堤
及人工防护工程起始于 11 世纪以前某个时候，但仍有这样一个疑

最初修建的堤坝建筑主要是作为一种防止洪水侵袭已有土地的措
还是作为一种土地改造的手段？因而其特征到底是防御性的还是
占性的？到 16 世纪初，这种相对原始的建筑已经发展成为一种规
化的设计，为适应各地区条件而各具不尽相同的形式。因此，在堤
必须抵挡住大海波涛的弗里斯兰西部，人们发现用某种方法保护堤
的表面非常重要。而在比较平静的泽兰港湾，就不太需要这种保护。
且，在泽兰随处可得的黏土比弗里斯兰的更适于筑堤，因此在泽兰
草和海藻简单防护就足够了，而在弗里斯兰则需要更坚固的材料。

人们几乎天生就会用石头和黏土简单地筑堤，但是保护堤坝表面
技术却只能从实践经验中获得。当海水通过缺口涌入时，这种实践
验的获取通常是令人痛苦的。因此，在实践中发展了以下多种形式
是坝：

（1）土筑堤坝（*slikkerdijk*），中心填土，斜面用黏土涂抹，然后
上稻草束或柳条束；

（2）海藻堤坝（*wierdijk*），以海藻代替稻草或柳条；

（3）芦苇堤坝（*rietdijk*），以芦苇束代替海藻（第 Ⅱ 卷，边码
4—边码 686）。

稍后，在 15 世纪发明了更坚固的保护方法，比如使用木桩形成
栏防护，到 16 世纪末发明了 *krebbingen*，它由两排短桩组成，短
相隔几英尺，其间用束薪或者柴捆填满，然后在上面压上稻草（图
8）。到 16 世纪末，开始尝试采用护堤石，但是这种保护法总的说

来造价太高。

　　大约 1578 年，一个布拉班特土著人维尔林（Andries Vierlingh）
了一部关于筑堤概述的重要著作，但它直到 1920 年才被标上
堤论》（*Tractaet van dyckagie*）[1] 予以发表。多年来，维尔林一直
斯滕贝亨（布拉班特）的镇长，非常关注低田的排水和筑堤防护工
1530 年他还年轻时，曾在米德尔堡帮助封堵海港堤坝的缺口，后
又协助南贝弗兰岛的土地改造工作。1552 年，他成了斯滕贝亨的
拉夫-亨德里克斯低田的筑堤能手。他不仅在布拉班特，还在泽
南荷兰和弗里斯兰西部等地干过此类工作，从中积累了大量的实
经验。维尔林专著的重要之处在于，我们第一次有了 16 世纪主要
于筑堤的各种方法的汇编，它们也用于修建泄洪闸等。这部著作不
卷，实际上维尔林原计划写第 4、第 5 卷，这两卷中他打算涉及河
控制、海港加深以及洪水治理等一般课题。因此，他的著作给我们
绘了一幅在真正的水力学出现之前水力实践的场景图。此外，该书
明当时使用的筑堤和护堤方法已相当先进，而且事实上与今天所采
的方法差别不大。仔细研究维尔林的著作（尤其是涉及布拉班特的
分）会发现，古海堤内填筑的土地与 15 世纪末之前的相比，到维
林时代已经有了相当大的扩展，当时新的堤坝已经达到、有些情况
甚至已经超越了现在的范围。也是在这个时期，人们对土地改造的
一个方面——内陆 "海" 或湖泊的 "垫层排干"（*droogmakerij*）
始产生很大的积极性。

　　"垫层排干" 是一种本质上不同于围海筑堤的新技术，在 16
纪早期，它起步很慢，带有试验色彩。即使这样，在 1542—1548
间，德尔赫海、凯尔克海、克罗姆瓦尔特、魏德赫布雷和里特赫雷
等荷兰北部的所有小的内海都被排干，变成了有用的农田（图 20
接着，1556 年范埃格蒙德伯爵（Count Van Egmond）开始了更宏大
排干埃赫蒙德海的工程，很快有其他一些人跟着干了起来，其中

302

布雷德罗德（Hendrik Van
derode）的贝赫海排水工
、范奥尔登巴内费尔特
ohann Van Oldenbarnevelt）
迪普斯和贾林格尔海的排
工程。这些工作的发端是
式各样的"冒险家"和实
家，对他们来说，这些土
的最终农业价值与他们这
冒险投入的资金可获得的
接收益相比没有多大意义。
了对这一"垫层排干"技
的成长有一个概念，这里
出以下数据：在 1540—
65 年间，在荷兰南部和
部、弗里斯兰、格罗宁

图 202　16 和 17 世纪"垫层排干"技术在荷兰北部的
进展情况。

、泽兰和北布拉班特，改造土地的总面积为 35 608 公顷，其中只
1349 公顷是排干的内海，其他都来源于围海造田。在 1615—
40 年间，改造的总面积为 25 513 公顷，其中至少 19 060 公顷
源于内海"垫层排干"。这种改造淹没土地的方法，就是围绕整
区域修一条牢固的堤坝（ringdijk），而所需要的土则从堤坝外侧
部挖掘，从而形成了沟渠（或称 ringvaart）。当堤坝和沟渠完成
后，就由通常坐落在围堤上的排水设备把水从内海抽到沟渠，此
水在重力作用下（如果有必要，则通过水闸）流到河流或主渠道中
图 206）。

这些"垫层排干"技术除了对农业有重大意义之外，对促进排水
备的技术开发也很有意义。风车驱动的戽斗轮并不是内海排水的

产物。实际上，它开始使用时形式有点原始，那时已经接近 14 世
末，比风力驱动的碾谷机要晚得多。但是直到大约 15 世纪中期，
着旋转式塔顶的发明，它作为排水机器的使用才获得了切合实际的
功。这种旋转式塔顶无须转动机身，可以直接使翼板迎风而转，而
对于固定式戽斗轮来说是不可能的[1]。如果没有这个发明，荷兰的内
和其他低洼地的排水也许会无限期地延迟，这些低地是由于土地自
下陷以及用作燃料的泥煤挖走后留下的巨大洼地受淹而形成的。
1560—1700 年间，荷兰议会和个别州授予了多达 102 项排水设备
专利，此外还有大量其他形式的泵，例如螺旋泵、螺杆泵等专利。
然并非所有上述专利都投入实际使用，但这个数据可以使我们了解
土地改造有关的排水问题的重要性。而且正是由于排水机，在荷兰
土地改造的历史上产生了两位杰出人物：西蒙·斯蒂文（Simon Ste
1548—1620）和利格沃特（Jan Adriaanszoon Leeghwater，1575—165(
他们对排水机的设计和制造的发展都作出了重大贡献。

斯蒂文的名望有很广泛的基础，因为就像与他同时代的伽利
（Galileo Galilei）一样，他不仅是个有造诣的数学家，用我们今天
话说，他还集科学家和实践水力学工程师于一身，侧重于基础流
静力学而不是流体动力学。斯蒂文生于布鲁日，1583 年进入莱顿
学，后来作为一个工程师在莫里斯王子（Prince Maurice）的军队中
役。可能他曾负责格罗特维里克运河西岸普林森堤坝的建造，也可
是作为顾问。该项工程在西班牙战争时期是荷兰这个省的水防工程
一部分。1584 年荷兰议会批准了斯蒂文的第一项专利。该项专利
3 个方面的发明：（1）使各种类型的船只可以通过浅水区；（2）
只可以穿越水坝；（3）采用不同于以前一直使用的提水技术（从圩
港口等排水）。只有这最后一项与我们有关，并且根据他儿子亨德

---

1   这种单柱式风车（*wipmolen*）的驱动力通过绕着风车中空支撑柱转动的转轴传递到戽斗轮（第 II 卷，边码 625）。

·斯蒂文（Hendrik Stevin，1613—1670）所述，该设备是一种特殊舌塞泵，但是从没有广泛用于圩田排水。事实上，这种泵根本不适亥种工作。

1588 年，荷兰议会通过莱斯特伯爵（Earl of Leicester）为西蒙·斯文授予了一项"高功效排水机"的专利。还是根据亨德里克·斯蒂所述，与通常所用的 20 或 24 叶片的扬水轮不同，这种排水机的水轮只有 6 个叶片，每个叶片上都配有皮带，皮带沿轮槽的底面两侧滑动（图 203）。1590—1591 年，西蒙·斯蒂文建造的这一类水机在其他地方——其中有代尔夫特的德伊冈尔斯哈特和索于德拉的斯托维伊克斯赫泄洪闸——的一系列测试中都有成功的表现，誉为"一小时内提升水量相当于上述贝耶排水机三小时内提升水"的新机器。西蒙·斯蒂文亲自给代尔夫特的地方长官和市长写信，在数学上证明他的新排水机提升水量是旧排水机的 4 倍。人们曾为，西蒙·斯蒂文的发明没有获得广泛采用的原因是，有固定外壳和没有固定外壳的阿基米德螺旋泵在那时大量取代了扬水轮。一个合理的解释是，尽管采用皮带和减少叶片数目也许可以获得更高的力效率，但是此法主要是通过减少叶片末梢的渗漏来实现的，因此 **305**

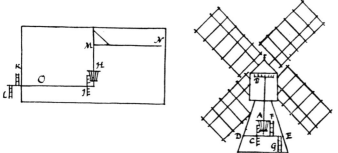

图 203　西蒙·斯蒂文在他 1589 年 11 月 28 日的专利中作的排水机原图。
（左）通过正交齿轮传动的畜力驱动戽斗轮扬水机；（右）转塔式戽斗轮扬水机。

皮带更换比较频繁而且花费大。一个标准设计的扬水轮所需维修费少，在较大的排水机中，它在与阿基米德螺旋泵、螺杆泵以及16、17世纪引入荷兰的其他泵的竞争中脱颖而出。但是米德尔堡的范尔肯贝克（Dominicus van Melckenbeke）在 1598 年获得专利的阿基米螺旋泵广泛应用于一种小型的倾斜式风车（yjaskers）上，在荷兰的北部特别多（图 204）。从阿基米德螺旋泵合乎逻辑地演变出了具有

图 204　倾斜式风车，弗里斯兰。

定外壳的螺旋泵，后者是16年授予莱顿的许尔斯（Syn Hulsbos）一项专利的内容。

西蒙·斯蒂文在排水机面的声望是牢固地建立在的著作《论排水机》（Van molens）的基础上的，他在中通过静力学和动力学的独性理论研究来支持他的实践动[2]。的确，该书可称是类著作中最古老的，比斯米（Smeaton）的研究早了约1年。如果维尔林的《筑堤论》最早整理的有关堤坝建筑概述的著作的话，那么出版于 1617 年西蒙·斯蒂文《水闸防御的新方式》（Nieuwe maniere van sterctebe door spilsluysen）的头两章也许是现存的欧洲有关水闸防洪最早的版物了[3]。

阿德里安松（Jan Adriaanszoon）后来改姓利格沃特，是一个与蒙·斯蒂文不同类型的人，靠个人奋斗获得成功。1575 年，他出于阿姆斯特丹北部的一个村庄，是一个木匠的儿子，父亲在1594修建了当地第一个水闸。一如前面所假设的，如果"垫层排干"技

大量涌现加速了排水机的发展，无疑也可以说是同样的因素促进了
各沃特的创造。因为尽管他是作为一个在排水渠的规划、水闸的修
筑方面具有广泛经验的水力工程师而出名的，但是他持久的声望则
也自己描述的那样，是牢固地建立在他作为德赖普的水车设计师和
程师的技能基础上的。

利格沃特在排水机的构造上所做的改进并非根本性的，而且他
没有获得有关专利。事实上他只获得了两项专利，其中一项是
1605 年和彼得·彼得斯（Pieter Pieters）及威廉·彼得斯（William
ers）一起获得的一种可以"潜水"的设备的专利，得到了莫里斯
子的关注，据称具有实用价值，使桥、水闸等的水下维修成为可能。

306

是在 1608 年，贝姆斯特湖——荷兰北部最大的内陆湖（图 202）
一开始"垫层排干"，利格沃特被指派"负责排水机的建造和装配"
工作（图 205）。4 年后的 1612 年 5 月（贝姆斯特湖排水的第一个

图 205　利格沃特绘制的用于排干贝姆斯特湖的机器。
戽斗轮顺时针旋转，水流向左边。

12.1　荷兰

规划被提出 40 年后），利格沃特的声望随着工程竣工也牢牢地
立了。

正是在贝姆斯特湖，利格沃特研制了多级提水系统，其中通
联成一串的 2 个、3 个或 4 个戽斗轮，水从圩田的最低处被逐步提
到引水道（第 II 卷，图 627）的高度。这一系统并非利格沃特的发
因为它在 16 世纪就广为人知了。但是，正是依靠利格沃特在贝姆斯
湖以及很多圩田上的卓有成效的工作，多级提水系统才获得了充分
应用。

307 　　利格沃特是 17 世纪上半叶荷兰鼎盛时期最杰出的排水机制造
和排水工程师，他在荷兰和海外游历四方，名声远远跨越了国界（
码 319）。他最著名的纪念碑式的作品是一项他未曾完成的工程——
哈勒默梅尔的排水系统，该工程在他 1641 年出版的《关于哈勒默梅
尔的书》（*Haarlemmermeerboek*）[1] 中有生动的描述 [2][4]。他计划的一
惊人特点是提议采用不少于 160 台排水机（图 206）。如果有经济
持（利格沃特的成本预算是 360 万荷兰盾）将获得成功。在 1852
借助于蒸汽泵发动机，这个构想获得了成功。宏大的构想可以衡量
个人的才能。

　　显然，西蒙·斯蒂文和利格沃特都不是排水机的发明者，这个
劳也不可能归于任何个人。在排水机的发展过程中，必须提到的一
人是厄伊特海斯特的科内利松（Cornelis Corneliszoon），他曾在 15

308 年第一次获得了风车驱动的曲柄双冲程泵的设计专利，这是一项新
的设计，但不完全令人满意。他的名声主要在于风动大型机械锯
建造，但也来自 1602 年获得议会授予的一项有关泵的专利。从他
甚明确的描述看来，该泵可能是离心泵的早期设计，或者至少是一
采用离心力来提升水的装置。这一发明直到约 250 年以后才有进

1　　原书注，Book on the meer at hearlem。
2　　其方案的第 13 版印刷于 1838 年。

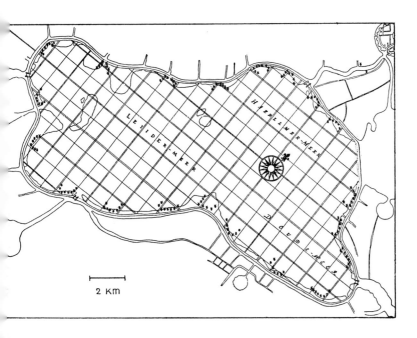

206 利格沃特关于哈勒默默尔排水工程的原始计划图，1629 年。

区域有规律地开挖了一系列呈直角的引水道，从中用放置在紧靠这片区域边缘四周的风车把水引

，借以排干这块区域。

时英格兰安装了第一台用于沼泽地排水的离心泵。

　　但是在这个时期，不必过于夸大排水机在土地改造中的重要性。

然，没有排水机，内陆海也许将永远不会进行广泛的"垫层排干"，

也必须认识到，在 1540—1690 年间，荷兰主要的 6 个省（大约

7 260 公顷）中 80% 的土地都是筑堤围海造出的。因此，土地的扩

主要通过筑堤和"人工浚填"的技术获得。在这样的工程中，早已

在的集中控制综合排水系统的管理机构——洼地总局（Hoogheemra

chap pen），其成立可以追溯到 1200 年——以及其范围内比较小的

体，扮演着一个重要的角色。尽管这些机构不是 16 世纪和 17 世

的创新，但没有它们，这时期的技术进步能否出现值得怀疑。而可

肯定的是，这些技术进步不会得到充分利用。

12.2　意大利

如果要理解意大利土地改良（*la bonifica*）——从最广泛的意
上说是土地改造——问题的特殊性，以及它与荷兰、英格兰、法国
其他欧洲国家的不同之处，就必须从地理学的角度来考虑。在北
阿尔卑斯山巨大的半圆形屏障将疆域狭长的意大利与欧洲其他国家
离开来，整个国家从北到南被山脉大致分成了两半，大量的河流从
脊两侧流下，这些河流的上游常常是冰雪融化后形成的山洪。此
意大利的海岸线很长。所有这些因素共同构成了一个需要解决的根
问题——河流的疏浚和治理。河流治理是土地改良及其技术基础的
键。因为不管是在意大利还是在别的国家，土地改良本质上不但总
一个具有增进健康和发展农业双重目的的水利问题，也是一个排除
流泛洪产生的滞水的长期问题。

意大利土地改良的发展史具有三个重要的特点。首先，它的起
可以追溯到大约 2000 年前的罗马君主的工程，虽然其发展是不连
的。第二，发展不连续的结果是，在 16 和 17 世纪它没有一个如
国和英格兰一样明确的起点。第三，意大利土地改造的实施，没有
赖荷兰的技能和经验，而是在这时期发展了具有科学基础的本土技

随着罗马帝国的崩溃，罗马帝国的排水和灌溉工程也告衰退，
到多个世纪之后，一些修道院尤其是本笃会和西多会修道院，试图
兴这些工程。尽管他们的努力很微弱且没有通盘的考虑和安排，但
仍为 16 和 17 世纪的发展提供了一种模式。例如在公元 7 世纪，
拉佐洛、蒙特韦尔迪和萨尔瓦托里的本笃会修道院已经实施了伦
第平原多个沼泽的排水工程。12 世纪，基亚拉瓦莱的西多会修道
实施了韦塔比亚迪米拉诺的灌溉工程，在巴萨瓦莱帕达那也同时完
了类似的由修道院主持的工程。到 16 世纪早期，已有大量小规模
此类工程，但其倡议者正由修道院向半独立城邦中的土地所有者转

尼斯和米兰这样有钱有势的城市的议会转移，尤其是向教皇国及
后相继的教皇转移。

在这一过程中，人们越来越意识到需要有一些专门机构，去研究、
和管理土地改良工程。早在 16 世纪，威尼斯已经任命了它的运
政官（*ufficiales supra canales*）和沼泽地行政官（*ufficiales paludum*），
纳市组建了它的阿迪杰河管委会（*Collegio per il fiume Adige*）以
阿迪杰河，佛罗伦萨于 1549 年创立了主管河流、桥梁和街道的
机构（*ufficiales di fiumi，ponti e strade*），他们的职责之一是河流
和防洪。这些组织和类似机构的重要性，在于它们对用科学技术
解决实际水力问题提供激励。例如，在佛罗伦萨主管河流的政府
的管理下，16 世纪意大利一位杰出的水利工程师——布翁泰伦提
nardo Timante Buontalenti，卒于 1608 年）被美第奇（Medici）家族任
市政工程师，实施了大量改善阿尔诺河的初始工作。

这些官方机构的一个重要特点是拥有足够的职权，确保把主要河
其支流作为一个统一单元进行系统的管理，来代替个别的和地方
河流改善等工作。1558 年，主管河流的政府机构的一位官员佩
（Girolamo di Pace）写了整个阿尔诺河情况的综述。在 1558—1603
45 年间，这一机构收到了大量提交的关于改善阿尔诺河的报告
案，而所有这些都必须详细审查和评估。

也许这时期意大利最重要的水力工程师是佛罗伦萨人卢皮奇尼
tonio Lupicini，约 1530—1598），他的声望远远超出了意大利本
尽管阅历广泛，他仍将他的主要活动放在水力学和筑城学上（主
是前者），而且确实成为当时为数不多的专家之一。卢皮奇尼的名
写了 6 本著作得以长存，其中从水力学观点看，最使人感兴趣的
本是 1587 年的《论用人工土筑堤坝进行波河与其他河流的防洪》
scorso sopra i ripari del Po e d'altri fiumi che hanno gl'argini di terra posticcia）
1591 年的《论佛罗伦萨防洪》（*Discorso sopra i ripari delle inondazioni*

310

di Fiorenza)[5]。前者是有关波河的治理工作，部分为了航运，部分为了防洪，后者专门论述泛洪及其防御问题。卢皮奇尼完全熟悉堤坝建造的方法以及挡水墙、防波堤和分水坝的设计和修建，有关这些工程的科学在意大利得到充分发展，就像在荷兰一样。但很显然，在荷兰的圩田改造中所采用的泥堤、土筑堤坝、海藻堤坝及类似构筑物，不适用于意大利那些流速快且通常湍急的河流。因此，意大利的工程师不得不修建桩式堤、砖石墙、石头护坡以及各种形式的沉排护底和约束作业，使得他们对此变得非常熟悉。事实上也可以说，卢皮奇尼提出了沉排护底的初始概念，因为在 1587 年他的《论用人工土筑堤进行波河与其他河流的防洪》一书中，详细讨论了堤坝侵蚀的原因，并描述了他设计的保护堤坝的方法。

卢皮奇尼的方法是采用由圆木组成的"环形结构"，这些圆木相隔 4 英尺，交叉连接，用柳条绑住，整个形成了一个沉排，一端连接到堤岸固定柱上，其余的铺展开卡入侵蚀点。然后，在整个沉排上堆填石料，将其固定在适当的位置。至于堤岸结构，卢皮奇尼设置的高度通常高出查明的最高水位线 4 英尺，基座宽度 3 倍于高度。这也许被认为给出的坡度太陡，但他规定堤坝将由土层和稻草层交替构成，前者厚 10 英尺，然后压平、夯实，通过这种方法得到的陡坡静止是能令人满意的。必须强调，卢皮奇尼设计的结构原理适用于河流控制，而不是海岸防护。

意大利 16 和 17 世纪土地改良的详情复杂且不连续，但也许可以从人们排干庞庭沼泽地的努力中对整个情况管窥，虽然它在某种程度上是一个专业化的问题（图 207）。庞庭沼泽地当时在教皇国的疆域内，覆盖了罗马西南部约 300 平方英里的土地，并包含了第勒尼安海和莱皮尼山之间的狭长海岸，很多湍急的小河流经此地。经过一代又一代君主的努力，排干沼泽地的工程取得了部分成功，使亚壁古道能够贯穿该地区。后来他们的工程衰落了。到 16 世纪初，尽管

311

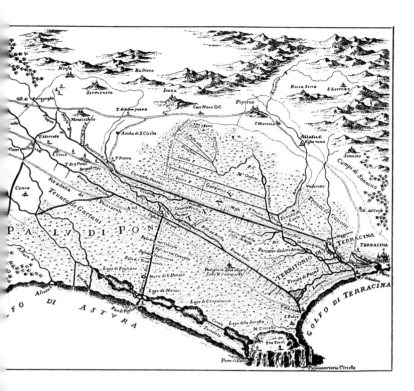

)7 梅热尔的庞庭沼泽地排水方案。法尔达 1678 年绘制。

尤教皇们的努力，这一地区还是成了一个疟疾滋生的沼泽地。1514
乔瓦尼·德·美第奇（Giovanni de' Medici）——教皇利奥十世（Pope
X）授权他的堂弟朱利奥·德·美第奇（Julius de' Medici）——后
的教皇克雷芒七世（Pope Clement Ⅶ）实行排水工程，最终促成了
利亚诺运河的开凿。该运河以教皇的兄弟朱利亚诺·德·美第奇
uliano de' Medici）之名命名，达·芬奇当时在他手下供职。大概就在
一时期，达·芬奇画了一幅描述他的排水方案的工程图，提出重新
凿古罗马运河，使其与亚壁古道相平行，并把其用作从莱皮尼山流
的河流的汇水渠道（按照《罗马书》所述，图版 19），再和汇水渠
呈直角地修建一条辅助渠道，将利沃利河和乌芬蒂河引流入海。还

有第二个辅助方案用以改造利奥马蒂诺运河——一条穿越亚壁古道□第勒尼安海之间的低洼地的古罗马运河，但最后看来没有做任何□或做得很少，1522 年利奥十世去世后整个计划就终止了。

在这一计划夭折约 60 年后，1586 年初来自乌尔比诺的工程师□尼奇（Ascania Fenizi）在当地富商的资助下，向西斯克特五世（Sixtus□1585—1590 年在位）提交了一份沼泽地排水计划。这次教皇一□信心十足，因为他所要支持的计划非常接近成功。他全权委托费□处理包括泰拉齐纳、派帕诺和塞泽全部领域的"垫层排干"工程，□打算分配给教廷财政部排干土地的 5.5%。西斯克特已经积极地□□

312 其他水利工程，在改善里米尼、安科纳和奇维塔韦基亚的港口和□拉韦纳沼泽及台伯河口的土地方面都起了作用。新的工程立刻□了，雇用了 2000 人并于 1589 年 1 月完工。为控制从高地流下□水，修建了水闸，新开挖了一些小运河以及一条运河干线——西□运河。1590 年西斯克特去世后，这些工程渐渐荒废，这些沼泽□回到了原样，疟疾重新威胁居民。

第二个出场的是一位荷兰人阿尔克马尔的德维特（Nico□Corneliszoon de Witt），他于 1623 年到罗马呈交了排干庞庭沼泽□规划。1637 年，他得到教皇乌尔班八世（Urban Ⅷ）的特许。该项□程还得到来自意大利和荷兰的一帮天主教商人的资助。但当德维□二年去世后，计划搁浅了，这一情形和稍后另一位荷兰人的情形□

直到接近 17 世纪末，排干庞庭沼泽地的计划才被重提。又是□名荷兰人，他叫梅热尔（Cornelis Janszoon Meijer），在来自低地国□在意大利从事水利工程的工程师中，他或许是最有地位的一位□了 1674 年，这位在阿姆斯特丹土生土长的人已经作为具备出□能的工程师在罗马声名鹊起。1676 年，他向英诺森十一世（Inno□ⅩⅠ）提交了排干沼泽地的计划。为此，教皇吩咐一位意大利工程□备了一份报告。根据这份报告，梅热尔重新研究了这一问题，并□

78 年写了一篇专题报告《论排干庞庭沼泽地的方法》（*On the way* *rain the Pontine Marshes*）。报告于 1683 年发表，并配了一幅法尔 （Giovanni Battista Falda）绘制的地图为插图（图 207）[6]。梅热尔在 时没能完成规划，他的儿子继续实施这一项目，但不成功，主要是 于当地居民的强烈反对。

梅热尔的一部更重要的著作《以多种方法使河流适于行船，及其 新发明和各种秘密》（*L'Arte di rendere i fiumi navigabili in varij modi* *e altre nuove inventioni, e varij altri segreti*，1696 年）是他在成为罗 *Fisicomatematica* 学会的成员后写成的。从书中可以看出，他是一 多才多艺的人。该书涉及多种学科和各种机械设备，例如升艇机、 气浮筒、吊车、机械推动车架等。尽管他也在书中叙述了意大利那 时期一些技术分支，特别是水力技术当时的状况，然而似乎在许多 合，他可能仅仅是做了一个报道者。他写了补救河水泛滥的方法， 括防止博洛尼亚、费拉拉及拉韦纳省发生洪水的办法。他描述了桩 护岸结构的设置。他曾用此法修缮了被毁的佩萨罗港。该书还讨 **313** 了挖泥船的使用，论述了他于 1696 年为教皇英诺森十二世（Pope nocent XII）所完成的台伯河的治河围岸工程（图 208）。

到 17 世纪末，土地改良的实践得到高度发展。然而，我们现在 提及意大利土地改造和排水中的（尤其在这个时期末）一个最有效 因素，即科学家对河流的运动规律及河流治理的研究。正是这个因 的存在，使得意大利的情况在很大程度上有别于其他欧洲国家的 况。如果说伽利略的工作和西蒙·斯蒂文相对较少一些的工作确 代表了阿基米德（Archimedes）以来在水力科学方面的第一次进步的 ，那么同样可以说，卡斯泰利（Benedetto Castelli）和他的继任者对 **314** 流流量的科学研究就代表了意大利土地改造技术新阶段的开端。在 一领域，伽利略本人并非只是一个理论家，1594 年威尼斯州授予 一种提水机器装置的专利，他还曾一度作为托斯卡纳区水系的负责

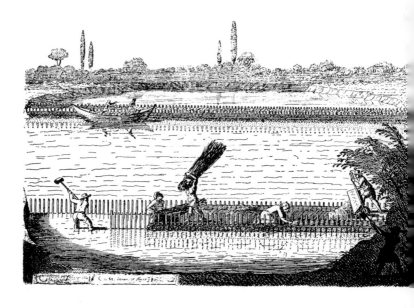

图208　*krebbingen* 结构，一种保护河流堤岸的方法。来自梅热尔，1683年。

人。他关于比森齐奥河的报告至今还在，那是他和两位工程师巴尔洛蒂（Bartolotti）和凡托尼（Fantoni）一起作了一次调查后于1630年月写的。

　　卡斯泰利（1577—1643）是伽利略在帕多瓦的学生，1623年雇于托斯卡纳大公费迪南德（Ferdinand），治理位于塞尔基奥河和托运河之间的比萨河谷的洪水。这一举动引起了乌尔班八世的注乌尔班八世于1625年任命他协助托斯卡纳区总体排水负责人科尔尼（Ottavio Corsini），处理位于波河和雷诺河之间的博洛尼亚、费拉和克马基奥一带区域的排水工程。就是在这个时期，卡斯泰利写了著作《流水的测量》（*Della misura dell' acque correnti*），发表1628年（该书并非如通常错误地认为是死后出版）[7]。该书不仅仅理论思想的抽象哲学表述，本质上是基于理论和实践观察的结合，应用于实际的洪水治理和其他水工问题，从而开创了一门完好的水术。这一技术随着科学研究的拓展而发展。

维维亚尼（Vincenzo Viviani）是伽利略的另一名最杰出的学生，作〔为〕一名有实际经验的水利工程师做了非常重要的工作。他对成立于〔16〕57年的最早的大科学协会之一——西芒托学院的建立起了很大作〔用〕，他继承了伽利略的托斯卡纳区水系负责人职位，并成功地完成了〔基〕森齐奥河的疏浚工程，而伽利略本人在早期体现其不成熟知识的报〔告〕中，宣称该工程是无价值的。

继卡斯泰利的著作之后，又有两本重要出版物，它们是古列尔米尼（Domenico Gugliemini）的《河流的本性》（*Della natura de fiumi*，〔16〕97年）[8]和巴拉蒂耶里（Giovanni Battista Barattieri）的全套《水力建〔筑〕》（*Architettura d'acque*，1699年）[9]。巴拉蒂耶里是为帕尔马公爵（Duke of Parma）工作的工程师，他的书建立在他自己的观察和实验以〔及〕卡斯泰利和科尔西尼的早期工作基础之上，他给予了他们两人应得〔的〕认可。在我们这个时期，他的著作也许是河流治理问题的实践和科〔学〕工作的最好例子。

18世纪意大利杰出的数学家弗里西（Paolo Frisi，1728—1784）〔毫〕无骄傲地写道："水力建筑在意大利出现、发展，并几乎达到了完〔美〕。在意大利，与洪流和河流的理论相关的每一点都留下了它的印〔记〕——清水和浊水的引导和分布，渠道的斜坡、方向和变化等等。一〔句〕话，涵盖了水文测量学和水力学的整个范畴。"的确，可以强调的〔是〕，16和17世纪土地改良基本建立在河流疏浚和治理上，正和它现〔在一〕样。17世纪，河流疏浚和治理的科学在意大利得到了有效发展。

〔12〕.3 英格兰和法国

16世纪，英格兰"受淹土地"的地理和经济状况完全不同于荷〔兰〕

这部论著的两卷分别发表于1656年和1663年。

兰或意大利。在林肯郡、剑桥郡、亨廷登郡和诺福克这些东部郡
大约有 70 万英亩的沼泽地（其中部分是湿地，部分则周期性遭受
水），形成了所谓的陆地海湾，其最长的中心线从沃什湾的海岸向
陆延伸了约 35 英里（图 209）。这里并没有纯粹因为农业因素而改
土地的迫切需要，而在相对有限的海岸线上出现海水侵入的危险是
限的，不仅很少发生，并在很大程度上被林肯郡低地海岸上修筑于
罗马时期的堤坝所抵消了。流过这个沼泽地的 4 条河流——乌斯
宁河、韦兰河和威特姆河——相对较小，也没有意大利的山间急流
任何特点。16 和 17 世纪剑桥郡和林肯郡一带的沼泽地系统性改造
发展，主要局限于所谓的大平地——后来称为贝德福德平地，该地
位于宁河和诺福克高地之间，面积约为 302 000 英亩，并不包括林
郡沼泽地。在大平地，古老的沼泽地修道院进行了一些有限的土地

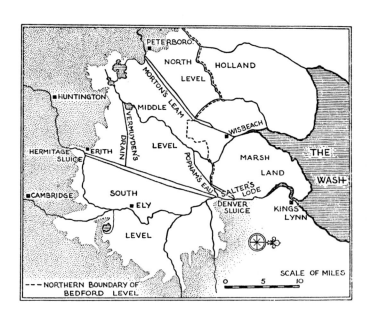

图 209 1653 年弗尔默伊登完成的对大平地（或贝德福德平地）的规划。
依照巴德斯拉德（Badeslade）的地图，1724 年。

□排水工程，但随着修道院 1540 年最终的解体，它们的影响也消

□，留下一个真空，等待以资金收益为目的的金融投机者和冒险家

□填充。实际上，17 世纪所谓的"沼泽排水"的发起和完成都应

□于这个经常被轻视的利益动机。

□布拉德利（Humphrey Bradley）迈出了大平地排水工程建设性的第

□。他是来自贝亨奥普佐姆的布拉班特人，名字可能是来自他的英

□籍父亲——当地的商业投机交易所的一位重要官员。他可能是由

□议会的大使奥特尔（Joachim Ortell）介绍到英格兰的，并于 1584

□交给弗朗西斯·沃尔辛厄姆爵士（Sir Francis Walsingham）一份重

□多佛尔港计划的"建议"。在 1588 年 3 月自枢密院发往主要的沼

□地诸郡的政府官员的信中，布拉德利、赫克斯汉姆（John Hexham）

□高什（Ralfe Agas）被推荐为"能对这几个沼泽地水系的真实落差、

□水的土壤的性质做出检验并绘出地图"的人，换句话说，他们是

□东的勘测员，堪担大任。最后在 1589 年 12 月，布拉德利给伯利

□爵（Lord Burghley）提交了沼泽地排水的"调查报告"。

"调查报告"在两个主要细节上引人注目，首先，和到那时为止

□采用的零星手段相比，它是对大平地排水工程的第一个综合性提议，

□是一个具有熟练的排水和筑堤技术（将在后面讲述）的人所准备的

□案，因而是建立在充分的技术原理和实践的基础上的。考虑到当时

□仪器和勘测方法的局限性（第 20 章），它也建立在合理的精确勘

□的基础上的。这点很重要，因为在像沼泽地这样的广阔区域内，最

□本的要求就是对整个地区的精确勘测。在枢密院的信里提及的赫克

□汉姆和阿高什都是著名的勘测员。经过先前 80 或 90 年的发展，现

□勘测员装备的全部基本设施都已经在当时勘测的科学和实践中使用。

□布拉德利的"调查报告"没有给出作为他的方案基础的水平面的

□据，但是几年后的 1597 年，阿高什给伯利勋爵写信时声明，在他

□勘测中已经对整个沼泽地作了水准测量，一直到各河流的河口。布

拉德利本人也说过，沼泽地"实际上整个地表都在海平面以上"，进一步指出"从水中恢复土地的唯一方法是沿着最短的轨迹直排水……将沟渠挖出一定的宽度和深度，以便用来使水流到海洋他强调，他的目的可以通过一个利用重力的方案来实现，不需要依"堤坝、机械、作坊和无法估计的花费"。

因此，地平面和海平面的相对高度使得排水机通常没必要再用，但就在 1588 年或许更早，这类排水机已用于某些单独的沼地，这一点是毫无疑问的。这些排水机是风动还是使用畜力已经说清楚。我们所知道的是，甚至早在 1580 年，莫里斯（Peter Morrice 者 Morris）——大概是荷兰人——就被授予"以某种机器对某个沼地……"排水的专利权，而大约在 1578 年另一些荷兰人也已经提了类似的申请。但这些只是个人的努力，当在 1593 年向伯利勋爵再次申请无效后，布拉德利失望地引退，回到贝亨奥普佐姆。大平改造的协调方案——能够实现真正改造的唯一方法——向后推迟近 40 年。这个问题与其说是技术问题，不如说是资金和人力的问但是，在英国的土地改造史上，布拉德利是个重要人物，他阐明了个清晰的排水方案，方案中沼泽地或至少是大平地被视为一个独立元。不管弗尔默伊登（Cornelis Vermuyden，边码 320）的实际成就什么，他无疑都大大获益于他的前辈——一位荷兰同胞。

法国低洼地的排水和改造问题又有所不同。基本上和英格兰样，它包括了低速河流淹过的平坦地区的防洪，但是在法国并没有沼泽地那样的单独的大块"受淹和被包围"地区。与荷兰相比，法的土地改造主要是湿地排水，而不是围海造地。系统化的土地改造真正建立完全归功于亨利四世（Henri Ⅳ，1589—1610 年在位）。确早在几个世纪前，本笃会修道院就进行了一些小规模的改造尝试，亨利登基前几年还试验了一些独立的方案。例如，1587 年德马提（Mareschal de Matignon）尝试在波尔多附近湿地进行排水和开垦，那

性流行的疟疾或瘴气夺走当地人的生命，有时数以千计。但是，
利产生宏伟想法的原动力间接是战争的需要，因为他登基后一段
经常受到战争的压力。1596 年 6 月 18 日，荷兰的立法议会的一
报告说，他们收到了法国国王通过其大使递交的申请书，要求给法
遣 "4 名具有熟练筑堤经验的技术人员"。随后一个月，布拉德
和来自荷兰的赫里茨松（Jan Gerritszoon）以及另一名来自泽兰的姓
详的筑堤工程师一行 3 人受命前往法国，代表国王参加 "筑堤
"。但是，重要的一点是规劝他们 "在一切军事行动中" 应当协
国王。

　　这是布拉德利法国之旅的原因。我们并不知道布拉德利和他的朋
所做的军事工程，但是当主要战斗结束后，由于王室要求，布拉
利仍留下为国王服务。然后，作为复兴国家的手段之一，亨利决
进行大规模土地改造。1599 年布拉德利被任命为国家堤坝负责人
áitre des digues du royaume），实际主管整个法国低洼地的排水工程。
1597 年，他已经遵照国王的指示开始了肖蒙昂韦克桑（瓦兹）的
地排水工程。

　　布拉德利在法国的工作并没有开发出特别的新技术，但在这
有这样的说法就够了：在适当时候，是布拉德利，更确切地
，是他所建立的主要由荷兰同胞资助的法国沼泽湖泊排水委员会
Association pour le dessèchement des marais et lacs de France），成功
进行了诸如圣东日、普瓦图、诺曼底、皮卡第、朗格多克、普罗旺
的湿地和萨尔利耶弗湖（多姆山）的排水工程。这一委员会也许是
国该项工程中最引人注目的，事实上也是至关重要的一部分。它的
生来自 1599 年的第一道法令，1607 年发布第二道法令正式成立，
39 年又发布一道法令而一直重建到 1655 年，然后持续到 1685 年
特法令宣布其撤销。它的重要性在于，委员会事实上代表了一个运
严密的组织，在管理、财务和技术上达到了规模宏大、分布广阔的

319

同类事业的最高点。它的模式来源于荷兰的类似组织——洼地总

（边码 308）。

更早的记录是利格沃特曾于 1628 年访问法国（边码 307），当

埃佩尔农公爵（Duc d' Épernon）邀请他测量并排干莱斯帕尔（吉伦

沼泽地。我们可以猜测当时布拉德利仍健在[1]。委员会无疑也仍然在

所以很难理解为什么或怎样叫利格沃特来承担这项工作，从而侵犯

委员会的利益范围。当然，埃佩尔农公爵可能考虑再三认为必须有

立的意见。布拉德利的思想并不总是对的。他早先在有关勃艮第运

的计算中确实犯了错。但是，当时关于流体力学以及河流和运河的

动和坡度的知识仍是比较初级的，并有待于在 17 世纪中期的意大

得到发展。

即使 1589 年布拉德利得到授权可以实施他的计划，排干英格

沼泽地也仅仅是设想而已。从那时至 1630 年间，当英格兰沼泽地

第一项工程诞生之际，毫无结果的、反对与技术因素相脱离的金融

机背景的讨论就没完没了。英国金融界发动了一场针对荷兰金融家

斗争以使他们作出让步，平衡与其自身收益有些不均衡的规模特

但是在 1630 年，贝德福德伯爵第四弗朗西斯（Francis）被指派“

担”大平地排水工程，合作者包括其他 13 名准备把他们的资金投

该项目上进行投机活动的英国人。弗尔默伊登（1590?—1677）一

来自托伦岛的一个泽兰人被任命为工程主管或总工程师。他第一次

英格兰是在 1621 年，几年后，查理一世（Charles I）给予他约克郡

特菲尔德蔡斯 7 万英亩土地排水工程特许经营权，资助这一项目

资金几乎完全来自荷兰。弗尔默伊登承担的大平地改造工程，事实

于 1653 年完成。它代表着 17 世纪乃至所有时代英格兰最宏大的

地改造工程，其重要性可从以下事实得出：它所包括的大约 30.7

320

---

[1] 他去世的时间无人知晓，但肯定是在 1625 年之后，而在 1639 年之前。

…亩的总面积，相当于荷兰在 1540—1690 年的 150 年间所改造的土…总面积的 7/10。

1630 年弗尔默伊登的原始计划书和地图已经不复存在（可能在…66 年的伦敦大火中被烧毁了），但他后来扩充的方案所依据的原…仍在他的《论大沼泽地的排水》（Discourse touching the Drayning［of］Great Fennes）中保存下来了。从这篇写于 1638 年、发表于 1642…[10] 的文章中可以很清晰地看出，该计划建立在纯重力系统上。和…拉德利一样，弗尔默伊登判定沼泽地的水有足够的落差到达沃什湾…河口，因为用布拉德利的话说，"实际上，整个表面……在海平面…上"。我们对 1621 年弗尔默伊登到达英国之前的活动几乎一无所…，但最近发现了由他绘制的布拉班特的斯滕贝亨一带区域的地图，…有他于 1615 年 10 月 20 日的注释，"位于托伦镇对面的布拉班特…淹土地的地图和方案……"这表明他是一个熟练的勘测员，甚至在…15 年就已经能为"受淹"土地的排水工程制订计划。

开始着手大平地的任务时，弗尔默伊登拥有不少经验，不只是在…兰，也从哈菲尔德蔡斯获得，但必须承认在那里他曾犯过一些错…。对哈菲尔德蔡斯和大平地这样的排水项目和其复杂的河系的处理，…荷兰的围海造田筑堤或内陆海排水有些不同，且更难以分析和判…。在荷兰，这样的工程建立在堤坝构建、运河开挖和泄洪道建造等…定技术的基础之上。弗尔默伊登因为通晓这些技术而具有优势，而…些技术在英格兰十分欠缺，但他的任务是把荷兰的这些问题同意大…河流整治问题以一个简化的形式结合起来。而且，他还得对付沃什…特殊的河口环境。没有现成能解决这一组合的答案，在弗尔默伊登…体方案中的任何错误都是初始判断上的错误，而不是执行上的错误。…653 年工程结束后，他的排水系统令人满意地工作了一段时间，如…地表没有下降，该系统还将继续工作。地表下降主要是泥炭地下陷…以及较小程度上的淤泥地下陷引起的，这破坏了该系统工作所依据的

321

一个简单水力因素，即重力排放。当这一重力排放不起作用时，就定需要一种新技术包括用机械提升水，正像早些时候在荷兰由于某原因而需要新技术一样。

土地由于干燥而使地面下降的程度，本身可以衡量弗尔默伊登水计划的效果。如果效果减弱，即使不很理解需要抽水的真正理这种需求也会变得明显。1664 年多德森（William Dodson）在他的著《设计理想的大平地排水工程……》（*Designe for the perfect draining the Great Level...*）[11] 中承认土地下沉的事实而没有评价其原因，没有对大平地基本上已经普遍使用水泵这一事实提出建议。多德森弗尔默伊登担任工程负责人时曾在其手下工作过，在 1655 年后者休时接替了他的职务。他曾游历了荷兰的很多地方，并看到了"贝斯特、斯克尔梅尔（Skermer）、沃特等地……"怎样"用大量机器水，每一台机器大约需 600 英镑"（图版 20）。事实上，在 1657 至 1660 年间，他已在荷兰被授予了 5 项有关排水机的专利。

大约在弗尔默伊登关于大平地的方案完成的时候，布利（Walter Blith）发表了《改进了的英格兰改进者或农业调查综述》（*T English Improver Improved or The Survey of Husbandry Surveyed,* 16 年）的报告。通过他对英格兰沼泽地排水的评述，可以清楚地看尽管排水机不是土地改造和排水方案的主角，但它们在各个沼泽的使用已相当普遍[12]。正如布利特所说，它们"靠风力驱动，或力驱动；甚至可能由两到三个人的人力驱动"，既可以用戽斗轮扬机"或一种有效的链式泵，也可以用一种斗式装置提水——两者也可以制成风力发动机"（图 210）。这些各种形式的小型排水装置的结构都相当粗糙，当最终全面抽水变得非常迫切时，排水机构造技术从荷兰大规模引进了。随着时间的推移，这种技术不可避免地要本土到 17 世纪末，与最初土地改造时相反，英格兰沼泽地排水不再是兰人的特权。它成功的主要障碍是，英格兰几乎完全缺乏像法国和

322

0 （左）垂直风车正在驱动井内的链式提桶；（右）水平固定式风车正在驱动戽斗轮。1652 年。

那样的中央管理体系。英格兰沼泽地的排水工程是委托给一些处理
水道之类的委员会来管理的，而他们权力有限，只能处理早些时候
门所面临的一些小范围内简单的细节问题，而不太适合处理在 17
它所面临的较大范围的问题。事实上，主要的过失在于没有意识到
格兰沼泽地的排水既有技术上的问题，也有管理上的问题。

相关文献

[1] Vierlingh, A. 'Tractaet van Dyckagie' (2 vols), ed. by J. de Hullu and A. G. Verhoeven. Rijks Geschiedkundige Publicatiën, The Hague. 1920.

[2] Stevin, S. "Van de Spiegeling der Singconst" and "Van de Molens" (ed. by D. Bierens de Haan. Amsterdam. 1884).

[3] *Idem.* 'Nieuwe Maniere van Sterctebou door Spilsluysen.' Van Waesberghe, Rotterdam. 1617.

[4] Leeghwater, J. A. 'Haerlemmer-Meer-Boeck.' Amsterdam. 1641.

[5] Lupicini, Antonio. 'Discorso... sopra i ripari del Po e d'altri fiumi che hanno gl'argini di terra posticcia.' Marescotti, Florence. 1587.

Idem. 'Discorso . . . sopra i ripari delle inondazioni di Fiorenza.' Marescotti, Florence. 1591.

[6] Meijer, C. J. 'L'Arte de restituire a Roma la tralasciata Navigatione del suo Tevere', Pt Ⅲ :

"Del modo di secare le Palude Pontine." R 1683.

Idem. 'L'Arte di rendere i Fiumi navigabili in va. Modi, con altre nuove Inventioni.' Rome. 1696.

[7] Castelli, B. 'Della Misura dell'Acque Corre Stamperia Camerale, Rome. 1628.

[8] Guglielmini, G. D. 'Della Natura de'Fiumi. Trattato fisico-mathematica.' Bologna. 169

[9] Barattieri, G. B. 'Architettura d'Acque.' Piacenza. 1699.

[10] Vermuyden, Sir Cornelis. 'A Discourse touching the Drayning the Great Fennes.' London. 1642.

[11] Dodson, W. 'The Designe for the perfect draining of the Great Level of the Fens.' London. 1665.

[12] Blith, W. 'The English Improver Improved the Survey of Husbandry Surveyed.' Londo 1652.

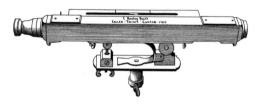

一个早期的测量水准仪，带有望远镜瞄准具和气泡。罗利（John Rowley）所制，1703 年。

参考书目

Cools, R. H. A. 'Strijd om de grond in het lage Nederland.' Nijgh and Van Ditmar, Rotterdam. 1948.

Dienne, Comte de. 'Histoire du dessèchement des lacs et marais en France avant 1789.' Paris. 1891.

Doorman, G. 'Patents for Inventions in the Netherlands during the 16th, 17th, and 18th centuries.' Nijhoff, Th Hague. 1942.

Harris, L. E. 'Vermuyden and the Fens.' Cleaver-Hume Press, London. 1953.

Korthals, Altes, J. 'Polderland in Itali ë .' Van Stockum, The Hague. 1928.

Parsons, W. B. 'Engineers and Engineering in the Renaissance.' Williams and Wilkins, Baltimore. 1939.

Serpieri, A. 'La Bonifica nella storia e nella dottrina.' Edizione Agricola, Bologna. 1947.

13章　机器和机械

A. P. 厄舍（A. P. USHER）

.1　机器概述

机器制造技术在任何时期都很重要，不要以为它仅仅是解决了一□力学的问题，而对创新和发明的基本过程没有多大意义。在 16 和□世纪，与一些特殊的创新相比，机器制造技术同样把技术变革的□征揭示得非常清晰。制图和雕刻的新技术使得用草图和设计图来表□很多新想法成为可能，即使这些想法在当时还不能变成现实。在发□的早期阶段，尽管总有一些记录，但这种记录往往不是很完整，而□种表现形式为发明的概念阶段提供了真实的记录。这个时期的突出□点是很多知名设备和机器的改进，以及制造更复杂更系统机械的能□的提高。例如，真空泵结构的改进，也许会导致其使用的急剧增加，□过来又促进了对于真空的全面分析，以及对使用气压和水压的一整□动力设备的了解。就这样，一个工程成就导致了纯科学和应用科学□重大进展，奠定了现代动力工程的基础。由于这一过程是在 18 世□最终完成的，所以人们往往会忘记它的早期阶段。

很难完全准确地追溯机器制造技术的发展过程。同时期的说明□不总能给出一些结构上的细节，而且以草图和设计图为基础作□某种推论也是不明智的。幸运的是，这一阶段早期，阿格里科拉□Agricola）的《论冶金》（*De re metallica*，1556 年）一书中有很多技□

细节，贝利多尔（Bernard Forest de Belidor，1693—1761）的《水力
筑学》（*Architecture hydraulique*, 1737—1753 年）一书则提供了这
阶段末期长达半个多世纪甚至更长时间的技术描述。根据这两本书
其他著作，我们能够编制一份机器制造的年表。

如果能把勒洛（Reuleaux）提出的分析原理 [1] 应用到这些历史问
上，那么我们就能从细节的复杂排列中看出一个有序的过程。研究
325 本的机械部件，研究这些部件单独或联合使用时的效率以及机械装
的综合系列是十分必要的。机器各部件相互作用的精密性和确定性
不断提高，展示了工程技术的熟练程度达到新的高度。一般说来，
16 和 17 世纪值得注意的是齿轮和螺纹使用的巨大进步，使得有效
机械作用代替了器械重力或人力操作产生的运动。这个时期的主要
就，是在精密仪器的制造（第 23 章）和轻型技术方面。虽然 19 世
326 的作者沉湎于原动机，长期掩盖了 16 和 17 世纪工程和机械所取
的成就，但现在已形成较正确的观点，应当再也不会低估技术发展
早期阶段了。

尽管钢铁工业有了很大发展，金属加工和成形技术也有了很大
高，但金属在机器制造中的应用进展仍非常缓慢。与制造奢侈品或
器的成本相比，机器制造中的成本显然更为重要。因此，木材仍是
器制造的基本原料。金属只是用于一些要求强度大或耐用的部件上

阿格里科拉写于 16 世纪的论文中关于链斗泵使用的描述部分
述了铁在最大范围内应用的情况（图 211）[1]。

首先［他写道］我将描述用链斗抽水的机器，它们有三种。
中一种，框架［A］完全用铁条制成，高 2.5 英尺，长 2.5 英尺
加 1/6 和 1/4 指，宽 1/4 和 1/24 英尺。在其中有 3 个水平的小
轴，绕轴承或宽钢轴枕［K］旋转，还有 4 个铁轮，其中两个做成

---

1   Franz Reuleaux, 'The Kinematics of Machinery', London, 1876.（Translation of the German edition of 1875.）

图 211　阿格里科拉所描绘的齿轮运转的链斗泵，1556 年。

状，另两个做成齿状。在框架外，环绕着底轴［B］的是一个木制轮［C］，因此它较容易旋转。框架内是一个有 8 根棒齿的小鼓轮］，齿棒一种长 1/6 英尺，一种长 1/24 英尺。第二根轴（E）并有伸出框架，因而只有 2.5 英尺外加 1/12 指和 1/3 指长，围绕其侧有一个比较小的齿轮［F］，该齿轮具有 48 个齿。另一侧是一个较大的鼓轮［G］，周围环绕着 12 个长 1/4 英尺的棒齿。第三根轴］厚 $1\frac{1}{3}$ 英寸，围绕其周围的是一个较大的齿轮［I］，该齿轮在各个方向上都从轴心向外突出 1 英尺长，轮上有 72 个齿。每个齿轮齿都由螺钉固定，螺钉的螺纹与齿轮上的螺纹啮合，所以当某些齿断以后可以用其他齿替换。所有这些齿和棒齿都是钢制的。上轴从架上突出，用榫眼灵巧地固定在另一根轴的轴体内，使它们看起来像一个整体。这根轴从一个用环绕着支在轴上的梁 [M] 做成的框中穿过，插入一个安装于结实的橡木料 [N] 的铁叉中，并在一个钢辊 [P] 上转动。绕着这根轴的是那种用链斗吸水的机器控制的轮 [Q]，有 3 道弧形铁箍 [R]，一条铁链 [S] 的每一节把它们自钩在铁箍上，所以较大重量也不能分裂它们。这些链环像其他链的环一样是不完整的，但每节链环的上部两侧都呈弯曲状，钩住下一链环，因此，它看起来就像一个双重链。

327　　图 211 既显示了机器的概貌又展示了各部件的细节，但需要别指出的是图中的尺寸有误。从转动曲柄的人来看，主动轴上轮子直径应有五六英尺，但在说明中只有 2 英尺。滚柱轴承也值得注在达·芬奇的笔记本中有许多此类轴承的草图，但并没有多少迹象明它们在当时得到了实际应用。

　　更具特征的机械装置是阿格里科拉水力驱动的矿石粉碎机、碾机和搅拌机，这些机械是为金矿的汞合金处理而设计的（第 Ⅱ 卷，码 42；图 212）。

　　该机器有个水轮 [A]，靠水流冲击它的叶片而转动；水轮一的主轴 [B] 具有长凸轮，用以提升捣碎机 [C] 来压碎干燥的矿

328　　然后，捣碎后的矿石被送入上部磨石 [D] 的料斗，并从料斗口渐下落，被磨成粉末。下部磨石 [F] 是方形的，但有一个球形的凹[G]，上部磨石在槽中转动，凹槽有一个出口 [H]，粉末从这个口落到第一个桶 [O] 中。一根竖直铁轴 [I] 榫接入横梁 [K]，

图 212　阿格里科拉所描绘的水力驱动的矿石粉碎机、碾磨机和搅拌机。1556 年。

又被固定到上部磨石中。轴上部小齿轮［M］固定在轴承上，而承安装在横梁上。立轴上的鼓轮有若干棒齿，由主轴上的齿状鼓［N］带动转动，从而使磨石转动。粉末持续落入第一个桶中，和一起进入位置稍低的第二个桶，再从第二个桶进入位置最低的第三桶，然后从第三个桶平稳流入一个由一段树干砍成的小槽中。每个中都放了水银，在每个桶上都钉了一块横跨木桶的小木板［P］，小轴［Q］从每块木板中部的孔里穿过，直轴在木板以上的部分要粗

一些，以防止它过深地伸入桶内。直轴的下端是由 3 对桨状叶片
叉构成的搅拌器［S］，每对桨状叶片由两块对称固定在直轴上的小
构成[2]。

该图显示了阿格里科拉以及他那个时代的论述中普遍采用的机
构的总体特征。水轮和粗齿轮都是常见的类型。松散的齿轮啮合方
维持了有几个世纪那么久，而且持续二百或三百多年没有变化。
前描述的链斗齿轮系使人联想到一项移植自大型时钟的技术，图
所示机器则具有一般原动机的特征。但这种机器在主动轴上具有立
和滚柱小齿轮，从而呈现一个不寻常的特点。自从 11 和 12 世纪以
一般是主轴借助推杆带动几个装置（第Ⅱ卷，边码 643—边码 644

在水轮和其他使用齿轮的机器的结构设计上，几乎没有什么
化。但是，那些没有齿轮的卧式水轮却的确显示出了一种非常重

图 213 贝松所描绘的改进型垂直式水磨，它利
用水流在水轮叶片上的作用力，叶片是弯曲的。
1579 年。

的新特点。贝松（Jacques Bess
1597 年）描述了法国南部常
的一种新型水轮（图 213）。
种槽（或者凹轮）引进了一种
特征，能够约束水流，使水流
击到叶片上所产生的力得到更
有效的利用。因此，水流运动
到更精确的控制，虽然还不能
水轮成为一台真正的涡轮机，
足以提高其工作性能[3]。无
这种水轮以及图卢兹一带发展
其他类型水轮，为水涡轮机的
明提供了一个舞台。但在 16
纪，以这种安装不紧凑的机器

工作的真正的涡轮机，对该时期的机器设计师来说是不可想象的。

根据拉梅利（Agostino Ramelli，1531—1590）《种种精巧的机器》
diverse et artificiose machine，巴黎，1588 年）一书中的整版插图
谷物用的塔式风车"，可以推断当时磨机结构主要由木材构成。这
式式风车最早的图画之一，尽管达·芬奇在其笔记本中也有这类风
草图。在并不充分的描述中，拉梅利声称可控制操纵杆 D，拉紧
松其与磨机主驱动轴上与轮子相连的环形皮带，即能制动磨机
47)[4]。

公元 1500 年以后，抽水机械变得比中世纪更加重要了。这一时
没有发明新的设备，但在设计上出现了很多变化。矿井和公共以及
公共的供水系统要求抽水装置容量进一步加大。无论是使用水力、
力还是人力牵引，原动机的设计或结构上都很少有新意。当 16 世
抽吸泵的地位变得日益重要时，各种提水设备反映了当时工程方面
午多进步。即使在早期，泵的很多零件也用金属制造，铅、铜和铁
使用量稳定增加。就像在基本原理方面一样，抽吸泵在一些结构细
上为蒸汽机的出现打下了基础。

阿格里科拉描绘了一种金属用量最少的简式抽吸泵（图 214）。
的描述特别有意思，因为活塞和阀门的刻画比其他早期图画更加详
。这是由 7 个抽吸泵组成的泵组中的第一个泵。

蓄水池上铺着铺板，有一根管子——或两节管子，连成一根——
过铺板放到蓄水
池〔A〕的底部，尖头的铁夹钳将两节管子在接头处沿纵向夹紧，
此管子能固定住。较低的那根管子的下端被封入 2 英尺深的柱子
〕中，该柱子像管子一样是中空的，立在蓄水池的底部，但它的
端开口被一个圆木块堵着。绕着柱子有一些孔眼，水可从这些孔眼
进去。如果只有一节管子，那么已挖空的柱子的上部将用一个由铁、

13.1 机器概述

图 214　阿格里科拉所描绘的简式抽吸泵，图的左边是一
个人在用螺丝钻（P，Q）掏空树干做管子。1556 年。

铜或黄铜制成的约一个手掌深的没有底部的罩壳箱封住，并用圆
门［F］来使其紧闭，因而由空气排出产生的吸力吸上来的水将无
回流。但如果有两节管子，罩壳箱就封在接口处的下节管子中。上
一节管子上的孔或喷嘴［G］延伸到隧道的排水管里。因此，勤劳
工匠站在铺板上，把活塞下推进管子里，然后又把它拉出来。活塞
［H］的顶部是一个手柄［I］，底部则固定在包头［K］上。这是给
乎锥形的皮革覆盖物所起的名字，它是用针缝的，底端缝得很紧

入到它所环绕的活塞杆中，而汲水的上端则开口很大。否则就要用
指厚的铁盘 [L，M]，或六指厚的木盘，铁盘或木盘都高出包头很
盘被一个穿过活塞杆底部的铁销固定住，或者旋紧在杆上。圆形
顶部有盖保护，开了五六个呈星形排列的圆形或椭圆形孔。盘直
等于管内径，因此它正好可以在管内上下抽动。当工匠把活塞拉
时，盘盖 [N] 关闭，从盘孔进入的水被提升到管孔或小喷嘴处流
；然后罩壳箱的阀门开启，已流入柱子中的水由于排去空气所产生
及力被提升到管中，当工匠把活塞下推时，阀门关闭并让铁或木盘
次吸水[5]。

    该组抽吸泵中的第七个抽吸泵包括由直径 15 英尺的水轮带动的
个泵（第Ⅱ卷，图20）。每个泵由两节 12 英尺长、内径 7 英寸的
管组成。活塞杆长 13 英尺，直径 3 英寸。阀门都是第一个泵中描
的那种盘形阀门。驱动轴是铁制的，借助一个曲柄把旋转运动转换
往复运动[6]。

    第四个抽吸泵截然不同，因为它有两个泵体，它们都把水排入一
密闭的泵室，泵室只有一根立管作为排水口。手工操作曲柄使活塞
转，曲柄连在一个双弯曲柄铁轴上。活塞也是铁制的。根据描述泵
是用山毛榉木材制造的，长 5 英尺，宽 2 英尺 6 英寸，高 1 英尺 6
寸。由于木材容易破裂，因此书中建议使用铅、铜或黄铜制造[7]。

    这种泵的工作情况可在拉梅利一幅精心绘制的图画中看到。图中
4 个泵组成的泵组正往一个为导水管供水的蓄水池里注水。阀门设
计比阿格里科拉的更加先进，有迹象表明图中泵的管子、泵体、轴
泵室都由金属制成。但是该图并不完整，因此我们不能确定该泵
否由拉梅利或他所在的那个时代制造（图215）[8]，但可以肯定在
利略（Galileo）、托里拆利（Torricelli）和帕斯卡（Pascal，约 1638—
48 年进行研究）对真空进行科学分析将近一个世纪前，抽吸泵已

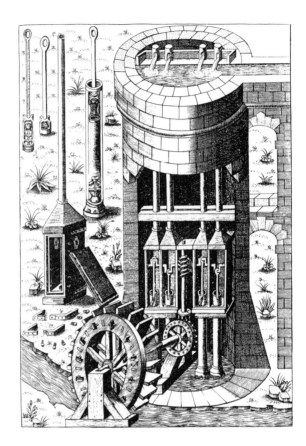

图 215　拉梅利的四缸抽吸泵，1588 年。
注意蜗杆驱动。剖面图显示了阀门的细节。

广泛应用，其操作也能为人们完全掌握。由于泵的效率取决于阀门
活塞的密封度，用金属制作管子、阀门和泵体具有明显的优势。考
金属在结构上逐渐取代木材的细节是单调而乏味的，只要点明 17
纪下半叶已在使用铸铁泵体，同时铜和铅也广泛用于泵的制造便足
了[9]。家用泵通常用铅制造，但铜的强度更大，适于制造更大型
设备。这个时期工程的总体特点如贝利多尔所画的巴黎圣母桥的泵
所示，把抽吸泵和压力泵组合起来使用（图 216）。图中基本特征

333

明显，尤其是一根动力轴联结两个活塞的驱动装置。泵体由金属铸，但图中没有指明用的是哪种金属。1737年贝利多尔重建抽水机时，有进行原理上的修正，但泵体和管子的尺寸有利于更好地利用泵的积。活塞的设计也作了修改。贝利多尔的工作可能是我们所获得的一时期有限的工程技术中最重要的标志之一，但至今对它的研究仍极少。

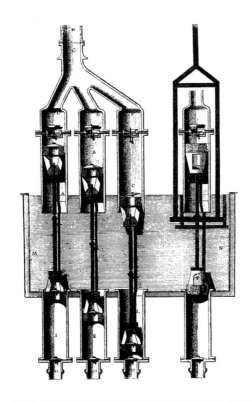

图 216　1670 年安装在巴黎圣母桥上的从塞纳河取水的抽水机，后来又重建过。这些泵由河水驱动的水轮带动三重曲柄驱动。三个泵一组，整个机器共有四组泵。(I, K, L)抽吸泵 ;（A, B, C)压力泵 ;（O, O, O)高出河面 16 英尺的供水管 ;（G)通向给水栓的管子。

13.2 螺杆及其发展

轻型工程以及工具制造的发展与螺杆应用的推广密切相关。螺
在古代就已经众所周知（第Ⅱ卷，边码 631—边码 633），但它的
用有限。木螺杆被用于像橄榄压榨这样的重型设备以及酿酒、布料
包和提重等轻型机器中。在一些精密仪器当中，金属制成的优质螺
也肯定被建议使用（边码 610）。

尽管亚历山大时期的希罗（Hero）懂得丝锥和板牙并绘出了草

335　螺杆仍是用最简单的手工工具来制造。达·芬奇第一个记录了在工
制造和机器结构中螺杆使用的现代概念。和在其他许多方面一样，
可能确定他在多大程度上利用了前人的成果，但他在螺杆方面所做
工作，看起来要远远超越他所在的那个时代，因此我们认为是他的
创。他的笔记本里有很多长导螺杆（Long Lead-Screw）的草图，用
些导螺杆（Lead-Screw）来控制机械设备以复制螺杆本身、控制切割
成形。最重要的一些草图画的是用机械设备复制长导螺杆的两个
案。第一个系统展示了一个装有横向刀具的杆驱动车床。第二个系
则更有效地控制了切削工具。它被固定在一个由两个标准螺旋控制
框架中，在光轴上切削螺纹，光轴放置在两个标准螺旋之间（第Ⅱ
图 598）。因此，这是对导螺杆应用的基本原理完全掌握的明显证
在这种情况下，没有理由认为达·芬奇曾试图制造这种机器。他所
的草图也可证明，即使是木材切削螺杆，这种机器也还是太轻了。

贝松图解了具有长导螺杆和横向刀具的螺纹车床（图 217）。
中显示了车床正在加工一个装饰用物件，但其结构使复制导螺杆成
可能。贝松的椭圆削切车床明显用于加工装饰性物件，我们没有必
加以关注。

336　不管这些机器在原理上是否充分，它们都无法用于实践，几
和古代一样，木材或金属的长螺杆（Long Screw）仍用凿子或锉刀切
而成。1650 年后，不管是粗糙的还是精细的，木质的还是金属的

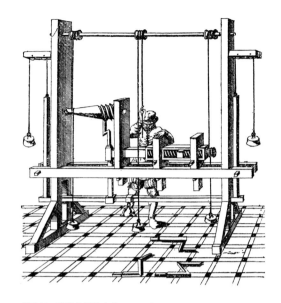

图 217　贝松的螺纹车床，1579 年。

左上方是待加工的物件。形状奇特的刀具由长导螺杆移动（中间）。螺杆和物件都由高轴和滑轮带动旋转。

普遍用于科学仪器——聚焦显微镜和很多测量设备（第 23 章）。
杆则制作昂贵，而且很可能不精确。由于这些制造上的困难，长螺杆的应用受到阻碍。车工活是在技术难度较小的基础上发展的，点很重要。所谓的心轴车床由一个或多个短螺杆控制，这些螺杆工件上来回移动几英寸。某种形式的固定刀具支架可以配合引些螺杆，旋切小工件。在 1568 年朔佩尔（Hartman Schopper）所一本关于工艺的书中，一幅小版画首次记录了这种心轴车床[10]。版画太小，无法表现结构细节。在 1701 年普卢米尔（Plumier）进行详细记载前[11]，很难追溯这种车床在 17 世纪的发展。它用于一些装饰性物件的车削加工，但体现了一些后来具有工业意原理，尤其在钟表制造业方面。

在普卢米尔时期，有可能在车床上切割心轴上的螺纹。普卢米尔

急着这样做是因为用锉刀很难制造出完美的柱状心轴，但他在欧~~~
找到两个工匠可以车削令人满意的铁和钢的心轴。他们使用一些~~~
结构的车床，车床紧紧固定在地板和天花板之间，一部分靠着墙~~~
轴模型用木材做成，直径比成品稍大一些。先把铁铸造成模型，~~~
在车床上车削到所要的形状（图 218），最后用图 219 所示的方~~~
旋转的心轴末端刻出螺纹。图 220 展示了完整的车床。中心车~~~
采用了同样的原理，但普卢米尔没有给出这种车床的整体装置图~~~
为采用的是机械方法，生产螺杆受到很大限制。在青铜螺杆制造~~~

图 218　在一车床的两个随转尾座（T，T）间切削铁心轴。
心轴（b，g）可通过一根环绕其上的绳进行旋转，绳子系在一脚
踏板和杆子上。（a）刀具 ;（L）刀架。

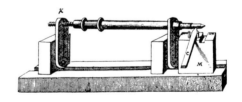

图 219　在心轴上用刀具 C 切削螺纹，刀具用钉固定在 M 上。
焊进心轴尾部的导螺杆在随转尾座 K 的阴螺纹中旋转，这样
心轴上螺纹的精度就取决于导螺杆的精度。

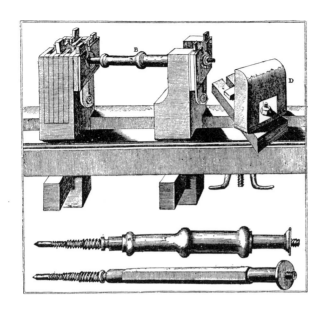

图 220 完整的心轴车床。
心轴上的横式螺旋和左面的随转尾座连在一起，因此当旋转时，通过一根系在 B 上的绳子，它可在两个方向上往复横向运动。绳子一端系在踏板上，另一端系在杆上。D 是刀架。所有车床的车架都是木制的。当需要持续的旋转时，就使用一扁平的心轴，其上装有一滑轮。一闭合线绕在滑轮上，一个大轮由曲柄旋转。（下）带有横式螺旋的两种心轴。注意另一头的短螺纹，用于固定工件。

337

已经采用了铸造技术。铸铁螺杆很难令人满意。

一旦考虑到这些困难和生产成本，就很难解释贝松和拉梅利的草，因为他们的草图暗示着重型螺杆在工业和施工中的广泛应用。然留存下来的样品表明他们的想法并不完全是幻想，尽管 1570 年前在纽伦堡所造重型大门起重器上的精致装饰（图 221）只是并不实的奢侈品而已。科学仪器和台钳中用的小螺杆，反映了已发展的工技能的水平（图版 25）[12]。

螺旋压力机原理的新应用是在印刷和造币中。如后文所述（边382），最早的印刷机是一种采用木螺杆的轻型印刷机，这是首

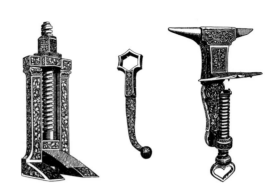

图 221　工程设备中的钢制螺杆。
（左）当时用于提升重型大门的起重器和扳手；（右）用固定螺
钉固定的台钳。纽伦堡产品，约 1570 年。

次被描述的印刷设备（图 250）。大约在 1550 年，纽伦堡的尹
（Danner）用铜螺杆替代了木螺杆，获得了更好的印刷效果。这种
刷机的其他细部并没有涉及螺杆及其作用。

338

螺旋压力机在冲压金属中的最早使用应归功于布拉曼
（Bramante）。据信，他用这种压力机压印制作了教皇尤里乌二
（Pope Julius Ⅱ，1503—1513 年在位）的铅玺。尤里乌二世的圣牌
是使用螺旋压力机用卡拉多索（Caradosso）雕刻的硬模压制而成
贵金属成形的这种新方法后来扩展到很多种产品，形成了一种利用
功率机器进行冲压的新的批量生产方式。金属机械加工的其他试
例如轧机和纵切机将在后文讨论（边码 342）。

我们不知道第一批铸币压力机的结构细节。不过，塞利
（Cellini）描述了他为教皇克雷芒七世（Pope Clement Ⅶ，1523—15
年在位）压制黄铜圣牌的螺旋压力机。塞利尼没在金匠技艺的论述
画出压力机图，图 222 是根据他的描述重新绘制的。

做一个和前面描述过的方法中同样宽、厚［两指厚四指宽］，

更长一些的铁框架，此外，
两个［正方形］硬模（在硬
可凹雕出一个圣牌）以及在
阳螺纹上铸造青铜阴螺纹[1]。
阳螺纹的确是我们通常所说
'螺杆'，阴螺纹被称为"螺
。阳螺杆应做成三指厚，其
应做成方形［截面］，因为
比其他普通形式更坚固。框
顶部打开，由于硬模将要被
其中，在两个硬模之间要压
圣牌，因此螺母的大小必须

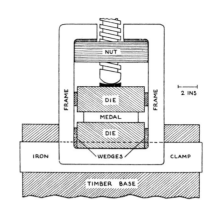

339

图 222　重新绘制的、塞利尼用于冲轧圣牌的螺旋压力机简图。下面的木质基座部分和"大铁环"（据推测它可能和水平面上的螺杆相连）省略了。

不会在框架中移动。由于硬模稍微小一些，因此用铁楔把它们紧
固定，使它们根本无法移动。然后准备长 2 布拉乔奥[2]或更长的一
，埋进基座下，只露出约半布拉乔奥长的一段，将梁露出的一端
。梁下端嵌入一大块长 2 布拉乔奥多的木材中，而框架和梁上
槽口匹配，刚好安在槽内。必须用高强度的铁夹加固螺杆梁，使
开裂[3]。螺杆顶端分开，在分开处装入一个大铁环，铁环有 2 个有
突起，将一根 6 英尺以上的长杆穿过孔眼并固定。然后，4 个人
地装好硬模，让空白面朝上，用螺杆旋压在空白面上，就可得到
的圣牌。用这种方式，我为克雷芒教皇压印了一百多枚全黄铜的
牌，而没有进行浇铸。当选择把它们像硬币那样压制时，必须依循
述方法[4]。最后，如综合权衡的话，尽管该设备昂贵并导致这种压印

螺纹应手工切刻，但没法在铁框架直接切刻出相应的阴螺纹。因此，在螺杆上用直接浇铸的方法制造单独的青铜
螺母，先用灰和脂肪混合物覆盖螺杆，再把它封入合适的模具中。冷却后，金属收缩使螺杆可以从螺母中旋出。
1 布拉乔奥约为 18 英寸。
显然，铁带子紧紧地夹着竖梁上端，以防止螺杆旋转时因框架产生的扭矩而破裂。
比较第 II 卷，边码 488。

方法比其他方法贵得多，但是它制作费用还是比较低。因为，除了牌质量好外，硬模磨损的速度较慢。说到金、银［圣牌］，我压印很多，而没有任何一个需要退火。简而言之，每旋转螺杆两次，就压好一个圣牌，而用寻常的铸币法，即使锤击一百次也难以制好一据此，铸币匠每制成一个钱币，用螺杆就能压制 20 个，据说足有么多[14]。

塞利尼评论说，安装螺旋压力机所需的成本费用比寻常手工铸设备成本要大得多。此外，许多铸币工匠面临失业的现状，也许能明当时造币厂引进压力机所遇到的阻力。

340　13.3　平衡压力机和滚轧机

巴黎造币厂博物馆里造于 1698 年的压币机（图 223），是平衡力机的后期形式的一个典型例证。德贝赞冈（Abot de Bezinghen，1年）描述的压力机是用铁或者青铜制成的，安装在一个由木材、大石或铸铁制成的沉重的支架上。特别是平衡杆两端的铅球，它们横杆长度和重量的不同而变化。在 18 世纪中叶，最重的铅球每个150 磅，最轻的也有 50 磅。从其他资料中，我们知道这些平衡压

图 223　巴黎造币厂博物馆中的平衡压币机，1698 年。

台重约 26 000 磅。1651 年在伦敦皇家造币厂安装的压力机重约
□吨。

当然,稳固对于这些压力机的成功运作是至关重要的。看来把这
□设备列为轻型工程并不合理,但这个术语能严格区分由人力或畜
□动的机械和由输出几马力功率的原动机驱动的设备。平衡压力机
□是设计精巧的机器。由于加重的端部贮存了用于旋转的能量,所
□工作时只需很小的外加功率,而且功率不受损失。它代表了机械
□的较高水平。

金属机械加工和成形技术与机器造币的发展密切相关。轧辊和切
□铜和黄铜加工的其他领域得到了有限的应用,但它们的第一个主
□用是在造币机中。加工金属的轧辊的最早草图记载在达·芬奇的
□本中,里面出现过两种设备——用于加工金属板材的相对较宽的
□和用于加工狭板的短轧辊[15]。

在短轧辊中,轧辊在窄板上压出给定的轮廓线。据此看来,人们
□完全了解了这种机器在金属加工中可能的应用。说来奇怪,一套
□机器居然包括动力锤,处理用于切割出坯件的金属带。达·芬奇
□了两种制造硬币毛坯的冲床,以及一个带有轴套以引导柱塞撞击
□的精巧框架。虽然他一度与罗马造币厂往来过,但没有证据表明
□造币厂实际应用过任何这样的设备。

一种新的造币工艺最早出现在法国。塞利尼在 1537 年访问过
□,讨论了铸币方法的改革,但没有付诸行动。1548 年亨利二世
□nri Ⅱ)计划发行一种新的货币,在法国驻奥地利大使的建议下,
□格斯堡的金匠施瓦布(Max Schwab)那里买来了铸币机。轧辊用
□模铸板或棒材压制成厚度适宜的板材,拉拔机用来调整轧制后板
□的厚度,往复式冲压机用来制造板坯,平衡压力机用来压币,钳子
□件用来固定压力机下的硬模[16]。1552 年 1 月,该机器被安装在
□宫。虽然巴黎造币厂反对这个项目,但在 1585 年巴黎造币厂将

341

13.3　平衡压力机和滚轧机

其功能限制在制造纪念章和铜器之前，铸币机一直在卢浮宫生产
尽管功能受到了限制，但这项技术仍是完美的并继续应用着。

　　大约在 1575 年，另外一种用轧辊铸币的方法开始在蒂罗尔
尔（现在的索尔巴特哈尔）使用。备好的金银带坯从刻有图案的
间通过，轧辊把图案压在带坯上，然后用冲床把条状金银币逐个
再抛光。这一工艺传入了西班牙，机器则安装在塞戈维亚，这是
马德里缺乏充足的水力。布里奥（Nicholas Briot）开发了一种类似
艺，并于 1639 年在苏格兰造币厂使用。在该工艺中，图案雕刻
圆柱体的部分平面上，并不形成完整的一圈。板坯上的钱币呈椭
但穿过轧辊时变成了圆形[17]。因此我们不得不承认，蒂罗尔的
可能比不上法国发明的用轧辊制备板坯的平衡压力机。

　　1561 年，法国系统的动力驱动轧辊传入英格兰，但法国工
斯雷尔（Mesrell）却因伪造货币罪被判处死刑。在这之后，到 164
布隆多（Peter Blondeau）从巴黎来到英格兰之前，不能确定英格
否用它来铸币。1651 年，布隆多获准和铸币厂的雕刻师西蒙（Tho
Simon）合作发行货币。布隆多在法国系统的设备中增加了一
置，在硬币边沿轧出凸缘或凹缘，或做成锯齿状。铸币始于 165
1658 年间[18]。

³⁴²　　在紧接着达·芬奇时代之后的那个时期，我们既无把握确定
在铜、铅加工中应用的轨迹，也无法知道他所描述的实践与其
流行的技术之间是什么关系（边码 47；图 19）。宗卡（Zonca，1
年）、科斯（de Caus，1615 年）和布兰卡（Branca，1629 年）描
滚轧机在小规模金、银、铜和铅加工中的应用。但由于当时铸币厂
经在使用轧辊了，此外赫西（Esban Hesse）在 1532 年就已描述过
在铁加工中的早期应用，所以这些描述显得不是十分重要。纽伦
拉丝工或制钉工也把轧辊用于预加工。在早期的说明中并没有明
到过平整轧辊，制备好的板材从一系列剪切辊中穿过，这些轧辊

于拉丝的带材，然后用平整轧辊将其压得更均匀[19]。

我们对 17 世纪轧辊的使用没有任何详细资料，尽管有线索说明
对在萨克森已经用轧辊生产镀锡的黑铁皮。普尔海姆（佩尔哈梅
）[Polhem（Pälhammer）]的《政治信仰声明》（*Political Testament*,
16 年）最早提供了有关实质性的信息，描述了可准确追溯到 18 世
初的铁件加工方法。作为法伦那些矿井的工程师、负责人和瑞典
矿业委员会的成员，普尔海姆在长期从事铁矿和铜矿开采后，约于
04 年在谢恩松德创建了一家铁和其他金属的制品厂。这家工厂为
业、农业和日常消费生产了大量的钢铁制品，并逐步发展到生产铜、
铜、锡以及铅制品，由它们制成的马口铁和镀锡制品尤其重要[20]。
立工厂的前提条件就是该地要有可以利用的水力资源，即便如此整
工序仍需由人力完成。因此，要有深思熟虑和计划好的生产流程，
时不同的工艺阶段需采用不同的机械装置，有时机器和手工作业要
接好。该工厂一直运作到 1751 年普尔海姆去世以后，几年后被火
所毁，再没有重建。这些新的生产技术对瑞典和其他地方都产生了
大影响。它们代表了钢铁工业成就的最高水平，当时的钢铁工业建
在木炭的基础上，依靠水轮和马拉驱动作为轧机的原动力。不幸的
，普尔海姆的《政治信仰声明》没有插图，但由他的机器制成的很
模型保存在瑞典采矿委员会的博物馆中。

在谢恩松德有两种机器——锻锤和轧辊。即使用动力驱动，锻锤
代表着陈旧的技术。轧辊是当时金属加工的先进方法。只要水力
源条件允许，用轧辊生产的条铁产量有可能是锻锤生产的 10 到 20
。改进设计的轧辊可用于生产粗制刀片，由刀匠将刀片轧开、抛光。
用轧辊可以制作方形、圆形或者半圆形等各种类型的杆和棒，同样
以生产制作锉刀的带钢。板材被轧成盘子和碟子以及各种锡器[21]。
只是普尔海姆一个人将轧辊用于上述用途，但他认为当时锻锤的使
更普遍。瑞典的轧辊数量还很少，他把这归因于制造轧辊的难度。

343

发明于 1737 年并首次使用于卡塞勒铸币厂的这项工艺，在《政治信仰声明》中得到了详细描述。

很容易用上等铁来锻造直径不超过六七英寸的所有小型轧辊。表面焊上一层钢再进行锻造可以增加其硬度。在小型水轮驱动的车床上转动轧辊，刀具固定在滑块上，该滑块可以通过旋转长螺杆沿着车床长度的方向移动。这项工作通常由车工手工完成，但可调整机器装置，让水轮带动螺杆。当轧辊在车床上车好以后，它们被放置在另一个由水轮带动没有横向移动装置的车床上。在这个车床上用小型工具和锉刀把轧辊修得又圆又光滑。然后轧辊回火……回火后，轧辊被送回到车床上，检测它们是否像先前那么圆，但不变形的情况很少出现。因为一些部位的钢的厚度很可能比另一些部位薄，因此冷却后最薄的部位收缩程度较大。如果轧辊并没有因为被碾压过而产生缺陷——这在回火过程中很容易发生，就接着将它们抛光。抛光时用一条环带套住轧辊，环带内有一层锡或铅，先铺上粗金刚砂打磨，然后改用细金刚砂，直到把轧辊磨得又光又圆[22]。

这里有与轧制屋顶薄铁板问题有关的简单文献，《政治信仰声明》继续描述了铸铁轧辊的应用和它们的浇铸工艺。普尔海姆也给出了用锻铁制造轧辊的一些指导，这种轧辊专用于轧制镀锡铁皮。

整个说明内容丰富。对轧辊应用的总体理解虽不新鲜，但普尔海姆就此做了很多新的工作，一部分原因是他对间接生产工艺的优点有着更为清晰的认识，另一部分原因是作为一名多才多艺的工程师，有可能通过改进机器构造取得一些新成果。要使机械装置新的运动形式和部件起作用，就必须成功解决一些工程方面的问题。普尔海姆的工作为衡量 18 世纪第一代技术成就提供了一个新标准。要获得任何全面的技术史知识，就必须理解大工业革命之前像贝利多尔和普尔

样的实践工程师所取得的成就的性质，正是他们为大工业革命深
为经济和社会变革做了铺垫。普尔海姆是一位想象力非常丰富的发
家，也是一位卓越的工程师。他又是如此地默默无闻，这在历史上
一件很奇怪的事 [1]。

4 科学和工程师

工程是一种经验性的实践，而科学则是对发生在这一实践过程中
基本原理的系统研究，强调它们之间的紧密结合非常重要。16 和
世纪标志着工程技术从纯粹的经验主义朝着充分以数学和应用科
为基础的方向转变。达·芬奇在有关动力学问题的精密分析方面取
了重大进展，在 17 世纪的一些伟大人物，尤其是伽利略（Galileo）、
更斯（Huygens）和牛顿（Newton）的努力下，他所开创的工作（后
）达到了很高的水平。有时候，科学工作与工程中的一些实际问题
密地联系起来。伽利略、托里拆利和帕斯卡对真空的分析都直接受
了抽吸泵广泛应用的启发。他们的成果直接导致了对蒸汽和常压蒸
机的研究。

在钟和表的发展中遇到了一些动力学方面的特殊问题（第24
）。对钟摆和游丝性质的分析，导致了钟表性能的显著改进。这些
现并非经验主义的成就，而是将数学应用于动力学研究的结果。这
方法开创于伽利略，然后为惠更斯、牛顿所继承。利用精确的时间
确定经度的兴趣日渐浓烈，时钟的改进成为一个既有实践重要意义
具科学重要意义的问题，也防止了盲目采纳达不到天文学所要求的
确时间的标准。

在钟摆的分析中很有意思的一点是，它阐明了这样一个事实，即
论上完备的装置在成功的实践中未必是不可或缺的。最初，惠更

对他生平（1661—1751）的说明，见 Nouvelle Biographie Universelle（1852—1866）。

斯意识到，当钟摆沿圆弧轨迹摆动时，尽管不是（像伽利略推测的
样）完全等时，但在圆弧很小的情况下，其误差是可忽略不计的。
其杰出的著作《钟摆》（*Horologium*，1658 年）中，他描述了一种
钟摆摆动的弧仅为几度，从而减少了时钟的周期误差。直到 1659
345 末，他才发现沿摆线弧的摆动总是等时的，与摆幅无关。从那时
部分是由于他在数学上发现了精确的计算方法，部分是由于他相信
摆动的钟摆将使航海时的时间测量更精确，他因此造出的时钟的钟
在摆动时划过一个很大的摆线弧。虽然惠更斯在摆线方面的工作对
力学理论具有重大贡献，但他早期的观察对实用钟表制造来说意义
加重大。从那时候起，所有摆钟都采用小圆弧摆动的钟摆，惠更斯
计的摆线夹板从来没有被普遍采用过，它们确实没必要这么复杂。

钟摆的使用使时间测定的精确性至少提高了 10 倍，它对人们
进时钟结构的尝试是一种巨大的推动力。通过更精确地分割齿轮
并改进其形状使其达到最高效率；设计新的擒纵机构，例如锚形和
进式（边码 665、边码 671），以尽可能地减小钟摆摆动时来自驱
的干扰。在 1674 年和 1675 年，罗默（Roemer）和惠更斯首次展示
外摆线齿的优势。他们在巴黎的科学院公布了自己的成果。1680
惠更斯接着从事有关立轮齿的形成的研究。后来，加缪（Camus）
1735 年、蒂乌特（Thiout）于 1741 年都对该领域作了进一步研究。

然而，科学地试验大齿轮齿的形状与作用的尝试，仅局限于钟
这样的轻型齿轮。虽然这方面有了很大提高，但对重型齿轮的设计
乎没有产生影响，例如在磨坊设计者的工作中。在这方面，如同已
论过的其他领域（用车床、螺杆等进行精确的零件加工），小规模
轻型工程引导人们向更高标准的技术和设计发展。18 世纪早期依
缺少手艺、机械工具和经济刺激等因素，使得在科学仪器和钟表制
中已达到的精确度和复杂性向机器制造方面转移，但所需要的基本
理就在手头，并已在小范围内充分应用。

文献

Agricola, Georgius. *De re metallica libri XII*, Eng. trans. and comm. by H. C. Hoover and Lou H. Hoover, pp. 172–4. Dover Publications New York. 1950.

Idem. Ibid., pp. 295–7.

Besson, Jacques. 'Theatre des instrumens mathematiques et mechaniques.' B. Vincent, Lyons. 1579.

Ramelli, Agostino. 'Le diverse et artificiose machine', ch. 132. Publ. by the author, Paris. 1588.

Agricola, Georgius. See ref. [1], p. 176.

Idem. Ibid., pp. 184–5.

Idem. Ibid., pp. 179–81.

Ramelli, Agostino. See ref. [4], p. 8.

Belidor, B. Forest de. 'Architecture hydraulique', Vol. 2, Pt I, pp. 105–8, 114–17, 207–9. Jombert, Paris. 1739.

Schopper, Hartman. *De omnibus illiberalibus sive mechanicis artibus humani ingenii*[Illustrations by Jost Amman]. Frankfurt a. M. 1568.

Plumier, C. 'L'Art de tourner en perfection', pp. 11–12. Lyons. 1701.

Treue, W. 'Kulturgeschichte der Schraube von

der Antike bis zum achtzehnten Jahrhundert', pp. 126–31. Bruckmann, Munich. 1955.

[13] Hocking, W. J. *Numism. Chron.,* fourth series, 9 , 60, 1909.

[14] Cellini, Benvenuto. Opere, Vol. 3, pp. 109–11. Milan. 1811. The quotation on pp. 338–9 translated and the figure reconstructed by A. R. Hall.

[15] Uccelli, A. 'Storia della Tecnica dal Medio Evo ai Nostri Giorni', figs 73, 74, 83, 84. Hoepli, Milan. 1945.

[16] Hocking, W. J. See ref. [13], pp. 68–69.

[17] Roberts, C. *J. Soc. Arts.* 32, 811, 1883.

[18] Hocking, W. J. See ref. [13], pp. 72–95.

[19] Beck, L. 'Die Geschichte des Eisens in technischer und kulturgeschichtlicher Bedeutung', Vol. 2, pp. 513–14. Vieweg, Braunschweig. 1893–5.

[20] *Idem. Ibid.,* Vol. 3, pp. 1101–4. 1897.

Schreber, D. G. 'Sammlung verschiedener Schriften, welche in die öconomischen, Policey-und Cameral-, auch andere Wisseaschaften einschlagen', Vols 11, 12. Halle. 1763.

[21] Beck, L. See ref. [19], Vol. 3, p. 245. 1897.

[22] *Idem. Ibid.,* Vol. 3, pp. 246 f. 1897.

346

参书目

., I. B. 'The Mechanical Inventions of Leonardo da Vinci.' Chapman and Hall, London. 1925.

ons, W. B. 'Engineers and Engineering in the Renaissance.' Williams and Wilkins, Baltimore. 1939.

ue, W. 'Kulturgeschichte der Schraube.' Bruckmann, Munich. 1955.

elli, A. 'Storia della Tecnica dal Medio Evo ai Nostro Giorni.' Hoepli, Milan. 1945.

er, A. P. 'History of Mechanical Inventions.' (rev. ed.). Harvard University Press, Cambridge, Mass. 1954.

第14章　军事技术

A. R. 霍尔（A. R. HALL）

14.1　战略与战术

在 16 和 17 世纪，战争的技术并没有出现像中世纪火药的发明那样的重大变革（第 II 卷，边码 374—边码 382、边码 726—边码 72？那场变革在 15 世纪已开始产生相当大的影响，并在 16 和 17 世纪断地进一步发挥作用，直到在这一时期接近结束时获得一个新的平？此后，尽管在军事力量的组织上有巨大的进步，并且在规模上有很？的扩展，但在 150—200 年间，武器或武器制造的方法却没有进一？的改变。直到拿破仑战争以后很长一段时间，燧发枪、从枪口装药？滑膛枪以及普通黑火药还一直是主要的毁灭性武器，只是到了大？19 世纪中叶，它们才随着冶金学、工程实践和化学的发展而被废弃？

公元 1500 年以前，手枪、野战炮和攻城炮已经在战争中占了？导地位。此后两个世纪中，唯一重大的革新是手榴弹和迫击炮等形？的抛射爆炸得到广泛使用，这些武器在 15 世纪还很少使用，而在？世纪复杂的围攻战斗中获得了最大范围的应用。但是，中世纪的军？没有成功地解决战场上火器的使用问题。管理问题的范围涉及国家？策等高层决策（比如火药工厂的建立和对军火工业的管制），也涉？战场上炮兵的机动性和不同种类的火药、子弹、火绳的供应。军队？始比以前更加依赖于辎重运输的组织和供应线。到 17 世纪末，这？

已经与运输和那个时代所能动用的其他方式一起得到很好的解决，
些方式我们可以在马尔伯勒（Marlborough）远征布莱尼姆（1704
中看到。国家严密地管理着武器的制造，甚至建立自己的工厂来
于生产，实验和检测机构也已经建立起来。大量的火炮和弹药能够

指挥官的要求下运输过来，工程师和炮兵的专业队伍已经组建，军
后勤在实际备战中发挥着重要的作用。

因此，战争这种日益加大的技术复杂性不但促进了国家势力的
大，也促进了武装部队内部严格的纪律和训练的增强。14世纪的
国弓箭手和15世纪的瑞士长矛兵确实已经遏制了封建骑士的骁勇，
是新武器要求在常规操作时高度精确，当射完弹药的步兵或炮兵面
敌人的攻击可能失去防御能力时则要求绝对稳定。因为，早期枪
的发射速率很慢，并且手枪兵必须特别精通包括装填火药和射击
一系列复杂操作，实际上所有的现代军事训练本质上都起源于这一
实。

整个这一时期，步兵被分成防御和进攻两种作用，长矛兵从事防
手枪兵从事进攻。采用不同的战术形式，使得火绳枪兵或火枪兵
长矛保护下免受敌人骑兵的攻击，同时发挥他们武器的威力，这
迫使这样的军种组合要加强运动中队形的准确，并要服从指挥官
令[1]。只是在17世纪末时，人们才找到解决这种战术问题的办法，
在火枪上添置一把刺刀，这并不妨碍火枪的发射，但使得火枪在防
和冲锋时几乎与真正的矛一样有效。大约同时，弹药筒也投入使用，
个纸包能够装入计算好的火药量和子弹，这样，装填火枪的操作变
简单，且更为迅速。

有一些15世纪拿着手枪的骑兵图画，但是在齿轮簧板手枪发
之前，骑兵手中的武器并不是非常有效的（边码355）。此后，骑
与步兵一样被分为两组，一组装备刺杀或砍杀武器（长矛和马刀），
一组装备火器。他们相应地有不同的功能，前者主要用于突破或破

坏敌人的队形，后者实际上充当机动的火枪兵。当火药在战争中⸱

重要作用之前，骑兵已经开始逐渐丧失中世纪早期所享有的优势，

项新发明则使这一趋势更加明显。16 世纪初，欧洲最可怕的战⸱

量是西班牙步兵（就像过去的瑞士长矛兵一样），军事作家对步⸱

战术运用比对骑兵更加关心。然而，下个世纪的前 50 年，出现⸱

系列伟大的骑兵领袖［拿骚的莫里斯（Maurice）、阿道弗斯（Gust⸱

Adolphus），特别是克伦威尔（Oliver Cromwell）］，他们学会怎样⸱

锋的动力和来自重火器的从容齐射组合在一起，并由此利用不骑⸱

队的弱点。在路易十四（Louis XIV）统治时期的战争中，由于长⸱

的围攻对机动性的限制，骑兵很少有机会去冲锋陷阵，步兵在野⸱

兵的有效支持下，用改良的武器恢复了自身的地位。尽管如此，⸱

近一个世纪以前，骑兵的冲锋在开阔战场上仍然占据重要的地位。

战略问题主要被 3 个因素所主导：希望使敌人陷入或使自⸱

免两线作战，打击敌人或者保存自己；必须确保安全的交通线（⸱

多国家来说，就是打通地域分散的各领土间的通道）；想方设法⸱

敌人的首都。从英法百年战争后期到 1494 年查理八世（Charles⸱

入侵意大利的战争（他的部队大概是第一支"现代化"的部队，⸱

备优良的炮兵），战争已经在一个较小的范围内进行了。英格兰⸱

瑰战争（1455—1485 年）不过是一系列的小规模战斗，意大利⸱

争是由雇佣兵来进行的，他们对战事的安排使得这样的战争注定⸱

有太多的流血。

然而，在 16 世纪早期法国和西班牙之间的意大利战争中，⸱

问题是对罗马和其他主要城市的占领或有效控制，因此战争变得⸱

残酷，双方都想置对方于死地。在宗教战争（约 1540—1648）中⸱

况更是如此，这是一场使每一个宗教派别都卷入的内战，他们⸱

图保证对对手实现完全的统治。西班牙管辖下的尼德兰诸省的起⸱

（1566—1609）以及德国的三十年战争（1618—1648），都显示出

349

器和防御工事的技术改进的关注，对城镇和城市人口大面积的毁灭，及对确定战略中经济因素的意义逐渐增长的认识。当宗教狂热开始退，商业竞争取代了它的位置，荷兰人开始成为英国人，后来成为国人艳羡的主要对象。此时，欧洲的战争有规律地扩展到了军事列的殖民地上。由于若干原因（包括完美的防御工事），欧洲大陆的争在暴力程度上有所限制，从猛烈地攻击（除了诸如马尔伯勒这样指挥官偶尔的光彩外）转向从容不迫地进攻。以人的生命为代价来取胜利，就像马尔普拉凯战役（1709 年）那样，已经被谨慎的将军避免。

350

　　既然火炮的发明使得全新的战术成为可能，就应该提到海战的些情况。在早期的海战中，战船可能会被强行登船和被掠夺（罗马喜欢这种方法）及被撞击，或者被使用诸如"希腊火"（第 II 卷，边375）的火攻而毁坏。利用火炮可以重创一条船使其不能航行，击吃水线以下部分并使之沉没，有时还会由于弹药库的爆炸而使整条被毁——这些依赖于重炮轰击的战术，明显是由英国水手在 1588对付西班牙无敌舰队时首次完全开发出来的。在此之前，海军指官们更着眼于用轻火炮和小型射击武器杀伤敌船上的水手，为登敌船作准备，就像著名的勒班陀海战（1570 年）那样。但是在那战斗中，无敌舰队上大量小型枪炮和众多的水手，根本没能发挥效的作用。直到纳尔逊（Nelson）时代之前，舷炮射击战术在海战的地位是至高无上的，战船几乎成了放置日益增加的大炮的平台，争的结局由在水平瞄准的射程范围内发射的球型弹的重量所决定。一流军舰的低甲板上安装的大炮在陆地上几乎是无法移动的，所以说正是来自于海上的要求，使得铸造工人开始铸造更重、更坚固铸件。

14.2 武器（不包括火器）以及盔甲

锻造的工艺没有太大的改变，而现代早期铸剑的钢材很有可能质量上不如大马士革和托莱多的著名刀刃所用的，钢铁武器和盔甲硬度不再像过去那样是非常重要的事情。在北欧，锻工炉中用煤炭部分地代替木炭，其材料（条铁）则用水力驱动的重锤、后来也用钢机来锻制。这时，仍然不可能用煤炭熔化铁矿、轧制铁板，或者批量地生产钢铁。尽管斯特拉达尼斯（Stradanus）表明盔甲已经用力驱动的机械（图 224）来抛光，但武器和盔甲仍然用传统手工方来锻造，而不借助其他动力。

钢铁武器的种类不需要多说。所有类型的刀剑（包括双刃大砍短弯刀、马刀、双刃长剑）在 16 和 17 世纪依然是重要的武器，并仍然被长矛兵佩带，因为所有激烈的战斗中都会发生肉搏战。但是

图 224　16 世纪制造盔甲的工场：盔甲被由水力或畜力驱动、齿轮传动的一系列砂轮所打磨和抛光。同时采取一种措施来防止工人吸入金属粉尘。引自一幅铜版画，约 1590 年。

1750 年，刀剑成了高贵身份的象征，除了骑兵的马刀以外，其余
刀剑开始着重用于点击而不是砍杀。这样，刀剑变得更轻巧更灵
，特种武器的手柄被精心地装饰。类似斧子的武器——比如戟，不
就只限于礼仪上的用途。中世纪骑士又长又重的长矛消失了，只是
一些骑兵部队中保留更轻而短的武器。步兵的主要武器是长矛，在
一18 英尺的坚固长柄上装有一个钢制的矛头（图 226），用双手紧
，几乎可以水平地举起。这种不太灵活但却有效的武器，在小型火
且装药又慢的时代非常重要，用于抵御骑兵致命的攻击。

尽管大约 15 世纪中叶手枪兵部队逐渐兴起，并且大约到 1500
，弓箭逐渐在战争中被废弃，但是弓箭在下一个百年中仍然被看
是一种重要的武器。关于弓箭的最著名的著作是阿斯卡姆（Roger
cham）的《射箭术》（*Toxophilus*），出版于 1545 年。而 1538 年从
利八世（Henry Ⅷ）处得到许可证的火炮公司，最初就是由弓箭手
成的。在英格兰，鼓励使用长弓的文告迟至 1633 年才颁发，但此
射箭已不过是一项运动了。据猜测，伊丽莎白（Elizabeth）在位时
弓箭手所配的"可防雨"的皮质箭囊中，24 支箭里有 8 支是轻箭，
便"在敌人进入火绳枪的射程之前，打击或惊骇敌人……"。每个
箭手装备有一副"小铠甲"、一个钢盔、"一个 5 英尺长的铅锤"
及一把匕首。在技术熟练的弓箭手的手中，一副英格兰长弓在发射
率方面比原始的手枪快得多，在精确度和有效射程上大致差不多，
而缺乏重弹丸的"压制性火力"，特别是对付穿有盔甲的敌人。同
，沿用到 16 世纪的弩甚至比长弓更快地从战争中消失了。它作为
种价格昂贵的武器，使用者需要进行认真的训练，发射的速率也较
，与火器相比优点更少。然而，它在打猎中仍然很受欢迎，博物
中有许多精致的造于 1550 年之后的样品。"石弓"，是一种发射小
头或石弹的射具，主要用于捕射野禽，直到 17 世纪末仍然被普遍
用。

图 225　16 世纪早期制造盔甲的工场，大概是描绘了马克西米利安一世对索伊森霍费尔的访问。右边的人正在吆喝着锻打，背景中有完整的带有凹槽的盔甲。注意军械士的各种盔甲铁砧、锤子、锉刀及长剪。

　　到这个时代的末期，盔甲事实上已被弃置一边，只是为了展示□被收藏，不过军械士在这场与火器对阵而失败的战斗中仍继续生产□手枪和火枪的铠甲，直到 17 世纪早期。军械士的技巧早在约 100 □前就已到达顶点，最著名者据说是由马克西米利安一世（Maximilian□约 1486—1519）手下的军械士索伊森霍费尔（Conrad Seusenhofer）□发明的"马克西米利安式"（即有凹槽的）盔甲（图 225）。精心接续□的铠甲用来保护脚部、手部、膝部、肩部以及肘部（后者通常制得□大），允许自由活动。头部被完全包围在一个带有可活动的面部护□的头盔中，紧密地和颈部铠甲（护喉甲胄）相连。马的头部和上半□同样被保护起来。16 世纪，奢侈的装饰性工作美化了大多数的精致外套，同时使得它们在战场或者甚至在骑马比武场（文艺复兴时期君主仍然沉迷的一种运动）中非常不实用。在此后的几十年中，尽大腿、手臂、躯干和头部仍然被保护起来，但在实际的战斗中就不使用全身的盔甲了。合理保护所需要的重量已经开始让身体变得以承受，例如 1588 年为德吉斯公爵（Duc de Guise）制造的盔甲重超过了 100 磅，还不包括腿部护甲。到了 17 世纪中叶，一般来说，兵所穿的护甲最多也不过是一件皮马甲，而骑兵只穿一件铁制的上身护甲。圆的开式头盔仍然比较常见。

354

由于无法获得足够的钢材，盔甲是用熟铁来打造加工的——主是用平砧，虽然想必用过一种圆头砧进行某些目的的打造。图 224图 225 显示了 17 世纪盔甲工场的设备。铁皮被冷却处理，因为人相信这样可以增加其强度。用铆钉来进行牢固地结合，活动件可围销钉转动，皮带用于把不同的护甲紧固在一起。

.3 手持式火器

许多不同的术语——火绳枪、旧式手枪、火绳枪机、燧发机、火等等，被用作 16 到 17 世纪的手枪的名称。技术上更可取的方式忽略出现在更大的现代化武器中的复杂式样，而集中到差异中的本之处。手持式火器有 3 部分：瞄准射击方向和控制反应推进力的管；一个由扳机控制的枪机，用来击发火药；一个使得武器对身体加舒适和稳固的枪托。每一部分都在不断地修正以改进性能。首先枪托而论，现代类型的肩托在 17 世纪早期就已经出现，但是现代式的手枪握柄出现得比较晚，两者都是由一条简陋地固定着短枪管直木梁（图 226）演化而来，用这样的武器来准确地瞄准显然是不能的。事实上，现代枪炮的形式与运动用枪的发展紧密地联系在一，这是因为自从 16 世纪以来，随着作为一种娱乐的射击运动的不流行，运动员对枪械舒适性的要求和他对射击目标准确瞄准的渴望

图 226　在一艘作战的划桨船上的士兵。引自
1472 年的一幅木刻画。
他们包括长矛兵、弓弩手和手枪兵。注意枪托是
放在肩膀上的。

对制枪匠提出了新的激励。

争中，在部队以密集的形式对抗而且射程很短的地方，确性就不是很重要。先进的托是木匠凭借传统方法用木雕刻而成，在精美的武器它用镶嵌物和装饰品例如贵属或象牙来装饰。枪托的制是一个独特的行业，促进了造金属部件的制枪匠的行业发展并供应其市场。

尽管枪的性能依赖于枪的质量，但它的可靠性却由机决定，这是最精巧的机械件，也是最先进的。除了少数外，所有早期的手枪都是从枪口装药，而且是靠直接点火来引燃火不稳定的化合物经常在敲击下发生剧烈爆炸，比如雷爆金 [1]，自从世纪早期开始就被认为是化学奇物，但作为炸药在实际使用中是非危险的。因此一定要在靠近枪管永久封闭的尾部上钻一个小小的火用来从外面引燃火药，并且在与点火孔连接的火药池上放置一点精的起爆药来保证可靠性。最早的手枪和火炮一样，火药由一个在手的缓燃引信引爆 [2]。在火绳枪机中，这一过程是机械化的，引火绳由

1　　这种物质有两到三种不同的种类。第 1 种据拉席希（Raschig）描述为 $HN = Au—NH_2 \cdot \frac{3}{2} H_2O$，第 2 种据

（Weitz）描述为 $\begin{array}{c} Cl \\ H_2N \end{array} Au—BG—Au \begin{array}{c} Cl \\ NH_2 \end{array}$，其中有一些 Cl 被羟基（— OH）所取代。

2　　缓燃引信是一条浸透大量硝酸钾的粗麻绳，所以其点火端能稳定燃烧。在军队中，需要时用燃着的烟斗去点燃火线并不罕见。

状物控制，当扣下扳机松开弹
时，臂状物就迅速放下燃烧端，
燃起爆药（图227）。

双手的动作以及原始手枪敞
的火药池给骑兵造成双重的不
，因此向全机械化改进的第一
是出现了单手的转轮打火马
，这通常是一种有相当尺寸的
器。转轮打火枪（图版17）可
是约1520年意大利人的一个
明，它用一个插栓压住方轴来
紧弹簧，扣下扳机，弹簧松开，
起一个带有锯齿状边缘的钢轮
擦一块燧石，产生火星引燃起
药。转轮打火枪尽管在正常情
以及干燥时相当有效，但仍然
两个缺点，安装枪栓以及上紧
簧需要时间，并且枪在哑火之
必须安上枪栓、上紧弹簧才能
次使用。它也有些脆弱。直到
晚于17世纪中叶以后才开始
向于选用火绳枪机作为步兵用
火枪，尽管在恶劣天气下会难
保持火绳燃烧。下一个重要阶
是燧发机的发明，燧石被置于

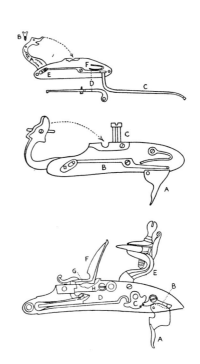

图227 枪机（图解）。
（上）简易的火绳枪机：火绳固定在被螺钉（B）
拧紧的蛇形物的卡口里面。向枪托方向扣动扳机
（C）后，击发阻铁（D）通过连杆（E）扳下蛇形物，
让引信点燃药池中的起爆药。阻铁和蛇形物
被弹簧杆（F）强制复位；（中）触发枪机：扳机
（A），通过击发阻铁（B）来进行发射，推动蛇形
物。C是用于保护眼睛免受起爆药火花伤害的护
罩（略去了火药池的盖子）；（下）燧石枪机：紧
压着扳机（A），阻铁（B）从枪心（C）处释放，在
弹簧（D）的作用下旋转。在和枪心一样的轴杆
上是机铁（E），带有燧石，通过撞击打火镰（F），
抬起配置在上面的药池盖（G）。这样火花就会
落在火药池（H）中。

356

器中轴线末端的一个螺丝夹钳中，螺丝夹钳通过回拉力量很大的弹
簧而被竖起（图227）。扣下扳机时，臂状物被释放，燧石的尖锐边

缘撞击火药池上面的一个粗糙的板，于是火星溅入起爆药。

燧发机远不是一个完美的装置。它的功能仍然受到湿度的影响，尽管这种影响比起早期的枪机要小得多。它还容易哑火，但可以很扳好击铁进行二次射击，机械装置很坚固、很简单，足以在恶劣环境下使用。直到 19 世纪早期，在引入高效的撞击帽前，所有的轻武器都以其为标准的枪机。顺便提一句，引火燧石的"敲碎工艺"（在诺福克郡的布兰登仍然存在，用以供应非洲市场）是燧石工具成型的古老工艺中的最后遗迹（第 I 卷，图 57、图 58）。

任何型号的枪机都是弩机（第 II 卷，图 650）演变的派生物。根据词源学，枪机（gun-lock）这个词等同于扣紧门的"锁"（lock），还应用于框架和长的 U 形弹簧、固定销以及连杆系统，这两种机械之间的相似性非常明显。用来制作普通锁的相同的方法和工具也被用来制作枪机，而且两者最早大概是相同的工匠所造，枪匠就是从他们身上学到部分技巧的。在 16 世纪的火器上，枪机经常安装在枪杆的右侧，并不像后来使用的那样插在一个榫眼中。它也经常用雕刻或者其他方法来装饰。

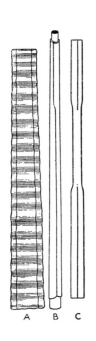

图 228　制作枪管的步骤。
（A）铁板条；（B）在长杆上把铁条卷成铁管；（C）部分制作完成的枪管。

枪的优势由枪管的制作工艺所决定，枪管一定要非常直而且光滑（或者具有一致的膛线），内径要保持不变。制造枪管的金属一定要足够坚韧和坚硬，能够承受火药的爆炸甚至在被加热时也不会裂开或拉伸，还能承受意外的损伤。短距离内，射弹在给定速度下的冲击力大致是口径的 3 次方，随着射弹质量的增加，装药量相应成比例增加，于是早期武器倾向于具有大的口径以及使用重的射弹。为了运动的目的，较小口径的枪通常也足够了。武

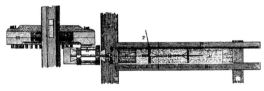

图 229 （上）镗削枪管的镗床，镗床尾部的磨石用来打磨枪管的外部；（下）镗台的平面图。锻钢方形钻头有 10 英寸长，焊接在 3.5 英尺长的铁杆（N）上，由水力驱动的木质齿轮带动旋转。在台的上方（E）有一个紧持枪管的可滑动的平台，枪管被一个在固定销栓上作用的杠杆（P）强压在钻头上面。有 22 个逐渐增大的钻头，用于扩展枪管内径，从 5/12—7/12 英寸不等。水槽（F）里装有冷却用的水。

的射击准确度和初速与枪管的长度大致成比例，因此一些 17 世纪的火绳枪的枪管都非常长，以至于如果没有装置来支撑其一部分量的话，枪就无法操纵（图版 17）。

由于制造容易，所以总是使用球形铅弹，这种铅弹用两件合成一的铸弹模浇铸。由于弹丸在大小和形状上的变化相当大，不能希望丸在枪管内部非常精确地吻合，在任何情况下球形射弹的弹道曲线正都非常差。容许一个相当的"膛弹间隙"是很正常的，所以弹丸仓管里很宽松，在装填弹丸之前，要用一团纸或其他柔软的材料夯火药，使火药到位。填塞物也可以防止所产生的气体轻易泄漏出去，

357

确保急剧的爆炸和射弹的最大效果。可以使用第二层填充材料来使
丸留在枪管内，但在射击之前它就滚出枪管的事也时有发生。

尽管已经认识到了线膛枪管在弹道学上的优点，但由于切割膛
的困难，所有中世纪的手枪以及 19 世纪之前的大多数火器，仍者
作成滑膛的。在拉制钢管之前的时代，所有使枪管成型的方法都社
用了，包括接缝的焊接。每一种方法都开始于一条或几条铁板条，
些铁板条有时由旧钉子锻造而成。最简单的方法是截取一条铁板
比要做的枪管稍长，把长边卷在一根长的圆柱上成为长管，使边约
微重叠，随后将两边焊接在一起（图 228）。长管可以成盘绕状，
样接口就会成螺线地围绕在枪管上。另一种方法是把一些短铁条者
管，然后把接口——焊接起来，制成所需长度的枪管。采用这种方
时，枪管从尾部到枪口的金属厚度会逐渐减少。第三种方法在 18
纪时曾被采用，就是用第一种方法制成一支细管，随后在上面缠约
条略少于 1 英寸宽、0.2 英寸厚、每个边逐渐变薄的长铁条，缠约
稍稍有些重叠，接着将其整体焊接在一起并且钻通，枪管的内层行
有剩余。因为焊接接口是横向而不是纵向的，所以用这种方法制造
枪管非常坚固。在所有的方法中，用一个固定在长轴上的旋转的银
逐步钻入枪管内部，切割或者钻出枪管内的膛线。在 18 世纪（如
不是更早的话），镗床是由水力驱动的（图 229）。枪管的外部由
外的机器打磨光滑。黄铜或青铜的手枪枪管在镗削之前就被浇铸
中空的。从 17 世纪早期开始，通常需要对出售之前的枪管进行公
"检验"或检测。

358

无法知道谁是膛线枪管的发明者，但实例说明从 1525 年之后
久，膛线枪管就已存在了（图版 17）。膛线枪管与转轮的组合使得
枪有可能更加准确和方便，尽管这种武器的价格使其仅限于供富
的射击爱好者使用，但它正在作为一项运动普及开来。"我射击时
如此高兴，"塞利尼（Cellini）大约在 1520 年写道，"以至它经常使

务中脱身出来。"他是一个优秀的射手，用球弹打下过鸽子（但
是停着的鸟，射击飞行的鸟的技能还不怎么熟练），他的鸟枪有
步的直射射程[2]。这大概不是一杆"有螺纹的枪"或有膛线的

膛线的发明归功于一位名叫科特（Kotter）或库特（Kutter）的纽
器枪匠，时间大约是在 1520 年：然而自从在巴黎发现了由科特
名、注明日期为 1616 年的来复枪后，这一时间变得不那么确定

来复枪第一次用于军事目的是在德国。1631 年黑森的威廉伯爵
ndgrave William），以及 10 年之后巴伐利亚的选帝侯马克西米利安
ector Maximilian of Bavaria），都用具有膛线的短筒马枪装备了轻骑
部队。

那时以及很久以后，装填来复枪的常用方法是使弹丸比枪的内膛
有膛线）稍大一点儿，用一根坚硬的推弹杆把弹丸敲下，使之贴
火药上面（早期装备有来复枪的部队中的士兵都为此备有小锤子）。
弹丸朝枪管里推进，与膛线很好地吻合。与之不同的尾部装填方
也比较有名，甚至用于火炮，困难的是如何安全地使用这种方法。
亨利八世制造的 3 支猎枪使用铁制弹药筒来装填弹药，插在尾部，
尾用绞栓拴紧。枪尾有一个点火孔，在弹药筒里与另一个排成一列，
以引燃火药。

尽管这种不寻常的武器衡量出了制枪匠的技能，但不适合大批量
产。整个这段时期，发明者一直都积极努力地使切实可行的想法超
他们那个时代的技术设备。当"一种可以连发 7 次、我见过的所
装备中最好的并且非常耐用的枪"被展示给军械军官时，佩皮斯
epys）也在场。假如像他所说的那样有"许多这样造出的枪"，它们
定从来没有得到广泛使用。两年以后，皇家学会开始注意到一个
见的机械师"，他声称"制造出了一种手枪，能够一瞄准好就进行
击，而且还能想停就停，其中射击的过程和子弹的运动被设计成了
填火药和子弹，填满火药和子弹，然后扳动击铁"。这样一个"自

359

动化过程"，如果它曾经存在过的话，那么只会像金丹术士也试验的气枪一样仅仅是一种珍奇玩具，对于军事目的没有多少用处[3]。

由于所使用的炸药威力小，球形弹丸与枪管之间的密闭性不，还有枪管制造方法简陋，使得 17 和 18 世纪军用手持式火器的弹特性比较差，甚至枪机都经常不能正常工作。子弹的初速度很低，此枪的最大射程很短，平射距离几乎并不比弩更长，有效射程的估计大概是 250 码，实际不到一半。然而，在军队密集编队的作方式占主流的时代，这些缺点并不特别重要。直到 18 世纪末培养小规模的步兵部队之前，射击术还很少得到实践。好的有膛线的猎是非常先进的武器，制枪匠是从他们的私人客户而非那些大量需要器的政府部门得到激励去提高枪支制造技术的。

直到 19 世纪中叶，还没有关于轻武器内部弹道和外部弹道特的科学研究，尽管罗宾斯（Benjamin Robins）已经做过有关步枪射程实验[《枪炮学新原理》（*New Principles of Gunnery*），伦敦，1742许多误解导致了设计中的错误，这种状况一直持续到一个世纪以比如，狄德罗（Diderot）的《百科全书》（*Encyclopédie*，1751—17年）认为，从膛线枪管中获得的益处是由于子弹的紧密契合，这种合避免了子弹的轻易飞出，所以火药气体压力加大，使得子弹获得大的能量。然而罗宾斯已经正确地指出，膛线的功能是使子弹旋所以子弹在飞行中可以保持方向不变，并且抵制由于空气阻力导致子弹方向偏离的趋势。出现在《百科全书》中的常识性错误，导致时候膛线被加工成几乎没用的直沟，或者只有很小的弯曲，以至于弹无法获得充分的旋转。

14.4 火炮

这里依然没有必要详细考察在这一时期流行的复杂而众多的火型号、尺寸和名称。起初，火炮和轻武器一样由于大量的稀奇古怪

字而为人所知，例如蛇形大炮、野种、重炮、猎隼、猎鹰，同一
名称还被用于表示不同重量和口径的枪。到 17 世纪末火炮的种类
少了，而且仅是由于射弹重量的不同而被识别（表 1）。在 17 世纪，
催化的进程很快，大大减轻了战场上司令官的管理负担，同样简化
训练有素的炮手的任务。在炮兵史的最早期，火炮的铸造者也在战
中操作它们，可能是装填弹药，还要射击，甚至在 16 世纪，专业
兵仍被想象成掌握着大量有关枪炮的制造和检测及火药的成分等知
。到了 1700 年，如此广泛的技能就不再是必需的了。火炮的制造
弹药的生产在高度发达的工厂中进行，这些工厂有些是国有的（比
在法国），而野战炮兵只需要学习标准装备的正确操作。

　　重型火炮的试验期在 16 世纪末就结束了，在这段时期内，炮口
填、滑膛、金属浇铸这些技术广泛用于所有尺寸的火炮上，用于各
类型的加工。铁、青铜、黄铜都用来浇铸制造火炮。铁是最廉价的
属，而且可以进行最粗糙的加工，但是比起铜合金来，它更容易被
蚀，且更容易发生危险的断裂。于是，铜制的火炮虽然容易被铁炮
毁坏，但一般被认为比较优越。

表 1 1697 年最新型号的法国火炮

引自圣雷米（Surirey de Saint-Rémy）的《炮兵回忆》（*mémoires d'Artillerie*），巴黎，1697 年。

型号	重量	长度	45° 仰角射程
射 24 磅炮弹的大炮	3000 磅	6.65 英尺	4500 码
射 16 磅炮弹的大炮	2200 磅	6.20 英尺	4040 码
射 12 磅炮弹的大炮	2000 磅	6.10 英尺	3740 码
射 8 磅炮弹的大炮	1000 磅	4.99 英尺	3320 码
射 4 磅炮弹的大炮	600 磅	4.75 英尺	3040 码

　　射程被认为是很不确定的。膛弹间隙允许在最大火炮的 0.21 英寸到最小火炮的 0.11 英寸之
运动。

　　在试验阶段，生产了一些奇怪的火炮。15 世纪早期，正如已经

提到的（第 II 卷，边码 727），集结的铁炮或者"射石炮"经常用

攻城。其中的一些——例如爱丁堡的"蒙斯巨炮"——由两部分组

一个弹膛（比炮管小的筒）装有火药，旋入炮尾。早期最大的青铜

炮之一是由土耳其人在 1453 年为围攻君士坦丁堡而造的，它显示

相同的原理。其他尾部装药的火炮，炮管牢牢地固定在一个木架

木架尾端有一个竖立着的部分，单独的弹膛装在炮尾，由一个在它

木架竖直部分之间的楔子固定。轻型火炮——比如舰炮——被制成

部装填式，这直到 16 世纪仍然非常先进。在这些火炮中，铁弹膛

入一个从炮尾向后延伸出来的铁皮条中。然而，在枪炮制造和金属

工的现状中完全不可能有效使用尾部装填，不仅是因为当火炮的弹

爆炸时总是极端危险，而且爆炸气体大量泄漏使得射弹的能量大为

少。对于海军来说，尾部装填的火炮由于无须在船内装填，从而被

认为具有很大的优势。当船的尺寸增加，并且炮管的口径随着火炮

长度相应地成比例增大时，这种优势就不存在了。

　　早期的插图也显示有许多关于火炮架设的试验。最初，相对较

的炮管牢固地设置在平放于地面或支起一个合适角度的大木架上，

尽可能地限制其后坐力。在这种架设炮管的一种改进方式中，炮

大体上可以以平衡点为枢轴转动，炮尾也可在一个象限仪座上移

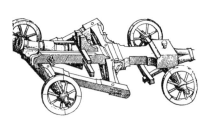

这样就可以很容易地调节仰

这种炮可以装在车上运输

一个步骤是建造一个较重的

制炮架，这样炮管就可以永

地固定在上面（图 230），随后

发展是把装载火炮的炮架安

四轮。15 世纪末时，在炮管

铸上了炮耳，可以绕轴转动

节仰角，带有横梁和车尾的野

图 230　15 世纪晚期的炮车。火炮架设在牢固
的车架上，可以通过在车架范围内移动炮尾来转
动炮口。注意其中装中枢的前车轴。

车采用的是与仍旧使用的尾部构件类似的形式。横梁把炮车两侧的
牛连接起来，下面悬吊着车轴，延伸形成炮架尾部，可以在射击时
掌火炮。炮耳位于炮管的颊板上并且用铁条固定。在炮尾和炮架尾
的十字构架之间，插入楔形物来架设火炮。早期的炮架及轮子都用
头制成，用铁加固。炮车很窄，而轮子大得不成比例。

在其他的试验性火炮中，有的不只有一个炮管，它们各自或在一
尧铸。这种杀人的武器由许多小炮管组成，它们由架设在可移动构
上的导火索点燃而同时发射炮弹。这种装置甚至可以在转台上呈辐
状安装许多炮管，这样就可以进行迅速连续的装填和发射[1]。这些发
中没有一种获得永久的成功，因为它们都被安装在合适车架上简单
金属浇铸火炮所取代。

海军用的火炮和陆地上用的非常相似，尽管炮管一般要短一些，
安装在军舰的低甲板上威力很大。火炮架设在轮子更小的四轮木车
。从车架到船的立墙上有绳子用来限制船内的后坐力。海军的火炮
样铺架在一个楔子上，而这个楔子插于炮尾和车架之间。

14 世纪中期之后不久，就已经制造出可能是铜制的大型火炮，
是处理大量熔化金属的工艺的巨大发展却是在 15 和 16 世纪，特
是由于高炉的发展使铸铁成为可能。现存的证据显示，同样的方法
本上从一开始一直使用到大约 1750 年。这样，1453 年用于围攻君
坦丁堡的大型火炮的铸造记录，可以很容易地应用于 17 世纪欧洲
铸造操作：

［铸工］取一定量厚实的黏土，要尽可能的纯净和松软，通过几
的揉捏让它变得容易塑造。通过加入亚麻、大麻和其他纤维使得大
的黏土团块紧固在一起，让其不容易碎裂。把它加工成坚硬、致密

具有可转动的弹腔，并通过一个枪管发射的手枪型手持式火器，在 16 世纪已为人所知。

的一大块，然后制成一个圆柱作为模子的型芯。另造一个［中空的柱体］用以容纳型芯，不过更大一些，以便于在两者之间留下一个间，用来注入熔炉中熔化的青铜，使之形成火炮的形状。外面那一（模子）用同种黏土制成，但是用铁皮、木材、泥土和石头整个包起来，起到加固的作用，以免很重的青铜压破模子损坏炮身。然后们建起两个熔炉，在模子的每边各一个，并且紧挨着模子。这些熔建造得非常坚固，内部用砖和非常厚实的、性能很好的黏土加固，部用大琢石和水泥建造。他们把大量的铜和锡投入熔炉，约有 15泰伦特［37 吨］重。再投入木炭和木材，使得在金属的上面、下等所有部位都覆盖木炭和木材。周围是风箱，不间断地工作三天三直到整个青铜熔化，成为像水一样的液体。然后打开出口，青铜通泥土管道流入模子中，直到注满，内部的圆柱体上就会覆盖 30 英厚的金属层[4]。

364　　比林古乔（Biringuccio，1480—1539）在他的《火术》（*Pirotech*

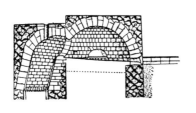

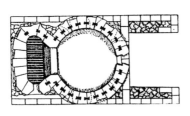

图 231　熔化青铜浇铸火炮的熔炉的截面图和平面图。1603 年。

1540 年）的第 6 章描述了浇青铜的方法，给出了制造火的完整说明。尽管基本原理特奥菲卢斯（Theophilus）在世纪描述的那样（第 II 卷，边64），在铸造钟的过程中已经用，但这在铸工技术中还是个比较难的操作。对铸造火来说，其熔炉、制模的黏土及铸造的方法都与铸造所有他青铜器相同（图 231），不比林古乔提出了特别警告，即

子必须慢慢注满，青铜中锡与铜的比例大约为 1 ∶ 10，上下略
变化，技工可根据判断和经验自行处理[5]。设计中没有任何固定
规律，"在任何时代，"比林古乔写道，"人们制造［火炮］，过去和
现在都是按照他们认为最符合其使用目的的方式，或者是遵从了那些
要制造火炮的人或者那些实际制造火炮的工匠们的意愿进行的"[6]。

一开始，铸工通常把黏土涂到木质的杆轴上，或者在车床上切削
一块大木料，作为火炮精细的外部模型用以浇铸，再用小销钉把它
炮耳及装饰性的明显突出的部件连在一起。模子一直延伸到火炮的
部，炮尾本身却单独制造。这种模子彻底干燥后，再在表面涂上一
灰和油脂的混合物以防止厚层黏土的粘附，这样就成为实际的模具。
面就是要加厚模具了。铸工们首先小心地用到一些纤细的插条，随
用混合着家畜粪便和稻草的粗黏土加到模具上，使得模具随着厚度
逐渐增加而变得多孔。当工作即将完成时，在黏土中加入一些铁
以加大强度，最后用铁条把模具包裹起来，使模具进一步加固（图
2）。

当模具干燥后，把里面的杆轴敲打出来，拿走炮耳和其他突出的
件，模子也从模具中抽出。制造炮尾的模具是单独制作的。比林古
说应该用一些雕刻的小部件来装饰炮身，使得看起来美观一些。模
要制作一个和在主模具上切割出的凹洞相合适的轴肩，用以放置炮
，干燥后置于适当的地方，并且用包裹主模具的铁条加固。模具的
三个部件是型芯，由附着在铁条上的黏土形成，一般呈圆柱体，但
在装火药的弹膛部位可能会形成一个特殊的形状。嵌入在主模具尾
的铁制型芯撑以及位于模具口部的黏土制圆盘或第二个型芯撑会把
芯固定于适当的位置上，而模具口部会扩大以形成"炮头"。当模
被填充时，炮头金属的重量会把青铜液压入模具的凹部并且防止浇
过程中产生气泡。

3 块模具牢固地装配在一起，经过彻底焙烧，向下放入到靠近熔

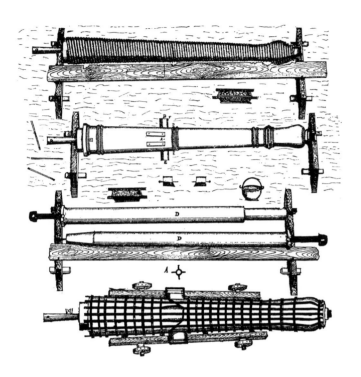

图 232　火炮模具的制造。
（从上至下）"模具" 准备的两个阶段；模具的型芯；绑着铁条即将填充的完整的模具。1603 年。

炉口的窑坑中，注入熔化的金属。冷却后，把模具打破取出火炮，头用锯或錾子切割，炮身外部用锤子、錾子和锉刀细致地修整（233，图 234）。现在，炮就可以准备钻膛，要钻出点火孔，并且安装和校准（图 235，图 236）。一个好炮手当然要确证铸工已经确地放置模具的型芯，以使得炮膛与炮的外部真正地同轴，否则炮射击效果怎么都不会好。

366

　　对于铁炮模具的制作方法以及浇铸铁炮的方法，没有完整的描但是由于铁炮的铸工确定是模仿青铜炮铸工的技术，所以人们可以想实际操作中两者没有太大的区别。不过，铁炮没有青铜炮那么多布。

这种制造方法的结果是显而
见的。首先，既然制作每一门
炮都需要一套新的模具，这样
没有两门火炮在尺寸和性能上
完全一样，因而重复性劳动大量
加。第二，因为金属是生铁浇
并且没有进行进一步的加工，

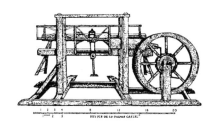

图 233　用于切割"炮头"的机械锯，1603 年。

367

以相对脆弱，就必须增加重量以获得足够的强度。铁炮一般是直接
熔炉中浇铸的，这样金属就会不纯，高度碳化，并且很脆。英格兰
鲁珀特王子（Prince Rupert）大约在 1678 年，在玻璃厂发明了一种

234　16 世纪用熔炉铸造青铜火炮，图的背景中熔化的青铜液正从熔炉中流出。
（左）一个踏车为水平钻台提供动力；（中间和右边）工匠用凿子正在完成一门臼炮和火炮最后工序。右
小插图中场景显示了传说中施瓦茨（Berthold Schwarz）发明的火药，以及一群人攻打一个防御工事。

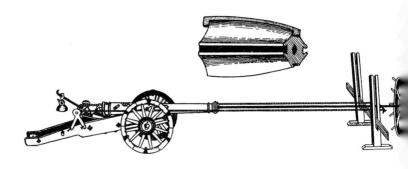

图 235 用一个绞盘操作的简易的水平膛床。
绞盘和炮车连在一起，作用在绞盘上的重力使得火炮向前紧压着刀具。（插图）青铜镗刀盘，在合置上有一钢质切刀。1603 年。在直立的镗床上，炮靠自身的重力压在刀具上，而刀具由畜力或水驱动旋转。

图 236 用于提升火炮的螺旋千斤顶，1603 年。

铁制军械的"退火"方法，以使得金属不容易断裂，但概是由于费用的原因而并没被采用[7]。第三，部件不是确地钻出来的，而是被铰成的，所以它可能会甚至经常非常无规律。炮手在他能够保用炮来击中目标之前，必须了解所有射程中他的火炮的特性。

从 16 世纪或者可能早一些时候开始，枪炮已经用水力来钻比林古乔（1540 年）提到钻膛是一个相当新的革新："为了更加谨为了火炮的美观和安全，以及确保火炮能够以较好的准确性射击，兵和军械长开始希望大的和小的火炮都被钻膛，就像他们制造火绳枪和铁火枪那样。"[8]他用图例说明了一种简陋的水平镗床，带有同的钻刀，由人力或水力驱动，火炮由一个绞盘驱动送向钻刀。然没过多少年，人们肯定也开始知道竖式镗床，因为 1603 年在西班

记述过它。在狄德罗的《百科全书》（1751—1772 年）中描述过
中几乎完全类似的机器，刀头安装在一个长轴的末端，只是其下端
固定，所以它不能切削一个真正的圆柱体或者校正火炮浇铸过程中
芯的偏差。在实心火炮上钻孔的实践据说开始于 1713 年，但是荷
当局在 1747 年为了支持新方法而废除了空心浇铸法时，他们采取
非常谨慎的预防措施，以保守有关他们的技术和机器的秘密，以至
心浇铸方法似乎在其他地区仍被广泛使用。在伍利奇的皇家枪炮铸
一，这种方法一直延续到 1770 年以后。大约这时，英国的铁器制
者威尔金森（John Wilkinson，1729—1808）开发出一种改进了的给
炮钻膛的机器，也可以切削博尔顿（Boulton）和瓦特（Watt）的蒸汽
上更加精密的汽缸。

368

　　不管是直接攻击敌人军队、舰船还是城堡，火炮通常都是平射，
者比水平线略高出一点。然而，为了实现某些目的，人们希望用
或更大的仰角来进行高曲率射击，用于轰击防御工事的城镇内
或者是隐藏在山峰和其他障碍物后面的目标。人们已经认识到如果
弹不是实心的（像球形弹那样），而是装有导火索引爆的炸药，则
以获得更大的破坏效果。这些东西被结合进臼炮和臼炮弹，臼炮的
早出现与火炮大致同时代，而爆炸弹是在 15 世纪晚期发明的[1]。臼
的炮管短而口径大，带有一个直径更小的火药燃烧室，有时可以取
。炮弹用空心浇铸法铸造，有一个可以插入导火线的点火孔或者插
。早期的操作者是炮手，当他装填并且调整好臼炮时，每只手都持
一个火绳杆，用其中的一个点燃炮弹的引信，迅速地用另一个引发
炮。这样做的危险是，如果由于某种原因臼炮哑火了，炮弹就可能
膛。17 世纪采用了一种较为安全的方法，通过在点火孔中配备易
物质，可以使点燃的引信经过导管到达炮弹的火药室。先不点燃引

根据比林古乔的说法，臼炮在"我们这个时代并不被认可"：它们在 17 世纪中叶又重受欢迎。

信，让接触孔紧靠在臼炮中发射药的边上，因此当点燃臼炮的发射
时，火焰就会经过炮弹上的可燃物再引燃炮弹的引信。

制造臼炮的方法与火炮相同，首先锻造熟铁，接着加入含铁
含铜的金属（图 234）。随后，经常采取的方式是通过炮耳架设炮
把它们连接在靠近炮膛下部的地方，架设在结实的没有轮子的木架
再放在稳固的平台上。插在炮口下面的楔形物可以给火炮提供仰角
度。17 世纪后半期，臼炮也被装在小的炮船上，用于从海上轰击
口设施和防御工事。

表 2　1697 年法国臼炮的性能

引自圣雷米《炮兵回忆》。

口径	装药量	仰角	射程	每增加 1 度仰角时射程的变化
8 英寸	0.5 磅	5° — 45°	210—1890 英尺	约 42 英尺
8 英寸	0.75 磅	31° — 45°	1922—2790 英尺	约 62 英尺
8 英寸	1 磅	34° — 45°	2870—3690 英尺	约 82 英尺
12 英寸	1 磅	5° — 45°	240—2160 英尺	约 48 英尺
12 英寸	2.5 磅	36° — 45°	2160—2700 英尺	约 60 英尺
12 英寸	3 磅	37° — 45°	2664—3240 英尺	约 72 英尺

45°—85° 的高仰角特性与 45°—5° 的低仰角特性基本相近。

369　　在同一时期，军队采用了一种较小的引信弹（或手榴弹），用
投掷。掷弹兵部队首次出现在 1670 年左右。

14.5　防御工事

当火药和火器被引入战争后，一个不可避免的结果就是静态防
的技术发生了深刻的变化。直立的墙和塔楼尽管很厚实，但经受不
炮弹和地雷，而发达的中世纪晚期类型的防御工事越是巨大和复
它们就越限制被围困者的主动攻击，甚至可以掩护攻击者免受投射
及被困者的突袭。猛烈围攻老式要塞的方式直到 16 世纪还是很先

然而（图 234）甚至在英国内战时期（1642—1650），一个庞大中世纪防御城堡——比如科夫城堡，由于借助特殊的自然力量，还较长时间地抵御小规模的攻击。要不是由于更大力量的参与使它无法在防御工事中占有一定地位，中世纪城堡可能不会消失得这么，一个只有几十个人的城堡完全可以不用理睬，或者派一支小分队容地加以征服，这对主要战役毫无影响。一个有效的防御工事必须多容纳几千人的队伍以及大量的火炮、储备物质和装备，它需要道和河流用于补给。由于这些原因，同样出于为市民提供保护的愿望，防的城镇替代城堡成为了新防御系统的中枢。当然，许多中世纪的镇已经严加设防，例如 13 世纪的卡尔卡松（图 191）。

为了保卫城镇的四周，构筑那些比中世纪城堡耗费较少的工事是要的。它们的功能也改变了，建造起来的城堡的围墙和堡垒是用来御炮兵的攻击或登城的。17 世纪设防城镇的围墙和壕沟功能并不显，但是为部队提供了很好的保护。这时的防御不像城堡那样，主依靠的并不是阻止进攻的静止的物质性障碍，而在于人力和火力，垒和壕沟相对说是辅助性的。这样一来，防御工事工程师考虑的一主要问题就是确保己方火力的最好组合，同时打乱敌人火炮的部署，可能地限制其作用。

370

这种效果主要是通过对防御工事采用规则的几何规划来获得的，御工事主要包括壕沟和较低的延伸的胸墙。新的防御体系大部分源意大利，它引起了那个时代一些拥有最杰出的头脑的人的兴趣，其包括马基雅维利（Machiavelli，1469—1527）和达·芬奇（Leonardo Vinci，1452—1519）。德国艺术家丢勒（Dürer）也写过一篇关于防工事的论著（1527 年）。第一步似乎是使用壁垒，用篱笆支撑的泥制成，在长墙之前延伸，用于保卫大门，围绕主要防卫点建立起火点（同样，围城者经常用圆的编织品容器——装满土的堡篮来掩护们的武器）。火器也经常架设在削低的塔墙上，在塔底部开有射击孔，但是效果不大。

一种改进的方法是用砖石结构表面的墙体来取代壁垒，在墙(
面大量地堆积泥土以便给炮兵提供一个射击平台。为了使砖石表面
够较好地抵御火炮的轰击，把它建成了拱形，后部连接进入支撑垍
防御墙中。由于墙较低，所以前面的壕沟作为阻止敌人进攻的障矿
非常有效，比起中世纪城堡很高的城墙来更为必要，而且墙可以廷
下沉的，形成壕沟（内壕）的一面。壕沟的外侧一面也与砖石墙(
护墙）相齐，使得敌人更难以进入。由于防御的部队需要场地纟
从壕沟中突围出去，所以在斜堤的远端下面建造一条隐蔽的通道。
样就出现了截面图如图237所示的这种类型的防御工事。虽然纟
向内的防御工事完全处于外来火力的攻击之下，但一旦围攻者进入
事的任何部位，整个工事就会从内部开火。

在地面上布置这样的工事要达到的首要目标就是与地形特征纟
起来，而且场地的开发要能够提供最大数量的侧面火力以及机动迳
尽可能多的炮位和防御位置。可以通过打断普通城墙完全平滑的环
边界或者多边形边界来达到这一目的，也就是说，要建造凸出主内
的工事。首先，部分是由于完全改造中世纪防御工事的巨大花费，
们建造棱堡来达到同样的目的，从棱堡可以沿着平行于主墙的方向
击，而棱堡的墙壁本身容易受到来自壁垒的纵向射击（图238）。
了保护很长的壁垒，就需要许多棱堡，棱堡内的地域必须要足够

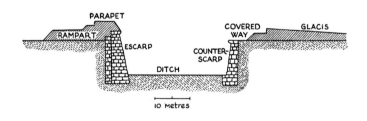

图237　17世纪晚期防御工事的类型，显示其截面。

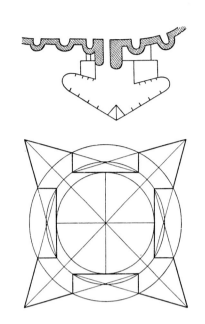

能隐藏一定数量的军队和武
所以就要依次从墙壁上突出
些尖角来提供足够的侧面开火
位置。这种发展的逻辑导致完
变弃了平直胸墙,取而代之的
,防御点由规则或不规则的多
形防御工事的组合体系包围起
,由边界线构成的角度是经过
算设计的,可以提供高度集中
交叉火力。

从 16 世纪末起,应用数学
和工程师就开始深入研究由
角形的可能组合来获得所需
结果,其中最著名的(作为科
家)大概是荷兰人西蒙·斯蒂
(Simon Stevin,1548—1620)。

图 238 (上)适合中世纪屏障的现代堡垒:起源于特鲁瓦;(下)一个简单的多角形堡垒的描摹,这个堡垒具有与胸墙成直角的四个棱堡。1696 年。

御工事的理论部分一般是与数学一起教授,人们提出了许多简直
懈可击的体系,它们与其说来源于实际围城的经验,不如说来源
对直尺和圆规的熟悉(图 238)。事实上,作为围攻战的最具代表
的技术——进攻和防御,在 17 世纪的后 50 年中,法国一方的沃
(Vauban,1633—1707)[1] 和荷兰一方的库霍恩(Coehoorn,1634—
04),并没有在每一种形势下机械地应用预先确定的几何方案,而
根据可能性和既有的工事改变他们的作战方案。双方都对炮兵和
木工事给予了足够的重视,沃邦发明了跳弹射击法(*tir à ricochet*),
霍恩发明了以他的名字命名的一种臼炮。只是在 18 世纪,防御建
和组织围攻的技术才一度彻底定型,并且归纳为一种规则。

372

当时有一句法国谚语是:沃邦攻城,攻无不克;沃邦守城,固若金汤。

防御工事中耗资惊人的公共支出（特别是在法国），在沃邦的著作中得到了很好的体现。这些工作使无数城镇有了标准的外观（特别是在法国东部），它们今天仍然保留下来了，尽管现代城市的郊区已经超出了沃邦的城墙和壕沟遗址的范围。他的方法在其职业生涯中很少有些变化，因为他总是坚持"筑城术没有固定的规则和体系，只有常识和经验"[9]。他的所谓的"第一道体系"（图 239）采用了前人普遍使用的规则，没什么创新。幕墙很短，被前面的一个半月形堡垒以及两边的棱堡保护着，大小经过精心考虑，以便在任何部位上都可以进行步枪的侧向射击，因为沃邦对于防御工事只是单独依靠炮兵来提供保护这一点感到非常痛惜。在更为精细的"第二道体系"中，沃邦应用了深度防御。第二道壕沟和屏障的两翼是双层射击室（*tours bastionnées*），建立在与第一道体系相同的外层工事后面，低层射击室同时控制了里面的壕沟和外面的棱堡，这样即使敌人向后者进犯其前进的道路仍然受阻，并且同时防御工事的厚墙和顶层能够把大炮掩护起来，而这些大炮不可能架设在壁垒上。沃邦的"第三道体系"现在遗留下的很少，不过是第二道体系的微小修改。

373　17 世纪坚固的防御工事中所包含的工程活动，是后来出现的土木工程的更大发展的重要前奏。这些土木工程首先是运河的建造，然后是稍晚一些的铁路建造。沃邦本人有时就担当土木工程师的角色，1686 年时他提出了一个建议，并且随后被采纳了，即改造米迪运河（*Canal du Midi*，见边码 467）。军事工程师一定要精通精确测量，要研究土壤及其特性，要开凿可观的壕沟，建造堡

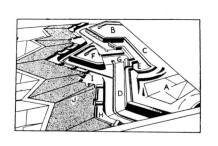

图 239　沃邦防御工事的"第一道体系"。
（A，B）两种形式的棱堡；（C）幕墙；（D）壕沟；
（E）堡垒间的外围工事；（F）半月形堡垒；（G）通道；（H）隐蔽通道；（I）武器放置点；（J）斜堤。

要组织大量工人以及原材料的运输，尽管他们为国家工作，他们
平估和支出都被详细地评测和检查。在所有这些工作中，他们预先
担了未来一代人要承担的运河和铁路工程，所以他们提供了许多技
，一旦有机会并且能得到与那些投入战争相当的资金时，就可以很
易地用于和平目的。

.6 科学、技术和战争

国家之间的战争由于不可避免的政治冲突而频繁发生，人们必须
军，为他们所知甚少的原因而受苦和死亡。在欧洲历史的早期阶
，这一切都被当作人类命运中无可避免的一部分而被人们平静地接
（而今天并非如此）。贵格会教徒完全谴责战争的立场实际上是孤
无援的，尽管其他人痛恨战争造成的损失和恐怖，但在所有国家中，
多数人实际上置身于战争之外，因此对其感受极少。因此，发明新
破坏性武器，或者加强已使用武器的破坏效果的企图，并没有像近
年来这样受到怀疑，以现代的标准来看，那时对杀戮规模的寻求是
稚可笑的。在17世纪，这些企图的一个新特征是——努力把科学
识更充分地贡献给军事目的。

举例来说，在16和17世纪出版了大量关于应用数学和应用几
的著作，多数著作用插图表示出它们的测量方法（高度和距离的测
等）怎样能够应用于军事目的，特别是用于枪炮射击方向和挖掘坑
的方向[10]。枪炮学的作者经常把同样的技术教给初学者，所以出
这样那样的目的（比如对应于火炮口径的火药爆炸量的计算），人
认为专业炮手具备一些初级的数学知识。遗憾的是，对战斗和围攻
说明很少详细到足以说明它们在实际中究竟多久被用到一次。

科学在战争中最明显的用处当然是军事中的医疗和手术，法国外
医生帕雷（Ambroise Paré, 1517?—1590）已为此指明了方向。军医
于发展预防医学和健康的卫生条件作出了很多贡献，但是对于军队

374

中易于感染的传染病以及令人苦恼的外海航行中的营养缺乏病的挖
直到这个时期结束还没有取得进展。至于服务于战争的制造业，科
能够做的仍然较少，因为化学和冶金工业仍然完全是经验性的，并
事实上很大部分由传统工匠所掌握。但是，举例来说，皇家学会对
些不同的化合物的爆炸和实验显示了继续下来的兴趣。然而，对于
学的情况则相反，因为到 17 世纪末，它已经以非常迅速的步伐发
到非常完善的程度。由于力学关心的是实体的运动，所以将其应用
射弹飞行的研究和弹道学的军事问题显然是很合适的。

亚里士多德（Aristotle）已经建立了有关空气中的自由落体运动
某些观点，他的思想很著名，并且后来在中世纪有很大的修正。第
个明确地把这些思想应用到火炮和臼炮炮弹的飞行中去的是意大
数学家塔尔塔利亚（Tartaglia，1500—1557），他还解释了使用"
口准星"的需要（图 240）。他把炮弹的轨道描述为一条连续的曲
声称（大概是假的）已经发明了炮手用的象限仪，确信在经验基础
火炮以 45° 仰角射击时射程最大。他还尝试着像后来其他人的做
一样，在火炮平射（0° 仰角）射程已知的情况下，编纂一张任一
角上的射程表。所有这些努力，都由于缺乏关于运动的可靠的数学
论以及如阻力和加速度这样的概念而失败了。

当伽利略（Galileo，1564—1642）发表运动基本定律时，情况
经大不一样了。随后在 1638 年，他证明了在忽略空气阻力和其他
扰运动的因素后，一个抛射体
表现出抛物线的轨迹，并在这
论证的基础上，出版了第一
很有根据的射程表，因为他
定（与直到 18 世纪早期的许
弹道学作者一样）实际上空气阻
力对军事抛射体的影响足够微

图 240 火炮的"炮口准星"。
炮尾的金属要比炮口处厚很多，这样沿着炮身外
部的直线与炮膛的中轴线并不平行。为了纠正这
一点，炮手用蜡把一支木杆或禾秆固定在炮口处，
用于发射前的瞄准。

可以忽略不计。不过，更加精确的实验表明，这种假定是错误的。
空气阻力对抛射体速度减小的影响而进行的轨迹计算，是后来由
斯（Huygens）和牛顿（Newton）来完成的，这个问题在数学上困
大。

然而，事实上这些困难并不比来自技术方面的困难更为重要。无
枪炮还是发射火药，都没有强大到足以使得远距离发射达到有效
的程度，并且武器的性能是如此不可预测，以至对轨道的数学计
其实既不重要也无意义。一个并不完美的球形炮弹，松散地装在一
似的圆柱体内，除了近距离发射，其他距离发射以后的都以随机
式散落在目标周围一个很大的范围内。直到火器的技术有了很大
高——这只是由于 19 世纪机床的发展，实际的炮手才可以忽略
外部弹道学的数学知识。

尽管如此，16 世纪以后火炮的射程在逐步加大，而且需要一些
用于检测炮膛的准确性，以把它水平地放置在地面并且位于基准
。最简单的装置是插在火炮或臼炮的炮膛中的带有一支长杆的象
，可以显示仰角。当仰角经过反复试验得出来以后，炮身就能够
易地重新放置在同一个基准线上。人们使用铅锤仪（或者是后来
平仪）来确保炮车的轴线水平。更多精确的瞄准工具也同样生产
，其中的一些表现了工艺的精巧和优美（图版 25），但是它们几
有太多的实际应用。真正的炮手相信经验，与使用正切标尺相比，
更信任自己的眼睛和判断。

相关文献

[1] Machiavelli, Niccolò. 'The Art of Warre' (Eng. trans. from the Italian by Peter Whithorne). London. 1588.
Whitehorne, Peter. 'Certain Wayes for the Ordering of Soldiours in Battelray.' London. 1588.

[2] Cellini, Benvenuto. Life, ch. 5. (Bohn ed., p. 53. London. 1847.)

[3] Pepys, Samuel. Diary, 3rd July, 1662. (Everyman's Library, ed. by J. Warrington, Vol. 1, p. 271. Dent, London. 1953.)
Birch, Thomas. 'History of the Royal Society', Vol. 1, p. 396. London. 1756.

[4] Clark, G. T. *Archaeol. J.,* **30**, 265—6, 1873.

[5] Smith, C. S. and Gnudi, Martha T. 'The Pirotechnia of Vanoccio Biringuccio', 210—11. American Institute of Mining Metallurgical Engineers, New York. 194

[6] *Idem. Ibid.,* p. 222.

[7] Hall, A. R. 'Ballistics in the Seventeenth Century', p. 11. University Press, Cambridge. 1952.

[8] Smith, C. S. and Gnudi, Martha T. See re p. 308.

[9] Lazard, P. E. 'Vauban, 1633—1707.' Paris. 1934.

[10] Taylor, Eva G. R. 'The Mathematical Practitioners of Tudor and Stuart England University Press, Cambridge. 1954.

参考书目

A. R. 霍尔的著作《17 世纪弹道学》(*Ballistics in the Seventeenth Century*，剑桥大学出版社，年版）给出了一份简短的有关军事史更多技术方面的参考书目。尤其有用的著作是：

Biringuccio, Vanoccio. 'De la Pirotechnia libri X.' Roffinello, Venice. 1540. Eng. trans. by C. S. Smith an Martha T. Gnudi. American Institute of Mining and Metallurgy, New York. 1943.

Carman, W. Y. 'A History of Firearms.' Routledge and Kegan Paul, London. 1955.

Collado, L. 'Prattica Manuale dell' Artiglieria.' Milan. 1606.

Diderot, D. and D'Alembert, J. le R. (Eds.). 'Encyclopédie ou dictionnaire raisonné des sciences, des art des métiers.' See: Arquebusier, Canon, Fusil, etc. Paris. 1751—72.

Ffoulkes, C. J. 'The Armourer and his Craft from the eleventh to the sixteenth century.' Methuen, London.

Idem. 'The Gunfounders of England.' University Press, Cambridge. 1937.

George, J. N. 'English Guns and Rifles.' Small-Arms Technical Publishing Company, Plantersville. 1947.

Napoléon Ⅲ and Colonel Favé. 'Études sur le passé et l'avenir de l'artillerie' (6 vols). Paris. 1846—71.

Pollard, H. B. C. 'A History of Firearms.' Bles, London. 1926.

Saint-Rémy, P. Surirey de. 'Mémoires d'artillerie.' Paris. 1697.

Uffano, D. de. 'Artillerie, c'est à dire vraye instruction de l'artillerie et de toutes ces appartenances.' Frank M. 1614.

借助测斜仪和其他仪器放置攻城炮。注意用于保护大炮和木制平台的填土堡篮。主炮手拿着一点燃的火绳杆。拉梅利（Ramelli），1588 年。

15 章

印刷术

迈克尔·克拉彭（MICHAEL CLAPHAM）

1 印刷术的出现

15 世纪后半叶欧洲活版印刷术的发展，改变了西方文明的特征。一个出生于 1453 年（君士坦丁堡陷落那年）的人在他 50 岁时回过去，会发现伴随他的人生大约有 800 万册或许更多图书已经被刷，这一数字可能超过了从君士坦丁（Constantine）在公元 330 年立君士坦丁堡以来整个欧洲图书手抄本数量的总和。对于看着印刷逐年增加的人来说，他会很自然地想要去寻找它的源头。同样，在个对技术变革的正常模式并不曾做研究的年代，他也会很自然地将刷术作为一种具创造力的发明找寻其源头，这个发明可以精确追溯描述。

15 世纪末和 16 世纪初，有几位作家在做这样的尝试。他们从不印刷作坊的传统中获取信息，有的是直接得到，有的是从印刷者书中插入的注释中得到，而这些注释在图书出版业完全建立后才始使用。他们依靠这些零碎且残缺不全的证据，得到印刷术发明传说，而这些传说又及时获得了它的历史地位。随之而来的观念只有一位印刷术发明者，于是在美因茨的谷登堡（Johann Gutenberg，1400—约 1467）和哈勒姆的科斯特（Laurens Coster，主要活动于40 年）的支持者之间也展开了很自然的争论，这些不仅导致了一

些捏造的东西和很多对于证据的欺骗性解释，而且也使发明的真▨
得模糊不清。只是到最近，才有历史学家精确究出了发明的▨
分析了早期印刷术使用的工艺，并追溯了它们各自的起源。

书籍出版业在欧洲作为有组织的产业的发端可以被合理的▨
性来证实。1447 年，美因茨出现了一间印刷作坊，它在 10 年内▨
到需要充足的资本和相当数量劳动力的规模。从所用的多种印▨
体来看，它生产的印刷品种超过 50 种。在它的发展过程中出现▨
位重要人物，分别是早期的谷登堡和富斯特（Johann Fust，约 140▨
约 1466）以及后来的富斯特的女婿舍弗尔（Peter Schoeffer，1425▨

1502）。他们各自做了多少技术性的贡献我们不得而知，我们甚▨
不能确定他们中是否有人曾发明过基础性的新工艺。他们的一些▨
肯定是从以前继承下来的，并在当时的欧洲各地均有应用。而且，▨
不少技术在中国、日本和朝鲜早已实践了。虽然东西方之间的技▨
联还不能被确证，但是有许多旁证可以支持它（边码 380）。

工序：其本质和背景　就我们的问题而言，印刷术或许可以▨
义为一种通过把颜料加到预先准备的表面，并转移到承印材料上的▨
像复制技术。这个概念不仅包括活版印刷术（或称活字印刷术），
且也包括整版印刷。

在这里我们首先关注的不是装饰性的印刷术，而是传播思想的▨
像复制术。在分析传播思想的各项技术之前，有必要回顾一下，它▨
的广泛发展是与欧洲文艺复兴运动密切相关的。在那个知识蓬勃发▨
社会结构不断扩展的时代，人们需要更为便捷的传播手段。有创造▨
的人们自然会力图找到一些办法记录和传播思想，它们比原来在备▨
的羊皮纸上抄写更省力。但是由于没有能大量生产的承印材料，图▨
复制技术几乎没有优势，因为 200 页的书需要 25 张羊皮，而抄写▨
是其成本的一小部分。因此，进一步发明的最初刺激无疑是 12 世▨
早期从伊斯兰帝国传到欧洲的造纸术。有了像纸这样的可复制材▨

多人也一定会有在纸上复制图像的想法。值得注意的是，我们最先
现的印刷活动的迹象也是在早期的造纸中心附近。

　　究竟是去过蒙古帝国的大商业中心大不里士的十字军战士和商人，
是从远东回来的传教士和旅行者，传言中是谁带回了对发明有进一
刻激作用的有关中国印刷书籍，我们无从得知。虽然1409年朝鲜
家铸字所的建立以及用金属活字印刷的书籍出版，显示出与欧洲发
的有趣的同步性，但是并没有证据表明活版印刷术就是从亚洲传到
州的。然而，有很强的迹象显示，以准备好的表面进行印刷的思想
人远东传到欧洲的，而且实际的技术可能也已经传入了。

　　基本的工艺技术　　印版的色彩转移到承印物上主要有三种途径。

料以胶状粘在挖去了部分表面的印版上的凸起部分，在压力之下与
印物发生接触，实现了转移，这被称作是凸版印刷或活版印刷。在
刻过的木块上涂上油墨，把一张纸铺在上面，压下去，然后再揭下
　这是这种印刷术最简单的形式。第二种办法是凹版印刷术，同样
用挖去了部分表面的印版，颜料是一种更具流动性的液体，把印版
凹的部分全部涂满，擦去凸起部分上的颜料，然后把颜料从凹刻部
转移到承印物，承印物必须具
良好的吸收性，并足够柔软，
得能在压力下稍稍凹陷弯曲
图241）。第三种办法是平版
刷术。用一块平展的印版，利
化学方法使其部分接收颜料而
分排斥颜料，但这个发明在我
讨论的时代之外。

　　在前两种工艺中，凸版印刷
不但更为古老，而且在这个时
有着无可比拟的重要性。凸起

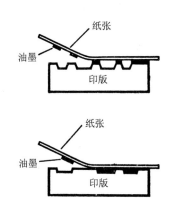

图241　印刷方法：（上）凸版印刷术；
（下）凹版印刷术。

的印版被分成许多独立的小块，才使活版印刷成为可能，并最终i
出了大规模的书籍生产。相比较而言，凹版印刷术使用较少，仅[
于图表、装饰品、地图和乐谱等印刷品（边码 404）。

凸版印刷术的发展 纸张的有效使用不仅是凸版印刷术发展[
要条件，也是对它的一个激励。整个发明还需要一种制备印版的i
和合适的油墨，也需要把油墨转移到纸上的方法以及有创意的t
然而，这个想法的提出者、起源的时间和地点都不知晓，想必也x
探究。用雕刻的木块在石膏上压印图案或织物印染，似乎在罗马i
就出现了。但因为这样的木块极易腐烂，且形式通常都很简单，[
很少能保存下来，事实上也不可能精确追溯那些保存下来的木块[
代。一个例外是"木刻普洛塔印版"（wooden Protat block），带有[
图片和铭文，这是在第戎附近发现的，距今约 1370 年。对于当[
提供的任何纸张来说，它都太大了，所以人们推测它用于石膏压[
案或织物印染。

当了解这些技术后，人们很可能各自独立地产生把印刷用于阝
饰之外的其他方面的想法。然而，有证据表明，事实上这种想法[
远东传入欧洲的。马可·波罗（Marco Polo）在 1298 年就描述了忽
烈（Kublai Khan）帝国如何用蘸着朱砂色油墨的模具印刷纸币，而
些试图在大不里士引入纸币的失败尝试（1294 年），则几乎肯定[
了一些木版印刷的纸币流传到了大威尼斯及热那亚统治区。12 年
蒙特科维诺的约翰大主教（Archbishop John）从北京写信回家，并阝
了早已准备好的圣经图片，为的是训诫无知的人们。这些是印刷>
艺术有关的偶然的例子，一定有更多的例子尚未被记载。在这一时
通往亚洲陆路和海路的商道十分发达，往南经过波斯和往北经过(
斯有供商人和传教士进出蒙古帝国的通道，那儿的木刻版印刷业十
发达。有证据表明，直到 14 世纪，西至埃及的范围内都在使用这
技术。然而，与造纸术不同，宗教上对印刷《古兰经》的反对阻止

术经伊斯兰教地区向西传播。

除了中国的纸币，到东方去的旅行者看到的最普通的两种印刷
正是纸牌和宗教符咒，我们能发现欧洲最早的木刻版印刷品也是
些形式。威尼斯是最早的印刷中心之一，它与东方的联系尤其密
1441 年，威尼斯议会颁布一道政令，哀叹卡片和印刷图片制作
术性及神秘性已荡然无存，并规定今后类似的用品无论画的还是
刷的都禁止进口。显然，早在 15 世纪，这种印刷已不是为摆脱默
无闻而奋斗的新技术，而是一门有利可图的新兴产业。威尼斯印刷
的衰败据知是来自德意志南部城镇的竞争。当时纸牌非常便宜，连
工们都买得起，因此它们很可能是印刷出来的，至少是大体如此。
8 年和 1438 年间，在奥格斯堡和纽伦堡注册的纸牌生产企业已
到可观的规模。同一时期，在同样的中心，宗教图片也以类似的规
印制，可能也是同样那些人做的。不过，这种活动确实已在渐渐扩

现存最早的欧洲宗教印刷品的生产过程非常简单，圣徒的图像雕
于木块上，蘸上或是刷上液体油墨，把吸水性强的纸铺在上面，用
子或磨棒——一种在东方许多印刷术中使用的以皮革为饰面的摹拓
——压住。后来的技术变得更为精巧，题字刻在图像的下面。最早
日期记载的这种印刷品，是 1418 年布鲁塞尔的《处女》（*Virgin*）
1423 年布克斯海姆的《圣克里斯托弗》（*St Christopher*，图版 2B），
现存的印刷品相比也是非常精美的。

在教士藏书室里发现了很多粘贴了这类印刷品的手抄书，很难设
把一系列印刷品制成书的想法是在活版印刷术发明后才出现的。然
事实上，虽然在 15 世纪后半叶木刻书籍开始流行并大量生产，但
些留存下来的书籍中没有一本能确定是早于 1450 年印制的。这
书存在一个共同的特征，即一个版本是从另一个版本复制下来的，
常是根据早已出现的印刷品雕刻新的木版，而且很有可能在最早
活版印刷的书出现之前，各种流传至今的《穷人的圣经》（*Biblia*

381

Pauperum)的早期版本有一些已在流行了。

印刷油墨　对于印刷颜料的准备和使用以及颜料从印版转印印
术发展，宗教印刷品和木刻书籍指明了道路。早期印刷品中所用的
墨和手抄书中所用的差不多，是一种以烟黑或研磨铁粉为颜料、以
为溶剂的胶状悬浮物。在熟练的操作下，这样的油墨能均匀地涂在
木制印版上。如果把一张纸放在上面，再仔细地揭下来，就能得到
幅相当好的复制品。然而，这种办法有几个弊端。虽然在木版上使
令人满意，但水基油墨很难在金属上均匀地铺展，因为在金属版上
们很容易聚成小墨珠。它也不能通过简单的压印完成转印，拓印是
个很慢的过程，而且必须使用吸收性好的纸张，所以印出来的图像
纸张背面也能看出来。因此，早期的木刻版本通常是单面印刷品背
背粘结制成。

油墨组分的改进是对印刷术的重大贡献，用烟黑或炭粉作颜
研碎后放在亚麻籽油里，这样形成的常用黑色油墨，在 4 个多世
里都是印刷者们的标准油墨。弗吉尔（Polydore Vergil）在 1499 年
道，是谷登堡发明了油墨，而且美因茨的印刷作坊里肯定使用了一
油基油墨。但在早期的一些木版印刷品和源自荷兰的或许更早的印
品残片中也发现了这种油墨，这就使油墨的发明者到底是谁变得不
定。煮过的亚麻籽油作为印刷油基有很好的黏性和干燥特性，这一
实早在 15 世纪就被佛兰芒学派的画家知晓了，只要在画家与雕版
一起工作的地方，以此为基础的颜料作为油墨用在木刻板印刷上就
很自然地发展起来，例如在纽伦堡和奥格斯堡的纸牌印刷作坊。这
作坊或许也改进了使用油基油墨的技术，这一技术成了早期印刷者
标准，用羊毛或头发填塞的湿皮革做成刷子，把油墨轻轻蘸出来，
依次涂在印版表面。

382　　　**印刷机**　作为把油墨转印到纸上的工具，印刷机的起源也像印
术本身一样模糊不清。它的起步有赖于新型油墨的使用，油墨的黏

顶足以让涂满油墨的印版附带
氏滑进印刷机，并且不会使印
受污染。有了这样的油墨后，
用印刷机就是必然的尝试了。
个有些规模的作坊都会有一台
麻压榨机，它有一个很重的基
边上具有两个立柱，上面架
黄梁，穿过横梁有一个可旋转
木螺旋，可以把能在立柱之间
动的加固后的压盘或顶板往下
，类似的压榨机（图 242）可
各种工业用途，特别是在一
造纸作坊里用来压平湿纸（图
4、图 254）。任何人想要在
个平面上均匀施压时都很可能
想到利用这个常见的设备，而

图 242　亚麻压榨机。

一些人可能已经独立地这样做了。从现存最早的印刷品残片的时间
看，大约在 1440 年，印刷机肯定已替代了手工的涂抹或擦刷，虽
更为原始的用于木刻版本的技术在 15 世纪的最后 25 年中仍继续
用着。

在 1450 年前后的一两年，当美因茨的印刷作坊第一次印刷书籍
，用螺旋下压式亚麻压榨机改装成的印刷机已有了很大改进，操
速度更快了。增加螺距是很自然的，这样压盘的移动速度就会提
，使压盘滑向底板，要印刷的纸可以固定在底板上，从而使纸张不
剥落并且沾上油墨就可以移走，之后又可以滑入另外一张白纸，并
任何需要印刷的柔软的背衬都可平整地压印。费拉拉的里科巴尔迪
iccobaldi）在一本 1474 年出版的年志中，提到早期印刷工人一天

300 页的印刷产量以及一个用亚麻压榨机印刷的实验。这个实验可使任何人相信，只需通过一些必不可少的改进，这样的操作可以在分钟内实现一个循环，这些改进会在后面（边码 389）讲到。

383   在印刷操作中有一点必须说明。早期印刷工使用的纸张规格与纸相同，太硬，难以在有限的压力下清晰地印刷，因而必须先湿先湿润之后再干燥，这便增加了印刷工作的劳动量，而且纸张会因自身含水量的不同而变得尺寸不一，以至于在印刷反面或是上第二颜色时很难准确操作。然而，它的优点也很显著，字的印迹清楚、廓分明，同时由于干燥时的收缩力使得油墨的颜色深深渗入纸纤依附有力，所以色彩很浓。

15.2 最早的铸字

凸版印刷术的发明 到 15 世纪中叶，印刷术就其本身而言已被视为普遍存在了——至少在那些生产扑克牌与宗教图画的地方是样，可能用印刷机代替了磨棒，并且几乎肯定使用了带有黏性的油油墨和一种用了树胶的油墨。下一个技术里程碑是凸版印刷术的出它出现的传说大家也很熟悉，有人说斯特拉斯堡和美因茨的一位名谷登堡的金匠，发明了活字及用金属铸字的方法，并向另一个金匠斯特寻求经济上的援助，然而得到这一技术的富斯特终止了与他的作关系，和自己的女婿舍弗尔合作开发这项技术。另外一个大家也为熟悉的版本说，哈勒姆的科斯特是真正的发明者，而谷登堡作为的雇员携带这一技术潜逃了。

我们在此并非要评价哪一个人的人品，关心的是这一技术如何现并发展起来的。肯定在某一时期有人首先想到精密铸造可以生产属活字（即字母的镜像），但我们不清楚在何时、何地、何人这样过，又是何人将这一想法付诸实践的。若说是科斯特，没有证据证他同时代的人们承认这一点，他的名字在他取得这项假想的成就 1

...才被人提到，而且没有一本书留下了他的痕迹。相反，谷登堡的...却很清楚，他十分喜欢诉讼，因而留下了大量的文件记录，他的...度很高，因此在美因茨的大主教那里谋得一个闲职，得以安享晚...然而，他的名字也没能出现在任何一本流传至今的书籍中，这一...漏与我们从其他地方了解到的他的声名并不相称。书记员在日期为...5 年的档案中按惯例列举他的荣誉时，曾提到他在大主教处工作，...中没有任何与印刷有关的东西。

另一方面，关于谷登堡为这一发明作出了重要贡献有各种不同的...据作为支持。一份 1436 年的文件提到了他与斯特拉斯堡的德里岑...ndreas Dritzehn）的伙伴关系，也提到了铅和印刷机的使用，但此份...件的真伪我们无从考证。另一份文件记录了 1455 年的一宗法律诉...，提到富斯特曾借钱给谷登堡，投入他们的工厂。谷登堡对此反驳...这笔钱是用来购买羊皮纸、纸张和油墨及生产书籍的。另外一份...于谷登堡 1467 年去世后的文件，提到了对他的印刷工具的处理转...，或许，最值得注意的是这样一个事实——正是富斯特的女婿兼合...者舍弗尔，把谷登堡看作是富斯特发明印刷术的最初合作者，这是...在 1468 年（即谷登堡死后的第一年，富斯特死后的第二年）出版...一本书的后记中提到的。在法国皇家铸币厂 1458 年的一份文件的...个 16 世纪的抄本中，讲到查理七世（Charles Ⅶ）听说美因茨的谷...堡擅长刻凸字模和活字，于是决定派詹森（Nicolas Jenson，约卒于...80 年）去学习他的技艺。谷登堡和富斯特各自独立进行了发明铅...的实验一事也并非没有可能，因为富斯特在谷登堡 1446 年从斯特...斯堡返回故乡美因茨时参加了军队。

但不管是其中一人还是两人共同产生了活字的想法，一定也会有...他人想到这一点，而且可能是独立想出的。有一些保存下来的印刷...，主要是荷兰发现的——即所谓的"柯斯特里亚那"（Costeriana），...中有一部分虽然没有日期，但有详尽的证据证明它们早于美因茨发...

现的第一批印刷品。无论是排字技术还是字体设计，它们比谷登堡、富斯特-舍弗尔的最早的版本要粗糙，这说明它使用的是更原始的铸字术。除了荷兰和德国的工匠在进行铸字的实验外，我们知道当时法国南部也有一个欧洲人在进行这项试验。

对于许多人同时但各自独立地从事凸版印刷这一点，其实并不奇怪。在用木版印刷大幅宗教图画和纸牌的成熟产业中，每个木雕师都应该学习如何修改印版，比如说去掉或粘入一个字母等。另外，把达 10 个单独刻有一个符号的木块合在一起，而不是把它们刻在整版上，这一经济的工艺很难不受人关注。除了一些大的字母和首字，人们几乎不使用木字，但一旦有了单独的符号或字母版的想法，自然而然就会考虑如何用比雕刻更省力的方法复制这些东西。尤其是我可以如此设想，纸牌的制造者试图用一个刻版作为印刷的模型，压土或砂泥，这样就提供了一个字模，铅或锡可铸入其内。与宝石的细雕刻相比，这一技术的难度不是太大。然而，作为生产成千上万小字母的方法，这显然不能令人满意。如果页面由字母组成，且字宽度有变化，那么所用字母的尺寸就需要极其精确，才能彼此匹配，做到印刷结果一致。要做到这一点，又必须用繁重的手工整修方法单独铸字。

所以，铸字进一步发展的关键在于压模铸件的工序，即用一个替换的字模与一个精密的金属模具配合使用。不管是早期的荷兰印工人还是其他人率先使用它，这一工序的首次大规模使用的确是发生在美因茨。可以明确地归属于谷登堡和富斯特印刷作坊印刷所的工作——一首诗中的"世界审判"片段及天文学日志片段，都在 14□年前就印刷出来了。它们使用的活字很大，但印刷很紧密，排版也很精确。这些活字在后来印刷需要很多活字的 36 行《圣经》时也曾用过，所以它们应该是在设计巧妙的模子中浇铸出来的。

第一本全面记录印刷术的作品（1683 年）的作者莫克森（Josep

on）曾这样写道："刻字母是一件手工活，人们对它的技术讳莫如
以至我还没有发现有人曾将此项技艺传授给他人。"现在我们知
一些 16 世纪的工艺，但对于 15 世纪的技艺却只能通过当时的
术（边码 43）和一些早期印刷品的出现进行推断。最早的荷兰活
出的是很粗糙的印刷，它们可能是用木制的凸字模在黏土、砂泥
用于复杂铸字的特殊合成物上压印而成。阴模也可能是通过在排
把木制凸字模冲压进铅里制成的，每一个阴模可以浇铸出 60 多
字，高效性很令人满意。后来，使用铜制凸字模冲压铅制阴模
码 392）。然而也有可能，美因茨的印刷工人最早使用的是钢制
字模，他们作为金匠应当知道钢在铸币中的使用。当然，贯穿他们
部分工作的字母设计的一致性（但并非绝对一致）显示了其技术的
性，也显示了凸字模和阴模的耐用性。

对于 15 世纪的铸字模具我们一无所知。巴特勒（Pierce Butler）推
兑，可能是用一副可一起滑动的 "L" 形金属平板来夹紧各种不同
度的阴模，这样的字模可以很好地和固定尺寸的单个分开铸模的侧
相吻合。

最初金属活字的组分我们同样无法知道。但几乎可以肯定它是由
、铅组成的合金，这种合金的冶炼技术已经由当时锡匠普遍掌握。

386

.3　一间运营中的早期印刷作坊

现在我们可以尝试去复原当时一间印刷作坊所使用的机器设备
工艺，比如说大约 1450 年在富斯特和舍弗尔的印刷作坊中所使用
那些。我们可以把《康斯坦斯弥撒》（*Constance Missal*）这本完整
留下来的最早的书作为考察终点，起点则是著名的 42 行《圣经》，
本 1700 页的书从技艺和设计方面来说都是杰作。复原某一对象肯
必须包含推测的因素。早期印刷者并不急于透露其工艺的机械本质，
至当印刷业完全建立起来之后，这种秘密都还极具商业价值，长期

不予公开。

早期的印刷作坊是有必要自给自足的。尽管在实验阶段一两个
可以轮流管理每道工序，但 1450 年后不久，当不止一台印刷机扎
连续生产时，就一定会出现相当程度的职能专业化分工。纸是买来
油墨定期按需制备，固定不变的工段有铸字、排版、校对、印刷和
张配页，虽然装订工算得上是独立的工匠。

铸字工作包括制凸字模，冲压进入金属基体制成阴模，再在阴
中铸成活字。或许首要的事情就是做出大量的铸字模具，以便完成
述工作。除了铸造活字外，所有的工序都要在排版以前完成。其
第一阶段是刻凸字模，可在铜、黄铜、钢棒的矩形截面上刻制。由
需要模仿当时手稿所有的缩写、连字，一套阴模要为每一字号制
出 150 多个活字，这还没有考虑到磨坏后的替换字。在最近的世
里，技术熟练的刻模工每周只能在两到四个冲模上刻出设计好的字
而一副活字冲模的全部制成需要花费 15 世纪的设计者和刻模工至
一年——甚至两年的时间（在两到三人持续工作的情况下）。由于
有精确的测量仪器，要把活字精确排成直线不是一件容易的事。这
活字是用手把手工制作的凸模压入阴模而制成的，至于工人们是如
克服此类困难并没有记载。但既然我们已知道阴模尺寸和形状应该
最后的活字相同，由此可推断凸字模最初都是相似的毛坯，小字母
小写字母的底部组成基线，需要轻轻刻画出来。以此为标准，画出
母后，它周围和里面的金属就可以仔细地凿出并移走。要判断其效
可以不时进行压印，也许就如后来用烛烟涂黑凸字模一样。在完成
时，使金属变硬，最终的凸字模和要做的活字的表面要完全一样。

下一道工序是用锤子把凸字模敲进用作阴模的更柔软的金属的
适毛坯中。敲进的深度无疑会有很大差异，但这不会成为一个严重
缺陷，因为无论在什么情况下，浇铸的活字都要通过锉磨底部来达
合适的高度。

当一套阴模做完，初步的工作就完成了。下一步就是铸字。42

《圣经》一页上就有大约 2750 个字母，而且在任何时候都至少要

页，另外有两页正在排版和校对，还有两页在"拆版还字"——

拆成单个活字以在活字盘里用作替代字。为了这 6 页纸，考虑

极少量活字会留在盘中未被使用，则要做大约 2 万个单独的活

在制作的后期，当 6 页纸同时印刷时，一次要用到多达 1 万个

字。

4 个世纪后，在实现铸字机械化之前的最后日子里，制作 2 万个

母是两个工人（一人铸造，一人加工）6 到 7 天的工作量。但是由

这时用的模具还比较原始，每次浇铸后都要把模具拿开，而且由于

莫总是会粘着活字，每个字母都需要重新调整高度，可能还要对其

个面进行修整以达到合适的面积和尺寸，因此两个人一小时生产修

的活字不超过 25 个。以这样的速度，在进行如此巨大的一项工作

前需要两到三周的时间浇铸、修整活字，全部完成这项工作则需要

年多的时间。随后如果出现活字磨损、毁坏或断裂，还需另外雇人

修补。

因而我们可以想象出，铸字通常至少应正式雇用两名工人，其中

括一名熟练的刻模工。关于他们的作品，除了已被广泛研究的活字

外形设计外，我们知之甚少。

从一本难得的 15 世纪的书中
到侧放的活字的印迹，我们能
断出在高度和形态上，它们和
天的四棱柱活字没有什么不同，
时的活字每个大约一英寸高
图 243）。

在活字的存放方法上，我们
乏那个时期的证据，但一个世

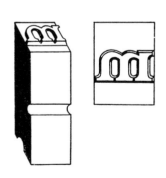

388

图 243　活字：立体图（左边）和平面图。

图 244　印刷工，1568 年。

纪后安曼（Jost Amman）的木片
（图 244）显示活字盘（用于□
活字的浅盘子）是隔开的，隔□
的各块尺寸大致相同。可能□
的方法很早就已经被采用了，□
因茨的排字工人站在一个足够
的能容纳所有铅字的盒子旁□
至于这一行业的其他工具，□
也是一无所知。活字可能存放
一个简单的排字"盘"里，但
有可能的是由于活字不太规则
很难一行行地整齐排放，因□
被直接放在一个与印刷页面□

小相当的木盘上，通过楔形条使活字紧靠，以便完整地转移到印□
机上。

　　毫无疑问，在进行印刷之前，应对纸张给予很大的关注。一个
纪之后铸造出的各种型号的活字在不同规格上都非常精确，以至□
有几千字的页面可以放在一个固定版上，而且印刷表面高度差非常
推动一个锥形的"紧版楔"，便在木制楔子——"版楔"——的侧□
和底部产生压力，使活字固定下来。但是 15 世纪 50 年代的活字□
须要谨慎揿入，以便使每一行严格对齐，且边角成矩形。在这一时□
的书籍中，相同的字母在宽度和高度上都有所不同，活字与字模分□
后，那些浇铸不好或损坏的活字，必须个别地对其上部、下部或侧□
进行修整。毫无疑问，高度也是不同的，需要调整。

　　了解这样一些事实后，我们就可以估计工作速度了。在拥有足□
且精确的活字、制作讲究的排字盘（用来盛放排好的活字的浅盘子□
和嵌条材料的情况下，19 世纪一名按件计酬的排字工要 3 到 4 个□

排好 42 行《圣经》的一页，而他的 15 世纪的同行使用的是极不
则的活字和工具，其活字盘相同大小的字格中的常用活字很快就需
补充，他所花费的时间至少要长上一倍，每一页大约就要一天。有
目证据表明，在这个阶段的后期，每本书由 6 台印刷机进行印刷，
台机器都要配备一个或多个专业排字工，这似乎表明，这一时期的
字间的人手从大约 3 人增加到了至少 6 人。

当每一页被紧密搂好，一份校样拿给校对（或称"读样者"）处理
便印刷时，排版工的第一阶段的工作就算完成了。印刷商在仔细、
确方面的声望，通常反映出其校对者的知识含量和观察敏锐性。15
纪的校对通常是一位学者，他的工作往往包含着修订原文。工作的
法在几个世纪里都没有发生太大的改变，校对会拿原文与校样逐行
字地比较，然后再用简单的记号以及中世纪学者特有的语言——
除（*dele*）、换位（*transpone*）、保留（*stet*）——作一些简单的说明。
到今天，这些传统行业用语的缩写或原词仍然保留着。经过修订的
样又回到排字工手中，他们松开活版，进行修正，在印刷前还要对
二份校样进行校对检查。

早期美因茨的印刷工们使用的印刷机肯定与亚麻压榨机相去不远，
文提到过它缓慢的工作效率，显示出 1450 年以前仅对它进行了微
的改进。可能是一个托盘，活字可以搂在里面，浸墨，用纸张和背
材料覆盖，并在压盘下滑动。然而，大约就在这一年进行了一项重
的改进，这就是"压纸格"。它是一个用羊皮纸覆盖的框架，可以
待印的纸固定在上面，起初可能用铰链与盛活字的托盘连在一起，
样纸张就可以准确地滑落到与活字表面相同高度的位置。尽管手制
的边缘不齐整，但利用该设备可以使纸张依照活字位置准确无误地
置，对准施压点往下压，即可在纸的边缘打孔。纸张退回或印刷第
遍时，就可以使纸张对着这些孔放下，固定在与印刷第一遍时的相
位置上，实现准确套印。这样的定位点在 42 行《圣经》的页边上

15.3　一间运营中的早期印刷作坊

可以找到，然而，相比较来说更早的《康斯坦斯弥撒》的套印准确相对还不够，可能它是通过把每张纸放到浸墨的活字上进行印刷，在套红和正反面印刷时重复同样的步骤。听上去这种技术好像不可实现合理的套印精度，但在手工操作印刷机打样的印刷工场里，它使用仍然是成功的。

这样我们可以假设 1450 年前后的情景，美因茨印刷作坊在原的两三台印刷机上增加了压纸格，并另外安装了 3 台以上的印刷每台印刷机由两人操作，一人负责把纸放到压纸格上，折起来，再背衬材料放在上面，将装配好的东西推到压盘下，把压盘旋下去，一两秒再旋上来。另一人擦去石板上的油墨，把擦墨球垫裹上一层墨，再在换纸时在活字上涂油墨。印刷间还会雇一到两人准备批量湿纸，或把更多的纸弄湿以备在以后几天使用，并把印好的纸张挂晒干。此外，可能还需要一到两人收集晒好的印张并配页，以备装之用。

因此，15 世纪 50 年代初，美因茨印刷作坊一定有了相当大的模。我们的考察表明，它大约要雇 25 名员工，其中至少 2 名铸字、6 名排版工、1 名校对、12 名印刷工及其助手，还有其他一些人。此不足为奇，合伙人们面临着极大的营业资金压力（正如 1455 年诉讼所表明的那样），而且也训练了一些人，可以去设立其他印刷坊。这一切始于 1462 年美因茨陷落前 10 年，而此后的作坊则更多

15.4 发展期：1462—1730

1450—1730 年间，印刷技术的改进已不能归因于某个人或某地区。印刷作为一门技艺得到了广泛传播。到 1500 年，它已在欧洲 12 个国家扎下根基，尽管那一时期印刷的有记载的近 4 万册书仅有不到 1/3 在德国和意大利以外印刷。到 1600 年，印刷术几乎布欧洲的每个国家，并在 1700 年前扩展至欧洲以外的几个地方，

美洲。但不管怎样，这一技术保存了它的国际特质，在从一地迅速
播到另一地时，有关工具和方法的改进也得到了认可。因此，依次
充其工艺构成要素的发展，要比按时间顺序作全局纵览更为方便。

铸字 铸字工艺的改进非常迅速。16 世纪中叶，其工具和方法
已发展起来，此后 300 年间也没有太大的改变。把印刷本身视为
门技术，有助于它的发展。印刷工人不需理会一些组合字母，即所
的"连字"以及突出的或"出格的"字母。这些字体很适合人们手
，却大大增加活字浇铸和排版的劳动量。原先的一套活字有 24 个
写字母、24 个小写字母、10 个数字、约 10 个标点符号和常用符
，后来首先增加了约 100 个变体字母和连字，使字符总数达到了
0。一些连字——例如 ff, fi, fl, ffi 和 ffl，现在仍在使用，但双元音字
某些装饰性组合——例如 ſt、ct 及那些带有长 f 的，却逐渐消失了。
而 16 世纪期间，标准活字减少到约 100 个字符，尽管在这个世纪
20 年逐渐把字母 J 和 U 加入到 24 个字母的罗马字母表，并最终
1620—1630 年间确定。

最早关于铸字的简短描述见于比林古乔（Vanoccio Biringuccio）
《火术》（*Pirotechnia*，威尼斯，1540 年）。普朗坦（Christopher
antin）是安特卫普著名的印刷商（其设备至今尚存），于 1567 年出
了《少儿法语对话》（*Dialogues françois pour les jeunes enfans*），对
字有简单但更详尽的描述。一年后，安曼为朔佩尔（Schopper）的
关于所有实用手艺的书》（*De omnibus illiberalibus sive mechanicis*
tibus）绘制的木版画，向我们展示了工作中的铸字工人（图 245）。
而，直到 1683 年莫克森出版《机械操作》（*Mechanick Exercises*）
二卷，描写了一种直到 18 世纪很长一段时间后才有本质改变的铸
技术，我们才获得铸字工人工作方法及工具的真正的详细记载。因
在"摇篮期"（*incunabula* period）之后，我们有一定信心去追踪它
发展。

从约 1500 年到发明阳模雕刻机期间，阳模雕刻和冲压阴模的术几乎没有什么变化。比林古乔、普朗坦和莫克森都描述过在钢杆端雕刻字母，也就是使字母变硬并压入铜板内而产生阴模的工艺。克森提及这样做时准确放置阳模冲头的困难，进一步描述了反向凸的制作，用其可将字母内外无用的部分金属冲掉。至于老虎钳、刀和凿子等等，则在当时无疑也是 200 年前阳模雕刻工的主要工由于技术更为先进的材料早已为人所知，很难解释铜制阳模和铅制模为何仍在使用。然而根据记载，一家荷兰的铸字作坊约 1500 年已使用它们，阴模现仍保存在哈勒姆。在英格兰，活字铸造作坊的录表明铅制阴模此后被长期使用，有一套出现在一桩 18 世纪的交当中。

1540 年前印模的发展只能从早期印刷书籍中偶然出现的一些痕来推断，这些印痕是活字的一侧在着墨时脱开而形成的。与今天模的主要区别是，它们没有可以帮助排版工人准确放置活字的缺

且活字底部也很粗糙（图 243
数十年后，才制造了标记活字
部的印模，这样就使柄脚——
凝固在字脚和模口之间的多余
属——被干净利索地分开。在
之前，活字显然铸得比需要的
然后锯到一定长度并锉光。

比林古乔于 1540 年描述
一种黄铜或青铜制的印模，由
个可一起滑动并可根据字母宽
进行调整的扁平部件构成。它
用的是扁平阴模，用小螺丝使
模置于印模开口下。这种印模

图 245　铸字工人，1568 年。

央速生产。1568 年安曼绘制的印模更为先进，铸字工人手中的印

以乎是铰接起来的，使用时闭合（图 245）。他旁边架子上的相似

莫，在接近底部的地方有一个孔，大概用于阴模的横向嵌入，例如

与手旁的那些。他旁边盆子里的活字仍附有柄脚，但不清楚是否标

决口，因为没有缺刻的标记。然而，安曼可能是根据过时的原物作

的确，在此一年前，普朗坦所描述的印模结构精致而复杂，安放

木制框架中，以弓形弹簧使其结合在一起，其中包含和 126 年后

克森描述的相一致的各部分，包括形成缺刻的铁线和活字底部的

口"。类似的特征在确信是 16 世纪的一套法国印模中看到。因此，

来和我们论述的这一时期末期没什么不同的印模，在 1540 年后不

就发展起来了。

印模的改进渐渐减少了工人此后铸字操作的工作量。最初的活字

临时印模浇铸，和阴模分离时相当费力，每制造一个活字需要两到

分钟的手工操作。首先，要把活字锯到一定长度，大概以简单的标

度量，然后把活字边上的铸造毛边去除，最后用锉刀把字面的金属

料去除。15 世纪时，常常把大部分字肩或者字身顶部支撑字面的

平部分磨平，以确保它不因油墨污染而产生印迹。后来，除了活字

面上已标记好以便轻易折断的柄脚之外，当更精确的印模的毛边几

都处理干净时，修整的主要操作是在活字底面磨出一个平面。因为

字的数目减少了，这一部分由于引入了出格字母（如 f），比相邻

两边均突出，这些字母带有特殊平面的突出部分的下方也必须修

而其他字母的字肩则要呈方形以支撑它们。出格字母毕竟只占整

活字的一小部分，而对印模、阴模、铸字金属的整体技术改进使铸

发展相当迅速。莫克森于 1683 年称，如果一个铸字工和一个修字

一同工作，还有一个男孩帮着折断柄脚，则一天可生产 4000 个字

然而，接下来的一个世纪，一天 3000 个字母的速度已经令人满

因此他可能高估了平均水平。

393

15.4 发展期：1462—1730

铸字冶金技术的发展在本卷的其他章节会谈到（边码43—边
44）。简言之，最初与白镴相仿的锡铅合金被另一种合金取代，其
要成分是铅，还含有锑、锡，有时还会有其他金属。早在16世纪
被采用的主要工序可能是加入锑，这不仅使合金的硬度增加，而且
固时使膨胀率保持很小，使活字字面清晰，字身大小准确。

在结束谈论铸字前，有必要提一下它是如何发展成为一门独
的专门行业。尽管15世纪的印刷者通常独自制作活字，但有早
证据表明他们相互之间有交流。舍弗尔在他1468年《民法大全
（Justinian）的版权页暗示他愿意出售活字，里波利印刷作坊（Rip
Press）的成本账簿记录了1477年向美因茨一个叫约翰（John）的人
买阴模，以及其他时候购买成套活字和特大首字母的事。印刷工人
铸字工作在整个16世纪都很普遍，而且事实上最大的作坊一直保
着他们的铸字车间，直到机械排版改变了它们。但1500年到16
年间出现了许多小型作坊，活字靠购买得到，有一批铸字工供应。
一世纪中期以前，专业铸字工在荷兰出现，在此后的300年里
个国家因活字和活字出口贸易而享有盛誉。而在1600年前，铸字
欧洲许多国家已成为独立的行业，其中包括英格兰。专业化扩增了
些作坊活字的种类，同时可完全供应其他作坊，并走向字身高度的
准化。标准化最初是区域性的，在这些地方，一个铸字车间就有能
（或者一群印刷商共同商定）去促使材料交换更为便利。尽管这显
是可取的，但让印刷者为将来的利益而以巨大的代价用它们取代自
己有的活字是很困难的，这阻碍了它的发展，直至这个时期末国有
构开始显示对此事的兴趣。16世纪的活字一般都是22到27毫米
到1730年，活字高度值的数目远比印刷机少得多，但仍比正在实
印刷的国家多。

排版工的设备很简单，在过去500年里除材料外没有大的改
个人的配备包括一把锥子、一把镊子及一副或多副排字手托。1567

394

朗坦的排版工左手执一木制排
手托，将拣出的活字放入（图
）。排满一行后转移置于活
盘上。1507 年出版的一本书中，
央印版显示排版工使用排字手
的方法与后人使用铁制"排字
托"完全相同，均通过滑动其
力来调整行的长度。这一做法
16 世纪末期被广泛采用，此
没什么改变。

图 246　排字手托。
（上）15 世纪 ;（下）17 世纪。

　　除了这些个人工具外，排版间的主要设备还包括存放活字的盘，
放活字盘的木架，由活字组合成的拼版平面，即制成多页和留出适
的页边空白并将活字固定于一个金属框即"版框"中，版框包括
制嵌条材料、压头木条和压边木条，一端宽一端窄。紧板楔（边码
8）也是一种主要设备，用于将装配好的页面或印版固定在版框内。

　　在莫克森的时代以前，活字盘的发展只能大致从存留的有关印刷
插图推测。安曼的木版画大概是最早涉及这一问题的，其中描绘了
有约 160 个格子、倾斜的单个活字盘。印刷工只要有一两套活字，
字盘就能正常操作，但当活字尺寸和样式的数量很多时，活字盘
由于形状过大而不能轻易移动。斯特拉达尼斯（Stradanus）一幅可
追溯到 1590 年左右的描绘印刷作坊的图画中出现了更小的活字盘
图 247），但细节并不清楚，只是提供了一个小型的、并非十分新
的作坊设计和运作的画面。重要的发展是朝向这样一个活字盘进行
——最常用的字母集中排放在中间，活字间隔的尺寸由每个字母的
用频率而定。不知道是谁首先打破了原来间隔尺寸相同、按字母顺
排放的规则，但可以推断普朗坦开始也是按字母顺序排放活字，这
16 世纪中期可能是一种惯例。到 1683 年，莫克森写道活字盘的

395

图 247　16 世纪的印刷作坊。
（从左向右）根据抄本排放活字；在印版中调整活字；给活字上油墨并收集印张；正在工作的印刷
注意正在晾干的印张。引自斯特拉达尼斯，约 1590 年。

现代样式确立已如此之久，以致他无法声称它是新奇的。在此期间

绘印刷工艺的插图很少，存留至今的活字盘也没有 1700 年前的形

然而，显然约 1550 年后出现了被广泛应用的成副活字盘，上盘（

于斜框较高处）包括大写字母及数字，在左侧按字母顺序排列，小

的大写字母或斜体字母置于右侧。另一个盘（现在称"小写字母盘

包括小写字母，按使用频率排序，有时因语言而有所不同（图 248

　　1730 年前，排版间很少有其他值得注意的变化。搁放活字盘

排版架在底部又加入字盘架，可以放置更多活字盘。在印刷发展

最早期，拼版台无疑是石制的，因为石块易磨出大的平面，而且

1730 年时它仍为石制——大理石、珀贝克石或其他细纹岩石。版

为一个锻铁框架，里面固定待印的书页版心，它可能是随着活字变

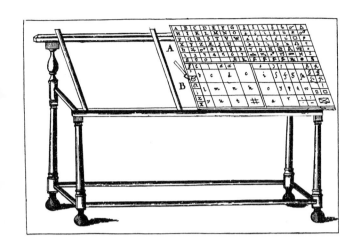

图248 一副活字盘。依照莫克森的绘制，1683年。

多精准并能整版承受边角的压

而在1450年到1470年间

展起来的。到1499年版框首

出现时[1]，它带有一条横杆，调

对开或四开的纸时不用固定，

不用动其他印版（图249）。

1550年，当用8开或更小的

式印刷成了规范时，用横杆成

角地一分为四的版框也被使用。

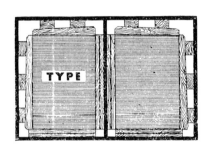

图249 双页印版，可以看出带一横杆的版框、木制填空材料，以及用楔子（版楔）紧版的方法。

最初直到今天活着的人们的记忆中，木制嵌条材料、压头条、压边和紧版楔一直没有本质上的改变。

印刷机及其装置 在活字印模之后，印刷中最重要的机械设备便印刷机。我们无法确知它是如何从15世纪期间那种简单的由螺旋压木制压印机发展而来，但此后的进程可以从大量的插图以及普朗

出现于《死亡之舞》（*La grât danse macabre*）中，里昂，1499—1500年。

坦和其后的作者的描述中获知。

　　用亚麻压榨机进行活字印刷的实验有助于复原发展初期的情
首先，印刷页在印刷机压盘下面时，不能上油墨或覆盖纸张。着墨
只有在纸张被牢牢固定在一个可以完全进入印刷机的滑版上时才能
将其滑入，否则活字或纸可能产生错位。人们随后会发现，若随意
入滑版，就很难使纸居于印刷机螺杆下方正中，而做不到这一点，
盘就会倾斜，导致压力不均。于是，人们引入滑轨以引导滑台的左
延长固定版台以承载滑轨，而滑轨与压盘无接触，页面可在压盘处
墨。通过标记滑版，可使纸张居中。但由于螺杆只有在穿过顶部横
（通常称为"顶"或"顶梁"）并且由侧面构件（或称"颊板"）引导
能够保持垂直，因此在压印点处可能会产生一些晃动。于是，人们
使螺杆穿过一个较低构件，称作"抽斗"或"搁板"，在转动螺杆
横杆下面。这一发展阶段可见于斯特拉达尼斯的插图，其中印刷机
具 1490 年的而非 1590 年的特征（图 247）。

　　1500 年前后的二三十年间，印刷术在整个欧洲的传播带来许
新的思想，都与其技术问题相关。在已建立的工艺框架内，只要印
作坊一成立，新的印刷实验都会尝试开始，尽管工厂的主要设备，
别是印刷机仍将继续使用多年。因此，像今天一样，随着一个世
的发展，先进的、资金充足的新兴公司与传统的或缺乏财力购置
备的公司之间便会出现差异。确实，为说明印刷机设计的下一阶
我们应看一下约 1507 年伟大的巴黎印刷工巴迪乌斯（Jodocus Bad
Ascensius）[1] 的木版画（图 250）。这一时期，法国人对印刷机的设
作出了显著贡献，印刷机（*Prelum Ascensianum*）可能是 16 世纪早
最先进的印刷机的典型。

　　所谓改进的亚麻压榨机与木版印刷机的主要区别显而易见。

1　　巴迪乌斯（1462？—1535）是佛兰芒人，但他一生大部分时间都在巴黎工作。

图 250 巴迪乌斯自用的印刷机。引自 1507 年在巴黎印刷的一本书的扉页。

图中印刷机图上标有 "Prelū Ascensianū"

虽在细节上有诸多改良，但直到18 世纪才有了根本改变。版台通过滑轨进出，这些滑轨是看不见的，但很明显版台可以被做用手柄和升降机构来控制，或用行业术语来说，是"把手"动"金属杆"，而金属杆安装绕有"圈带"（或称绕组皮带）滚筒上。这一木版画描绘了一先前仅知的一幅印刷机的图画上文提到的《死亡之舞》（La t Danse macabre）木版画，边396］中所没有的特征——心管"，一个和压盘相连的中空木块，螺杆从中穿过。图中所示为边形，尽管后来的标准是正方形，它穿过抽斗内的一个六边形的孔。心管的作用是防止压盘下降时发生扭转，这种情况在压印时特别容发生，压盘悬于其上，而非螺杆之上。它看来和压盘紧紧固定，这能是由斯特拉达尼斯所绘的固定于印刷机的螺杆基座的插口发展来。

约 1450 年首次引入的压纸格也见于巴迪乌斯的印刷机，它是一和放置印版的版台相连的铰接框架。最晚在 16 世纪中期，或者早绘制该图的时期，它已发展为内外边框，边框间为毛毯或其他柔软料，代替了最初的疏松背衬。

这一时期的印刷机有两点值得注意。首先，压盘很小，每次只能刷印版的一半，因为使用这样简单的螺杆机械结构，即使最强健工人也只能在约 240 平方英寸的表面施加必需的最小压力。其次，刷后没有平衡锤将印版抬起。

在这幅图和其他插图中可以见到印刷工人的小工具，它们
1800 年前没有本质的改变。活字由一对"擦墨球垫"着墨，它的
革表面经过脱脂，长时间泡于尿液中后变得柔软，然后用羊毛小心
填满，它的底则是一个山毛榉制的杯状托盘和把手。着墨板上的油
墨用平刀或"油墨铲"铺展开来，并用木制的"手推油墨辊"擦成薄
的一层。旁边会有一个用来润湿纸张的水槽，以及一台贮存纸张的
力机。此外，还会有用来冲洗印版油墨的碱液槽，这可见于斯特拉
尼斯的图画（图 247）的前右部分。

巴迪乌斯还生产过其他几台印刷机。1520 年，他展示了一台
大的样机，颊板至少 6 英寸厚，螺杆的筒体直径 8 或 9 英寸，有
个方形而非六边形的空心管。最显著的特征是它没有使螺杆穿过
"顶"，颊板顶上也没有安装更高的横向构件（或称"帽"），而是有
个大的顶部构件，由两根圆柱支起到达天花板以确保其稳定性。这
设计没有被普遍采用，但后来的印刷机通常设计得更加牢固。

安曼 1568 年的木版画（图 244）描绘了印刷机设计上的进一
改进，即"夹纸框"。这是一个用羊皮纸或其他坚韧的纸张包着的
框，铰接在压纸格里面，待印的部分经过裁剪。它的作用是使纸张
靠压纸格处于适当的位置，以免空白部分同任何可能沾上油墨的嵌
材料接触。夹纸框在 1587 年第一次被人提及，但肯定在一个世纪前
就已开始使用。如果印刷工不能精确裁剪印刷的部分，或者让铰接
分活动，活字可能会咬入羊皮纸的边缘，印刷到该页的边缘部分，
使下面的纸张缺印。1487 年出版的《基督生活的镜像》（*Specul.*
Vitae Christi）就有夹纸框咬入的情况，但在 15 世纪的书籍中并不
见，因此可能是另外一些设计——在压纸格上方拉紧的带子——直到
大约 1500 年普遍用于固定纸张。

安曼绘的印刷机看不到空心管，但这可能是绘画的失误，因为压
盘四角的曲柱无疑通过抽斗抵达方形空心管的四角。把压盘平置并

扭转的方法到那时已非常成熟，在 1548 年左右的一幅有关英格兰
刷机的图中清晰可见。这和安曼印刷机的不同之处仅在于，有一个
的方形空心管和一个长的、曲线形的金属手柄，这种手柄成为确定
形式。它的弹性使压盘下降时对印刷工手臂的推力得到缓冲，而释
时的回弹有助于压盘上提。

　　还有另外两个方面需要注意。首先，活字版台显然不再是早期印
机的木制平板，而是磨光的石板，埋置在填有石膏或麸皮的一个木
浅盒（即"匣箱"）里，这在后来得到普遍采用。其次，压纸格上的
制印刷系统第一次明确出现。

400

　　通过这些改进，印刷机完成了我们所论述时期中最重要的发展
段，而且可能在 17 世纪末的欧洲，许多印刷机都与 150 年前的样
相似。1567 年前，铜板用作
制压盘的背衬材料，而临近
00 年，黄铜或铁逐渐取代木
成为螺杆、版台的滑轨及其他
部件的制作材料。但是，设计
首次重大变化直到 17 世纪早
才出现。那时，年轻时曾与第
·布拉赫（Tycho Brahe）一起
制数学和天文仪器并可能参与
印刷实践的荷兰制图员布劳
Willem Janszoon Blaeuw，1571—
638），发明了著名的荷兰印刷
（图 251）。它与此前的印刷
有两个不同。一是对摇手柄装
作了小的改进，能更快地调整
寸；二是对空心管的根本改造，

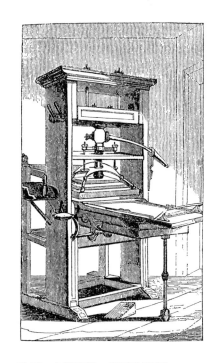

图 251　布劳印刷机，或称荷兰印刷机。

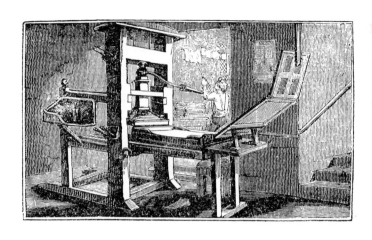

图 252　经改进的木版印刷机。

对此的最佳描述可通过比较布劳印刷机与"木版"印刷机的最后□
式（图 252）获得。后者的空心管是一个长木盒，内有从恰好在拉□
以下到压盘上方约 6 英寸处的机轴，下方和一个每个边角均有钩□
的金属帽相接。由此可见，通过系在每个角的绳索，压盘悬挂在角□
而空心管自身悬于位于拉杆下面的机轴凹槽中，拉杆手上装有两个□
件，滑件嵌在空心管一侧的狭缝中。穿过空心管的机轴的齿尾紧靠□
压盘正中心的金属帽里面，通过其下的铁板进一步固定。印刷工推□
拉杆时，机轴顶端的螺杆迫使它带着空心管、压盘一起下压，前者□
通过抽斗内的方孔防止发生扭转。

401　　　　布劳印刷机没有这种空心管机构，而是机轴直接通过抽斗和其□
金属板内的圆孔，压盘悬于金属板上，这一金属板经由在每端各有□
根方杆的支架，依次悬于机轴的沟槽之上，而方杆穿过抽斗内单独□
孔。也许这一装置的制造和调节比固定的箱形空心管稍微容易，作□
一项改进自然很快在低地国家得到采纳，几乎变得很通用[1]，并出口□
其他国家且被仿制。1639 年，第一台运抵北美的印刷机就是这种□

---

[1]　　　保存于安特卫普的普朗坦 - 摩特斯（Plantin-Moretus）博物馆的印刷机是布劳印刷机的早期样式。

印刷机。1683 年，莫克森对这些印刷机大加褒扬，甚至有点夸张，与当时普遍采用的传统印刷机相比较。尽管此后的作者附会他的赞，但在英格兰和欧洲许多其他地方，大多数印刷机仍继续采用方形心管的样式。

.5　约 1730 年的印刷状况

如果先简单地描述一下 18 世纪初印刷作坊的工作状况，评价一时期的工艺改进将会更容易些。为此，我们应当假设自己是在观当时一家足够大的可大批量生产活字的公司，例如安特卫普的朗坦和摩特斯（Plantin and Moretus），或是阿姆斯特丹的 P. 布劳和布劳（P. and J. Blaeuw）所建立的公司，或是任一大的公共机构辖下印刷作坊——如皇家印刷局（Imprimerie Royale）、梵蒂冈印刷厂（Stamperia Vaticana），或是牛津的克拉伦登出版社，它由费尔（Fell）士领导，在那时已开始自己生产活字。

在这些地方，整个工艺始于字母雕刻工。他们在钢坯末端绘出字，冲压，再雕去或锉去不需要的金属，然后把这些阳模硬化，将冲压进黄铜或青铜制作的长约 1.5 英寸、厚 0.25 英寸的空白阴模，宽度则随字母大小变化。接下来，他们锉掉印面所有隆起的金属部，并调整阴模的尺寸，使字模能准确嵌入印模底部的适当位置，随再把经过验收的阴模交到铸工手中。

每个铸工都坐在一个盛有熔融活字金属的小熔炉旁。他的左手握印模，印模为复合单元，由钢或黄铜制成，外壳为木制，用弹性子将两个主要部件相连，并由内规和外规合在一起。插入其中之，闭合另一个，就形成可调整的空腔，在其内浇铸活字，在孔口和字的字脚之间有一个标记的孔颈，可使柄脚整个断开。用一根或两铁线嵌入字身的侧面以形成缺刻，然后用在孔口的每边的一个铁，将粘在字模上的活字取出。铸工右手拿着铸勺，将金属液注入印

模内，在注入时快速转动并摇动，以使熔融的金属液布满字面的每
角落。这一灵巧的运动要根据浇铸情况相应改变，是铸工的主要技
冷却一两秒钟后，铸工打开印模，将活字、柄脚及其他东西倒在身
的一张纸上。根据浇铸字体的大小和难度不同，一名铸工每天可浇
2500—4000 个活字。

接下来的工序照例由伙计来完成，他们折断柄脚，在平坦的磨
上将字身各面磨平，然后把活字交给修字工。修字工将活字排成一
检查是否有缺损的铸件，把它牢牢揳进一根"整形杆"，用小刀在
边刮削，最后将整排活字字底朝上，用沟刨沿着字脚的中心切出一
凹槽，这样就除去了所有的折断柄脚的痕迹。活字成品计入"铸字
清单"的数量内，它是一张经过详细计算的表格，给出了印刷某个
种所需要的给定大小的一套活字的每个字母的数量，然后保存或送
排字间。

403 这一时期，排版工人通常在"按件计酬"的体制下工作，有着
细但易懂的约定，他们因此而组织起"伙伴关系"，选出自己的"
字工头"，他的主要职责是记录工作的分工和业绩，并参与收入的
配。对每一种伙伴关系来说，印刷厂主或工头提供需要印刷的抄
具体要求和活字——偶尔是铸造厂的新活字，更多情况下是把以前
过的印版在再次使用前拆版。在一个印张（按照书籍的开本有 2—
个版面不等）排满足够行数的活字以后，按页拼版，并依次置于石
拼版台上，排放要求是在"翻身"（即印制背面）时页面能按顺序排
然后拼制印版，用木制填空材料留出合适的页面空白，再用压头
压边条及紧版楔固定。

接下来是用印版打样，校样和抄本一起送到读样人的小房间，
那里进行检查，标记校对结果，再返回排版间。然后松开印版，在印
版上通过变换字母或间隔，做些微小的调整，而把需要作较大改动
版面捆紧，提出，在排字手托上逐行重排。经进一步校对（"校订"

后勘误，印版交到印刷间付印。几乎与此同时，把纸张每四、六

张（按纸张的厚度和硬度）一起浸泡在水里，然后堆叠在重板下

整层纸张均匀湿透。

印刷工两人一组进行工作，轮流做操作版台进出、拉动印刷机这

重活和给纸张均匀上油墨这样的技术活。一个工人用手柄铲给凸

涂上油墨，用墨辊仔细地擦拭，然后从架上取来擦墨球垫，在油

轻拍，再在版上作圆弧运动进行摩擦，让油墨均匀涂满表面。接

依次给印版的各页面上油墨，不时擦一下擦墨球垫以便调整油墨

布。同时，另一个工人在固定于压纸格的印刷位置上放置一页纸，

合上上方的夹纸框，用右手使压纸格、纸张和夹纸框降至上墨活

平面上，用左手紧握印刷机手柄，转动它，使其带动版台前半部

压盘下，再用右手拉下印刷机手柄，把版台的后半部分移入压盘

，再拉，然后放松手柄使得它弹回。下一步，提升起压盘，把版

出，卸下压纸格装置。这些操作周而复始，直到所有分配的纸的

全被印完，然后再印纸的反面，挂起来晾干，最后，仓库管理者

好送给书商或装订商。同时，用过的印版用碱液洗干净，送回到

间拆成活字。

404

尽管双面印刷很辛苦，而且在大印版上均匀着墨很困难，但两

练的印刷工每小时仍能印出 250 张单页。据说一个作坊——例

朗坦的作坊——每天能印 3000 页，夏天从上午 6 点工作到下午

，冬天从上午 7 点到下午 9 点。然而，这些最大产量是不能与最

印刷工人引以为豪的一天 300 页相比的，因为 1700 年一般的印

品与两个半世纪前在美因茨用简陋的装备然而娴熟的技术生产的令

讶的对开纸印刷物相比，质量非常低劣。值得注意的是，最高质

大型作坊，即使在 16 世纪末期都达不到一天印刷 1000 页的产

我们可以得出结论，按给定的工作标准，从第一批美因茨印刷工

了作坊、试印好小本书并认为能从事像印刷《圣经》这样庞大的

15.5 约 1730 年的印刷状况

工作时开始，所有倾向于加快印刷速度的改进，已经把印刷机的
效率提高到原先的 3 倍，最多 4 倍。这些改进包括，更平整、
格放置的活字、提高了的操作技术以及更大功率和更精确的印刷

15.6　插图、装饰、地图和乐谱印刷

当我们从排字印刷转到插图和装饰印刷时，就进入了一个可
为地方传统或艺术家个人的因素而存在很大变化的技术领域。
很难对这些技术做一般性的总结，也无法追寻一条持续发展的技
迹。尤其是金属雕刻工序存在无数的细微变化，由于它们所呈现
特艺术效果，使其可能在任何时候被重复利用，因此它们很少被
艺术史对此已做过很好的描述，这里只是有必要勾勒出 1730 年
所应用的主要技术。

用凸版印刷的插图　前面已经提到过早期的木制印版。早在
纪或许在罗马帝国时代晚期，木制印版就被用于织物印花。在中
的行会里，木刻工人与木匠划为一类，工作都只是用刀子、圆凿
刀在厚木板上进行简单雕刻，这种雕刻是在顺着纹理方向锯开的
405　细密纹理的木材上进行的。最初必须使用含树脂的木材，以免木
吸收水性油墨中的潮气而膨胀或开裂，樱桃木通常被认为是最合
后来，随着 15 世纪油性墨的出现，开始采用苹果木、山毛榉、
和槭木。再后来，在 1550 年以前，纹理更好并且更加坚硬的黄
材成为标准的材料广泛使用。一些 15 世纪晚期流传下来的威尼斯
美的木刻作品则表明，在更早的时候它就经由其最初的发源地土
传到意大利了。

黄杨木用作雕刻原木后很久，横着木质纹理切割和抛光的操
术获得了发展，使得在黑色背景上刻出白色的线条变得方便起来
纹理的末尾，任何方向都能很容易地雕刻出非常细致的线条，而
以使用金属雕刻工的工具，特别是雕刻刀或刮刀。不能确定这种

是什么时候出现的，但它很可能发源于 17 世纪末期的东欧，而
在 18 世纪，君士坦丁堡印刷的一些亚美尼亚书籍肯定应用了这
刻技术。

凸版也是用金属切割而成的，这可能与最早的欧洲木刻一样古老。
黄铜和铁在 14 和 15 世纪常被提到，而铜可能是使用最普遍的
。因为除去大面积的金属是一件费力的工作，所以早期的金属凸
是雕刻出来的，在黑色的背景上描白线，而不是像木刻一样白底
。为了减少大块的黑色，他们常用带有各种圆点和装饰的打孔
行点刻，得到一种筛状细点雕刻（*manière criblée*）风格的印刷品，
是 15 世纪末期雕刻作品的典型特征。

在早期的图书印刷历史中，大块的凸版是与活字一起使用的。
7 年出版的富斯特-舍费尔《圣诗集》是第一本标有印刷日期的
书中装饰华丽的大写字母使用了两种不同的颜色，而木制印版或
印版随后经常被用于印刷大写字母、装饰性的边框、题头和页
其他的大规模装饰，同时在一些重复性的较小装饰中使用活字
的工艺。自班贝格的普菲斯特（Albrecht Pfister）开始，木刻或金
刻的插图在 15 世纪 60 年代主要的活字印刷的书本中变得普遍
这使得可以在文本中搭配表格、设计图和地图等，因而很快在技
上呈现出特别的重要性。早期的这些例子是威尼斯的拉特多尔特
dolt）在 15 世纪 80 年代使用的天文学和数学图表，以及描述了
古代地理学者的早期版本的木刻版地图，它最早出现在 1472 年。
木刻印版在 15 世纪时也被用于乐谱的印刷，尽管在 1487 年最
刷乐谱之前，一些书中就有了原始的活字乐谱尝试。然而同时印
表和音符的活字的设计、铸造和排版显然相当困难，尽管威尼斯
得鲁奇（Petrucci）在 1501 年就已发明了一个需要两次印刷活字
效的系统，但这一问题最终是由奥格斯堡的厄格林（Oeglin）在
8 年解决的。直到很久以后，木刻版乐谱仍被用于活字印刷中零

406

散的乐曲短句。

凹版印刷 纸的可用性实现了把雕刻和蚀刻技术用到纸张印刷的想法，在此之前，这两种技术用于装饰金属表面已经有几个世纪。这一想法及时地和木版印刷技术的广泛传播及活字印刷的兴起共同出现，说明了印刷术正在飞速发展这一趋势。

从古代金匠开始，人们就已经在一些贵重或比较贵重的金属上进行雕刻了。金匠们用雕刻刀刻出线条，再用刮刀把雕刻时刻线两边凸起来的毛边去掉。凹版印刷最简单的形式是这样实现的：取上述方法制得的一个刻版，把油墨轻擦在整个刻版上，直到浸满每一道刻痕，然后刮除刻版表面的油墨，将一张湿纸铺在刻版上，进行拂拭，湿纸浸入刻槽中吸附刻槽中留下的油墨。标有日期的最早线雕金属印版是在 1446 年出现的，它的雕刻者只不过是这一时期德国和荷兰众多雕刻工中的一员。另一个最早的雕刻是"扑克牌大师"（Master of the Playing Cards），可能还要比前者早十年。

随后，凹版印刷技术在意大利北部很快独立发展起来，在那里，第一个著名的代表人物是 1450 年左右在佛罗伦萨工作的菲尼圭拉（Maso Finiguerra）。这种技术与金匠的乌银镶嵌技术紧密相关，后者是在金属板上雕刻线条，并填满预先准备好的金属硫化物（第 480边码 480）。它最初的目的是为了得到一种镶有黑色线条的光滑表面，但这种工艺来自给雕版做硫化印版，而如果把雕版涂黑后再刮拭以显示出和刻线相应的脊，就可以得到具有同样图案的金属饰版。我们无法得知最初是否是用纸来实现凹版印版、凹雕铸造印版或是凸版制版。这样的，可能发现一种独特的乌银能用作印版、制版或实现所有的打样。我们同样无法得知意大利什么时候出现了专门用于印刷的版，但不管怎样，意大利最早的雕刻者主要是金匠，他们的德国先辈们可能是通过同样的途径发明了凹版印刷。

在 1730 年之前，另外 3 种主要印刷雕版分别是针刻凹版、蚀镂刻凹版。在针刻凹版工艺中，不是通过向前推进雕刻刀刻画线，而是用铅笔样的钢针划过版面，使得毛刺全留在刻槽的一侧，以有更大的空间来存放印墨，使印刷的线条变得柔和。在能够将易碎金属薄片压平之前，只能得到少数完美的印刷品，所以这种技术没有在插图、地图或乐谱印刷中广泛应用，现在仅限于少数艺术使用，但其中包括两位最伟大的艺术家。在一位不知名的德国工于 1480 年左右印刷了一些早期印刷品之后，丢勒（Dürer，1490—38）早在 16 世纪就用针刻凹版印制了 3 件印刷品。在大约 15 年梅尔多拉（Andrea Meldolla，1522—1582）把这一工艺与蚀刻结起来使用。更值得注意的是，在 17 世纪中期伦勃朗（Rembrandt，07—1669）也同样使用了这种方法。

蚀刻最初同样也是用于金属装饰，在 15 世纪为军械士们所使用。了减少雕刻的劳动量，他们在轻轻雕刻过的金属板表面涂上一层树、树脂和蜡，再用酸腐蚀没有涂层保护的图案部分。单独用蚀刻方制作印版的想法，可能晚至 1600 年以后才出现。当这个工艺最后定时，使用的是防蚀剂，这种相对柔软的化合物能够在热的金属板余成很薄的一层。接下来涂黑表面，蚀刻者使用一根钢针——蚀刻轻轻在上面划动，让下面的金属面暴露出来，然后用酸蚀刻，通常用稀硝酸，酸会去除暴露的金属划线，当任何地方的腐蚀达到了需的深度时，就涂上一层清漆保护。第一遍蚀刻后，会再铺涂一层防剂，以进行下一步的加工，或者使用点刻技术或是使用雕刻刀。除从先雕刻再蚀刻到完全使用蚀刻技术这一转变以外，这一过程中没什么重大的进步。前者大约从 1500 年包括丢勒在内的德国蚀刻技开始，一直沿用到他们在奥地利、意大利和荷兰的继承者们。然而 1600 年到 1730 年间，纯蚀刻技术的发展主要是与荷兰，而且主是与伦勃朗紧密联系在一起。

最后，在镂刻凹版工艺中我们有一个可以识别出来的发明。1609

年出生的西根（Ludwig von Siegen）设计了一块覆盖有精致图案刻痕凹版，它能够吸收足够的油墨，印出来几乎全是黑色，只有刮除或擦去油墨的地方才呈现浅色调或白色。我们不知道西根如何准备有痕的底面，其他比较早的镂刻者们——包括著名的业余爱好者鲁特王子（Prince Rupert）——使用的是一个有凸边的轮子，即"轮"或"滚轮"，但这些工具最后标准化了，在17世纪末期之前，"摇刀"已经发展得相当完善。它是装在一个短柄上有平行锯齿状突起的硬化钢弯头，在一块铜板上下压，并拉毛，就出现一小块带有沟的图案，每条沟的毛刺都在一边。与第一次时的方向保持90度和某度，不停地重复这种操作制作图案，雕刻工把这块地方变成有纹理外观，通过使用不同规格的齿弯刀，并改变拉毛的角度，就会得到不同的彩色印刷结果。另外只需要两种工具，一是刮刀，当需要稍亮些时，就用它把那儿的毛刺去掉，另一个是抛光器，使用它能把印痕磨光，得到浅色调和白色的部分。

在1730年以前，镂刻凹版工艺本身并没有重大的改进。但1730年，勒布隆（J. C. Le Blon）在镂刻凹版上试验使用3种不同的颜色，这一思想后来得到了广泛的发展。

凹版印刷的所有4种工艺在某些因素上有共同的特征，集中于用作印版的金属、油墨和压印方法。印版所用的金属通常是铜，因为它足够柔韧适于雕刻，并能很容易地用锤子捶打加以调整，也能容易蚀刻，但有时也使用铁、白镴、银和锌。凹印使用与凸版印刷类似的油性墨，但更稀一些，以保证油墨能够渗入一些非常细的刻线中。印刷的方法最初是在印版上涂油墨，擦掉表面的油墨，放上双层湿纸，用一个圆形工具进行拓印。后来，大约在1500年，双辊式印刷机开始投入使用。这种简单的装置在原理上就是一个滚压机（图25）。早期木制机器有安装在坚固的木边框之间的两个相距1.5英寸的滚筒，两边是与下滚筒顶部处于同一水平的桌子。上滚筒的颈部伸出两コ框，另有数个手柄插入其中。

コ的时候，一个大木板放在桌

コ一边，将刻好的印版放在木

コ预先做好记号的地方，涂上

コ，再把表面擦拭干净，湿纸、

コ纸和一些较软的填料放在上面。

コ上滚筒手柄的强大杠杆作用，

コ整个木板在两个滚筒之间滑

コ穿过。在这个时代，无论是

コ印刷机还是印刷方式都没有

コ重大的变化，后来逐渐用铁

コ木头制作手柄、滚筒颈和滚

コ承，但全金属印刷机是更晚

コ的产物。

图253　一个原始的滚筒印刷机。

　　凹版印刷术的特殊用途　在上面描述的 4 种技术中，因为针刻
版和镂刻印版的寿命很短，所以主要被艺术家们用来少量复制他们
作品，不过镂刻印版在复制图画方面的特殊效果，使其有时用来复
小批量图画。然而，无论是蚀刻还是雕刻，都可用于相对大规模的

409

刷，特别是用于一些简单线条的印版。因此，不久凹版印刷就被用
印制活字印刷书本中的图表，特别是一些需要精细和清晰线条的地
比如地图、地理简图和机械或建筑草图。通常它们单独印在另外
纸上，因此用于插图的"印版"并不包含在正文中，甚至有时由不
的印刷厂印刷。但 16 世纪期间，大的印刷工场开始普遍拥有自己
滚筒印刷机，印制和正文套准的凹版印刷品。在 17 世纪，雕刻印
的扉页变得流行起来，在一些比较贵重的书本中，图表、章节标题
章尾装饰可能全都使用雕刻印版。无论如何，雕刻印版非常适于复
地图。最早的两幅雕刻印版地图是在托勒密（Ptolemy）著作的两个

版本中（博洛尼亚，1477 年；罗马，1478 年）。

雕刻印版的另一个重要应用是乐谱的复制。前面已经提到过
印版和乐谱活字的使用，但前者生产较慢，很容易毁坏，且难于修
而乐谱活字太复杂了，它的使用需要技术非常高超的排字工人。在
们所讨论的时期，当需要一次同时印刷乐谱和文字时，一直都在使
术刻印版和活字印刷。而乐谱雕刻印版的技术一旦成熟，由于优越
外观和经济性，它很快成为标准的乐谱印刷方法。

奇怪的是，现存最早的乐谱雕刻印刷品是由荷兰人范贝
（Martin van Buyten）雕刻，1586 年由罗马的韦罗维奥（Simone Verov
出版的一本书。这可能不是他们的第一部作品，而且虽然还可能有
早可以对这项权利提出要求的人，但几乎可以确定韦罗维奥是第一
把它发展为商业化工艺的人。其他人立刻采纳了这种方法。在这一
期，荷兰的凹版印刷技术处于领先地位，四处游走的荷兰雕刻工匠
促进了他们雕刻工艺新用途的传播。到 1598 年，它已经传到了英
兰，当时莫利（Thomas Morley）获得了专利权。在 17 世纪期间，它
应用遍布了整个欧洲，直到 1730 年，活字乐谱印刷变得很少见为

410 虽然在 17 世纪白镴就已被用于一些短暂性的工作，但刚开
只用于在铜板上雕刻音符、符尾、谱线和其他标记。荷兰人显然
1700 年后不久就掌握了大块铜制印版的退火技术，能够在铜版上
印出各种音符，1720 年左右，这种技术传到了英格兰，那里的人
发现使用白镴同样可以达到令人满意的效果，并成为乐谱印版的最
标准。使用一个画线工具画出标准的谱线，再用 50 到 60 个阳模
印主要的音符、符尾和其他标记，就可印出乐谱。从 1730 年起，
谱印刷在将近一个世纪里速度都没有得到提高，其精美的印刷效果
没有其他方法可以匹敌。

书目

印刷史的文献数量庞杂，但它们中的大部分很少具有历史价值。甚至在出版的很多书中，还申那些早已被证伪的民间传说，而且还在从早期的作者那里重复着那些明显错误的信息。下出的只是给出了一些对本章的编写有直接参考价值的书目。选择它们是因为可对本主题作可述，可作为有用的参考书目、文件资料，或者是作为对原始研究的解释说明。我尤其感谢伦布赖德技术图书馆的馆长指导我参考一些有用的资料。

术——有关早期印刷术及其发展的总论性著作：

, H. G. 'The Printed Book' (2nd ed., rev. and brought up to date by J. Carter and E. A. Crutchley). University Press, Cambridge. 1941.

richs, K. 'Die Buchdruckpresse von Johannes Gutenberg bis Frederick Koenig.' Gutenberg-Gesellschaft, Mainz. 1930.

els, J. H. 'Encyclopaedia Britannica' (11th ed.), Vol. 27, pp. 509–541. University Press, Cambridge. 1911.

和绘画（包括地图和乐谱印刷）：

, D. P. 'A History of Wood Engraving.' Dent, London. 1928.

n, L. A. 'The Story of Maps.' Cresset Press, London. 1956.

er, D. "On Music Printing, 1473–1701." *The Book Collector's Quarterly,* **1**, iv, 76–92, 1931.

ble, W. 'Music Engraving and Printing.' Pitman, London. 1923.

, A. M. 'A History of Engraving and Etching.' Constable, London. 1923.

. 'An Introduction to a History of Woodcut' (2 vols). Constable, London. 1935.

man, F. 'Der Kupferstich.' Reimer, Berlin. 1905.

术——起源及背景：

r, P. 'The Origin of Printing in Europe.' University Press, Chicago. 1940.

r, T. F. 'The Invention of Printing in China and its Spread Westwards.' Columbia University Press, New York. 1925. See also rev. ed. by L. Carrington Goodrich. Ronald Press, New York. 1955.

errow, R. B. 'An Introduction to Bibliography for Literary Students.' Clarendon Press, Oxford. 1927.

eiber, W. L. 'Manuel de l'amateur de la gravure sur bois et sur métal au quinzième siècle' (8 vols). Harrassowitz, Leipzig. 1891–1911.

、铸字以及排版工的工作：

y, W. T. "Books on Type and Typefounding." *The Book Collector's Quarterly,* **1**, iv, 66–85, 1931.

guccio, Vanoccio. 'De la Pirotechnia libri X.' Roffinello, Venice. 1540. Eng. trans. by C. S. Smith and Martha T. Gnudi. American Institute of Mining and Metallurgy, New York. 1943.

, T. B. 'A History of the Old English Letter Foundries' (new ed., rev. and enl. by A. F. Johnson). Faber and Faber, London. 1952.

ke, D. B. 'Printing Types: Their History, Forms and Use' (2nd ed.). Harvard University Press, Cambridge, Mass. 1937.

机及其设备：

inger, D. T. "History of the Printing Press." *The Dolphin,* **3**, 323—344, 1938.

org, F. B. 'Printing Inks: a History.' Harper, New York. 1926.

411

关于造纸技术发展的注释（19世纪前）

约翰·奥弗顿（JOHN OVERTON）

19世纪初出现的长网造纸机使成卷的纸张生产成为可能。尽直到那时纸张仍然是通过手工一张一张生产出来的，但是，相关的产工序的确都经过一些技术上的合理化和变革，而这些又引发或促了随后的重大技术进步。这些技术进步使纸张生产的速度更快、更均匀，而多种化学品的应用则使得生产用于特殊用途的特种纸张成可能。然而，通过这些技术革新，制造出来的纸张性质发生了相当的变化。

从根本上说，无论纸张是手工还是机械生产，其工艺没有什么变。包括亚麻、棉花、麦秆、木头或其他材质在内的原材料被捣与充当纤维载体的水混合形成纸浆。当纸浆在一张金属网上铺展开时，水从网眼中滤掉，只留下最终能形成纸的纤维物。晃动金属网纤维黏结在一起，然后烘干并尽可能使之光滑，从而得到令人满意纸张（图254）。

最早的主要技术进步之一出现在捣击过程，这就是捣碎机的用，它在造纸术首次传入欧洲后不久即被采用。据说捣碎机起源1150年前后西班牙的萨蒂瓦，它主要由一个精制的木臼和木杵组尽管也有过较大规模的捣碎机组，但一般情况下，机组都由3个或个捣碎装置构成。木制的机械臂中间有一个支点（图255），很像

412

跷跷板，机械臂一头操纵木
鸟击，另一头由转轴上的梃
空制压下。转轴用人力摇动，
表也用水力和风力。为了提
鸟碎的效率，又出现了带钉
勺捣碎机，它能把破布撕成
夬，再用不带钉齿的捣碎机
这些破布料捣碎。同以前一
目的是使原料分离成其原
勾成的纤维。捣击的开始阶
将水注入捣碎槽中，冲洗
鸟的原料后排出，后续的过
重常不再用水。

17 世纪末，由于荷兰人发
了 "荷兰式
浆机"，捣
过程进一步
到了改进
256）。把
斗装入一个
圆形容器内
击（现在称
"打浆"），
面有一个装

图 254　最早的造纸工生产图。
（背景）水力捣碎机；（中间）挤压纸张中的水分
的碾压机；（前景）圆网制纸工在使用模具，他
的伙计在搬运制好的纸张。1568 年。

图 255　捣碎破布料用以造纸的简易人力捣碎机。1579 年。

片的滚筒，机器通过旋转滚筒混合里面的物料，并让它们都在刀片
经过。荷兰式打浆机本身也经历了多次改进，一台这样的打浆机一
生产的纸浆比 8 台捣碎机一个星期生产的还要多。

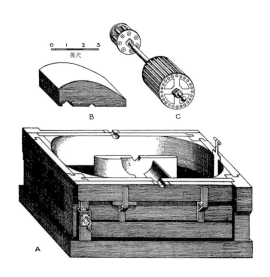

图256 荷兰式打浆机。

（A）木桶，用来盛放水和准备分解的原料，水和原料围绕中心
区域流动；（B）滚筒的盖子；（C）带刀片的滚筒，以水轮驱动，
可以使刀刃贴近桶底曲面扫过。通过齿条升降旁边的滚筒轴承，
可以调节刀刃和桶底面的间隙。桶的右侧有桨板，搅拌原料使
之流出。整个装置运行起来时很像现代的割草机。

造纸浆用的亚麻和棉花碎布通常堆放在一起，以发酵使其分
有时候是在成堆的原料被分开整理之后，这时不同的原料分别打
按需要再进行混合。这个过程偶尔会用到石灰。后来，低效而冗长
原料发酵过程被淘汰，这主要是因为改进的打浆方法和原材料煮沸
艺使发酵变得多余，早期的纸张泛黄通常是由这个原因造成的。

当纸浆准备好后，它们就被转到一个大桶中。最初，纸浆的运
是用提桶，后来对各部分设备做了简单的调整，纸浆就借重力作用
流到大桶中。最后，当时间因素变得重要而需要更快地生产纸张
就靠着桶安装了加热器使纸浆升温，以加快水分蒸发。然而它又不
太热，不然水分蒸发得过快，纸浆中形成的应力会造成纸张质量低
这样生产的纸张通常不平整，因而很难印上字。后来对大桶进行改

413

了放模具用的支撑，这样在脱水工把成形的纸张移走之前，多余
分就会排掉。为了让桶中的纸浆搅拌更充分，杆子（纸浆桶搅拌
的形状逐步变化，桶中还包含了一个搅拌器（约 1800 年）。

制纸工或圆网制纸工将模具
大桶中。这种模具有一个木
架，框架上拉了一系列紧绷
行金属丝（直纹网），达到
的长度，顶端有一个独立的
——定纸框，用来确定纸张
界（图 257）。这种边界不
精确切割的，因为纸浆总是
透到金属网框架和定纸框之
横穿框架的一边到另一边安
很多木肋，金属丝网就固定
木肋和边框上。将直纹网固定
木肋上的金属丝网称为链条钢
它们在纸上留下了链条状线
痕迹。后来改进了这种模具，
金属支撑代替木肋，以紧固直
网，由此得到更平整的纸张。
纸张上划线痕两边阴影的深度，

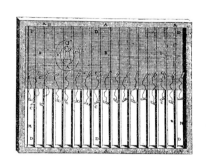

图 257　模具和定纸框。
在钉进木肋两边的钉子以及木肋上缠绕金属丝，
以把模具上的金属丝（上）紧压在木肋上。注意
在适当位置用金属丝做的水印标记。1698 年。

以看出两者的不同。较深的阴影意味着是早期的模具类型，因为过
的木肋会阻碍链条钢丝两侧黏稠水分的排出，于是更多的纸浆淤积
那里。单位英寸内直纹网的数量不断增加。有一些早期的模具，特
是东方国家的模具是用竹子制成的，做得相当粗糙。印刷谷登堡
经》（边码 386）所用的纸，其生产模具每英寸有 28 根直纹线。
　　水印是纸上最早的可轻易辨认的印鉴标记，首先出现在约 1285

年意大利制造的纸上，是十字架形状的。最早的水印在设计上通常
常简单，但到了 15 世纪就变得越来越复杂了。将金属丝弯成需要
形状，然后用更细的金属线缝到模具上，那些水印都是用这样的工
生产出来的。水印工艺和整个模具生产工艺，都依赖于金属拔丝工
的发展。水印图案被用来识别各个作坊的产品，同时也经常具有
的意义。有些水印，例如小丑的帽子和钟，还是现在用来描述纸引
小的术语的来源。

脱水工将一张成形的纸铺到毛布上，在纸上再铺一层毛布，然
再铺一张纸，如此间隔一直铺到 144 张纸，称为"一剖"。然后将
一剖纸放到木制螺旋压力机中挤压多余水分。早先，挤压过程一结
纸张就立刻悬挂起来晾干。然而 16 世纪期间，压过水分后，先料
间的毛布移走，然后再压第二次和第三次，直到纸的表面达到所要
光洁度。这个工艺称为"热析法"。得到高度光洁的纸的另一种方
是用光滑的石头来回摩擦。17 世纪初，砑光锤取代了石头，纸张
砑光锤下来回移动，直到纸的整个表面都被砑光锤敲击到。18 世
早期出现了木制滚筒砑光机，纸张从两个滚筒的挤压下通过。

纸张接下来被挂在阁楼里晾干。这时是把 4 或 5 张纸叠成一
（"距"）一起悬挂，因为人们发现这样做可以保持纸张平整。纸张
一个 T 型的木头装置吊起来悬挂到绳子上，绳子用马鬃或牛鬃做
上面涂有蜂蜡。绳子的两端系在小木梁上，木梁可以沿着竖直的干
机架上下滑动，一间屋子一般有 8 或 9 个这样的干纸机架。一段
间后，又出现了运送纸张用的带轮子的工作台。当干纸机架挂满
木梁被推上去用木栓销住。

15 世纪后，纸张——特别是用来写信的纸——往往都会上
上浆时先把纸挂在木头上，然后降下木头，让纸进入一个装满浆料
容器中，挤压掉多余的浆料后，把纸张分开，然后晾干。用来上浆
材料通常是来自鞣制车间称为"斯库勒斯"（Scrolls）的废料。

在早期欧洲纸张生产取得的重要技术进步有：1150 年捣碎机的
；1285 年左右在法布里亚诺（在安科纳附近）水印的发明；以风
水力驱动各种机器；1670 年荷兰式打浆机的发明；1750 年布纹
的出现。

然而，有大量研究是在造纸用材料（破布除外）的应用上。大约
纪中期装饰裱糊墙纸的使用加强了这一研究。到 18 世纪末，注
涉及造纸工业各个方面的发明专利看起来还都没有超越捶击阶
直到 1800 年，才有一个叫作库普斯（Matthias Koops）的人登台亮
他有一种用稻草作造纸原料的方法，还用另一种方法把用过的纸
油墨分离出来，然后把这些纸重新打浆造纸。虽然库普斯的公司
破产，但却预示着造纸向后来的细茎针茅和木浆纤维造纸的转变。
两年前（1798 年），罗贝尔（Nicolas-Louis Robert，1761—1828）

416

第一个造纸机的专利，他的想法在法国得到很少鼓励。而在英格
唐金（Bryan Donkin，1768—1855）借助伦敦文具商甘布尔（John
ble）和富德里尼耶（Fourdrinier）兄弟提供的资金，使这一想法得
发展。"富德里尼耶"机就这样出现了，在随后的三十多年里得到
发展，在现在造纸工业中仍普遍应用。经过改造的这种机器的各
型还被用于制作蜡光纸等一些特殊的用途中。

参考书目

'Abridgements of the Specifications relating to the Manufacture of Paper... 1665–1857.' London. 185

Blanchet, A. 'Essaies sur l'histoire du papier et de sa fabrication.' Leroux, Paris. 1900.

Blum, A. S. 'Les origines du papier.' Éditions de la Tournelle, Paris. 1935.

Herring, R. 'Paper and Papermaking, Ancient and Modern.' London. 1855.

Hunter, D. 'The Literature of Papermaking, 1390–1800.' Published by the author, Chillicothe, Ohio. I

Idem. 'Papermaking. The History and Technique of an Ancient Craft.' Pleiades Books, London. 1947.

Jenkins, R. "Early Papermaking in England." *Library Association Record,* Vols **2**, **3**, **4**, 1900–2.

Labarre, E. J. 'A Dictionary and Encyclopaedia of Paper and Papermaking' (2nd ed., rev. and enl.). Swets
    Zeitlinger, Amsterdam. 1952.

Lalande, J. J. le F. de. "Art de faire le papier" in 'Descripiton des Arts et Métiers', Vol. 1, Paris. 1761.

Stoppelaar, J. H. de. 'Het Papier in de Nederlanden gedurende de Middeleeuwen, inzonderheid in Zeelan
    Middelburg. 1869.

Zonghi, Aurelio and Zonghi, Angusto. 'Zonghi's Watermarks.' *Monumenta chartae papyraceae hist
    illustrantia,* Vol. **3**. The Paper Publications Society, Hilversum. 1953.

正在一家工厂中工作的 18 世纪的法国造纸工。

托马索·达·摩德纳（Tommaso da Modena）绘制的一位托
修会修道士［或许是圣谢尔的休（Hugh of St-Cher）］的肖
，图上显示他戴着眼镜。引自特雷维索的一幅壁画，1352年。
码 230）

A. 贺加斯（1697—1764），1751 年完成的版画《杜松巷》（Gin Lane）。（边码 11）

B. 布克斯海姆的《圣克里斯托弗》，1423 年。（边码 380）

山》（The Iron Mountain），一幅由马林的法尔肯博尔赫
rtin van Valkenborch，1542—约 1610）绘制的油画（1606
。（从左到右）显示有高炉（注意用水力驱动的风箱和配重
；带有水力驱动锻锤的锻造场；铁矿口，配有粗制的卷扬
用于提出废料；将铸铁转化成熟铁的煅炉；"小卖部"；露
矿。这个场景被认为是位于比利时靠近于伊（Huy）的某
方。（边码 30、边码 50、边码 79）

图版 4

A. 萨福克帕勒姆的单柱式」
显示了柱的顶部，以及其」
有铁制"大头"轴承的冠水
木。注意背景中的调节器。
码 92）

B. 同一风车，显示了安装在风轮转轴上的闸轮。筛粉机的驱
动装置（没有显示出来）是借助于斜齿轮而偏离于该闸轮的中
心。袋式吊机由位于闸轮前面的滑轮上的皮带所驱动。（边码
105）

…福克帕勒姆的单柱式风车
…部结构，显示了柱、支撑它
…桁，以及连接在柱中间位置
…桁末端之间的直角杆。上
…支撑风车体的人字起重架。
…心左边）一个发动机传动的
…吊机。（边码 91）

…司一风车，显示了通过滚轮（即水平斜齿轮）、大的正齿轮
…装在同一个轴上）以及石螺母（显示的是脱开的状态）由
…轮驱动两对石磨。（边码 104）

制轮匠作坊。（详见图 71；边码 124）

桶匠作坊。(详见图 72；边码 131)

A. 德沃康松织布机，显示了带有小孔圆筒的梭口上面的选针装置。1750 年。（边码 166、边码 169）

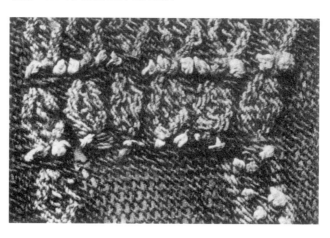

B. 网眼织物 f
部。（边码 182

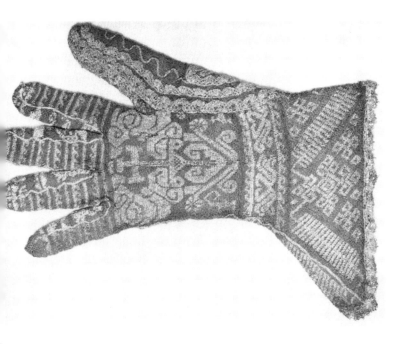

班牙针织圣坛手套。11 世纪。（边码 185）

罗伦萨人的锦缎针织外套。16 世纪。（边85）

C. 查理一世的凸花针织马甲。1649 年。（边码 186）

A. 圣约瑟的显花斜纹纬织寿衣。伊斯兰，10 世纪。题词并没有与图案的其他部分一样出现反转。它写道："统帅曼苏尔（Abū Mansūr）先知的荣誉与兴盛，愿天主延长［他的生命］。"（边码 191）

B. 狮身鹰首兽的头，以显花斜纹纬织加工成型。拜占庭，公元 10—11 世纪。注意显花纹纬不规则的比例与重复。圆形饰物的直径至少有 2 英尺。（边码 192）

C. 显花平纹纬织织物的图案。源自埃及—罗马，可能是公元 4 世纪。织物由手工提花织机借助于一个基本的提花综线织成。在织物的宽度方向有 14 个重复图案，长度方向有 11 个。羊毛制成的边缘是用纬线织成的，底部的绳子是用经线织成的。在织物中间部分的织锦块是用剩余材料织成的，不是后来插上去的。它精致的几何图案是用亚麻纬织的。（边码 193—边码 194）

A. 来自安蒂诺波利斯的带有狮子图案的丝织物。受到波斯人影响的拜占庭作品。希腊语题词:"在蒙基督所爱的统治者罗曼诺斯(Romanos)与赫里斯托弗罗斯(Christophoros)的统治下",织品的年代是 921—932 年。(边码 195、边码 196)

B. 来自亚琛的查理大帝圣陵的"大象"丝织物,带有制造它的泽夫克西波斯(Zeuxippos)的拜占庭工厂的铭文。织物是纬面显花斜纹的。约公元 1000 年。(边码 196)

A. 来自桑斯的"酒神女祭司"丝织物，纬面显花平纹织物。可能是希腊化时代的，公元 5 世纪。经线是水平的，纬线是垂直的。只有两种纬线，一种用作地，另一种用作图案。（边码 195）

B. 亨利六世国王（卒于 1197 年）的袍服的残片。西西里岛，12 世纪。织物是平纹地（碧玉），带有用金线织成的图案。（边码 198）

C. 日耳曼纬面显花斜纹丝织物，12 世纪。没有图案的重复。经线是亚麻，接结经线是丝地是用金线织的，面与另一节是刺绣的。（边码 196）

班牙平纹织物（碧玉）。12—13 世纪。（边
08）

B. 意大利北部的斜纹地丝绸织锦。14 世纪。
图案是用金线织的（经线效果由 3 枚综片
斜纹地表现；图案由接结的 4 枚综片斜纹
表现）。（边码 199）

C. 意大利平纹丝织物（碧玉）
是用金属线织成的凸纹。13
世纪。（边码 198）

D. 意大利平纹丝织物（碧玉），是用金属线
与丝绸织成的凸纹。13 世纪晚期。（边码
198）

A. 意大利北部斜纹地丝绸织锦。14 世纪。图案是用金线织成的。（经线效果由 3 枚综片斜纹地表现；图案由接结的 6 枚综片斜纹表现）。（边码 199）

B. 西班牙摩尔式的缎纹地织锦。14 世纪。5 枚综片的缎纹地，图案是平纹接结的（用接结经）。（边码 200）

C. 西班牙摩尔式的缎纹地丝绸织锦。15 世纪。5 枚综片的缎纹地，图案是平纹接结的（用接结经）。（边码 200）

D. 意大利丝绸凸花厚缎。15 世纪。基督、玛利亚以及树是用金属线织成的；脸、手与脚是用丝织成的。5 枚综片的缎纹地。（边码 200）

A. 4 枚综片的斜纹花缎丝织物，来自马斯特里赫特的塞尔瓦蒂乌斯的珍藏。早期拜占庭时期（？）。（边码 202 ）

意大利锦缎。15 世纪。经线效果由 5 枚综片缎纹表现，图案具有纬线效果，是用 5 枚综片缎纹表的，凸纹是以特定的接结方法，用金属线织成的。码 203 ）

C. 意大利显花丝绒，带有金线仿羔皮呢纬纹装饰。15 世纪。（边码 205 ）

原稿缩小图。显示了一个工作中的玻璃作坊。波希米亚，约
1420 年（参见第 II 卷，图 310；边码 207、边码 208）

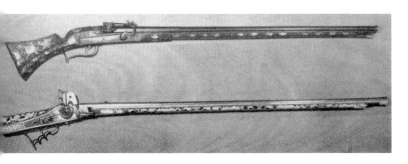

（上）火绳枪，枪托用铜线与珍珠母镶饰，约 1600 年。（下）
燧石打火枪，枪托用象牙镶饰。德国，1593 年。细节图显示
其枪机。（边码 355、边码 356、边码 358）

通过大运河上的一个水闸的中国驳船。来自斯汤顿
（Staunton），1797 年。（边码 439）

芬奇排干庞庭沼泽的计划。1515 年。(边码 311,参见图
7)

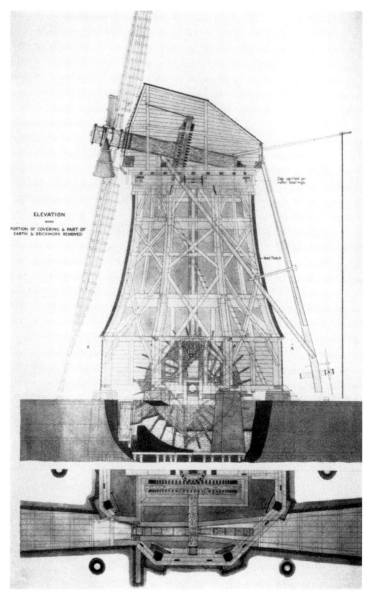

ELEVATION

with

PORTION OF COVERING & PART OF
EARTH & BRICKWORK REMOVED

一座 18 世纪早期的荷兰风动扬水轮的剖面图（重构图）。（上）断面图 ;（下）沿 AA 的平面图。翼板由塔顶所支撑，而塔顶则架设在滚柱轴承上。结构的主要部分覆盖有苇草棚。扬水轮顺时针方向旋转。比例 1:134。（边码 106、边码 321）

A. "大哈里号"，亨利八世的最大的战舰，在 1545 年重建时，为 1000 吨。它携带 21 门重铜炮、130 门铁炮和 100 支手枪。它的 700 名船员中有 349 名士兵、301 名水手和 50 名炮手。它的 4 根船桅的每一根都是 3 段，带有两个顶楼。它很多炮是通过炮门开火的，艏楼与艉楼的设计能够防止敌人登上船的中部上甲板。（边码 478、边码 487）

B. "大夫人号"，建于 1545 年，属于 450 吨的风帆炮舰。在建造之时，被描述为是一艘"巨大的盖伦船"。它有一个类似于桨帆船的撞击头，在船头有一门重炮。艏楼与艉楼比老的船只通常的高度要低得多。（边码 479）

帕拉丁选帝侯携带着他的新娘到达弗拉兴，1613 年。主船是"皇家王子号"，1200 吨，55 门炮，由菲尼亚斯·佩特建造于 1610 年。它总长 210 英尺，龙骨长 115 英尺，船幅宽 43.5 英尺。这艘船和先前几个世纪的传统一样是 4 桅的，但带有顶横帆，并在艏斜杠末端带有斜杠顶桅和帆。引自弗罗姆（1566—1640）1623 年的一幅油画。（边码 482，边码 485，边码 486，边码 494）

"海上君主号",由菲尼亚斯·佩特于1637年在伍利奇建造,1522吨,100门炮,大于"皇家王子号"。该船总长232英尺长,龙骨长128英尺,船幅48英尺。它的炮安装在3个完整的炮台上,使得它像内尔森的"胜利号"一样有3层甲板。它只有3桅,有很高的帆装,具有前桅和主桅上的顶桅帆。(边码482、边码485—边码486、边码494)

A. 一艘据说拥有 90 门炮的战船的同时代比例模型，约 1675 年。图中显示出，在船尾与船侧后半部的走廊上有精细的雕刻装饰。它是三层甲板的，作为旗舰服役。模型与实船的比例是 1/4 英寸比 1 英尺，是这个时代英国模型的通常比例。索具已经更新过，但桅杆却是原来的。（边码 482、边码 490）

B. 拥有 20 门炮的装备了索具的"鞑靼号"（Tartar）同时代比例模型，1734 年。帆与索具是原来的。后桅帆与船首三角帆是固定的，而前桅顶帆与后桅的顶帆是松开的。长船装载在支架上，备用的桅杆堆放在船的中部甲板上。（边码 482、边码 490）

特雷赫斯莱尔制作的炮手的水准仪，1614年。注意精致的装饰和优美切割的横向螺杆。（边码337、边码375、边码629）

A. 雅典的八角"风神塔"。据 17
的一幅画。（边码 517）

B. 艾伦（主要活动于 1606 —1654
身边有各种各样的仪器：在桌子上
用的环形刻度盘、水平刻度盘和
在墙上有象限仪、两脚规。（边码
—边码 631）

A. 亚当斯的空气压缩与抽气泵，1762 年。仪器的顶部有一块黄铜板，封装有接受器；压力计位于泵体之间，用于测量内部压力。（边码 637、边码 645）

科尔（Benjamin Cole）制作的太阳系仪系的模型），约 1750 年。（边码 638）

炼金术实验室。（左）压榨萃取液；（中后）复式蒸馏器；（前）
单一蒸馏器。见于美第奇家族的弗朗西斯科一世（1541—
1587）的书房，1570 年。（边码 676、边码 707）

匠的工场。见于美第奇家族的弗朗西斯科一世的书房，约
〇年。（边码 698、边码 707）

由布泰里（G. M. Butteri）绘制的一幅画，见于美第奇家族
弗朗西斯科一世的书房，约 1570 年。显示了一个玻璃工场。
（中）捣碎玻璃料；（后）用模具吹制玻璃。（边码 217、边码
678、边码 699、边码 707）

作中的染工。在右前方，加热的染缸配有铜衬或铅衬。见
美第奇家族弗朗西斯科一世的书房，约 1570 年。（边码 702、
马 707）

图版 32

A. 一座早期的带有走[时]
动轮系和报时齿轮系[的]
钟，即著名的多佛尔[堡]
虽然多年来人们一直[说]
它是 1348 年制造的，[现]
它是 17 世纪中期的。[它]
大体设计和最早的钟[一样]
而且它是仅有的没有[改]
为钟摆控制的钟之一。[（边]
码 651）

B. 大约 1440 年一幅图画背景中所画的早期弹簧驱动时钟。注
意悬挂它的链子，表明它是活动的，而且可看出没有重锤。
同时注意用于上紧发条的指动碰簧销和图 392 中的类似。那
时还没有发明上条钥匙。（边码 656）

第 4 编

交 通

16 章　　桥　梁

S.B.汉密尔顿(S.B. HAMILTON)

.1　早期的桥梁

　　桥的种类主要有3种。第1种是中缅边境的深山峡谷及类似地从古至今一直存在着的横跨两岸由绳索做成的桥。13世纪初，在筑穿越阿尔卑斯山的圣哥达山路时也采取了同样的设施，只不过用条代替了绳索。然而直到19世纪初，悬索桥在西欧才得到广泛使，当时在技术和商业上都有条件锻造较牢固的铁链环。

　　第2种桥的桥拱，在原理上是一个倒垂的链式结构（图274），所有的连接都很紧密。这是目前最常见的桥的结构形式。这些连物或者是楔形的条石块，或是从栈架上支撑起平台的梁材（图266，8）。

　　第3种桥是梁式的，其顶部结构处于紧压状态，底部结构处于伸状态。不过，这种大梁只有采取开放的框架才适合较大的跨径，们在16世纪被实际应用。帕拉第奥（Andrea Palladio, 1518—1580）计一个桁架（图265）时，很清楚哪些部分处于紧压状态，哪些部处于拉伸状态，但他当时对受力大小缺乏概念[1]。

　　拱在古代的埃及和苏美尔地区都有使用，但除了地下工程外，一都不采用拱形结构（第I卷，图295、图304）。罗马人首次将拱为纪念性建筑和重要桥梁的主要结构。军队在栈架上修木桥（第II

卷，图467），如果这条路继续用作交通要道，栈架最后就被能抵□洪流和冰块的大石墩所取代，再用一系列的石砌拱取代木桥面。这□桥墩的宽度一般约是它们间距的一半，拱圈几乎都是半圆状的大石□石块在它们的半径界面上经过精心切磨，以至几乎不需用灰泥黏□一个完整的拱形面不能一步修成，必须依次将拱圈用同样的拱架□并肩地立起来，相邻拱圈通常要用铁耙钉相互扣住，注铅加固。□罗马桥经历了两千多年，依旧岿然屹立（第Ⅱ卷，图465），但大□分桥已崩塌或毁于战火。

418

路桥的保养在罗马帝国衰亡后被严重忽视了，只有一些具有战□意义的道路得到了统治者的关注。在有些地方，出于市民的荣誉感□虔诚，会在一个危险而又繁忙的渡口建一座好看的桥。据传说，中□纪的桥受到"桥梁行会"（Brothers of the Bridge）一道命令的特殊照□（第Ⅱ卷，边码525），命令是有关桥的建造和保养的。按当代资□这个动听的故事显然站不住脚[2]。阿维尼翁桥（1177—1185，□

258）有21个椭圆拱，它的跨□大约是100英尺，主轴是垂□的。这些拱现在还存在，不过□14世纪重建的。

佛罗伦萨的老桥（1335-□1345）有3个弓形拱，其中1□跨径达95英尺，其余2个跨□

图258 阿维尼翁桥，在一个桥墩基脚能看到原□拱（1177—1185）的起拱点。

为85英尺，矢高略小于跨径的1/6。但欧洲中世纪的桥大多都是□马模式的，有半圆形的拱。有时在山区，湍急河流中难以修建石□即使修起来也无法养护，因此中世纪后期和文艺复兴时期的桥梁建□家修了单孔拱，其跨径都大于罗马人所建造的。深拱有时用几个同□的拱圈构筑，以便第一圈修好后至少减轻第二圈重量对拱架部分□

1　　通常用临时性的木拱来支撑未完工的石拱。

力。

英格兰由于历史原因，中世纪的桥梁尤其众多。征服者威廉（William Conqueror）用封地来奖赏他的随从，这些封地都是分散的小块，□不能构成坚固的防御中心。为了监管代理人，每个地主不得不经□巡视。由地主、牧师、公共市政机构、特别信托会等建的桥，其所□者指望靠收费来填补修桥的支出。有些地方如伦敦和比迪福德，建□是一项有利的投资。多数英格兰的桥的桥面窄，很多还很陡，仅适

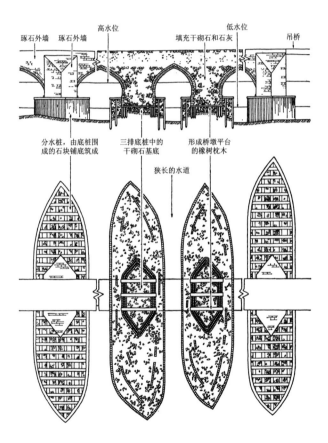

图 259　老伦敦桥，拆除期间所绘图。1826—1831。
（上）正视图；（下）分水桩平面图。

419 于车马通行和步行。单独的拱跨径不大，尤其当拱顶突起，会对宽
的桥墩施加不小的推力。通常只有桥墩（并不止于这些）的面石是
选的，而中间的填充物是毛石和灰泥（图 259）。

16 世纪和 17 世纪，在桥的结构形式或材料方面都没有任何翻
420 覆地的或根本性的变化。建桥的技术依然大部分是中世纪的，尽管
用改良的工具和机械（比如起重机）能精确无误地将大块石头排列
齐，使造桥达到经典模式。打桩机、抽水机、挖掘机的显著进步也
地势险要处的桥墩能够牢固、安全，这是罗马或中世纪建筑者所不
企及的。

16.2 桥基

许多古代和中世纪的建筑已经倒塌或需要重建，因为地基在负
下已被压垮或毁坏。毁坏的桥数量更甚。房屋的设计者可以对房址
所选择，而且总是能避开那些湿地。但建桥者就不同，他们不得不
桥建在一个交通集中、自然形成的渡口处，他得考虑洪水、冰块以
流水冲刷河床并改变河道的趋势。

修桥者的首要考虑是决定把桥基建在水中还是建在一个抽干水
封闭空间里。如果河床硬实，河水浅，这些地方常常是渡口，他可
决定把桥基置于水中。然后他就必须把一些地方的河床至少增高到
水位的高度，做法是把大量的毛石或废矿渣盛在柳条筐里沉下去，
者用一个封闭空间，这个封闭空间由打入河床的许多桩组成。每个
样形成的小岛提供了一个基座，在此基座上可以放置一个石墩。这
人工岛或者分水桩阻碍了河水的通道，加快了河水在墩距间的流
这样会引起很大的冲刷力。每次修石墩，通行的水路都会变得更狭

老伦敦桥始建于 1176 年（图 259），它阻碍了泰晤士河的水
最严峻时，大潮涨落达到 16 英尺，以致半潮时水位离桥面有时只
几英尺，使水运几乎停顿。16 世纪因为在一些拱下加装了水轮和水

事情变得更糟。18 世纪一个石墩被拆掉，以形成一个两倍宽的航道。

果加宽后的缺口处水流迅猛，河床被切削出了一个深槽而危及两个
邻的桥墩。后来大量的石头被紧急地投进去，形成一个浸没于水中
越过缺口的堰，才化解了危机。

另一个在人工岛上建桥的方法是把墩式桥基下沉到河床下的地里。
做到这一点，河流就必须改道，或者部分河床用一个不漏水的围堰
围起来，再把围堰里的水抽干。

堰的修建不是一个小工程。如
水很深，堰只能分级来修（如
260）[3]。离中心最远的两排
被打进去，水平横梁固定在桩
，并且分开撑着。两排桩间约
英尺宽的地方，用一个长柄挖
尽可能挖掉河泥或者碎石。被
理的地方再填上塑性黏土，如
可能应填到高水位的位置，否
至少也要稍高于低水位。做塑

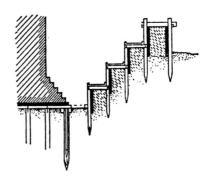

图 260　用于构建图卢兹新桥的阶梯式围堰，石
桥墩下面是桩，如图中左边所示。

土的物质要仔细挑选。柔软、黏性的土自身会变成泥浆，必须要将
些沙或碎石与之混合才能形成一种塑性的物质，这种物质性能像油
，夯紧后形成不渗水层。当堰完工后，才可能排干水，深挖到作为
墩基础的坚硬层。大量的打桩费钱费力，大量抽水也是如此。两项
作都极端辛苦，需要几班人力长期持续地苦干。桩柱间距离越近，
堰的防水性能就越好。连锁桩或鸠尾榫桩都被试用过。如果人们不
道佩里（John Perry）海军上校在工程中采用了几乎一致的构形止住
泰晤士河堤在达根哈姆段的溃决（1715 年）的话，拉梅利（Ramelli）
588 年的图例还被认作是一种幻想（图 261）[4]，佩里先前在皇家船
里看到过这种桩[5]。但连锁桩在 20 世纪以前极少使用，20 世纪

图 261　由连锁桩构成的围堰，引自拉梅利的图，1588 年。

时它们是铁制的，并且由汽锤来打桩。

　　贝利多尔（B. F. de Belidor，1693—1761）在他的《水力建筑学》（*Architecture hydraulique*，1737 年）中，展示了几种打桩法。在一个例子（图 262）中，打桩机放在一艘平底船上，桩锤被管踏轮的人拉高，由一个自动的脱扣装置来释放。16 世纪的书籍和草稿里也有类似机器（图 263）[6]。桩锤落下后，要把绳子从卷轴上解开，这个过程要时时刻刻、日日夜夜地重复下去。要让围堰排干水，必须有一个抽水设备。在 18 世纪，抽水设备通常是一个环状链，或者把斜槽里的平板连接起来，或者运送几乎填满一个垂直的输送管的钻孔的杯球，有时也会用阿基米德螺旋泵。有时一半河床被围堰所阻时，河水的冲力会强大到足以驱动抽水机的水轮。

423

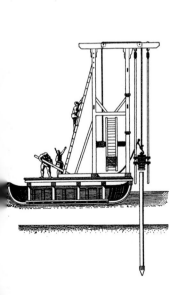

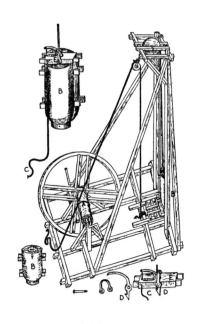

62 装在平底船上的打桩机。

由踏车提起，头尾对接。当锤头升高到拉紧
吊钩钩身的绳索时，吊钩就从锤头扣眼里退
使锤头下落击打在桩上。1750 年。

图 263　16 世纪的打桩机。

垂直向下落的重锤 B 由绞车 A 绞起，绞车通过
两个曲柄借助飞轮转动。当重锤升到最高点时，
由拉索 C 释放重锤。这样，拉动弹簧，将簧舌
D 从重锤的凹处脱开（见细部），重锤就从部件
E 脱离开来而打落到桩上。然后部件 E 降下来重
新挂住重锤，工作循环往复。

一旦围堰修好，水被抽干后，淤泥和松散的粉砂会被清除掉，直
露出坚硬的河床。如果河床是碎石或硬黏土，就可以把河床弄平。
铺一层厚木板或方木，再交叉方向铺一层，第三层的方向同第一层。
时也会铺上一层混凝土，而非木板栅格平台。在混凝土或栅格上就
以直接修桥墩了。但是，有时也会出现这种情况，挖掘到工程师对
堰感到担心的深度时，都还没达到坚固的底层。这时就要打桩，并
桩头锯平，再在上面覆以混凝土或原木。巴黎的圣母桥是 1507 年
石头修成的，它取代了一座中世纪的木桥，就是建在桩之上的混凝
上。这座桥的上层结构在 1853 年重修了一次，但是它的底部很牢

固，即使上层结构再一次改建也无大碍。但在 1913 至 1914 年，除两个近岸的桥孔之外，其余部分都被一个铁拱所取代。河流中间的墩已毁坏，剩下的那两个墩被加宽和加固了。

巴黎著名的新桥（1578—1607）桥基的建造也采用了围堰方式，它们处在高于河床岩石层 10 英尺的地方，但要把桩子打下穿过这长的距离极为困难。而且很不幸，没有打入岩石中的承压桩，因为在上层结构完工之前，除了要承受沉降，两座桥墩又被水流冲刷，绝大部分被毁需要修复。人们不得不用板桩环绕上流的桥墩底部，紧贴着待修复的桥墩。沉降继续着，甚至到 1848 年才仅有上层结构完全竣工。

1567 年建造佛罗伦萨圣三一桥桥基的围堰时，至少它最低的一层是由两道 7 英尺厚相距 90 英尺的围堰墙所构成。在横穿河床所打的板桩之间铺了一层混凝土，通过横墙联结起来，构成每个独立桥基的隔间。它们后来被弄得与河床相平，以免受冲刷。最底部挖到低于河床 13 英尺处，桩被打下去并被整平，上面覆以大的基石。

修建威尼斯里亚尔托桥（1588—1592）一个 88 英尺跨径的单拱时，采取了一些不寻常的预防措施来保证它的稳定。这里的底土是非常厚的冲积层，保证邻近建筑基础的安全就变得很重要。设计师达特（Antonio da Ponte）决定使桥基成梯级状（图 264）。一共有 6000 根桩，每根直径约 6 英寸，11 英尺长，在每个桥台的下面紧密排成。这种布桩方法现在看来不是最好的，因为整个结构可能被作为紧密的一大块东西移动。实际上，较少、较长的桩间隔得越远排列，就越能分散压力。不过桥基没有发生位移，因为上面的石块是斜铺的。

巴黎的皇家桥（1685 年）是由芒萨尔（J. H. Mansard）设计的（图码 254），由雅克第四·加布里埃尔［Jacques（Ⅳ）Gabriel］监工[1]。

---

[1]　加布里埃尔家族是法国建筑界一个颇有声望的家族。雅克第五［Jacques（V），1667—1742］是国王的首席建筑师。雅克第六［Jacques（Ⅵ），1698—1782］设计了协和广场附近的许多建筑。

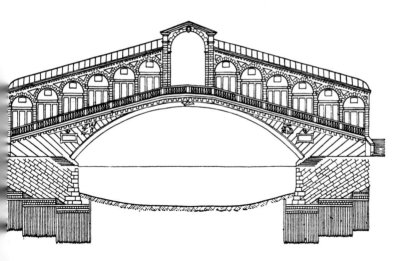

54 威尼斯里亚尔托桥。

为修建桥基精心制订了一个操作规程。围堰底挖到低水位下 15 英
的地方，它的双层木板之间是厚度 9 英尺的塑性黏土。在整个基
每隔 18 英寸的中心处打下直径 10—12 英寸的原木承压桩，桩头
据平整，木板平台置于桩上以支撑砌体。如果全部按操作手册，实
了多少桥基工程量我们不得而知。直到 1920 年，现代的定位调查
被发展之前，关于精细的桥基工程规划只是一种希望而非保证。据
载，皇家桥的麻烦始于杜乐丽河段的第一座桥墩，结果不得不采用
同的操作程序[7]。桥址被挖平，一个巨大的沉箱就浮在那儿并沉
去，沉箱里可能装有几层石块。在第二阶段沉箱有了围堰的功能。
石块时用的黏土里有火山灰（第 II 卷，边码 407），这是一种意大
火山土，与石灰、水相混合，就成了一种天然的能在水中凝结的
泥。

　　如果这一记载可靠，那么皇家桥就是修桥中使用沉箱、挖掘出桥
并在法国使用了火山灰水泥的第一例。然而有理由认为，这个记载
不准确[8]，沉箱的首次使用应归功于瑞士建筑师拉贝尔雅（Charles

Dangeau de Labelye, 1705—1781？）。贝利多尔在那时就已经准确地
述了挖掘过程[9]。

挖掘桥基和使用沉箱的做法由拉贝尔雅带到英格兰，1738年
被授命在威斯敏斯特修建一座横跨泰晤士河的桥。每个沉箱的底部
一个坚固的80英尺×30英尺的木质平台，侧墙有16英尺高，遁
楔子与底部平台连接起来，这样就构成了一个防水沉箱，它能由水
进水或在需要时被抽干。每座桥墩的平台成为永久结构的一部分。
楔子被撤掉后，边侧部分也可以在下一个沉箱中继续使用。一共
12座桥墩、2个桥台和13个拱跨。每一沉箱下沉的地区，斜坡脚
面积约90英尺×40英尺，都被预先用板桩墙围起来，底部被挖

平整到低于河床约6英尺的深度。不过，在每座桥墩的位置却没
打桩。装了两层石块的沉箱在预定位置沉放，再浮出，加载第三层
块，然后移走侧面，而河床得到最后修整。沉箱沉到最终位置，
潮时，石块顶部约高于低水位2英尺。在水位高时，沉箱没入水
退潮时，只要沉箱顶一露出水面，立即就要开始抽水，而且只要石
露出来，桥墩的修建也要马上重新开始。甚至沉箱的侧面被抽走
石桥墩也阻挡了1/5的河道，因而一些地方的砾土河床被冲刷出
坑，或在桥完工前一座桥墩放置得不妥等现象的发生也就不足为奇
于是，这一桥墩和它所支撑的两个拱跨不得不因毁坏而重建，这
不幸使整个大桥的竣工拖延了几年。另一些沉陷大约发生在1840
因桥上道路被加宽，围绕一个加长桥墩的一个永久的板桩围堰被保

下来。这一桥桩和石砌间的接缝由混凝土浇筑，上面覆以条石[10]。

16.3 上层结构

在桥梁建筑中，木材可能比其他任何材料有更广泛的应用，即
在临时桥中，它仍然不乏用武之地，尤其是在海外领地中。与后来
竞争者钢一样，木材在抗张力和压力方面都十分出色。但在20世

用齿状垫连接之前，要做平滑、经济的接头用来传递木构件间的巨
长力，是很困难的事情。因此，木匠把大部分木材用于受压或弯曲
并且努力使受压的接头只传递较轻的负荷。

早在 16 世纪，帕拉第奥设计了一个真正的桁架梁桥（如图
5)[1]，跨径达 100 英尺。但这一结构并未被普遍看好，差不多 3
世纪以后它才被美国的工程师
进一步发展。

迟至 18 世纪 30 年代，在
建威斯敏斯特桥时有人提出
木材作上层结构的建议（如图
6 所示），其框架实际上呈拱
放砌拱圈的拱架也是一个拱
（图 267）。在康斯坦茨湖下

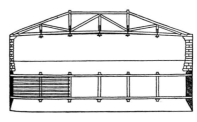

图 265　帕拉第奥设计的桁架梁桥，1570 年。

沙夫豪森修建的莱茵河著名的大桥（图 268）始建于 1757 年，由瑞
工程师格鲁本曼（Hans Ulrich Grubenmann）设计，它采用支柱架结

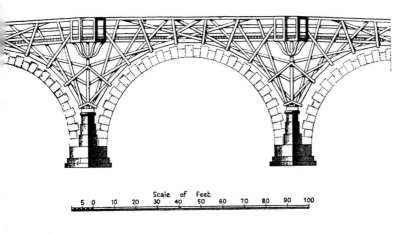

266　威斯敏斯特桥的石墩和当初构想的上层木结构。实际建造的石拱由点线所示。

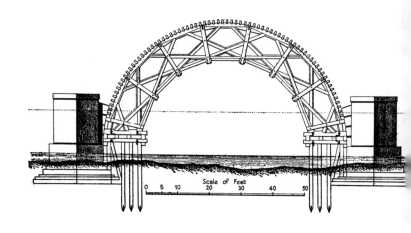

图 267　修建威斯敏斯特桥中央拱用的木拱架，跨径 76 英尺。1739 年。

428

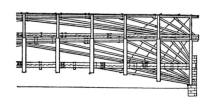

图 268　位于沙夫豪森莱茵河上格鲁本曼设计的桥（所示半个跨）。

构，形成了一个极复杂的拱，桥台附近与一个格构大梁（它拉力部分是铁棒）组成一体。有 172 英尺和 193 英尺的两跨，加顶及侧板以防备气候的〔影〕响。格鲁本曼可能更愿意省去〔中〕间的桥墩而把两个跨合二为〔一，〕特尔福德（Thomas Telford）表示他可以安全地做到这一点，然而雇〔主〕过于谨慎。据报道只是行人的过往就已经使桥有些吃紧，它能支撑〔多〕久是一个问题。42 年后，整座桥在军队撤退中被毁坏。格鲁本曼〔的〕另一座更壮观的桥位于苏黎世附近韦廷根的利马特河上，它有一个〔单〕拱，跨度达 390 英尺，拱高为 43 英尺，也遭遇了同样的命运（如〔图〕269）。

　　这个时代的重要桥梁都是石拱桥类型的。它们与大多数中世纪拱桥的区别在于，所用的巨大石块都经过精心切割，正如古罗马的

斤做的那样。石块间的接缝是
紧贴的，特别是楔形拱石[1]之
，现今的桥因为广泛采用坦拱
椭圆拱，可以拥有更长的跨径
更小的矢高，在拱顶处渐进地
少拱的厚度，桥墩间的宽度
或小了。

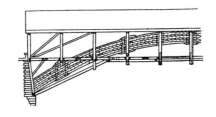

图 269 利马特河上格鲁本曼设计的桥（所示半个跨）。

跨越佛罗伦萨阿尔诺河的老桥或称戈尔德史米斯桥在 1345 年重
，采取加迪（Taddeo Gaddi，1300？—1366）的先进设计，是最早坦
形状的桥之一。该桥有 3 个拱，跨径为 85 英尺到 94 英尺 6 英寸，
高是从 12 英尺 10 英寸到 15 英尺，即跨径的 1/6 到 1/7 之间[2]。桥
厚度是 20 英尺 4 英寸，约为跨径的 1/4 到 1/5。一般情况下，比
没有这么低。在 18 世纪后半叶，佩罗内特（Jean Rodolphe Perronet，
08—1794）和他在道桥学院的工程师们系统地降低了比例。基石
高度是 3 英尺 3 英寸，约为跨径的 1/29。如果要低于此比例，那
连佩罗内特也不会赞同。毫无疑问，老桥是一座很特别的桥。

429

通常推荐的比例如下：

跨径	矢高	拱顶厚度	桥墩宽度
1	1/6 — 1/3 依据路和河的相对比例	1/12［阿尔贝蒂（Alberti）］ 1/15［帕拉第奥］ 1/17［塞利奥（Serlio）］ 1/24（佩罗内特）	1/6 — 1/4

戈蒂埃（Henri Gautier，1660—1737）意识到，对于支撑桥的垂直
力来说，现有的桥墩过于厚大，但无论是他还是他的继承者都不敢
险将桥墩变薄。半个世纪后，佩罗内特才真正把桥墩厚度减小到桥

形成拱圈的楔形石头。

桥梁的尺寸，作者是相互复制的。除非人们知道是谁测量了它们，否则在认可时都应谨慎。以上给出的老桥的大
小数据源自克雷西（Edward Cresy）的《土木工程大百科全书》（*Encyclopaedia of Civil Engineering*，伦敦，1847 年）。

跨径的 1/10，把最边上的桥台和一座高架桥中每五六个墩距的一拱座墩建造得结实些，就已经足够承受拱的推力了。两个拱座墩之的跨都朝着中心同步施工，中间的桥墩可充当平衡推力的柱子。

佛罗伦萨的圣三一桥的 3 个拱（图 270）跨径分别为 87 英尺、英尺和 86 英尺，它的设计在几个方面都值得称道。此桥于 1567
430 修建时，半圆拱还很常见，弓形拱反而只作为备选拱。但为了遮坡度太大，设计师阿曼纳提（Bartolomeo Ammannati，1511—11 让每个拱的矢高仅仅为拱跨径的 1/7，采用了一个不同寻常的外形

然而，原拱架的沉降和后来桥的沉降，使我们无法靠后来的测来确知原始形状究竟是抛物线形、椭圆形或多中心形，还是某个艺家随意画出的曲线。曲线在拱顶处被断开，两边的曲线交错成一个角，显出一个略突起的形状。现在的桥是一个仿真的重建物，原来桥已在第二次世界大战中被撤退的德军所毁坏。

一个真正的椭圆拱曲线是连续变化的，但没有两个相邻的楔形石能被切割成几乎一样的半径。为避免此难题，法国工程师开始偏

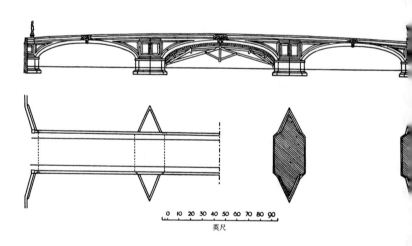

图 270　佛罗伦萨的圣三一桥。（上）立视图；（下）平面图。

种三心拱（或称"椭圆拱"）的
状，其曲线的半径是间断变化
（图 271）。

　　喇叭口状的开口拱是后期法
实践的一大特征。1542 年图
兹新桥的迎水面和 1564 年维
纳省沙泰勒罗的亨利四世桥的
面都特意使用这种拱。后者的
面从三角形桥墩切水处附近
起，椭圆拱的跨径增加了约
英尺，但其矢高保持不变（图
2）。

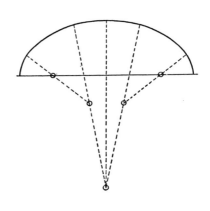

图 271　如图所示为三心拱的结构，通过 5 个中点作圆弧构成。其效果与半椭圆非常接近。

　　某些中世纪和后来的桥的一个奇怪特点是在它们上面建的商店房屋的附加用途。伦敦桥（1209 年）和佛罗伦萨的老桥（1367 年），及巴黎的圣母桥（1507 年）和威尼斯的里亚尔托桥（约 1590 年），添加了这样的用途。修一座提供带地基房子的桥，必定是能想出的奢侈的方法。伦敦桥桥墩巨大，在汛期它们几乎阻挡了一半的河面，过 900 英尺。此外，分水桩（边码 420）更是巨大，在低潮时阻挡剩余宽度的一半。分水桩也沿河上下延伸，远远超过了桥面，给支房屋的支柱留下充足的空间。由于城市拥挤，房屋出租可得一笔厚的租金。房子使桥面道路从 20 英尺减少到 12 英尺，但租金得使建桥者难抵诱惑。房屋都是木质的，很多情况下会部分或全被火烧毁。1762 年最后的房子也毁坏了。圣母桥的房屋保存到 20纪。

432

6.4　结构理论

　　在古罗马、中世纪甚至是文艺复兴时期的桥梁建筑都没有用到

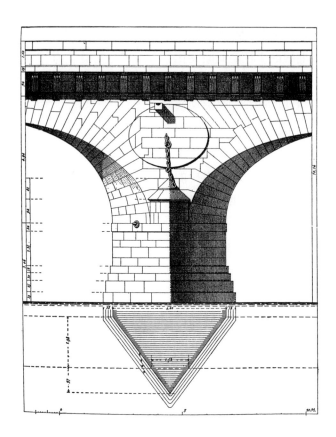

图 272　沙泰勒罗的亨利四世桥（1565—1609）；桥墩的顺水面显示出拱的斜
削面。

理论科学（abstract science），甚至那些宏大的修道院和天主教堂的
顶——那是非常精细的东西，也没有证据证明具有现代意义理论的
子。通过改革、实际结构缺陷分析和周密实验所得的合理推论，
体问题可以得到解决。但是要如此大规模、经济地处理材料，当
通常概念上的静力学理论显然是很不够的。甚至对伽利略（Galil
1564—1642）来说，造船师和抽水机制造者的实践也像自然现象
样提出了需要研究的问题[11]。工匠可以说出他们在做什么，但他

科学地解释为什么和小船比，大船必须庞大得不相称，或者为什超过30英尺深的地方抽水机就抽不上水，维数理论和真空性由伽利略自己去发现。他是用数学术语来阐述材料强度的第一但并不是最早在这一领域做实验的，因为达·芬奇（Leonardo da i）的笔记里有测量金属线抗拉强度实验（边码250）以及测量已尺寸的横梁与小立柱强度和硬度的实验的草图，并附有粗略的计达·芬奇也描述了他所理解的全新的力的平行四边形法则（力的受不同角度的力矩和合力的影响）。他的这些观点超前于他的时虽然绝没有达到普遍的结论，但在接下去的两个世纪中也无人做这一点[12]。

达·芬奇关于拱的稳定性的观点也大大超前于他那个时代已知的只，直到很久以后也是如此。他画出了负重拱的图样，通过绕在仑上的绳子来测量水平推力（图273）。他据此反对当时一个危险谬论，该谬论认为半圆拱上的负重会沿着拱圈方向，作为一种没水平方向分力的垂直力传送到桥台上。达·芬奇坚信自己的理论，1502年写信给土耳其的苏丹，建议跨越金角湾修一座桥，桥身采弯径为700英尺、矢高为180英尺的单拱。按他的设计，桥的两句外弯曲到一个扩展的桥台，起拱点位于一个面积硕大的深坑中。

433

·芬奇的草图不但小而且是图式的，不过按乐观的设想，他肥会让拱肋的轴和总载重量的力线汇合或接近汇合[13]，显重力、反作用、推力和压力都该计算过了。拱顶厚度约为英尺，可能耗费的石料为75吨。事实上，几乎不可能造出需的拱架，或者修一个围堰来

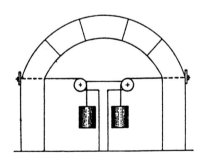

图273 达·芬奇绘的一幅草图，以说明他对承重墙上拱的水平推力的研究。

抵挡可能深 100 英尺的水的冲击。从来没有建过那么大的单拱②，也根本不可能建起来。更不会获得财政支持。

一个世纪后，理论家们所引用的第一个认真提出的有关拱的理③是拉伊尔（Philippe de La Hire, 1640—1718）在他一本有关机械的人子（1695 年）里提出的"光滑拱石理论"（图 274）[14]。三角形 CFL、CLP 的边分别代表作用于 B、D 和 E 处的力的大小，事实」是这些作用于点上的力的三角形。拉伊尔在 ABDES 中作了一个ij多角形，在 CAFLP 作了一个力的图解，两者为互补图形。的确，已奠定了静力学图解的基础，但直到一个半世纪后，工程师们才算到建立在这些图解基础上的计算方法的普适性和威力。

倒过来（图 274），环节多角形形成了一个拱圈的压力连线。那里，作用于每一个接合处的力和石块的承受面成直角，不会引走

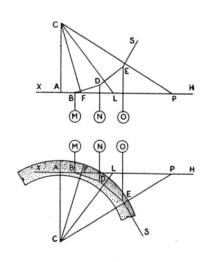

何摩擦阻力，而只产生直接压这是一个简单的研究实例，ਁ担了不应得的重要地位，而想了拱的实际问题。即使忽略了浆接缝间的黏合，两块石块的面就算是光滑的，摩擦力其实很大。

大家可能注意到，要把压线保持在一个半圆的拱肋内，荷点 M、N、O……的负载会着拱石离拱顶越远而迅速增直到最后能防止拱石因为缺少擦力或水平抵抗力而滑下去的直负载变得无限大（因为最后拱石是水平放置的）。显然，

图 274 拉伊尔的受力图解和环节多角形。（上）负载链中的受力，ABDES 是负载弦的轮廓，射线 CA，CF，CL 和 CP 分别与 AB，BD，DE 和 ES 成直角，且和 AB（或 AB 延长线）相交于点 A，F，L 和 P；（下）一个拱中受的力。

…实际表述真正的状态。拉伊尔意识到这一点，并把他的理论限定
…接合处以大于 45° 的方向向水平线倾斜的拱上。实际上，填肩拱
…产生相当的抵抗力。现代实验证明，即使填充物是泥土，一旦它历
…时交通被压紧，也会产生这样的效果。

对于一个厚度均匀、只承受自身重量的拱圈来说，最理想的外形
…是悬链状曲线[1]。一个实际的拱圈很少能达到这种情况。无论如何，
18 世纪初期或更早的时候，这样一个观点很流行——没有一个拱
…到十分稳固，除非它采用真正的悬链线外形。

一个叫丹尼斯（Danisy）的法国人找到了有效的解决方法，他在
…32 年宣布了利用几套由石膏做的拱石模型完成实验后所得出的结
…他发现拱石没有滑动趋势，但如果不均匀地施加负载，拱肋会在
…力的某些接合处张开，在另一
…形成一个实际吃重点。如果继
…载，吃重点会发生移动，拱
…会倒塌（图 275）[15]。正是基
…这种拱的稳定性观点的发展，
…论又有了实质性的进步。

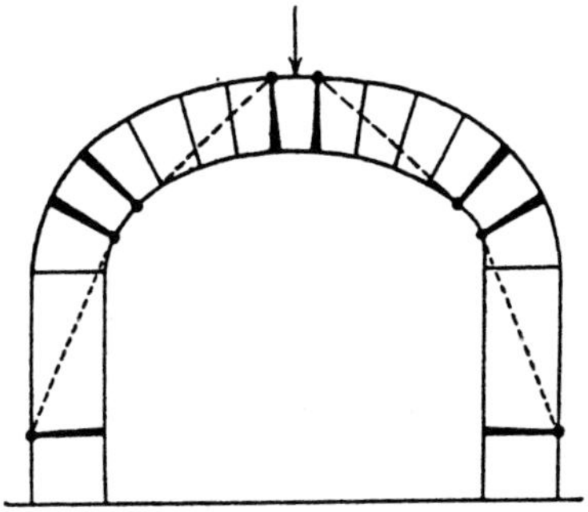

图 275　图示丹尼斯对一个有缺陷的拱的实际吃重点的研究。

.5　庞特普利斯桥

这一时期的建桥史，用 18
…纪一座著名桥梁的修建故事来
…上句号最为合适，这座桥的名
…因为采用了威尔士小镇"庞特普里斯"的名字而名垂千古。该处
…塔夫河很难涉水通过，在冬天更是难以逾越。当时格拉摩根郡正
…实施工业化，河两岸土地的主人赫伯特·温莎勋爵（Herbert, Lord

435

所述的曲线是由一根两端悬挂起来的松弛的绳索或链子构成的。

Windsor）在出租铁矿和煤矿的开采权。当地的造桥者谁也不愿在□□个地方建桥，直到牧师兼农场主爱德华兹（William Edwards，171□1789）花了 7 年时间，用 500 英镑修建并养护了一座桥。他雇□□当地的石匠在河床修起坚固的石墩来支撑 3 个或 4 个拱跨。这座□□在两年后被一场洪水冲垮。

爱德华兹决定，必须避免把桥墩建在水中。他计划建一个跨□为 140 英尺、曲率半径达 175 英尺的单拱。人们认为一个叫威廉□（Thomas Williams）的牧师兼车轮匠，参与了爱德华兹的第二次尝□建起了拱架。桥完工也可能接近完工时，不幸又遇上洪水冲走了□架，第二座桥因而崩塌了。爱德华兹第三次尝试建桥，用了更结实□拱架。桥顺利竣工，当河流处于平静的低水位时，拱架支撑住了，□6 周后在洪灾、暴风雨期间，即 1754 年 11 月，拱腋下沉，拱顶抬□拱又塌了。爱德华兹似乎意识到他造桥失败的原因，对于轻的拱顶□言拱腋太重。他开始第四次建桥，采用空的圆筒形拱腋，拱腋由石□拱圈形成，处于桥两边的拱肩墙内（图 276）。这些措施不但减轻□过度的重量，而且还使得桥更为稳固。第四次尝试证明很成功。此□于 1756 年开放，一直保持至今。现在，一座现代桥代替了这座老□老桥只供行人通行，作为一个古迹纪念[16]。

虽然又追加了投入，但爱德华兹本人损失惨重，不过他作为一□桥梁工程师的声誉已经建立起来。后来他被派往南威尔士修建其他□但他再没有像修庞特普利斯桥那样进行大胆的尝试。

是爱德华兹见过拱肩上开孔的古桥图示，还是他本人灵感突□我们不得而知。1760 年他在给古文物研究者社团的一封信中，附□一张该桥的草图，这张图后来在属于皇家学会的斯米顿（John Smea□1724—1792）的文稿中被发现[17]。这个发现产生了错误的假设，□很快在许多桥梁史中重复，说爱德华兹征询了斯米顿，并且按他的□议在拱肩中开孔。在 1775 年，斯米顿只是一个仪器设备制造者，□

436

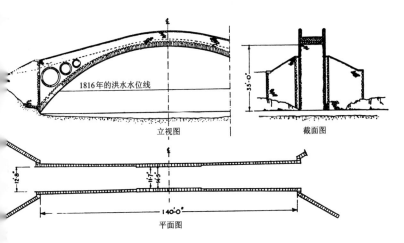

立视图　　　　　　　　　　截面图

1816年的洪水水位线

平面图

76　庞特普利斯桥。

对荷兰进行访问，那时他还没有谋得土木工程界的职位。我们可以
定爱德华兹没有征询过他或任何权威的意见。

爱德华兹的拱圈是石制的，大约只有 18 英寸高，有宽阔的楔形
口，用当地水硬石灰做的灰浆来填缝。拱圈、毛石填料、路面和桥
杆在灰浆硬化后，可能就会凝成整块。即使是这样，它们只相当于
个至多 3 英尺 6 英寸深的拱圈。按戈蒂埃规则，拱顶深应为 9 英
4 英寸。当时即使是佩罗内特也只能将拱圈修成 6 英尺厚。因此，
来的作者常常以庞特普利斯桥来验证他们的理论，就不足为奇了。

相关文献

[1] Palladio, A. 'I Quattro Libri dell' Architettura', Book 3. Dominico de Franceschi, Venice. 1570.

[2] Gautier, H. 'Traité des ponts.' Paris. 1716. Emmerton, E. *Amer. hist. Rev.*, **29**, 1–23, 1923.

[3] Belidor, B. Forest de. 'Architecture hydraulique' (4 vols). Paris. 1737–53.

[4] Ramelli, Agostino. 'Le diverse et artificiose machine.' Published by the author, Paris. 1588.

[5] Hamilton, S. B. *Trans. Newcomen Soc.*, **28**, 246, 1951–3.

[6] Parsons, W. B. 'Engineers and Engineering in the Renaissance', p. 150, fig. 76. Williams and Wilkins, Baltimore. 1939.
Salzman, L. F. 'Building in England down to about 1540', Pl. XVIIIb. Oxford University Press, London. 1952.

[7] Gauthey, E.-M. 'Œuvres'(ed. by C. L. M. Navier), Vol. 1, p. 69. Paris. 1809.

[8] Dartein, F. de. 'Études sur les ponts en pierre remarquables par leur décoration antérieurs au dix-neuvième siècle', Vol. 2, p. 84. Paris. 1907.

[9] Belidor, B. Forest de. See ref.[3] , Vol. 2, Pt

II , Pls XX, XXV. 1753.

[10] Weale, J.(Ed.) . 'The Theory, Practice ɛ Architecture of Bridges.' London. 1843.

[11] Galilei, Galileo. 'Discorsi e dimostrazioni matematiche intorno a due nuove scienze Elzevir, Leiden. 1638. Eng. trans. by H. (and A. de Salvio. Macmillan, New York. 1 Reissued: Dover Publications, New York.

[12] Hart, I. B. 'The Mechanical Inventions of Leonardo da Vinci.' Chapman and Hall, London. 1925.
Idem. Trans. Newcomen Soc., **28**, 1951 (in the press) .

[13] Stüssi, F. *Schweiz. Bauztg.*, **71**, 113–1€ 1953.

[14] La Hire, P. de. 'Traité de mécanique.' Par 1695.

[15] Frezier, A. F. 'La théorie et la pratique de coupe des pierres et des bois', Vol. 3, p. 3 Paris. 1769.

[16] Williams, E. I. and Hamilton, S. B. *Trans. Newcomen Soc.*, **24**, 121–39, 1945.

[17] [Smeaton, J.] . 'A Catalogue of the Engineering Designs of John Smeaton', p. 105. Newcomen Society Extra Publ. No. 5 London. 1950.

437

参考书目

Cresy, E. 'Encyclopaedia of Civil Engineering.' London. 1847.

Dartein, F. de. 'Études sur les ponts en pierre'(5 vols) . Paris. 1907–12 .

Gautier, H. 'Traité des ponts.' Paris. 1716.

Kirby, R. S. and Laurson, P. G. 'The Early Years of Modern Civil Engineering', ch. 5, pp. 133–46. Yale University Press, Newhaven. 1932.

Parsons, W. B. 'Engineers and Engineering in the Renaissance.' Williams and Wilkins, Baltimore. 1939.

Smith, H. S. 'The World's Great Bridges' chs 4 and 5. London. 1953.

Straub, H. 'A History of Civil Engineering'(Eng. trans. by E. Rockwell) , chs 3–5. Hill, London. 1952.

17章 1750年前的运河与河道航运

A. W. 斯肯普顿（A. W. SKEMPTON）

1 引言

众所周知，在18世纪和19世纪早期，英格兰的运河是工业革命的动脉，但甚至在工业革命前，欧洲和亚洲的河流和运河就在商业贸易中起了至关重要的作用。一个原因是河流构成绝大多数进出海港天然的内陆通道，而运河只是河流系统的延伸。只要人力和畜力仍作为内陆交通的唯一实用的原动力资源，笨重庞大的货物就可通过其他任何方式经济、有效的水路来运输。

为了量化说明这一点，将一匹马可驮或拉的重量列表如下。运河河道航运工程所需要的更大的资本投入，部分抵消了从机械上所得的效益。但无论如何，18世纪英格兰水路运输的一般花费，很会超过陆路运输的一半，而往往只相当于其1/4[1]。更何况在冬季，路上的商业交通经常是不可行的。

一匹马驮或拉的典型重量

驮马		1/8 吨
货车 { 在"软"路上		5/8 吨
在碎石路上		2 吨
货车 在铁路上		8 吨
平底船 { 在河流上		30 吨
在运河上		50 吨

17.2 中国的运河交通

人类主要文明最早起源于幼发拉底河、尼罗河、印度河和黄河流域。这些大河除了提供用于灌溉的生命之水，还提供了便捷的运输方式。腓尼基人和希腊人是航海的民族，而罗马人主要利用了他们帝国许多天然的可航行的河流。除了少数重要运河，例如从尼罗河到红海的运河［约公元前 510 年由大流士（Darius）下令修建］和在罗马时代修建的法兰西、伦巴第、荷兰的几条运河外，中国人在运河修建中也作了最早的不懈努力[2]。其中，重要工程有公元前 215 年在广西开挖的灵渠，公元前 133 年从汉朝首都长安到黄河的 90 英里长的运河，70 年在河南建成的汴渠，350 年在江苏建成的山阳运道。还有在 610 年竣工的大运河的部分初始河段。当初，这条大运河长 6 英里，沿堤是一条重要的御用大道，两旁种植了榆树和柳树。它主要用于将长江下游和淮河一带的谷物运送到开封和洛阳，在 8 世纪的唐朝年运输量据知超过了 200 万吨。

在大多数情况下，这些运河穿越的地形都有小的坡度，水位可以很容易地由在一定距离隔开设置的单独闸门所控制。例如，公元 70 年挖掘汴渠时，工程师王景（Wang Ching）每隔 3 英里就修一道闸门，它们由石质或木质拱座构成。每个拱座有一个垂直槽，方形木梁通过此槽能由系在它们两端的绳索来升降（图版 18）。这些简单的叠梁闸门明显源于灌溉沟渠的水闸。在更小的运输水道上，特别是在陆地高度差异明显的地方，经常修建一个双级滑船道，以便拖过平底船。至少早在公元 348 年，中国文献中就有这种设施的记载。

偶尔也会采用更加精心设计的闸门，可用辘轳把实心门板升起降下。在公元 984 年改造大运河的一个河段时，乔维岳（Ch'iao Wei Yo）设计了两道这样的闸门来代替一个双级滑船道。他间隔 250 英尺设置一道闸门，这就是最早期的船闸———一种在技术上至关重要的设施。过去广泛使用单一的闸门，除非水位高度变化小，否则打开

或运河间隔设置的任何一道闸门后，就要等待颇长的时间，还会损
大量的水，一直等到闸门上下游水位取得平衡。但有了这种船闸后，
有相对较少的闸室里的水需要被排干或注满，而且在两道船闸之间
交长河段或水塘的水位也不会改变。

但相当奇怪的是，船闸在中国却很少使用。它们后来的发展则完
归功于西方工程师。虽然一般来说，中国人满足于他们的叠梁闸门
骨船道，但是他们很多的运河工程还是达到了令人瞩目的规模。其
最杰出的当属 1280—1293 年间挖掘的京杭大运河从淮安到北京
北方段，长约 700 英里。该段运河部分利用现存河道，另外部分
"旁支"运河。但在 1283 年竣工的那一段运河越过了山东的山岭，
最早的"越岭"运河。一条旁支运河沿一个方向连续地下降，因为
运河有河流给运河供水，所以水供给几乎不会发生问题。旁支运河
构思相对简单，事实上是对现有河段的一种改进。相反，在分开两
河的分水岭顶峰修运河，需要大胆的想像力和在顶峰提供充足水源
相当的施工技巧。大运河的山东段将湖群与黄河相连，这些湖与黄
大致处在相同的海拔高度，位于黄河南部约 100 英里，但在一段
短的距离内，中间的地势比黄河与湖要高出 50 英尺。运河的上段
深下挖 30 英尺，即使这样依然在向北、向南的方向之间留下了约
英尺的落差。为了补充操作闸门时不可避免地损失掉的水，位于
边高于山麓小丘的两条小河被部分改道流入到越岭河段中。这项著
工程的工程师是李奥鲁赤（Li Yueh Lu Ch'ih）。

.3　中世纪的运河和河流工程

当中国的大运河完工时，欧洲的水路交通还处于原始状态，几乎
有运河，河流主要用作水磨坊的动力源。在许多河流上，每座磨坊
有自己的堰来提供足够的水位差冲击水车轮。这些堰大大阻碍了行
。然而在中世纪末，我们可以看到荷兰取得了重大进步。商业更为

440

441

活跃的欧洲国家也对河道作了改进，主要在堰里同时也在磨坊之间
河间隔处建造堵水闸门，以减小水的落差，并在浅水区增加水深[

典型的堵水闸门（也叫堰闸或船行堰）如图 277 所示，当一条
想通过时，带长手柄的木板或"小闸门"就被提升，水流变缓以
可以转动带有支撑小闸门的垂直杠的平衡横梁，形成一个畅行的道
逆流时船通常不得不拖行，此时利用的是放在堵水闸门上游堤岸上
绞车机。当船顺流下行时，就会打开堵水闸门泄水来帮助其通过
水区。

堵水闸门的早期历史不清楚。但几乎可以确信的是，在 13 世
末以前，它们已出现在佛兰德[1]、德国、英格兰、法兰西和意大利的
多河流上。1306 年有记载说，在泰晤士河马洛段上的堵水闸门使
了绞车。1585 年，根据最早的完整报告记载，牛津和梅登黑德之
的泰晤士河段有 23 座堵水闸门，除了 4 座之外，都散布在长 62
里的河段内的磨坊围堰中[4]。直到 18 世纪中期，许多堵水闸门还
留完好，而近至 19 世纪早期，在沙隆和巴黎间的马恩河上还可看
22 座堵水闸门。

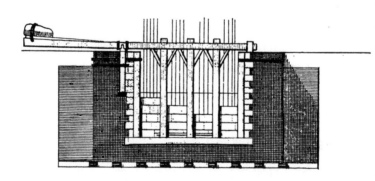

图 277　典型的堵水闸门或者堰闸的截面。出自贝利多尔（Belidor），1753 年。

1　可能早在 1116 年就出现在斯卡尔普河上。

荷兰的存在非常依赖于堤坝和排水渠，所以我们毫不惊讶一些排
渠被加宽并且在早期就已经适宜于运输。起初，排水渠堤坝建有水
斤控制的出口。在一些情况下，货物必须要越坝换船。在另一些
方，船必须要被拉过一个双级滑船道，它与中国的双级滑船道类
。可能最早的实例是在 1148 年乌得勒支附近新莱茵运河上的赫特
日滑船道和奥特斯普滑船道。如果水力条件允许，一个显著改进就
上水闸大到可以让船只通行。在荷兰，这些航行水闸是升降闸门或

同类型，如图 278 所示。当河口或河流里潮水高度与运河的水位
同时，闸门被绞车升起，船只就可以通过。在其他水位情况下，会
同门两边形成水位差。为防止底下渗漏，水闸基座和拱座墙被加
典型的是超过闸门的宽度 20—30 英尺，并且很好地嵌入到堤坝
图 278 显示了一个建于 1708 年的水闸，可以看出底下渗漏的危
波板桩进一步消除了，这是 16 世纪和其后建筑的一大特征，但似
中世纪的工程师们并不知道这方法。纽波特的马格纳水闸于 1184
曾被提到过，它可能也是吊闸。同样在 1188—1198 年由皮滕蒂
（Alberto Pitentino）在明乔河畔
加瓦尔诺洛（Governolo）修建
水闸，以及约 1210 年在豪达
建的水闸也都是吊闸式。

下一步是至关重要的，包括
两道闸门，一前一后，围成一
巷池或闸室，由此形成了一个
闸。可确知修建日期的第一个
例是 1373 年建于弗雷斯韦克
乌得勒支一条运河与莱克河的

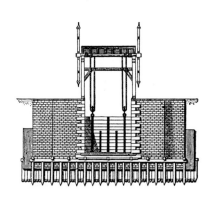

图 278　典型的"吊闸式"水闸。出自贝利多尔，
1750 年。

双级滑船道在意大利也有使用。其中一座在 1437 年建于布伦塔河流入威尼斯以南环礁湖处的弗西纳。据宗卡
（Zonca）所述 [5]，该滑船道在 16 世纪重建了一次。佛兰德的芬特里的滑船道直到 1824 年还在使用。

交汇处^[6]。我们从 1378 年和 1412 年的管理条例中知道，弗雷斯韦克船闸每周开放 3 次，时间在下午 2 点^[7]。首先外闸门被绞起，河港来的船只进入到船闸内的宽阔水域。随后外闸门关闭，内闸门打开，到水面持平时，船被拉入运河。随后内闸门关闭，外闸门开，在水域里等候的船只就这样按部就班地进入河里。这个悠闲的过程并非无益于弗雷斯韦克的市民们，因为船夫们有了充足时间去逛街购物和闲聊。可能略早些时候，一个相似的船闸已在斯帕伦丹修建起来，但直到 14 世纪末这种形式的建筑才得到广泛使用，例如德尔夫斯哈芬（Delfshaven）的船闸（1389）和斯希丹的船闸（1395）。1493 年由范莱因斯比尔赫（Jan van Rhijnsburch）在豪达修建的一座船闸则有双重闸门。

早期荷兰防潮闸门的一大特征是港池很大，这对于间歇性的运营来说必不可少。1394 至 1396 年间，在布鲁日附近的达默（Damme）修建了一个船闸，由两道门组成闸室，石砌的边墙有 100 英尺长，34 英尺宽。这表明达默的船闸在有船到来时就可以打开，人们认为这是最早的具有现代特征的船闸之一。

到 1400 年，船闸建筑已取得重要的进步。不过，荷兰船闸要解决的仅仅是水位差的问题。而第一个同时解决水位差和地势差的船闸是 1391—1398 年间在斯特克尼茨（Steckniz）运河上建造的^[8]。这是欧洲最古老的越岭运河，因此具有相当的历史意义。

444 14 世纪早期，斯特克尼茨河已经可以从墨尔恩湖通航到吕贝克，总长 21 英里，落差达 40 英尺，有 4 座堵水闸门。在 1391 年，这条水路往南延伸到易北河畔劳恩堡的工程开始启动，目的是为了连接波罗的海和北海（图 279）。从墨尔恩湖这端开始挖掘运河，不到半英里的距离，地势增高了 16 英尺，接着河道沿着一个 12 英尺深的水槽，水平延伸了约 7 英里，与德尔韦瑙河（Delvenau）汇合。该河 15 英里的河段里下降了 42 英尺到达劳恩堡，沿河使用了 8 座堵水

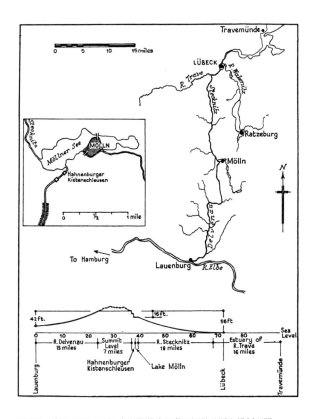

图 279　建于 1391—1398 年的斯特克尼茨运河的地图和纵剖面图。

以通航。山岭以南部分（由德尔韦瑙河段构成）和墨尔恩湖以北部（由斯特克尼茨河段构成）有充足的自然水源。在山顶和湖间的险河段则主要依靠河道挖掘后遗留的沙土层中渗透出的水来补充水源。为是单门式水闸（或堵水闸门），损失的水量太大。为了解决这个难，建起哈恩布尔格和基斯滕斯勒森两座船闸，每座船闸能容 10小平底船（35 英尺长，11 英尺宽）。像弗雷斯韦克的防潮船闸一，它也是每隔 2—3 天开启一次。我们无法得知是谁负责此项工，但通过汉萨同盟建立起来的吕贝克和荷兰之间的紧密关系却是重要的。

　　1450 年后不久，在伦巴第又有了一个重要的进步，但我们首先要注意到工程在 15 世纪早期就已经开始[9]。1179 年和 1209 年间在提契诺河上修建了一条运河，向南而行到达阿比亚泰（Abbia然后又往东到了米兰，在 31 英里间的落差达到 110 英尺（图 2起初，这条运河是为了灌溉而设计的，但在 1269 年它的断面被水闸或堵水闸门沿运河各堰修建起来。这条运河因此得名为纳维运河（Naviglio Grande）。它没有进城，而是在西墙外的港池就结束流程。

　　1387 年开始有计划要在米兰修一座新的大教堂。工程开始

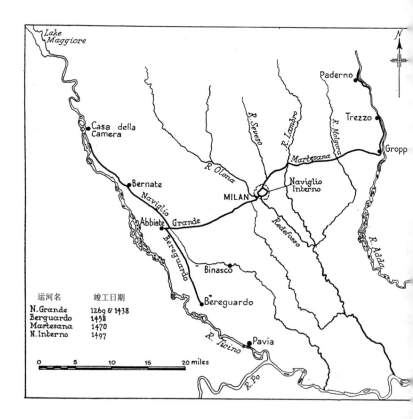

图 280　1500 年前米兰附近的运河地图。

建筑材料是产于马焦雷湖附近采石场的大理石。这些大理石沿着
诺河而下，顺着纳韦廖运河被运送到米兰。我们不知道起初大理
怎样从运河再转运到教堂的。但早在 15 世纪，一条运河已将纳
运河和老护城河连通起来了。在过去城区面积还很小的时期，老
河环绕了全城，离教堂很近。通过连接运河的单门式水闸（位于
场大道边上），船能从运河通到石匠们的工作场地。但护城河里
位是由北边来的塞韦索河所补给的，水位要高于运河几英尺。结
只要水闸一打开，护城河里的水位就要降低到与运河相同的水 **445**
当船只通过蓄水闸后，护城河必须重新注水后船才能继续行进。
8 年，这个不实用的设计被改进，在顺着竞技场大道的连接运河
了第二道闸门。这样就形成了意大利的第一道拦水闸门。负责此
程的工程师是摩德纳（Filippo da Modena）和博洛尼亚（Fioravante
Bologna），而且可能在 1445 年前他们已经在老护城河上的圣安布
焦大教堂（Sant Ambrogio）附近修了第二座船闸。现在，这条老护
河已被加宽，名叫纳韦廖内运河（Naviglio Interno）。

4 意大利文艺复兴时期的运河

15 世纪后期伦巴第的运河工程开创了运河修筑的新纪元。1451
达·诺瓦特（Bertola da Novate，约 1410—1475）被任命为米兰公
手下的工程师，他的首要任务之一是考虑在米兰和波河畔的帕维亚
司是否可以修建一条运河[10]。1359 年，一条小灌溉运河从米兰开 **446**
修建，直到比纳斯科，路程大约是到帕维亚的一半。调查这条运河
宽和加长的问题后，达·诺瓦特认为难度太大，建议从纳韦廖运河
的阿比亚泰起挖掘一条运河，向南到达贝雷瓜尔多（Bereguardo）村
再经陆上运输线到提契诺河的堤岸（图 280）。这是最早全部由
水闸门来控制相当大落差的运河。工程于 1452 年开始，到 1458
结束，全长 12 英里，落差 80 英尺，有 18 座船闸。

贝雷瓜尔多运河修建期间，达·诺瓦特被咨询有关在帕尔马阝修建 5 座船闸的问题。这些船闸在 1456—1459 年间由达·诺瓦特助手来监工完成，达·诺瓦特时常来视察。同时在 1457 年，他计建造一条把米兰和米兰城东的阿达河连接起来的运河。这条运河 1462—1470 年间修建，并取名为马尔泰萨纳运河，它在特雷佐的达河段有一个入口，在那里建了一座大型堰。运河靠河延伸了大约英里，再转向西越过了伦巴第平原到达米兰。直到今天，把运河和道分开的长达 5 英里的巨大石墙还像新建的一样。运河在一个小个拱的砖石高架渠上越过了莫尔戈拉（Molgora）河，这是高架水渠早的例子。兰布罗河的水流被导入一个如图 294 所示的位于运河面的涵洞中。经过周详计划，达·诺瓦特在这条 24 英里长的运河仅设置了两座船闸，船在米兰的圣马可附近进入船闸或港池。

此时，意大利人已熟知拦水闸门的知识。在完成于 15 世纪年代但 1485 年才发表的《论建筑》（De re aedificatoria）一书中，尔贝蒂（Leone Battista Alberti，1404—1472）描述了一座船闸，以按船身长度的距离隔开的两道闸门[11]。事实上他可能说的是达·瓦特修的船闸，毫无疑问达·诺瓦特是他那个时代最杰出的运河程师。在 1481 年，多梅尼科·达·韦泰尔博（Domenico da Viter兄弟在连接帕多瓦和布伦塔河的运河边的斯特拉修建了一座船闸 1491—1493 年间，"一个米兰的工程师"在靠近博洛尼亚的运河修建了几座木质船闸[13]。关于这些早期意大利船闸的细节已不可目前所发现的对当时情况的唯一说明是注明日期在 1460—1490 年的《劳伦兹阿那手稿》（Codice Laurenziano）中的一幅草图[14]。整图（第 Ⅱ 卷，图 626）很难理解，但其中一对垂直升降的闸门可能用来组成船闸的，和阿尔贝蒂所描述的（图 281）类似。

吊闸式闸门对航运来说并不是最理想的设计，它在 15 世纪后 10 年被达·芬奇（Leonardo da Vinci）完美的人字闸门设计所替

447

·芬奇在 1482 年被任命为米
公爵手下的工程师，大约 10
后他把兴趣转向水利学，而且
别关注纳韦廖内运河上 6 座
船闸的建造，它们于 1497 年
工。达·芬奇所画的圣马可船
闸门如图 282 所示，正好位
马尔泰萨纳运河的终点的港池

图 281　有吊闸式闸门的船闸草图，约 1470 年。

面。在另外一幅图中（图 283），达·芬奇展示了一座在闸门间长
95 英尺的长方形的水泥砖石船闸，其宽约为 18 英尺，建有一排
桩防渗墙和人字闸门，在船闸里还有和圣马可闸门一样的小型水闸

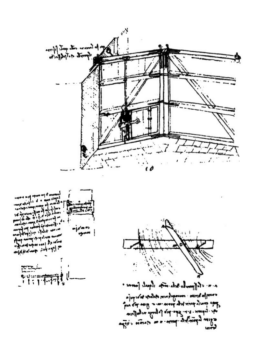

图 282　大约在 1495 年，达·芬奇为米兰圣马可船闸
设计的人字闸门草图。

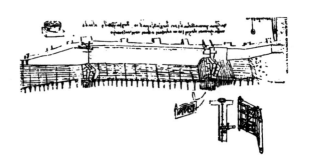

图 283 达·芬奇绘制的带有人字闸门的船闸的纵剖面草图。

门。这些图片第一次完整地体现了现代形式船闸的设计，在运河建
史中占据了最重要的位置。

1503 年，达·芬奇来到佛罗伦萨，在那里投身于一个雄心勃
的计划，从佛罗伦萨到维科皮萨诺附近的阿尔诺河之间修建一条运
这将是一条越岭运河，达·芬奇仔细考虑了山顶水源问题[14]。他
方案在当时很超前，但真正具有重要价值的越岭运河直到 17 世纪
才在法国建成。

马尔泰萨纳运河成功地将米兰和阿达河连接起来，但特雷佐上
无法通航，明显需要在这一段另辟航道通往科莫湖。1518 年，米
利亚（Benedetto da Missaglia）出于这个目的，在帕代尔诺（Paderno）
近进行渠首工程，设计了一条旁支运河。经河床钻探后，在选择地
建成一个 14 英尺高的分水堰。于是，运河水将流入右岸上的一个
约 3000 码的人工挖槽中，然后在一个比入口低 90 英尺的地方重
汇入阿达河。他设计了 10 座船闸，控制流入挖槽的水量。超过预
最大流量的水流，通过溢流堰回流到河中。工程开始于 1519 年，
起来这个优秀的河道航运系统会胜利完工。1515 年，米兰正处于
国法兰西斯一世（Francis I）的统治下，这条运河正是他下令开工
然而到 1522 年，查理五世（Charles V）取代弗朗西斯统治米兰，主

449

驱动力就这样消失了，运河的工程自然也搁浅下来。

1584 年有计划要在米兰和帕维亚之间修建一条运河，但次年一
大洪水毁坏了纳韦廖运河的入口，注意力就立刻转移到伦巴第运
本系的重要组成部分的重建上来。这次工程由梅达（Giuseppe Meda，
1540—1599）负责，他抓住了机会完全重修老进水口，几乎没有
变其中世纪的样式。他修建的一个堰和整治设施，大体上和阿达
上由米萨利亚设计的那些类似。梅达的后期职业生涯是悲剧性的。
91 年他为帕代尔诺运河制订新方案，采用了全新样式的船闸，即
来为大家熟知的升降式船闸[15]。经历了各种挫折和米兰官方的不
干预后，他的计划到他去世时只完成了一部分。同时，他在 1595
已草拟好了一个方案，所有细目完整，就是在米兰和帕维亚之间的
河上修建包括船闸、涵洞、高架渠、桥梁等设施。一年后这个设计
接受，但这条运河在他死之前还没有开工，最终他的方案也被放
了。

.5 16 世纪的拦水闸门

人字拦水闸门的广泛使用，反映了 16 世纪河流与运河运输日益
长的重要性。正如我们已知道，第一座人字拦水闸门是 1497 年
达·芬奇在米兰运河上建成。接下来，米萨利亚 1518 年为帕德
诺运河设计的船闸，维尼奥拉（Giacomo da Vignola，1507—1573）
1548 年于博洛尼亚附近修建的 3 座船闸，都采用了人字拦水闸门。
者在设计时是椭圆形的，有 100 英尺长，最大宽度为 25 英尺，入
宽度为 12 英尺[13]。

在法国，能确知日期的最早的拦水闸门是在 1550 年设计的，与
尔日附近地区的河流整治有关。关于它们的详细资料还保存在布尔
的档案馆里[14]。总共建有 15 座船闸，两座砖石结构的船闸在耶
尔河上，另 4 座同样的船闸在谢尔河上，而欧龙河上的 9 座船闸

是木质的。这些船闸呈长方形，两座闸门间距离有 90 英尺长，13
尺宽。每座船闸的底部和两侧向上下游延伸 15 英尺，下面建成板
防渗墙。

　　同一时期，马尔克勃兰登堡的哈佛尔河和施普雷河上的船闸
被做了改进[16]。1548 年在拉特诺和勃兰登堡开始对两座船闸进行
进，1572 年在斯帕尔丹、1578 年在柏林也作了改进。勃兰登堡的
闸有巨型的八边形船坞和木墙，至今仍然存在（图 284），但它原
使用的闸门类型已不可知。斯特拉（Tilemann Stella，1524—1589）
一幅草图，是他在 1572 至 1582 年间在梅克伦堡运河上修建的船
显示具有人字闸门和一个 18 英尺宽、90 英尺长的长方形闸室。他
1561 年赴荷兰学习水利工程，可能看到过那年完工的布鲁塞尔运河

　　这条重要的运河始建于 1550 年，将会在下一章节详述（边
452）。在这里要注意的是整个工程包含 4 座八边形的船闸，有 2
英尺长，70 英尺宽，落差在 6—10 英尺之间变化。其中一个船闸
图 285 所示，可以看出有人字闸门，闸室是通过过墙涵洞来排水

图 284　勃兰登堡的船闸，1548—1550。

水的。这是已知最早的地下闸门。与通常的闸门和闸室比较，采用下闸门的闸室操作更迅速，受干扰更少。

在英格兰，拦水闸门最早由特鲁（John Trew）于1564至1567年在埃克斯河边一条叫埃克塞特运河的旁支运河上建造[17]。与布鲁尔运河、哈弗尔河上的船闸，以及荷兰古老的防潮闸一样，埃克塞运河上的船闸的港池庞大到足够容纳几艘船，长189英尺，宽23尺。一幅手稿草图显示了在船闸上游的每扇人字闸门有3个垂直锋式小闸门[18]，但船闸下游用一扇闸门来封闭。这种设也出现在宗卡所描述过的16纪意大利布伦塔河上的船闸（第Ⅱ卷，图625）1。在伦敦近沃尔瑟姆阿比的利河上，于

图285　布鲁塞尔运河上的船闸草图，约1560年。

71—1574年建造的船闸里上、下游同时建有人字闸门，在那里

……他们看见一个稀有的设施，
是新建的水利工程，
韦尔的船通过这个船闸运送燕麦，
该船闸有两扇木质双层门，
里面同样由木板条做成一个大水箱，
当船来时就注满水，
这些神奇的门被打开以让船通行。

[瓦兰斯（Vallans），《双鹄记》（Tales of Two Swannes），1577年。]

宗卡（1568—1602），帕多瓦的建筑工程师，在他的书中并没有给出该船闸的位置[5]，但是说在帕多瓦和斯特拉（也就是在布伦塔运河之上）的船闸中可以看到所示类型的闸门。没有理由可以假定一个世纪前由多梅尼科（Domenico）兄弟建造的、斯特拉船闸中的闸门与宗卡所描述的相似。

17.5　16世纪的拦水闸门

荷兰最早的人字闸门应是 1567 年建造的三重装置，据维尔（Andries Vierlingh，1507—1579）所述，它建于斯帕尔丹的一个新防潮闸哈勒梅尔大水闸（*Grote Haerlemmer Sluys*）内，有 122 英长，25 英尺宽[19]。但可能还有更早的，因为 1617 年西蒙·斯蒂（Simon Stevin，1548—1620）在莱顿曾写道，人字拦水闸门"已经用了很长一段时间了"[20]。

最后，要说的很有意思的是，在瑞典的耶尔马伦湖和梅拉伦湖间的埃斯基尔斯蒂纳河被改造成运河的过程中，在 1603—1610 年修建了 11 座船闸（边码 455）[21]。因此，至 17 世纪初，有关运河闸的知识实际上已传遍了全欧洲。

17.6 佛兰德的运河

建于 16 世纪和 17 世纪的运河中，布鲁塞尔运河是意大利境最重要的运河[22]。长期以来，沿着塞纳河、亚珀尔河和斯海尔河，在布鲁塞尔和安特卫普之间就有通航。在中世纪时常对塞讷航运进行改进，但在 1531 年决定要在布鲁塞尔和亚珀尔河畔的维布鲁克间修建一条运河（图 286），全长 18.5 英里，几乎只是以前船距离的一半。沿老航道的一些城镇里的人们反对该计划，因为怕会丧失贸易机会，但是到 1550 年形成共识，并在洛康吉安（Je de Locquenghien，1518—1574）的领导下开始修建。布鲁塞尔和亚尔河的高水位之间落差达 34 英尺，其间设 4 座船闸（边码 450）。些船闸大到足够同时容纳 12 只小海船，并可提供 5 英尺水深。7溪流经运河下面的涵洞汇入。一共修了 4 座路桥，其中一段 2 英长的运河最大控深达 30 英尺。在亚珀尔河口和最低的船闸之间，1英里长的运河穿过低洼的湿地，它的堤坝高出湿地约 10 英尺或英尺。运河在这一河段是受潮汐影响的，工程 1561 年完工后，导过量的泥沙淤积。到了 1570 年，洛康吉安在运河出口处修了一座

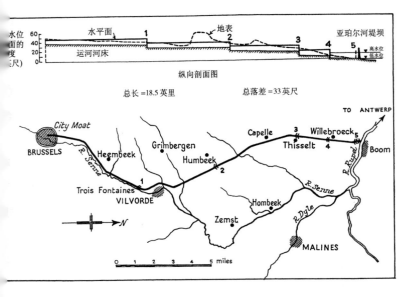

布鲁塞尔运河的地图和纵向剖面图，1550—1560。

3 对人字闸门的防潮闸。

　　我们至今还能了解工程组织的一些细节。洛康吉安在 1550—
63 年间作为工程的负责人一直拿固定的薪水，范博哈尔登（Adrien
n Bogaerden）是工程监理和首要助手，也自始至终被雇佣。日常的
管分别由当地两位工程师进行，另有一位财务官员，不时还征询专
的意见。这样，1554 年在维勒布鲁克的亚珀尔堤坝开工时，梅尔
斯（Willem Maertense）作为顾问被从荷兰召来，而两年前安特卫普
范叔恩贝克（Gilbert Van Schoonbeke）也被召来对船闸的建筑提出设
意见。运河的修建并非一帆风顺。在维勒布鲁克修建船闸时，承造
遇到了困难，许姆贝克的船闸 1562 年出了大问题，原因是一道门
基座下面出现了渗漏，引起运河堤岸的滑坡，但每次险情都被成功
救。最大的涵洞输水渠（所有都是木质的）不够坚固，1569 年又被
纳尔迪（Georges Rinaldi）改建成砖石结构。据说彼得大帝（Peter the

453

17.6　佛兰德的运河

Great）在这条运河上旅行时，由衷地赞赏这种砖石结构。

　　布鲁塞尔运河刚好在与西班牙交战前竣工。当 17 世纪早和平重新来临时，佛兰德运河系统被大大扩展了[23]。其中，加值得注意的工程包括大约在 1622 年连接布鲁日、帕斯亨莱（Passchendaele）、尼乌波特和敦刻尔克的 44 英里长的运河。这运河在 1641—1661 年间又被扩大，1666 年延伸到了奥斯坦德，于 1669 年在那里修建了一座极好的防潮闸。1670 年敦刻尔克和河连接起来。17 世纪结束前，在格拉沃利纳的阿河河口又修建了一座大防潮闸。由于利斯河和斯卡尔普河之间又开挖一条运河作连到 1692 年，里尔附近旧的河道航运系统得到改善和扩展。

454　　　这个时期在佛兰德最引人注目的技术成就，当属迪比耶（Mai Dubie）在波辛赫（Boesinghe）修建的著名船闸。1643—1646 年间，伊普尔和伊瑟河之间的航运因为修建了一条约 4 英里长的旁支运河而改进了。这条旁支运河连接伊普尔和波辛赫。从这里开始航道着河流，一直到伊瑟河的汇入口。4 英里长的河段落差总计 20 英整个落差由波辛赫的一座大船闸来控制，代替了通常大小的 3 座闸（图 287）。它的出众之处不仅在于面积，还因为船闸首次采用储水池。储水池的作用是减少操作船闸时水量的损失，每个储水

能容纳船闸出的 1/3 的余下 2/3 流了运河。船需要注水就可以通过准备好的地闸门重复使这些水。

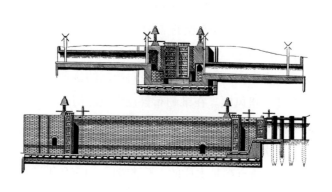

图 287　布鲁塞尔运河的波辛赫船闸，1643—1664。

.7 德意志和瑞典的运河

前面已提到德意志在 16 世纪中叶就建起了大量船闸。早在 1540
，在勃兰登堡的选帝侯约阿希姆二世（Joachim Ⅱ）的倡议下，修
连接哈弗尔河和奥德河运河的计划被草拟出来。1548 年，他提
了一个更实际的计划，把施普雷河与奥德河上游的法兰克福河段
通[24]。这条运河的工程开始于 1558 年，但好像遇到了许多困
，最终在 1563 年停顿了。经历了无数政治性延迟之后，大选帝侯
特烈·威廉（Frederick William）下令进行新的运河工程，后来这条
河以他的名字来命名。1662 年，这项工程在意大利工程师基耶塞
hilippe de Chiese）的指挥下开始，船闸和桥梁建设由施米茨（Michael
hmidts）负责。后者是一名荷兰工程师，5 年前曾在柏林修建过一座
船闸。1669 年，腓特烈-威廉运河竣工，总长 15 英里，是欧洲的
三条越岭运河。像早期的斯特克尼茨运河一样，山顶部分的运河水
沙土渗出的地下水作补充。运河东段在施普雷河上的诺伊豪斯两
闸间上升了大约 10 英尺，而在越岭河段西段至奥德河畔的布里斯
·（Brieskow）之间下降了 65 英尺。

乔基姆二世早期构想的运河——菲诺运河于 1605 年动工，
509—1617 年间因为缺乏资金而停工，最后在 1620 年完工。第一
河段 8 英里长，和哈弗尔河相平。运河接着沿奥得河的一条短小
流顺菲诺河谷下行 17 英里到达利佩（Liepe），在 120 英尺的落差
只设置了 11 座船闸。事实表明这条运河令人很不满意，因为哈弗
河会淹没它。30 年战争期间，工程失去维修和保养，因而完全毁
了。至 18 世纪初，连痕迹都消失殆尽。在 1744—1751 年间，这
运河以一个不同方案进行了重修。从哈弗尔河向上到峰顶河段有
座船闸，水道入口在该河上游几英里处，向下到利佩有 14 座船闸。
国这一地区的水路系统因为普劳厄运河而完整起来。这条运河建于
743—1746 年间，始于易北河，流过普劳厄湖，再到哈弗尔河。

455

在瑞典，由特尔福德（Telford）设计的约塔运河（1808—18）提供了斯德哥尔摩和维纳恩湖之间的水上运输线，由此可通过约塔直达哥德堡。特尔福德大体上沿用了 1526 年古斯塔夫一世（Gusta I）的构想。古斯塔夫一世是文艺复兴时期又一位抱有大规模修建河雄心的王子，他的构想超过了当时技术和财力，但他的目标没有世人遗忘。1596 年人们开始小规模地展开工作，将耶尔马伦湖和拉伦湖之间的埃斯基尔斯蒂纳河段改造成运河，构成了打通斯德尔摩和哥德堡间航线的第一步[25]。这一工程完工于 1610 年，吕克（Petter von Lübeck）为其建造了 11 座木船闸，一名荷兰工程师是程的顾问。然而，工程并不完全成功。1628 年，布雷乌斯（Andr Bureus）就连接耶尔马伦湖和阿尔博加河（流入到梅拉伦湖）间的一运河作了调查，它建于 1629—1639 年并完全取代了早先的埃斯基斯蒂纳河的路线，阿尔博加河和耶尔马伦湖之间 75 英尺的落差由座砖石结构的船闸来控制。邦德（Carl Bonde）任工程指挥，工程包在岩石群中开辟出的一条近 0.5 英里的运河道。出于贸易考虑，世纪末前必须加宽这条运河。荷兰工程师德莫尔（Tilleman de Moll）责改进工作，并于 1691—1701 年间进行。旧船闸被 8 座新的所取每座约 24 英尺宽，100 英尺长，落差达 13 英尺，深度也被增大到英尺。1635 年，有人在韦特恩湖西边的乡村地带，也就是沿着后约塔运河的越岭河段作了勘察，而约塔河上的小埃德早在 1607 年建了旁支河道和船闸。至于这条宏伟的连接波罗的海和北海并与普海姆（Polhem）和特尔福德及范普拉滕（Count von Platen）等人的工联系在一起的水路建筑的后续工程，则超出了本章范围[26]。

17.8　英格兰的河道航运

在不列颠群岛，第一条越岭运河地处北爱尔兰的纽里和内伊湖之间，晚至 1737—1745 年间才由斯蒂尔斯（Thomas Steers）修建，主

云送蒂龙煤矿的煤炭，再经海路到都柏林。事实上，运河建设在
业革命前一直没有大规模地开展，尽管此前 150 年间人们对延伸
改进河道运输系统，已做了大量工作[27]。为说明这一进展的程度，
须提及 18 世纪末，英格兰已有大约 2000 英里适航水路，其中约
1/3 是 1760—1800 年间修建的运河，1/3 是"畅通"的天然可通
的河流，剩余的 1/3 主要是工程师们在 1600—1760 年间的工作
果。

堵水闸门在中世纪前已修建，通常是建在磨坊堰内。这些堵水闸
并非一开始就用于改善航道，而是因磨坊而修建的。随着时间的流
，中世纪的河流系统已越来越不能满足需要，因为许多河流上小的
世纪航道按现代标准已不适用。1564—1567（边码 451 及图 288）
间在埃克塞特实施的工程，代表了英格兰水路交通的全新前景的
始。

此后不久，人们对泰晤士河及其支流进行了改造。1574 年完工
利河上的船闸有史料可查（边码 451）。1624—1635 年间在泰晤
河畔的伊夫莱、桑福德、阿宾顿修起了 3 座船闸。从吉尔福德到
布里奇之间的节运河经 1651—1653 年间的改造后通航，长度为

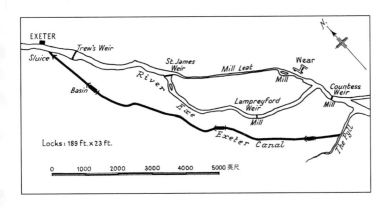

图 288　埃克塞特运河图，1564—1567。

15英里，落差为86英尺（图289）。这项工程由理查德·韦斯顿士（Sir Richard Weston，1591—1652）主持实施，包含开掘7英里河道和建造10座船闸，还有12座桥以及吉尔福德和韦布里奇的头。70年后肯尼特河也可通航（从雷丁到纽伯里），霍尔（John H约1690—1762）是这项工程以及从布里斯托到巴斯的埃文河段道的工程师。1718—1723年间，他在肯尼特河畔新建了长11.5里、宽54英尺的人工河道，并在总长为18.5英里、落差138英的运河上设计了18座船闸，每座长122英尺，宽19英尺。塞文是西部交通的主动脉，直到什鲁斯伯里都畅通无阻。显然，塞文河一些较大支流的通航可使人们获益良多。沃里克的埃文河段从蒂克伯里上游到比迪福德，约32英里长，工程由桑兹（William Sandys）

1636—1639年主持修建。亚兰滕（Andrew Yarranton，1616—168在1675—1677年间把航道扩展到埃文河畔的斯特拉特福。1662

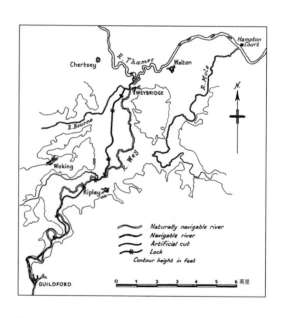

图289 韦运河地图，1651—1653。

兹试图让切普斯托和蒙茅斯间的瓦伊河通航，但技术上困难太大。
而就在同一年，亚兰滕开始从伍斯特郡斯陶尔河畔施工，把航道延
至斯陶尔布里奇。

约克郡河流中最早的重要工程是由哈德利（John Hadley）于
99—1703年间在艾尔河和科尔德河主持修建的，从乌斯河直到
兹和韦克菲尔德（图290）。1726—1729年间，帕尔默（William
mer）把唐河航道扩展到了设菲尔德，他在1727—1732年间也监
了乌斯河上的改进工程。同时在西北，曾在1715年完成了利物浦
第一座船坞的斯蒂尔斯（1672—1750），在1722—1725年间使默
和艾尔韦尔（Irwell）河道可直航到曼彻斯特。到1732年，经过3
施工，鲁滨逊（Thomas Robinson）主持的威弗河水路建设完毕，水
全长20英里，有11座船闸，从温斯福德到默西支流落差有42
尺。

上述一些英国运河的简介大致勾勒了工程的范围，它们的经济重
性通过事实得以体现。例如，在1750—1760年间，威弗河年运载
超过了5万吨。英国运河的建筑包括堰、防洪闸门、桥、码头以

图290　利兹附近艾尔河航道上船闸的全景，约1702年。

及船闸，虽然单独来看技术上的重要性不能与当时法国的运河相提并论，但总体上它们也显示出相当可观的工程成就。

17.9 法国文艺复兴时期的工程项目

法国的内陆水运沿用的是与英格兰截然不同的形式[28]。当法国也重视对河流的改善，但其 17 世纪工程的首要特征是两条伟大的越岭运河，它们在工程史上非常重要，因此我们将对它们分别介绍。事实上，1666—1681 年间修建的朗格多克运河是欧洲从罗马时期到 19 世纪期间民用工程的最伟大的功绩，它主要得益于在 1604 年开始兴建的布里亚尔运河的宝贵经验。

朗格多克运河是基于法兰西斯一世（Francis I，1515—1547 年在位）的雄心和想象力而构思出来的。他清楚地预见到，如果能在地中海和大西洋之间开通一条水路，就会给他的国家在贸易和声望上带来巨大的好处。当法兰西斯一世在 1516 年由达·芬奇伴随从米兰回国时，他们一起探讨了修建连接两片海洋的运河（*canal des deux mers*）这一著名工程的方法。有两条可行的路线，一条是在南方连接加龙河和奥德河（即朗格多克运河或称南运河），另一条是在法国中部，把卢瓦尔河和索恩河连起来，称作沙罗莱运河或中部运河。后者在经济上更具吸引力，但技术难度较大。于是，巴舍利耶（Nicolas Bachelier，1485—1572）为南运河的建设作了初次详细的考察研究。在 1539 年的报告中，他提出最佳路线应该是沿着奥德河到卡尔卡松，然后通过运河取道于维勒弗朗什到达图卢兹北面的加龙河（图 292），这是125 年后所建的朗格多克运河的基本路线。他虽然也提到了船闸，但没有提出操作方案。

大约 20 年后，德克拉波纳（Adam de Crapponne，1526—1576）考察了这条路线，并为沙罗莱运河作了勘察。公共设施的建设因为宗教战争而停顿下来，而后一直等到 1598 年停战之后才继续下去。

利四世（Henri Ⅳ）和他的才干出众的大臣萨利（Duc de Sully）的支……下，又开始了修桥和供水以及大规模的土地排水等工程，并重新对……部的运河作研究。布拉德利（Humphrey Bradley）是亨利四世的堤坝……家，也投身于该项工作上来。他在1584年充当了多佛尔港的顾问……职，并在1589年已经准备了最早的英格兰沼泽地排水的综合性计……（边码316、边码318）。稍后，他又考虑设计一条连接塞纳河和……恩河的运河的方案，即勃艮第运河的雏形。

文艺复兴时期的3项伟大工程——朗格多克运河、沙罗莱运河……勃艮第运河——最终全部竣工了。但对于17世纪早期来说，财力……力显然不足。萨利明智地决定采取更实际的做法来连接卢瓦尔河和……纳河，这是一个颇具吸引力的商业性提议，几乎没有重大的技术困……，它将形成从大西洋到地中海的一条水路支流，通向塞纳河谷和……都。

460

.10 布里亚尔运河和奥尔良运河

连接卢瓦尔河和塞纳河的运河的初始计划起草于1603年[29]。……雷济河（Trezée）可从其在布里亚尔与卢瓦尔河的汇合点开始通航，……程约10英里，直到布勒托（Breteau）村庄。然后在特雷济河和卢万……间的高地上挖掘一条最大深度达75英尺的河道，由此提供了一条……达24英里直通蒙塔日的航道（图291）。越过高地的运河至少具备……英尺的深度及40英尺的宽度，沿河还需要建造48座船闸。船闸将……90英尺长、16英尺宽，有人字闸门和3—5英尺的不同落差。关……工程的招标于1604年1月和2月进行。科尼耶（Hugues Cosnier）……任命为承包商。

科尼耶详细考察了选址，发现原方案中有几处重大错误，只能作……草案使用。因为特雷济河和卢万河在高地由运河连接起来的交汇点，……位并不是一致的，水位差超过了40多英尺。制定的方案既不能为

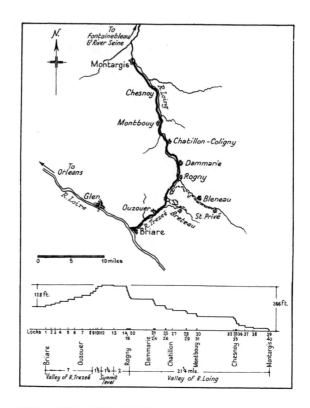

图 291 布里亚尔运河的地图和纵剖面图，1604—1642。

山顶运河供水，也无法保证工程免受洪水袭击。科尼耶被迫设计新
方案，建议从卢瓦尔河沿着特雷济山谷向上游挖掘 7 英里，然后
然转向北面，让运河越过一个高原，越岭河段有 3.75 英里长，再
着卢万山谷的陡坡而下，在罗尼与卢瓦尔河连接。新的路线比原来
缩短了约 3 英里，避免了挖掘深河道，也能将水引导至山顶。科
耶还补充建议修一条真正跨越整个布里亚尔和蒙塔日的运河，因为
意识到这样做远远比让特雷济河和卢万河通航更能令人满意。同时
他还建议船闸要用砖石结构，面积应该加大。

这些彻底的改变由国王的代表方丹（Jean Fontaine）进行验

丹个人完全赞同科尼耶的设计。随后在 1604 年 12 月，皇家委员接受了新计划。萨利征召了 6000 名士兵作劳力，他自己也不时视察工程。1608 年，亨利四世由皇后陪伴来参观运河，给了科耶很大的荣耀。到 1610 年，3/4 的工作已经完成，但在同年 5国王被谋杀，运河因此失去王室的资助。然而，工程还是继续进。1611 年，萨利被迫向政府辞职，新政权委派一个委员会调查运状况以及完成运河的费用。这个委员会由侯爵德鲁瓦西（Marquis de oissy）为首，他手下的 4 位专家中包括布拉德利（边码 459）。对程的详细调查证实，科尼耶已经完成了预定 34 英里中的 26 英里，建了 35 座船闸以及其他附属工程，例如 15 个排洪堰和 9 座桥梁。闸的石墙有 6 英尺厚，闸门间距离是 105 英尺，能让 15 英尺宽的只通行，船闸的落差一般为 10 英尺，在有些地方达到了 14 英尺多。科尼耶以前访问过布鲁塞尔运河，他使用了在那里看到的地闸门。这些地下闸门效率都很高，即使是落差 14 英尺的船闸，也在 10 分钟之内运作。从高原开始到罗尼的卢瓦尔河之间，科尼耶建了 6 座船闸，呈阶梯状，总落差达到了 65 英尺，这在当时算上是一个辉煌的成就。他坚信两座船闸间水位一致的距离越长越，为此在罗尼、达马里和协努瓦附近修建了阶梯式船闸和一些双级闸。为了峰顶的供水，科尼耶设计出一条长 3.25 英里、在特雷济河上游有开口的支线，最后连通一处小湖泊加佐纳湖（Étang de la azonne），起到水库的作用，水可以从湖内直接导入运河，但工程未实施。为了能储蓄更多的水，必须要修一座船闸，可以将一边的贮存到 8 英尺或 9 英尺高的水位，这样在山顶的一条 1.75 英里长运河就起了蓄水库的作用，因为这个流域的水位就算降低 4—5 英，也不会阻碍通航。沿着特雷济和卢瓦尔河山谷的运河，也有许多些河流的入口。

在 1604—1611 年间，科尼耶设计了越岭运河并基本上完成了修

17.10　布里亚尔运河和奥尔良运河

建。运河从卢瓦尔河提升了 128 英尺，而到蒙塔日的卢瓦尔河贝□降了 266 英尺。他修了 35 座船闸，设计了山顶河段供水道，而且□虑到运河其他部分的运河供水，并且利用泄洪堰来防洪。

所有这些工程在 1611 年委员会的报告中都有所提及。德鲁瓦□写道：*"放弃这个伟大工程多可惜！它实力强大，切实可行，几乎□美无缺。"* 但由于政治、资金方面的原因，这个计划搁浅了。科尼□决定自己出一部分资金来完成工程。作为回报，他将得到运河投入□用后前 6 年的费用征收权。但是因为连绵的战争和摄政时期政府□无能，17 年里运河的工作几乎没有进展。在这一间歇时期，科尼□自然被聘到其他地方去了，其中最突出的当属阿尔克伊到巴黎的引□工程。1628 年，弗兰奇尼（Francini）和勒梅西耶（Le Mercier）重新□察了布里亚尔运河，他们强烈建议完成运河的施工，但也指出需要□峰顶增加供水，来弥补在罗尼使用 6 座船闸时大量流失的水。出□这一目的，他们设计了第二条供水渠，入口在圣普利韦处的卢瓦尔□通往一个起水库作用的小湖，其水位略高于峰顶。为了推进已耗费□自己如此多心力和时间的运河工程，科尼耶主动请求建造这条供水□条件是支付给他从 1611 年就开始拖欠的部分款项。他的请求得到□认可。可惜此时他已年迈多病，于 1629 年底去世。在经过这条运□向他致敬吧，记住这位伟大的天才吧[30]！

8 年以后，纪尧姆·布特勒（Guillaume Boutheroue）和居□（Jacques Guyon）在 1638 年，获得了路易十三（Louis XIII）的可实施□河工程的专利许可证，但仍要支付大笔的征地费用，作为获得运河□有权的代价。他们为此成立了一家公司，由纪尧姆·布特勒的哥□弗朗索瓦·布特勒（François）管理。27 年无人管理造成的荒废得□弥补，最后修建起 5 座通往蒙塔日的船闸，运河也于 1642 年投入□用，一切恰如科尼耶当初设计的那样。无论如何，1628 年提出的□圣普利韦修建一条供水渠的方案，被证明是有着良好的基础的，并□

6 年如期完工，它的显著之处是在总长 13 英里的距离内的落差仅 .5 英尺（每英里 5 英寸）。

这是一项令人满意的投资，在 17 世纪后半叶，公司的年收入是 投入的 13%，同一时期运河上的年交易量是 20 万吨。这个数目 整个 18 世纪都得以保持，并在 19 世纪翻了一番，在今日（指 20 50 年代）更是当年的 3 倍。

在布里亚尔运河上运输的物资主要是从阿列河和卢瓦尔河上游往 往巴黎的葡萄酒和煤，但部分贸易也从南特、图尔和奥尔良沿着 尔河往上运送。为了缩短这一部分贸易的路程和方便奥尔良森林 材的出口，1682—1692 年间修建了一条长 46 英里的运河，从奥 良的卢瓦尔河向峰顶上升 98 英尺，利用了 11 座木质船闸，而后 下降 132 英尺到达蒙塔日的卢瓦尔河段，这一段长约 18 英里，有 座船闸 [31]。

奥尔良运河的主要技术难题是山顶部分的水源供应。运河横穿过 广袤平坦的高原，主要的供水渠即库尔帕勒特渠长 20 英里，落 只有 4 英尺（每英里 2.5 英寸），因此这条水渠中水流较慢，除了 作越岭运河的蓄水库外，这个系统没有其他有效的用途。这一切恰 斗尼耶对布里亚尔运河的设想。全长为 11 英里的奥尔良运河峰顶 没有足够的能力容纳在夜间从供水渠汇入的水，这刚好用于弥补 日运河使用中水的流失。特吕谢（Sébastien Truchet，1657—1729） 奥尔良运河的顾问，这位著名的水利专家也是物理学家马略特 ariotte）的学生 [32]。他在勘测库尔帕勒特供水渠的工作中所要求 高精度是令人惊讶的，这令我们想到了早在 1609 年赖特（Edward ight）为伦敦的新河供水所做的测勘中取得的成就 [33]。在那里，39 里长的运河中落差有 18 英尺，即每英里 5.5 英寸（和圣普利维渠 坡度几乎相同）。库尔帕勒特供水渠也值得纪念，因为在 1769 年 齐（Antoine Chézy）对河流和畅通海峡流水的经典研究中，它提供了一个很有价值的调查项目[34]。

　　全靠在沿河各磨坊的堰里设置的 26 座堵水闸门，蒙塔日和[
河之间的卢万河（在 1692 年后承接了奥尔良和布里亚尔运河的交
才能通航。这两条运河在使用中因为操作这些堵水闸门所引起[
间延误，逐渐变得让人不能忍受，所以 1719—1723 年间，让·[
斯特·德·雷热莫尔特（Jean-Baptiste de Règemortes）顺着卢万河[
修建了一条旁支运河，它长 32 英里，有 21 座船闸[35]。在 172[
他的儿子诺埃尔（Noël）在奥尔良运河上用砖石重建了船闸，卢[
河和塞纳河间的运河系统至此才得以完善。

17.11　朗格多克运河

　　自从亨利四世逝世后，当时的政府甚至对完成布里亚尔运汇
很勉强，所以在法国南部的朗格多克运河的工程进程停顿下来[
毫不奇怪了。直到 1662 年，才寻找到一个必不可少的人才组合，
们是擅长行政管理的柯尔贝尔（Colbert）和天才的工程师皮埃尔·
罗·里凯（Pierre-Paul Riquet，1604—1680）[36]。在前几年，里凯
安德烈奥西（François Andreossy，1633—1688）的帮助下，首次完
了把充足的水源引到山顶的方案。他设计了一条长 26 英里的供水
入水口在勒韦附近的索尔河，从 3 条山谷河流阿尔佐河（Alzau）、
尔纳索内河（Vernassonne）和朗皮河（Lampy）中取水的另一条水渠
加了这条供水渠的水量（图 292）。至于运河的路线，也主要采纳
一个多世纪前巴舍利耶原来设计的线路。莱尔斯河（Lers）（现在
l' Hers）从图卢兹到维勒弗朗什东部某地（上加龙省）的河段必须通
于是要开凿一条越过峰顶的运河，并汇入卡斯泰尔诺达里附近的弗
凯尔河（Fresquel）。在这汇合点之下，弗雷凯尔河到卡尔卡松附近
奥德河的交汇处的河段要被修建成可通航的河道，而沿奥德河向下
465　要能直航到它位于地中海海岸的入海口。

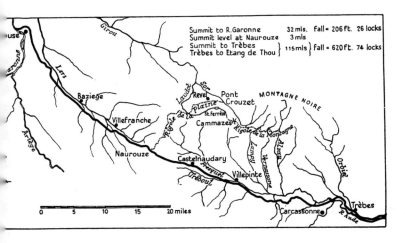

2　朗格多克运河的西部地图，1661—1681。

在 1662 年 11 月，里凯把他的方案交给柯尔贝尔。柯尔贝尔毫
不费力地使这一方案引起路易十四（Louis XIV）的兴趣。路易十四喜
欢在其统治下即使是在实用工程中也要体现出一种宏大气魄，任命了
一个皇家委员会来研究这个方案。里凯在 1663—1664 年间忙于把方
案具体化，到巴黎去拜访柯尔贝尔，还有弗朗索瓦·布特勒的弟弟纪
尧姆·布特勒——他已被任命为委员会的首席专家，也是布里亚尔运
河的董事之一。在 1664 年 11 月，里凯把计划书正式呈交给委员会，
该会召集了安德烈奥西、皇家地理学家卡瓦利耶（Jean Cavalier）以及
其他两名调查员进行协助工作。在为期 7 周的时间内，委员会仔细
勘察地形，大体上同意了里凯的计划，但建议与其让莱尔斯河、弗
雷凯尔河和奥德河通航，还不如直接从图卢兹到地中海修一条运河。
他们还提议，运河不应该在奥德河口结束，而应该在托湖结束，并要
在塞特建一个港口。

柯尔贝尔和国王同意了委员会的报告。但是，为了实际证明顶峰
引水计划的有效性，人们建议先从索尔河到诺鲁兹山（Naurouze）的

山顶挖一条实验性的水渠。这项工程由里凯在 1665 年 5—10 月指挥进行，并取得完全的成功。同时，首席皇家总工程师德克莱尔（de Clerville）为图卢兹和特雷布间运河的第一部分准备了合同。1666 年 10 月，里凯被任命为承办者。到次年 1 月，雇用了 2000至 3 月，受雇人数翻了一番。在 1668 年，起草了从特雷布到地海运河第二部分的施工细则，到 1669 年已有 8000 多人投入工程里凯已经组建了一个极好的行政管理人员班子，运河被分割成 1分，每部分有一个总监理，其中之一是安德烈奥西。在监理之下人负责更多的局部工作，每人都掌管相当数量的工人和监工，还个被长期雇佣的视察员。1680 年，工作很快接近尾声，但里凯在月去世，因此他无法享受运河在 7 个月后，即 1681 年 5 月开通悦。他的儿子让-马蒂亚斯（Jean-Mathias）继承了他的工程主管人位，在他带领下工程又延续了多年，因为 1692 年在运河完善之有许多工作需要完成。

朗格多克运河令世界为之赞叹。游客来目睹它的建造过程，们称颂它的工程师、柯尔贝尔和国王。在《路易十四时代》（*Siècle Louis XIV*）中，伏尔泰（Voltaire）提到了太阳王的卢浮宫、凡尔赛和其他建筑工程。他说："但是从功用、壮观及建造难度上看，连两片海洋的朗格多克运河，才是最宏伟的纪念碑。"就像布里亚河是法国朗格多克运河的范本一样，朗格多克运河也是欧洲后来挖的大运河的样板。

从图卢兹的加龙河段，运河上升 206 英尺到山顶，全长 32 英有 26 座船闸。山顶部分有 3 英里长，然后下降 620 英尺到达地中115 英里的河段上有 74 座船闸。这样从图卢兹到托湖，共有 150里长，船闸共计 100 座。按合同计划要修一条水面宽达 50 英尺的河，深 8.5 英尺，侧坡坡度为 1∶1。显然这样的设计太陡了，在发了几次滑坡后，这一段被改成最大宽度为 64 英尺，深 6.5 英尺，

466

467

度为 2.5：1，初始 32 英尺的底宽被保留下来。

一座船闸的墙体在建后不久就倒塌了。为了防止此类麻烦的再
生，对留存的船闸进行了改建，整个设计把墙高减少了 1/3，墙
也进行了加固。为了更好抵抗土压力，按计划把墙体砌成曲线形

从 1670 年开始，新式船闸两个闸门之间的长度是 115 英尺，进
宽为 21 英尺，平均落差 8 英尺。椭圆形的结构虽然更坚固，但和
方形闸室相比要失去更多的水。很多船闸组合起来，最突出的实例
里凯在贝济耶附近修了 8 个阶梯式的船闸，落差 70 英尺。在这些
闸的上游约 6 英里处，运河通过 180 码长的马尔帕隧道。运河有 3
主要的高架渠，一个在雷皮德勒河（Repudre）上，建于 1680 年前，
有一个跨度为 30 英尺的单拱。其余两个在奥尔比约河和塞斯河
（图 293），是 1686 年著名工程师沃邦（Sébastien Vauban，1633—
07，边码 372）设计、尼凯（Antoine Niquet，1639—1724）建造的。
过运河线的无数水流在运河下的地下涵洞中流过（图 294），此外
建有许多溢流堰、引水堰和公路桥，并完成了塞特新港口的建设。

这项土木工程规模庞大，但可能其技术上的价值主要体现在峰
水源的供应方案之中。最远的取水口在阿尔佐河上（图 292），位
努瓦尔山南翼的高处。从这里开始，著名的山上供水渠延伸 12 英

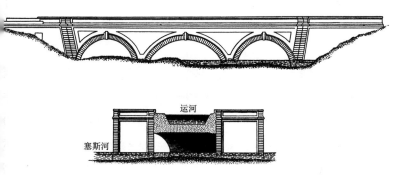

293　朗格多克运河上越过塞斯河的高架渠，约 1688 年。

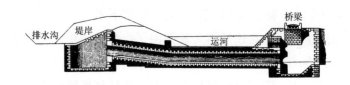

图 294　在维勒潘特附近的朗格多克运河河段下的涵洞，约 1680 年。

里，横穿过两条其他河流后分成两支，较短的支流流入索尔河，再

468　一条又延续了 3 英里，在莱卡马兹通过一条地道来补充劳多（Laud

的水源[1]。平原供水渠在蓬克罗泽（Pont Crouzet）的索尔河段有一个

水口，流经 8 英里与劳多汇合，再在一条 20 英尺宽、9 英尺深的

渠里携带全部供水继续流淌 19 英里，到达诺鲁兹山的峰顶运河。

1667—1671 年间的劳多山谷的圣费雷奥勒，里凯建了一座大型硬

堤坝，内墙是砖石建造的，高 105 英尺（图 295），并在此建成了

个容量为 2.5 亿立方英尺的水库[37]。在夏季，山上供水渠被直

引入索尔河，但在冬季，这条运河中激增的水量被部分分流引入

圣费雷奥勒水库，以备次年夏季之需。这个辉煌的设想被证明是

当成功的。直到 1777—1781 年间，第二个水库才在朗皮修建起

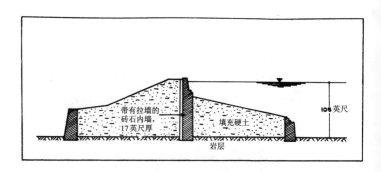

图 295　建于 1667—1671 年间的朗格多克运河的圣费雷奥勒堤坝最大厚度处的断面图。
水库蓄水量为 2.5 亿立方英尺。

1　除了初始计划的部分，这一隧道由尼凯于 1686—1688 年所建。

砖石堤坝高 54 英尺，用以补充一条到纳博讷的支流运河所需的

至 1692 年，朗格多克运河已尽善尽美，这一领域的土木工程学
臻成熟，从而为后来工业革命时期欧洲运河体系的巨大扩张提供
术基础。

17.11　朗格多克运河

相关文献

[1] For extensive data on costs of transport in
England see W. T. Jackman. 'The Development
of Transportation in Modern England.'
University Press, Cambridge. 1916.

[2] A general history of Chinese water-ways is
given by Ch' ao-ting Chi, 'Key Economic
Areas in Chinese History, as revealed in the
Development of Public Works for Water-
control' (Allen and Unwin, London, 1936).
Interesting descriptions will be found in
Louis Lecomte, 'Memoirs and Observations...
made in a late journey through the Empire
of China... translated from the Paris edition'
(London, 1697), and Sir George L. Staunton,
'An Authentic Account of an Embassy to
China, chiefly from the papers of Lord
Macartney and Sir E. Gower' (3 vols, London,
1797). Details of the lock of A.D. 984 and the
Shantung summit-canal have been elucidated
in discussions with Dr Joseph Needham.

[3] For medieval locks in the Netherlands see G.
Doorman. 'Techniek en Octrooiwezen in hun
Aanvang.' Nijhoff, The Hague. 1953.

[4] Thacker, F. S. 'The Thames Highway: a History
of the Inland Navigation.' Thacker, London.
1914.
Idem. 'The Thames Highway: a History of the
Locks and Weirs.' Thacker, London. 1920.

[5] Zonca, Vittorio. 'Novo Teatro di Machine et
Edificii.' Padua. 1607.

[6] Telford, T., article on "Inland Navigation" in
'The Edinburgh Encyclopaedia', vol. 15, pp.
209–315, writes: 'The lock at Vreeswyck
dates from 1373 and is perhaps one of the
oldest on record.' He also recognized that the
Stecknitz canal should be 'reckoned amongst
the first in which the invention of locks was
employed'.
Brewster, D. *et al.* (Eds). 'The Edinburgh
Encyclopaedia', vol 15. Edinburgh. 1830.

[7] Private communication from Dr Fockema
Andreae.

[8] Rehder, P. *Z. Ver. Lübeckische Gesch.*, **11**,
339, 1909.
Teubert, O. 'Die Binnenschiffahrt.'

Engelmann, Leipzig. 1912.
Wreden, R. *V. D. I. Jb.,* **9**, 130, 1919.
Eckoldt, M. *Wasserwirtschaft,* **40**, 255-
290–5, 1950.

[9] The standard works on the Lombardy cana
are:
Bruschetti, G. 'Storia dei Progetti e delle (
per la Navigazione interna del Milanese.' M
1821.
Lombardini, E. 'Dell' Origine e del Progr
della Scienza Idraulica nel Milanese.' Mila
1872.
Lecchi, A. 'Trattato de' Canali Navigabili.
Milan. 1776, 1824.
Bascape, G. C. 'Itinerarii della Nostalgia: i
Naviglio di Milano e gli antichi Canali lomb
Tavole di Giannino Grossi.' Delfino, Milar
1950.

[10] For the work of Bertola da Novate see:
Parsons, W. B. 'Engineers and Engineerin
in the Renaissance.' Johns Hopkins Press,
Baltimore. 1939. and also Bruschetti, G. S
ref.[9].

[11] Alberti, L. B. *De re aedificatoria.* Florenc
1485.

[12] Zendrini, B. 'Leggi e Fenomeni, Regolazic
ed Usi delle Acque correnti.' Venice. 174

[13] M—, G. B. 'Notizie storiche... del Canale
naviglio di Bologna.' Bologna. 1825.

[14] Parsons, W. B. See ref.[10].

[15] For a description of the modern shaft-lock
McGarey, D. G. *J. Jr Instn Engrs,* **49**, 1–
1938.

[16] Klehmet. *Wschr. Arch. Ver., Berlin,* **3**,
177–81, 191–5, 1908.
Eckoldt, M. See ref.[8].

[17] de la Garde, P. C. *Min. Proc. Instn civ. En*
4, 90–102, 1845.

[18] Twyne-Langbaine MSS 1, fol. 76 (*c* 1620).
Bodleian Library, Oxford.

[19] Vierlingh, A. 'Tractaat van Dyckagie' (2 vo
ed. by J. de Hullu and A. G. Verhoeven. Rij
Geschiedkundige Publicatiën, The Hague.
1920.

[20] Stevin, S. 'Nieuwe Maniere van Sterctebou
door Spilsluysen.' Rotterdam. 1617.

469

Nerman, G. 'Hjalmare Kanals Historia.' Uppsala. 1910.

Engels, H. *Ann. Trav. publ. Belg.*, **1**, 120–73, 1843.

Wauters, A. 'Documents concernant le Canal de Bruxelles à Willebroeck.' Brussels. 1882.

Personal communication from Dr O. Gorteman of Brussels.

Vifquain, J. -B. 'Des voies navigables en Belgique.' Brussels. 1842.

Rive, B. L. de. 'Précis historique et statistique des canaux et rivières navigables de la Belgique.' Brussels. 1835.

The most convenient general reference for German canals is O. Teubert (see ref.[8]). More specialist studies include Klehmet (see ref.[16]), R. Wreden (see ref.[8]), and M. Eckoldt (see ref.[8]).

A detailed history of the Hjälmar canals is given by G. Nerman (see ref.[21]).

For the Gota canal and the navigation of the Gota river, including the Trollhatten canal, see T. Telford (see ref.[6]) and Skjoldebrand, A. F. 'Description des cataractes et du Canal de Trollhatta.' Stockholm. 1804.

Willan, T. S. 'River Navigation in England 1600–1750.' University Press, Oxford. 1936.

Skempton, A. W. *Trans. Newcomen Soc.*, **29**, 1953 (in the press).

Standard works on the French canals of the seventeenth and eighteenth centuries are:

Lalande, J. J. le F. de. 'Des canaux de navigation.' Paris. 1778.

Pommeuse, H. de. 'Des canaux navigables... avec des recherches comparatives sur la navigation intérieure de la France et celle de l' Angleterre.' Paris. 1822.

Dutens, J. 'Histoire de la navigation intérieure de la France.' Paris. 1829.

Belidor, B. Forest de. 'Architecture hydraulique' (Vol. 1, Pt II , Paris, 1750; Vol. 2, Pt II , Paris, 1753) has many valuable drawings of canal works.

An important manuscript, 'Traité de plusieurs sortes de navigations' (Bibliothèque Nationale, Paris, MS fr. 18. 954, pp. 47–71), was written by Hugues Cosnier in 1628.

[29] The history of the Briare canal was first accurately worked out by Lèbe Gigun, "Cosnier et les origines du Canal de Briare" (*Ann. Ponts Chauss.*, **18**, 509–57, 1889). His work has been amplified in the definitive monograph of P. Pinsseau, 'Le Canal Henri IV ou Canal de Briare.' Houzé, Orléans. 1943. Earlier books, notably H, de Pommeuse (see ref.[28]), contain valuable techaical details.

[30] Pinsseau, P. See ref.[29] .

[31] Pommeuse, H. De. See ref.[28] .

[32] Tarbé de St. Hardouin, F. P. H. 'Notices biographiques sur les ingénieurs des ponts et chaussées.' Paris. 1884. See also "Éloge du P. Sébastien Truchet." *Hist. Acad. R. Sci.*, 93–101, 1729.

[33] Davidson, Sir Jonathan. Presidential address, *J. Instn civ. Engrs,* **31**, 1, 1948.

[34] Chézy, A. 'Mémoire sur la vitesse de l'eau conduite dans une rigole.' (MS 1775). Publ. in *Ann. Ponts Chauss.,* **60**, 241, 1921.

[35] Pommeuse, H. de. See ref.[28] ; for Regèmorte see Tarbé de St. Hardouin, see ref. [32] .

[36] Illustrated descriptions of the Languedoc canal are to be found in J. J. le F. de Lalande (see ref.[28]), M. de la Roche, 'Atlas et description du Canal Royal de Languedoc' (Paris, 1787), and A. F. Andrecssy, 'Histoire du Canal du Midi' (Paris, 1804). Riquet de Bonrepos, 'Histoire du Canal de Languedoc' (Paris, 1805), gives a useful historical account based on original documents. Interesting details of the works, as seen by eyewitnesses, are contained in *Phil. Trans.,* **3**, 1123–8, 1670, and Louis de Froidour, 'La relation et la description des travaux qui se sont en Languedoc, pour la communication des deux mers' (Toulouse, 1672).

[37] Devic, C. and Vaissete, J. J. 'Histoire générale de Languedoc', Vol. 14, p. 1088. Toulouse. 1876.

470

第18章　船舶与造船

G. P. B. 奈什（G. P. B. NAISH）

18.1 桨船

16世纪初，船舶的发展状况很有意思。那时，伟大的现代航海探索事业已经开始，开辟了全球贸易的海上航线，并通过海上贸易在接触到的其他民族当中传播西方文明。据称，船舶方面的巨大改进使得这些海上航行成为可能。真是这样吗？如果真的是这样的话，那有些什么改进呢？这些问题至关重要。我们也经常听说，由于船上配备了重型火炮，战舰变得更加令人生畏。亨利八世（Henry Ⅷ）就因为跨出了这一步而被人称道。这样的观点有证据吗？首先，让我们简要地回顾一下16世纪初在欧洲水域中从事贸易和战斗的船舶类型。

地中海军用桨帆船　带桨的大帆船是传统的地中海战船，但16世纪初，这类战船已经与古代大为不同了。由地中海的造船厂造出的典型的一艘大型桨帆船，甲板长约120英尺，船中宽度15英尺，造型轻巧，框架由龙骨和肋材组成，外面再覆以端部拼接而成的船壳板，此法在北方被称为平接建造。甲板高出龙骨只有5英尺或6英尺。1290—1540年间，流行的军用桨帆船被称为三列桨船，船上置有25块到30块座板，每块座板上有3名桨手，每名桨手各划一桨。每个"三人组"桨手的桨架在同一水平面上。

典型桨帆船的甲板是单层的，分成 3 部分，船首是作战平台，
是艉楼和舱房，中部是桨手划桨的地方，由一条中间过道分成左
部分，两侧由于舷外支桨托架的伸出而得以延长，为桨手划桨时
供了一个合适的杠杆系。这样一来，在最大宽度为 15 英尺的船体
就有 22 英尺 × 106 英尺的空间可供桨手使用。船的后端座板向
斜。每支船桨长 29—32 英尺，重量为 120 磅，约有 1/3 的桨身
在船内，以便与舷外部分的重量平衡。座板前边有一些低台阶，
让桨手爬上去，把桨叶放入水中，同时身体后仰时，脚稳稳地踩
阶上。

船首的单根轻型桅杆挂有一面大三角帆（也称"拉丁帆"），那是
型的地中海三角帆（第 Ⅱ 卷，边码 584、边码 586）。这种帆可让
手在桨帆船顺风航行时得以休整，但在战斗时帆就被收拢并吊起。
门大炮和一些小型火炮架在船首，在首楼平台下向敌人开火。高出
面的首部冲角带有撞角或尖铁。军用桨帆船由吊挂在艉柱上的舵来
从。在战斗中，它朝着敌船驶去，火炮齐发，桨手们使劲划着船桨，
着混乱将冲角上的尖铁撞入敌船上部的工作区，此时尖铁起着桥梁
作用，士兵借此得以登上敌船。与传统桨帆船不同，后来的船只没
水下铁撞角，而且它的桨手实际上都是些奴隶，也就是罪犯或战
而不是通过这种劳动可以获得额外津贴的志愿者。在基督教徒和
耳其人之间的一系列战争中，大批奴隶桨手的处境凄惨。然而，军
水手以及士兵（总共 50 人左右）并不比 150 名桨手的生活好多
尾部舱房有为船长准备的房间，他的大舱房往往被用作每天的食
桨手们终日与座板为伍，漂泊在海上，听凭口哨声呼来喝去，在
长时或借酒壮胆或饱尝鞭挞。

这种桨帆船即使在地中海上也并没有良好的适航性，在大西洋上
更不用说了。航行时，船必须承载近船首的大炮的重量，在下风时
要受舷外支桨托架和划桨的影响。但这类桨帆船队协同完成了很多

任务，在风平浪静的时候还是易于操纵的，其实现的目标和准确度让我们联想起后世带有蒸汽动力的海军。

当时还有一些较小的桨帆船，例如西班牙双桅渔船、双桅小帆和驱逐快船，这些名字主要因为以后又被起用而变得饶有兴味。军桨帆船也可以用来运载值钱的细软及重要客人。为了装载贵重的东商品，还设计了一些载重量更大的商用桨帆船。这些商品当时仍然过陆路运至黎凡特，再通过海路从地中海东部到达西欧。

地中海商用桨帆船　1500 年，世界上最好的商船或许就是大商用桨帆船，当时这种船大部分是在威尼斯建造的，船甲板下能装约 250 吨商品（第 Ⅱ 卷，图 534），有 3 根桅杆和 3 面大三角帆，长 6 倍于船宽，而军用桨帆船的长宽比为 8：1。实际上，尽管被为桨帆船，但到 1500 年为止，要划动这种船还是很困难的，所以留的船桨只在紧急情况或进出港口时使用。然而，这样的推进布局商用桨帆船基本具备了按时完成运输计划的优点，因而比光靠船帆进的船舶更加可靠。它们的船桨配置具有 3 列桨船的风格，而且艘商用桨帆船上集中有 200 名桨手和炮手。这种船实力强大，能御海盗的侵袭，运载贵重货物运费不菲，因而一些商人认为没有必给它们上保险。

16 世纪初，威尼斯的大型商用桨帆船声誉很高，一边与亚历大和圣地巴勒斯坦保持贸易关系，另一边又同南安普顿和布鲁日保贸易关系。不过在 16 世纪下半叶，桨帆船被圆船取代，仅作为三划桨风帆战舰使用了一段时间，这是一种参加了勒班陀湾大海战以无敌舰队战役的有桨有帆的军舰。

为什么对桨帆船的信心在那个时候会降低了呢？　1506 年，一伴随理查德·盖尔德福德爵士（Sir Richard Guyldforde，1455—150从威尼斯航行到巴勒斯坦去朝圣的牧师留下的一篇航海日志，使我能够判断出这些大船的航海性能。例如，他搭乘的桨帆船总喜欢在

473

港停泊，而在无风或逆风的时候就只得在海面上抛锚，随波起伏。

一般不太用桨，所以不能逆风航行。当试图行驶在两个岛屿之间的

夹中时，在无风的日子或波涛汹涌时，桨帆船几乎会被冲向岸边，

须要动用桨才能得救，划桨明显是一种绝境求生的补救办法。当风

起，桨帆船在另一个海岸几乎又会很快陷入同样的困境。如果有足

多训练有素的桨手，船主就不必出资雇用大批船员，但对于经常远

的帆船，使用大批奴隶并不现实。经过改造的圆船——也即帆船的

现，以及雇用大批船员致使成本上升等原因，使得桨帆船最终不再

于一般用途。

16 世纪中期，划桨方法有了一些变化。座板上的所有人用力划

同一船桨，笨重的桨帆船能够被驱动得更快。有时候，多达 8 个

划一支桨，但是通常是 5 个人划一支桨（图 296）。这类大型桨帆

296 地中海桨帆船。

每支船桨由 5 名桨手并排分 5 列划动的多桨船，在船首部装备了一些大炮。1629 年。

18.1 桨船

船是全副重武装的，但不论装备轻武器还是重武器，它都不能承受
船的舷炮攻击。这种配备有大型火炮新的全帆装船，使地中海商
和军用桨帆船丧失了其特有的优势，从而控制了整个海域。1509
威尼斯的商用桨帆船在敌人的威胁下，历时 31 天，行程 2500 英
从南安普敦直航到奥特朗托，被认为是一个了不起的成就。不过，
整个 17 世纪甚至到 18 世纪初，地中海列强还一直保留着桨帆船
队。划船时，奴隶们握紧固定在船桨桨柄上的把手，必须遵守水手
的银哨所传达的命令。他们有自己的墓志铭：*如果地球上真有地*
那么地狱就在桨帆船；在这里，从不知休息为何物。

18.2 全帆装船

传统上，圆船曾经是地中海的货船，不过这种商船与战斗用的
帆船既不能比速度，也无法比战斗力——也许在有强风的情况下除
在中世纪帆船的发展过程中，关于建造和帆装方面的思想观念在地
海和北欧之间相互影响和借鉴，结果是消除了传统上的差异（第 II
第 16 章）。

15 世纪的伟大成就是全帆装船的飞速进步——实际上，它几
是突然出现的（第 II 卷，边码 585—边码 588）。1400 年，大西洋
475 的帆船是带有一面横帆的单桅柯格船（cog，第 II 卷，图 530）。大
在 1450 年，三桅帆船在南北方同时兴起，至 1500 年，很多帆船
装了 4 根桅和 1 根艏斜杠（图 297）。因此，一艘三桅帆船上至少
5 面受风帆，分别是艏斜杠下的斜杠帆、艏帆、主帆及其上的顶帆
尾帆。这种类型的船通常被称为卡拉克（carack 或 carrack），它的
体可以通过艉楼和艉楼甲板以及伸出艏柱的艏楼而区分出来。在所
的此类船中，后桅或者四桅船中的两根尾桅都挂有大三角帆，这是
型的南欧纵帆（第 II 卷，图 536）。在北欧，主桅、艏桅以及艏斜
上都挂横帆，它是一个混合帆系统。有时主桅以及其他桅分成两部

图 297 一艘四桅帆船的侧面图。

出自《沃里克盛事》（Warwick Pageant）。这是一组约创作于
1485—1490 年间的画，共 53 幅，描述了沃里克伯爵（Earl of
Warwick，1381—1439）的生平。所画的 15 艘大船都是卡拉克
型，艉楼高悬，有 3 根或 4 根桅杆，并在中部上甲板处船舷
上缘配备了火炮。图中显示一根短的顶桅（或旗杆）竖立在主
桅的顶楼上。

顶部（最初，它好像是射箭及投掷标枪和石块的作战平台）则独立
有它自身的桅和帆。

这些船都是平接的，属南欧风格，并具有由北欧发展而来的悬于
柱上的中舵。16 世纪期间，南欧船保留了某些特点，而这些特点
来因推崇北欧的使用实践而被放弃了。例如，甲板横梁的两端伸出
侧，舷侧支索没有桅梯横索，而爬上桅顶需要利用沿着桅杆向上的
梯。帆船设计上的进一步发展是如此慢——特别是与 16 世纪惊人
发展相比更甚，以至于有必要考虑这种船从多桅中获得了什么好处。
种变化可能是由于帆船增加了尺寸所致。商人们希望将更多的货物
安全地运载到更远的地方，而大型船更容易防备海盗，也能够为长
航行运载充足的备用品。对于这类船而言，北欧所用的单面横帆是
适宜的。分离的帆船面设计牢固，但是长久以来，主帆和艉帆以及

476

所谓的"下桁大横帆",是比其他帆要大得多的帆。它们是下向☐
帆,有一面顶帆作为飞伸筝帆。斜杠帆与尾桅帆可协助掌舵。此☐
船用了一个较小的、狭窄的舵来进行操纵,并通过展开或者收拢船
端的帆来协助转舵或调转船头。

值得注意的是,挂有多面帆的船比原先的单横帆船更不能迎☐
行,但由于能够更为方便地增加或减少帆的数量,因此船更加灵
这种新颖的全帆装船适合于探索性的远程航行,船上能够容纳人☐
储备物,分离的帆面设计意味着能够更加安全地驶离未知的海岸,
且更能耐受长期的海上航行。

这种长期的海上航行实际上是全帆装船取得的给人留下深刻印
的成就。跨越大西洋到达印度以及环球的航行,都可以说明威尼斯
桨帆船为何不再出现在南安普敦水域。与东方的贸易也不再从东☐
中海借海路到达北欧,即便威尼斯没有被陆上战争所摧毁,它的老☐
行也成为多余的了。

到目前为止还不能确定的是,卡拉克船即新颖的全帆装商船到
主要是北欧类型还是南欧类型。称它为大西洋型也有一些道理,因
它有很多特征,特别是促成了这类帆装改进的更大的船身尺寸,
像出自巴约讷附近造船师之手,他们的工作曾给北海以及地中海
船主们留下了深刻的印象。单桅横帆装的柯格船在地中海已经被
仿制造了,而挂大三角帆的尾桅可能是从事海上贸易的人从葡萄
卡拉维尔(caravels)船学来的,这些船只是由航海家亨利王子(Pri☐
Henry,1394—1460)派往非洲沿岸。这些小帆船在2根或者3根
上装有大三角帆帆装,非常适合沿海岸航行(第Ⅱ卷,图533)。
西班牙和葡萄牙的海滨一带,它们被用于贸易和捕鱼,而且在哈
卢特(Hakluyt)所编纂的伊丽莎白时期水手的航海日志中被经常提
16世纪后半叶,卡拉维尔帆船艉桅上经常安装横帆。纵帆装置证
了自身更加适合沿海岸航行及岛屿之间的交通(18世纪西印度的

477

船可以作证），而横帆装置更加适合于跨越大洋，例如 1492 年哥伦布（Columbus）航海中的"尼娜号"（Nina）是大加那利岛的一艘经新装备帆装的船。必须记住的是，如果横帆安装得当，它就能像纵帆一样迎风行驶。

海关统计报表之类的官方记录，证实了 15 世纪以及 16 世纪期商船在尺寸上有所增大，而在 15 世纪大型帆船往往出自西班牙。我们自己的帕斯顿（Paston）信函中，1458 年一份相应的报告提起6 艘有艉楼的大帆船"，这是西班牙船，后来在一份相应报告中又道"有 200 艘带有高大艉楼来自西班牙的大帆船"到达了塞纳河。

到 1500 年，600 吨的帆船已十分普及。尽管人们都同意，全帆船的发展使得到美洲以及印度乃至环球的探索性航行成为可能，但不能因此认为完成远程航行的船就一定是一种新型的特别完美的只。众所周知，哥伦布对 3 艘船的挑选与人员配备都较为随意。18 年，麦哲伦（Magellan）航海的 5 艘船都是在加的斯购买的。"它都非常旧并修补过，"当时有人写道，"甚至只是乘坐它们到加纳利岛去也会令人忐忑不安，因为它们的肋材软得像黄油。""维多利亚"（Victoria）是 5 艘船中唯一完成这次航行的 85 吨的帆船。人们对100 吨的德雷克（Drake）的"金鹿号"（Golden Hind）知之甚少，它长 75 英尺，宽 20 英尺，西班牙俘虏曾说起它是一艘很结实牢固船。如果想到这样一条小船竟装载了约 60 人，德雷克还能在他自的舱房里听着音乐享用银盘中的美餐，那是非常令人吃惊的。毫无问，这种新型帆船使长途航行成为可能，但同样需要的是人类的勇和技能。

为了解帆船的发展过程，我们可以考察一下亨利七世（Henry）和亨利八世时期的海军舰队，它们由源于北欧和南欧的两类帆船成。

当时控制整个海域的全帆装船综合了地中海和大西洋的造船实践，

两种风格的结合在很大程度上归功于西班牙、葡萄牙和布列塔尼的
船师。船体设计开始依循西班牙卡拉维尔船的"一、二、三"的比
规则，船体长度传统上是船宽的 3 倍，而船宽则是船深的 2 倍。
同于桨帆船，在这种帆船中战舰和商船之间没有明显区别，因为所
船都装备了武器。此后，亨利八世为皇家海军所建造或购买的这些
只，实际上成为欧洲帆船队的代表。他不仅雇用了意大利的造船
而且还从热那亚、西班牙和汉萨同盟的商人那里得到了新船。

卡拉克船与巴卡船　1512 年时亨利最大的战舰——1000 吨
"摄政者号"（Regent）是根据 1489 年法国的一个模型建造的，配
151 门铁炮和 29 门铜炮，装载 400 名士兵以及 300 名海员，并同
雷斯特湾的一艘卡拉克船、法国的"科尔得利号"（Cordelière）锚
在一起。后来后者着火，两船一起爆炸。在亨利的舰队中，较大
船只从 800—1000 吨不等，它们常被称为卡拉克船，而较小的船
200—400 吨的巴卡（Bark）船。在当时的一幅关于法国卡拉克船的
中，舷侧下方的两个圆形炮眼清晰可见。而在另一幅画中，重型火
在中部上甲板船舷缘开火，这种样式比较古老。

亨利决定用一艘 1500 吨的较大的船只代替"摄政者号"，在
造过程中先后被命名为"大卡拉克号"（Great Carrack）、"特大卡拉
号"（Imperial Carrack）和"亨利皇帝号"（Henry Imperial），最后举
命名仪式尊为"亨利号"（Grâce à Dieu），简称"哈里号"（Harry）
"大哈里号"（Great Harry，图版 21A）。大船通常象征一个国家的荣
亨利可能以此来回应苏格兰在 1506 年建成的"大迈克尔号"（Gre
Michael）的挑战。"哈里号"配备了 195 门炮和 900 人，其中也有
两座重型大炮。该船主要装备了 134 座普通的海军火炮，这些都
小型的后膛填装式火炮，填装火药的药室顶在炮身的后膛上。"哈里
号"的一份清单表明它有 4 根桅，其上一般均有中桅和上桅，或
后面尾桅仅连接中桅帆。1545 年，"哈里号"又被改装为一艘 100

校小的船，配备船员 800 名和 151 门炮，其中 19 门是可发射重磅炮弹的重炮。1553 年，这艘船在伍利奇的一场意外的大火中毁。

.3 亨利八世的皇家海军舰队（1546）

1546 年的一张图表把皇家海军舰队分为 4 类，分别是全帆装、风帆炮舰、三桅小帆船和驳船，共有从 60—1000 吨不等的全帆船 20 艘。尽管被称为全帆装船，但它们都是具有高艉楼的卡拉克船，重型火炮通过位于舷侧较低位置的炮眼开火。最小的"乔治'（George）是一艘 60 吨的四桅帆船。

插图中 15 艘没有船桨的三桅风帆炮舰船楼低矮，船首有着像桨船一样的撞击头，前桅更加靠近艉部，而重型火炮则被安放在船首。们的吨位在 140—450 吨之间，最小的是三桅船。方形艉构架是全装船和三桅风帆炮舰的一个特色。这种老式的圆形艉还在使用，到下一个世纪在称作凹槽形船或者运河用平底快船等这些小型商用船上变得更加流行。10 艘三桅小帆船（吨位 15—80 吨）的船体与桅风帆炮舰类似，并有 3 根桅杆，其前桅和尾桅上没有顶桅，而桅竖于右后方。13 艘 20 吨的带桨驳船都是一些小型的带桨的风帆舰。

由威尼斯造船师设计的"萨布泰尔号"（Subtile）是一艘典型的地海式单桅桨帆船。15 艘被称为风帆炮舰的船是新型帆船，用桨帆的撞击头代替了卡拉克船高悬的艉楼（插图 21B）。其中，"羚羊"（antelope）、"虎号"（tiger）、"公牛号"（bull）和"公鹿号"（hart）4 艘船在 1546 年就造好了——如同那 13 艘带桨的驳船一样。这艘船代表了 200—300 吨的战舰的最新设计。"虎号"的舷侧配有 8 大炮，其中有一两门大型重炮可像桨帆船一样在撞击头上开火。主桅桅顶后方有半个桅楼平台，这也是桨帆船的风格。这 4 艘风帆

479

480

炮舰都是平甲板，与重载的卡拉克船形成鲜明对比。桨帆船的撞击是盖伦船（galleon）的特色之一，这种船是这个时期发展起来的重新型船只。因此亨利八世海军舰队所谓的风帆炮舰看起来似乎是盖船的雏形。

盖伦船 盖伦船是葡萄牙人发明的一种大型战舰。一艘葡萄牙的盖伦船（*São Foão*）在 1535 年参加了攻击突尼斯的战役，同时的画显示出它是一艘四桅帆船，没有船桨，装备舷炮火力，有一个帆船的撞击头。这种撞击头不能用来撞击，因为船首斜杠系在下面

16 世纪后半叶，西班牙与英国都在建造这种强有力的新型舰，其帆装同那个时期的大帆船相类似，但其船体的长与宽之比较而艉艕楼较低。据我们所知，这种盖伦船的龙骨长度是船宽的 3而旧式圆形帆船的龙骨长度是船宽的 2 倍或 2.5 倍（图 298）。

盖伦船是最先作为战舰使用的第一批帆船之一，火炮甲板上装着主要的重型火炮，可通过舷侧的炮眼开火。由于侵占了存放货物空间，这类火炮甲板不适用于商船。它的船长度的增加和船上部船

图 298 英国盖伦船上帆布置及其立视图，约 1586 年。
出自伊丽莎白一世（Elizabeth I）属下的总造船师贝克
（Matthew Baker, 1530—1613）的手稿。

减少使它比卡拉克船速度更快，更具顶风航行的能力。它被认为是
度型的，而较老式的船则被认为是载重型的。但不是所有投入战争
水手都喜欢盖伦船，因为当时的船仍需要徒手攻克，而载重型船
船楼上小型火炮林立，适于抵御登船的敌人，就像陆上防卫城堡
样。

在 1588 年的西班牙无敌舰队战役中，双方都有盖伦船参战。当
敌舰队从里斯本出航时，它一共有 150 吨及以上的船只 101 艘，
括两队盖伦船、4 艘地中海风帆炮舰以及 4 艘桨帆船。桨帆船由于
候恶劣被迫停靠港内，而事实证明风帆炮舰不能与英国战舰相匹敌。
艘不同尺寸的盖伦船是在梅迪纳·西多尼亚公爵（Duke of Medina
lonia）指挥下的葡萄牙船只以及巴尔德斯（Diego Flores de Valdés）的
斯蒂尔船只，后者是配备有印度卫兵的盖伦船，印度卫兵通常的职
是保护载有珠宝的舰队。"圣马丁号"（San Martin）和"圣胡安号"
an Juan）为 1000 吨，"佛罗伦萨号"（Florence）则为 951 吨，最小
船在 250—350 吨之间。较大的盖伦船总长约 160 英尺，龙骨长约
20 英尺，宽约 40 英尺。

英国有一艘名为"皇家方舟号"（Ark Royal）的盖伦船，是海军大
霍华德（Charles Howard）的旗舰，他对这艘船高度赞扬并认为它是
在任何情况下都是世界上与众不同的船只"。这艘船在 1587 年由沃
特·雷利爵士（Sir Walter Ralegh）建造，被英国皇家海军买入。该
为 800 吨，并装有 44 门大炮，在 425 名船员编制中有参战的 300
水手，125 名士兵。相比之下，西班牙的"圣马丁号"有不参战的
77 名水手和 300 名士兵。"皇家方舟号"的火器包括 4 门发射 42
炮弹的加农炮，还有 4 门发射 30 磅炮弹的次加农炮，12 门发射
8 磅炮弹的长炮，还有 12 门次长炮以及 6 门发射 6 磅炮弹的小炮。
皇家方舟号"是一艘四桅船，有一个主上桅（尽管 1588 年的清单
只提到了有帆），主桅帆和前桅帆都挂有 2 面辅助帆和 1 面下部

481

18.3　亨利八世的皇家海军舰队（1546）

辅助帆，它们被附加在主体帆或大横帆之上。主尾桅和第四桅杆帆各挂有两面辅助帆。主拉索即吊起主帆桁的绳子长 40 㖞，粗 8英寸，主帆的操纵帆索则长 70 寻，粗 3 英寸。收卷主帆的帆缘（边码 486）粗约 1 英寸。船上设 3 只重 20 英担的船首锚，还有只重为 22 英担的备用大锚。船上还有 9 条周长为 17 英寸和 15 英的锚缆。

船体吃水以下的部分覆有包层，以防止船蛆的侵害。先涂 0.5寸厚的斯德哥尔摩松焦油与毛发的混合物，再覆盖同样厚的榆木板子是用宽头钉一个挨一个地钉上去的。这是最受人称道的英国风"皇家方舟号"在顶风时能以与风向成不小于 6 个罗经点的夹角航7 个罗经点时可能更理想。

英国招募来与无敌舰队相抗衡的商船平均为 200 吨。这类大商用船只仍是载重型的卡拉克船，其中一个例子就是被英国俘获于 1592 年带到达特茅斯的葡萄牙的"圣母号"（Madre de Dios）商这艘 1600 吨的船载有 900 吨商品，并有船员 600—700 名。据我所知，它每次转舵需要 12—14 人合力完成。"女王的验船师"亚斯（Robert Adams，1540—1595）在测量时发现，该船总长 165 英龙骨长 100 英尺，船宽 46 英尺 10 英寸。在满载时，船体吃水 31尺，而在驶入达特茅斯时，其吃水仅为 26 英尺。它主桅高 121 英在甲板处的桅杆基部周长 10 英尺 7 英寸，主桅帆桁长 106 英尺。的俘获者称赞说，"巨大的船身远超过我们所使用的最大船舶，无是战舰还是正在接收的船舶"。

斜杠帆顶桅　1600 年英国东印度公司为公司的首次东航租了
艘商船。他们选择的是 600 吨和 300 吨的船只，清单中显示船的装有了明显改善。不同于那些同西班牙无敌舰队作战时的同样尺寸船只，它们都是三桅帆船并在船首斜杠的一末端竖有一根小桅。这斜杠帆顶桅及其帆，使得该船在这个世纪中的这类船只图画中非常识别。

18.4　17 世纪的船

　　现在探索船舶发展的证据变得更为充足了。出现了许多优秀画家（多数是荷兰人或佛兰德人）的绘画（图版 22，图版 23）。手稿资料更为丰富和翔实，还出版了一些优秀教材和航海词典。到 17 世纪末，用于放样线型的舷弧图以及其他设计图是根据大量按比例制作的精美模型绘制，也不限于英国造船师（图 299，图版 24A、B）。对数学及自然科学的热衷，促使人们尝试去改进船舶的设计和建造以及帆和帆索的设计。在这个世纪，为能装载更多枪炮，战舰造得更加庞大坚固。商船并没有亦步亦趋，在多数贸易中远洋船一般平均在 200 吨，不像英国、荷兰以及法国的东印度公司那样的大公司则使用了达 600 吨甚至更大的船。

483

图 299　一艘英国造的携有 90 门大炮的船的比例模型的船首，该船可能于 1670 年出自造船师安东尼·迪恩爵士（Sir Anthony Deane，1638?—1721）之手。

这些早期船模没有铺设甲板，但小规模地复制了那个时期船只的华美装饰。船首装饰是一个骑马的人。船首舷栏和船体托架相连，一直向上延伸到吊锚杆上。5 个人的全身塑像装饰着鸟嘴状船首的舱壁。舱口下环绕的炮眼为雕刻花环包围，用着色的横饰带连起来。

较之以往，盖伦船流行采用比以前更大的船长和船宽之比，以
较低的艏楼和艉楼。艏楼的前端是个方形舱壁，其上延伸出鸟嘴状
首，它由弯曲的艏柱及向前伸出的船首破浪材构成，最后是船首装
在两舷都有船首栏杆（图 299，图 304）。通常把甲板铺成不同高
的 3 部分，被纵向船楼分隔处下的舱壁所分隔开。这种设计能够
船头和船尾的舱房得到更多的净空高度，但是甲板上的间断和台阶
削弱了船体的强度，因而船身越来越习惯于使用从头到尾没有间断
台阶的平甲板。不过，在一些建造得非常牢固的小船上，为了改善
板之下的舱室空间，那样的间断却保留了下来。艉楼的减少使得船
在海上航行时减少了颠簸摇摆，而且通过设置艉部走道和窗户，可
使艉部官员的舱房通风透光。

沿着船舷，用腰外板将船体进行了加固，较厚的腰外板要纵向
装，尤其是在吃水线附近。即使如舷外桅支索承板这样的厚板，也
相隔一定距离装在船舷侧较高的位置，用来撑开稳索，也就是伸展
支索和后支索，用来支撑桅杆。稳索被三眼饼和绞收索拉紧，三眼
位置较低，用紧固在船体下部的桅侧支索牵条或板材扣在舷外桅支
承板或桅侧支索牵条上，这圆形木块周围有环索或者绳环，而且还
为绞收索设置的 3 个孔。当然，在绳索已经拉紧或者收拢时，拉
侧支索对保证桅杆的安全很重要。16 世纪上半叶开始，侧支索用
眼饼和桅侧支索牵条拉紧。桅被分成 3 部分竖立，分别是下桅、
桅和上桅，它们的连接处都由桅楼、桅顶纵桁以及桅帽紧固在一
前支索以及各桅之间的其他支索拉着它们以免向后斜。侧支索上面
桅梯横绳成了供水手爬上桅顶的阶梯。

船上的繁重劳动——竖起中桅、把大炮或者长艇搬上甲板或者
锚——都通过绞盘来完成，绞盘是一个穿过甲板的竖直心轴，支承
一个或者多个卷筒中心，可通过把绞盘棒推入插口靠人力来转动
些卷筒（图 305）。较小船只用的则是起锚机，此时心轴被横向装

484

头上。吊锚杆是一个船首之外的突出的木棒，其上备有滑轮孔（图9）。起锚的滑轮组被穿孔固定，它的另一端的吊锚滑车带有一个铁吊钩，可与锚环相连。第二根木棒称为收锚杆，是在需要的时候时安装在艏楼之外的，用来起锚并保护锚爪。这两根木棒据说当时称为起锚和吊锚（catted and fished）。

　　木制船容易变形、渗漏，特别是过于陈旧时，雨水会渗入甲板，以泵非常重要。链泵是用于大型船只的，而一般的手泵则能够辅助泵工作。16世纪末的帆布吊床在西班牙语称 *"hamaca"*，这是来自勒比的一个单词，首次在巴西被水手发现，从而被引用到了木板船。船上厨房一般被安排在铺砖的舱面上，因为其工作得依靠蜡烛照，失火危险很大，所以把厨房（正如以后所称的）安置在吊钟架前的艏楼之下就越来越常见了（图300）。船上的作息时间一直利用只钟来控制，在17世纪期间，重要船只上的钟的位置从一般艉楼间断处或后甲板处转移到了艏楼的间断处。大船利用舱面下的舵轮横舵柄来操纵，后者是一根插入舵杆头的木杆。舵的控制由和舷侧连的滑车来进行，风平浪静时就用上绞辘轴，它和横舵柄的一头相

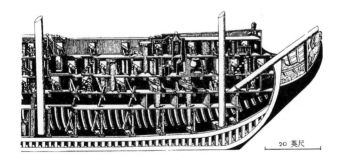

20 英尺

图300　海军验船师达默（Edmund Dummer，1692—1698年任职）画的一艘一流帆船的纵向截面图的前部。
显示了火炮甲板、最下层甲板和下面的船舱。在艏楼下有厨房用炉灶和厨房。
系有锚链的锚链柱位于厨房下面较下层的火炮甲板上。

连，穿过上方的甲板，一直延伸到齿轮。这一齿轮是一个木制单眼
车，穿过甲板上的孔固定在枢轴上，可使其旋转。站在操作台上的
手能透过头顶的天窗（"舱口盖"）看到甲板和船帆，来回推动绞辘
便可控制下边的横舵柄自然地向各个方向移动。舵手的前方是一个
经柜，这是盛放指南针和沙漏的盒子，沙漏是用来定时或掌握舵手
班时间的。

不同国家的船的帆装几乎没有多少差别，但在船型式样以及装
风格上还是有明显区别的，而且这种区别随着时代进步越来越大。
如，荷兰船只为了要到达阿姆斯特丹，就得通过须德海危险的浅水
所以荷兰的大船和英国及法国的船只相比，吃水较浅而且船身较
只要看一下荷兰船只的船尾就很清楚了。不同国家的小型商船非常
似。有一种被称为三桅海帆船的普通类型船只，艉部呈现一个宽宽
苹果状，艉部外壳板做成圆形而与艉柱相配，上面是一个小的方形
面状带艉窗的艉横材。相对自身狭小尺寸来说，这类船内部已经很
敞了。

在 17 世纪初，一些大船仍然是四桅的，例如 1200 吨的"皇
王子号"（Royal Prince）就是 1610 年由菲尼亚斯·佩特（Phineas Pet
在德特福德建造的。不过有一幅画表明，在它的主尾桅和第四根尾
杆的大三角帆上，都带有一面顶横帆（图版 22）。1637 年，彼得·
特（Peter Pett）在伍利奇建造了 1522 吨的"海上君主号"大帆
（Sovereign of the Seas，图版 23，并参见边码 486），3 根桅杆均有中
和上桅，前桅和主桅上都有上桅顶桅、顶桅帆，并且桅杆顶上均有
杆。即使不是诗人们创造的，这些新桅杆的名字肯定也是被赋予诗
的。对上述"君主号"有一首诗歌中这样写道：

> 谁无畏的顶桅毫无阻拦直顶穹顶，
> 白天触摸太阳，夜晚轻拂繁星。

小型帆船也很快遵循了大型帆船的风格，尽管只有 3 根而不是 4
桅，它们一般用多个活动索具来控制较分散的帆。

横帆由一幅幅帆布缝制而成，接缝是垂直的。它被绳索绑住，而
绳子的圆孔或锁眼打在帆角处及其他绳子必须与帆布系在一起的部
。借助所谓的束帆细索，帆被绑紧在帆桁上，帆桁则被升降索提起，
用桁桩连接环和索籍固定在桅杆上，它的迎风角由转桁索和升降索
控制。帆朝下的两角被帆脚索固定住，而大横帆既有系帆索也有
脚索，当帆脚索导向艉部时，系帆索是一些导向前端的锥形绳（图

486

6）。这些帆由人工卷起，水手爬到帆索的高处，把它们向下紧靠
桁拴住。但起初，它们是被系在帆较低两侧下角（帆下角）的托帆
扯上帆桁的，可以用起帆索收卷起来，卷向帆之侧缘或平交外缘，
用拢帆索拉起帆的鼓起部分（或称帆腹）。在这个世纪初，名为帆
索的绳索系了侧缘上，但是具体操作方法尚不太清楚。当迎风航
的时候，帆迎风的垂直边也就是帆前缘被张帆索拉紧了。当船顶风
行时，横帆并不一定就是没有效率的。

17 世纪中期以来，船的帆面积因在桅之间的支索上设置了三角
纵帆而增大。这些帆称为支索帆。顺风时，横帆面积增加，因为附
了辅助帆（或称翼帆）。在 17 世纪上半叶，辅助帆和下部辅助帆
始被缩帆系统替代，辅助帆被固定在帆底或下缘。缩帆时，帆的顶
或者上缘会收拢起来，而在各缩帆索点把一根绳子系在帆桁上，缩
索是一段段绳索，按缩帆索的高度穿过帆的上缘。为了系牢缩帆索，
们不得不经常在恶劣的天气中爬上帆桁，而为了方便，踏脚索开始
安置在帆桁下边。弗罗姆（Vroom）在 1623 年创作的画《停泊于弗
兴的"皇家王子号"》（Royal Prince at Flushing，图版 22），显示了
有斜杠帆帆装的艇或者快艇游船中的缩帆索点。虽然船上的帆装越
越复杂，但这一情况显然与同时代的画不一致，因为画中摒弃了大

部分复杂的天幕吊索系统。在这个系统中，通过精心安排并联滑车
置使支索连在桅杆上，或使各支索连在一起。这些笨重的装置在王
复辟时期后的英国船只上消失，这意味着皇家学会及类似组织的
思熟虑对于地位低下的水手或者造船匠设计新船的思想产生了一
影响。

不论大的还是小的三桅帆船，帆装都非常相似，好像是一起发
而来，而比较大型的帆船略起带头作用。事实上，虽然英国的"海
君主号"因筹措建造资金致使查理一世（Charles I）丢掉了王冠和脑
而臭名昭著，但公正地说，通过它传授改进的造船技术对国家的商
利益有很大帮助。据说在其他国家的大型帆船的建造中，可能也产
了同样的效果。

18.5 造船

早期造船厂不过比在一小块硬地上建立的一个仓库稍大一些，
临河而建，或建在高潮位时的水深足以浮起待造船只的隐蔽水域
近。船只一般尽可能在靠近木材供应地并远离公海的地方建造，以
避开大风和敌舰。1512 年，在伍利奇建造"大哈里号"（Henry Grâce
Dieu，图版 21A）的准备工作可能是欧洲任何一处建造大型皇家船
的典型。房屋、土地和码头都是租借的，造船匠和船员都是从国内
不同地方招募而来，面包师、酿酒师及大量备用物资也同样来自全
各地。1987 吨木材多数取自埃塞克斯和肯特郡，教堂和各郡县的
要们把它们送给国王，用以建造大船以及它的大划艇、单座艇、小
作艇和 3 艘中型舢板。造船匠、木匠及锯木匠被派到森林工作。锻
匠为了制造钉子、墙头钉、锁链及螺栓而建造了锻造车间，缆索、
索、绳索、绳梯、双股细缆及填充材料也必须准备好。工作人员被
排好住房和床位，由一名叫布雷冈（Robert Bregandyne）的人主持所
工作，他有一间住房兼办公室。卫兵被安排看管储备物资，当时的

勿资包括沥青、焦柏油和松香松脂等。

随着木材到货，桅杆、滑车和索箍纷纷被制备，同时还准备了些装饰用木珠，让固结在贴近桅杆的帆桁上的缆绳穿过。"斑驳陆的色彩装饰在'大哈里号'上的桅楼、船帆和各种雕像上"，结耗费了许多钱财。有的材料用大车运来，有的材料则用驳船运到头。单桅小船、小型货运帆船[1]和其他沿海商船，从遥远的达特茅、南安普敦以及拉伊运载着大炮、锚和圆材抵达这里。船长斯珀（Thomas Spert）监督着船员制船帆、上帆装以及建造 3 艘中型舯板。些舯板是用建造大帆船时剩下来的余料制作的，要不然这些余料就浪费掉。

人们相信，"国王之船的秘书"布雷冈确实设计了"大哈里号"船，可惜的是，他的设计方已散佚。造船匠只把设计和造船只的诀窍传授给儿子，常不传给外人。第一本关于船的综合教材在 17 世纪末开出版。在设计木船时，必须虑木材——尤其是橡木的性。厚约 6 英寸的船壳板需要工弯曲成船首和船尾的形状，直的木材得收集起来，而梁直立肘材、竖梁肘材和梁后平肘材所需的木材也从树木的同部位选择，根据木材纹理被工成所要求的形状（图 301）。

488

图 301 一艘西班牙大帆船船身中部的剖面图，约 1586 年。
它引自贝克的手稿，表现出吃水线以上的船身宽度在逐渐变窄，即"船舷内收"。图中显示出肋材、甲板梁、水平肘材和撑杆。

---

[1] 一种小型商用船。

一旦新船龙骨的伸展长度确定下来，那么艏柱和艉柱的倾斜度（就艏、艉柱必须倾斜的纵向角度）也就确定了，而船体形状主要取决所画的船身中截面。为了制作这张图，很多合适的曲线或圆弧从同的圆心画出，不同的曲线也与连接它们的线条平整地接合（图图 303）。

16 世纪以及后来的造船匠的技艺，基本上没有彻底偏离世代传的诀窍以及一些经过考验的、成功可靠的船只的中部设计。这些由技艺高超的造船匠以及他的工场或他的家族所造。造船匠一般很做计算，而佩皮斯（Samuel Pepys，1633—1703）告诉我们，他的朋安东尼·迪恩爵士是第一位船舶设计师，他能通过计算知道造一艘所需材料的重量和船的容积，预言其航行时吃水深度。所以，为了**490** 免灾难，一艘船的建造酷似另外一艘，因而船体设计的改进也非常慢。所幸的是，鉴于木材的性状，船体在水下部分势必要设计成流型。一旦船身中部截面确定下来，船体的光顺的曲线也就可勾勒出用木制曲线尺在与龙骨平行的各个高度勾画线型，并在艏柱槽口选

图 302　都铎王朝的造船匠在制图室中设计一艘新船。
右边的人正用一副很大的圆规进行测量，准备绘制船体外形的长曲线。
引自贝克的手稿，约 1586 年。

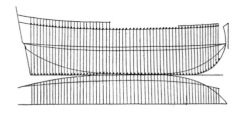

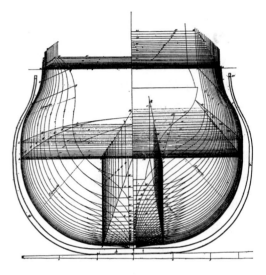

图 303　置于放样间地板上的船体剖面。

放样间场地空阔，地面十分光滑、平坦，灯光明亮，有足够大
的空间容纳船肋材的各曲线，它们是用一种叫 sweep 的大圆规
画的。图上显示了一艘 1000 吨的船从船头到船尾的每条肋材，
它们是按 1/4 英寸比 1 英尺的比例绘制的。这些曲线将在放
样间的地板上被转换成实际尺寸。

船中截面和艉柱槽口 3 个位置之间进行线型调整，从而使船形更
谐流畅。

　　如果设计者对所划线型满意，那么距船中截面相应距离的其他
面图也能绘制出来。这时便能拟就船的型值表，从而能在放样间
面上全尺寸地画出各个截面，所以船材就可根据图中线型截取（图

303）。应该注意的是，木船的设计线型止于船壳板之内，因为船的形状取决于肋材的正确加工和成型，它们穿过龙骨而固定起来，成了船体的基本框架，船壳板则钉在肋骨这个框架上。

从船体型线图和横剖型线图来看（图304、图305），一个模可能是一个按比例精心制作的构架，英格兰的比例一般是1/4英比1英尺。船模不仅向船主展示了他们未来船只的样式，而且还标出双方达成意向的装饰、炮眼分布、起锚绞盘位置、锚架和其他设（图299，图版29A和B）。从1700年以前，保存下的船模比草图这些模型未经改动，它们是原图的翻版或本身就是船只赖以建造的种型值表。反过来，型值表根据只有造船匠才能理解的草图而逐个定，他们希望能严守自己所造船只实际尺寸的秘密。

从很早起船模便在岸上用新料制作了。为同一目的制作的模型在1600年以后常被人提起，而且很多保存了下来，特别是1650以后的英国战舰模型。考虑到那时造船匠一般缺乏科学知识，所以许他们非常有必要先看模型再造新船。1668年，伊夫林（John Eve 1620—1706）目击了"查理号"（Charles）在德特福德的下水过"这艘船是老希什（Shish）——一位坦诚可靠的木匠——建造的，

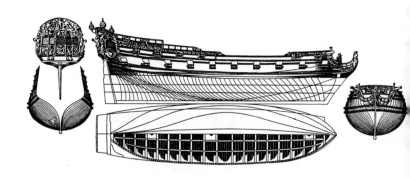

图304　一艘"yᵉ 的最大尺寸"的五级舰船。
引自1684年的凯尔特里奇（William Keltridge）的设计图集。把海军战舰进行分"级"，是佩皮（1633—1703）率先采用的。

第18章　　　　船舶与造船

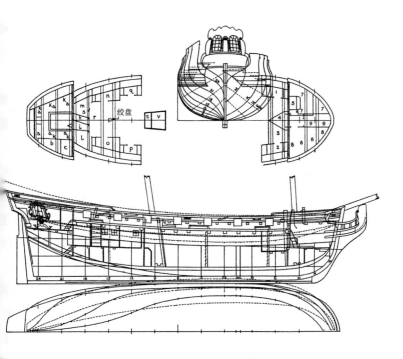

05 "鲨鱼号"(Shark)辅助炮艇的草图手稿。1732 年建于朴次茅斯。

然是一艘双桅帆船，也就是说，是类似于没有尾桅的船。后来的双桅小帆船常会增添尾桅。这个时
一艘船的设计图通常是画在单张纸上的。这里可以看到船内侧和外侧部件的轮廓图、横剖面型线
半宽图和居住舱室布置图。船后部有：(a)大舱房；(b)卧舱；(c)海员办公室；(k)舱房下的面包
(1)木匠的贮存室；(m)管理员的房间；(n,o,p,q)外科医生、助理官员、炮手和船长的舱房；(r)贮
；(s)平台下的贮鱼室；(t)弹药库；(v)抽水机舱房。船前部有：(1)水手长工作间；(2)木匠工作
(3)军需官舱房；(4)走廊；(5)壁炉；(6)石头的壁炉地面；(7,8,9)在艏楼和壁炉下的水手长、木
炮手的贮存室。

这个船坞的主要建造者，但是他很少用言语解释他的作品，几乎不
阅读，然而在他所从事的职业上却表现出非凡的才能。他的家族成
已先后在这工场当了 300 多年的造船木匠"。法国海军上将德图维
(de Tourville，1642—1701)对 17 世纪英格兰造船匠先做帆船模型
造船的习惯颇为赞许。其他国家的造船师也用制作模型来表现船体
构，而且有时候还制作已造好的著名帆船的模型。幸运的是，很多
型已经保存下来，并能在博物馆中见到。

492

在 16 世纪和 17 世纪，多数帆船似乎是在船坞建造的。建质一些船坞部分是通过挖掘，部分是使用木桩和砌石工程围埝。在潮位低时，坞门可以关闭，必要时船坞内还可排干水，新建船舶或修奴船可乘涨潮水位高时驶出船坞。建造新船时，龙骨被安放在干船坞龙骨墩上，艏柱和艉柱被嵌接于龙骨两端，这是最繁重的一项工然后将船底肋骨横向安置在龙骨上，内龙骨则沿着龙骨置于底肋骨内龙骨、船底肋骨及龙骨相互用螺栓连接在一起。船底肋骨除了两外都是笔直的，木材在两端开始弯曲，也就是向上翘起。复肋材与底肋骨紧接在一起，这些弯曲或弧形肋材构成了帆船的曲边。这些材被安排得非常紧凑，而且在船的中间部分和靠近桅的地方是双层在这里会受到巨大的应变作用。沉重的厚压板水平排列在肋材内支撑住甲板梁的两端。桅孔加固板是很结实的木材，垂直穿插在甲梁之间，用螺栓紧固，用来支撑桅杆，而桅的根部则竖立在内龙骨上。这个框架进一步与大量梁后直立肘材、竖梁肘材以及梁后水平材夹固在一起，所有船材都用橡木。造船匠总是寻找自然弯曲的木进行最仔细的加工，以免造成木材浪费。船首和船尾精心的结构设是为了抵御舵和锚索的张力以及海浪的冲击力。

在建造过程中，船体被加固，周围搭起脚手架以方便造船匠施外壳板使用以橡树芯做成的木钉或木栓固定在船肋材上。为了防止水，还铺了一层填絮。根据计算外壳板、肋材、内壳板或舱内衬板度，可知舷侧几乎有 2 英尺厚。外壳板外层的接缝处很仔细地用絮封严实。这种厚实的结构使得肋材之间的空气不流通，况且船是天建造的，雨水会渗入船体，所以木头容易腐烂。所幸的是，多数只造得很结实，有很大的储备强度。建造一艘大型帆船的木材大部是橡木，其耗用量之巨大难以想象。一艘大型战舰大约需要 2000橡树，每棵需一百年才能成材。生长快的树木不适合造船，因为类木材太容易开裂。2000 棵橡树至少需要 50 英亩的林地，树砍光

493

也裸露。

所使用的肋材重量可以解释新船下水时造船匠所遇到的困难。如果潮水没有高到足以让沉重的船体浮起而出坞，就很难用楔块、螺旋起重器和绞车移动它。鉴于此原因，尽管一般都是在船坞里建造大型船舶，但其他船只都是在高出水平面的硬地上建造。当船体造好后，在它周围做一个托架，下水滑道朝向水面，托架被支在加润滑油的滑道上，龙骨墩被移开后，轮船就可以在高水位时从高于水平面的滑道上下水。

新船得靠在船旁的趸船的人字起重架将桅杆竖起，之后可以制备索装。在开始安全航行前，易浮的木船体必须先加压载。

吨位 过去的船的吨位是用从事波尔多葡萄酒贸易的船只承载能力来表示的一种随意的数字度量，其单位是能装两桶葡萄酒共252加仑的大酒桶，1626年被估计体积为60立方英尺，这个估计考虑到因桶的形状而浪费了的空间。1626年，一艘长63英尺，宽26英尺的船按老的量度方法被计算出吨位为207吨，测出的是它平均货物装载量或净吨位，而用"新的"测量方法可计算出它静止时的最大重量或毛吨位是276吨。由于那个时期的科学手段难以精确测量重量，吨位计算导致了不同的经验性标准和公式的发明（精确测量只有在现代才可能实现）。

.6 装饰

船舶装饰并无实际功能，可能因而显得不太重要，不过对造船匠和船员来说，也许它具有不同程度的重要意义。对于一个国家来说它具有重要意义，雄伟的船只表明了对敌人的蔑视，非常鼓舞士气。最昂贵的装饰在国王或者国家所拥有的新船中可以见到；地中海作战桨船常在船尾和住舱房装饰大量镀金的精美艺术画像。整个16世纪，方水道上的船一般都用漆装饰并有少量雕刻，可能一些一端不通的

494

拱道或沿着船舷、位于吃水线以上直到中部上甲板的护舷材以下音的一段壁板，都被漆成鲜艳颜色。这段壁板有时漆上几何图形，常设计成用油漆衬托出来的相互交错的条纹。艉部装饰一般是盖伦船嘴状，船首末端有蹲伏状的小型纹章兽。一个例子是德雷克的"金号"，这是以克里斯托弗·哈顿爵士（Sir Christopher Hatton）的头饰重新命名的，这让人认为这艘有名的船的首部肯定以该头饰来装盾徽可能绘在扁平船尾的上方。有时，所有船只都挂着很多三角长旗以及横幅锦旗。

17世纪时盛行讲排场和比奢华，造船匠似乎想到处用镀金装来美化他的船，但这对水手毫无用处。海军军官埋怨沉重的首部装甚至更重的船尾瞭望台，使得帆船在海上航行很费力气。1610年"皇家王子号"的精品图画（图版22）以及1637年的"海上君主"（图版23）表明了查理一世是如何在花费上超过他父亲的，而查理世（Charles Ⅱ）尽管总是捉襟见肘，却更为铺张。欧洲其他国家的舶也都同样忽略了航海的便捷。军舰向我们展示了精美的艉部装例如骑在马背上驱敌的勇士，由雕牵引的彩车上的女士和小天使，及船头船尾许多其他人物的全身画像。还有，围绕上甲板处圆形炮周围有雕刻的花环，位于艉楼间隔处的精心制作的钟楼像豪华的夏别墅或井楼，位于尾甲板、后甲板和艉楼隔断处的防水壁都打点得分漂亮（图299、图304）。商船都比较朴素，不过也气派十足。些船只用现代眼光来看非常漂亮，但是雕刻品肯定有碍于航行，而没有实用功能。迷人的画像常出现在拱形建筑中部，比如蹲伏着的或者熟睡的婴儿等一些小画像都被嵌入甲板断级处。凡有这种装饰部位，栏杆高度改变得都很突兀。这些美术雕刻品的原作早已散佚存，但基于同时代模型的许多精美微型画却保存了下来，英国是最的例子。17世纪末，船舶装饰在欧洲所有国家都中道衰落，其原既有审美品位的变化，也因为不愿承担如此昂贵的额外费用，尽管

国家在上一世纪曾甘愿掏钱买奢华。不过造船匠仍继续大胆地装饰
本，而海员也继续抱怨船头船尾上的这些累赘，因为船本应该轻而
舌航性要好。

7 帆船的发展（1700—1750）

很多迹象都已表明人们在 17 世纪对造船理论和实践的兴趣越来
长厚，考虑到这一点，因此说到造船业在下一世纪中的发展是如何
慢是多少让人有些吃惊的。究其原因，可能是海员和造船匠们凭经
刂造的木帆船已臻完善，面对不变的海上条件自然显得保守。到
0 年，造船业的发展几乎已达到当时可能达到的完美顶峰，例如
搜约 2000 吨的大型帆船实际上已经达到了纯木质结构帆船的最大
寸极限。值得注意的是，当 19 世纪有关船舶建造和船舶推进的新
术风靡西方世界时，帆船仍能长时期地存在，甚至与那些被证明具
刂优势的新型船舶分庭抗礼，大体上保持着自己很少改变的传统
式。

商船总体上要比战船小，大部分商船仍是约 200 吨至 400 吨或
）吨。最好的商船是那些英国东印度公司使用的船，为 600 吨或
）吨。普通的长途航海帆船是桨帆快船，这种小船以速度取胜，在
风时可以用桨划船。它们没有配备重炮，希望能以超高速度避开海
和其他敌人。欧洲各国的帆船外形越来越相似，四海为家的海员消
了国家间的差别。

帆装方面的一些特征变化在新世纪初就变得显著起来（图 306—
309）。尾桅的中横帆及上横帆通常都已装上。现在一般在前桅中
和主桅中帆上有 2 或 3 排缩帆索，并在后桅中帆和前桅主横帆以
主桅主横帆上有一两排缩帆索。中桅帆的头部已经更像方形，也就
加宽了，而且帆之高度比主横帆更大。关于桅之间的纵向支索帆的
用，前文已述及（边码 486），现在斜杠帆中桅因为有了艏斜帆桁

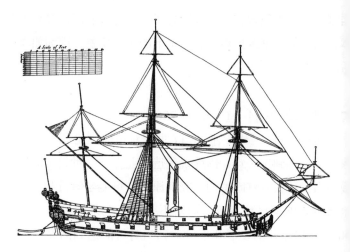

图 306　帆装图中显示出带有稳索和张帆索的桅杆和帆桁。
出自 1711 年萨瑟兰郡造船厂，船上每一配件都有名称。

图 307　1711 年同一造船厂制造的帆和张帆索具的图解。
图 306 和图 307 两幅图清楚而完整地显示了 1700 年斜杠帆中桅被外伸艏斜帆桁取代之前英国帆船的索具（英国帆船和荷兰及法国帆船的十分相似）。

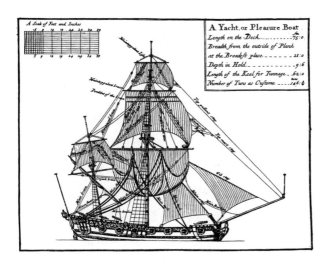

图 308 快艇是政府专用船，用于运送国王和他们的使臣。

这些快艇在 1660 年查理二世王政复辟期间从荷兰引入英格兰。查理二世的皇家快艇由海军驾驶。到 1700 年大的快艇是双桅帆装，也就是说，像一艘没有前桅的帆船。1717 年。

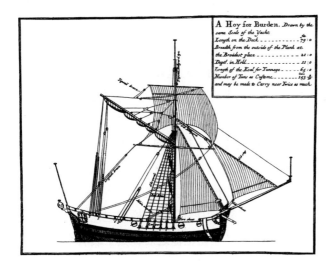

图 309　17 世纪期间，一些沿海贸易是用单桅小船进行的。

这是一种船身很宽的装有纵帆帆装的船只，装有在顶风时能调整转向的横帆。1717 年。

18.7　帆船的发展（1700—1750）

而被取消。艏斜帆桁从艏斜杠伸出，终止于新的最前三角帆的下首
索桁外缘。在英国，艏三角帆在 1702 年被皇家海军所采纳，大舱
装也在 1715 年被正式取消了斜杠帆中桅。这个尴尬的过渡时期让
难以理解，特别是当时的画和模型表明被分段的中桅和艏斜帆桁都
经设置，这似乎是一个不可能的组合。尽管斜杠帆中桅今天受到了
员的嘲讽，可在当时却维持原状，并在同时代画中——一般是在
兰捕鲸船的画面中可以见到，一直到进入 17 世纪，但可能不会晚
1750 年。根据在格林尼治的国家海事博物馆里的英国模型来看，

498 轮在大约 1705 年已被引进。前文提起过的笨重的垂直舵柄只有在
气好的时候才起作用，因为突然而至的滔天巨浪可能会让舵手服
1705 年之后，如果遇到坏天气，舵柄被通向绞车圆筒的滑车组所
制，绞车可通过后甲板上的舵轮来旋转。

　　装饰风格在这个世纪之交也发生了变化，戴皇冠的或不戴皇冠
狮子图案变得非常流行。荷兰帆船的名号可以在纹章或刻在平尾上
的装饰性图案中识别出来。这被称为尾舷部，像是一幅画。船尾和
区装饰有较为明亮、更简单的雕饰，这些装饰随时代的推移愈显精
沉甸甸的镀金雕刻不再采用，但皇家快艇（图 308）及重要的军舰
外。舷栏下舷侧的彩带状装饰，被上甲板炮眼分隔成不连续的图案

499 　　为了对付海盗及其他敌人，商船依旧是全副武装。从事沿海贸
的小型船只中，单桅帆船是采用纵向帆装的（图 309），而鲱鱼帆
在 3 根桅上装横帆。波罗的海和西班牙港口之间，航行着很多装
根桅杆的双桅小帆船和二桅帆船。二桅帆船[1]是一种较大的帆船，
际上几乎可算作三桅帆船，因为它除前桅和主桅外，还有一根不完
的第三桅，即斜桁帆桅竖立在主桅之后，其上装有全帆装船那样的
桅纵帆。

1　荷兰语称 "snaauw"。

如果推敲一下丹皮尔（Dampier）和哈雷（Halley）成功进行的航海
险和科学调查，或罗杰斯（Woodes Rogers）对商船的劫掠，我们就
难理解，在那个时代只要驾驭得当，小帆船的性能还比较完善。大
风船也有发展。1744 年 11 月，在卡斯奎茨海域失事的"胜利号"
（Victory）是一艘配备 100 门大炮的 3 层甲板帆船。很多人认为这次
事是愚蠢行为所致，因而为之痛惜。在 1759 年，海军上将霍克勋
（Lord Hawke）赢得了基伯龙湾的海战，这是发生在 11 月份大风
的另外一场战争，当时他的旗舰是"皇家乔治号"（Royal George）
——一艘和"胜利号"同样的 3 层甲板船。其实，如果操作合理，
造精良，帆船在当时是不易征服的，除非处在下风岸，因为这时的
船易受攻击。可以推测，当时有经验的水手会避开下风岸，但是这
预防措施不是总能成功。应该记住的是，不管帆船设计和建造得多
但在海上航行时，总得靠海员和领航员来操纵。没有蒸汽机作动
在某些情况下帆船会不可避免地陷入险境。如果船长还没使用锚
索具时船就已冲到岸上，那他一定是在船位推测上犯了错误，进入
下风岸。

参考书目

Abell, Sir Westcott S. 'The Shipwright's Trade.' University Press, Cambridge. 1948.

Anderson, R. C. 'Seventeenth Century Rigging.' Marshall, London. 1955.

Anderson, Romola and Anderson, R. C. 'The Sailing Ship.' Harrap, London. 1947.

Blanckley, T. R. 'A Naval Expositor.' London. 1750.

Burwash, Dorothy. 'English Merchant Shipping 1460—1540.' University of Toronto Press, Ohio. 1947.

Camden Society. 'The Pylgrymage of Sir Richard Guylforde to the Holy Land, 1506' (ed. by Sir Henry El
    Camden Society Publ. no. 51. London. 1851.

Corbett, J. S. 'Drake and the Tudor Navy' (2 vols). London. 1898.

Crone, G. C. E. 'Onze Schepen in de Gouden Eeuw.' Patria. Vaderlandsche cultuurgeschiedenis in
    monografie ë n no. 19. Amsterdam. 1939.

East India Company. 'The Court Records of the East India Company, 1599—1603.' London. 1886.

Falconer, W. 'An Universal Dictionary of the Marine.' London. 1769.

Lane, F. C. 'Venetian Ships and Shipbuilders of the Renaissance.' Johns Hopkins Press, Baltimore. 1934

La Roncière, C. de. 'Histoire de la Marine Française' (2nd ed.), Vols 2—4. Plon, Paris. 1914—23.

Laughton, L. C. 'Old Ship Figureheads and Sterns.' Halton and Truscott Smith, London. 1925.

Navy Records Society. 'The Naval Tracts of Sir William Monson' (ed. with comm. by M. Oppenheim), Vol
    Publications of the Navy Records Society, Vol. 22. London. 1902.

Idem. Ibid., Vol. 5. Publications of the Navy Records Society, Vol. 47. London. 1914.

Idem. 'Autobiography of Phineas Pett' (ed. by W. G. Perrin). Publications of the Navy Records Society, V
    51. London. 1918.

Idem. 'Life and Works of Sir Henry Mainwaring' (ed. by G. E. Mainwaring and W. G. Perrin), Vol. 2.
    Publications of the Navy Records Society, Vol. 56. London. 1922.

Idem. 'Boteler's Dialogues' (ed. by W. G. Perrin). Publications of the Navy Records Society, Vol. 65. Lo
    1929.

Oppenheim, M. 'The Administration of the Royal Navy, 1509—1660.' London. 1896.

Society of Nautical Research. *The Mariner's Mirror*. The Quarterly Journal of the Society of Nautical Res
    London. 1911—.

Idem. 'A Treatise on Rigging c. 1625' (ed. by R. C. Anderson). Occ. Publ. Soc. naut. Res., No. 1. London
    1921.

Idem. 'Lengths of Masts and Yards etc., 1640' (ed. by G. S. Laird Clowes). Occ. Publ. Soc. naut. Res., No
    London. 1931.

Sutherland, W. 'The Ship-builder's Assistant.' London. 1711.

Tato, J. F. G. 'La Parla Marinera en el Diario del Primer Viaje de Cristobal Colon.' Instituto Histórico de
    Marina, Madrid. 1951.

Williamson, J. A. "The two ships named *Great Harry*." *Blackwood's Mag.*, **195**, ii, 205—15, 1914.

Idem. 'Hawkins of Plymouth.' Black, London. 1949.

19 章

1400 年前的制图学、测量学和航海学

查尔斯·辛格
（CHARLES SINGER，19.1 节—19.6 节）
德雷克·J. 普赖斯
（DEREK J. PRICE，19.7 节）
E. G. R. 泰勒
（E. G. R. TAYLOR，19.8 节—19.11 节）

1 数字记号

在古代，所有建筑、工程、测量和许多其他技术活动都遇到一个[人]并不熟悉的障碍，这就是笨拙的数字记号使得通常的算术运算法[难]以直接应用。实际上，天文学家能够使用从早期巴比伦时代开始[流传]下来的 60 进制的数字系统（第 I 卷，第 31 章），这就使得运算[简单]，无须用符号表示任何一个大于 60 的数字。在日常生活中，普[通]的算术运算——特别是乘法和除法——都相当费力，需要借助算盘[或其]他运算设备。包括受过教育的阶层，并非每一个聪明人都能够进[行这]些初等计算，但是它们在测量和地图绘制中具有特殊的重要意义。

最早和最简单的计算工具是一块撒了沙子的板，用手指把沙子分[成几]栏，在计算时用到筹码。西塞罗（Cicero）在谈到这种计算时，称[熟练]的算手"善于操纵沙子"。这样的筹码可从一栏转移到另一栏，[在]不同位置上有手指和手掌的图案表征不同的数字。这些符号直到[中世]纪后期仍被广泛使用，现在仍被用作相对于"阿拉伯"数字而言[的罗]马数字。

真正的算盘开始时是一个有一系列凹槽的板，小石子或称"算[子]"（calculi）可在凹槽中上下移动，我们所用的"计算"一词即由此

而来。希腊式算盘的形式难以考证，但是更成熟的罗马式算盘很有

至今还在东方广泛应用。它有一根较短的上层杆和一根较长的下层

（第Ⅱ卷，图694）。每根短杆上都有1个有孔的算珠，可在杆上

动，而每根长杆上有4个这样的算珠。右边第一根杆计作个位，

的左边是十位，以此类推直到百万位。

502　　　　我们自己的阿拉伯数字十进制系统实行位值制，并且使用一个

号表示零，它起源于印度，尽管构成它的各项发明的最初起源有

争议。在中世纪天文学复兴的年代（边码521），阿拉伯数字通过

斯兰的渠道传到欧洲，但在16世纪以前，除了用于天文学外，它

没有被广泛采纳。希腊人的字母数字应用几乎和罗马数字系统的一

笨拙，常常在我们使用代数的地方使用几何方法，但他们的数学

展对罗马人影响很小。拉丁人（即使是科学作者）数学知识的薄弱

从据说是伯蒂乌斯（Boëthius，480—524）——"最后一位古典作

所写的《几何学》（Geometrica）和《算术》（Arithmetica）中推断

这些基础著作在当时代表了古典时代留给中世纪早期的直观的数学

产。即使在罗马人拥有世界霸权的时候，西塞罗仍哀叹"希腊数学

领先于纯几何领域，而我们却把自己局限于计算和测量"。

19.2　地图的种类

早期的地图可大致分为4类或者4个级别。第一，是观察者

悉的有限地域的粗略轮廓图，孩子和原始人画的就是这样的草图。

是基于某种测量，它们就可合理地被称为地图。古代帝国一直进行

这些对于界线更为准确的测量，埃及和美索不达米亚有这样的典型

本存世（第Ⅰ卷，图364、图367、图385）。希腊人认为埃及人

几何学或土地丈量学的鼻祖，尼罗河的泛滥周期性地清除了地面界

使得这项工作必不可少。为了规划城镇以及法律机构核定财产所有

希腊人和罗马人也进行了不同精度的这类测量，不过它们似乎都没

字下来。

第二，是根据旅行者所报告的距离和方向而进行的估计（通常根据旅行所用的时间）以及制图员的收集而绘制的地球表面某一部分的面图。这类地图对于许多上层官员是必需的，尤其是在罗马帝国处于巅峰的世纪里。它们的绘制可能有投影系统，也可能没有。我们无法从古代文献中获知这两种地图的真实样子，但我们有一些甚至提供了更多信息的东西。约在公元 2 世纪中期，亚历山大的托勒密（Ptolemy，即 Claudius Ptolemaeus）——他深知投影的原理——写成一本可能附有地图的《地理学》（*Geography*）。这本书流传了下来，并附有相关的测量尺寸，所以尽管原图已遗失，它们仍可复原。托勒密的著作在下面会有论述（边码 508）。

503

第三，出于现在的目的，可以把旅行指南视为地图，它们不定向在图上记录地点和路线以指引旅行者。我们有残存的图样，例如皮廷厄地图，下面将会提到（边码 515；图 320）。

第四，其实是尝试去表示整个地球甚至整个宇宙，它们在技术上不重要，但有时也会被称为地图。它们的地位是在科学史、哲学史、宗教史上。

9.3　绘图师的工作

对于更大的或地理学范围内的测量，古人的装备与专门意义上的测量相比是远远不够的。古代的地理学者，更确切地说是他的消息提供者，可通过基本的天文观测来确定纬度，或是夜间的恒星中天，或是白天太阳在春秋分正午的高度（第 22 章）。一个更加困难的问题是测定经度。这需要比较天文事件（如月食或日食）发生的地方时，通过让观测者在两个相距很远的地方，或者通过使用标准的天文表，对比历表编制地点的计算时间和要测量地点的观测时间。因为没有独立的准确计时器，古人从未想过使用便携式计时器来测量经度。这一方法后来由弗里修斯（Gemma Frisius，1508—1555）提出，并由里森（John Harrison，1693—1776）完成。基于这些情况，纬度的文测量相当准确和令人满意，与之相应的经度的确定就费力得多，然也更不精确（参见边码 584 的表）。

因此，对于所有长途旅行，不论是海上还是陆地上，古人几乎全依赖某种形式的方位推算法，一种本质上不可靠的方法。这是古地图变形的原因之一。然而，三角测量的原理早已为人熟知。三角何学由萨摩斯的阿里斯塔克（Aristarchus of Samos）正式创立（公元 3 世纪），但并未能在足够大的距离上应用。尽管有这些令人失望障碍，关于罗马帝国国家轮廓的一般性问题急需某种形式的解决。论是确定帝国省份的疆域、贸易的需求还是舰队的分布，显然都要一幅通用的清晰的罗马帝国地图。虽然我们可以从西塞罗（公前 106—前 43）、维特鲁威（Vitruvius，主要活动于公元 1 年）、塞卡（Seneca，卒于公元 65 年）、普林尼（Pliny，卒于公元 79 年）、维托尼乌斯（Suetonius，公元 121? 年）和其他人处了解到罗马地但是没有一幅罗马地图保存下来。比这更早，瓦罗（Varro，公元116—前 27）指出了这些地图和古代宗教的联系，因为他称有一幅在大理石上的意大利地图置于罗马忒耳斯神庙里的一个地方。

恺撒（Julius Caesar，公元前 100—前 44）计划对帝国进行全面量。就如他的历法改革一样，这也许是出于亚历山大学派的主意。头来这一计划的执行落到了奥古斯都（Augustus）的肩上，最后由的女婿阿格里帕（Marcus Vipsanius Agrippa，公元前 63—前 12）监督施测量，历经近 30 年的工作后于公元前 20 年完成。阿格里帕基这一地图写了注释，其描述的意大利、希腊和埃及的省份都相当精但对其他国家的测量却十分粗略。这次测量之所以成为可能，是因帝国当时已经有很多有里程碑的道路（第 II 卷，图 463），并且有艺熟练的土地测量者（*agrimensores*）进行定时巡查。他们的工作由

天官的报告汇总起来，到总部便可利用。利用这些大量的材料，一

主大的罗马地图绘制出来了，同时还兴建了一幢建筑以专门展示这

地图。这也许就是后来战略测量的基础，皮尤廷厄地图（图320）

是一个幸存的副本。

从某些石碑上可获知帝国主要路线的某些测量方式，尤其是像刻

的奥顿大理石柱（*Augustodunum*）。这就给出了（或者说"曾给出"，

为石碑的大部分已遗失）从奥顿到罗马沿路的地方之间的距离，例

次塞尔（*Autissiodorum*）、博洛尼亚（*Bononia*）和摩德纳（*Mutina*）。

以的碑文也出现在比利时、西班牙、英国以及其他一些地方。英国

者最感兴趣的是一个发现于威尔特郡的鲁奇科皮斯（Rudge Coppice，

马尔伯勒附近）的青铜碗，在碗沿上以2世纪的文字写着哈德良长

午多地点的名称。

4 地球大小的估计

有关地球形状的观点是地理学范围上的地图绘制中的一个要点。

达哥拉斯（Pythagoras，主要活动于约公元前531年）认为地球是

个球体，通过柏拉图（Plato，约公元前429—前347）、欧多克斯

udoxus，约公元前370年）和亚里士多德（Aristotle，公元前384—

322）的教学，这个学说牢固地建立起来。从此，地球为球体形状

大多数受过教育的大众所接受，尽管在整个中世纪一直有人对此持

异议（边码518）。

这种观念一旦建立起来，便只要通过某些投影的几何操作，就能

地球表面的任何主要部分描绘出来，就如今天熟悉的使用纬线和经

一样。公元前4世纪，希腊人不但数学上取得巨大进步，而且通

商业、探险和军事等活动，对地球表面及其居民的认识也急遽增

。这些视野的开阔尤其要归功于亚历山大（Alexander）大帝的征服

动和他的将军、海军将领以及其他官员的旅行和著作。狄凯阿科

505

斯（Dicaearchus，主要活动于约公元前 300 年）是亚里士多德的学

他很好地利用了这些新的信息，试图绘制一幅已知世界的地图，以

过直布罗陀和罗得岛之间的直线为纬线，向东穿过里海湾——距

斯的德黑兰不远——沿着兴都库什山脉（图 311）的山脚。总的来

这一界线颇为正确。

埃拉托色尼（Eratosthenes，约公元前 275—前 194）是亚历山

城的图书馆馆员，因为测量地球的伟大壮举誉被为真正的投影制图

父（图 310）。他试图使地理

成为一门科学，采用了狄凯阿

斯的地图的纬线，但又绘制了

一幅不太准确的以从埃塞俄比

到印度南部为纬线的地图。在

制时，基于两地相似的气候、

植物和种族，他认为两地的纬

相似。在两条纬线之间，他放

了他人报道的印度各地的距

因而就把印度半岛扭转到了东

方向。高估的印度河被设想为

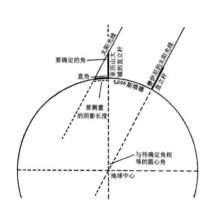

图 310　埃拉托色尼测量子午线 1 度所对应长度
的方法，由此算出地球的周长。

向南方，入海口在遥远的回归线南部，和俾路支的渔业民族（以海

食物为生的民族）的海岸以及波斯湾的大部分连在一起。因此，从

度开始的地图绘制延伸到更远的西部时就导致了许多的错误。

埃拉托色尼假设地球是一个完美的球体，进而完成了他著名的

球测量（图 310）。他首先给出了 3 个假设：

（a）尼罗河上的赛伊尼（现在的阿斯旺）在回归线上，在夏至

正午，直立的杆没有影子。

（b）赛伊尼距离亚历山大 5000 斯塔德。

（c）赛伊尼位于亚历山大正南方。

若我们认为地球是一个球体，则很清楚，比值

$$\frac{5000 \text{ 斯塔德所对的圆心角}}{4 \text{ 个直角}} = \frac{5000 \text{ 斯塔德}}{\text{圆周长}}$$

因此，现在的问题就是确定 5000 斯塔德所对的圆心角。如果在
至日正午，测量在亚历山大的直立杆的阴影长度，就可以判断出太
光线与杆的夹角。由于太阳如此遥远，可认为射到赛伊尼的光线和
到亚历山大的光线平行。因此太阳光线与杆的夹角就等于 5000 斯
德所对地球中心的圆心角。这样在我们的方程式中只剩下一个未知
——地球的周长，由此得出的地球周长是一个非常完美的估计值。
量出来的角度是 4 个直角度数的 1/50，因为从亚历山大到赛伊尼
距离是 5000 斯塔德，所以地球的周长就是 $50 \times 5000 = 250000$
塔德。埃拉托色尼知道出现偏差的各种可能，实际上阿斯旺并不在
归线上，而是在回归线以北 37 英里，阿斯旺和亚历山大也不在同
经度上，而是在亚历山大以东 3 度。他计算的数字为 252000 斯塔
，得出 700 斯塔德为一度。

不幸的是，斯塔德对于埃拉托色尼和其他地理学家的意义并不一
。1 斯塔德是 600 "步"，但是 "步" 的使用标准是变化的，而长
离实际上不是丈量得出，而是用走过全程所花费的时间来计算，再
换为斯塔德。罗马帝国的作者以 $8\frac{1}{3}$ 或者近似的 8 斯塔德为他们
1 英里。假如埃拉托色尼以通常的斯塔德来计，他的整个估计偏
12%—14%。大概 10 个斯塔德为 1 英里几乎就正确了。

埃拉托色尼沿着两条在罗得岛相交的经纬线计算出南北宽度和东
长度，再把已知世界放在这样测量的地球上（图 311）。宽度从索
里海岸——适合居住的南部热带地区的最南端——到接近北极圈的
勒。从圣文森特海角到恒河入海口的长度有 70800 斯塔德，或者
宽到印度最远端和可能存在的岛屿，有 78000 斯塔德。这只是该

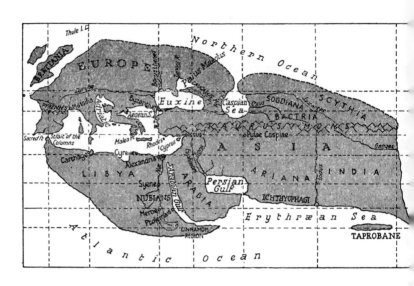

图 311 据埃拉托色尼的想象重构的世界。

纬线上环球周长的 2/5。还有 3/5 呢？从西班牙向西航行，在路上
有通向印度的开阔海洋或是"外部居民区"吗？

507　　　　在公元前 161—前 126 年进行观测工作的伟大天文学家喜帕
斯（Hipparchus）检验了埃拉托色尼的成果，批评了测量程序的细节
题，同时强调需要更好的观察基础成果，根据探险者的工作增加了
些纬线，但缺乏确定经度的手段始终是古代地理学的弱点（边码 503

罗马人在科学上可能存在的任何兴趣，都在地理学领域中找到
用武之地。奥古斯都于公元前 27 年建立的帝国享受了两个世纪的
乎连续的和平局面，文明传播，旅行安全，各大种族融合。那个时
的作者感叹于帝国的辽阔，常常称除了边缘的蛮族好像便没有别的
西。虽然罗马人由于自身原因很少进行探险，但一些商人还是到了
队所到之处以外的地方，还有人航行到了印度，甚至通过陆地和海
得到了一些关于中国的消息。帝国时代的若干书籍增加了我们的地
知识，却很少有人去做什么来提高地图绘制技术。

5 托勒密的地图

然而，泰尔的马里纳斯（Marinus of Tyre，约公元 120 年）在地图
制中有重要的地位，他的《地图的修正》（*Correction of the Map*）利
最新的汇报把地图向东、向南进行了增扩。他的修正有时显得过分，
为他不能容忍旅行者的夸张、停滞和偏移。他用一种非常简单的投
法，即沿着一条重要的纬线（穿过罗得岛），在根据预定的比例相
的经度点和纬线成直角处画出平行的经线。他的后继者托勒密是唯
一位记录了马里纳斯的工作的人，他也采用了这种方法，但只在绘
省的地图时使用，因为在这样小的区域中偏差并不大。

508

托勒密（主要活动于 121—151 年）是古代科学家中最伟大的人
之一，精心绘制了已知世界的地图。他绘制的地图丢失了（边码
0），但他提供了足够的材料，可以让人依据他的经度和纬度数据
原地图，结果惊人地详尽合理（图 312）。甚至对于罗马军队从未
足的爱尔兰的地图，他也给出了很多名称。

托勒密热衷于绘制地图，却对地理描述没什么兴趣。在他的《宇
的体系》（*System of Astronomy*）——阿拉伯人和此后的中世纪人称
为《天文学大成》（*Almagest*）的这部著作中，他解释了如何将已知
界放在地球上，一半在北温带，并向南延伸至热带。他还解释"气
"如何由当地最长的白昼和春秋分时的日影决定，并以纬度对气候

509

行了一系列详细的划分，直至北极圈（图 330）。在他的《地理学》
，他强调地图绘制应基于天文学上的定点，尽管实际上他的经度没
一个由此而来。他主要是靠计算获得经度的。

托勒密的《地理学》主要是 8000 个地点的目录，每一地点都给
了经纬度，但这些地点中的绝大多数仅仅是从旅行日志中推算而来。
他的数据为资料，可以画成一组如他推荐的那样的 26 个地区，或
个更小一点的区域，比如高卢的 4 个省。令人遗憾的是，马里纳
和托勒密采用的地球赤道周长仅为 18 万斯塔德这个粗劣数字，这

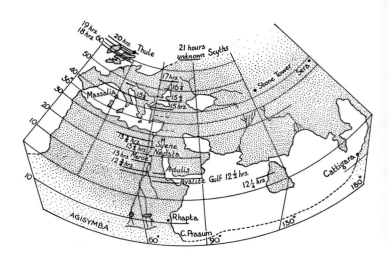

图 312　据托勒密第 1 种投影法所作的世界地图。

使得赤道上 1 度所对应的长度为 500 斯塔德，罗得岛处的纬线为 4
斯塔德（见边码 506）。托勒密的精度和埃拉托色尼的一样，与 1
斯塔德的长度问题密切相关。这一误差只是地中海纬度值被夸大
62°（而非实际上的 45°）的部分原因，但越向东累积的误差就越

　　托勒密的工作简化了，只需画出他所处时代的"已知居
地"的地图。经过对数据的反复检查，他考虑跨 180° 经度
80° 纬度，这样他可以使用一个校正的简单圆锥投影，把穿过
得岛的纬线（北纬 36°）作为标准线，这是一条前人长期使用
基准线。前面提到，其优点是对应于 1 度的经线间隔恰好是
数 400 斯塔德。对于科学地图，托勒密建议了两种投影法。在
1 种投影作图中（图 313），他画了地球的大圆（每 1 度为 1 个
位，共 360 个单位），因此半径就是 $57 \frac{3}{11}$ 个单位。在北纬 36
处画了一个和大圆相切的圆锥，所得圆锥顶点至罗得岛纬线的
径为 79 个单位。北至北纬 63°，即图勒所在的纬度，南至南

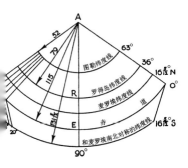

图 313 托勒密的第 1 种投影法。
刻尺单位是地球大圆的 1°。罗得岛的纬线被
等地分成 5° 的间距（每一间距相当于 4 个单
位，经线从 A 点穿过这些等分点。

$16\dfrac{5}{12}^{\circ}$，这是和麦罗埃所在的北纬到赤道距离相等的南北对称的纬线。所有的纬线间隔都很准确，标准纬线正确等分，从圆锥顶点出发的经线通过这些等分点。第 2 种投影表示的纬线和经线（一条除外）都是曲线。同样数目的经线如前画出，每一条纬线准确等分，即罗得岛所在纬线的等分间距为 4 个单

510

位，到图勒所在纬线就为 $2\dfrac{1}{4}$ 个单位。这个改进是明显的，尽管距离中央经线越远偏差越大（图 314、图 315）。

对于地理地图学史而言，没有必要追循这项技术在中世纪的衰落。托勒密的投影法被遗忘了，而且西方科学意义上的地理地图绘制也停滞了，直至 14 世纪后期托勒密的希腊文著作和他对地图的描述一起重见天日。然而，中世纪的航海需要指引航向，也需要这些自 13 世纪后期起所称的"航海图解手册"（portolani），这在后面还要提及（边码 526）。

9.6 古典时代的测量

更为久远的古代房屋的建筑、许多古代的灌溉工程以及许多其他公共建设工程，显然都需要基本测量，但它们没有一个保存下来。前面已经提到了埃及人的土地测量（第Ⅰ卷，边码 540），他们有办法测定水平面和两点间的高度差异，已知他们使用铅垂水准仪（第Ⅰ卷，图 314）、斜角规和其他一些简单的测量工具。保存至今的有古埃及

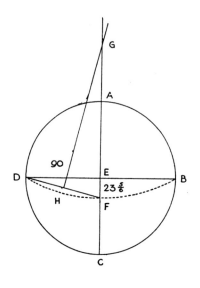

图 314 确定纬线圆心的方法，据第 2 种投影法。测量单位为大圆的 1°，即 500 斯塔德。圆 ABCD 的半径为 90 个单位；EF 为 $23\frac{5}{6}$ 单位，因而 E 位于北回归线（赛伊尼所在纬线），而 F 位于赤道上。HF(=0.5DF) 经计算为 46.55 单位。作 HG 垂直于 DF，△GHF 相似于 △DEF，经计算 GF 为 $181\frac{5}{6}$ 单位。G 为所求的圆心，而弧 DFB 则代表赤道。

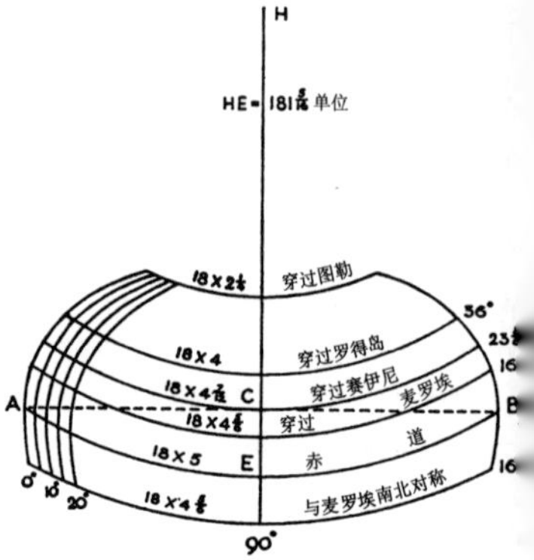

图 315 托勒密的第 2 种投影法。投影以赛伊尼所在纬线（回归线）为中心，通 AEB（AB=180 单位，CE=23 56 单位）的是赤道圆。中央经线 HE 上，纬线等分间隔为 5°。线为通过等分点的曲线。

的照准仪器，例如穴鸟隼（*merkhet*，第 I 卷，图 47），还有一个现存的格罗马（*groma*）（图 316）。这些工具流传到了希腊、罗马和其他民族。

　　我们不可能讨论所有古典时代的测量，但是两个著名的例子足以说明古希腊科学所引入的测量方法的先进性。一块石刻记载了第 13 位犹大国王希西家（Hezekiah，约公元前 715—约前 687）的技师们开挖渠道的过程。大约公元前 700 年，他在耶路撒冷修建了一条渠道将基训的泉水引到西罗亚池。虽然其间的直线距离只有 366 码，但

为了避开某些障碍，技师们
了约 583 码，具有立体的弯
部分。他们没有有效的方法
制渠道的轨迹，只好被迫用
杆的方法来确定它们在何处，
后两端差点无法重合。一块
期的希伯来石刻记载了该渠
的竣工（第 I 卷，图 559）。

稍后的一些希腊工程显示
了更高的精确性。在约公元前
0 年，技师们在萨摩斯建成了

511

图 316 （左）来自法雍的格罗马；（右）都灵附近发现的罗马门索（mensor）墓碑。

条长 1200 码的渠道，他们从两头开工，最后遇合时误差为 5.5 码
第 II 卷，边码 667 及图 611）。这样的结果能够由上面提到的工具
力码 510）及维特鲁威描述的某种形式的水准仪保证，维特鲁威承
他的方法最早起源于希腊。很可能萨摩斯的技师还使用了简单的三
测量系统。

罗马人的建筑成就和维特鲁威的著作都说明了罗马人的测量水
应该是很高的（第 10 章）。他们坚持认为测量的技艺至少和罗马
国本身一样古老，而最初是僧侣为了宗教目的而使用。在帝国时
，这些方法不断为人们所知晓，在罗马还成立了一个正规的测量学
。人们主要使用的测量工具是格罗马，它由古埃及的工具稍加改制
成（图 316），一条直边用于照准，另一边则确定场地边成直角的
向。由于农业和城镇规划主要呈矩形（第 11 章），这一工具得以
泛应用。在军营的中央竖立一个格罗马成为一种风俗。

罗马的测量者应该还使用过一种用于测量远处两点到目测处所张
度的工具。它的原始简单形式无疑是一头连在一起的两根木杆，每
根杆的另一头有一个销钉或是照准器。为了保证准确，测量者会有一

个供他使用的水准器（*chorobates*）。据维特鲁威描述，这是端部有撑、长约 20 英尺的一块直板，并用横木稳固。横木标有垂直于板线，直板调整到使这些线与铅垂线相符。由于风会干扰铅锤，精度直板顶部一个加了一部分水的凹槽保证。水离板的高度很容易从任一端测出。

加上圆规、斜角规、测杆和测链，这些几乎就是罗马测量人员常使用的全部测量工具了。在庞贝古城发现了这一时期的一些测工具（图 317）。不管一般的操作如何，特殊的精度标准由两种工保证，一种为角度仪（*dioptra*），另一种是亚历山大的希罗（Hero Alexandria，主要活动于约公元 62 年）描述的水准器。这些工具代了已知的古代测量工具的最高展水平（图 360、图 361）。

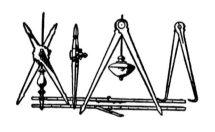

图 317 在庞贝城发现的数学工具——圆规、测径器、直尺、水平仪等。

维特鲁威给出了一种估计观测者处于同一水平面上但法到达的某一点（如河对岸上一点）与观测者之间距离的方先使用滚动计距器或称"路程量器"，在观测者所处的此岸量一条线段的长度。"路程测器"是一个由已知周长的轮子组成，并可自动记录圈数的仪器。然在该直线段的两端各作一次瞄准，角度和底边因此被确定，从而可此岸构建一个三角形，该三角形全等于对岸一点和此岸已测直线段成的三角形。这个三角形的高可以测出，通过简单的算术计算就可得出对岸一点和观察者之间的距离。还有一种类似的工具可以得出法直接测量的高度（图 318）。维特鲁威的著作 1486 年首次在罗马版，早期以意大利文的译本流传。达·芬奇（Leonardo da Vinci）无由此得到了启示，用来设计他的计距器（图 319）。

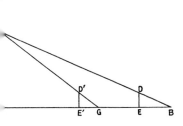

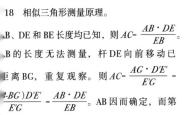

18 相似三角形测量原理。

B、DE 和 BE 长度均已知，则 $AC = \dfrac{AB \cdot DE}{EB}$。

B 的长度无法测量，杆 DE 向前移动已

巨离 BG，重复观察。则 $AC = \dfrac{AG \cdot D'E'}{E'G} =$

$\dfrac{-BG)D'E'}{E'G} = \dfrac{AB \cdot DE}{EB}$。AB 因而确定，而第

一等式可解。

图 319 达·芬奇的计距器，可数出已知长轮子的圈数。
记录落在盒子里的石子数的方法来自维特鲁威。类似的具有钟表外观的记录工具在 18 世纪被广泛应用。

.7 中世纪的测量

513

在中世纪，测量者依然使用着最简单的直接测量工具，例如用线、或者步子测长度，用格罗马、铅垂线和简单水平工具得出直角，画水平线和垂直线。中世纪有很多文字描述了利用相似三角形理论测塔和高墙的高度的间接方法。最简单的方法是用一根已知长度的，当观测者的眼睛处于适当位置时，他能够用这根棍子"遮盖"住测的塔。另一种简单方法是在太阳处于 45° 高度角时测量塔的阴长度，此时影长就等于塔的高度。较为复杂的是使用影矩尺（边码8），它镌刻在星盘的背部（图 329），或与诸如几何象限仪或几何尺等独立工具合并在一起。使用任何一种都可直接测量塔和城墙，者观测太阳以测定观测时影长和物长的比例。所有这些间接的方法现出了相当的灵活性，同时还考虑到观测者眼睛高度而作了很多修，或在地上放置一面镜子来精确建立视点。

这样的间接方法通常应用于垂直面上的测量，而水平面上的类似

应用则非常少见。也许是因为这样的技术过程过于熟悉而无需描
更可信的解释是几乎所有这些描述文字都出自于几何学者，而他们
切于向他们的恩主显示自己的技巧。但实际上，很少要求对建筑物
高度作间接测量。此外，这些知识对于缺乏数学技艺的炮手和建筑
来说毫无用处。

515　　　中世纪测量技术的精确性可以由教堂的朝向来评估。对不列颠
概 700 所教堂的测量显示，对于平均值东偏北 10° 有一个 ±14°
标准差，这是一个很粗略的结果。因此很可能在一年中无论什么时
工匠们都只是在工程开始时粗略地根据太阳升起的方向来给建筑
定向。

　　　中世纪测量者画的地图确证了当时只是对长度和直角进行了基
的直接测量。这些地图表现出与一幅埃及地图（第 I 卷，图 385）
皮尤廷厄地图（图 320）的某些相似点。中世纪地图的比例尺通常
固定，受关注点被放大表示，而不太重要的点则被省略。然而整体
说，距离的记录比角的方位记录要准确。此外，它们常常在地平面
添加建筑、山脉和其他感兴趣景物的立视图，这使地图变得含混（
322）。中世纪测量设计图的另一个特点是，尽管地图的上端标明
向朝东，例如《世界地图》（*mappae mundi*，边码 519），但南和西
经常出现在上端。某些地图上，一些基点甚至是在长方形图的角上

516　　　最早的较为精确的中世纪设计图之一是约 1165 年坎特伯雷大
堂的供水工程（第 II 卷，图 628）。这样的设计图只是工程师们的
图，而不是严格意义上的测量图。第一幅真正的测绘地图——至
就英格兰而言——是在 1300 年由于两个男爵领地的边界纷争而绘
的（图 321）。地图显示领地边界一直沿着一条汇入威特姆河的沟
其中西边的 5 个奶牛牧场（*vaccariae*）属于一个男爵，而东边的另
4 个属于另一个男爵。边界由标杆上的牌子标明，它由公证人竖立
测量的起点和终点处。所有的奶牛牧场可以从标在现代地图上的村

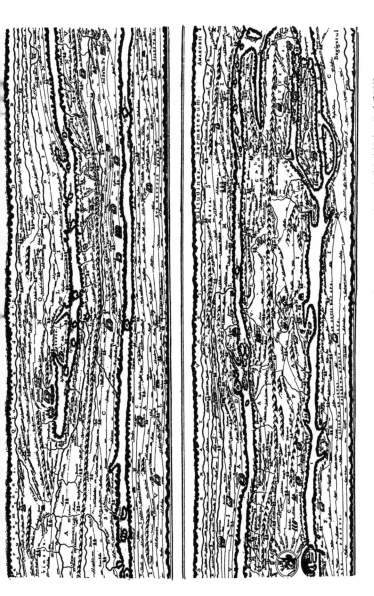

图 320　皮尤廷厄地图的一部分，绘有意大利、达尔马提亚海岸（上）和北非海岸（下）。其间的海洋十分粗略，几乎看不见。

19.7　中世纪的测量

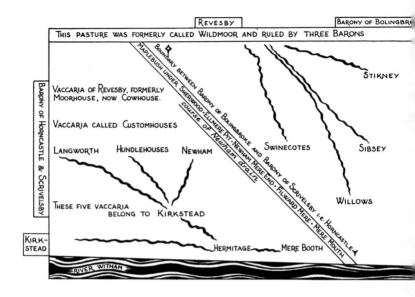

图 321　科特斯蒂德修道院圣诗集地图，绘有林肯郡波士顿镇北部奶牛牧场。约 1300 年。

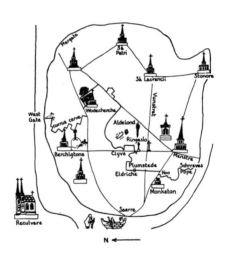

图 322　萨尼特岛地图，约 1414 年。
地图上的地名所对应的现在形式很容易识别，如阿
兰（Aldelond）、伯青顿（Berchigtone）、奥尔德里奇
（Eldriche）等。

房屋识别。边界依然还在，但是中世纪的地图把那条河道变直了。图上的距离还算准确，但是角度随着河流弯曲而改变。

约 1414 年的一幅萨尼特岛的地图（图 322），体现了中世纪后期形学测绘技术的巨大发展。但是，尽管其中有更详尽的细节和不同筑的图示，地图仍然有相当角度的扭曲，同时"小岛"也接近正方，而非实际上的长度接近宽度的两倍。

把这些地形图与那些由磁罗盘辅助绘制的航海图作比较是很有趣。不同于地图，海图中的角度方向比距离要来得精确。在角度测量备和三角测量技术发展之后，角度和距离测量形式都变化了，更确地说是两者结合起来了。随着 16 世纪宗教改革后教会土地的重新配以及大航海探险所带来的新地理知识，这些技术在不列颠和其他方变得必不可少了。

517

.8　风图和基点

对于测量学、制图学和航海学而言，基本技艺建立在对距离和方的含义及测量方式的清晰理解之上，这两者共同确定位置。对于某目的，例如画设计图或是确定一条沿海的航线，正确体现相对位置足够了，但是一幅真正的地图必须表达出地球上的绝对位置。这需天文观测，还需要一个地理坐标（经度和纬度）系统，就像托勒密那套一样。

随着罗马帝国的分裂和蛮族的入侵，拉丁世界的天文学和地理学究呈衰退之势，托勒密等人的著作不可避免地被忽视了。制图学只于所谓的略图，它们没有按比例绘制，且往往十分简略和程式化。

除了罗马里（1000 步，每步为 5 个正常的脚长），距离测量的单没有得到很好的定义，而方向也没有精确的确定。喜帕恰斯（主要动于公元前 130 年）之后的数学家已经把圆分割成度，但普通人还是把天空依据太阳每日的运行分为 4 个区域。而希腊人早就区分

并使用夏天和冬天日出日落的方向了，水手们也分别命名了在 4 ╱
基点方位间的最重要的风向。

给每个基点再配上 2 个方位点，最终就成了一个 12 重的风向┐
统或称风图。这在经典文献中很通用，但是还有一种普林尼提及的┐
重系统，很可能是水手使用的。这可由公元前 2 世纪雅典的八角┐
神塔得到很好的印证（图版 26A）。

风在日耳曼民族的居住地不太常见，他们仅以 4 个基点来命╱
他们的风。当需要指出中间风向时，他们就说"东和北""西和南┐
等等。他们认为这些不是"点"，而是天空的区域。"和"字可以省┐
例如，我们发现，阿尔弗烈德大王（Alfred the Great，871—899）在┐
翻译奥罗修斯（Orosius，公元 5 世纪）的著作中使用了东北、东南┐
词汇。

在 12 世纪引入指南针之前，风向似乎再也没有进一步细分，┐
为我们确实仅在那时才找到给出 16 和 32 重系统的术语，它们由┐
中海区域使用的 8 个风向的名称，或是德语中现存的 8 个复合名┐
组合而成。即使是 32 个"点"或风向罗经方位在每一侧也有近 6 ╱
的间隙，虽然水手们已开始逐渐认识到了两分点和四分点。

19.9 中世纪关于可居住世界的认识

天文学家或是日晷制造者自然可以用传统方法确定经线，即标┐
竖直晷针在上午和下午留下相同影长的一对位置，再平分针影间的┐
角。但是知晓这一原理的人很少，应用则更少，在海上更是不可┐
这就使得方向的测量和距离的测量一样不精确。因此，中世纪的地┐
绘制者常常毫不迟疑地使其地图的形状和大小以及特殊部分的位置┐
合其所用的羊皮纸，或是放大特殊点以使其突出，给出的世界地图┐
实际形状也体现了个人的偏好。因此，这类地图中对我们来说似乎╱
奇怪或可笑的地方，并没有我们现在经常会赋予它们的含义。实际┐

督教地图是基于流行于罗马异教世界的地图，尤其是那些后来的拉
教科书中的地图而作成，与此同时接受了古代地理学的一般原理。

如果以为中世纪受过教育的人认为地球是扁平的，这观点其实是
误的。实际上，对于有点经验的人来说，一个基本事实是地球为一
体，与宇宙相比只是一个点，而宇宙本身以永远旋转的星空为界。
球上仅 1/4 的地方是已知的，人们常把这些地方自身简称为"地
"。它由 3 部分组成——亚洲、非洲和欧洲，完全被海洋包围。语
学家克拉泰斯（Crates，约公元前 165 年）的提法得到了认可，即
理由认为地球 3/4 未知的地方与已知世界是相似的，也是由被海
包围的有人居住的多块陆地构成。相对的南边地区的人和我们可能
"足对足"的，即真正的"对跖人"。可能有一片赤道海洋环绕着
片"因酷热而不能居住的"区域，因而我们不能到达那两块南方
陆。

519

圣奥古斯丁（St Augustine，354—430）根据上述最后一点证明不
在对跖人，因为福音必须对"全人类"宣讲。对跖的含义后来从人
转变到了地球上的位置，这一转变混淆了争论的问题，也许一开始
如此。圣奥古斯丁并没有否认地球为球状。然而，这个问题被认为
是与天文学家和几何学家有关，与地理学者无关，普通读者就更谈
上了。因此，基督教百科全书编纂者忽略了这一点，仅稍稍提到这
知识，就如圣伊西多尔（St Isidore，560?—636）在他著名的《词源
》（Etymologiarum libri）卷Ⅶ中提到的一样。

有 3 种早期的世界地图：一种给出了整个东半球，包括已知和
知的大陆；另一种仅给出余下的南方陆地（terra australis）；第 3 种
于已知的可居住地。它们以不同的形状表示，例如扁形、矩形、椭
或圆形（图 323）。

世界 3 部分——亚洲、非洲和欧洲的划分受到了塔奈斯河（顿
）、尼罗河以及地中海的影响，它们形成了一个 T 形水系，若再加

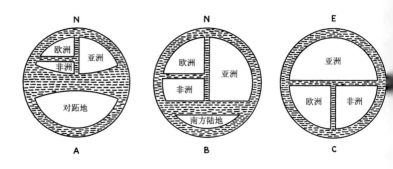

图 323　中世纪世界地图的 3 种形式。

（A）带有两个对称大陆的已知半球；（B）余下的南方陆地；（C）仅显示已知居住世界的Ⓣ形地图。

上周围的海洋，就形成了著名的 OT 图或Ⓣ形地图（图 323C）。基

教的特点和标志逐渐加到了这个世界地图中，同时方向也改变了，

使得东方（通常标为"地上天堂"）处于上方。由于复制和装帧被委

给僧侣和职业书稿彩饰者，地图常以图画和生动的装饰物修饰，尤

是专门为王室和教会的会议厅装潢的大型墙壁地图，例如赫里福德

520　图（图 324）。许多看这些地图甚至是画这些地图的人，都相信这

可居住世界就是整个地球，并且是扁平的，这一点是毋庸置疑的。

是那些掌握一些数学和天文学知识的有学问的神职人员还是知道事

是什么样子的。

19.10　中世纪的制图学

与此同时，东罗马帝国的人们在继续研究希腊的天文学和几何

最主要的著作被翻译成古叙利亚语，或是发现了以这些领域内容

主题的古叙利亚语的出版物，例如塞维鲁-塞波科特（Severus Sēbōk

521　卒于 667 年）所著的现存最早的关于星盘（第 22 章）的论著。阿拉

对美索不达米亚、叙利亚和埃及的征服，不仅使得希腊科学得以翻

成阿拉伯文，也使得图书馆和天文台得以建造，比如马蒙哈里发（A

图 324　赫里福德世界地图，非常简约。耶路撒冷在中心，东
方位于顶部。约 1280 年。

'mūn,813—833 年在位）下令在巴格达和帕尔米拉做的那样。博学
穆斯林和犹太人还居住在基督教国家重新夺回的西班牙和西西里的
市中，而这些学术中心就是科学著作的拉丁文译本在西方基督教世
传播的主要媒介。

从技术角度来讲，更重要的是新旧数学工具和天文表在西方拉丁
界的传播，而对我们当前的目的而言，是它们对地图绘制的影响。
斯兰世界对制图学的直接贡献，包括他们对世界地图的修订和对子
线弧的重新测量，也包括对经纬度表的重新编纂。使用星盘的背面，
过取亮星上下中天的均值，或根据正午太阳高度和太阳赤纬表，穆
林可以精确确定纬度。另外，他们通过用水钟对比各地月食的地方
而确定经度。

自从阿拉伯人沿南至索法拉的非洲东海岸定居并在苏丹进行贸
后，他们追随着托勒密将可居住世界延伸至穿越赤道，并把尼罗河
源头湖定位在赤道地区。他们超凡的实践知识也使得他们将印度洋
至远东地区，而托勒密却在这里将其切断了（图312）。他们相当
知球形地球这一说法，但是他们满足于他们想象的那样，认为可居住
世界被一片海洋所包围，并把整个世界放在一个圆形的框架中。他
的经纬度表只用于天文学目的，把一个想象的城市（或小岛）阿瑞
（Aryn）作为世界的圆顶，放在0°经线和赤道的交叉处，就如我们
立的格林尼治子午线一样，然后由它向东西覆盖90°。但为了方
起见，本初子午线移到了西72.5°的一点，它被认为是"可居住
最西部"，以相对于90°的"正西"。最早的那些出自扎尔加利（
al-Zarqālī，拉丁名为Arzarchel）的表，是12世纪早期在托莱多编纂
并在12世纪晚期由克雷莫纳的杰拉德（Gerard of Cremona，1114？
1187）翻译成拉丁文。这些表给出托莱多位于东经11°，即离"
西"28.5°。

重建的希腊学术和新阿拉伯学术的强烈影响，很好地体现在罗
尔·培根（Roger Bacon）的《大著作》（*Opus Majus*，1264年）中的
522　理部分。在这部著作中，他指出从一个城市或地区的纬度能得出多
信息，同时自托勒密以来首次试图绘制一幅以坐标确定位置的地
虽然"拉丁世界"的数据太少使得他感到无奈。他的纬线是平行于
道的直线，准确距离是从地球仪上有刻度的黄铜子午线中取得的，
们显然并非等距离排列，而是穿过某些特殊的城市，并和特定的经
在此相交，而经线从赤道延伸至极点。在相交点以一个红色的圆圈
表示城市的精确位置，和普通的世界地图大而模糊的花饰指示有很
不同。

培根把这张地图送给了教皇克雷芒四世（Pope Clement Ⅳ），
今已佚失。但是，我们知道他考虑了陆地和水的总体分布，放弃了

"部分"的说法，而是主张单独的一块大陆。地图向东伸展至如此
远，以至正如亚里士多德所指出的，在西班牙和印度疆域之间的大
洋较窄，很容易跨越。根据文字资料，培根还相信印度和埃塞俄
亚都向南延伸，远远穿过赤道（在它们中间有一个大海峡）。然而，
于 5 个区域的概括，包括热带和寒带不能居住的说法，在地理学
教科书中一直到 16 世纪还占有一席之地。

费尔加尼（Al-Farghānī, 拉丁名为 Alfraganus，主要活动于 861 年）
述了阿拉伯人对于地球周长的测量，培根借用了这一方法。费尔
尼在巴尔米拉附近使用星盘或象限仪，观测了北极星的高度，以
定纬度（充分考虑到了北极星的偏心）。于是，观测者就沿着观测
的经线移动，直到他们的仪器显示他们已移动了 1 度为止。培根
，这个距离是用大腕尺进行量度和表示的。如果是这样，其结果
有 68 英里，很接近实际情况。但是通常是使用小腕尺，给出的结
只有 $56\frac{2}{3}$ 英里。如果我们回想到我们已经发现托勒密给出的数字
500 斯塔德即 $62\frac{1}{2}$ 罗马里，而当时通用的埃拉托色尼的 700 斯塔
为 1 度（边码 506）被圣伊西多尔和其他人估算为相当于 $87\frac{1}{2}$ 英里，
不难想象结果的混乱。到那时为止，还没有人关心或有兴趣去解决
一混乱。此外，一"几何"里为 1000"几何"步，此步长是罗马
的通常步长的 5/6，这被严重忽略了。13 世纪诺瓦拉的坎帕努斯
（ampano da Novara）称 81"几何"里为 1 度，这个短的里很接近中
纪地中海航海图的"小海里"。

.11 航海仪器

523

与此同时，世界地图的细节通过两个来源得以完善，一个来源是
洲人穿越辽阔的蒙古帝国的旅行，另一个来源是海图的传入。在

12 世纪的某个时期，或许更早，天然磁石的指向性质被发现了，它的吸引物体的特性早已为人熟知。一根针或是钢丝经磁石摩擦如果漂浮在水面上，就会指向北极星。自腓尼基人——甚至米诺斯时代——开始，水手航行晚上依靠北方小熊星座的指引，白天则依太阳的方位。当天空被云雾遮住，他们就会迷失方向。现在，水手可以根据浮于软木或麦秆上的"摩擦过"的针来重新定向。

最初航海者仅有这么一种方法，而约在 1180 年内克（Alexander Neckam）似乎描述了一种回转针，在 13 世纪前半叶，我发现风图的术语已包含有 32 个方位点。航海的方向传统上依靠距和风向表示，现在可以提高到一个新的准确度，并且可以画出精确海图。一张包括了地中海和黑海的海图从 1275 年左右保存至今，相当细致、精确、程式化，想必是从更早的海图发展而来（图 3 **Pisane** 地图）。它是最早的有比例尺的地图，以一套风图的图案画

524

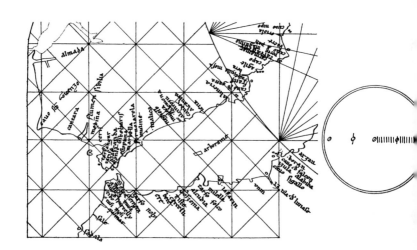

图 325 *Pisane* 地图，约 1275 年。

（左）地中海东部的一部分，绘有直布罗陀海峡及西班牙与北非海岸，用画有对角线的表示 100 平方的正方形网格摹绘细节，外有罗盘方位线的圆（右上）；（右）地图的比例尺：每个大刻度为 50 里，小度为 5 里。

326），提供了一个射线或罗盘方位线组成的网络。据此，领航
在两脚规和直尺的辅助下可作出任意指定的两个港口之间的航路。
"水手的指南针"原指风图对水平面的划分，而罗经刻度盘最初
漂浮的针或回转针一同使用。一旦针附于盘面，简单的磁力指南
就做好了，14世纪早期可能就是这样做的。罗吉尔·培根的一位
时代人、老师兼朋友，皮卡第的马里库尔的佩雷格里纳斯（Peter
egrinus）在1269年实际上描述了两个盒装的指南针，一个是带有
石的悬浮物，另一个带有回转针。它们各自在盖上标有刻度，以便
立经线，用于天文学目的。以后就没有这一方面用途的记录了，说
针的变化已被认识了。15世纪早期旅行日晷（图354）的制造者肯
知道并承认这一点，也许佛兰德的指南针制造者同样知道。

到了约1298年，马可·波罗（Marco Polo，1254？—1324？）详
地描述了中国，甚至也描述了日本（错误地认为其离大陆1500英
）以及东印度群岛。14世纪里，地中海海图和世界地图合在了一
。在著名的1375年的"加泰罗尼亚地图"中，我们找到了关于大
洋各岛屿地形测量知识发展的证据，例如撒哈拉沙漠以外的黑人王

525

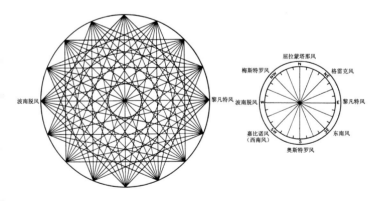

图326 （左）罗盘方位线概图，风图如其他图一样被分为16个方向点。Pisane地图在两
个这样的圆之上绘成。（右）意大利式，罗盘或风图分为32个方向或点。

国和远东地区（图 327）。在这张"加泰罗尼亚地图"中，我们第

次看到了潮汐图，它给出了布列塔尼和英吉利海峡一系列海港中

"港口的建成"。它们依据指南针或风图的射线建立，水手们用 32

方向点来计算小时和天数，（错误地）假定天体在相同时间经过相同

位角——他们忽略了当地地平线的倾斜度。例如，假定在一个特定

港口，全潮发生在新月穿过子午线后 3 小时，他们就称之为"月

东北-西南全潮"并把这个港口标记在适当的罗经方位。一天中第

次高潮发生在 12 小时之后，也就是在西南罗经方位，而低潮在东

和西北的罗经方位。可以算出，每天的延迟为 45 分钟，即风图的

个方向点中的一个点。因此若月龄已知，高潮的时间或方位就可以

罗经刻度盘中查出来。

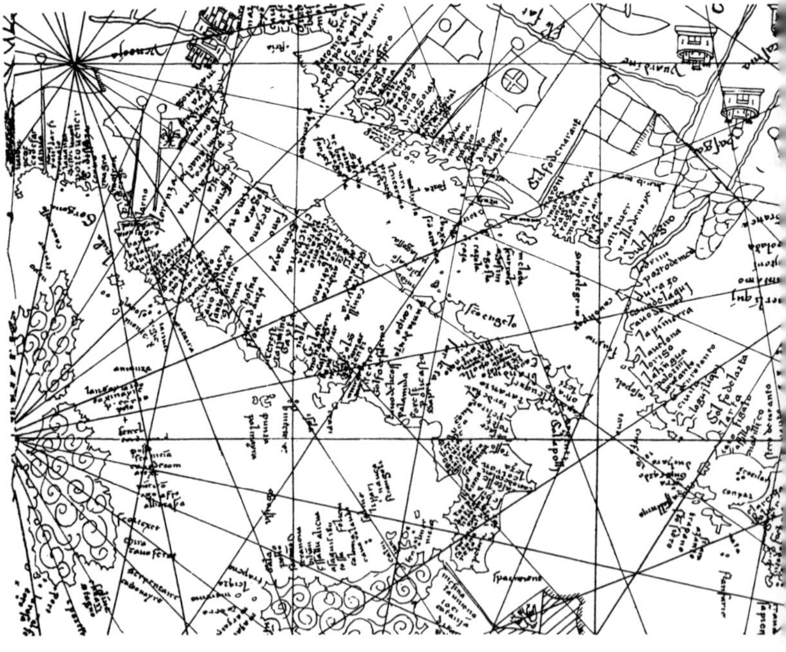

526

图 327　加泰罗尼亚地图，绘有意大利、亚得里亚海及西西里岛的部分。1375 年。

虽然西欧和欧洲西北部的海员学会了制作和使用潮汐图，但他
没有海图，比如那些可能受过更好教育的地中海领航员使用的那
，当然，航向（英语称"rutters"，法语称"routier"，意大利语是
rtolani"）对两者都是一样的。除了路线，这些海图通常还记录界
、岩石、浅滩、潮流大浪和危险物。一旦发现自己处于测深索能测
的水域，中世纪水手就用测深锤和测绳测水深，用涂脂的测深锤带
一个海底裸露沉积物，正如希罗多德（Herodotus，公元前 5 世纪）
处的时代那样。

　　除了磁罗盘、测深锤和测绳，计时沙漏对于航海家来说也很重要。
是用来调钟的，两小时或者"半更"沙漏可能已经使用了。"智者"
方索（Alphonso the Wise，卡斯蒂尔国王，1252—1284 年在位）曾
令所有的西班牙船只都必须携带星盘或象限仪来读取纬度，这也许
绝无仅有的，因为直到 15 世纪的航海大发现时代，这种仪器的合
类型才被发明出来（第 22 章）。然而在 15 世纪，我们发现了意大
用以计算"完美航程"——即当船只被迫抢风航行时，在要求航行
路线上所走过的实际距离——的表。这不能像现代航海一样根据向
然后向东航行的距离算出，因为在中世纪的海图上没有经纬度。

　　对此方法的最早描述见于 1428 年写给威尼斯军队总司令的
份关于航运事务的长篇备忘录中。[1]但因为在 1295 年前，卢尔
amón Lull）就清楚地引证过这种方法［如他的《科学之树》（Arbor
ientiae）中对问题 192 的解答］，所以这必定可以追溯到使用指南针
海图的早期航海时代。这就使得这种方法有趣而重要，因为它涉及
角形的三角解法，不仅仅出现于数学家的研究中，还见于专业领航
的日常作业中。

　　按比例绘制的海图和马特里奥（Marteloio）的表和规则的使用

埃杰顿（Egerton）MS 73，大英博物馆。

19.11　航海仪器

（马特里奥就是该方法的名字），表明这位意大利海员是第一个利
应用几何学的技术人员。数学家则必须使这些规则适应于使用者能
和知识的可能范围。水手只把角度看作风向的"4 个罗经基点"，
向在每两个基点之间被分成 8 等分，这样就包含 11°15′、22°30
33°45′ 等等，直到 90°，各自表为 1 分、2 分等等，一直到 8

527 意大利的 8 重风图有 4 个这样的等分度（图 326）。英国人则称之
罗经方位或者"罗经点"。

　　乘法和除法的知识对于此类表的使用者来说已经足够，它们
用以回答如下两种类型的问题。第一种问题，"我希望向东方位航
但是相反的风迫使我东偏南 1 个（或 2 个、3 个等）罗经点航行。
我们航行了 100 英里，我向东走了多远，偏离我的航线又有多远？
第一个表把答案置于 3 列，分别是罗经点数、真正航线的距离和
离航线的距离。第二种问题，领航员问："要是我偏离了正东的航
10 里。那么如果我回转 1 个罗经点（2 个，3 个……），回到真正
航线，要航行多少英里，在东面多远距离会相合？"所需的数字可
在第二个表中找到。在上文提到的 1428 年的备忘录中，就有告诉
们如何处理并非表中列出的对应于 100 里和 10 里情况的实际例
但是很难知道领航员中具有必要的数学修养的人数比例。备忘录附
了一个称为"圆和方"的图，但没有解释，这说明当时还流行用图

528 法，在此只需一条十分简单的规则就足够了。

　　1342 年普罗旺斯的犹太数学家热尔松（Levi ben Gerson）就首
描述了一种在 16 世纪水手中普遍使用的仪器，这就是十字杆（cro:
staff）。它最初为天文学家使用而设计，后来被称作"直角照准仪
（边码 546；图 340），也可用于几何测量，即用相似三角形原理得
高度和距离。相似三角形在 12 世纪以拉丁形式开始重现，并在西
应用的希腊几何学中司空见惯。它的原理也是简单的（图 328）。
盘、象限仪或是几何矩尺甚至是测量杆，都可用来替代十字杆，由

图 328 用十字杆测量无法达到的高度的一种方法。

在近点，调整横杆，使它到眼睛的距离是它长度的一半，在远点使两者相等。这样（由于对角的正切值分别为 1 和 0.5）两测点的距离加上观测者眼睛的高度就和被测高度相等。为使这一方法精确，高度必须竖直，两测点在同一水平面上，且十字杆水平握持。

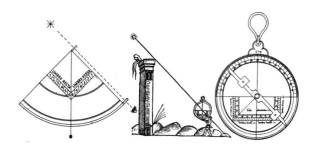

图 329 在象限仪中（左）、在星盘的背部（右）以及被显示用在 1564 年的一项工程中（中）的影矩尺。

没有正切表，用一种图形工具即影矩尺（*umbra recta et versa*）以获

所需比例（图329）[1]。但实际上，这些方法在中世纪只用于几何证

而不是用于实际工作。很难证明当时有精确测量，经丈量杆粗略测

后土地面积被算作相近的英亩数（或是半英亩数）。另一方面，建

大型建筑（如城堡、教堂、堡垒）和规划新城，如果没有某些基本

测量就无法完成。我们获悉，著作涉及星盘内容的阿拉伯作家巴士

的迈萨哈拉（Messahala of Basra），在762—763年曾参与巴格达奠

的测量。

529

1　在一个象限仪上画有带刻度的正方形，每边分成6等分，有时是12等分；而星盘背面有两个正方形（图329）
　　其侧边上有1/6, 2/6…6/6的比率，同时沿底边上对应有5/6, 4/6, 3/6…1/6的比率，即刻度尺上的数字6
　　当于45°角，6以下表示一个更大的仰角。

书目

ngton, B. 'Greek Science'. Penguin Books, Harmondsworth. 1953.

oura da Costa, A. 'A Marinharia dos Descombrimentos.' Imprensa da Armada, Lisbon. 1934.

/, E. R. 'Surveying Instruments. Their History and Classroom Use.' Bureau of Publications, Teachers' College, Columbia University, New York. 1947.

ple, G. N. T. 'Geography in the Middle Ages.' Methuen, London. 1938.

to, B. R. 'Il Compasso da Navigare.' University Press, Cagliari. 1947.

or, Eva G.R. 'Tudor Geography.' Methuen, London.1930.

. 'The Mathematical Practitioners of Tudor and Stuart England.' University Press, Cambridge. 1954.

. 'The Haven-Finding Art.' Hollis and Carter, London. 1956.

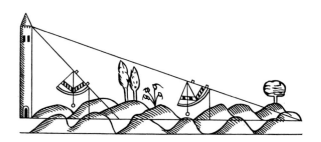

用象限仪背面上的影矩尺测量高度和距离。

第 20 章

制图学、测量学和航海学（1400—1750

E. G. R. 泰勒（E. G. R. TAYLOR）

20.1 制图学

在 15 世纪开始的几十年中，土耳其军队对东地中海沿岸国家加压力所产生的次要后果之一，便是促进了地图制图学、测量学和海学诸领域里新技术的发展。由拜占庭帝国的学者带入意大利的希手稿［包括托勒密（Ptolemy）的《地理学》］，介绍了"地图应该是样的"等一些新的观念，恰好当时人们又被迫将注意力转向西部的易路线，于是就需要新的航海方法和新的航海图以满足征服海洋的求。

这位亚历山大的天文学家的原著《地理学》（Geograph Syntaxis，边码 503、边码 509），虽然已被阿拉伯人了解，但是来没有到达基督教的世界，在 1409 年才首次由安吉勒斯（Jacol Angelus）翻译成拉丁文。从那一年开始，古老的圆形世界地（mappa mundi，图 324）就注定要绝迹了。然而，当印刷术使新型世界地图变得广为人知之前，这一种地图仍然存在，例如莫罗（Mauro）于 1459 年绘制的地图就是一个极好的例子——在他自己的求下，地图的副本送给了葡萄牙国王。这位威尼斯的地图绘制者利的资料包括绘制得很好的地中海的海图，以及根据葡萄牙人沿着非海岸的一些新发现所绘制成的图表，还有关于阿比西尼亚和东部非地形学的许多令人惊讶的细节。虽然他的地图像百科全书一样，但仍然只是一幅概略式的地图，也就是说所绘制的地图与球面数学无，而只是对地平线的无限扩展。

投影制图法　一幅真正的地图必须显示出在地球这一球体之上每处地形特征的精确位置，从而显示出它们之间的相互距离和方向。元 2 世纪，托勒密已经证明了怎样通过数学的方法，把一个假定于地球上的坐标系——纬线和子午线——投影在一个平面上来做这的地图。尽管天文学家能够从一个点出发测出星体在半个天球上的体坐标，但他只能观测他所站立的地方的地理坐标。然而，如果地大圆的一度的弧长是已知的，那么任何方向和距离的测量值或估算都能被转化为经度和纬度。托勒密针对其已知的世界的所有的地形征，完成了这一费力的计算，并根据算出的数据画出了他的地图，一地图是按照事实依比例确定的。如前所述（边码 503），托勒密初画的地图没有保存下来，但是依据他留下的数据，这些图能够并经被重新画了出来。

托勒密采用了 500 斯塔德的长度作为度的标准尺寸，并且为他"宇宙"或世界地图设计了球面坐标的两个平面投影，这一切都为代地图制图学奠定了基础（边码 509）。地球上的本初子午线必定任意选择而来的，并且托勒密是相对于亚历山大城做的计算。可是，了方便，他把从已知最远的西方到最远的东方的子午线进行了编号，使得经度的零点穿过了幸运群岛。文艺复兴时期的读者把这些岛屿为加那利群岛，选取的本初子午线穿过最西方的岛屿，即费罗岛。

后来关于指南针偏离的理论产生了一种观点，认为存在着一条没偏离的"真正子午线"。因此，16 世纪的很多地图制作者认为这就本初子午线，并假定它通过亚速尔群岛中的圣迈克尔岛。在 17 世，当天文台在巴黎与伦敦建起时，出现了一种使用首都城市的子午作为每个国家地图的零度经线的新做法。直到 20 世纪，这些观点才统一起来。

与托勒密文稿相伴的世界地图用的是他的第二种投影制图法。█
写道，对于一个单独的国家或地区的地图，只要把子午线沿着地图█
北中线的纬线正确地分隔的同时，也把纬线正确地分隔，就能够█
确地画出矩形网格。这样的矩形网格投影，由于忽略了子午线的█
拢，严重扭曲了高纬度区域的比例与距离，这是希腊人没有考虑到█
在《地理学指南》译出半个多世纪后，文艺复兴时代最著名的模仿█
微图画家格尔马努斯（多尼斯）[Dominus Nicholaus Germanus (Donis█
对其作了巨大的改进。这位德国僧侣于 1462 年来到意大利工作，█
1466 年为一位贵族绘制的一套托勒密地图中，他用梯形投影代替█
形投影。这是很简单就能实现的。由于南北边界的纬线都被正确地█
分，子午线也因此而收拢。这样，纬线与子午线都是直线。

新平板制图法（*tabulae novae*）直到印刷术使它们得到了更广█

532 的流通之后，托勒密的文稿和地图的充分影响才被人们感受到。█
图首先于 1477 年被刻成意大利版本，由多尼斯绘制的那一套则█
1482 年以木刻版的形式出现于乌尔姆版本中。通常被称作雷乔蒙█
努斯（Regiomontanus, 1436—1476）的伟大的天文学家米勒（Joha█
Müller），已经计划在他的纽伦堡印刷厂发行一个版本，但是由于█
英年早逝，这一计划就夭折了。他原本打算在他的出版物中包含一█
仿照托勒密模式用新平板法绘制的地图或者"现代"地图，事实上█
多这样的地图已经被制作出来了。所知的其中最早的地图是兰斯█
拉斯特勒（Guillaume Filastre）红衣主教委托制作的，这位主教也是█
批拥有该地图珍贵手稿副本的人之一。亚历山大时代的作者并不知█
斯堪的纳维亚国家，这位红衣主教指名叫一位名为斯沃特（Claudi█
Claussøn Swart）而通常被称为克拉武斯（Claudius Clavus，生于 138█
年）的丹麦制图家绘制地图，在托勒密地图集的内容里填补了这█
空白。

这幅地图（图330）包括了波罗的海和挪威海之间的陆地，还有
得注意的是它延伸到了冰岛的西部，甚至还包括格陵兰的东海岸，
个区域也就此第一次被画入地图之中。当然，这个网状图是矩形的，
且沿着第60条纬线子午线被正确地间隔开，这条纬线大约正好在
间的纬度上。仿效托勒密的做法，"气候带"在地图的两边也被标
出来了，每一个气候带都是用最长的白天时间来定义的。但是两边
线的编号方式是有区别的，左边是从55度开始向上，右边是从51
开始向上。前者也就是西边所画的是托勒密所提倡的，后者是克拉
斯所提倡的。很明显丹麦人正在纠正亚历山大的大师的图形，其中
一就是对从希腊地图上复制过来的苏格兰和冰岛的位置的纠正，原
的太靠北了。新的地图无疑是根据斯堪的纳维亚城镇的真实纬度表
绘出，把那些城镇之间的位置精确地绘制出来了，一些城镇的距离

533

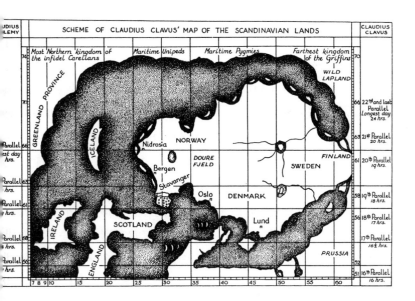

330 克拉武斯的斯堪的纳维亚半岛地图的概图，标在左边的是托勒密的纬度，标在右边的是他自己
纬度。

还不到半度，这些城镇是尼德罗西亚、卑尔根、斯塔万格、奥斯陆、斯德哥尔摩和隆德。但是，制图师掌握的关于陆地位置的一般知识显然十分贫乏，他把经度全都搞错了。斯堪的纳维亚半岛的延伸被绘为从东到西而不是从北到南，而波的尼亚湾显然还不为人们所知。一个大陆桥从白海的东部延伸到格陵兰，顺着这个大陆桥标记着野拉兰人、狮身鹫首的怪兽、俾格米人、独腿人、异教徒等等，这些命名是一种模糊的文学和口头上的描述，而它们也正是地图绘制者主要依据的。多山的斯堪的纳维亚半岛没有良好的道路和可航行的河流等交通网络，因此不像其他西欧国家有了纬度表的帮助就易于制作新平面地图。

路线和河道网为德国的第一幅现代地图提供了框架，这是由库萨的尼古拉（Nicholas of Cusa，1401—1464）在 15 世纪中叶绘制的，他是一位红衣主教和数学家，像菲拉斯特勒一样，拥有托勒密手稿的复制本。这样一些大教士是当时旅游最频繁的人，也是最有学问的学者。

在 15 世纪早期，也出现了一种使旅游者确定他们路线每一段方向的小工具，如果他们愿意的话。这种被称作"旅行器"（organum viatorum）的袖珍日晷是由一个著名的纽伦堡金属制造工商会制造出来的，它是一个内置的微小的磁针（图 354），使用时把它安置在子午面上。这些日晷早在德国以外很常见，这在《忠实的顾问》（Leal Conselheiro）中的"磁针时钟"（os relógios de agulha）的一个附注里扼要地得到说明，该书是葡萄牙国王杜阿尔特（King Duarte）在 1428、1437 年间撰写的著作。然而，尽管陆地旅游者因为这一装备而能绘制地图，但直到近 15 世纪末才有关于罗盘和制图学之间关系的直接证据。

534　　在 1492 年，纽伦堡的一位罗盘日晷制造者——埃茨劳布（Erhard Etzlaub），出版了一幅他家乡所在城市及该城市周遭 60 英里以

区的地图。七八年后，他又绘制了一幅道路图《通向罗马之路》

）as Rom-Weg），展示了穿越德国通向这座不朽之城的路线。他在地

之下绘制了一个罗盘日晷，旅行者根据这张图的指导将他们的工具

整好，就能找到正确的路线（图 331）。通过地图边缘处所插入的

度数以及定义了"气候带"的最长白天的长度，托勒密的影响充分

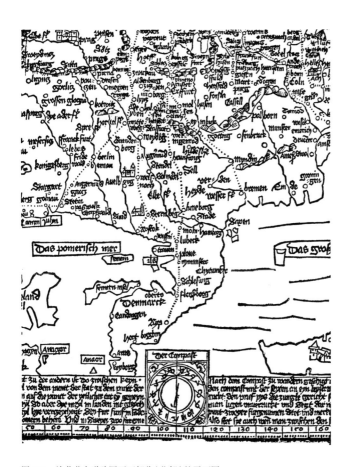

图 331 埃茨劳布道路图下面部分（北部）的平面图。
单位是德国里，道路由以里为单位的点表示。罗盘日晷被绘制在图上，考虑到
了指针朝东北方向的偏差。

地表现出来。一个新的技术设计诞生了，就是通过一连串的圆点来 示道路，而两点的间隔相当于 1 德国里（4 罗马里），距离因此立 变得明显了。除了用一群建筑物代表首都以外，城镇都用不封闭的 表示，一些朝圣的地方则画一座教堂来代表。山脉通过一串或一群 土墩一样带石头色的小山丘的图形来代表，色彩也用来区分与德国 壤的国家和语言。在一个随地图销售的活页上，所有的这些符号意 都作了详细的解释。

一份也是专为旅行者的袖珍罗盘日晷的使用而设计并作说 的欧洲路线图，由瓦尔德塞米勒（Martin Waldseemüller）[1] 于 1511 和 1513 年出版发行。在 1525 年和 1530 年，一名奥格斯堡的印 商和雕刻家厄林格（Georg Erlinger）出版发行了神圣罗马帝国的道 图，再次展现了罗盘日晷的附图，这些地图多数应该归功于埃茨劳 （Etzlaub）。到这一时期，地图作为准确地展现距离和方向以及地 上的位置的这个概念完全为人们所熟知了。

宇宙志（*Cosmography*） 对制图学的发展起到进一步推动 用的是雷乔蒙塔努斯于 1474—1476 年在纽伦堡所做的工作， 间他出版了又被称为《历书》（*Ephemerides*）的《阿方索天文表 （*Alphonsine Tables*），发布了历法，并描述了天文仪器的制造和使 他的学生和信徒在大学里很快就推进了天文学和宇宙志的研究， 版发行了年历并扩充了经纬度表。所有这些再加上因 15 世纪最后 年间所作出的一些重大发现，导致了已知世界的突然扩展。托勒密 的投影制图法同样要被扩展。康塔里尼（Contarini）在 1506 年、勒 施（Ruysch）在 1508 年采用了托勒密的改进了的圆锥投影法，后一 制图者还认为在数学上不可能把极放置在圆锥的顶点，因为这样做 纬线间正确的间距是相矛盾的。他们两人都没有接受托勒密的减

1　　瓦尔德塞米勒（约 1470—约 1518），拉丁名为伊拉科米洛斯（Hylacomylus），被认为是第一个称新大陆为"美
　　的人，见其著作《宇宙志简介》（*Cosmographiae Introductio*, 1507 年）。

道以南纬线的设计，而是简单地延伸了锥面。沃纳（Johann Werner，
14 年）在经线和纬线上都发展了托勒密的第二个投影法，产生了
幅"心"形的世界地图。沃纳又在制图学中对球极平面投影（这是
文学家很早以前就了解的）的使用提出了许多有用的见解。这是从
道上一个对点或从一个极所作半个球的真正几何投影。一个简单的
进就是将每个半球的中央子
线、赤道和边界子午线准确
（即相等地）划分开来，而使
弧在这样得到的三点之间通
（图 332）。这是球面投影法。
尔德塞米勒在 1506 年绘制了
幅世界地图，上面的纬线是正
放置的平行直线。由于作者希
减少真实的收拢程度，每一根
线都是被弯曲的子午线划分成
等的部分，但这并不正确。事
上，凭着数学家的创造性能够

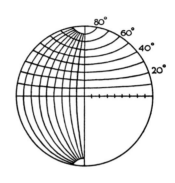

536

图 332　球面投影法。
中央子午线与周长被划分为相等的部分，纬线是
圆弧。赤道也被划分为相等的部分，子午线是通
过两极的圆弧。

计出无数次投影，每次投影都产生自己的轻微变形，但由墨卡托
（erard Mercator）于 1569 年发明的用于海洋图的网状图却是第一个
要的新生事物（边码 550）。

　　新出现的宇宙志学者的著作中包含了许多与制图法直接相关的内
，特别是对于仪器的描述，包括星盘（边码 603）、象限仪、天文
家的标尺（很快被改用于测量上，边码 528）以及对球体数学的说
。例如，他们提供了一个能说明随着纬度的不断增大而经线的长度
小的详细表格，并且进行了一场关于子午线弧度测量的讨论。就
一点来说，托勒密的数字很自然就被普遍接受了。把 8 斯塔德的
度归化为 1 英里，给出 1 度所对应的长度为 62.5 英里。但是德国

的路线图（如埃茨劳布的道路图，边码 534）给出的是 15 德国里（
当于 60 罗马里）的长度为 1 度所对应的长度。这一数字在沃纳对
勒密的评论（1514 年）中也被采用，随后也被法兰西和英格兰所采
人们已经意识到在不同的国家通用的里的长度是不同的，并且斯塔
的尺度也是不确定的，例如转换表给出 1 度所对应的长度为 68 意
利里，而水手们也有他们自己的数字（边码 547）。

　　在两地的经度和纬度已知的情况下，确定两地之间距离的
题在教科书中被提了出来，而且（按托勒密方式）通过毕达哥拉
（Pythagoras）定理提出了最初的解决方法，就是取两地的经度和纬
之间的差距为两条直角边的长度，而所要求的距离就是直角所对
的斜边的长度。然而，斯特夫勒（Stoeffler）在他的论文《论星盘的
途》（De usu astrolabii，1512 年）中指出，这个算法中的一个误差
是它忽略了子午线的收敛。因此，他利用沿着两座城市中间所测量
纬度差距来代替两座城市经度的整个差距。这样的算法已经接近正
的答案了，但还存在由于把球面三角形作为一个平面三角形来处理
产生的误差，这一点他没有考虑到。当时教科书上提供的平方表和
方根表，有助于解决这类问题。

537

20.2　测量学

　　虽然现能找到的有关制图测量或是有关的仪器讨论的直接证
不早于 16 世纪初，但中世纪的学者们早就熟知了有关的一些普遍
理。在一篇关于几何学论文的正规附录中，有一段涉及高度、深度
距离的测量，但是它的目的似乎只是用来说明三角形的特性，而不
用来劝说读者去实地测量。最简单的命题就是已知一点到塔顶的仰
和这一点到塔的距离，塔的高度能通过刻于星盘背面的几何矩尺（
它的中心处有一个照准仪）按简单的比例关系算出（边码 528）。
种习题借助象限仪和直角照准仪，甚至用一面镜子和一根简杆（再

点机灵）就可以完成。也有一

装置，通过两次观测就能算出

触摸不到的物体的距离，譬如

到海上的一艘船的距离（图

33）。

这样一篇关于测量的论文

现在安格利库斯（Robertus

nglicus）的《星盘规范》

Astrolabii Canones）中，他是一

13 世纪的作家，其著作第一

被印刷是在 1478 年前后，随

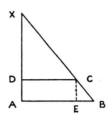

图 333　从 A 测量不能到达的 X 的距离的方法。观察者在 A 竖立一个标志，接着走到与 AX 线成直角的 B 并标记好，再直接朝 X 方向走，到任一位置 C，并标记好，然后步行到 D。当 AB、CD 与 AD 测量出来后，由于 AX：AB=CE：BE，可知，距离 $AX = \dfrac{AB \cdot AD}{AB - CD}$

又被重印了很多次。在这之前 20 年的一份手稿中，一位枪的发明

在为一名贵族赞助商写说明和画插图时运用了与上例相同的原理，

且这些原理看起来与军用的技术是相关的，例如测定距离。然而，

们是否在早期就将这一原理应用到这个领域之中很值得怀疑。肯

的是在很长一段时间，土地测量员在绘制地图和地界时（边码 515、

码 540），都很信任他们的标尺和简单的估算。但是，一旦印刷

来的说明被那些有实际经验的人看了以后，这些原理就成了测量、

计和绘制地图的真正基础。

地域性地图的测量　无论对 15 世纪后半叶开始出版的城镇规划

和新式地图作怎样的猜测，可以十分明确的一点是，系统的野外观

乃是出现在 1513 年托勒密的斯特拉斯堡版本中的莱茵河上游的地

地图的依据。最早且最具代表性的新式测量工具，已于其前一两

刊登在斯特拉斯堡版本的一本著名的大学教科书《马格里塔哲学》

Margarita philosophica）中。

538

宇宙志学者和制图学者——路德（Walter Lud）、林曼（Ringman）

和瓦尔德塞米勒，都可以与测量工具和地图联系在一起。他们在洛林

的勒内二世公爵（Duke René Ⅱ of Lorraine）的赞助下，在孚日山脉上的圣迪埃工作。莱茵河地区的地图和洛林的地图是托勒密的斯特拉斯堡版本中 20 幅用新平板制图法绘制的地图中的两幅，绘制的比例为 1∶500000，它们被认为主要是瓦尔德塞米勒制作的。莱茵河地区的地图现已被仔细地考查过了，发现所有主要城市的纬度精确度误差都小于 18′，而它们相互之间的方位或者位置角也都正确到误差在几弧分之内。这样的精确度只有通过实地测量才能够达到。但是，绘制地图的工作似乎是分为两部分来做的，即分别绘制地图的南北各一半，然后再不太完美地拼凑在一起。

多测计　上面所提到的工具称为"多测计"（图 334），它被设计成用于测量方位、高度和水准。这个工具出现在《马格里堡哲学》这本书的附录中（没有出现在巴塞尔版本中），由瓦尔德塞米勒提供。附录中还包含关于建筑学和透视画法的短评。这本书的作者赖施（Gregor Reisch）是弗赖堡大学的校长，瓦尔德塞米勒曾是这所大学的一名学生。多测计的最基本的特征是它的窥管拥有两条狭缝，这根窥管在竖直平面的一个挂了铅锤的半圆刻度盘上旋转。这根窥管用螺丝钉固定在水平的位置上，然后靠螺钉的支撑在这个水平面上进行转动，从而带动一个指示器或者照准仪同时围绕着一个配备指针的水平

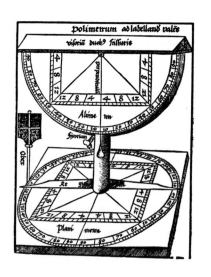

图 334　瓦尔德塞米勒的多测计，引自 1512 年的一幅木刻画。
以两条交叉狭缝进行照准。这一测量水准的装置的整个上面部分在一个水平刻度盘上转动，下面的圆盘上带有刻度读数。带有照准仪的上面部分围绕着垂直刻度盘转动，并通过铅垂线来读取刻度。

度盘旋转，照准仪的基准线与两条照准狭缝之间的线对应。

整个仪器就是经纬仪的原型，推测起来，它应该是通过袖珍罗盘
暑来定向的，正如瓦尔德塞米勒对使用他的路线图所作的建议一样。

样的一个仪器或许就是纯粹的刻度盘和照准仪，如果带到教堂的塔
上，本来能在1513年莱茵河流域的地图制作中得到所绘制位置的
平角度。这幅地图对地理特征的不寻常的逼真度也是非凡的，尤其
在对狭谷尖锐的、平行的边缘标注方面，这在以后晚得多的地图中
很难见到。

塔尔塔利亚的测量仪器　在应用数学的教科书上，出现一两章关
怎样对一个地区或者国家进行测量的内容很快便成为惯例。这样
章节能够在意大利数学家塔尔塔利亚（Niccolò Tartaglia，约1500—
557）的《问题与发明》（*Quesiti e inventioni*）一书中看到，这本书最
写于1524年前后，并且在20多年以后以增订本出版。塔尔塔利
对一位英国朋友描述了两个测
量仪器，两者都限于测量某个位
的水平角，而且都插有磁针。
一个拥有一个大的盒式磁针，
于圆形刻度板的中央，照准
仪通过一根始终与其成直角的
杆在绕着罗盘盒安置的环上转
动。第二个仪器要便宜些，照
准仪直接在一个圆形刻度盘上
旋转，这个仪器利用插入刻度板
边缘的德国小罗盘日暑上的指针
进行校正（图335）。纬度、位
置角、距离（得自于路线图、当
地信息或者实测）仍然是地图的

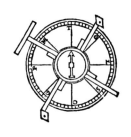

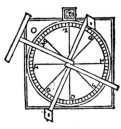

图335　塔尔塔利亚在1546年描述的两种测量
仪器。

基础。为了允许道路的迂回，路线图的距离自动缩减了 1/4，托勒
的做法则是在公布的路线长度转换为经纬度数之前将其缩减 1/3。

三角测量 在 1533 年，当卢万的一位数学教授弗里修
（Gemma Frisius，1508—1555）解释了三角测量的原理以后，一个
量上显著的技术进步产生了。三角测量能够省略掉除基线以外所有
离的测量，它牵涉到测量位置角，也就是说从所选择一条基线的两
到同一特征目标的方法，就是把这条基线按比例绘制在纸上，再在
上从基线的两端用尺按所测得的角度正确地画出到目标的射线。这
射线的交点就是目标的位置，于是到目标的距离能以基线为比例尺
算出来。

这个过程听起来很简单，但是在实地应用时很容易出错，弗里
斯意识到了这一点并且对其进行了强调。例如，在每一个基线的末
仪器精确定向很重要，同时需要把仪器放置在水平的位置上。但
他的仪器可能仅仅是他放置在栏杆、凳子或石头上的星盘的支承
后来，他的外甥阿西尼厄斯（Walter Arsenius）——一位著名的仪器
造者——制作星盘的时候，在圆环下面插入一个小罗盘针，于是星
可用来测量水平位置角。另一种方法是使用一个简易的刻度圆盘，
它同照准仪配置，而这个照准仪有一枚很小的磁针插入在子午线的
上。虽然在 16 世纪后半叶，它们被画成也可安置在一个能插入地
或者保持垂直的杆上，但这仍然只适用于一些附近的目标。

除了因仪器放置的错误所产生的观测误差之外，绘制上的误差
开始就很难避免。例如，绘图工具不包括量角器，测绘者只能在所
的基线两端先各自绘制一个刻度圆，然后再据此用尺画射线。

平板仪（图 338） 继三角测量之后测量史上又出现了一个重
的进步，这就是平板仪的发明。平板仪最初于 1551 年被学数学的
富隆（Abel Foullon）称作为测高仪，富隆是法兰西国王［亨利二世
（Henri Ⅱ）］王室家族中的一员。在测量员瞄准时，位置线直接用尺

540

在被固定在平板上的一张纸上，这是平板仪测量的一个最基本的特
。现代用于平板仪测量的照准尺，正如它的名字所暗示的，是刻
绘图比例尺和带照准器的一把制作精良的尺。但在最早的平板仪
，用于瞄准的两个杆是固连在平板边缘上的，其中一个可以沿着刻
尺前后移动，以便于能设置它并用来从基线末端的第二个观测站进
瞄准，而这条基线已直接用线条划分成标度。这是一个并不十分令
满意的设置，并且富隆的平板仪还有一个缺点就是在板的中央设置
一个罗盘针，但它只有在这张纸被移开或者被撕开的时候才能被看
。然而，在明斯特（Sebastian Münster，1489—1552）的《宇宙志》
Cosmographia）当时的版本中，平板仪通过平常使用的小罗盘日晷
向，它和富隆的平板仪很像，只是有一对看起来很笨拙的照准杆。

利用平板仪绘制一幅设计图或者地图是如此简单的一件事，这是
于它不需要数学知识，以至测量员特别是土地测量员的数量很快就
起来了。就后果来说，进步是迅速的，远在 16 世纪结束之前，人
已在使用配有狭缝-线的照准器，即一种带绘画比例尺的近代型的
立照准尺。平板仪具有一个框架，用来压住纸张，要把它放在一个
脚架上，然后通过单独的盒式磁针来定向。此外，早期土地测量员
用的杆或者打结的松脂绳，已经被一条连接在一起的钢链代替了。
面的"测链员"拿着一捆箭，在每条测链的末端把箭插在地上，由
面的人把箭捡起来。直到今天人们还是这样做的。

541

经纬仪　在 1571 年，英国的数学家托马斯·迪格斯（Thomas
igges，约 1521—1595）以"全能测量仪"（Pantometria）为标题发
了他父亲伦纳德·迪格斯（Leonard Digges，卒于 1558 年）写的关
测量的原稿，后者在 16 世纪中叶的时候就在教测量这门课了，并
经把这个带有方位刻度盘或圆盘和照准仪的仪器命名为经纬仪（图
36），并且建议将这套仪器与地形学方面的另一种仪器——在竖直
度盘上旋转用以测量高度的照准尺——相结合。这种结合后的仪

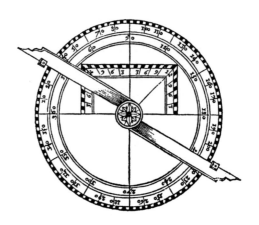

图336 伦纳德·迪格斯的"经纬仪"，1571年。

图337 迪格斯的"地形学仪器"（现代经纬仪的先行者）用于测量不可接触的垂直高度。
假定他从已经描述的方法获知距离 BA 是 500 步，他转动仪器的照准仪瞄准 A 点。垂直线指向 120 等
线性标尺的第 10 处，即 tan ABC=AC/BC=1/12。由于 $AC^2+BC^2=BA^2=250000$ 步，因此，所要求计算

AC 垂直高度是 $\sqrt{\dfrac{250000}{145}}$，算出是约 42 步。

（建立在早期的多测计的式样之上）开始以经纬仪的名字为人知晓
图 337），它被做成各种不同的模式，例如在低盘中央插入一个罗
，仪器上部围绕着这个低盘在一轴环上旋转。迪格斯父子把所有的
节资料留给了"手艺熟练的技师"，只是规定必须要在某处安上一
磁针，所有的变化（他把磁针放在东 11° 15′ 处）都要被记录下
。这个仪器被置于单根支柱上或者用一根杆支起来，然后用一根
垂线使它保持水平，竖直盘和水平盘都被刻上几何矩尺以及度数
标记。

数学表　土地面积的计算对于测量员来说是一件很费力的事，因
他们首先利用数学工具来简化他们的任务。这一阐述首先出现在
于测量的第一本综合性英语教科书——拉思邦（Aaron Rathborne）的
测量者》（*Surveyor*，1616 年）中，这本书被认为是 16 世纪和 17 世

之交以来测量专业实践的经典著作。作者提倡使用由西蒙·斯蒂文
Simon Stevin，1548—1620）于 1585 年引进的新十进制算术，并且
己设计和使用了十进制长度单位的测链。然而，它很快就被由冈特
Edmund Gunter，1581—1626）发明的更合宜的有 100 节的测链替代
，后者今天仍然在使用。拉思邦也利用了三角学，这一科目所使用
一般教科书是由一位德国的作者写的，出版于 1600 年。当时，袖
的三角函数表已经在使用了，仅仅在这些表发明两年以后，拉思邦
怀热情地把袖珍对数表编写了出来。几年以后，冈特把对数刻度刻
一根杆上，称为"冈特尺"，大约在自 1650 年开始的整整一个世
内，各种不同的计算尺一个接着一个地被应用于计算。

在拉思邦的书中有一幅图，展现了测量者在工作中使用经纬仪和
板仪。他们的仪器搁置在三角架上，读数以一种规范化的形式记入
外工作记录本中，用量角器和刺针来绘图（图 338），方位刻度盘
者一种称为"圆周测量器"的圆形物也被使用。另外有一些特别的
西，包括相当于照准仪上的水平器，它用来减少倾斜。

543

水平测量　测量中的一[个]很重要的组成部分始终是水[平]的精密测量，这与供水、排[水]工程和建筑密切有关。罗马[人]的水准仪（*chorobates*，边[码] 511）通过 1486 年以来出版[的]维特鲁威（Vitruvius）的《建[筑学》（*Architectura*）各种版本[中]的描述，在 16 世纪已经被人[们]熟知。水平测量所使用的方法[就]是用水准仪或者经纬仪水平地[向]前后瞄准测量助手所握住的刻[度]杆。在 1609—1611 年之间，[为]将水引到伦敦的新河计划所作[的]测量记录仍保存着。这次测量[由]赖特（Edward Wright，约 1558—1615）执行，他在土地测量和[仪]器制作方面拥有相关的数学知[识]和丰富的实践经验，并把两者结合起来。他对地面进行了不止一次[的]仔细检查，因为在安韦尔和伊斯林顿之间，每一英里的平均落差仅[仅]是 5 英寸，因此要求的精确度很高。据一位同时代的人里德利（Mark Ridley）说，赖特总是把一架"望远镜"与照准器平行地固定在他[的]仪器上，这对于他肯定很有帮助。

图 338　测量员在工作。引自拉思邦的《测量者》目录页中的两个小插图，1616 年。

　　在测量仪器中引入装有十字丝用以定位的真正的望远照准器，无疑是 17 世纪测量仪器制造中最重要的一个进步。另外，游标尺（经常被误称为游标）和千分尺使较精细的测量成为可能，而气泡水准[仪]也代替了铅锤。然而，这些仪器花费很贵，因而只是逐渐地被采[用。]

至在科学家中也是如此。法国的学者皮卡尔（Jean Picard，1620—
82）在一篇关于水准测量的论文中描述了远视水准仪，他用这种
器测量塞纳河和卢瓦尔河的关联情况，另外还测量了凡尔赛周围
一些河流。只是他的仪器装备了铅垂线，就像他的伙伴惠更斯
uygens，1629—1695）、罗默（Römer）和拉伊尔（La Hire）等院士
所做的一样，他们全都设计了在某种程度上相似的水准仪。

帕斯卡（Pascal）于1648年证明托里拆利管或水银气压计能测
高度，但是只有零星的几个实验有记录，例如在本书回顾中的年
里，卡斯维尔（John Caswell，1656—1712）和哈雷（Edmond Halley，
56—1742）所做的实验。

544

子午线的弧 法国的科学院院士们在1669年首先成功地解决
制图学中一个基本的问题，即子午线的弧的精确长度。斯内耳
Willibrord Snell，1501—1627）于1606年在荷兰的平原上已经通
三角测量获得了一个改进的数值，诺伍德（Richard Norwood，约
90—1675）从他于1635年在对伦敦到约克之间的道路进行距离测
过程中获得了一个令人吃惊的好结果。皮卡尔和他的助手们已经
够采取更为可信的方法，是他们采用的超过1.1万码的基线依靠铁
进行极细心的测量取得的，并且在从马尔瓦西纳到亚眠之间大约
英里的距离里包含了17个三角形的系统。两端和中间五个点的纬
采用10英尺的象限仪测量，但已经认识到其测量精确度误差不可
小于两弧秒，被采纳的结果按英国计量单位是69英里783码。若
年以后，让·多米尼克·卡西尼（Jean Dominique Cassini，1625—
712）沿着相同的子午线继续向南作三角测量，又获得了一个更高的
确数值。这就引起了关于地球形状的争论，这一争论直到下一个世
才有了结果（边码553）。

20.3 航海学

最初在封闭的地中海和西北欧大陆架上狭窄海域发展起来的航
方法（边码523—边码529），对于15世纪初由航海家——葡萄牙
利王子（Prince Henry, 1394—1460）所发起的新的海洋航行是不够
加那利群岛已经于1402年被占领了，马德拉群岛是在1420年、
斯本正西面的亚速尔群岛是在1444年前后被占领的。所有这些群
都已经出现在14世纪的海图上，但是西非海岸的海图却突然在修
角终止了。

亨利王子派遣他的船只是为了到达撒哈拉沙漠另一边的王国，
他的命令下，这份海图逐渐地被扩大起来。同时他征询了专家的
见，并聘请马略卡岛的詹姆斯（James）船长作为他的顾问之一，这
顾问很可能就是犹太人克雷斯格（Jafuda Cresques），是著名的亚伯
罕（Abraham）的儿子，亚伯拉罕曾于1370—1380年间为阿拉贡的
王绘制海图和制作过罗盘。事实上，所提出的新航海方法就是所谓
"沿着纬度航行"法，也就是说目的港的纬度是已知的，船穿过公
向北或向南航行时寻找这个纬度，然后向正东或正西调整航线直到
见陆地为止。这一方法涉及某些全新的东西。中世纪的水手们已习
依赖于海图和罗盘，依靠粗略的船位推算法和水深测量。现在的领
员必须知道怎样进行天文观测，必须求出当时称为 *"altura"* 的值（
纬度），还必须知道所要到达的每一个港口的纬度。

象限仪 最早的被用于航海的天文学仪器似乎一直是象限仪。
文学家应用的这个仪器，盘面刻几何矩尺，边缘刻有度数，此外还
几套曲线，通过这些曲线，可利用一根拴有铅锤的丝线上的小珠子
确定一天的时间和太阳在黄道十二宫的位置。然而，对于水手来
要做的只是通过针孔观察来测量恒星的仰角。

水手发现他们所熟知的北极星后，测出它的地平纬度或者高
并且有证据表明，在细线该落下的正确度数上，原先还刻上了港口的

字。这就要在北极星处于天极
高度时，观测它的两个位置中
一个。幸运的是，这可通过护
星的位置被指示出来，为了守
，水手们习惯于观察小熊星座
的这两颗星。他们也认识到当
极星在上端的时候，也就是说
它们指向北方的地平线时，就
味着要给他所观测的北极星
高度加上3度；而当护极星
下端的时候，或者说指向南方
地平线的话，就意味着要减去
度。

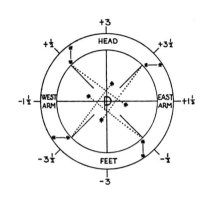

图 339 "北极星组态"，显示了相对于护极星 4 个位置的北极星的位置，以及从相对于护极星 8 个位置的北极星的被观测高度需要加上或减去的度数。

　　最终，一个完整的"北极星组态"就被描绘出来了，如图 339
示，给出了对应于护极星的 8 个位置，从所观测到的北极星的高
中要加上或减去度数。在那个时代，最大幅度的改正（也就是说北
星与北天极位置之间的角距离）是 3° 30′，在这个数字被缩减之
，它被用于海员手册中长达一个多世纪，而它的缩减是根据分点岁
所产生的减少量作出的。"度"的概念很难让非数学专业的人理解。

546

些现存的早期航海指南的零散片段表明，领航员被告知把一度解读
代表他们自启航的位置向南或北航行 $17\frac{1}{2}$ 里格的距离（或在某些
情况下是 $16\frac{2}{3}$ 里格）。

　　夜间定时仪　发现恒星通过子午线的守时性可回溯到古埃及（第
卷，边码 123）。中世纪在欧洲，一些在夜晚工作的人——水手或
羊人，习惯于对大熊星座或小熊星座的护极星的旋转进行观察。恒

星通过子午线的时刻每两星期近似提早一个小时，法国和葡萄牙水手学会了把整年里护极星在午夜的位置与在天空中想象的人形系起来。然而，在 16 世纪早期，有一件仪器被投入了使用，它在个圆盘上把 1 年分为 12 个月，把 1 天分为 24 小时，具体的分法有一根指针，它在指出日期的同时也指出了护极星在午夜的位置（363）。当给出在午夜前后所差的小时数以后，观察者（穿过该仪中心的一个孔注视北极星）就能将第二根指针指向护极星的真实位这个圆盘的边缘是呈锯齿状的，以便于在黑暗中能计算出时间，它精细之处还在于考虑到了北极星的偏心。17 世纪英国的夜间定时有两种刻度，这是为了能分别利用大熊星座和小熊星座的护极星。

海洋星盘和直角照准仪 直到 15 世纪中叶，海洋象限仪的用才被直接提到，因为水手很少是写作者。我们也不知道更进一步的况，比如两个仪器是什么时候开始应用的。海洋星盘仅仅是一个装了照准仪或照准尺的沉重刻度盘，通过指环来使其自由摆动和转动行获取高度这个必要的功能。自从在 14 世纪被犹太学者热尔松（Le ben Gerson）描述之后，直角照准仪就一直为天文学家所熟知（边528）它具有与海洋星盘相同的功能，却比后者便宜得多。水手们它当作弓（*balestilha*），因为他们被教授像弓箭手（*balestier*）瞄准记那样将它对准星星，即让他们"射向"星星或太阳，这是一种仍

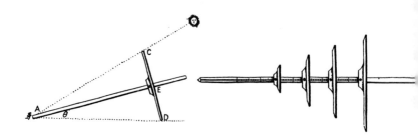

图 340　十字测天仪或称直角照准仪。
（左）用于进行一次天文观察；（右）配备有几根垂直杆。

使用的表达方式。

这种仪器的原理十分简单。沿着一根杆来回地拖拉一根横条，这根横条所对向的角的一半可以通过 ED/AE=tan θ 的公式算出（图）），这根杆也因此能被刻上度数表示出 2θ 的值。水手把他们的眼睛置于 A 的位置，然后移动横条直到 D 覆盖住地平线而 C 遮住星星为止，然后他就能很快地读出地平纬度。在 17 世纪以前，人们制的直角照准仪都带有 3 根甚至 4 根不同长度的可移动的横条，对每一根横条，在杆上也有不同的刻度。他们依据被观测天体在天空的高低位置，来选择或使用不同的横条。

太阳的组态　水手们通常称北纬 9 度的地方为"失去星星"的地方，的确，由于地平线上雾气朦胧和船的运动，他们会发现在一个星下中天的位置时很难观测它，然而在它上中天的位置护极星又会使他们失去作用。但是，向南方的勘测仍然继续进行着，到 1474 年已经穿过了赤道。1482 年，埃尔米纳的城堡已经在几内亚建立起来了。就迫切需要一项新的航海技术，而负责非洲探险的葡萄牙的约翰王（Prince John，后来的国王）做了和他的叔祖亨利王子以前所做的同样的工作。他开始向天文学家和数学家们咨询，这些人设计了一套通过正午的太阳确定纬度的准则，这个方法包括由太阳在黄道带中位置计算出每日太阳的赤纬的表。关于太阳在黄道带中的位置早已在一个西班牙犹太教徒扎库托（Abraham Zacuto，1450—1515?）的《历书》（*phemerides*）中被制成表，他的门徒维津霍（José Vizinho）也在被咨询的人之中。雷乔蒙塔努斯在 1475 年已经算出并印刷这个表，尽管这个表在数字方面还稍有不一致的地方。在用这个表的时候有 9 项法则是必知的，包括轮船和太阳在赤道同一侧或相反侧（即一在赤道南，一在赤道北）或在赤道上的各种不同位置。维津霍大概在 1485 年做过通往几内亚的航行，测试过这些准则并确定了几个关键点的纬度。

增加经纬度 不管通过太阳还是恒星来确定纬度，都有必要把□度的改变与航行距离联系起来。水手们都要配备一个距离表，这□表必须贴在罗盘的每个方位上以便于增减经纬度。葡萄牙人将一□设定为 17.5 里格（每一里格为 4 英里），也就是 70 英里，这一数□可能是从埃拉托色尼（Eratosthenes）的 700 斯塔德为一度得出的，□且它也在萨克罗博斯科（Sacrobosco）的《天球仪》（*Sphaera*）中出□过，这部著作是作为领航员们的指南出版的。保留下来的最早出□的航海手册是葡萄牙文的《星盘和象限仪的操作规程》（*Regimento*□*astrolabio e do quadrante*，1509 年），很显然它并不是初版，无疑□该还存在过更早的手稿。它包括以上提到的准则和表，还有一个从□尼斯特雷角到赤道的纬度表。在那几年以后的一本手册中，又包括□以 4 年为周期的太阳赤纬表和延伸到东印度群岛的纬度表。

哥伦布（Christopher Columbus，1446?—1506）看来是知道并使□过早期葡萄牙手册的人，而且在发现美洲大陆之后，西班牙仍在□进航海事业的发展，领航员还要在商会（*Casa de Contratación*）受□西班牙手册在 1545 年、1550 年及以后多次公开发表，其中由科□特斯（Martin Cortes，1532—1589）出版的那本手册提供了增加经纬□的准则，即根据轮船航行时罗盘的方位给出需要向东航行或向西航□多少。这是根据 17.5 里格的"大"度或称赤道度给出的，并且还□一个表提供了在每个纬度上经度一度的长度和大度长度的比例。因□领航员或者图表的制作者就能依据经纬度来了解轮船的航行了，尽□事实上这些估计经常会出错。

平面海图 数学家们通常会指责"平面海图"是引起海难的主□原因。这种海图原来是为中世纪的地中海海图制定的罗盘方位线的□式，它给出的所有南北线都是平行的，因此随着与赤道的距离增□东西向的距离也更加失真。然而正如科尔特斯所说，由于所用的尺□通常是沿着海图的某个中纬度正确制定出来的，因此被歪曲的地方

548

少了，但图示的经线却并非这样。不过，如果海图上的两点之间保
了正确距离，那么它们的方位却会失真，反之亦然。然而，领航员
然习惯在这样的海图中标出方位和距离，并对此充满信心。

1537 年，葡萄牙数学家努涅斯（Pedro Nuñez，1492—1577）分析
某些长度会出现错误的原因，并指出了罗盘方位线（等方位线）的
正路线是在球面上的一条螺旋形的曲线。不过，直到墨卡托的投影
图被发明且（多年后）被水手们接受的时候，平面海图才得以被取
。其间，一些船长也带了一些地球仪到海上，但是这些地球仪由于
寸太小、制作粗陋以及很不精确，根本发挥不了作用。平面海图的
一个误差来源于磁针的磁差，它会导致领航员记入航海日志的方位
生错误。

磁差　纽伦堡的罗盘日晷制造者注意到了磁针并不准确地躺在子
线上，他们在刻度盘上画线，用来表明当仪器被正确地定向时磁针

在的位置。罗盘制造者也注意到了同一现象，并在罗盘面下稍微歪
地系一根磁化钢丝以便修正错误。由于制造罗盘的港口各不相同，
一修正也存在一些差异，在某些情况下根本没试用过。这一仪器被
为子午线罗盘。葡萄牙的水手一定注意到了当他们接近亚速尔群岛
，经过修正的磁针会向西偏转，当他们回到里斯本时，磁针又会向
偏转。哥伦布注意到他的不同磁针会有不一致的反应，当他经过亚
尔群岛驶入当时那个不为人知的半球的时候，磁针明显偏西北方。
在东半球，正常情况就偏东北方。

有名望的领航员和他们的数学顾问，强烈要求对磁差进行正规
仪器观测，建议的方法就是对真子午线（通过对太阳的等高观测求
）与磁子午线（通过对太阳出没的方位角或地平经度进行同时观测
得）进行比较。最早的仪器就是带有晷针的一个刻度盘上插入一枚
针，其朝正北方向的读数为零。当用星盘观测太阳在午前或午后的
高度时，就能读出晷针阴影的东西方位，磁针和太阳方位之差的一

半便是磁差。对太阳的观测也可选在日出日落的时刻。后来出现的
器的形式是一个大磁罗盘，上面标满了度数以及罗盘方位的通常刻
并配有一照准尺或者照准仪和用来投影的线。在一艘移动的船上进
成对的观测具有一定的难度，大多数领航员似乎满足于他们在正午
测太阳时对罗盘进行粗略的检测。然而，数学家意识到如果太阳的
纬和地平纬度已知的话，太阳升起和落下时候的方位角就能够被计
出来，接着要做的就是对日升或日落时太阳的真方位角同磁方位
较。太阳出没的方位角表，首先被应用于 16 世纪即将结
之际。

测程仪　16 世纪的船长或领航员是用悬挂在船尾的转板来估
航程的。这是一块标出 32 个罗盘方位刻度的圆形木板，每一个方
上都有一些等距离的木钉孔。这些木钉孔把一天的航程沿着每个罗
方位按一个小时或半个小时的间隔划分开来，根据这些数据，再结
航行时的主要风向可对轮船的航行路线作出估计。每一个船长或要
为船长的人都应该在正午观测太阳的时候计算出轮船的位置，然后
航海手册上的启航图表解决航线的问题。不过在英格兰，1573 年
某个时候设计出了一个可以更精确地测定航线的仪器，它就是系线
的测程仪。法国和荷兰的水手很快就仿造出这种仪器，但是西班牙
和葡萄牙人却没有进行模仿。这种仪器由一块木板与一个卷轴上的
连在一起，而这根线等间隔地打上结，木板的一边用铅加重以使它
够在水上竖立地漂浮起来。测程仪被从船尾扔至船外水中，当它漂
船下涡流之后，半分钟的沙漏开始运行，执线员计算着经过他手中
结数直到他的伙伴喊停，也就是沙子漏完的时候为止。结与结的间
大约为 7 英寻，如果在半分钟内通过一个结的话，那就代表每小时
英里的速度。因此，如果有 3 个结通过去的话，就代表船的速度为
节或 1 小时航行 3 英里。在 17 世纪期间，人们确定的弧度测量（
例是由诺伍德作出的）的结果是一度的长度超过 69 英里，而不是

550

水手所通常接受的 60 英里，于是测程仪的线绳须重新打结，使得
节之间以正确的比例采用更宽的间隔。水手们的估算方法仍然没
变，他们仍取 60 海里为 1 度，而每 1 海里等于大圆的 1 弧分。这
立地为海里制定了最佳的长度标准。但是，在英格兰和法国常能听
一些抱怨，以至陈旧的 7 英寻的测程仪–线绳法到了 18 世纪仍然
应用，当然通常作了一些调整，就是使用运行仅 27 秒的沙漏代替
30 秒的沙漏。

墨卡托海图　墨卡托（1512—1594）年轻的时候是弗里修斯的
学学生和助手，也是一名能干的仪器制造者和地球仪制造者。后
，他成为一名专业的地图绘制者，由于责难平面海图而被人们所熟
，并在 1569 年发明了一种新的投影海图。这种投影图的最基本特
就是与平面海图的不同之处，它给出了任意两点间的真实的方位或
盘方位线。墨卡托用这种投影图出版了一份大的世界地图，轮船的
线只需用横跨地图的一把尺就能确定。在平面海图中，南北的距离
保持正确，但是东西的距离却随着远离赤道而不断被夸大，因为子
线的收敛被忽略了。如果南北的距离也以相同的比例与东西距离一
被夸大了的话，那么方位将不被歪曲。所要求的夸张度是纬度的
割比，但是墨卡托并没有对此加以解释，只给出了图表装置，以
示他的地图怎样用来解航海三角形，这个三角形中的元素就是方
和距离、纬度和经度。直到 16 世纪末，墨卡托的原理才引起了海
绘制者和水手们的注意而被付诸实践。有两位英国的数学家——
为沃尔特·雷利爵士（Sir Walter Ralegh）工作的哈里奥特（Thomas
rriot，1560—1621）和职业的数学家赖特——都利用目前仍可以使
的三角函数表编制了所谓的子午线图表，墨卡托海图上的纬线应依
这个子午线表进行分隔。这种表是以弧分为单位来不断增加纬度
正割。赖特在他的教科书《航海中的某些误差》（*Certain Errors in
avigation*，1599 年）中解释了它的用途，这本书中还包括了一张根

551

据新投影图绘制的北大西洋地图。航海学方面的老师也立即开始用
特-墨卡托海图来讲授航海课程，在 1614 年，他们中的一位——
德森（Ralph Handson）发表了他的有关航海三角形及其三角学的解
6 个案例。他指出，正如斯特夫勒在一个世纪前为宇宙志学者们所
的一样，对经度来说，必须使用三角形的中间纬线的尺度。

经度　虽然许多理论方法已经为人所知甚至试用过，但是在船
中求经度问题仍然很难解决。天上事件（例如月食或者月亮的暗边
掩星）的精确定时，就像要作精确的计时记录一样，尚有待于钟表
上的进步才成为可能。月地距离的测量以及实际上所有涉及月亮的
量，因月离表的不完善而受到影响，星表也同样不精确。这些结
是弗拉姆斯蒂德（John Flamsteed，1646—1719）在皇家天文台获得
但是直到 18 世纪初才被公开。还须记得的是，当时的航海仪器和
表通常仍十分粗糙，而且在 17 世纪，虽然一些航海手册针对地平
的下降和视差引入了大气折射修正的概念，但这些修正表仍然不完
并且水手们对其也漠不关心。

然而，解决经度问题的希望在 17 世纪曾两度出现。伽利略的
远镜早就观察到了木星的卫星，这些卫星时常被食蚀。在 17 世纪
半叶，英格兰和法国开始把这些木卫食蚀现象的发生绘制成图表，
是 6 英尺的望远镜虽能满足他们的观测要求，却不能成功地运用
航海，潮湿会使短反射望远镜[1]的镜面迅速失去光泽而灰暗。第二
似乎能提供成功可能性的发明是惠更斯的摆钟（1659 年），这是一
新颖的、可靠的计时装置。但是在作过反复试验之后，人们不得不
认这种摆钟在海上并不可靠（边码 557）。人们认为只有完善的月
表才能解决问题。

背照准仪　在 17 世纪，诸如星盘、象限仪、直角照准仪等古
的航海仪器，普遍被戴维斯（John Davis）的背照准仪（图 341）所取

---

[1]　反射望远镜由格雷戈里（James Gregory）首先于 1663 年提出，后由牛顿（Isaac Newton）于 1668 年制成。

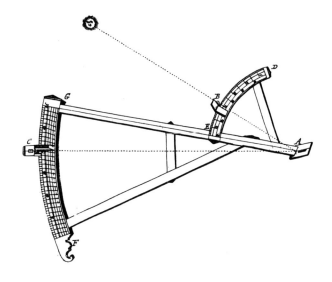

图 341 背照准仪。
观测者背对太阳，通过照准器（C）和照准器（A）上的狭缝瞄准地平线。通过估算设定投影照准器（B），调节照准器（C）直到（B）上边的阴影落于（A）上狭缝的上边，同时通过狭缝可看到地平线。两个刻度尺上的读数相加就是顶距（纬度的补足）。大圆弧（FG）被对角划分，很小的角度也能精确地读出。

照准仪于 1595 年问世，国外的水手称之为英国的象限仪。这个仪
的好处不仅仅是观察者可以背对着太阳，他还不必再眯着眼同时看
平线和天体了。它有两个装着可移动照准器的圆弧，上面的那个圆
被调整到太阳的近似高度，以至它的阴影落在前面的照准狭缝上，
时使用者就能利用下面那个圆弧精确地瞄准地平线。后来又在上面
太阳照准器上附加了一个透镜，于是光线投射的光斑就取代了以前
射在前面狭缝上的阴影。

航海图表 在英格兰，有一本《海员历》（*Seaman's Kalendar*）包
了太阳和月亮的历书和最著名恒星的表，首次于 1600 年出版，后
经过历任的航海学教师不断加工编辑。它的竞争对手《水手新历》
Mariner's New Kalendar）出现于 1676 年，并持续出版了一个多世纪。

在法国，半官方的《天文年历》(*Connoissance des Temps*) 在 1678
1679 年获皇家许可的情况下，开始每年出版。它由科学院的一位
士编辑，从那时起这一刊物持续发行到现在。虽然它不是一本特定
航海历书，却包括水手们所必需的一些图表。船员手册应该包含有
午线的图表、适用于每 1/4 罗盘方位刻度（$2\frac{7^{\circ}}{8}$）和每一度的距离
启航的图表（用以解决航线问题），以及自然数及三角函数的对数
和潮汐表。

20.4 18 世纪

在 18 世纪，没有新的原理引入测量学和制图学之中，但是平
仪、经纬仪和水准仪都在应用中逐渐精细化。我们可以举一个在法
通过再测量子午线的弧来确定地球形状的例子来说明这一点。地球
球形这一观点早就引起了人们的怀疑，主要表现在两方面，一个是
过对钟摆实验的观察，另一个是艾萨克·牛顿爵士根据理论对于地
是扁球体的猜测。这与由小卡西尼所做的测量结果（边码 544）冲
其时他把皮卡尔所做的子午线测量扩展到法国南部。这一测量指出
球是卵形的，南北极之间的直径超过了赤道的直径。路易十五（Lo
XV）下令组成探险队在赤道附近和北极圈附近进行最新的测量，其
一名队员详细描述了在北极圈附近所作的测量，这位队员就是哲学
莫佩尔蒂（Maupertuis，1698—1759）。

应用的原理就是 10 世纪时阿拉伯人所采取的方法，即观测恒
的子午圈高度，然后向南方或北方行进直到它的高度已经改变一度
止，并且测量所行进的距离。法国一行人到达了那时仍是瑞典领土
芬兰，并建立了两个天文台（分别在托尔尼奥和基提斯），它们近
地位于同一子午线上，两者之间的纬度相差大约为一度。在每处，
午线的方向都通过重复对太阳和几个被选择的亮星的中天观测而被

地确定。

用于定时观测的钟是由伦敦著名的格雷厄姆（George Graham，73—1751）制造出来的，这个钟每天通过对等地观测太阳在午前午后的高度进行校准，并且这个钟还和秒摆连用。在两颗接近天顶恒星中天的时刻，须观测它们的高度，因为这将消除大气折射带来误差。所使用的称为"象限仪"的仪器也是格雷厄姆制造的，由装成便于竖直悬挂的 9 英尺的望远镜组成。它的平衡是如此巧妙，至它能通过千分尺的螺杆指向星星，螺杆的转数可从它的起始位置始计算。望远镜焦距上的银质十字丝已经被固定在弹簧上，为的是它们即使碰上预期中最极端的温度变化也能保持张力不变，因为这观测要持续进行一年多（1736—1737 年）。这个仪器的边缘由格厄姆亲自标上了刻度，并且指针误差也被确定了，但是科学家们还小心地校准所划分的间隔，这是使刻度在一对分岔紧绷的金属线–根金属线上都安装了一台显微镜）下面通过来做到的。观测到的度要因为一些在恒星位置上微小的改变（这是由于在各个测站上观日期之间分点岁差引起的）而作更正，并且还要根据当时由英国天学家布拉德利（Bradley）发现的光行差现象而作出改正。

两个观测点间的距离同样需要小心地进行测量。在小山顶上修建许多可见的灯塔，并从基线两端各对这些灯塔的位置进行观测。这基线长约 8 英里，并且在托尔尼奥河冰冻的水平河面上两个信号之间钉木桩以标明界限。这项测量由两个独立的团队分别进行，他都装备着 30 英尺的冷杉木测量杆，这些测量杆都在不同的温度条下进行测试过，确认它们的膨胀或者收缩几乎都很细微，"大约只最优质的纸张一页的厚度"。两组测量的结果只相差 4 英寸，所取是它们的平均值。在三角测量完成之后，两个天文台之间的距离被算来了，专家们吃惊地发现北极圈附近的一度比卡西尼理论中预的大约长出一英里，明显地比皮卡尔在巴黎北部测量出的一度要长。

地球事实上是在两极呈扁平。这个结论被前往秘鲁进行相似测量的
征队充分地确证了，这个远征队返回的日期被拖延到了 1745 年。
航海和制图的目的而言，在每一个纬度上一度的长度因此以足够的
确性被确定了下来。

完全以三角测量法为基础的法国地图由卡西尼·德·蒂
（Cassini de Thury）于 1744 年开始绘制，历时将近 40 年才得以完
1784 年，作为一名年轻的上尉，绘制过 1745 年叛乱后苏格兰的
地图的英国军事工程师罗伊（William Roy，1726—1790），在英格
南部采用了跨越英吉利海峡与法国的大地测量联系起来的三角测
所需的基数在豪恩斯洛进行了测量，数年后（1791 年），英国陆军
形测量部正式创立。在 18 世纪欧洲大陆的各个不同战场中，其他
事工程师进行了许多详细的地形测量，对传统作了发展，用晕滃线
襄状线使在地图上表示斜坡成为可能。在斜坡陡峭的地方，钢笔或
笔所画的线要浓一些，在坡度较缓的一些地方，线就要画得淡一
到接近 18 世纪末的时候，所画线的长度、宽度和间隔都被系统化
来，因此能表明真实的坡度。对于海平面以上的高度的观测和记
的不断增加，使得第一幅等高线地图于 1791 年在法国绘制成。诸
多隆德（John Dollond）于 1758 年发明的消色差透镜和拉姆斯登（Je
Ramsden）1775 年发明的刻度机等在仪器制造上的进步，也提高了
括制图学在内的观测科学的精确度。

1686 年出版的第一幅风向图（包括信风和季候风）和第一幅关
磁罗盘磁差的图，预示着在水手装备上的进步，这两幅图是由哈
（1656—1742）编辑的。基于自己在海上的新近观测，该图被哈雷
绘成以 1 度为间隔，在最常航行的海洋上绘制内插等磁偏线 [1] 来表
观测结果。这就是最早的均度图，使用者被警告注意磁差的长期

---

1   均匀变化的线。

大约在 18 世纪中叶，该图

皮芒坦（Mountaine）和多德森

odson）加以修改，增加了他

那时可利用的大量观测资料。

些修改看起来更加可靠，因

所采用的改良型水手用罗盘

方位罗盘都是在奈特（Gowin

ght，1713—1772）博士的指

下制成的，博士用被磁化了

钢条代替天然磁石以便与指

"接触"。

其间，随着哈德利（John

lley）象限仪的引入，一个重

的进步诞生了。这种象限仪的

理曾经被胡克（Robert Hooke）

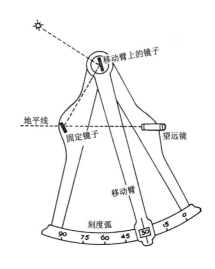

图 342　哈德利八分仪的原理。
当仪器的夹角为 D°，固定镜子与可移动镜子
（0 位置）到仪器轴的夹角都是（45-D/4）°。当
指示数从 0 移到 d°，入射光线的角度必须提高
2d° 以进入望远镜或照准器。

卡顿提到过，但是那以后却被人们遗忘。如果在对着象限仪的窥管

象限仪望远镜位置上放置一面反射镜，再在象限仪的臂上放置第二

反射镜，它与第一面反射镜平行且位于零度的位置，而且该臂可以

支点沿象限仪的边缘（即刻度弧）移动。这样一来，诸如星星之类

目标就能通过一面镜子反射到另一面镜子上，再进入窥管，从而与

门直接看到目标一样。这时，两个目标之间的夹角是两面镜子间角

的两倍（图 342），90° 的角（圆的一个象限）因而能够在 45° 的

度弧（八分仪）上被读出，而且为便于读数，刻度弧上每一个度的

分值都被加倍。哈德利设计他的象限仪为的是把星星的位置降低到

平线上。固定的镜子仅有一半是镀银的，所以当移动臂到达零点刻

的时候，通过反射和直接观察到的地平线是重合的。

这个仪器最大的好处就是，一旦星星被反射到地平线上（或者

556

说，反射到直接观测的月亮边缘），它就会保持在那里不动，而不
船只怎么移动。这样就解决了在海上不易准确读数的基本问题，为
仪器配备一个气泡水准器（因为应竖直地拿着）和一把能够在仪器
缘上给出精密读数的游标尺很有益处。哈德利于 1731 年在皇家学
介绍了八分仪之后，它立即被投入测试并被英国海军部所认可，
于 1733 年在法国得到了复制和应用。在 1738 年，仪器制造家亚
斯（George Adams，卒于 1773 年）推出一个比哈德利的仪器更便宜
八分仪，他还在小册子中对这一发明作了介绍，即是用一个水银槽
供的水平反射面来制造一条人造地平线，星星从可移动的镜子反射
来的星像和从水银表面反射出来的星像是一致的，这时测出的角
是该星星在地平线上仰角的两倍。这一新装置的优点是，它克服
可见地平线经常模糊这一缺点，同时还克服了由于大气折射带来
不确定性，而且也不必对观察者眼下的地平线的下降进行更正了。
1757 年，八分仪的界限扩展到 120° 以上，以至此时它包含的角
于 60°，所以它变成了六分仪。除了每天在正午用来"测量太阳
（这时要用一块黑玻璃于镜子之间转动）和测量月亮的距离（即恒星
月亮边缘之间的角度），六分仪还可被用于测量水平角。水文地理
绘的水平由此获得了提高，正如平板仪和三角测量法的采用而使水
有可能在岸上工作那样。

科学家基于在岸上某一位置按时进行的日食和月食、月地距
或者是木卫的出现和消失等等的天文观测（第 24 章），使得经度
精确度越来越高，随之带来了地图和海图的改进。然而，在海上的
只上就不可能这么精确，虽然经度的确定已经精确到一度，但对航
来说还是不安全的。1714 年，英国国会的一项法案为一个在海上
定经度的装置提供了 2 万英镑的奖励，这笔悬赏的条件是这个装
经往返于西印度群岛的一次航行后，其测得经度的精确度保持在半
之内。通常认为解决的办法隐藏在精密记时仪之中，即在这样的

航行结束之时，记时计的误差应在两分钟之内。在法国，也为相
目的提供了一笔丰厚的奖金。虽然英国的汤皮恩（Thomas Tompion，
39—1713）和格雷厄姆，法国的萨利（Sully）和勒罗伊（Julian
roy）等人一起对钟表进行了改进，但仍很难解决由于温度的变化而
起的金属部件的收缩和膨胀的问题（第 24 章）。

年轻一些的勒罗伊和哈里森（John Harrison，边码 672）在这个问
上花费了很多年的工夫，后者在 1763 年制造出他的第 4 个记时计，
功地解决了这一问题（第 1 个记时计制造于 1731 年）。英国海军
分别在海上和皇家天文台对英国记时计进行了严格的测试，而哈里
直到去世前不久才领到全额的奖金。一名钟表制造者——肯德尔
arcum Kendall）对哈里森的第 4 个记时计（手表型）进行了复制，并
库克船长（Captain Cook，1728—1779）在他的第 2 次航行中携带
这个复制品，这时它的价值显现出来了。然而，由于这样一个仪器
花费成百上千英镑，所以需要过一段时间便宜下来才能供普遍使用，
到 1825 年海军部才下令通告皇家海军使用它。其间，测量月地距
的方法得到了很大改进，这一改进不仅仅是通过六分仪的精确化，
且还通过皇家天文学家马斯基林（Nevil Maskelyne，1732—1811）发
的精确月离表而实现。年刊《航海历》（*Nautical Almanac*）是马斯
林首先在 1767 发行的，后来这个刊物由海军部持续出版。在法国，
年一次的天文表由经度局出版，它是原先由皮卡尔于 1679 年编辑
名为《天文年历》的刊物的续刊。

参考书目

Daumas, M. 'Les instruments scientifiques.' Presses Universitaires de France, Paris. 1953.

Gould, R. T. "John Harrison and his Timekeepers." *Mariner's Mirror,* **21**, 115–391, 1935.

Gunther, R. T. 'Early Science in Oxford', Vol. 1, Pt Ⅱ . Oxford University Press. 1923.

Marguet, F. R. 'Histoire de la longitude à la mer au XVIIIe siècle en France.' Paris. 1917.

Taylor, Eva G. R. 'Tudor Geography.' Methuen, London. 1930.

Idem. 'Late Tudor and Early Stuart Geography.' Methuen, London. 1934.

Idem. 'The Mathematical Practitioners of Tudor and Stuart England.' University Press, Cambridge. 1954.

Idem. 'The Haven-Finding Art.' Hollis and Carter, London. 1956.

第 5 编

通向科学的途径

第21章　历　法

哈罗德·斯潘塞·琼斯爵士
（SIR HAROLD SPENCER JONES）

　　历法是为方便民众生活、指导日复一日的活动以及安排宗教节日仪式而把一天天组合成周期的方法，比如星期、月和年。

　　文明伊始便有人试图发明适用的历法。发明历法的首要条件是观和记录天体的位置、月相、日食、月食，以及其他天象。

　　日常生活中最重要的3个天文周期是：（ i ）地球绕地轴自转的期，即天，以太阳的升起和落下为白昼和夜晚的交替标志。（ ii ）球环绕地球公转的周期，该周期具有月相序列，其周期即月。（iii ）球环绕太阳公转的周期，该周期具有季节序列，其周期即年。

　　恒星月是月球从一个指定恒星出发又回到该恒星所经历的时间，平均为27.321661日。会合周期，即一般称作的朔望月或太阴月，从新月到新月，或从满月到满月的周期，其平均长度为29.530598。真实的长度并非永恒不变，因为月球环绕地球的轨道和地球环绕阳的轨道稍微呈椭圆形，还因为这些轨道的摄动。太阴月的真实长的最大变动范围约为13小时。

　　恒星年是地球以恒星为参照物围绕太阳旋转的周期。它通过观测星的"偕日升"来确定，即观测那些黎明时分首次出现在东方地平上的显著的明亮恒星，例如天狼星来确定，周期是365.256360天。

　　然而，人类使用的自然计时单位并不是恒星年。而是地球相对

于春分点（天空中的一点，在这一点上太阳的轨迹——黄道——从
到北通过天赤道）的公转周期，这个周期决定季节的起点和相关现
它被称为回归年，其长度为 365.242199 天，是古人使用日晷确定
来的。恒星年比回归年大约长 20 分钟，该差异由于地轴进动造成
分点退行而产生，它于公元前 130 年左右由希腊天文学家喜帕恰
（Hipparchus）相当精确地测定出来。

　　设计一种合适历法的主要困难在于 3 种时间的自然周期——
月、年——的不可通约性。回归年包括 12.368267 个朔望月，而
在知道朔望月或回归年的任何精确的长度之前，已开始有了制定历
的初次尝试。太阴月的起始，通常是通过日落后夜空中蛾眉状新月
首次出现来确定，或者是通过黎明前蛾眉状旧月的首次消失来确
在清晰的情况下，蛾眉月的首次或者末次的能见取决于几个可变因
其中最重要的是黄道平面以及月球轨道面与地平面所成角度，此外
有在黄道以南或以北的月球的距离以及地月之间的距离。在巴比伦
在的纬度上，在新月之后首次可以看见蛾眉月的时间可能短到 16
小时或者长达 42 个小时。同样，在新月前蛾眉月最后可以看到的
间也相应有个范围。除了这些能见性条件的变动，还有就是朔望月
身的长度变化。

　　对于原始人的工作来说，季节的循环是最重要的周期。他们的
多数活动由这个周期控制，不管是在包含有大地冬眠的冬季和作物
长的夏季的北纬度地区，还是在旱季和雨季交替的低纬度地区，或
是在可耕地，例如洪水年年泛滥的埃及。猎人和渔夫必须依动物和
群的季节性迁移而转移。但那些依赖于气象原因的现象——例如雨
或者洪水泛滥的发生——非常没有规律，不能作为土地耕种、播种
及收获的适当时间的可靠指导，因此更精确的指导是必需的。由于
蛾眉月的能见性决定的朔望月的长度存在变动，新月或满月的时间
每年发生的时间也不相同，使得月球不能成为确定的时间指示。

在很早的时候，人们就知道在每年的不同季节能看见不同的星座，

为太阳相对于群星以每天 1° 的速度向东移动，所以任何指定的恒

每天提早约 4 分钟穿过子午线，移到正南方。在巴比伦人和埃及

中，以及同样在希腊人和罗马人中，通常用观察一些亮星的偕日升

显示太阳在恒星之间的移动。因此，埃及尼罗河的周期性洪水一般

夏至后很快来临，到来的标志是 6 月天狼星的偕日升。

日晷是一根垂直插在地面上的标杆，被一些人用来标明季节的更

。它的使用与在一年中相对于恒星作向南运动和向北运动的太阳有

密联系。夏至，太阳从东北方升起，在西北方落下；冬至，太阳从

南方升起，在西南方落下；春分或秋分，太阳刚好在正东方升起，

西方落下，其方位恰好在夏至和冬至太阳升落的中间。这些位置可

用石头标示出来，而且一旦标示出来，就成了一年时间的可靠指导。

回归年的长度比 12 个朔望月长约 11 天。因此如果一个月是以

望月（它的起始由观察蛾眉月确定）的长度来计算，那就要每两

年置一个闰月。最初置闰是不规则的，只有当月份偏离正常的季节

远的时候才采用。逐渐地，随着僧侣阶级（其职责之一是确定宗教

日在一年中的确切季节）的出现，规范历法成为他们的主要职能之

。记录获得保存，规律受到注意，周期得到确定，这便于预测并形

了历法系统的基础。但是，不同民族及不同时代发展起来的各种历

系统的本质和复杂性存在很大的多样性，这就是本章考察几个早期

法的目的。

1.1 埃及历

古埃及一年农业活动中，最重要的事情是尼罗河一年一度的泛滥，

为正是洪水给尼罗河两岸狭长的农业地带带来肥料。埃及的年在早

分成 3 季——洪水季、播种季和收获季，每季 4 个月。虽然每个

按在这个月中所欢庆的重要节日命名，但在象形文字中它们还总是

按所属季节中的位置命名。第一季的第一个月是一年的开始，称为特（Thoth），等同于塞思（Seth）或者索斯（Sothis），是最亮的星星天狼星的名字，它在 6 月偕日升，预示尼罗河开始洪水泛滥。这表埃及人已经采用严格的时间计算，即用天狼星的偕日升标志一年开始。

在埃及，日是从黎明开始，并从一个黎明到下一个黎明来计因此，月也自然地应该从某天清晨开始，即在太阳升起之前东方天中旧月的蛾眉月再也看不见的时候。最初埃及的历法是纯阴历。公元前第 4 个或第 5 个千年的某时，天狼星偕日升和尼罗河开始滥近乎同一时刻，天狼星开始被认为是洪水泛滥的预兆，而其偕升被认为是纯阴历的起点。这个历法包括 3 个季节，每个季节 4月，每个月的开端是蛾眉状旧月消失的那一刻，年的第一天是天狼偕日升之后蛾眉月首次消失的那天。在采用这种历法之后不久，人已认识到虽然尼罗河泛滥的时间间隔一直在变动，而天狼星偕日升时间间隔实际上不变，它们比 12 个月多 11 天左右。这样就有必每 3 年——有时是 2 年——置闰 1 个月。根据帕克（Parker）对从种各样碑铭和莎草纸上的古代文献得来的证据的讨论，置闰出现在狼星偕日升的 11 天内开始的第一个月，因此这时期被确认为一个日——"开年节"，它标志偕日升的时刻，一直是在第 12 个月庆祝闰月属于透特神，它的节日也在这个月庆祝。

最终，在经济生活高度发展的埃及，一年有 12 个月或者 13月的历法的不便开始变得明显，且每年的开始都要通过观察确定。人开始构思基于平均太阴年的固定的民用年。根据前几十年里记录太阴年的真实长度，即可发现一年的平均长度非常接近 365 天，录几年天狼星的偕日升，也可以发现连续两次偕日升的平均间隔365 天。所以，采用的固定民用历就是这样的：一年 365 天，分 3季节，每季 4 个月，每月 30 天。多余的 5 天置闰，插在每年第一

562

的前面。同样，当需要的时候，阴历的闰月，也总是置于太阴年前
面。采用这种民用历的情况不清楚，但帕克认为很有可能早在公元前
第3个千年就采用了。

两种历法同时在使用。固定的民用历适合于世俗事件，阴历继续
采用于宗教目的，例如确定节日。在一段时间内，人们并没有察觉
民用年的长度短了6个小时——导致固定历每4年要提前1天，因
为天狼星偕日升的间隔为365日是近似的，而阴历的变动性足够大，
可以使太阴年在几十年里与民用年大体上保持一致。

但最后——大约200年后——不能不注意到的是，民用年的第
一个月在太阴年的第一个月开始之前就已经结束了，固定的民用历和
基于观察的阴历相互之间渐渐错开了周期。但那时，民用历如此完备
以及被证明如此方便，没有必要迫使它与阴历保持一致。

这个困难被一个精巧的设计解决了——设置一个特殊的太阴年，
它唯一的作用就是保持在采用民用历后就已存在的阴历与民用历之间
的对应关系。每个太阴月的开始仍然像以前一样靠观察确定，但是，
通过置闰第十三个月的方法保持新的太阴年与固定的民用年一致。如
我们所看到的，与天狼星的偕日升相联系的最初的阴历像以前一样照
常使用，而后来的阴历与民用历一起避免了超前季节。没人确切地知
道后一种阴历是什么时候提出的，但帕克认为可能是在公元前2500
年左右。从后一种阴历被采用开始，3种历法在埃及被使用，它们都
一直用到异教时代的终结。

很久以后，第2种阴历已定型成了一种图表方式，它的月的长
度由既定规则确定，而不是靠观察，但是这种方法确定的月的开头与
真实的新月非常相近。这种图表式历法的大多数细节在公元144年
（后）写成的卡尔斯堡纸莎草书第9号中给出了，帕克认为它是唯一
出版了的真正的埃及数学天文文献（第Ⅰ卷，边码797和图版36）。
有迹象证明这种历法在公元144年之前很早就使用着，帕克从这些

563

迹象中得到的结论是，在某些地方这种历法在大约公元前 357 年就
被采用。

后一种阴历的全部细节已经由帕克重现，不确定性很小。该历
法采用每 25 年为一循环，其中每个月 29 天或者 30 天。这种安排
造成没有 3 个连续的月的长度是一样的。每个循环的第 1、第 3、第
6、第 9、第 12、第 14、第 17、第 20 和第 23 年置第 13 个月的闰月，
这些年称为"大"年。确定置闰的规则是，只要太阴月的第一天，即
透特落在民用月的第一天之前，就插入闰月。这样在 25 年的全部循
环中有 309 个月，其中 145 个月有 29 天，164 个月有 30 天。这个
循环里有 9125 天，恰好每年平均 365 天，与埃及民用年的长度一致。
309 个太阴月的精确长度是 9124.9517 天，与这 25 年循环的阴历的
长度差距略大于 1 个小时。于是，每个月的开端与真正新月的差距
从来不会大于 1 天，这个数量在观测到旧的蛾眉月消失的误差范围
之内。

埃及人是第一个确定一年长度为 365.25 天的，虽然他们的民用
年固定为 365 天。他们对这一年长的确定大概是在观察到天狼星偕
日升平均每 4 年延后 1 天作出的，导致民用历的季节缓慢前移。把
回归年的长度定为 365.25 天，他们创造了一个 1461 个历年的循
环，等同于 1460 个回归年，这个循环称为天狼周。恒星年的长度
是 365.2564 天，而不是严格的 365.25 天。但是肖赫（Schoch）认
为，天狼星（是一个自行很大的恒星）的偕日升在平均间隔 365.250
天后会重现，说明 1456 年才是天狼周的精确长度，即 1456 年之后
偕日升才会在历法年度的同一日期发生[2]。公元 3 世纪的琴索里努
斯（Censorinus）把某一年——在这一年，天狼星（即狗星）首次被观
察到出现在第一个月的第一天，即透特的黎明微光中——称为天狼
年（annus canicularis）。伊德勒（Ideler）认为这个现象出现在公元前
2782 年和公元前 1322 年，并假定是在公元前 1322 年采用民用年为

定的 365 天[3]。诺伊格鲍尔（Neugebauer）和帕克都认为，最可能
的时间是公元前 2800 年左右。

但在知道一年的长度是 365.25 天以后很久，以 365 天为一年的
动态年还是在使用，直到大约公元前 26 年采用了亚历山大历。托勒
密王朝的第 9 年，也就是公元前 239 年，在卡诺珀斯举行的大祭司
会议通过法案，设定每 4 年增加一天，以便止住民用年的超前。该
法案在当时没起什么作用，民用年依旧是 365 天。随着每 4 年增加 1
天的亚历山大历的采用，在埃及开始了第一个无争议的固定的年，透
特月的第一天对应于儒略历的 8 月 29 日（或闰年的 8 月 30 日）。但
是，旧历法仍然与改革了的历法一起使用到公元 3 世纪。

埃及的民用历在年代学中是重要的，因为直到公元前 46 年儒略
（恺撒）对罗马历的改革为止，它是唯一使用由不变规则确定的固定
月长和固定年长的历法，而不是按照官吏的突发奇想进行变动。从天
文学意义上讲，按照埃及历确定已知日期的两次观察之间的确切天数
非常方便而且准确。由此我们发现，在罗德岛作观测的喜帕恰斯，把
迦勒底人所作的观测归化成埃及历。

埃及人没有使用确定的纪年来记录事件，但总是以发生某件事时
国王统治的年份作为参照。喜帕恰斯和托勒密（Ptolemy）从而都方便
地使用那波纳萨（Nabonassar）开始统治的时间纪年。这位国王是巴比
伦王国的奠基人，王国存在的时间称为那波纳萨时期。这个时期开始
于那波纳萨开始统治的第一年的透特月的第一天正午，对应于儒略
周期的第 3967 年的 2 月 26 日，即公元前 747 年。在这个时期开始
前，儒略周期已经经过了 1448 658 天。这个纪元对科学事业极为有
利，但是日常生活中没有被使用过。用来纪事的年是一年 365 天的
埃及年。依靠由托勒密编制的著名的"王典"（*Canon of Kings*），以当
时国王统治的年份记录的巴比伦和埃及历史上的日期很容易被转换为
那波纳萨纪元的日期。

565

埃及人以日出作为一天的开始，把从日升到日落的时间间隔分□
相等的 12 小时。从日落到日升的时间也被分成相等的 12 小时。□
了春分和秋分，白昼的小时必然与黑夜的小时长度不相等，它们的□
时长度依一年中的季节而变。如此设置的小时被称为日光小时。

以 7 天为一星期的时间间隔并不是什么天体运动周期，它从□
述传入欧洲，是基督教徒从犹太人那里继承过来的。埃及人把他□
的民用历的每月 30 天分为 3 个旬或者 3 个 10 天的周期，那么一□
就有 36 旬，各自对应一个神。在埃及，与年相联系的有两个神系□
一个系列由民用年的旬即 36 个神组成，另一个系列由 59 个神组□
帕克指出，这 59 个神中的 48 个对应于太阴年（由 354 天组成）□
个太阴月的每四分之一个月，剩下的 11 个神各自对应 1 天，与其□
48 个神组成民用年的 365 天。这两个系列表现了年的二元性本质。□

埃及人肯定对早期从犹太人那里传来的一星期 7 天很熟悉，□
是在埃及第一次提到采用这种方法的是狄奥西索斯（Dio Cassius，□
元 3 世纪）。整个西欧采用的一星期中每天的名字来自已知的七□
按与地球之间距离逐渐减少来排列——土星、木星、火星、太阳、□
星、水星、月球，这源于占星术。在基督教时代早期，埃及的占星□
获得巨大发展，按流行的占星术的观点，前后相续的每个小时都是□
不同行星的献祭，序列按它们的距离次序而定。献祭每天第一个小□
的行星被认为是该天的摄政，因此如果一天的开始是由土星执政□
那么第 1、第 8、第 15 和第 22 个小时都由土星控制。第 23 小时□
于木星，第 24 小时属于火星，第 2 天的第一个小时属于太阳。这□
就得到了摄政者的顺序：土星、太阳、月球、火星、水星、木星、□
星，也由此得到了一星期中每天的名称。日耳曼语里，用蒂乌（Tiu
沃登（Woden）、托尔（Thor）和弗蕾娅（Freya），代替罗马的对应□
火星（Mars）、水星（Mercury）、木星（Jupiter）和金星（Venus），后□
可以从拉丁语的名称中看出来。

虽然是从埃及开始了以行星命名一星期的 7 天，并从这里传播
到罗马，再传播到整个西欧，但没有迹象表明埃及人的社会生活中普
遍使用了这个时间周期。

1.2　巴比伦历

托勒密在《天文学大成》（*Almagest*）里所记录的最早观测可上溯
至公元前 721 年，是由占星术士所作的对月食的观察。他们是巴比
伦世袭的僧侣阶级，通过星象占卜和预测未来获得了巨大声誉。他们
首先把占星术发展成了一个完备的体系，并在礼拜仪式中研究了天
文学。这个现象在巴比伦保持了 3000 年以上。占星术士们确定不同
天文周期的精确程度是惊人的，甚至比后来希腊天文学家的结果还
精确[4]。

在居鲁士大帝（Cyrus the Great）于公元前 539 年摧毁巴比伦帝国
后，占星术士阶层逐渐失去了他们的荣耀。大约在那时候，希腊人和
其他西方人开始熟悉东方的占星术知识。

巴比伦历法的细节不如埃及历法精确。在公元前第 3 个千年的
末期，历法似乎变得相当稳定，其基础在于月相，一个月是以首次观
察到蛾眉月为开始。相应地，一天是以日落时分为开始。一年通常有
12 个月，但是为了和季节相吻合，也时不时通过重复一个月来插入
第 13 个月。然而，调整年的长度的方法没有一致性，闰月的间隔很
没有规律，有时短至 6 个月，有时长达 6 年。虽然通常是一年的最
后一个月被重复，不过也经常重复其他月。

但是，为了记录天文观测和便于计算，还是采用了很方便的 365
天的固定年。这种年可能来自埃及，或者可能是独立的发现。它在巴
比伦好像是从那波纳萨于公元前 747 年即位时开始被采用，而且可
能就是他命令采用的。这就使得精确确定两次天文观测之间的时间间
隔成为可能，因此大大方便了天文周期的确定。

567

占星术士们对月食的时间和食分的记录使他们可以发现沙罗周期或交食周期，月食根据这一周期重现。他们至少早在公元前 6 世纪就知道了这个周期，并确定它的长度为 $6585\frac{1}{3}$ 天。发现沙罗周期就可以相当精确地预言日月食的发生，即使他们没有关于太阳和月球的准确运行表。他们发现沙罗周期等于 223 个太阴月，精确长度是 6585.322 天，所以占星家 1800 年只有 1 天左右的误差，或者说其太阴月的平均长度误差只有 4.5 秒。月球的近点周期——连续两次通过近地点的平均时间间隔——是 27.55455 天，239 个近点周期是 6585.537 天。月球的交点周期——连续两次通过其轨道上交点（月球轨道与黄道的交点）的平均间隔——是 27.21222 天，242 个交点周期是 6585.357 天。因此，在沙罗周期间隔之后，月球在其轨道上的位置相对于近地点和交点实际上是不变的。这就说明了为什么经过一个沙罗周期之后，仍然可以获得各个交食状况的精确重现。

占星术士们肯定也已经知道回归年的长度是 365.25 天，因为托勒密说过，经过一个沙罗周期的 $6585\frac{1}{3}$ 天（刚好 18 年）之后，太阳的位置在其起始位置东部的 $10°40'$ 处。这段时期内它在经度方向的运动就是 $(18 \times 360°)+10\frac{2}{3}°$，因此它在经度上通过 360°（回归年）的长度几乎正好是 365.25 天。不能肯定到底是通过这种方式首次发现了年的长度，还是通过这个长度得出太阳在经度方向上 $10°40'$ 的变化。但不管怎样，回归年的长度被知道了。

公元前 529 年，有人试图采用 8 年（99 个太阴月）为周期的固定置闰法，其中闰月被安排在这个周期内的固定位置。每个月的开始仍是通过观测来确定，99 个太阴月的平均长度为 2923.53 天，8 个回归年的长度是 2921.94 天，然而当时公认的长度是 2922 天。以 8 年等同于 99 个太阴月所产生的误差，使得这个周期在 25 年后被废弃…随意置闰仍被继续使用。

在公元前 383 年，迦勒底天文学家西丹努斯（Kidinnu，该名字
…常以希腊语"Kidenas"的形式被提及）引入了一个 19 年的置闰体
…。在这个体系中，19 年等于 235 个太阴月，需要在固定的位置上
…入 7 个闰月，每个月的开始仍然以观测确定。公元前 432 年，默
…（Meton）已在雅典宣布了一个这种 19 年的周期。巴比伦采用的这
…周期是否是与默冬无关的独立发现，现在还不能确定。235 个太阴
…之后，同样的月相出现在太阳年的同一天的几乎同一时间。由于占
…术士们仔细记录了月相和月食，所以他们不太可能没有发现这个
…年的周期。此外应该指出的是，尽管默冬以 6940 天组成了他的周
…，那些借助观测蛾眉月确定一个月开始的迦勒底人，通过 19 年等
…于 235 个太阴月，从而把回归年的长度和真正太阴月的平均长度
…系起来，并且使平均历年等同于 365.2468 天。这与默冬周期里的
…65.2632 天比较，前者的数值准确得多。

西丹努斯引入的 19 年的置闰周期，在后来存在的巴比伦历里一
…被采用。有趣的是，西丹努斯确定的年和太阴月的长度，以及他的
…9 年 7 次固定置闰的系统，被犹太历所吸取并一直用到现在。

占星术士们在观测活动中，既使用日出到日落以及日落到日出之
…分别划分为 12 个小时的日光小时系统，也使用每天被均匀划分为
…4 个小时的赤道小时系统。比如，观察一次掩星过程，可在日落时
…打开水钟的阀门，然后比较从日落到掩星发生时刻的水流量与掩星
…生时刻到日出的水流量，就可以获得在日光小时中的观测时刻。通
…已知的全年日光小时长度的变动，时间可以归化为赤道小时。也可
…比较日落到日出和日出到日落之间流出的水量，把日光小时直接转
…为赤道小时。

21.3 希腊历

569

希腊历的基础是阴历，每个月的开始取决于日落后夜空中蛾眉月
的初见。因此，每个月的平均长度也等于太阴月，正常情况下为 2
或者 30 天。日期从月初开始计数，每一天都被编号，部分是为了打
示那些迷信所认为的幸运或者不幸运日子，部分是为了保证节日不因
持续的多云天气而漏掉，因为希腊节日大多数在固定的月相时刻举行

从很早的时候起，这些节日就与一年的固定季节相联系。很显然
在太阴月被采用不久，就发现 12 个月组成的年比季节组成的年略知
因为由日晷最短和最长的阴影指示的天每年都在迅速变化，3 年之间
变化就达一个多月，所以有时就要置闰第 13 个月。不同文明区域在
早期是否一直在相同的年置闰是不确定的，但是可以设想，从公元前
776 年古希腊奥林匹克竞技会创立开始就有了共识。

然而，不同的文明区域使用的历法，以不同的季节作为一年的开
始，并且都有自己的置闰时间。政府当局决定每个月的长度，可是经
常忽视按月相调整月的长度，并且对历法的处理成为一个众所周知
的丑闻。在公元前 432 年所演的阿里斯托芬（Aristophanes）的《云》
（The Clouds）一剧里嘲讽了这个现象，他让月亮抱怨——依据它计算
的日子没能始终保持正确。

按季节调整历法是通过观测亮星的偕日升和偕日落进行的。黄道
宫（太阳在一年任一特定季节所在位置）是已知的，任何一个特定官
的偕日升或偕日落都粗略地指示了一年中的时节。

最早希腊的年被区分为 3 个季节，分别是春季、夏季和冬季
他们是按自然现象区分的，例如候鸟的来去。秋季最初是希波克拉底
（Hippocrates）和其他希腊医学作者约于公元前 400 年提及的。始于昴
星团偕日落的时刻的冬季，终止于春分，春天终止于昴星团偕日升的
时刻，夏季在大角星偕日升的时刻终止，秋季占据一年中剩下的时间
直到昴星团的下一次偕日落为止。

随着民众生活和文化的发展,与月相相联系的变动的月和年日益
便,越来越需要不依靠观测确定月和年的历法,而且观测还经常受
天气的干扰。寻找一个尽可能准确包含年和月数目的周期的工作开
了,第一步由公元前 6 世纪初的梭伦(Solon)迈出。他采用一个月
天和 30 天交替的规则,所以 12 个月包含 354 天,这与太阴年的
度相符合到只相差 9 小时左右,但是它比年的长度短 11.25 天。相
地,每隔 1 年插入一个 30 天组成的月,短长两年加在一起的话又
了 7.5 天,于是要不断省略置闰。

对梭伦周期的一个重大改进是由克雷斯特立托斯(Cleostratus)在
59 个奥林匹克 4 年周期(约公元前 542 年)时发明的,它以 8 年
一周期(*octaeteris*)。在这个周期里,8 年等于 99 个太阴月或者
022 天。由 29 天与 30 天交替组成的月构成年。在第 3、第 5 和第
年插入一个由 30 天组成的月,这个月是重复的第 6 个月,即海神
。因此,这种太阳年的平均长度等于 365.25 天。由于 99 个太阴月
真实长度是 2923.53 天,这个周期在月的开始时刻与新月保持一致
问题上很快就出现了很大的误差。

为了使周期更加精确,需要对周期进行更多改进,盖米诺斯
Geminus)记录了这些改进,但是没有说明这些改进是什么时候做
的。首先,每 16 年增加 3 天,这给出了太阴月的平均长度的一个
佳近似,但唯一代价是在年长上引起了更大误差。为了更好地调节
年的长度,每 160 年要省略一个 30 天的月。经过这种调节的 160
(其真正长度为 58438.8 天)等于 1979 个太阴月(它的真正长度是
441.0 天),或者等于 58440 天。因此每 160 年有 1 天左右的累积
差,不管是在太阴月上还是在年上。

8 年为一周期的这些修正是否在民众生活中被使用过不得而知,
为公元前 432 年,默冬就用 19 年为一周期代替了 8 年的周期。这
一个固定的周期,其中每个月和每一年的长度只由其在周期中的位

置决定，因此完全与观测无关。一个月 29 天或者 30 天，有些年
有 7 个月是 30 天，5 个月是 29 天，一年一共 355 天，其他年份：
天或 30 天的月各有 6 个，一共 354 天。在一个周期中的第 3、第
第 8、第 11、第 13、第 16 和第 19 年的第 6 个月——海神月—
后面安排一个闰月，这些比较长的年有 384 天，所置的闰月究竟
29 天还是 30 天由其他 12 个月的长度是 355 天还是 354 天决定。

年（其真正长度为 6939.60 天）的周期等于 235 个月（其真正长度
6939.69 天），也等于 6940 天，误差是几个小时。基于这个周期
历法在第 86 个奥林匹克 4 年周期的第 4 年，即公元前 432 年的 6
27 日夏至（第 12 个太阴月，即 Scirophorion 月的第 13 天）那天采
但不清楚它是否真的在民众生活中被使用了。

在天文学家使用了默冬历约一个世纪后，卡利普（Callippus）
议对该历法进行一点改进以便提高它的精确性。他把 4 个 19 年
周期组合在一起，成为一个单独的 76 年周期，把其中一个完整的
（30 天）改变成一个不完整的月（29 天），因此 76 年的周期短了 1
这样卡利普周期由 76 年组成，包含了 940 个太阴月或者 27 759
应该注意到这个周期给出一年的平均长度恰为 365.25 天，这个数
在埃及和巴比伦早就获得了。它的 235 个太阴月等同于 6939.75
与默冬的数值 6940 天比较，和真实的数值 6939.69 天更接近。在
望月和回归年的长度上，卡利普的修正显然有相当可观的改进。卡
普周期从第 112 个奥林匹克 4 年周期的第 3 年第一个赫卡特月的
始日，即夏至那天开始，也就是公元前 330 年的 6 月 28 日，在接
来的两个世纪里天文学家使用卡利普历记事，但民众未必使用了它

大约在公元前 130 年，喜帕恰斯作出了进一步改进，把 4
卡利普周期组合起来，仍然通过把其中一个完整的月改变成不
整的月而略去 1 天，这样在 304 年的周期里包含了 3760 个太
月或者 111035 天。这种回归年的长度为 365.24671 天，太阴月

.530585 天，真实的数值是 365.24220 天和 29.530598 天。太阴月真实长度被非常准确地表述，但年的真实长度并没有被喜帕恰斯精地表达出来，不过他通过观测得到了一个回归年为 365.24667 天长度，这与他的周期中的平均长度相吻合。他的这个周期似乎没有使用过，仅仅作为建议性的改进成果存在。

希腊人在接受基督教的时候首次接受了儒略历。即使这样，普通众还是在此后很长时间内使用太阴月，赫卡特月从夏至被转移到秋。大概当雅典的月变成阳历的月而不是阴历的月的时候，它们被赋了旧名称，罗马的 9 月被称为赫卡特月。

572

雅典人以世袭国王的统治年份纪年，后来的共和时代则以那些首终身任职的执政官纪年，但是这个时期不超过 10 年。再后来，这执政官变成每年任命一次，通过投票或者抽签决定，而每年的年份续依执政者来命名。这个职位在雅典延续到公元 4 世纪，虽然此共和制度已经终结很久，而希腊也已在罗马人的统治之下。

为了记录希腊的历史事件，古希腊奥林匹克竞技会的纪元是极用的。传说中是大力神海格立斯（Hercules）创办了奥林匹克竞技会，是直到公元前 776 年的克罗巴斯（Corobus）胜利后才形成每 4 年定举办 1 次的传统。这一年通过日食发生的记录而被准确地确定了，技会大约在夏至举行，持续 5 天，直到夏至之后的第一个满月结。在奥林匹克竞技会纪元上日期已知的任何事件的基督纪元年份以很容易地得出，"Ol. 112.3"（即第 112 届奥林匹克竞技会举办年后的第 3 年）是公元前 776 年（Ol. 1.1）之后的第 111 × 4+2＝446 年，对应于公元前 330 年。奥林匹克竞技会持续举办了 293 届，直到奥多西大帝（Emperor Theodosius）的统治结束，即公元 394 年，以被罗马的 15 年期财政年度取代（边码 581）。

21.4 犹太历

虽然《旧约全书》(*Old Testament*)没有提及月的长度(29 天〔或〕者 30 天),古犹太历无疑是阴历。从《旧约全书》的首五卷(摩〔西〕五经)的章节中,可以推测一天的开始是在晚上(可能是日落时分〔),例如"从这月初九日晚上到次日晚上,要守为安息日"(《利未记》第 23 章第 32 节)。因此可以设想,一个月的开始是日落后夜空〔中〕蛾眉月的初见。《诗篇》第 104 章第 19 节有"他安置月亮为定节令〔",暗示着是用月亮确定月的。

最早期犹太历的特点是强调一星期 7 天,第 7 天是安息日或〔是〕休息日。摩西戒律中第 7 天没有工作要做,是与上帝在 6 天里创〔造〕了一切的故事联系在一起的——第 7 天作为休息日(《出埃及记》,〔第〕20 章第 10—11 节;《创世记》,第 2 章第 2—3 节),所以可能从〔很〕早年代起第 7 天就被作为休息日,而且肯定在埃及奴隶制时期就〔固〕定了。有推测说 7 天一星期不仅在希伯来书中使用,而且也在闪〔米〕特各族中使用。基督教从犹太人那里接受了 7 天为一星期,并且〔全〕盘采用。犹太人认为 7 天为一星期是神决定的,从创世纪就开始〔,〕因此他们强烈反对任何历法改革方案,认为会破坏星期的连续性。

摩西律法规定,阿比(Abib)月——即以色列人出埃及的那〔个〕月——被看成这一年的第一个月,这个月庆祝逾越节,绿色的麦穗〔要〕作为丰收的第一个成果献给牧师。在巴勒斯坦,大麦最早的成熟时〔间〕是 4 月前后,所以该年的第一个月应该已经开始,大概是在春分〔时〕节。为了使第一个月在一年的位置正确,时不时需要置闰一个月。〔是〕否置闰取决于牧师,如果看起来近 12 月底麦子还不能准备好作为〔这〕一个月里的献祭,这时就需要置闰一个月。这种简陋但实用的方法〔防〕止了年开始于不同季节。

"巴比伦囚虏"以后,月的名称就改变了,第一个月被称为尼〔散〕散(Nisan)月。大多数月的名称都是按《旧约全书》里后面的章节〔

，但每个月通常还是按照它在年里的顺序数确定名称。它们源于迦底，大多数是叙利亚名字。每个月被定为按夜晚蛾眉月的初现为开，只要有两个可信赖的人向耶路撒冷的犹太教最高公会报告在某时间看见了新月，就宣布一个新的月份的开始。如果到任何一个的第 30 天还没有看见新的蛾眉月，第二天就开始新的月份。如果好遇到多云的天气，就可能有两个或者更多的 30 天的月连续出现，以人们决定一年中应该有不少于 4 个、不多于 8 个的 30 天的完整。因为宗教节日、献祭活动以及其他安排都与月的开始有关，有关息要通过山顶的火光信号或者通过特殊使者向全国传达。"巴比伦房"以后，大量的犹太人分散在其他地方，这个信息就不能及时到，他们因此会获得一个新月开始的特别指示。而且，所有重要的日都是"双份"的，例如逾越节和住棚节的开始一天和最后一天，此就会出现在其他地方是完整月，而巴勒斯坦不是完整月（29 天），者相反的情况，节日庆祝就在那两天之间挑一天举行。

574

"巴比伦囚房"时期结束以后，民用年从第 7 个月提市黎月开，这个时间特别重要，因为正是在第 7 个月的第一天，法律向返耶路撒冷的人们宣读，在被毁神庙的位置供奉了烧过的供品。这犹太人在计算这一年时与叙利亚已经建立的完好的历法系统相吻。一段时间里一年的两次开始时间都在使用，比如在《新约外传》*Apocrypha*）中两者都被使用，虽然月是由尼散月开始排序的。而在放期之后写成的《旧约全书》各卷中，皇家的纪年和节日的计月普从尼散月开始计算。然而，年的旧的开端渐渐被废弃了。

古罗马的蒂图斯（Titus）皇帝毁灭耶路撒冷、驱逐犹太人之后，观测确定每个月开始的经验历法被基于固定规则的历法取代了。何采用固定历法不得而知，一般认为是公元 4 世纪前后。它基于西努斯引入巴比伦的 19 年为一周期，包含 7 个闰月，所以一个朔望的平均长度是 29.530594 天，一年包含 365.2468 天。这个历法里，提市黎月的开始是由复杂规则决定的，为了防止不同的节日和圣日到相符的日子里。正常的平年由 29 天的月和 30 天的月交替构成一共 354 天。正常的闰年包含一个 29 天的闰月，这个月在第 6 个即阿达尔月之后插入，就是所谓的闰阿达尔月，但是阿达尔月的长从 29 天增加到 30 天，这样 1 年有 384 天。在 19 年的周期中闰年第 3、第 6、第 8、第 11、第 14、第 17 和第 19 年。

由于以上提到的特殊规则，第 2 个月即赫舍汪月有时需要比常年份多 1 天，而第 3 个月即基色娄月需要减少 1 天。这样平年能有 353 天、354 天或者 355 天，闰年有 383 天、384 天或者 385

闰年插入的闰阿达尔月保证了逾越节（在接下来的尼散月的15 天）在合适的季节当中，它是春分之后的满月。它总是比下一新年早 163 天。圣灵降临节总是比新年早 113 天。

575

在我们现在使用的格里历里，闰余是犹太历的 4 月即太贝特的月龄，因而代表了太贝特月对应于 1 月 1 日的那一天。从平年的月 24 日或闰年的 10 月 24 日中除去闰余，即可获得犹太年起始的致日期。它的变动范围在 9 月 5 日至 10 月 5 日之间。

犹太人使用了一个日期为公元前 3761 年 10 月 7 日的创世纪在这个纪元下，犹太年的 5718 年开始于 1957 年 9 月 26 日。

21.5 罗马历

现在整个文明世界所使用的历法都有一个共同来源，即罗马城地方历法，其起始时间已经不可查考。它由权威——例如马科洛斯（Macrobius）和琴索里努斯——宣布，罗穆路斯（Romulus）在建罗马国家的时候就确立了一个包含 10 个月、304 天的年，其中的个月——April、June、Sextilis、September、November 和 December——各包含 30 天，其他 4 个月——March、May、Quintilis 和 October——各包含 31 天。每年开始于 March，最后 6 个月的名字（如 Quintil xtilis 等）证明了这一点。

前 4 个月的名称来源不能确定。March 可能是源自对战神（Mars，
穆路斯父亲）的崇拜，April 来自阿佛洛狄忒（Aphrodite）或者维纳
（Venus），埃涅阿斯族的女祖先。May 和 June 可能分别来自年长者
ajores）和年幼者（juniores）。许多其他来源也曾提及，比如 April
自 aperire，指大地从冬天的迟钝中醒来。如果最初一年只包含 304
，月就会迅速偏离季节，那么这种来源就不正确。奥维德（Ovid）
他的《古罗马历书》（Fasti）中断言，最初的年只有 10 个月，但不
确定头 4 个月的名称来源。

可能正像欧特罗庇厄斯（Eutropius）所主张的，在努马（Numa）时
以前，罗马的纪年没有形成系统。有理由肯定以上所提到的月是
阴月，也没有固定的天数，努马可能给一年增加了两个月，共 51
，使 1 年有 355 天。现在是以 January［其名称来自两面神杰纳斯
anus），他一面朝过去，一面朝未来］开头，February［名称来自涤
神（Februus），他主持涤罪节］在 March 前面，March 成了第 3 个月。

按照马科洛布斯和琴索里努斯的意志，努马从 6 个 30 天的月中
取出 1 天，因为罗马人有个迷信，不喜欢偶数。这 6 天和增加的
天将在 1 月（29 天）和 2 月（28 天）之间分配。这样，1 月、4 月、
月、8 月、9 月、11 月 和 12 月 都 有 29 天，3 月、5 月、7 月 和
月继续有 31 天，2 月有 28 天。有 355 天的年肯定是阴历，因它
12 个太阴月只长了 0.63 天。355 天一年的长度和太阳年的长度
间的差别是通过置一个闰月来调节的，只要认为有必要。这个闰
交替有 27 天或者 28 天，但是使年与季节适应的方法是不时省略
月。

闰月在 2 月 23 日以后插入。不论早期做了什么，以后的历史时
里 2 月的最后 5 天被略去了，虽然它本来应该紧跟闰月的末尾，这
闰年里真实增加的天数是 22 天或者 23 天。这样历法的运行就与

576

月球无关，成为纯阳历。无法确定什么时候产生这种变化的，但肯定公元前 400 年以前。连续 4 年中天数的正常次序应该是 355 天、3□天、355 天、378 天，平均一年的长度是 366.25 天，大约长了 1 天□

每个月的日子从下一个初一（月的第一天）、初五（月的第 5□如果是 31 天的月就是第 7 天）或者第 13 日（月的第 13 天，如果□31 天的月就是第 15 天）倒着计算。例如第 13 日之后的日子，就□被表示为下月初一以前的 17 天。

闰月通常是隔年插入，历法的真实规则被大祭司团专门控制□作为一个重要的宗教问题从来没有被诚实地处理过，历法常常受政□目的或者个人目的的控制。公元前 63 年恺撒（Julius Caesar）成为祭□长之后，置闰经常被忽略，到公元前 47 年月份就与季节很不相符□使得很多节日的日期都不正确，1 月本来应该在冬至之后，结果却□在本对应于 10 月的季节。

恺撒因此决定对历法进行改革，召亚历山大的天文学家索西□尼（Sosigenes）做顾问并辅助此事。第 1 步是改正历法的误差，对□元前 46 年对应的那一年进行正常的置闰，使其多了 23 天，并在□月和 12 月之间插入两个月，一共 67 天。这是为了让公元前 45 年□

初一回到它正确的位置，即 1 月 1 日。这一年被称为"混乱的一年□因此有 445 天。

按索西琴尼的建议，年的平均长度固定为 365.25 天，为了实□这一点，法令颁布说一年的正常长度为 365 天，但每 4 年要增加□天。月的长度与现在相同，因此一直未被调整。闰年增加的一天是□复 3 月初一（即橄仁树节）前的第 6 天，这就是大家所知道的"*an□diem bis sextum Kalendas Martias*"，简称为"*bissextum*"，我们的□bissextile（闰年）一词正源于此。

在新历中，3 月、5 月、7 月（Quintilis）和 10 月都还是 31 天□长度未改变。他们保留了第 7 天的祈祷日和第 15 天的月中日。1 月□

月、8 月和 12 月的长度由 29 天增加到 31 天，他们的祈祷日仍在
5 天，月中日仍在第 13 天，增加的天数置于月尾，以便和祈祷日、
中日相关的宗教节日不会发生变化，因为这些固定的节日不应被改
。公元前 44 年，为了纪念恺撒，Quintilis 被替换为 July (*Julius*)。

这次改革的本质和重要性是历法变成了真正的阳历。月的长度被
定了，每年都一样（除了 2 月），也没有人试图让历法与月相联系
来。人们期望季节在历法上的位置也不必变化，于是农民可以按照
法安排工作，而不必考虑月相变化。

祭司误会了置闰的方法，每 3 年而不是每 4 年加一天，所以到
元前 8 年这一年晚了 3 天。奥古斯都 (Augustus) 发现这一点后指
说，要延缓置闰，直到误差被修正为止。从公元 8 年开始儒略历
直在使用，直到 1582 年格列高利十三世 (Gregory XIII) 教皇进行历
改革才发生变化。为了纪念奥古斯都皇帝，公元前 8 年 Sextilis 被
为 August (*Augustus*)。

罗马历的年一般按执政官的姓名命名，在新的执政官上台后就改
。早期的上台掌权时间经常变化，但是大约在公元前 222 年罗马
年的日期被固定在 March 的 15 日 (March 的月中日)。当时 March
一年的第一个月。公元前 153 年，这个日子被改到 1 月 1 日，于
1 月 1 日就成为新年的第一天。年的开始以后再也没有改变，不
在东部的省还常常以正在统治的皇帝的即位纪年，其统治的第二年
他即位后新年的第一天开始计算（各个省不同）。

578

罗马历史上的记事时间一般以罗马建国的估计时间为参照。字母
J.C. (*anno urbis conditae* 的缩写) 用来表达这个纪年中的时间。大
都接受的方便的传统纪年开始时间是公元前 753 年，对应于第 6
奥林匹克 4 年周期的第 4 年。这个归因于瓦罗 (Varro) 的纪元受
西塞罗 (Cicero) 和普鲁塔克 (Plutarch) 的支持，并被琴索里努斯
用。

基督教纪元的年以耶稣投身于人间的估计时间开始计算，由锡厄修道士狄奥尼西（Dionysius Exiguus）在公元 530 年前后采用。他于流传很广的传说奠定了"道成肉身"的时间，即基督于奥古斯统治的第 28 年诞生，还假定奥古斯都统治的时间开始于罗马建国 727 年，当然现在知道这个时间不正确。艾克西古斯编制了一张从元 532 年到公元 626 年的复活节日期表，里面使用了新的纪年。他那里，比德（Bede）接受了这种纪年。从比德那里，西方基督教家广泛采用了这一纪元。

21.6 格里历

在儒略历里，年的平均长度为 365.25 天，比回归年长 0.0078 或者 11 分钟 14 秒，导致季节在历法上的渐渐后移。这种差异很首次发现是与复活节的典礼有关。

公元 325 年，尼西亚主教会议在众多事务里裁定不同基督教体纪念复活节的日期应该一致。在为不同年份制定的复活节日期表春分被指定在 3 月 21 日，其实是在 3 月 20 日夜里。复活节的日源于犹太逾越节的日期，取决于春分之后第一个满月出现的时间。个世纪以后，历法上春分的日期逐渐提早，因而纪念复活节的正确期就比较可疑。

1545 年组建的特伦特（Trent）委员会存在了 18 年，它授权教处理这个问题，那时春分已经提前到了 3 月 11 日。1572 年教皇格高利十三世即位，发现许多以前呈交给他的前任的提议正等着他理。那不勒斯医师利留斯（Aloysius Lilius）呈交的提议极有价值，被给几个红衣主教和学识广博的学术团体进行评论，并且任命了一个数学家和年代学家组成的委员会对它进行研究。1582 年教皇颁布诏启用修正后的历法，即格里历。

新的历法规定 1582 年 10 月 4 日以后的那一天改为 10 月 15

使春分回到 3 月 21 日，而这一日期是由尼西亚主教会议指定的。
后在不能被 400 整除的世纪年里，闰日必须被去掉，以便使历法
同归年之间保持更精确的对应关系。同时，确定复活节日期的规则
作了一些变动。

在格里历里，400 年之内有 97 个闰年，所以历年的平均长度为
5.2425 天，1 万年里将产生 2 天 14 小时 24 分钟的累积误差。如
不把那些能被 4000 整除的年算作闰年的话，就可以使历年与回归
更精密地吻合。4000 年里只有 969 个闰年，这样计算得到的一年
平均长度为 365.24225 天，比真实长度长 4 秒左右。

在格里历的确定复活节日期的新规则中，隐含了一个朔望月的平
长度，它的误差只有百万分之一天。这些规则决定了一个假定的满
的日期，其运动非常近似于实际月球的平均运动。由于这些历表忽
了太阳和月球真实运动的不等性，使复活节的满月日期与真实的满
日期也许要相差 1 天。这有时会导致宗教的满月发生在春分之后，
真实的满月发生在春分之前，或者反之。基于 19 年周期的历表为
世界安排了满月的明确历日期，而真实的满月却发生在一个确定的
司，它也许和全世界的历日期并不一致。

1582 年，意大利、西班牙、葡萄牙、法国和波兰采用了格里历。
年后，德意志天主教国家、荷兰、佛兰德也采用了它，1587 年又
匈牙利采用。新教国家很久以后才采用，德国和日耳曼新教国家以
丹麦是 1700 年采用了格里历，不列颠和英联邦是 1752 年，瑞典
1753 年，日本是 1873 年，中国和阿尔巴尼亚是 1912 年，保加利
是 1916 年，苏联是 1918 年，罗马尼亚和希腊是 1924 年，土耳其
1927 年。

在英国，格里历是通过《新历法法案》（1750 年）正式采用的，**580**
于 1752 年开始执行，9 月 2 日后面的一天被指定为 9 月 14 日（但
星期的连贯性没有中断）。民众中发生了相当大的反对骚乱，有人

喊"还我们的 11 天"。

同时，英格兰元旦正式日期也从 3 月 25 日改为 1 月 1 日，苏兰已经于 1600 年采用了这个日期。1752 年以前，英格兰的 1 月日和 3 月 25 日之间的日子通常是由这两年中任选一年给出。但是该指出的是，那时为了置闰在 2 月插入 1 天，英格兰好像把这些当作从 1 月 1 日开始的。有些传统是依赖未修改的历法的，而且持到现在，例如官方的财政年度终止于 4 月 5 日，对应于儒略历一年的最后 1 天，即 3 月 24 日。

对年的起始的不同计算被称为历法（style）。在意大利，一直18 世纪，基督纪元的岁首按威尼斯历法是 3 月 1 日，按比萨历法3 月 25 日前一天，按佛罗伦萨历法是 3 月 25 日后一天。中世纪早英格兰使用的是开始于 12 月 25 日的圣诞历法，14 世纪被开始月 25 日的天使报喜节历法所取代。以 1 月 1 日开始的历法被称为礼节历法。"历法"一词还以稍微不同的含义使用，比如儒略历和里历就经常分别被称为"旧历法"和"新历法"。

21.7 伊斯兰历

穆斯林为了宗教目的使用一种纯阴历历法，与太阳年没有关一年有 12 个太阴月，每个月的开始是通过在夜空中观测蛾眉月的见来确定的，因此毗邻的区域同一个月的开始时间可能是不同的。果使这种历法提供的日期带有不确定性，除非把该日期是星期几也体说明。通常在重要的文件里是这样做的。

伊斯兰历的纪元定在穆罕默德（Muhammad）从麦加迁移（*hijr*麦地那之前的第 1 个月，即公元 622 年 7 月 15 日，星期四。历法次日开始计算，称为伊斯兰纪元（A.H.）。

伊斯兰历的新年在约 32.5 年中要倒退数个季节。为了天文学的，月份由规则确定而不是靠观测，月份的天数由 29 天和 30 天，第 12 个月除外，它或者 29 天或者 30 天。在 30 个伊斯兰年周中，19 年是普通的 354 天的年，11 年是有 355 天的闰年，它们是第 2、第 5、第 7、第 10、第 13、第 16、第 18、第 21、第 24、第 ，第 29 年。

这种历法使 360 个太阴月有 10631 天，它们的真实长度为 10631.015 ，所以误差很小。

.8　儒略周期

出于许多年代学的目的和各种天文学的目的，斯卡利杰尔 caliger，1484—1558）发明的儒略周期非常有用。这个周期是 3 种期的后续产物，分别是月亮周期（19 年）、太阳周期（28 年，在儒历里，在相隔 28 年的两年中，它们每一天是星期几也是相同的）十五年定额税周期（一个非天文学的十五年周期，来自埃及于公元0 年前后为收税进行的 15 年 1 次的地方人口普查），因此其长度 19×28×15=7980 年。在这个周期中，没有两个年份可以在所有个周期里用相同的数字表示。所有这些周期都是从儒略历的公元前13 年 1 月 1 日开始，所以一个儒略周期就涵盖了有文字记载的历上的所有日期，因此就某些目的而言，它比任何历史时代之内的纪都方便。

儒略周期的年份现在很少使用了。但是另一方面，从公元前13 年 1 月 1 日开始连续计天数很方便，因此更多地应用在历法和文上。如果两件事情的儒略日已知，它们之间的精确天数马上就确定，不必进行复杂的历法换算等。儒略日开始于中午。儒略日35840 开始于格林尼治时间 1957 年 1 月 1 日平正午。

相关文献

[1] Parker, R. A. 'The Calendars of Ancient
    Egypt.' Studies in Ancient Oriental
    Civilisation, No. 26. University Press, Chicago.
    1950.

[2] Schoch, C. 'Die Länge der Sothisperioden
    beträgt 1456 Jahre.' Selbstverlag,

BerlinSteglitz. 1928.

[3] Ideler, C. L. 'Handbuch der mathematisc
    und technischen Chronologie', Vol. 1, p
    131. Berlin. 1825.

[4] Fotheringham, J. K. Observatory, 51, 31
    1928.

22章 1500年以前的 精密仪器

德雷克·J.普赖斯
（DEREK J. PRICE, 22.1 节—22.6 节, 22.8 节）
A.G.德拉克曼
（A.G. DRACHMANN, 22.7 节）

.1 精密仪器的概念

精密仪器的发展过程大体上是范围更广泛的天文学史的一部分。类早期对天体运行规律以及它们和人类环境的季节性变化之间的联的兴趣，是原始文明的文化生活中最重要的因素之一。太阳与月亮、星、日月食和亮星的偕日升落以及其他的天文现象如何被赋予了神色彩，没有必要在这里解释。但是，显然有必要系统地阐述这些规，并预测这些对日常生活中季节性工作和宗教仪式来说都是至关重的周期性现象。

为把这些天文学理论系统化，不但定性地观察天空很重要，而且要在特定的时间对恒星和行星的位置进行精确的测量。很可能什么具都不用，只使用一些最原始的工具，比如铅垂线（参见 *merkhet*，I 卷，图 47），这是一根悬伸的细绳，好比在天空中的两个星体间画了一根直线，还有就是对一根柱子或者一栋高建筑物在地面的影进行标记。就我们所知，古巴比伦人到公元前 2000 年，仅凭这工具就已逐渐积累了一些测量方面的准确资料，以及一系列能够非精确预测天文现象的经验法则。

太阳和月亮看起来是很大的天体，因此观测或预测的误差在数量上应不会接近它们的直径，即使是在近似的应用上也是如此。这就设置了天文观测精度的一个下限，即相当于这两个天体的角直径，就是差不多 30 弧分。另一方面，虽然用肉眼很精确地观测一个单的星体确实是可能的，但眼睛的生理功能限制了它对物体的辨别能当两个天体相隔小于 1 弧分的时候，人眼就不能分辨它们，可以这个定为肉眼观测天体能够达到的精度的有效上限。从古巴比伦人

583 第谷（Tycho Brahe）的所有天文学家，都受到人眼局限的束缚。从历山大时代到中世纪末期，可以很肯定地认为在角度测量上获得的度可以达到约 5 弧分，依据天空周日旋转的时间测量上可以达到秒，用日月食或者涉及月亮位置的其他方法在地面经度测量上可以到 2.5°（边码 584，表 1）。

从喜帕恰斯（Hipparchus，公元前 2 世纪）到托勒密（Ptolemy，1年）的亚历山大的天文学家们最终创建了一套与实际观测大部分吻的天文学理论。理论一旦建立，甚至实际上在理论的建立过程中，有必要进行类似精度的观察和测量。但在当时的环境下，使用简单工具，例如铅垂线、阴影、细绳是不够的，这就导致了一系列测量间和角距离的仪器的发明。使用这些仪器获得的结果被反馈到理论带来了精度的提高和对更精确、更多类型的仪器的需求。

584 需求和供给的持续发展给工艺技能和创造力带来巨大的压力。个 5 弧分的角——太阳视直径的 1/6——在天文学应用上很容易辨但是用在地面上，它所对应的距离仅相当于直径为 1.5 米的刻度盘的 1 毫米。为确保达到要求的精度，仪器当然必须很大，并被仔地刻上了密密麻麻的刻度，不仅要有完美的接合，还要相当好的稳性。精密仪器的发展史，就是人类为达到这样的目标而做出的持续力的历史。

表 1　天文观测精确度的数量级

	随意估计 误差相当于太阳 或月亮的视直径	合理估计	最佳估计 误差相当于 眼睛的分辨率
精度（弧分）	30′	5′	1′
度盘的半径，在该盘上的角精度对应 刻度上 1 毫米的误差	12 厘米	72 厘米	360 厘米
空周日旋转绕过一个等于角精度的角 所占时间	2 分	20 秒	4 秒
用具有此量级误差的月亮测量确定地 经度的精确度 *	15°	2° 30′	30′

* 这是从天空周日旋转 28 次左右而月亮才绕转一次这一事实得出的。地面纬度的测定误差角精度大小相等。

2.2　仪器制作者的流派

制作仪器最早的一个大浪潮是亚历山大时期的天文学家掀起的，由托勒密将这个浪潮带到了顶峰，接着持续缓慢地发展了几个世纪，后跟世界上其他地方的古典科学一起消亡。只有非常少的有关仪器理论或者知识传到了拜占庭帝国，一个著名的例外是关于星盘的两重要文本和唯一的星盘被幸运地保存下来（边码 603）。

当希腊科学传播到阿拉伯语国家时，正是天文学理论比其他任何学更加激动人心的时刻，并使人们产生了前所未有的积极性。托勒的《天文学大成》（*Almagest*）编成之后 6 个多世纪，天体长期的微运动已积累到能被观测出来。修正新近重新获得的理论的需要，并过重新估算长期的观测目标，使这种理论有机会趋于完善，这些对后的工作必然是非常有诱惑力的激励。我们确实发现了一系列辉煌的进，每一进步都包括建立一个拥有专门仪器的天文台，并导致发表一套的天文学表，阐明了仪器使用和现有理论修正的准则。这些天文台，最重要的有马蒙哈里发（Al-Ma'mūn，813—833）在巴格达建立天文台，哈基姆（Al-Ḥākim）于 966 年在开罗建立的天文台，扎尔

加利（Al-Zarqālī，约 1029—1087）在托莱多建立的天文台，图西（Na
al-Dīn al-Ṭūsī，1201—1274）在马拉盖（Marāgha）建立的天文台，以及
鲁伯格（Ulugh Beg）约于 1420 年在撒马尔罕建立的大天文台。这一系
活动有一个显著特点，即首次出现了似乎是专业的仪器制作者和设计
比方说，在马拉盖为图西工作的乌尔迪（Al-'Urdī），还有很多工匠甚
包括那些被称为"星盘制作者（al-astūrlābī）"的好几个朝代的工匠。

欧洲天文学的复兴可以追溯到对《天文学大成》的翻译，首先
在 1164 年从希腊文本翻译过来，然后是在 1175 年由克雷莫纳的
拉德（Gerard of Cremona）从阿拉伯文流行版本翻译过来。扎尔加利
《托莱多天文表》（*Toledo tables*）于 1187 年被翻译并从 13 世纪初
广泛使用，一直到被《阿方索天文表》（*Alfonsine tables*，1274 年）
取代，而后者在 14 世纪初已传到了牛津和巴黎的主要大学中心。
两套天文表及其规范（即有关仪器的解释和文档资料）导致了更多
天文仪器的建造和使用，很多仪器很可能是由诸如利尼埃尔的约
（John of Linières，1320—1350 年主要活动于巴黎）、沃灵福德的理
德（Richard of Wallingford，1292?—1335，本章末附图）和牛津的默
学院的其他天文学家等一群学者所设计和制造的。由于没有建造任
大天文台，也没有任何仪器制造工艺的传统，到 14 世纪末，第二
研习天文学的浪潮在法国和英格兰已经失去了推动力。15 世纪后半
仪器制造的伟大复兴在德国开始了。专业工匠存在的最早证据之
就是库萨（摩泽尔河上的屈斯）的红衣主教尼古拉（Cardinal Nicola
于 1444 年 9 月访问纽伦堡期间购买的 3 件仪器和 15 本天文书，3
仪器仍保存在屈斯，分别是大木质天体仪、赤基黄道仪（*torquetu*
边码 593）和星盘。

在那以后不久，又有了更多的纽伦堡卓越科学仪器的确定性消
当雷乔蒙塔努斯（Regiomontanus）1471 年 6 月定居在这座城市的时
他写到选择那个地方是"因为我在那里发现了天文学必需的所有专

器，在那里也最容易接触到各国学识渊博的人"。因为纽伦堡是横
从意大利到诸低地国家的欧洲贸易大通道，拥有各国的货物（和手
），所以它具备这两个条件。城邦国家的结构和高度组织的工匠行
，让纽伦堡成为制造需要熟练金属加工技艺的精密仪器的中心。虽
雷乔蒙塔努斯笔下的城市在他到达前已备受称赞，但正是他一生的
血让这座城市以拥有科学工匠而远近闻名，并使这种技艺传播到
格斯堡和所有的周边地区。从整个 16 世纪一直到 30 年战争时期，
伦堡和奥格斯堡制造了一些颇具独创性并制作精良的仪器，其中许
已作为艺术精品得以保存至今。制作者常在仪器上签名并标明时间，
而把从那个时期开始的工艺发展按时间顺序详细地记录了下来。

意大利也很活跃，尤其是在 16 世纪后半叶，但似乎没有兴起可
和同时代德国相比的工艺流派。

586

一些保存最好的星盘和其他仪器是由阿西尼厄斯（Walter Arsenius）
其家族的其他成员在卢万制造的。这一工场曾受到天文学家弗里修
（Gemma Frisius，阿西尼厄斯的舅舅）和墨卡托（Gerard Mercator）的
励。不幸的是，由于 1578 年波及低地国家及其周围地区的"西班
恐怖"，它不久就被拆除了，未完工的仪器散落在欧洲各地。

在英格兰，在牛津讲授天文学的巴伐利亚人克拉策（Nicolas
ratzer）引进了一些仪器制造的方法，他的一些仪器既可以在霍尔
因（Holbein）为他画的肖像里看到，还可以在这位画家的作品《大
们》（The Ambassadors）里重新看到。第一批正规的工匠似乎是在迪
（John Dee，1527—1608）和迪格斯（Leonard Digges，约 1550 年）的
导下成长起来的，当时海上冒险和探险在英格兰很盛行。英格兰率
进行数学仪器制作的是吉米尼（Thomas Gemini，主要活动于 1524—
562 年），来自邻近比利时列日的利克塞（Lixhe），后定居在布莱克
赖尔斯。他精于雕刻黄铜仪器，真正出名也是因为他为 1545 年维
里（Vesalius）的英国版本雕刻了金属版画。在他之后不久，在造币

厂工作的雕刻匠和制模匠科尔（Humfray Cole，1530?—1591）开始
事仪器制作，他是第一位从事这门手艺的英国人。他还和在英格兰
先生产薄铜片的矿物和电池工厂有联系（1565 年），他存下来的仪
范围之广与精致的雕刻工艺和巧妙的制造方法同样引人注目。从科
时代之后的几代人中涌现出一大批数学仪器供应商，他们的产品范
从星盘、日晷和象限仪扩展到包括观测和测量的仪器，以及一系列
演示"自然科学实验"设计的仪器（边码 636）。

22.3　天文台仪器

对亚历山大时代天文学家所使用的仪器仅有的详尽描述，出现
托勒密（公元 2 世纪）的《天文学大成》和普罗克拉斯（Proclus）、
翁（Theon）和帕普斯（Pappus）对此书的评述文章中。通常，不可
判断出评论者所描述的仪器及其轻微改动是出自托勒密自己的设
还是出自他人的手笔，某些一定是喜帕恰斯（公元前 2 世纪）熟悉
另外一些可能更为古老。然而，从这些仪器的设计来看，它们显然
不过是从代替原始的绳索和铅垂线的早期装置向前推进了一两步而
每种仪器都是为特定的目标、单一的观测方法而设计，没有迹象表
在多用途仪器设计的方便性和经济性方面有所进步。相反，制造仪
的工艺局限却随处可见，只要可能就用木头和石头做材料，需用金
的地方则用由青铜条制成的环取代本应使用的青铜盘或青铜板。

赤道经纬仪　在《天文学大成》里，托勒密描述了喜帕恰斯如
在亚历山大使用仪器测定春分或秋分的日期。这个仪器无非就是一
很大的没有刻度的青铜环，被牢固地安置在石头基座上，并精确调
到天球赤道的平面上（图 343C）。当太阳在赤道的北边或南边时，
的前边不会在后边投下阴影，但是当太阳在黄道 [1] 与赤道相交的春

1　在恒星背景上太阳每年旋转运动的视轨迹。

点，阴影会恰好投在环较低部位的内表面上。把这个环做得又大又方便是理想的（赛翁认为直径至少应该达到 2 腕尺[1]），精确度完全依赖于环的不变形程度和环安装在赤道平面上的精确度。托勒密对这一点很清楚，他提到过由于变形及其位置的移动，放在亚历山大主体育场中的两个古老的较大赤道经纬仪已经不再可靠了。他还提到一个只有 6 弧分的观测误差（对应于一个阴影在 2 腕尺仪器上约 1.5 毫米的位移）会使太阳黄经产生 15 弧分的误差，这意味着在测定春秋分日期时误差会有 6 小时。亚历山大时期仪器的知名遗址使人回想起当时用于宗教和历法双重目的的春秋分观测的重要性。

柱基 这是《天文学大成》中描述过的两台仪器之一，是用来测定太阳的正午高度的，这些在冬至和夏至进行的观测能够使天文学家们测定黄道的倾角和观测地点的纬度。柱基仅由一块石头或木头构成，被安放在地面上，并由嵌入底部的楔形薄片仔细地调到水平（图43A）。子午面所在的木块面（或石块面）以三角尺的精度磨平，两个圆柱形木钉被固定在该面南缘的顶部和底部。顶部的木钉用作日晷的指针，指针的阴影投在有着弧形刻度的象限仪表面。这个木钉上还悬着一根铅垂线，当柱基被正确地调成水平时铅垂线刚好对准下面的木钉。由于这个木钉投下的阴影比较宽，所以必须测量刻度盘上阴影部分的两边并取读数的平均值。这种形式的柱基有一个严重缺点，即根据其柱面朝正东还是正西，太阳只能在午前或午后把阴影投到柱面上，当必须提取读数时，就会难以判定准确的正午时光。后来，一个带有一对照准器的悬臂被用来取代这种木钉和阴影装置，以克服这个缺点。第谷（1546—1601）就是采用了这种形式的"墙象限仪"。

子午浑仪 作为柱基的替代物，它同样是用来测太阳的子午圈高度的。《天文学大成》和普罗克拉斯（公元 5 世纪）的《天文位置描

腕尺来源于前臂的长度。1 腕尺等于 45—55 厘米。

述》(*Hypotyposis astronomicarum positionum*)都描述了这种仪器，它
包含一个精密制造的有刻度的青铜环，环被安放在一根柱子上，并竖
直固定在子午面[1]上（图343B）。托勒密没有给出尺寸，但是根据普
罗克拉斯所述，环的直径应该不短于0.5腕尺，刻度分到每格5弧分，
即使对一个直径为一腕尺的环来说，这也大约只相当于把1毫米的
长度3等分，这在当时几乎是不可能的。紧贴固定环安装了一较小
的同心环，内环的边和外环齐平，但只要施以足够的作用力，它就可
以在子午面自由旋转，环上的小环扣使它不会从框架中掉出去。在旋
转环直径的另一端，有几个用作照准器的小板片竖直安放于环平面上。
普罗克拉斯认为这些板片中间有孔用于观看，但托勒密和赛翁认为板
片是完整的，只能让上面板片的阴影恰好落到下面的板片上进行照准。

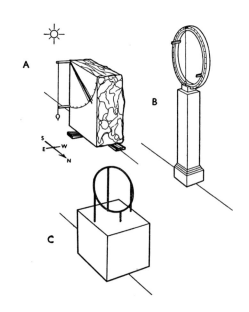

图343 托勒密描述的天文测量仪器。
（A）柱基；（B）子午浑仪；（C）赤道经纬仪。

[1] 这个平面包含观测孔、南北极和天顶，因此一个天体的子午圈高度就是当它通过这个平面时以度为单位的高度。

根据直径端点上的指针可以从固定环的刻度弧上读数，根据环顶悬挂

为铅锤则可调整仪器的水平。将照准器对准仪器下方地面上的子午线

标记，把仪器安置在子午面上。子午浑仪的使用肯定被它相对较小的

尺寸所严格限制，并且还因其不稳定的机械结构而受到损害。两个环

之间的摩擦切合对任何的变形都非常敏感，可动环所必需的自由转动

也会给读数带来很大误差。值得注意的是，托勒密并没有在这些仪器

上使用带两个照准器的照准仪[1]——一种高级得多的装置。

589

视差仪（托勒密的可调尺或三棱仪） 这或许是托勒密仪器中最

便于使用的，也是后来天文学家以相近形式使用的唯一仪器。哥白尼

（Copernicus，1473—1543）也用它来观测，他那个 8 英尺长的仪器最

后作为珍贵的遗物传给了第谷。正如《天文学大成》里面所述，它可

以用来测量月亮通过子午圈时的天顶[2]距，但也可以用来测量恒星的过

590

子午圈（中天）。它包含一根至少 4 腕尺高的竖直支柱（图 344），支

柱顶部有一个装在枢轴上的照准

仪，照准仪下端有个小孔，上端

有个大孔，支柱底下有根同样装

有枢轴的细木板条[3]。跟其他仪器

一样，这一仪器也采用铅垂线以

确保主支架直立。照准仪靠近自

由端处安有一根针或指针，它跟

枢轴的距离刚好等于垂直支架

上、下两枢轴的距离。读数是通

过照准仪下方观察孔观测月球取

得的，此时月球正好框在照准仪

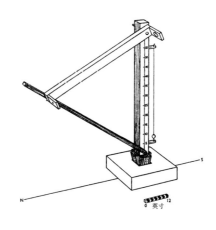

图 344 三棱仪，或称托勒密可调尺。

---

1 圆形测量仪器的直径或者半径臂，绕中心旋转并在其末端圆周上标出一个位置。

2 天球上在观察者正上方的那一点。因此天顶距是高度角的余角。

3 支柱、照准仪和板条就是名为"三棱仪"的 3 根杆。

上方的大孔内，沿薄板条可记下针或指针的位置。从板条枢轴到记另处的距离，就是照准仪跟垂直方向夹角的弦，这个角度可从备用的正弦表上读出，仪器要调整到让照准仪始终位于子午面上。但是，照准仪和垂直支架必然会有些弯曲，再加上枢轴会有少许位移，致使这种器具不大精确。

根据托勒密和帕普斯的描述，这种仪器的薄板条没有刻度，每次观测后板条向上转动，以便跟垂直支架上的标尺进行比照。这样做的好处是刻度不易磨损，并在顺利完成观测后便于获取读数。尽管如此，如果能避免把读数转移到另一根标尺上，观测结果显然会更加精确。巴塔尼（Al-Battānī，约公元 858—929）终于跨出了绘板条刻度这一步。

视差仪的关键在于它只采用沿直线方向的简单刻度，从而避开了精确绘圆弧分度这一既困难又麻烦的步骤。即使仍需在每次观测后求助于弦表，但使用视差仪要比对相似尺寸的圆弧进行分度更加方便和精确。况且，视差仪可以折叠起来且不受损坏地携带，在这一点上它比任何其他具有类似半径和精确度的观测器具要方便得多。

591　　**4 腕尺的角度仪**　托勒密在《天文学大成》中把它列为喜帕恰斯描述过的仪器，并用它来测量太阳或月亮的视直径。托勒密没有刻意着墨，但幸运的是帕普斯曾在评论中对它进行过描述。该仪器由一根至少长 4 腕尺的截面为矩形的杆（可能是木质的）构成（图 345），木

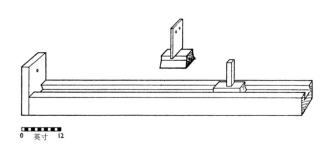

图 345　4 腕尺的角度仪。

的一面开有贯穿全杆的燕尾槽，槽里安装了一个小滑块，小滑块上
装有一个垂直小棱镜。观察者通过固定在木杆一端木块上的小孔来
察，并前后移动滑块直到棱镜正好覆盖太阳或者月亮的视圆面为止，
阳圆面（月亮圆面）的对角可以从棱镜的已知宽度和它与观测孔的
离来推知。值得注意的是，如果要在 4 腕尺处让棱镜覆盖太阳圆
的话，其宽度必须仅为 1.5 厘米左右。这种仪器的另一种结构是用
两个小观测孔的板代替棱镜，由于可减少直射的炫目光线，因而更
于观测太阳。

这种仪器的原理与食指或手掌的原始使用方法有关，向前伸直
膊，用食指或手掌作为对角度近似测量一种方法（手指宽 =1.5°；
掌宽 =6°）。同样的原理后来用在热尔松（Levi ben Gerson，1288—
344，边码 528）发明的直角器（或测量器，*baculus*）中，雷乔蒙塔
斯将其复原后，贝海姆（Martin Behaim）又在航海时使用过它。后
种形式的直角器由一套不同长度的横木组成，每一根横木都能够沿
有一端对着眼睛的固定的杆滑动。弗里修斯（1508—1555）等人对
来的改进做出了很大贡献，他们在单独一根横木上装上了一把标尺
一对滑动的照准器，这样一来就可以进行不对称的测量了。

星盘浑仪和相关装置 星盘浑仪是托勒密的仪器中最复杂的，也
是它引起了最多的混乱。由于名称相近，它常被人混同为与其差别
大的平面星盘（赛翁称之为"小星盘"）。由于外表酷似，它常被人
认成浑仪——一种后来主要用于教学和演示，而不是观测的装置。
外，星盘浑仪还被混淆为球形星盘——阿方索的天文学家们所描述
一种计算仪器。

592

《天文学大成》所描述的这种仪器由一套 7 个同心青铜环组成，
里面的环像子午浑仪一样带有一对照准器（图 346）。整个装置可
被固定在一根柱子上，并安放在子午面上，但帕普斯认为它似乎是
某种方式被悬挂着。设计这么多个环的目的是，当内环照准器瞄

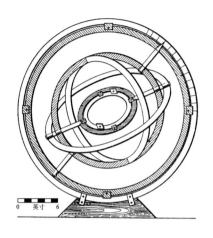

图 346 星盘浑仪。

准了月亮或者一颗恒星的时候，就可以直接读出黄道坐标（经度和纬度），而不必通过高度和方位角的数据进行推算了。这是最重要的，因为托勒密理论的核心就在于它对行星运动的处理，其中黄道是最重要的参考平面。仪器外面的 3 个环只不过是提供一个框架，使第四个环能绕着赤道面旋转和进行周日旋转。这个框架还按照恰当的倾角安装着一根轴，以便跟踪黄道轴的运动，这根轴中心附近还有一对照准器，用来测定任何一颗恒星或月亮的黄纬。黄道轴的外部还加装了一个环，这样就可以用这个仪器同时观测两个星体。因为有这么多可动部件，如果没有非常高超的制造技艺，星盘浑仪就会产生相当大的误差。然而，托勒密或许连同喜帕恰斯都是用这种形式的仪器进行了他们的绝大部分观测，并据此编制了著名的星表。

直接在黄道坐标内进行观测，或者在最不利的情形下，用一种几何仪器把高度和方位角转换成方便于理论计算的这种坐标形式，在中世纪是非常现实的需要，因为在那时三角计算是一个非常冗长和乏味的过程。13 世纪出现的一种巧妙的星盘浑仪的代替物"赤基黄道仪"（图 347），由一套倾斜的可以旋转的 4 个表盘组成。较低的表盘（第 2 个表盘）安装在一个长桌状的架子上，可以根据观测位置的纬度需要，让它倾斜并位于子午面上。这个表盘还使用一个装有枢轴的表盘来代表黄道平面，它与第一个表盘成 23.5° 的倾角。这个表盘上有着一对经纬仪式样的刻度盘（第 3、4 个表盘），并配备照准仪。由于增加了半圆量角器和铅锤，高度的观测和计算变得非常容易，仪器

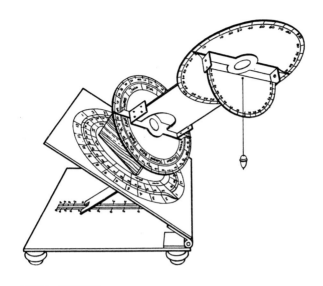

图 347　赤基黄道仪。

的使用效率大大提高。

　　1326 年，沃灵福德的理查德——默顿天文学家的领袖——发明了"矩仪"（图 348）。这是一种简略型的赤基黄道仪，省略了母仪中的很多刻度盘，但使用起来一定很棘手，并且看起来并没有流行多久。

　　窥管　现代学者是如此习以为常地看到绘画中的天文学家手执望远镜，以至不大注意在许多中世纪的小画像原稿中，天文学家显然是用一根搁在架子上或拿在手中的长管来观察天空。这些画像必然引起人们对这种仪器的怀疑，它究竟是不是某种带透镜的望远镜呢？虽然证据不足，但是也不能仅仅

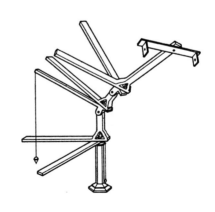

图 348　矩仪。

因为这个发明根本不可能出现得这么早而草率地加以否定。

画像似可分为两类，一类画像中的长管安放在架子上，而另一类画像中的长管是喇叭形的，观测者用手握住，贴在自己的眼前。前一种窥管连带格伯特［Gerbert，即教皇西尔维斯特二世（Sylvester Ⅱ，999—1003 在位）］所写的一篇经文同时出现在 982 年圣加尔（St Gall）的手稿中。这种仪器（图 349A）是设计来帮助观测天极的，老师把它瞄准北极星之后，学生就可以准确无误地观察并认清北极星。另一类画像（图 349B）则更令人困惑，因为一根未经固定的长管几乎不可能用于观测。遗憾的是始终没有发现描写画面中那种仪器的文本，甚至在有些画像中，观测者手中的长管有时候变成了适于占星术士使用的魔杖。或许这种长管是用来充当聚集星体光线的漏斗，这是一个跟亚里士多德光学概念很相符的想法。

图 349　（A）格伯特的窥管，引自圣加尔的一本手稿，现已丢失；（B）类似的无支架窥管。引自 13 世纪的一本手稿。

2.4 便携式日晷

普通的固定式日晷是一种很古老的装置。从在某个方便的建筑物、子或者自然物体上标记阴影到建造一个水平或垂直平板，带有自己能够投下合适尺寸阴影的小圭表，并没有太大进步。甚至在中世纪早期，教堂的墙壁上就有很多撒克逊人的刮痕日晷。这些装置更原的形式并没有资格被称为精密仪器，但自古典时代起便以半圆形著称的一种特殊形状的石制日晷（称为 *skaphe*)，在日常计时方面甚至计日食（月食）的计时方面都有足够的精准度。该类仪器的很多原件被保存下来（图 350）。

在技术上更为重要的当属那些为数不少，且往往做工精细的便携式日晷。较小尺寸的日晷要求具备一定的制作精确度，但它们的便携性也带来了那些牢固地固定在子午面和水平面上的仪器不会产生的问题。

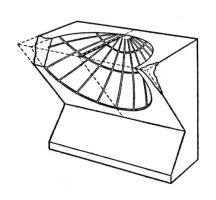

图 350　半圆形日晷（称 *skaphe*），发现于奇维塔拉韦尼亚。

高度式日晷　一个固定物体的阴影的方向和长度整天都在变化，其中任何一个变化或者两个变化的任何组合都能用来测定时间。当需要一个便携式日晷时，或许自然会挑选一个长度的变化，因为它无须测定子午线的方向，因此仪器也无须在使用前定方向。由于它构造简单，阴影长度的测量方法可能和任何能告知时间的其他方法一样古老。根据步数来估算自己阴影长度的经验估算法很古老，应用也很广泛。阴影的长度不仅在一天里有变化，而且在一年中也在逐月变化，根据观测位置纬度的不同，阴影长度也有所不同。这样一来就必须准备好全年不同时间的表和刻度，并且这些数据只适用于某个打算使用它们的地点的纬度。比德（Bede，

595

673—735）设计的时间表是其中的经典之作，它列出了一年中每隔两
周左右的一根 6 英尺的指针在正午、上午 9 点、下午 3 点的阴影长
度，这份时间表适用于纬度约 55° 的地区，与其在贾罗（Jarrow）修
道院的地理位置相对应。

596 进行这类时间测定的最早仪器应是埃及的影钟（公元前 8—前 1
世纪）。在埃及，与此很相似的仪器甚至至今还在使用着。影钟只不
过是一根有刻度的水平测杆，用某一垂直凸起物做指针（第 I 卷，图
44、图 45）。测杆的刻度似乎是靠经验来确定的，肯定顾及了周年
的变化。后来的一种埃及高度式日晷（可能是罗马时代的）显示了制
造技艺的重要改进。它由一个小楔形块和置于其前方的矩形块构成
（图 351A），使用的时候必须先定向，使得矩形块的阴影呈方形地落
在斜面上，这时阴影的长度就可以从斜面上的其中一支刻有数字的标
尺上读出。全年各月都有对应的标尺，但因为变化是循环的，所以一
支标尺可供与春（秋）分相隔等距离的两个月使用。

出自赫库兰尼姆的罗马"火腿"日晷（图 351B）显示了相对埃及
日晷的显著进步，它由一块平板组成并用一个环悬挂起来，这样就能
自动地保持垂直，而无须另外调水平。"火腿"日晷的指针从板面上
凸出，调节板的方向，直到阴影的末端落在有着该月刻度的相应标
尺上。

实践中发现，使用单根固定指针会使日晷分起刻度来很不方便。
最早期的英国日晷在设计上解决了这个问题，这是 1939 年在坎特伯
雷大教堂发现的一个做工精细的撒克逊日晷（公元 9 或 10 世纪，图
351C）。与其惊人相似的是一个穆斯林日晷——1159—1160 年为努
尔丁（Nūr al-Dīn）苏丹制造的日晷（图 351D）。这两个日晷的指针
都是可分离的，指针可放在任何相应月份标尺的插口上。穆斯林日晷
上标记了一天中的每一个小时，但盎格鲁-撒克逊日晷和比德的一样
只划分了正午、上午 9 点和下午 3 点这几个"时刻"。

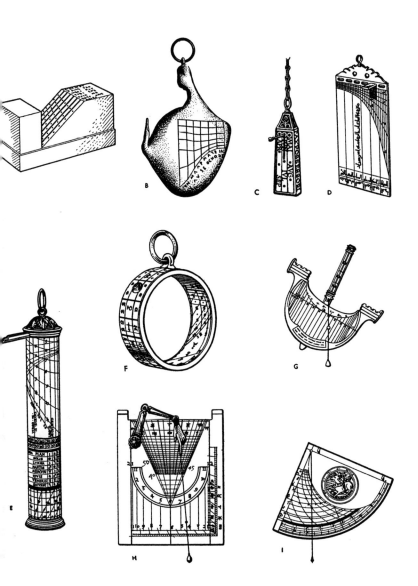

图 351　各种类型和各个时期的日晷。
(A)埃及楔形日晷;(B)罗马"火腿"日晷;(C)出自坎特伯雷的撒克逊日晷;(D)与(C)同一类型的
冰斯兰日晷;(E)牧羊人的日晷;(F)环形日晷;(G)船形日晷;(H)通用直线日晷;(I)能计钟点的象限
仪(注明日期1399年)。

周年变化的循环特点，可能是把日晷做成圆柱形并且各月
的标尺环绕圆柱排列的原因（图 351E）。乔叟（Chaucer）称之
"chilindre"的这种日晷，从 14 世纪开始就成为诗文手稿中的题
比利牛斯山脉一带的牧羊人至今还把它当钟表使用。存留至今的最
的这种日晷保存在慕尼黑的国家博物馆，日晷上标的日期为 1455

另一种普通高度式日晷可能没有 "chilindre" 这么古老，它便
袖珍日晷或环日晷[1]。这个袖珍日晷没有使用指针，而是通过一个
把光点投在一个像餐巾套环一样的小而短粗的圆柱内的标尺上（
351F）。有时候不同月份有相应的不同标尺，但在后来的改进型日
中，小孔是开在一个滑块中，调节滑块就可以近似补偿太阳的子午
高度的周年变化。人们不能指望这种日晷或以前各类便携式日晷的
间精确度能控制在半小时以内，由于它经常是在与设计使用纬度不
的纬度处使用，精确度通常会更差。

通过精巧的几何构造，就有可能设计出在任何纬度上都适
观察的高度式日晷。最早设计的此类日晷是所谓的"威尼斯小船
（navicula de Venetiis），在 14 世纪的手稿中首次对此做了描述（
351G）。这是根据日晷的形状而命名的，弯曲的半圆盘和船的轮
很相似，带有纬度刻度的中柱可看作桅杆，两边凸出的羽状小孔很
前后船楼。雷乔蒙塔努斯设计了一种类似的通用直线日晷（图 351H
船形日晷的"桅杆"被一个带关节的手形指针所取代，指针上连着
锤。使用的时候，这两种仪器都要保持竖直，并倾斜直到一个照准器
的阴影落到另外一个照准器中为止。铅垂线悬挂点和沿铅垂线的标
小球的位置，要用相应纬度和月份的标尺进行调节，钟点则根据标
球在一排直线中所对准的那条来确定。

本节内容之所以还要包括便携式象限仪，是因为尽管这种仪器

1　后一种术语因概念模糊而不被认可，包括"通用的"环日晷、指环日晷和其他环日晷。

普遍用于天文学，也适用于陆地测量，而且作为星盘的一个变体来 **599**
使用，但作为高度式日晷它可能是最流行的。这仪器（图351I）由一
金属或木头制成的象限仪构成，沿着它一条半径边缘配备一对照准
器，并在其弧的中心悬挂一个铅锤。使用象限仪而不用更大、更重的
整圆环，这一十分重要的节约理念在托勒密的柱基（边码587）中
得到了充分体现，但究竟是亚历山大人还是后继的穆斯林率先引进了
这种便携式仪器则仍不能确定。已知最早的便携式象限仪似乎有用
来测量的影矩尺（边码528）和刻度弧，欧洲的达·比萨（Leonardo da
Pisa）在1220年前后最早提到的就是这种日晷。不久之后，普罗法休
斯［Profatius，即提本（Jacob ben Tibbon），蒙彼利埃的犹太天文学家］
提到，这种"老象限仪"（*quadrans vetus*）包含刻度盘、影矩尺和一
且小时线，与他的也包含了一个星盘状凸出物的"新象限仪"（1288 **600**
年，改进于1301年）截然不同。自14世纪起，留下很多有关便携式
象限仪的文献资料，其中有欧洲的也有穆斯林的，有较新款式的也有
古老的。对于给定的弧半径，便携式象限仪要造多大才符合经济性原
则，以及根据不同用途精巧设计合适的标尺与刻度，使得象限仪成为
科学仪器的发明者和雕刻师最喜欢研究的课题，而它制造的容易性也
许能解释它在角度测量中被广泛使用的原因。

方向式日晷 正如前文指出的，日晷也能用阴影的方向而不用其
长度来测量时间。如果日晷是便携式的，这样做就没那么方便，因
为那就必须找到某些手段把仪器沿着子午面定向。这在磁罗盘发明
之前很难做到，因此现存的这种日晷非常稀少。欧洲仅存的一台（图
352）是罗马日晷（公元250—300年），它解决上述问题的手段是在
一年中特定的时间和特定的观察纬度，在一个和太阳视公转平面平行
的平面上安装一个"墙象限仪"。这是靠旋转内盘上的象限仪使日晷
设置在黄道上太阳的赤纬来实现的，并把内盘以等于观测地点纬度的
角度设定在外盘上，然后利用一个环把整个装置支撑在一个竖直面

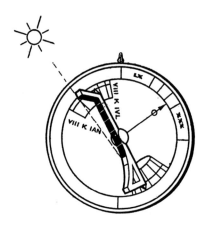

图 352　罗马赤道日晷，约公元 250—300 年。

上，直到指针的阴影落在象限
的弧上并指示出时间为止。在
伊斯兰国家中，还发现了这种
方向式日晷的相反应用，出自
阿勒颇的一台 14 世纪日晷（图
353）使用高度式日晷来测定时
间，然后沿着子午线安装一个
方向式日晷，旋转日晷直到前
正确读数为止。这种双日晷可
以起一种太阳罗盘的作用，前
用它来判定麦加的方向（qibla

这是穆斯林为了宗教仪式而需要知道的。为了方便操作，阿勒颇日晷
和其他类似结构的仪器都安装了一支特殊的标尺，来显示不同城市指

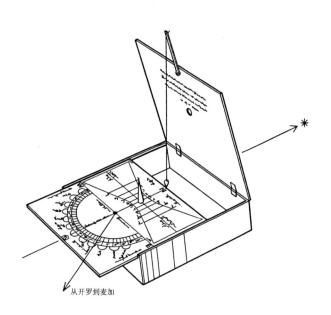

从开罗到麦加

图 353　可以用来判定麦加方位的叙利亚双日晷。14 世纪。

┤麦加的方向。

磁罗盘的引入导致了很多用这种手段定向的方向式日晷的设计。
在 1410—1412 年的海船仓储清
单中记录着"dyolls",而"航海
计钟"(*horloges de mer*)几乎是
同一时期出现的,但这两种航海
钟可能分别是日晷(没有罗盘)
和沙漏。已知最早的几台罗盘日
晷是在 1541—1563 年间制造的,
构造几乎相同,日晷中的阴影由
作晷针的一根拉伸在基盘和垂
直柱之间的细线投下,为便于携
带,垂直柱可以折叠(图 354)。
晷针要根据纬度来安装,因此它
平行于极轴。这些日晷有一个很
有趣的特点,便是在罗盘上画了

601

图 354　和罗盘安装在一起的德国早期的水平
日晷。
注明日期 1453 年,但可能是后来的复制品。

一条线作标志来显示对于正北方的磁偏角。后来的仪器制造者也继承
了这种做法,但所显示的磁偏差经常是因袭以前的而不是真实的。

22.5　水钟

不依赖天文现象的最古老的时间测量装置,毫无疑问仅能显示出
任意固定时间段的流逝,就像现在的炸弹定时器一样。直到 14 世纪
下半叶,沙漏才被明确提及。但在公元前 1400 年前后,埃及人就已
经知道使用沙漏的前身——漏壶。漏壶不是用沙子而是利用水来计
时,使用时间还可能推前许多。人们相信,在卡纳克发现的一个漏壶
可追溯到法老阿孟霍特普三世(Amenhotep Ⅲ,约公元前 1415—约前
1380)的统治时期,它是一个在靠近底部处挖出一个渗水小孔的石碗。

一些现存的埃及漏壶的容器内侧上标记了刻度，但是如果用这些来测量时间的相同间隔的话，刻度就必须根据经验来确定，而且开始计时时的水面必须正好跟相应时间的刻度持平（第Ⅰ卷，图 48）。

恒流漏壶 水钟的第一个技术问题是让水按照相同的速率流出，这不是简单的渗漏容器轻易能做到的，虽然埃及漏壶的倾斜内侧能补偿逐渐降低的渗水速率。克特西比乌斯（Ctesibius，约公元前 10年？）迈出了设计真正水钟的最重要一步。维特鲁威（Vitruvius）告诉我们，他是第一个用宝石或者金子来做渗漏孔的，这样一来，孔就不易磨损或因腐蚀而被堵塞。他还打破了通常的做法，计量的是流出漏壶的水而不是灌入的水或残留水，最重要的是他让水连续流入漏壶，并在壶顶附近安装了溢出管，这样就形成了恒定的渗水速率。水滴入一个圆筒容器，而水的高度可以最简单的方式，即通过容器内壁的时间度标尺读出。作为一个在机械方面有创造才能的人，克特西比乌斯更喜欢复杂精致的装置（图 355A），他为圆筒配备了一根浮标，以驱动齿条和小齿轮，从而给一些配件（parerga）提供了动力，它们每隔

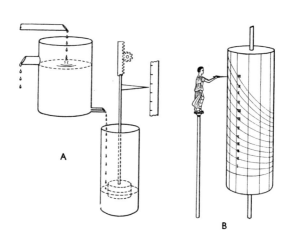

图 355 （A）（通过齿条和小齿轮）自动控制的恒流漏壶，时间刻度上有浮标操控的指针；（B）柱式水钟。

小时便能发出视听信号。

柱式钟　下一步就是给浮标装一根指针，让它能沿着刻有小时数
垂直标尺上下移动。这不像听起来那么简单，因为当时标出的小时
并非天文学意义上的小时数，时间长度是不相等的，不管白天长短，
日出到日落总是刚好有 12 小时（边码 565；第 I 卷，边码 113）。
特西比乌斯起先试图在渗漏孔上添加一个阀门来调节钟点，但实践
明不太稳定。作为替代的办法，长度逐月变化的许多标尺被刻在一
柱上，人形指针能沿着圆柱上下移动。在环绕圆柱（图 355B）的一
连续斜线上刻出小时标志，标尺就能正确地转到对应一年中任何一
的特定长度上。

黄道带调节钟　维特鲁威阐明了一个巧妙的方法，它解决了克特
比乌斯在调节柱式钟的流出水流时碰到的困难，所有的季节就可以
用单一的刻度了。改变水面下孔的深度，当然比改变孔的尺寸或是
上一个阀门效果更好。漏壶的
被安置在能够通过设置来旋转
青铜圆盘的圆周边缘，指针
固定在靠近孔的此圆盘上（图
6）。指针指示出带有黄道
二宫标记和均匀刻着 365 天
圆形刻度盘上的一个位置。当
阳位于巨蟹座的夏至点时，孔
最上面，水流出速率低，因此
筒被水注满所需时间就长。在
至日指针指向摩羯座时，孔在
下面，水流出速率最高，因而
较短的白天中圆筒被水注满所
时间就短。事实上，对一年中

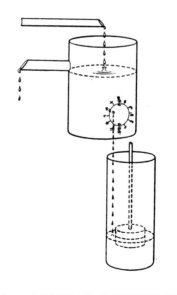

图 356　黄道带调节水钟，孔的高度不同，以依
据白昼的长短调节水流。

的其他日子来说，这种结构表示的不过是近似值，但可以根据经验调圆盘来校正时间。

22.6 星盘

在不同时期，星盘（希腊文为"*astrolabon*"，意为"寻星器"）个名称几乎曾被用于除望远镜以外的各种天文仪器。人们注意到这名称易与托勒密的星盘浑仪混淆起来（边码591），加上西内西厄（Synesius，约410年）在给帕埃奥纽斯（Paeonius）的著名信件中也用了这个词，因而人们把平面星盘的发明归功于托勒密甚至是喜帕斯。这是一个从错误的证据得出正确结论的完美例子，虽然现存最的关于平面星盘的文本是菲洛普努斯（Philoponus，约530年）的。伊格鲍尔（Neugebauer）已经确切地证实，托勒密在此之前就已经道这种仪器，人们甚至在喜帕恰斯时代，可能已经知道球极投影仪基础理论。

球极投影的原理 球极投影仪是一种可以用来在平面上绘出球表面的仪器。它有很特殊的性质，能够把球体上所有的圆都投影到面上形成平面圆，并且可以把球体上两条线的夹角不变地投影到平上，形成平面上两条直线的夹角。对于普通平面星盘来说，都是从球的南极投影到垂直于极轴的平面上来作图的（图357）。如果把张纸直接放在透明球体的北极并且从南极朝上看那张纸的话，就可直观地作图了。

托勒密在他的一部次要著作《平面天球》（*Planispherium*）对这种投影的构造和使用作了详细说明。但他显然使用了早期的资因为喜帕恰斯已经能够不用球面三角学的知识来解决球面上的问题因此，推断托勒密采用球极投影的方法是非常合情合理的。一旦熟了球极投影的概念，就不难掌握平面星盘装置的基本原理。因此，以建造两块平板，一块代表天球，刻有恒星的位置和太阳运行的黄

604

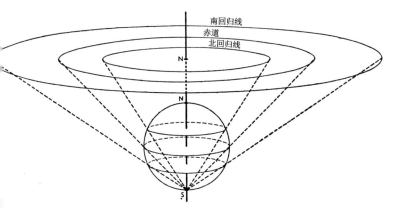

南回归线
赤道
北回归线

N

N

S

57　球极投影的原理。

二块代表可见地平、天顶、等高线、等方位角线，以上这些对于在
定纬度使用该仪器的观测者都是可见的。将一块平板放在另外一块
，并在北天极处共同装以枢轴，然后把一块平板相对于第二块旋转，
可以模拟天球的周日旋转，这样一来，很多类型的计算就变得很
便。

照应钟　上述原理的首选用途似乎很有可能就是绘制可旋转星图，
工再现天空的周日旋转。星图不仅外观精巧，还能实际显示日出日
以及白昼惯有的"不相等小时数"。用恒流水钟记录不相等小时数
困难已在前文提到（边码602）。按照维特鲁威的描述，照应钟只
过是一个改装的恒流漏壶，它上升的浮标被连接在一个沙袋上，并
一条挠性青铜链来平衡，链条绕过轴并让轴以一个太阳日完成一
旋转。轴端是一幅用球极投影法展示的圆形大星图（图358），星
前安放着一个固定的铁格栅，它对应于所要求纬度（维特鲁威选择
亚历山大，约北纬31°）处的地平线和可见半个天球的投影。照
钟星盘的一部分在萨尔茨堡被发现，其年代可以追溯到公元1或2
纪，其中有一些星座的示意，以及最初有着182个或183个孔的

605

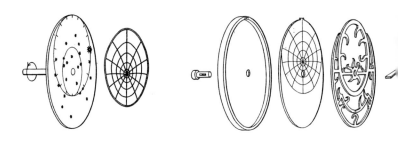

图 358 （左）旋转的星图和照应钟的固定格栅（按原件修复）；（右）一个星盘的固定托盘、金属网图（网），显示出反转的相同排列。

圆盘残片。一个代表太阳的小圆面插入特定的孔里，每两天移动到一个孔的位置上，使得圆盘在一年完成了一次完整的旋转。

平面星盘的演变 照应钟最大的技术困难在于铁格栅的制作。果只使用为数不多的铁丝，这个装置就太不精确了。如果使用了很较细的铁丝，铁格栅则容易受损和变形，且易使下面的星图变得模不清。不知道是谁提出这么个聪明建议，即将铁格栅图案刻在一个定圆盘上，让其上"透明的"星图旋转（图 358）。当然，重要的这种想法若要付诸实施，便应从星图上删除所有记号，只保留必不少的圆以及标志那些最亮的恒星位置的少数指针。这项改进把这个置从用于展示的、粗糙的时间指示器具转变为最实用的仪器，成为个能以足够精确度解决大多球面天文学问题的合适的计算装置。

在《平面天球》中，托勒密似乎提到了以十字叉标志恒星的"相仪"。不幸的是，我们没有别的证据支持这种仪器就是真正的星这样一个结论，因此必须求助于关于可获得的最早的文本证据。历史上，首篇发现的论文出自菲洛普努斯（约 530 年）之手，但现看来，它只是亚历山大的赛翁（约 375 年）所写的一篇论文的修正他的论述由塞维鲁-塞波科特（Severus Sēbōkht，660 年之前）稍作动后收集在一个文本中。其实关于仪器发展的有效暗示是其名称的变历史，对于托勒密和普罗克拉斯而言，星盘就是星盘浑仪，赛翁

第 22 章　　　1500 年以前的精密仪器

面星盘称作"小星盘"（边码 591）。与所有和该主题相关的中世纪
者一样，菲洛普努斯则将其简称为"星盘"。

平面星盘早期历史的一个有趣的方面与该仪器的圆外边界有关系。
托勒密的《平面天球》一书里，在西内西厄斯的信中以及或许还在
伯克特的论文中，外边界代表天球的南极圈——从地球上适合人居
的部分所能看到的恒星的最南端。在所有后来的文本和尚存的仪器
0 世纪以后）中，外边界就是天球上的南回归线，因此仪器不是总
显示出位于此回归线以南的恒星位置，而对于地球北温带的观测者
说这些恒星是可看到的。

平面星盘的建造　从已知最早的 10 世纪的星盘到 17 世纪甚至
8 世纪逐渐过时的产品，星盘的基本设计并没有什么变化，外观只
在金工和装饰技艺方面有所改变。

这种仪器的主体（图 359）是固定托盘 (mater)，一个正面带有圆
凹陷的厚金属盘，可以放入一套刻上了对应于一系列适宜固定纬度
高度线和方位角线的薄圆片。通常薄圆片带有切口和标记，使它只
对正位置时，才能嵌在固定托盘上。薄圆片圆周上的某一点有一个
出部分，其上有旋转接头和悬吊环用来支持仪器，于是它的重量使
盘位于竖直面上。固定托盘的正面、薄圆片上面是网眼式的金属盘
网，其上有一套指示固定恒星位置的指针和代表黄道带的圆。

整个仪器通过一根穿过固定托盘、薄圆片和网中心的可移动销子
固定。在仪器正面也常装一把可开合的小尺，而在星盘背面也安装
带一对照准器（照准仪）的尺。在后来的仪器中，销子由螺钉和螺
组成，但在所有的早期形式中，它们都是用一个穿过其末端的小楔
马形物）来固定。

大部分的星盘由黄铜制成，这是因为用黄铜易于制作优质盘，也
于刻上清晰的细线。有时固定托盘用黄铜或青铜铸成，但通常从厚
板料挖出，有时候则是由一个薄盘制成，上面铆接或者焊接了更厚

607

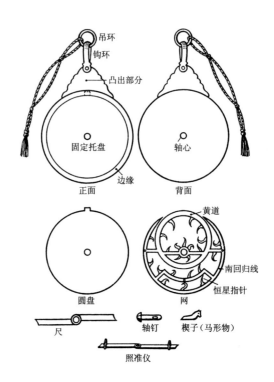

图 359 一个星盘的组成部分。

重的轮缘。自 16 世纪以来，价格便宜的星盘以及实际上其他类型
许多仪器，都是由适当切削的木片粘贴上印刷图表制成的。有时会
现用宝石和华丽的雕刻进行装饰的伊斯兰星盘，它们的金属网盘中
有呈动物形的恒星指针，盘内也显得很美观。

星盘的背面 星盘实质上是一种计算仪器，但在早期阶段，它
像被人用某种方式改造过，也用于观测太阳或者恒星的高度。通过
种观测和使用星盘的正面，就可以计算白天或夜晚的时间以及正在
起的黄道宫等。作为观测仪器，星盘的这种改进是次要的，正如现
计算尺附有英寸或厘米刻度一样。这种装置的原始形式很有可能没
瞄准用的照准仪，后来加上它是为了利用仪器的刻度盘。在发明刻

608

之前，通过一个连续等分角和划分所计算的弦的过程来制造精确的
度盘是非常辛苦和昂贵的，甚至菲洛普努斯和塞波科特在其最早的
文里也提到过仪器背面的照准仪，所以很明显，星盘在其很早的阶
就这样被改进过。

刚开始时，仪器背面仅刻了圆弧，圆弧上又分出度数和进一步细
的单位。最早期的穆斯林天文学家们通过加上很多用于几何计算
装置来改进仪器，其中包括"影矩尺"，它显示了一根固定杆的水
或垂直阴影的长度变化——实际上刻度（图329）所给出的是观测
的正切或余切。影矩尺使得星盘作为陆地观测仪器的使用成为可
，人们可以利用这个仪器测量塔的阴影或瞄准它的最高点来推导它
高度。这样的例子在著作中经常被引用，但是这种方法更可能是被
学教师巧妙地加以运用，以表明几何学是一门实用的科目，而不只
文艺复兴时期前测量员、建筑师或军事工程师一般使用的手段。影
尺有时候被装在象限仪上，甚至被改造成一种单独的仪器——几何
尺，它由一个敞开的正方形框架组成，带有一个可在一个角的枢轴
旋转的照准仪或铅锤。从赫瓦里兹米（Al-Khwārizmī，约840年）时
开始，穆斯林就在使用带有影矩尺的便携式象限仪，并由达·比萨
为1220年）介绍到欧洲。穆斯林也用几何矩尺，尽管它是由格伯
（940?—1003）介绍到欧洲的，但直到普尔巴赫（Purbach，约1450
）发明用于间接测量的实用三角法和16世纪仪器测量兴起之后，
流行起来。

航海星盘几乎根本不能被称为星盘，它仅由照准仪和构成观测部
的刻度盘组成，整个计算设备却被略去了。这个仪器比通常的更重，
轮缘的内部尽可能地被切掉，这样就能把它竖直地悬挂起来，且不
受到风的干扰。作为测量太阳或者北极星高度并进而推导纬度的仪
，它的发明约在1535年，一些更早的记载可能指的是天文星盘在
洋上的使用。由于能够得到更好的替代仪器，1600年之后它就不

609

再流行了。

星盘的后期历史 星盘在引入到伊斯兰世界之后不久就开始
泛使用了。第一个撰写星盘文章的作者据说是法扎里（Al-Fazārī，
公元 800 年），但人们对他的工作并不了解，只知道和他同时代的
萨哈拉（Mesahallah，又称 Māshāllāh，一个可能是埃及血统的犹太人
在中世纪后半期，迈萨哈拉论文的拉丁文译本成为欧洲论述星盘最
行的著作。现在已知有很多其他阿拉伯原著，而关于星盘的若干巧
改进都由穆斯林天文学家完成。

欧洲最早关于星盘的著作是格伯特的《星盘格言》（*Sententi*
astrolabii，10 世纪后半叶），这本书只描述了仪器的使用而没有
绍仪器的构造。大约在 11 世纪中叶，赖谢瑙的修道士孔特拉特
（Hermannus Contractus）在《论星盘测量》（*De mensura astrolabii*）
第一次给出了星盘完整的几何构造的细节。然而可能直到 12 世纪
随着天文学的复兴，星盘在欧洲才变得流行起来。现存最早的哥特
仪器来自 13 世纪后半叶，它们在设计和制造上表现出极大的相似

到 14 世纪末，中世纪的星盘在欧洲的普及达到了顶峰。此
在德国和欧洲其他国家的仪器制造流派兴起之前，曾有过一段时间
衰落。中世纪后期最有趣的有关著作之一是 1391 年乔叟编写的《
于星盘的论文》（*Treatise on the Astrolabe*），这是最早用英语写成
科学专著之一，也是关于星盘最完整和最通俗的著作之一。

文艺复兴时期的天文学家和仪器制造者的星盘制作的复兴，开
了精密仪器制作技艺和设计的新时代。尽管当时由于天文学理论和
术的发展，这个装置已经开始过时，但其复杂性和可爱的外表使得
成为细金工、精雕工和其他精细手艺最流行的主题。而当仪器制作
能够着手从事科学革命所需的更多的各种各样实验设备制造时，这
手艺就变得很有价值（第 23 章）。

.7 希罗的角度仪和水准仪

希罗（Hero）的角度仪是测量员的仪器，它是经纬仪和水准仪的
合。它在所知道的古代仪器中显得卓尔不群，而且有可能是希罗自

的发明。希罗在他的《角度仪》（*Dioptra*）一书中描述过这个仪器，
提到了公元 62 年发生的一次月食。

这部著作的原始手稿现在还被保存着，所有后来的版本都源出
此，可惜的是原稿丢失了 8 页，因此关于此仪器的描述并不完整，
们不得不借助揣测来加以补充，并通过文中有关使用方法的描述来
绎推理。它肯定是有底座的，但究竟是三角形底座还是桌形底座却
得而知。然而，底座上肯定能竖直地安放仪器，这是使用重锤来完
的。

仪器（图 360）本身由一根终止于圆柱轴的柱子组成，围绕着圆
轴底部的是一个青铜圆盘。带
齿形轮的轮毂安在轴上，齿形
和由固定在青铜盘上的立柱所
撑着的蜗杆啮合。蜗杆上有纵
的槽，其宽度和齿形轮的厚度
等。当沟槽和齿形轮反向时，
毂可以自由地转向任意方向，
转蜗杆则能在任意位置上固定
调节轮毂。

轮毂的上表面有 3 个孔。
纬仪和水准仪都有轴孔和轴配
，3 个销子可插入孔中，且可
互交换位置。在这个经纬仪中，
柱终止于一个陶立克式柱头，
上有两个立柱，它们之间有一

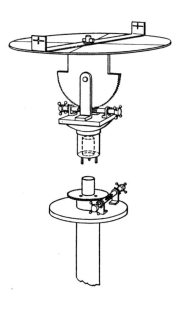

图 360　希罗的角度仪（复原图）。
（上）经纬仪；（下）放置经纬仪和水准仪的基座
的上面部分。

个黄铜的带齿半圆。柱头上和齿啮合的蜗杆移动并支撑这个半圆，像另外一根蜗杆对水平轮所起的作用一样。半圆的直径上安装有支照准杆的圆盘，它能绕着轴自由旋转，还有两个在圆盘表面移动的针。圆盘上刻着两条成直角的直线，其中之一在半圆的平面上。在文观测上使用的角度仪，指针可沿着被分成 360 度的圆周转动。

这种仪器就是经纬仪，主要的用途就是标出互成直角的直线。这种方法就可能标出两个互相看不见的点之间的直线，或是确定一远点的距离，或是为穿山隧道定向。它还可用来测量一片土地的面或划分这片土地，即使这是一片因长满植被或建筑物林立而不易进的土地。通过上下移动照准杆，则可测定一个难以接近的点的高例如敌方城墙的顶部或者堑壕的深度。

611

水准仪也有一个带有 3 个销子的圆柱（图 361），顶部有两个立柱支撑着大约 6 英尺长的木制测杆。测杆里面配有两端朝上翻的管子，在两端上连接有垂直的玻璃管。把水注入这个系统时，两玻璃管子里的水平面应保持等高。然而，水的表面不用来照准。每玻璃管周围都有一个小木头机架，玻璃管前面的黄铜片可以上下滑

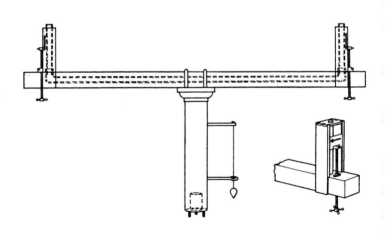

图 361　希罗的角度仪：水准仪和（内装的）两个照准器中的一个。

铜片上的狭缝可以精确地调节到水面的高度上。同一个黄铜片具有

字形的照准狭缝，以这种方法就可以确定水平线了。为了移动黄铜

，希罗再一次使用了螺杆。竖直螺杆经过机架外面的测杆，穿过一

简单的螺母——带有销子的光滑孔，销子从边上插入以便与螺纹啮

。在那个时代，还不可能在金属中切割出尺寸如此小的内螺纹。螺

的顶部安进固定在黄铜片上的一个圆柱里，圆柱里的一个销子与螺

顶部的一个沟槽啮合。水准仪也配备有一个重锤来调节它的竖直度。

使用水准仪必须还要有两条由杆拼成的带重锤的狭板。每一条狭

上有一个大觇板，可用一根细绳升高或者降低，觇板被涂成半黑半

，还可以在沿着杆的长度刻出的燕尾槽里滑动。觇板上的指针沿着

杆上的刻度尺移动。如果要比较两点的高度，就必须在每一点安一

标杆，并在它们之间的连线上放置角度仪。当调整好狭缝后，测量

便观测其中一个觇板，并通过喊声或者手势让同伴将其升高或者降

，直到黑白分界线恰好落在照准器上。接下来，用角度仪观测另一

方向并调整另一个觇板，在标杆上读出的两个觇板的高度差就是两

的高度差。然后，标杆被移到下一点，把角度仪放置在两点之间，

复上述步骤。通过旋转角度仪从而可在同一个位置作多次测量的方

，发明者好像还没有想到。

无论是过去还是未来，希罗的角度仪都是独一无二的。它是一个

出但是超前的发明，因为它的复杂性超越了那个时代的技术手段。

612

2.8　计算和证明仪器

天球仪和教学用浑仪　用标识了恒星和星座的实心球来描绘天球

做法，至少与最早的希腊天文学家一样古老。一个可以追溯到公元

约 300 年的实样，一直保存在那不勒斯国家博物馆的一座阿特拉

（Atlas）雕像上。这座雕塑高 186 厘米，肩膀上扛着直径为 65 厘

的大理石球，其上刻有圆圈和通常用来表示主要星座的图案。看来

首次以这种形式建造的天球仪在当时只当成实心画而已，并没有考虑到它们在科学记录、教学或计算方面可能的用途。下一步的发展被勒密记载在《天文学大成》中，但也可能远溯到喜帕恰斯。托勒密述了如何制造一个天球仪，还标上一套在他想象中合理的天文线，把表面涂得像夜空一样漆黑，这样一来恒星就栩栩如生地显示出最重要的是，托勒密描述了如何把天球仪安在用子午环圈支撑着的上，而这个环圈本身又由一个赤道环支撑着，这样它就可以随着恒的周日旋转而转动。他还按照自己天文台的纬度来倾斜此轴，以便可见的半个天球显示在地平面上。这已经包含了现代天球仪的所有素，使得从托勒密时代到现在为止都没有发生大的改进。

天球仪在穆斯林天文学家中似乎非常流行，很多保存下来的作增加了源自当时阿拉伯天球仪的资料。根据纳布蒂（Ibn al-Nabd在 1043 年的陈述，托勒密亲自做的一个黄铜天球仪和为阿达多（Adād al-Daula）哈里发制作的另一个银天球仪被保存在开罗的公共书馆里。不幸的是，这两个天球仪都丢失了。现存最古老的穆斯林球仪注明的年代为 1080 年，还有一些天球仪是 13 世纪之后制作在未受穆斯林影响的欧洲地区，在 15 世纪末德国流派的仪器工匠复制作天球仪之前，标明恒星位置的天球仪实际上没有出现过。接来的发展大部分属于制图学的历史。

613

一种能显示假想诸圆但不能显示恒星或星座的简易天球仪，在庞贝附近博斯科里尔的一幢别墅的壁画（约公元 50 年）上发现可能在很大程度上受了托勒密的观测仪器——星盘浑仪的影响，这类型的天球仪后来发展成为一种教学用浑仪，但一定不要把它和盘浑仪相混淆。人们从 13 世纪和 14 世纪的画稿中看到了教学用仪，它基本上由一系列代表赤道、黄道、回归线、极圈、分至圈和他子午圈的环圈组成（图 362），极轴通常延长出来，形成一个教可用手握住的小手柄。这种或稍加改进的浑仪在整个中世纪非常流

，并且肯定经常被用作萨克
博斯科（Sacrobosco）《天球仪》
~~phere~~）一书的辅教仪器，该
是最流行的基础天文学课本。
16 世纪，教学用浑仪得到了
心的改进，加上了代表行星
可移动符号和用来标识恒星
小指针，并用上等手艺精心
饰。在贵族和富有的科学业
爱好者资助下制作教学用浑
，成为仪器工匠的普遍愿望。

虽然希腊人知道地球是球
的，但这个知识看来也就仅
于其制造地球仪的想法上。斯
拉博（Strabo）报告说，在公元

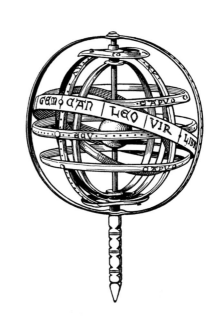

图 362　15 世纪的浑仪，显示出位于中心的地球、黄道（带有黄道带）和其他环圈。

614

约 150 年，和喜帕恰斯同时代的克拉泰斯（Crates）曾经制作过这
一个地球仪并在帕加马展示过，他还补充说这样的地球仪相对较小，
以并不比具有所要求精确度的平面地图强多少。这可能说明了这样
个事实，人们从希腊人那里还能得到一点关于地球仪的资料，从阿
伯人和中世纪欧洲人那里则什么也没有得到。直到大探险时期，人
才听说贝海姆的第一个地球仪（*Erdapfel，1492 年*），它促使德国
学家和制图师竞相仿制。在 16 世纪，不同尺寸和装饰程度各异的
球仪变得越来越普遍。

日历和小时计算器　一周的天数、月亮的朔望月和太阳年季节的
期性，使得日历成为图形表示学很自然的主题。大约 9 世纪以后，
欧洲的手稿中就经常能找到显示主日字母和圣徒纪念日的圆形图表，
及计算逾越节或复活节的辅表。很多精巧的装置被使用了，例如北

安普敦郡的约翰环，并且从 13 世纪开始，这样的图表经常由带有
个或更多旋转圆盘的日月升落潮汐仪构成。最普通的日月升落潮汐
可能就是设计成能够显示月相的那种，由两个分别表示太阳和月亮
黄道带位置的圆盘组成。上盘有一个小偏心孔，通过它可以看到下
上被遮挡的曲线的一部分。这条曲线通常为圆形，其放置的位置应
通过小孔看到的那部分和太阳与月亮之间构成特定的距角时月亮的
应相位在形状上非常相似。通过记录月相和太阳的已知位置，使用
个装置就很容易确定月亮在黄道带的位置。利用这些知识可得知夜

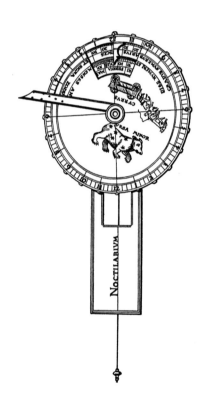

的时间。一个非常有名的太
和月亮相位计算器的实例存
于一个阿拉伯星盘的背面，
份是 1223—1224 年，它包含
套齿轮，当把历环调整到一
中的某一日期时，齿轮就会
正确的速度转动太阳和月亮
圆盘。

月相指示器经常和夜间
时仪结合在一起使用，后者
不过是一根添加在记录太阳
置的圆盘上的指针（图 363
夜间定时仪用来通过拱极星
位置确定夜里的时间。通过
盘中心的孔和指针来瞄准北
星，就能把指针臂调整到沿
大熊或小熊星座里的"指极星
方向。

图 363　纽伦堡的哈特曼（Georg Hartmann）的夜
间定时仪，1535 年。

三角计算器　即便最早期

拉伯星盘背面也刻有一个或多个象限仪，它们具有用图解法帮助计**615**
的装置，还经常包含一组测定不等长的小时的曲线，有人发现画上
系列水平和垂直线的象限仪甚至更常见。这样一种网状的象限仪非
有用，因为它能通过图解来计算三角的正弦和余弦。这种装置在中
纪欧洲的仪器中就已出现了，但极为少见，14 世纪甚至发现过只
辅助装置而没有其他设备的正弦象限仪。后来到了 16 世纪，这种
算器就大批量制造了。

　非常有趣的是，通过几何作图进行计算的技术备受希腊天文学家
关注。穆斯林天文学家似乎也都对所有这类装置怀有极大的热情，
他们的著作中可以知道它们的很多新形式和变化。究其原因，无
是冗长的计算（包括所有天文学家必须掌握的 60 进位的符号系统）
单调乏味了，在二或三位就足够的 60 进位中沿袭习惯使用 8 位甚
10 位大大增加了令人厌倦的工作量。

　行星模型和计算器　《天文学大成》代表了希腊纯科学的顶峰，
托勒密的行星理论构成了这本著作的大部分。直到最近，行星理论
是对自然现象进行数学分析的最成功典范。在 17 世纪以前，托勒
天文学中具有代表性的理论占据了绝对的统治地位，并对人们的观
产生重大的影响。毫不夸张地说，这个在纯科学领域单枪匹马压倒
切的成功事实，在超过 1500 年的时间里决定了科学分析的全过程。

　由于这种指向性影响源自行星理论的精确度，人们自然应该更多**616**
注意制造能显示行星根据规则运转的模型和装置，让它们重现在天
中看到的那些行星的真实路线。照应钟（边码 604）已被认为或许
天体运动的第一个人造模型，随后出现的是包括行星图像在内的其
模型。机械钟的起源应归功于展示更复杂模型的要求，第一个大型
共时钟与现代计时钟颇为不同，却与大天象仪或太阳系仪有较多的
似之处。

　另一种类型的行星装置主要供专业人员使用而不是给公众观赏的。

尽管托勒密的行星理论通过很简单的几何作图取得了成功，但要把用于计算在某特定的时间内一个行星的位置，例如计算天宫图，就导致冗长的计算并且需要参考很多表。上文已经提到过穆斯林天文家对图解演算法有特殊的热情，所以他们把图解演算法应用到行星题上就不足为奇，采用的方法是通过刻在木盘和金属盘上的圆和直直接模拟合适的几何作图，并采用可移动的横木和可伸展的绳子作几何图像的变动线条。这样的一种仪器通常称为行星定位仪，因为是用来计算行星位置的。

有关行星定位仪的最早文本是用古卡斯提尔语写就的《阿索知识丛书》（*The Alfonsine Libros del Saber*），该书由阿布纳卡（Abulcacim Abnacahm，卒于 1035 年）[1] 和其后的扎尔加利翻译成阿伯文。阿布纳卡姆给出了可能是最原始和最不方便的行星定位仪，一颗行星都使用一个单独的黄铜盘，盘上刻了很多分度圆。扎尔加改进了仪器，把所有行星平均分配到单独一个盘的两面，但他的置仍包含大量的分度圆，它们充塞在狭小的盘面上，混乱不堪。世纪和 14 世纪欧洲最能干的天文学家对行星定位仪作了进一步改据说诺瓦拉的坎帕努斯（John Campanus of Novarra，约 1261—1292）一个为此装置撰文。利尼埃尔的约翰设计了一种较方便的行星定位他把所有的行星圆放到盘的一面，并通过设计一个适用于所有测量度的分度圆来减少盘面上的拥塞。他的有关论文常连同行星定位仪准一起收入他翻译的《阿方索天文表》中，这是从约 1320 年直到乔蒙塔努斯时代有关行星定位仪的范本。

默顿学院的天文学家们似乎把行星定位仪看作是最重要的仪是星盘的必要补充。中世纪唯一幸存下来的行星定位仪被保存在这学院，它可能是布雷顿（Simon Bredon，卒于 1372 年）赠送给学院

617

1　即格拉纳达的阿布纳卡姆（Abū'l-Qāsim ibn al-Samh）。

雷顿还可能就此用拉丁文写了一本阿拉伯手册。关于基本设计的另一个变化是沃灵福德的理查德于 1326 年发明的海神之子，此发明恢复到最初的设计思路，为每一颗行星设一个单独的盘，但把这些盘排列在一个设计成星盘形状的固定托盘里，使得仪器变得更容易控制。

最经济和最有效的行星定位仪在用中古英语写成的《行星的定位仪》（ *The Equatorie of the Planetis* ）中得到了描述，该书注明的年份为 1392 年，被认为是乔叟（卒于 1400 年）亲笔手书用来补充《关于星盘的论文》（ *Treatise on the Astrolabe*，1391 年）的著作。这种行星定位仪只有两个内接圆，其设计体现出最大的经济性和易操作性。

波斯天文学家卡什（Al-kāshī，卒于 1436 年）把仪器的原理扩展到更复杂的问题，例如计算行星黄纬和黄经以及测定各种程度的日月食的数据。在 15 世纪和 16 世纪，许多天文学家和数学家采用了很多类似的扩展和简化手段。事实上，行星定位仪给更高层次的几何与机械精巧设计提供了一个理想的试验对象。

618

"安迪基提腊"机　1902 年，一群考古学家考察希腊和克里特之间的安迪基提腊岛海岸边的珍宝船残骸时，从海床中挖出了 4 块被腐蚀得很厉害的紫铜碎片。这些碎片很显然是复杂的齿轮时钟机构的残留部分（图 364），现在保存在雅典的国家博物馆，这也是希腊科学在仪器制造方面取得成就的一项最重要的直接证据，被确定出自公元前 1 世纪到公元 3 世间。不管碎片是否出自上述年代，机械构造如此复杂的人工制品居然存在过，

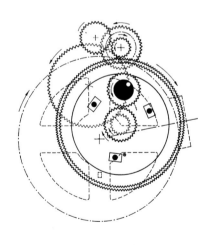

图 364　在安迪基提腊发现的仪器残片的复原图。可能是一个行星计算器或行星模型。

这一事实令人惊叹，存留至今的任何仪器和任何文本里的描述都不能与之相提并论。

　　碎片上的题字仅有部分可以辨认，但可以看出，这一装置多少与太阳、月亮和行星的运动有关。看起来它可能是行星的移动模型——一种行星运行仪，其复杂的传动装置的功能是以托勒密系统的偏心圆和本轮来再现行星运动的。人们很自然就会想到，应该曾经尝试过制造用于演示的这种模型（边码616），何况希罗对于颇为复杂的自动传动装置和机械装置的制造已经很熟悉了。安迪基提腊仪器中的齿轮系统向世人显示出制作的风格和娴熟的技术，但它又不是在17世纪设备精良的工场中生产的。这些保存极差的古希腊仪器残片所展示的技术特征，竟会远胜过迄今为止我们所知道的任何古代仪器，这无疑是技术史上最大的谜之一。

考书目

lfonso of Castile. 'Libros del Saber de Astronomía del Rey Don Alfonso X de Castilla' (5 vols), ed. by M. Rico y Sinobas. Madrid. 1864.

haucer, Geoffrey. 'A Treatise on the Astrolabe', ed. by W. W. Skeat. London. 1872.

icks, D. R. "Ancient Astronomical Instruments." *J. Brit. astr.Ass.*, **64**, 77–85, 1954.

rachmann, A. G. R. 'Ktesibios, Philon and Heron.' Munksgaard, Copenhagen. 1948.

dem. "Heron and Ptolemaios." *Centaurus*, **1**, 117–31, 1950.

árcia Franco, S. 'Catálogo crítico de astrolabios existentes en España., Instituto Histórico de Marinis, Madrid. 1945.

unther, R. W. T. 'The Astrolabes of the World.' University Press, Oxford. 1932.

dem. 'Early Science in Oxford' (14 vols), esp. Vols 1, 2. Oxford Historical Society for Publications, Oxford. 1923–.

lartmann, J. 'Die astronomischen Instrumente des Kardinals Nikolaus Cusanus.' *Abh. Akad. Wiss., Berlin,* Math.-Natur. Kl., Vol. 10, 1–56, 1919.

iely, E. R. 'Surveying Instruments, their History and Classroom Use.' Bureau of Publications, Teachers' College, Columbia University, New York. 1947.

layer, L. A. 'Islamic Astrolabists and their Works.' Kundig, Geneva. 1956.

lichel, H. "L' Art des instruments de mathématiques en Belgique au XVIᵉ siècle." *Bull. Soc. R. Archaeol., Bruxelles,* 1935.

dem. 'Traité de l' astrolabe.' University Press, Brussels. 1947.

eugebauer, O. "The Early History of the Astrolabe." *Isis*, **40**, 240, 1949.

rice, D. J. 'The Equatorie of the Planetis.' University Press, Cambridge. 1954.

ediadis, F. "Der Astrolabos von Antikythera" in 'Das Athener Nationalmuseum' (ed. by J. Svoronos), Vol. 1, p. 43. National Archaeological Museum, Athens. 1906.

ohde, A. 'Die Geschichte der wissenschaftlichen Instrumente vom Beginn der Renaissance bis zum Ausgang der 18. Jahrhundert.' Klinkhardt und Biermann, Leipzig. 1923.

oseboom, Maria. 'Bijdrage tot de Geschiedenis der Instrumentmakerskunst in de Noordelijke Nederlanden.'Mededeeling No. 47, uit het Rijksmuseum voor de Geschiedenis der Natuurwetenschappen, Leiden. 1950.

tevenson, E. L. 'Terrestrial and Celestial Globes' (2 vols). Hispanic Society of America, New York. 1921.

aylor, Eva G. R. 'The Mathematical Practitioners of Tudor and Stuart England.' University Press, Cambridge. 1955.

heophanidis. J. "Sur l' instrument en cuivre dont les fragments se trouvent au Musée Archéologique d' Athènes et qui fut retiré du fond de la mer d' Anticythère en 1902." *Prakt. Akad. Athen.*, **9**, 130, 1934.

Winter, H. J. J. "The Muslim Tradition in Astronomy." *Endeavour*, **10**, 126, 1951.

inner, E. 'Astronomische Instrumente des 11. bis 18. Jahrhunderts.' Beck' sche Verlagsbuchhandlung, Munich. 1956.

619

一位中世纪的天文学家正在制作某种仪器。

沃灵福德的理查德是"默顿学派"的成员，最早的三角学拉丁作者，他正在分圆。桌子上是铁砧、锤子和直尺。挂在柜子里的是象限仪。理查德脸上有斑点，因为他患有"麻风病"。引自 14 世纪手稿。

23 章

约 1500 年至约 1700 年的科学仪器制造

德雷克·J.普赖斯（DEREK J. PRICE）

3.1　最早的专业工匠

一切现代科学家离不开实验室的道理是不言而喻的。他们使用科仪器和设备来观察其感官达不到的范围，创造比其赤手空拳更强的作能力。但是，情况并非总是如此。事实上，科学家使用的新工具发展是 17 世纪科学革命中最重要的因素之一，并为他们的经验拓出全新的领域。

或许，科学史和技术史之间最有趣的联系方式是，科学通过制造于进一步科学探索和实际应用的仪器来进行利润再投资。这些仪器介绍文字已多得不胜枚举，它们解释知识如何导致新型仪器诞生，而说明这些新型仪器又如何促进获取更多知识，从而阐明科学的历。本章的目的是描述与仪器制造行业出现密切相关的技术因素，这行业的重要形成期是在 17 世纪和 18 世纪。

中世纪的科学家几乎没有什么仪器可用。有一些设备——例如天、熔炉、绘图圆规和分规等——已趋老式，可从工匠那儿轻易买到。他仪器——例如星盘、日晷、天文观测仪以及计算器等——比较复，并取决于对手稿传统的学者式的判断。科学家可能会雇用一个木或者金属匠来完成前期的构架，但详细的设计、雕刻和分刻度工作须由他们自己来完成。

15 世纪最后 25 年时间里，印刷书籍的出现以及希腊数学和天学的复兴，对仪器的制造产生了深远的影响。新知识的快速传播加了对传统仪器的需求，关于制造这些仪器的书籍更是唾手可得。同科学家们有意识地雇用更专业化的工匠，这些人既能干细活也能干活，只要数学家或者天文学家略加点拨，就能制造这些仪器，而科家自己只承担设计。工匠会在科学家指导下弄清仪器的科学原理，能够复制出任何仪器的图样，譬如说袖珍式日暑或星盘等。他们可按自己的意愿修改机械图样和加工图样以适应制作材料和技术。这切完成后，他们便能制造大批相似的仪器，尽管其尺寸、外观和细各不相同。

这样，到 16 世纪初，出现了两类明显不同的仪器制造者，类是对仪器的设计和实际制造备感兴趣的科学家（主要是天文学家另一类是学会制造出成批更受欢迎的各种规格专业仪器的大批工这两种形式的活动起初集中在纽伦堡及其周边地区，特别是其姊妹市奥格斯堡（边码 585）。在这些地方，艺术家和工匠行会特别繁其成员在很大程度上都具备像在金属和象牙上精雕细刻所必需的高技艺。

这种对仪器日益增长的爱好约在一个世纪内传遍西欧其他地在 16 世纪的最后 25 年里，英格兰、法国、意大利、低地国家与国一样，都已拥有大批的学者和工匠。探索促进仪器制造技术从一地方传播到另一个地方的不同因素特别有意思。奥格斯堡能跻身与纽伦堡相提并论的地位，部分原因是丹麦天文学家第谷·布拉（Tycho Brahe，1546—1601）定购了大批专业的仪器，因而向奥格堡仪器工场注入了大笔资金。在古怪的皇帝鲁道夫二世（Rudolph 1552—1612）和他的医生——弗利的帕杜阿纽斯（Franciscus Paduani of Forli，1543—?）的大力资助下，布拉格的哈伯梅尔（Erasm Habermel）制造了数量惊人的极为新颖的仪器。一位或许在阿西尼斤（Arsenius）的卢万工场干过活的流亡者杰米尼（Thomas Gemini，主要活动于1524—1562年），把他的雕刻技艺带到了英格兰，而恰好在这时，黄铜薄板在英格兰问世（边码586）。在复杂的仪器制造业中，伦敦的工匠组织特别适合师徒这样的传授方式，这里仪器贸易兴旺，工场数量急遽增长。而在其他国家，或缺少行会发展的环境，或这样的组织在战争和动乱年代被破坏了。比如在德国，三十年战争最终将纽伦堡和奥格斯堡的手工艺工场毁损得只能生产一些老式的劣质仪器。

3.2　执业者的工具

随着仪器制造从学者向工匠的传播，仪器使用也旋即出现了类似的传播。同样地，这种传播的动力部分来自印刷书籍，它们不仅阐明了仪器的设计方法，同时还介绍了使用这些仪器的方法。更为重要的是社会变革的影响，它引起的土地的重新分配产生了测量土地的需求。还有军事技术上的影响，它强调生产出更为精密的武器。最后是大规模的航海探险的影响，它对航海方式和航海仪器产生了日益增长的浓厚兴趣。这些促进因素与较容易获得的科学知识共同造就了新的阶层，这些被称为"执业者"（practitioner）的人并不是常规意义上的学者，但他们掌握了使用测量、枪炮和航海等多种仪器足够的技术知识，并且在许多情况下通过传授仪器的操作以及其中包含的基本数学原理来增加收入。这些执业者是首批完全自愿的技术科学（technical science）的讲师和导师，为一种新思想的形成做了大量工作。在科学革命中这一思想常被提起——科学并非只是对知识的追求，而且也是个人和国家的很多实际利益的潜在源泉。

仪器工匠的大部分工作是为执业者制造仪器。他们之中的一些人甚至本身就是执业者，示范并使用这些仪器，还写一些产品使用说明，为自身以及产品作宣传。他们工作勤奋，但他们在随笔中披露的不幸

境遇表明，许多人并没有挣到什么钱并死于贫困。他们组成一个非;
严密的组织，部分是因为专门技艺必须要有学徒工这种体制，部分;
因为他们遵循许多老行业的便利原则，将商店和工场高度集中在一
地区。在这些地区之外，甚至有更专门的仪器工匠，他们遵循自身f
业的传统习惯，在指定的地区从事商业活动。因此，在船坞、码头;
造船工场附近会出现航海仪器工匠的身影，而兵器则是在国家军械,
或其附近制造的。身怀特殊技艺的少数幸运的工匠受到国家或者一;
知名学者的赞助，全职或者兼职地制造用于特殊目的的仪器。

623

大约 1650 年之前，虽然象牙、皮革和牛皮纸也可能用于制造;
许多装饰的物件，但用于仪器制造的主要材料是木材和黄铜。雕刻;
的象牙可以染色，牛皮纸和皮革可以用装订匠的方法印花和镀金。f
现在，只使用木材和以黄铜作为主要材料的仪器工匠似乎被割裂开;
了。或许"专用木材的仪器工匠"已经发展成木匠、细木工匠或开;
匠，并还在经受训练，但他们不会发展成金属匠或雕刻匠。除标尺f
刻度外，制作仪器涉及的技术方法同该时期其他木工活没什么不f
所使用的木材是些细纹品种，例如黄杨、山毛榉和梨木，它们通常;
用于所有的精细产品。

"专用黄铜的仪器工匠"主要是雕刻匠，其次才是精炼金属f
从所生产的仪器范围来看，这一点更加明显，似乎对仪器式样的发
产生了相当重要的影响。只要可能，在制造仪器时会先打造一个扁;
的金属盘并刻上线条和刻度，这个金属盘会与其他用相似方法制成
部件组装在一起，但是除非必需的情形下，否则要避免使用特殊形;
或模制的部件。因此，制作这种简单仪器的技术就是雕刻匠的技术
加上打造黄铜盘所需普通的锤打、切割和锉磨技术（图 365）。然f
所有一流的工匠，特别是那些为资助人制作精品的工匠，常为他们;
更复杂的金属加工技术中体现出的水平而感到自豪。在这些劳作;

624

他们似乎借鉴了金匠和其他装饰金属匠的技术，制造复杂的形状和;

模型等。在袖珍日晷、星盘、用地球仪和一些较精密的军仪器中，这一点表现得特别明显。

非常重要的标尺和刻度是测量方法、计算方法和几何构造决定的，而标尺上的数字以及字母一般是冲压在金属盘上。这种冲压工具似乎被工匠们一代一代地传承下来，就像把金属加工与雕刻的总体风格作为鉴别标准一样，根据压印字母的特征，我们总能甄别出同一流派的产品。毫无疑问，任何仪器最重要的特征是仪器上刻度和线条精雕细刻的精确度，

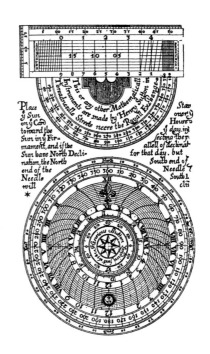

图 365　萨顿（Henry Sutton）的信风罗盘（1654年），显示出一个量角器（上）和一个日晷（下）。

这里运用的又是最简单的技术。除雕刻细线条用的普通雕刻工具（当时还没有宽距刻刀）之外，他们只有一个简单的或安有螺旋开口调节装置的画线圆规，以及用于画较大半径弧线的加长圆规，只有小心翼翼地操作，才能用粗糙的工具制出需要高水平技能的产品。我们不难发现，在仪器的表面仍有依稀可见的试划刻度和打样的痕迹，而在不暴露的主盘背面这种痕迹更为清晰。

当时还没有先进的方法对直形和圆形标尺进行分度。如果应用初等几何不能满足要求的话，就得根据计算或试错法来确定标记。至于圆的分割，对 6 个 60 度的角反复等分，就可以得到 15 度的弧，然后再用分规对这些弧进行反复细分。

23.3 1650 年以前的仪器设计

为了弄清科学革命时期仪器设计的发展情况，很有必要对与仪器及其使用有关的 3 类主要群体加以甄别。第一类也是最大的群体是工匠，他们常规的日常性工作是为执业者制造仪器，或为他们的资助人和较富有的主顾制作更精巧、昂贵和装饰精美的仪器。第二类是有科学家头衔的仪器制造者，他们主要将自己的设计具体化，不需工匠的帮助，或者只需要劳工干一些体力活。第三类是介于前两类人之间的小群体，他们是制作仪器的行家里手。例如，他们在指定的船厂制造船用罗盘或在国家军械库生产军械仪器。

如果有人试图对仪器的科学功能的基本改进和全新设备的投入使用进行研究，他可以在科学家的著作中找到这些资料。这种信息很容易获得，但可能会产生误导，因为它并不一定表明这种仪器曾在实际中被采用过，甚至不能证明其他学者是否愿意接受。原创的发明要被耽搁几十年甚至几百年才被推广，这种情况司空见惯。为了研究仪器技术的历史，根据执业者的记录特别是由保存下来的仪器提供的证据来补充一些学术论文是很有必要的。

对工匠制造的仪器的基本选择与仪器的传统设计有关。除各种各样的日晷之外，象限仪、星盘、军用和其他类型的地球仪也是大批量生产的，并充分体现了其科学原理和机械构造。工匠们根据这一时期伟大的天文学家的要求，对观测仪作了较多的直接改进。在第谷和赫维留斯（Johann Hevelius, 1611—1687）使用过的仪器上，很容易看出这样的特点。所有的仪器都必须仔细地归类，仪器的尺寸和刚性必须与仪器材料的允许强度相匹配，活动部件必须配置合适的精密枢轴和轴承。为了减轻重量，大型仪器有时由包着黄铜条或黄铜片的木料制成，而且为了减重，无论仪器大小，都要裁去金属板的冗余部分，只留下起支撑作用的支柱，比如被分开的象限仪支柱。

航海仪器制作结实，结构简单。天文学家的直角器或"十字测天

"（图 340）被广泛应用于海上。由于使用了线性标尺，它的优点很显，比起圆形标尺来它的刻度刻制要容易得多。在 16 世纪末，开使用反射式高度观测仪或戴维斯象限仪（图 341），它的原理与直器相同，但航海者观测时看到的是太阳的阴影，从而避免了在耀眼光下直接观测的困难和危险。夜间定时仪也从天文仪器范围扩展到通应用之中，成为根据极地星座的运转来确定夜晚时间的有效手。测杆和夜间定时仪都是由木工仪器匠制造的，它们既便宜又结实，管刻度的精确度有时很差。航海用的星盘是天文学家（的天体平面）所用星盘的西班牙-葡萄牙版，这种星盘可能是在 1535 年发明的，后流行了大约一个世纪。重要的是这是专门为航海而制造的第一台学仪器，似乎是由专业铸工和雕刻工在造船厂完成的（边码 608）。

磁罗盘在海上和陆地都得到了广泛应用。现存最早的一个是在供行者使用的袖珍型日晷中发现的（边码 600），它的指针具有双重能，既为旅行者导向，又为日晷指针定向，此外，它还用在为矿井平巷道定位的矿用罗盘上。尽管如此，大量的现有证据使我们确信，些种类的磁罗盘早已在海上应用。海员和矿工的罗盘由专业工匠制，而罗经日晷仪是由普通工匠制造的。设计和安装磁针时使用了各各样的形状和枢轴，可谓匠心独运，那些成功有效的方法以及用于化和调试磁针的天然磁石，无疑被当作商业机密留传下来。为了使盘密封防尘，并防止磁针从枢轴上脱落，经常用一块透明的薄片材将罗盘盒封闭起来，最初用云母，后来用玻璃。玻璃窗的安装和固用到一种有弹性的圆形金属垫圈，它后来被转用到最早的光学仪器。在早期，透视镜和读数镜被安装在用动物的角或者皮革切割制成框架中。

最早的测量仪也是由较老式的天文测量装置改装而成的，制造特别采用了照准仪，以及从星盘的背面发现的圆形角度标尺（边码08），并在仪器上加上了一个插孔。测量者可以在该插孔上安装一

626

627

个三脚架或者一根支撑杆，以使仪器在地面保持平稳，另外装上一
磁罗盘以测定方位，这就变成圆周仪或者称"荷兰圆"，这种改装
半圆形仪器——因为只需要一半的刻度，因此就比较便宜——叫
半圆测角器。就像对力矩计（边码 593）的直接改装，通过在垂直
或者水平面上安装圆周仪，经纬仪就发展成为一种通用的测量仪（
码 541）。不过，经纬仪的发展并非测量仪器唯一的进步，更重要
是，那个时代出现了大量的仪器，避免了三角测量时要进行的三角
计算。人们对类似布拉默（Benjamin Bramer，1588—1650）的三角
（trigonometria，图 366）的完善作了相当大的努力，其中引入了栅
和刻度尺，使得未知长度和角度不用计算就可以读出来。

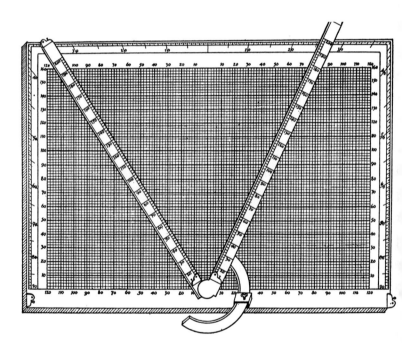

图 366　布拉默的三角仪（1617 年）是一种三角形的仪器。
一个三角形的两已知边（包括其夹角）按比例在可移动的、有分度的照准仪上被测定。通过从平行线
网格上截取的长度，根据毕达哥拉斯定理就可以计算出来未知边的长度。

在数学符号和算术技巧很粗糙且比测量方法更难掌握的时代，计
算装置是最重要的。人们设计了几种类型的量尺用以测量水桶的容量、
子弹的射程、金银的体积等等，像"内皮尔杆"这类的装置用来辅
助一般的数值运算。在 17 世纪，齿轮传动的计算器由帕斯卡（Blaise
Pascal，1623—1662）与其他人共同发明。最重要的数学仪器无疑是
函数尺，它是一种装有铰链的刻度尺，应用相似三角形理论，可以完
成很多类型的计算。用于测量的分度绘图圆规在兵器和刻度盘制作
中已经使用了好几十年，但函

数尺（图 367）是在 16 世纪末由
伽 利 略（Galileo，1564—1642）
和其工匠马佐莱尼（Marcantonio
Mazzoleni）改进为通用型的。它
与一对分规一同使用，将函数尺
的铰链臂适度张开，其长度由径
向标尺测得。函数尺上可以有
各种径向刻度——自然数、平
方、立方、倒数、弦、切线、密
度以及许多其他的参数，选用的
标准则与仪器的英国、法国和意
大利类型有关。约在 17 世纪中
计滑尺问世了，函数尺面临着竞
争，尽管如此，后者在兵器、测
量、盘面标度和调校的计算方面
一直很受欢迎。直到 18 世纪晚
期，对数滑尺尚未完全取代函数
尺。实际上，在 19 世纪相当长
的一段时间里，函数尺仍被当作

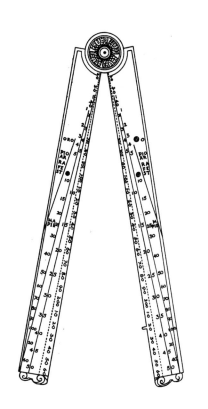

628

图 367　伽利略的"几何和军用罗盘"，是函数
尺的早期形式。
各种刻度线可以进行数值计算，包括对金属密度
的计算等等。

绘图装置和航海设备中的标准仪器。

车程计（或称计程器）是最早的容易买到的机械仪器。它的构造不太复杂，其最初只是一个棘爪机械装置，用来记录一个已知周长的马车轮子的转数。这种装置与维特鲁威（Vitruvius，边码512）所记载的相似，尽管它在古代是否真的被制造出来并被使用尚存疑问。在16世纪后期，人们在车程计上添加了一个磁罗盘，并在改进的车程计上装了一个记录仪，使它变得更精美、复杂。这是最早的自动记录仪，它是通过在罗盘针上的一个针状三叉载式记录仪来进行操作的。在车轮每转过10转或100转之后，行程控制杆将磁针抬起并在记录仪下压入一条纸带，这时纸带被带动前移并准备对马车轮的转数作下一轮记录。理论上讲，一个人在一个大庄园中驾车环行，然后就能把走过的路径绘成地图。实际上，车程计的精度不可能很高，但在技术上由钟表匠的方法引起的实践中的创新，它是一个重要的证明。

629　　　也许，由那些兵器行业的专业工匠所造的仪器是最精密的。这类工匠如德雷斯顿兵工厂的特雷赫斯莱尔（Christopher Trechsler，主要活动于1571—1624年）制造的象限仪、水准仪和量规清楚地表明他们对表面平整度和滑块配合的精度已非常重视。在精密运动装置中使用螺旋调节装置是另一个令人感兴趣的特点（图版25）。起固定作用的螺纹钉，在仪器制造中出现较晚（边码657），它也许较早用于珠宝的紧固，但直到16世纪中叶才用于其他方面。当时在盔甲的配件中发现了较粗糙的螺纹钉，很有可能它是在那时用到其他兵器中，然后又移用到普通仪器和时钟装置中。在使用螺纹钉之前，热焊、铆接和楔式固定是将金属配件装配在一起的最常用的方法。螺纹钉在微动装置和蜗轮装置中的使用要早得多，也许早在希腊时代已开始使用（边码610）。

3.4 仪器的多样化

从大约 1650 年开始，科学革命的全面影响通过仪器制造业在深度和广度上的巨大变化而体现出来。迅速成长的科学业余爱好者群体很快被组织到科学学会中，他们与执业者一起提供了一个相当广阔的仪器市场。过去，每件仪器是按资助人的要求或制造者的发明技术而按照订单生产的。在 17 世纪，存在着这样一种趋势，即通过书籍和科学期刊上发表的对仪器的论述，以及在业余爱好者中广为传播的信息，新型仪器或改进的老式仪器很快得以推广。这样一来，对每一种这类仪器的需求就大大增加了，而只有批量生产才能满足这种需求。尽管仪器贸易和仪器市场在同步发展，前者甚至更快，但大量产品的需求不断迫使仪器工匠在一个时期内只能局限于一类仪器的生产，并大量生产这种仪器。在这一时期，科学仪器就不再是能工巧匠的个性化作品，因而出现一个明显的趋势，即制造商只在产品上签名，而不是既签名又标明制作日期。于是，大师的签名转化成商标。虽然这样的仪器少了点艺术性，但专业化和批量生产使仪器的技术细部和加工精度都有长足进步。专业化的第二个影响是，仪器制造商的店铺里经常售卖的不仅有他本人和其工匠生产的产品，而且有其他工匠制作的不同种类的仪器。偶尔也会从国外工场买些仪器，然后刻上工匠或作为代理商的店主的名字。

630

新的发明和发现产生了与过去根本不同的仪器制造业，对科学革命的巨大影响起了推波助澜的作用，其中特别突出的是光学仪器里的望远镜和显微镜。与此同时，用于测量、航海和兵器的新的执业者仪器的发展也很迅速，物理科学范围的扩大促使仪器制造商生产起温度计、气压计、气泵、磁罗盘、缩放仪和绘图仪器之类的产品。

那些老式的仪器基本上是在星盘、象限仪和各种日晷的基础上制造出来的，主要由简单的刻盘组成，但新型光学和物理仪器在结构上有很大的不同，而且在制作工艺中强化了最新的技术。因此，仪器工匠不能仅仅是精于雕刻的专家，还必须具备较复杂的金属加工和机械加工、木工和车工、玻璃工以及镜筒工的技术。由于其他行业已先使用了这些技术，仪器工匠受益匪浅，况且自 17 世纪中叶以来，仪器制造商与伦敦同业工会成员中的钟表制造商（在 1631 年取得生产许可证）、眼镜制造商（在 1629 年取得生产许可证）建立了紧密联盟。结成联盟的还有普通量尺制造商、橱柜制造商和细木工、玻璃制工以及其他工匠。第一批这样的联盟是如此强大，以至英格兰主要的数学仪器制造商团体于 1667 年与钟表制造商进行了整体联合，当时艾伦（Elias Allen）是"数学仪器制造商俱乐部地位最高的前辈"（图版 26B），自 1653 年以来他一直执掌该俱乐部并被视为主要的领导成员之一。后来，当许多望远镜和显微镜制造商被整编到眼镜制造商旗下后，他们与已成为主要钟表制造商或声称自己的行业与任何公司无关的昔日同行发生了很大的摩擦。在这一时期，数学仪器制造商和光学仪器制造商之间似乎出现了越来越深的鸿沟，这种分裂加上在金属和木质仪器商之间业已存在的分歧，导致行业四分五裂，进而导致愈演愈烈的专业分化，并阻碍着综合性仪器工场的出现。

工匠的专业化及专业数量的增长，使他们与资助人和顾客，与设计者和科学家产生了一种新的关系。工匠自己成为店主，将货物售给大批客户，不必单纯依赖个别资助人的鼎力扶持。他与许多科学家有了来往，不必仅在一位科学家的指导下工作。特殊的关系仍然明显存在，例如艾伦（主要活动于 1606—1654 年）就在发明圆形滑尺的奥特雷德（William Oughtred，1575—1660）指导下学习制作该仪器。许多人仍然是发明仪器的执业者，新发明的仪器由他们自己手下的专业工匠来制造。然而，更为重要的事实是，仪器制造商成了当时许多日常科学活动的焦点。他们的商店变成科学家和业余爱好者的聚会场所，他们自己也在科学交流中起到举足轻重的作用，而科学交流对当时新思想的传播是至关重要的。工匠们常在酒馆碰头，后来又改在咖啡馆

631

会，这些地方也起到了类似的作用。胡克（Robert Hooke，1635—
703）的日记几乎记载了仪器制造商和他们的顾客每次聚会的地点。
别有趣的是，至少在某些国家，早在科学家和业余爱好者举办正式
议之前很久，仪器制造商周围的这类组织活动便很活跃，这些人后
组建了皇家学会和一些地区科学学会。

3.5　新的光学仪器

17世纪初，望远镜和显微镜传入荷兰，它们或许是经验丰富的
镜工匠在实验中偶然发现的[1]。数年之内，伽利略紧扣这个想法，也
是他本人重新发现了透镜的必要组合，不久便宣布了使用首架自制
远镜所观测到的惊人的、以前从未看到过的天文现象。伽利略的工
所制造的望远镜在许多年里备受推崇，天文观测成果很快被其他人
展，唤起了巨大的热情，引发了广泛的争议。科学史上很少再有其
期，有如此多的新事物——土星环、木星卫星、金星盈亏、太阳
子、月球山峰等等——被同时发现。考虑到这种巨大的兴趣，所以
当第一轮热情的浪潮退去之后，在望远镜和复合显微镜成为普遍应
的仪器之前的整整一代人时间里却很少再有什么作为就令人费解了。
间，尽管沙伊纳（Christopher Scheiner，1575—1650）用望远镜对太
黑子进行了仔细观测，斯泰卢蒂（Francesco Stelluti，1577—1653）
用显微镜得到了很精细的昆虫解剖结构图，但它们几乎就被人看成
学玩具。直到1660年，仪器制造商们才将制造望远镜和复合显微
纳入正规行业，10年之后才开始批量生产。对如此新颖和令人耳
一新的仪器，人们表现出令人惊奇的迟钝，缺乏合格的工匠是一个
得不考虑的因素。

最早制造复合显微镜和小型望远镜的商业工匠所面临的技术困

632

633

见边码231不同的看法。关于一般的应用光学，见9.6节（边码229）。

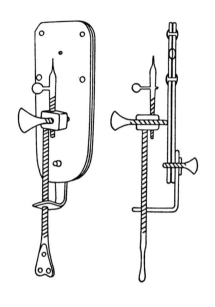

图 368　列文虎克显微镜示意图。
球形透镜夹在两块黄铜板之间的凹洞中。观测物被放置在尖顶上，调节有点粗糙的螺杆使被观测物位于透镜的焦点上。

难中，仪器主体的问题比光学部件的多。光学设计和合格透镜的供应也许是压倒一切的科学课题，但这个时期已能制作相当不错的高质量的玻璃，眼镜制造业的透镜打磨技术已很发达，几何光学的研究也有可喜的进展。17 世纪制镜技术进步很快，尤其是在微型透镜打磨技术方面，例如用业余爱好者列文虎克（Leeuwenhoek，1632—1723）制作的最简单的显微镜（图 368）可以看到精子甚至某些细菌，在高效望远镜所需要的很大透镜的打磨技术方面也是如此。其他重要的光学方面的进步是，大约

在 1645 年由德里塔（Schyrlaeus de Rheita）将正像目镜引入地上望远镜。大约在 1650 年之后多重透镜系统使用于显微镜中。稍后，消色差透镜这一影响深远的发明出现了，虽然牛顿认为这是不可能的，但最终由一个叫霍尔（Chester Moor Hall）的业余爱好者在 1729 年完成，并由光学仪器大制造商多隆德（John Dollond，1706—1761）在 1758 年开始生产。直到那时，色差产生的严重后果还只能用反射镜替代折射镜来消除。从牛顿建造第一架反射望远镜开始，反射望远镜发展神速，专业仪器制造商很快就安排了批量生产。牛顿的首架反射望远镜（图 369）很好地反映了这一时期科学家制造的原型仪器的特征，机械设计包含了新颖的特点，例如一个球体构成了一个通用的安装基架，滑管起着粗糙但足够的聚焦作用，还有非常重要的反射镜的安装方法

634

图 369 牛顿的反射望远镜素描原稿，1672 年。
进入管中的光线通过金属凹面反射镜（A）反射到平面镜（D）
上；此后反射光线透过目镜（F）进入眼中。望远镜由螺杆（N）
调焦，螺杆可以调节反射镜到目镜的距离。

入牛顿的手稿中我们得知，他花了大量时间做实验以寻找制造反射镜
的最佳金属，并寻求成功地对它进行计算的最优方法。后来的专业望
远镜镜片制造商也做了类似的实验，并且这类实验变得非常重要，工
匠能否获得声誉，取决于他们在处理镜面时能否达到高精度标准以及
成品镜面有没有失去光泽。

对工匠来说，安装光学部件时所涉及的机械设计和机械结构问题
要困难得多。透镜的座架通常由木工车床加工，这可以解释这样一个
事实：英格兰最著名的早期显微镜工匠马歇尔（John Marshall，1663—
1725）是在做车工学徒之后进入这个行业的（图 370）。正中安置支
架的镜筒的制作更困难一些，它必须精度高，以便调焦时能顺利滑动，
重量必须较轻，虽然伽利略制作第一个望远镜时使用的是铅管。牛皮
纸卷制的镜筒或者纸板做的镜筒被广泛使用，并常常利用冲压、染

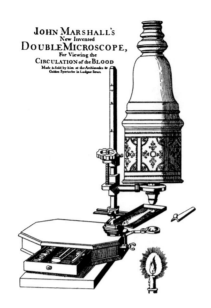

635

图370 马歇尔的显微镜，1704年绘。
仪器主体包含两个透镜；物镜用螺杆固定在可换黄铜支架上。支撑仪器主体的臂可在黄铜支柱上滑动，并用调节螺旋固定在支柱上，通过转动旋钮用导螺杆调整高度。支柱通过球结固定在盒形基座上。

色和镀金等从书籍装订匠那借鉴来的方法加以装饰（图37图372）。由各种长度的木件制成的镜筒并不多见，但长的望远镜有时是由4块木拼接形成一个方形镜筒，因目镜和物镜座架可以固定在镜筒上（即目镜调节装置，边244）。为了使球面像差减少最低程度，人们使用了超长望镜，长达100英尺或更长。超长望远镜显得非常笨拙，完全弃用分节的镜筒，在这"空中望远镜"中，物镜安装塔上或柱子上，由绳索控制，离的目镜则贴近观测者安装。用说，这种改动同样被证实是方便的，从而促使望远镜迅速转

向反射式。金属镜筒首次出现在反射望远镜中，滑动作用在这种望镜中并非必须存在。对于反射装置和所有复合显微镜来说，只是大约在1750年之后才普遍采用这些金属镜筒，它们是由金属片卷制而成的。直到近一个世纪之后，可拉伸金属镜筒才被使用。

在对光学部件及其在仪器主体上的安装进行一番细究之后，有必要把注意力转向支撑镜筒的支架和附件部分，它们有助于聚集，使仪器能够恰如其分地定位。一般来说，在望远镜和显微镜中，这是设计中最脆弱的部分，也是仪器在使用过程中出现故障的主要原因。早期的复合显微镜主体通常是由一根靠近物镜安装的细长臂支撑，或由

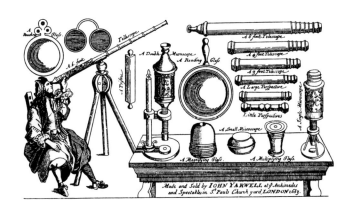

图 371　雅维尔（John Yarwell）的商行卡，1683 年。

艮松动而粗糙的螺杆支撑，目
竟最轻微的移动也会使观测物
扁离焦点并脱离视野（图 372）。

由 卡 尔 佩 珀（Edmund Culpeper，
∴660—1738）和他的同事制造
的一个经过改进的显微镜，可将
仪器主体牢固地安装在一个三脚
架上，从而获得了较好的稳定性。
尽管在 18 世纪末期人们更重视
机械的稳定性，但后来的仪器却
又回到了支柱支撑的老方法上。

23.6　其他新仪器

　　约 1650 年以后，在新型光
学仪器流行起来的时候，传统
仪器受欢迎的程度相应减弱了。

英寸

图 372　科克（Christopher Cock）为胡克制造的显
微镜，约 1660 年。
物镜安装在仪器主体底部的小室里，仪器主体上
还装有一个目镜和一个物镜。仪器主体可在支柱
上滑动，螺旋在黄铜臂上上下滑动以实现精密调
节。

636

到 17 世纪初，星盘实际上已经过时，平面象限仪也没能坚持几十年，原本很流行的各种形状和尺寸的日晷日渐式微，到 18 世纪下半叶便完全被摆钟和怀表所取代。分割和雕刻金属板不再是仪器工匠手艺的核心技术，但仍然保持着很高水平。执业者的新型仪器被不断制造出来，例如测量中使用的圆周仪（全圆）和量角器（半圆），航海中应用的高度观测仪和反射式八分仪，绘图员和校仪员使用的分度尺和绘图仪。还出现了一些更新型的仪器，例如经纬仪和气泡水平仪，新型的望远瞄准镜取代了开口式瞄准装置。古老的技术也被应用到计算仪器中，其中有内皮尔骨尺、函数尺（图 367）、各种对数尺和其他标尺。

根据学术机构调查所推广的物理仪器为仪器制造提出了新的课题。佛罗伦萨的玻璃吹制匠约在 1660 年为西芒托学院制造了第一支密封的酒精温度计，其技术远胜过欧洲其他地区的竞争对手。比如说，保存至今的酒精温度计的刻度是将黑色玻璃珠熔入管体上紧密而规则排列的刻度缝隙里制成的（图 373）。水银气压计也许比较容易制造，因为并不涉及对注满液体的管子进行密封的技术，但直到 1643 年的托里拆利（Torricelli）实验之后很久，气压计和温度计才得到广泛应用。从

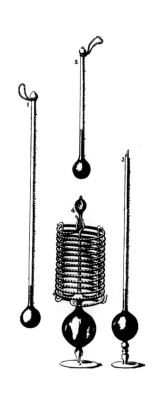

图 373　由西芒托学院设计的温度计，约 1660 年。通过熔入管体上的有色玻璃珠来分刻度。4 号是刻度分得很细的螺旋形温度计。

术上来看，在 17 世纪末以前，这两种仪器的早期制作属于玻璃吹制匠的技艺，当时，气压计管和温度计管与刻度标尺、指针和其他配件安装在一起，因而成为仪器制造商贸易中的一部分。

气泵的历史很有意思，这不仅因为它通过把人们的注意力引向"气体"的物理特性而在科学中发挥了巨大的作用，而且也因为它首次将庞大而复杂的机器引入实验室。老式的天文仪器有时做得庞大，而且正如前文提到的那样，折射式空中望远镜（边码 635）长度惊人，刚问世的真空泵不仅又大又复杂，它的工程技术也开始进入精密仪器 **637**领域。斯科特（Schott）在 1657 年描述过居里克（Otto von Guericke）所做的第一个实验，很快引起玻意耳（Boyle）、惠更斯（Huygens）、帕番（Papin）以及其他人的注意，并对这个实验作了改进。进入 18 世纪不久，最早的仪器制造技工之一——霍克斯比（Francis Hauksbee，1687—1763）开始大量制造真空泵，基本上雷同的设计式样大约保持了 150 年（图版 27A）。由这类技工发明的技术方法立足于发展的前沿，直接导致了蒸汽机和内燃机的出现。尽管这些气泵是由自称为仪器制造商的人所制造和销售，但他们所需要的技术与其他的仪器制造商所使用的一般技术无甚相同之处。

与仪器制造技术发展主流比较接近的一些装置在 17 世纪末和 18世纪初，随着人们对磁现象和电现象日益感兴趣而流行起来。由于想解决在海上确定经度这个问题，导致了对能更精确地测量磁场变化和磁偏角的仪器的需求，并且早在 18 世纪，对磁学的普遍兴趣使得一些仪器制造者去售卖加工精细的天然磁石和小型罗盘，还售卖为业余爱好者娱乐和教育而设计的各种形状和尺寸的磁铁。此时，通常安装在粗糙但有效的常平架上的磁罗盘，早已成为木板船上的标准装备，许多专业罗盘制造者在造船厂工作，或者为海军部门工作。然而，静 **638**电机走的是另一条路线，它是一种像气泵一样庞大的仪器，不涉及工程学上那种精度，在 18 世纪期间变得更大，为了大幅度提高效率，

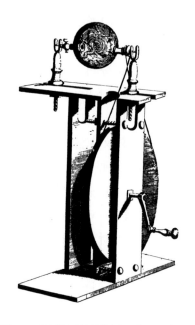

图374 霍克斯比制造的静电机，约1709年。
此图表明，当手摇轮柄使之摩擦起电时，抽净空
气的玻璃球就会产生发光效应。

人们对其进行了很多复杂的改
进（图374）。如果认为是气泵
导致了蒸汽机的出现，那么静
电机就位于根据现代物理学发
展起来的一系列重要仪器——
静电加速器、回旋加速器以及
其他的仪器——的链端，而这
些仪器现在大多有专门的研究
机构。

1700年之后不久，一个新
的仪器制造市场开始出现。在
那之前，大多数仪器是为从事
实际工作的人或前沿科学家和
业余爱好者制造的。现在研究的
前沿内容越来越不能被业余爱好
者和初学者所理解，而公众对科

学的日益关注以及对数学和科学教学的忽视，导致了对适合演示实验
的新型仪器的需求。甚至在中世纪，诸如演示用浑天仪（边码613）
这样的一些教学设备就已经存在，到了现在，更受欢迎的工匠开始出
售一些包装精美、能演示力学和磁学定律的仪器以及能帮助理解立体
几何的模型，并提供简易显微镜配制的滑杆和物镜以及成对的地球仪
太阳系仪是一个将钟表匠技艺引入非钟表仪器领域的优秀范例，那些
工匠也出售诸如此类结构复杂的教学仪器（图版27B）。随着时间的
推移，这种趋势变得越来越明显（边码642）。

639　　## 23.7　对精度的探求

现已证明，在科学革命时期，精密仪器的制造是通过新装置的制

造而演变的，其中一些只是对旧的原理作了些修正，以更好地适于实

际应用，其他的则体现出新的科学原理，还对精度以及怎样达到这

种精度的观念产生了影响深远的根本性转变。新的实验和新的测量

方法只构成科学家的一部分工作，将原有的测量结果精确到较多位

小数至少也很重要。这一点在天文学领域比在其他领域更明显。开

普勒（Kepler，1571—1630）清楚地表明了精确认知某些天体微小的

周期性波动和长期运动的好处，他曾经利用了第谷在 16 世纪末的观

测结果，所使用的仪器已达到肉眼可获得的精度的极限。在天文角

度测量仪器中存在 3 个主要的问题：(a)恒星或者其他天体精确的照

准；(b)刻度盘的准确调校和分度；(c)刻度的准确的读数。第谷和

其他人——例如，但泽的天文

家赫维留斯，都注意到了这

些。特殊的觇板照准仪被设计

出来，以避免视差并充分利用

肉眼的分辨率。这种仪器设计

得尽可能大一些，并配以平衡

重物以使因重力作用造成的变

形减至最小（图 375）。刻度尺

上装着游标或斜线尺（图 376），

如同以后要讲到的游标尺一样，

这种装置使得刻度的细分可以

被精确估测，而不用在整个仪

器臂上刻满高度细分的刻度。

　　令人哭笑不得的是，命运

让第谷和赫维留斯竭尽全力来探

索肉眼精度的极限，但他们的

工作刚完成不久，望远镜便问

640

图 375　天文台的部分概图，1673 年。显示正
在安装测量天体角间距的一个大六分仪。
注意减少张力的平衡重物和螺旋调节的观测器
（与图 370 中的调节装置相似）。仪器需要两个
人来进行观测。

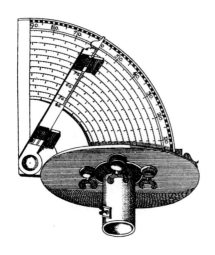

图 376 达德利（Dudley）的象限仪，利用象限仪上的游标可读出角度的细分部分，1646 年。每个带刻度的弧被分成不同的若干部分，例如，90、89、88……如果看到照准仪落在分为 p 部分的第 m 部分，那么该角度就是 90m/p 度。

641

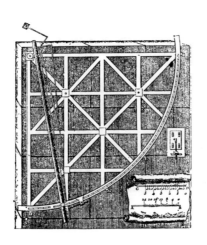

图 377 格雷厄姆（George Graham）制作的有 5 个底脚的铜制壁挂象仪，带有望远照准仪，1742 年。

世了，这一发明毫不费劲地大幅提高了观测精度。其后的几十年里，望远镜似乎一直被用于天文测量（与定性观测不同加斯科因（William Gascoigne）早在 1640 年就把自制的千分尺安装在望远镜的目镜上。但直到 1665 年之后，肉眼观测才被望远镜观测完全取代。当时，胡克制造了若干望远镜观测仪器从此以后，天文学家极少用肉眼去作天文观测。但直到 18 世纪中叶，望远镜才普遍成为测量仪器和航海仪器的组成部分。

以前限制精度的因素已经被消除了，接下来必须注意仪器设计中其他要考虑的因素。在仪器主体的制造过程中，较高的机械精度是非常重要的，仪器制造者必须完成现今由精度工程师完成的工作。精确对准中心以及正确运转的轴承和轴的制造尤其要引起高度的重视，刻度盘边缘必须认真设计，并以十字交叉支柱支撑以防变形（图 377）。当这些都完成之后，我们很快就可以看到，余下的主要限制因素是分度的方法和读刻度本身。

钟表匠已经在机械的次级分度上迈出了第一步，他们使用一种特殊的标记轮标出齿轮上轮齿的位置。这种方法依靠以前标记轮的几何分度，但直到大约 1760 年才由法国的肖尔纳（Duc de Chaulnes，1714—1769）和英格兰的拉姆斯登（Jesse Ramsden，1735—1800）首次采用纯属机械原始分度的方法来分割圆（图 378）。到大约 1780 年，由拉姆斯登设计的仪器大获成功并得到普遍应用，不但用于圆弧，而且在需要时用于高精度的线性标尺的刻度划分。实际上，拉姆斯登的分度机只是充分运用了早在使用的蜗杆蜗轮的原理，这种原理甚至应用在希罗（Hero）的窥管上（边码509）。但是，这一原理机械运行的精度要

图 378　拉姆斯登的圆分度机，1777 年。
将要分刻度的金属板用螺旋固定在有齿大圆盘上（CC）。划线器安装在能够滑动的架子上（DD）。用绳子和棘轮组成的装置转动与圆盘啮合的蜗杆轴（见 Q 上），踩下踏板（R），使圆盘转过一定的弧度。每操作一次踏板，划线器就在金属板上划下一道标记，从而以精确的间隔留下一系列刻痕。

求很高，因而开辟了一个精度技术的新纪元，并形成了仪器精度的新观念。此后，仪器制造的技术问题成为推进科学研究的一个决定性因素，仪器制造中的每一个进步使得科学家的测量达到一个更高的精度，而科学研究中的每一个进步又向仪器制造者的精确性和独创性提出了新的挑战。虽然天文学是第一门得益于原有限制被消除的学科，但这一进步很快扩展到其他领域。例如，后来的重点转到精确计时上，越来越多的天文台开始使用带从动时钟的望远镜。天文台自身对仪器的设计产生了相当大的影响，因为它们可能是更加复杂和昂贵的仪器的最大主顾，这些仪器是工匠生产其他产品所仿照的原型。拉姆斯登的分度机不仅运用在天文仪器上，而且运用在航海和测量仪器的标尺上。

实际上，在18世纪下半叶，仪器制造已从精雕细刻发展到吸收各种截然不同的必要技术，用来生产科学革命时期所发明的新的光学仪器和物理仪器。当然，人们经历了一个内部的变革，找到了解决工艺精度问题的新途径，并导致了新的工匠阶层的出现，他们在精密工

图379 18世纪数学仪器制造商的工场。
（左）脚踏车床；（中）工作台和石头；（右）熔炉和铁砧。

方面的技艺是科学进步所必不可少的（图 379）。

3.8 从仪器到器械

在牛顿于 1727 年去世后的一个世纪里，科学运动在蓬勃发展，在国民生活中也越来越重要。与此同时，科研阵地稳步向前推进，产生了越来越多有关世界的令人振奋的知识和理解，只是这些知识越来越不容易被非专业人员掌握。我们已经评论过，这种现状为仪器制造商的产品创造了某些市场需求，但这些仪器是为演示和教学设计的，而不是为科研或测量、兵器和航海的执业者设计的。在这个世纪中，这类仪器制造发展如此之快，以至开始对制作工艺以及工匠所必须掌握的技术产生重大影响。事实上，这种变化比人们可能想象的更为重要，因为刚进入近代社会时，公立实验室纷纷建起，市场需求的主要是教学仪器和常规实验仪器，而不是原创性研究所需的仪器。在 18 世纪后半叶，已经很明显的是，科学家所需要的新设备由仪器制造商根据其订单特制，可能使用了已成为行业标准产品的各种各样的仪器零部件。

当时出现了一种趋势，较好的和掌握技术较多的工匠受雇于科学家，为其某项特殊工作而制作专门设计的仪器，另一种趋势是制造能适用于不同实验项目的标准配件和标准设备，而不仅仅适用于专门设计的定向实验。因此，我们发现透镜和棱镜被分开安装以使它们在需要时能够组装在一起，只能与其他设备组合使用的有读数千分尺、压力表和其他测量仪器，与静电机一同使用的有莱顿瓶、放电器、火花器和其他装置。

644

除制作能按不同方式组合起来用于科学研究的仪器零部件外，仪器制造商继续生产种类越来越多的用于教学和演示的仪器。因为牛顿的工作强调了力学在自然哲学中的基础地位，所以许多这样的仪器是试图用来证明力学原理的，例如静力学和动力学定律以及碰撞定律

图 380　演示牛顿万有引力定律用的阿特伍德
（Atwood）仪器。

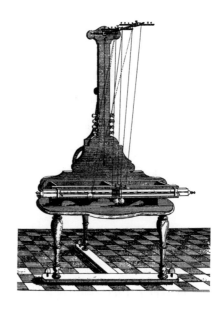

图 381　作物体碰撞实验用的仪器，约 1750 年。

图 380、图 381）。这些演示仪器通常体积庞大，其中许多是橱柜木
工、细木工匠和机械匠的杰作，它们的外形像家具，并按当时的风格
加以装饰。这一时期许多最著名的仪器制造商专门制造教学仪器，并 **645**
因此而闻名遐迩，他们撰写的介绍仪器使用方法的书籍对普及科学
贡献很大，并为在大学以外的科学教学奠定了基础。亚当斯（George
Adams，卒于 1773 年）也许是当时最好的仪器工匠，撰写了这类著
作并发行了很多版本，在许多 19 世纪科学家的基础教育中发挥了重
要作用。他的仪器同样受欢迎，其中许多仍保存在乔治三世（George
Ⅲ）的大量收藏中（图版 27A）。

到亚当斯时代，已不再需要早期工匠制作星盘和日晷的那种技艺。 **646**
这时的企业为执业者制作标准仪器，为科研机构专门设计标准配件和
设备，为科学课堂生产所有的仪器设施。仪表工匠从一度以雕刻匠为
主的群体中走出来，与其他专业工匠联合起来制造光学的、气动的、
磁力的和电力的设备，这些设备包含着科学设计和机械制造的非常新
颖的原理。

最重要的是，对精度的探求引导他们去生产体积庞大且工程精度
最高的仪器，并促使他们千方百计地提高精度。这类仪器工匠为科学 **647**
家的实验提供器具，逐渐成为一个被仪器包围着的实验室工作者，这
是到 19 世纪初时一个非常有特点的场景。此外，科学仪器制造也为
科学以及当时正在进行的工业革命作出了卓越的贡献，因为精度工程
发展的趋势，使得斯米顿（John Smeaton，1724—1792）和瓦特（James
Watt，1736—1819）等伟大的工程师也深入到仪器工匠队伍中学习仪
器行业的要领。蒸汽机、经纬仪、六分仪、行星仪和射电望远镜等，
全都是从中世纪的星盘和日晷发展出来的系列衍生产品。

参考书目

Boffito, G. 'Gli Strumenti della Scienza e la Scienza degli Strumenti.' Con l'illustrazione della Tribuno di Galilei Facsimile di Primo Benaglia. Seeber, Florence. 1929.

Clay, R. S. and Court, T. H. 'History of the Microscope.' Griffin, London. 1932.

Daumas, M. 'Les instruments scientifiques aux dix-septième et dix-huitième siècles.' Presses Universitaires de France, Paris. 1953.

Kiely, E. R. 'Surveying Instruments, their History and Classroom Use.' Bureau of Publications, Teacher College, Columbia University, New York. 1947.

King, H. C. 'The History of the Telescope.' Griffin, London. 1955.

Stone, E. 'The Construction and Principal Uses of Mathematical Instruments. Translated from the French of N Bion' (2nd ed.). London. 1758.

Taylor, Eva G. R. 'The Mathematical Practitioners of Tudor and Stuart England.' University Press, Cambridg 1954.

Wolf, A. *et al.* 'A History of Science, Technology and Philosophy in the Sixteenth and Seventeenth Centurie (2nd ed., prepared by D. McKie). Allen and Unwin, London. 1952.

Idem. 'A History of Science, Technology and Philosophy in the Eighteenth Century' (2nd ed. rev. by D. McKie Allen and Unwin, London. 1950.

第24章　机械计时器

H. 阿兰・劳埃德（H. ALAN LLOYD）

24.1 最早的机械钟

机械钟是 13 世纪的发明。当时是通过控制落锤的重力来设计的，而在 15 世纪则设计成控制弹簧的复位，由此，它们可借助一个合适的指示器缓慢而有规律地运动。一种早期的机械钟（复制如图382）也许是从更古老的装置复制而来，出现在《阿方索知识丛书》（*Libros del Saber Astronomia*）[1] 一书中，该书是由一群学者在1276 —1277 年间为卡斯蒂尔的智者阿方索（Alfonso）———一位学术赞助人编撰的。一个重锤系在环绕滚筒的绳子上，当重锤下落时，滚筒的转速可由装在滚筒内环状容器中的水银来控制。转动的滚筒提升水银，直到它与驱动重锤达到平衡，当水银从阻止它自由流回容器的隔板的孔中逐滴泄出时，这时的重锤只能缓慢下降。因此，滚

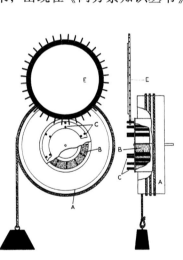

图 382　阿方索十世的水银钟。
（A）重锤驱动的滚筒；（B）被有孔隔板分开的水银容器；（C）转动刻度盘（E）的销钉。

筒转动的速率取决于水银的黏性以及孔的大小，并且几乎是不变的。这种控制的缓慢运动会持续下去，直到绳子完全展开。

人们发现，后来的所有时钟均采用了有规律地、周期性地中断驱动力作用的设计，这样指针可以一步一步地移动，而不是连续地移动。这就是能周期性地制动和释放驱动齿轮系的擒纵机构的功能，时钟的精确性取决于擒纵机构作用的规律性。朝着现代计时装置迈出的第一大步是在13世纪后期，利用重锤下落而产生运动的擒纵机构来控制重锤下落速率。

人们一经掌握了重锤下落的规律，那么这样获得的重锤运动就可以应用于各种各样的目的，比如带动星盘中星网或星图的转动（边码 604），每隔一定时间振响钟铃，或转动刻度盘面上的指针。在欧洲，由擒纵机构控制的计时装置的最早记录是在法国建筑师德翁内科尔特（Villard de Honnecourt，约1250—约1300）的速写本中发现的[2]。他所画的大部分内容是他在旅途中见到的，因此这种机械（图383）很可能不是他自己发明的。虽然他没有解释，但草图下有这样的说明——"如何制造一个手指对着太阳的天使指针"。这表明指针很有可能是24小时旋转一周。天使指针可能是安装在垂直轴上。

在德翁内科尔特的这个几乎不能叫作钟的草图中，那重锤的下落以及轴的匀速转动依靠轮轴上绕着驱动绳的轮子的来回摆动进行控制。轮子的摆动周期是由许多因素决定的，包括其转动惯量、轴承的摩擦以及作用在绳子上的力。直到17世纪，所有的

649

图383 德翁内科尔特的绳索擒纵机构。

时钟都是由重物的摆动来进行类似控制，这种重物或是轮子（如此处），或是一对重臂。虽然擒纵机构已得到很大的改进，但这样的时钟都有同样的缺点，即摆动周期易受一些易变因素的影响而发生变化，因此中断驱动力的作用也随之发生变化。换言之，这种擒纵机构没有形成一个其频率独立于这些变量的周期性系统。

控制重锤下落的最早的擒纵机构被称为摆轮心轴[1]。在其最简单的形式中，重锤下降引起的锥齿轮转动被有规律地中断（图384）。称为棘爪的杆或心轴上的凸出物，与该齿轮的另一边交义啮合。摆轮心轴装在枢轴上因而能够摆动，心轴与摆轮杆相接成直角，摆轮杆两端各系一等重物。当锥齿轮转动时，摆轮杆朝一方的摆动先是停下来，然后改向摆回。接下来，当锥齿轮的啮

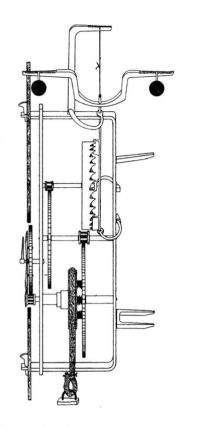

650

图384　一座 15 世纪的最简单的机械钟。摆轮是一根开了槽的横杆，或称为平衡摆，装有两个小型滑动重锤。先是通过变换重锤的大小来粗调，再通过滑动重锤来微调。通过刻槽臂用线将摆轮心轴悬挂起来，依靠改变棘爪和锥齿轮的齿之间的接触角提供另一种调节的方法。将棘爪朝锥齿轮的齿倾斜，可以实现较长的接触周期，由此可以减慢走时速度，反之亦然。

合齿从相对应的棘爪下被释放时，另一个棘爪的齿就卡住齿轮的另一边，再一次改变摆轮的摆动方向，如此往复。因此，锥齿轮作周期

可能源于拉丁语 "virga"，指杖或者杆。

性转动的速度取决于：（a）由弹簧或落锤通过齿轮施加在锥齿轮上的力；（b）齿轮系和擒纵机构间的摩擦力；（c）摆轮的转动惯量。以齿轮连接发条盒和指示器或指针的擒纵机构，就组成了钟表的走针转动轮系。

如果还要让时钟敲击报时，就必须为其设计一套报时齿轮系，通常由一个独立的重锤或者发条驱动，在走针转动轮系的运动间隙释放能量。时钟报时齿轮系的发明时间尚不能确定。现存最古老的能够依次报时的时钟安放在索尔兹伯里教堂，是 1386 年制造的。然而，这个时钟改动很大，所以还是用画图说明多佛尔堡钟更好，后者仍然保存其原有的原始平衡摆（或摆轮心轴）擒纵机构（图版 32A）。

在早期的打点钟里，一个按序间隔刻槽的齿轮控制敲铃的次数而转动的叶片形成一个气闸，限制敲击的速度（图 385）。在 1676 年之前，这是唯一一种人们所知的报时机构（边码 669）。最早的机械钟的设计可能只是为了报时，以提醒修道士宣布相应的仪式，那时它们也许不能真实地指示时间。然而，如果没有包括擒纵机构的走针转动轮系，一个报时齿轮系是毫无意义的。

在纽伦堡，有一个 1380—1400 年间的闹钟（图 386），它有 16 个小节头，在黑暗中触摸它们就可以知道时间。它还有一个三叶小齿轮驱动一个有 48 齿的齿轮在 16 小时转完一圈，因而，可以肯定它是专为夜晚使用设计的。直到 17 世纪初，纽伦堡和其他一些地方还是用白昼小时和夜晚小时来估算时间的，在仲冬，白昼是 8 个小时，夜晚是 16 个小时，而在仲夏正好相反。教堂司事每晚会在夜幕降临的第一个小时调整时钟。一个提升装置将会每小时一次松开第二锥齿轮，也就是闹轮，通过它自身的驱动重锤进入运动状态，从而摆动自身的心轴轴杆棘爪，心轴轴杆的末端装有一个敲击钟铃（没有显示）的小锤。在闹轮上有一个销子，在闹轮转完一圈后挡住它并重新调整闹铃。这种闹铃装置是一种新玩意儿，它不必在每次报时后重新

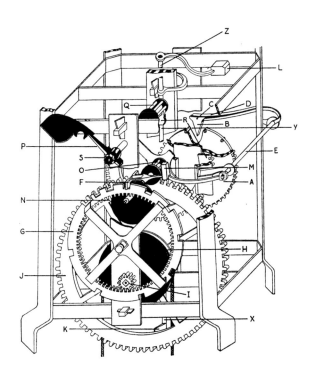

图 385　简单报时齿轮系的早期形式，约 1550 年。

金属板上 12 根销中的一根每隔一小时将三角形零件（B）提起，该金属板安装在由前面的金属板支撑的时针轮（A）上，三角形零件以 C 点为摆动中心，并有一根复位弹簧（D）。B 通过轴（E）将锁定片（F）从锁紧板（G）的凹槽中提出来，将另一锁定片从同轴的凸轮（N）槽中提出来。这样报时齿轮系就可以自由转动了，由系于绳子上的重锤（未画出）驱动，该绳子穿过槽轮（H）。与 H 同轴的小齿轮（I）转动锁紧板（G）。在大齿轮（J）另一边间距相等的 12 根销（图中不能看到）卡住装有小锤（L）的轴（XYZ）底部的棘爪（K），小锤通过复位弹簧（图中不能看到）敲击钟铃（未画出）。因为重锤（M）的作用，锁定片落到锁紧板的边缘，通过小齿轮（O），由大齿轮（J）驱动的同轴凸轮（N）又将锁定片提起。然后 J 的下一个销卡住再次敲击的 K，如此直到锁定片落入锁紧板的槽中，同时第二个锁定片落入凸轮的槽中。锁紧板上的槽的间距能使小锤连续从 1 敲到 12。为了减缓重锤的下落，通过小齿轮（O，Q）和齿轮（R）连接了一个叶片（P）使之高速旋转。在叶片的看不见的臂上是一个棘爪，它与棘齿（S）一起使得转动只能朝一个方向进行。当扇被牢牢挡住时，报时齿轮系设计的变化，特别是在报时前两三分钟的一个"报时阶段"的装置的变化是常见的。在法国，锁紧板系统仍被广泛使用；在其他地方，它只用在塔钟上。它不能提供一个重复动作。

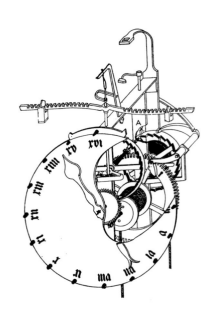

653

图 386 早期的修道院闹钟，最多可以记录 16 小时的黑夜时间。约 1390 年。

闹钟锥齿轮的顶端（A）是对较早的时钟设计的改进，其作用是在转动一圈之后，停止并且重新设置闹铃。

给闹铃装置上发条。从此，教堂司事的唤醒功能逐渐被时钟的自动敲击声所替代，有时这种敲击由一个机械人"杰克马特"（*jaquemart*）[1]完成，"杰克马特"源于英国的杰克钟（clock-Jack）。"jack"一词曾应用于许多机械装置中，比如铁叉转动器（roasting-Jack）、螺旋起重器（screw-Jack）等等。

接下来的一个发展是报刻，它最早出现在 1389 年的鲁昂大钟上。为提供这种附加功能，引入了第三套齿轮系，它与报时齿轮条在相同的线上，但仅以 4 等分的锁紧板替代了 12 等分的锁紧板。每刻钟报时铃只敲 1、2、3、4 次，第 4 次之后，小时以自己的铃声敲击。

24.2 最早的天文钟

在很早时期，人们试图在时钟上体现出天体的运动，这种雄心确实对匀速运转机械的发展似乎起着重要的作用。天文钟最先是在中世纪由唐迪（Giovanni de' Dondi）于 1348 年至 1362 年之间在欧洲发展起来的，他制造了一台最完整的时钟（图 387），以惊人的准确性阐

654

明了太阳、月亮和五大行星的运动，并为每年变化的宗教节日制定了

1　也就是装有重锤（*marteau*）的杰克（Jacquème）。

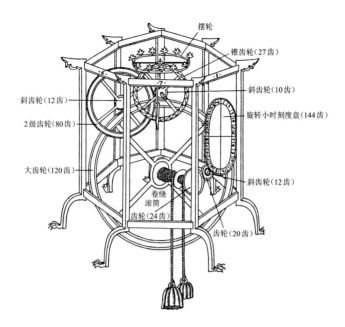

图 387 唐迪走针转动轮系的不完整概图，1364 年。

它与其他刻度盘和齿轮系的精确细节形成鲜明的对比。该钟有一个与摆轮安装在一起的心轴擒纵机构，但没有报时齿轮系；它体现了早期的一种实践，就是将一根固定指针和一个转动的 24 小时刻度盘结合在一起。正如显示在概图上的齿数所表明，卷绕滚筒每天转动 10 转；因此，第二个齿轮每天转动 100 转，而擒纵轮转 800 转。因为每转引起摆轮 54 次的振动（每小时 1800 次），所以摆轮有一个 2 秒钟的敲击——唐迪时间的标准。与时圈啮合的小齿轮被制成可以滑动的形式，便于每天的调整。就像在制造该钟的意大利一样，当每天 24 小时从日落开始时计时时，这种设计是很有必要的。

万年历。唐迪为时钟及其制造方法留下了详尽的描述，时钟由他亲手制造，使用的材料全部是黄铜、青铜和铜，耗时 16 年。因为天文学上的复杂性，与白天相比，唐迪时钟的走针转动轮系在夜间需要大得多的驱动力。他在复杂的机械精巧性方面遇到了困难，于是引进一个辅助的驱动重锤为走针转动轮系提供额外的张力，因为来自具有 365 齿的年历轮的驱动，7 个星球转盘中的 6 个同时获得了夜间加速。

为了在他的时钟的一个轮上切割出 365（5 × 73）个齿，唐迪将整个圆周分为 6 部分，从中得到 1/18，又从 1/18 得到 1/72。然后他将余下的 71/72 圆周分割为 72 部分，这样就得到几乎相等的 73 份，他又将其中每一份作 5 等分。

解释为每年变化的宗教节日制定的唐迪万年历，会使我们偏离主题太远，但平心而论，他解决这个机械问题的方法比此后 400 年内的任何后来者都要好。他的思路超出了他同时代的人乃至后继者，但几乎没对他们产生影响，因此他所设计的时钟的许多细节，几乎没被看成技术史中的必要组成部分。然而值得一提的是，每一行星都有一个转盘，并且月亮和水星轮系是椭圆形嵌套齿轮（图 388），月亮轮系上的两个椭圆形嵌套齿轮被分割成不相等的部分，每部分有相同数目的轮齿。内部的嵌套齿轮固定在一个齿轮毂上，并作有规律的圆周运动，这样使得在相等的时段内月相有规律地增加。外部的椭圆形嵌套齿轮绕着内齿轮转动，并且因为在不相等部分有相同数目的齿，因

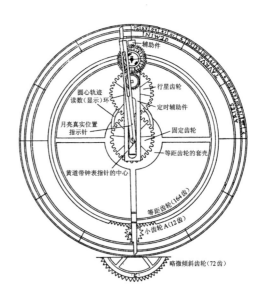

图 388　唐迪的月亮轮系。
注意带不规则齿距的椭圆齿轮，外轮围绕固定的内轮旋转。

此在连续相等的时段内所走过的弧长是变化的。

　　与唐迪伟大作品几乎同时代的是 1354 年的斯特拉斯堡钟，它的结构大为简化，在随后几个世纪里被广泛模仿。该时钟还有另一个特点，即具有机械动作的动物或活动形象。在这些自动装置之中，锻铁公鸡是唯一的幸存品，它让人想起圣彼得（St Peter）对其前辈大师的否定。斯特拉斯堡钟大约 38 英尺高，有一个直径 9 英尺的年历轮。中午时分，公鸡张开嘴巴，伸出舌头，鸣叫，拍打翅膀，伸展羽毛，鸣叫功能是通过一伸缩管和一块簧片的机械动作来实现的。1574 年，哈勃雷特（Isaac Habrecht）在制造第二台时钟时又用到这种公鸡，因

图 389　1354 年为第一座斯特拉斯堡时钟制作的机械公鸡。
它安装在一个木座上，是由锻铁制造的，鸡冠和鸡下巴是铜制的。

图 390　图示头、喙和舌头连接的机械构造（斯特拉斯堡公鸡钟）。

图 391　图示拍打翅翼以及伸展羽毛的原理（斯特拉斯堡公鸡钟）。

此，毫无疑问它是幸存下来了（图389—图391）。

24.3　弹簧驱动器及其调节

在重锤驱动的时钟中，驱动力明显是恒定的，但钟必须永久固定。为了使钟表便于携带，有一个想法是以卷簧代替重锤。在15世纪甚至更早，这种发明便面世了。

可携带的最早的时钟或者表通常是鼓形的。它们一直被误称为"纽伦堡蛋"[1]，因为人们认为它们起源于这座城市。现在人们怀疑这种说法的正确性。1488年来自米兰的一封信提到3块表，其中两块可以报时，但第三块不能[3]，或许它们就是能够方便人们携带的小钟或者表。

弹簧驱动时钟最早出现在15世纪中叶的一幅肖像画中（图版32B），其形状与当时一般的重锤驱动型时钟相同。然而，在报时齿轮系的右边可以看到，它有一个可能包含弹簧锁定装置的醒目的厚底座，弹簧锁定装置通过肠线与大轮轴上的滚筒相连。连到每个滚筒轴上的是带有4个用来卷绕的拇指状小片的盘，上条钥匙是后来发明的。时钟顶端帆布上的题字和其挂钩都表明，可以把它从一个房间移到另一个房间。

均力圆锥轮实质上是一个将传送给齿条的力进行平衡的机构，因为弹簧发条松开时张力会减弱，所以它变得必要。人们现在仍在使用的这个发明，最先是阿勒门诺斯（Paulus Alemannus）于1477年在罗马所写的手稿中，用图来表示和描述的（图392）。该手稿显示了安装有均力圆锥轮的弹簧驱动时钟，其中有一根刚性固定轴穿过均力圆锥轮。在这根轴的末端，是一个带有拇指状卷紧装置的圆盘（图版32B）。该拉丁文本中的用词是"corda"（gut）和"fusella"（均力圆锥轮），并述及带有均力圆锥轮的大轮每3小时转一圈。假使顶端

1　人们把"小钟"（*Uhrlein*）误译为"小蛋"（*Eierlein*）。

的摆轮每半秒钟摆一次，也就是说，假使每秒钟锥齿轮转过一个齿，并且所有齿轮和小齿轮的数目如文中所给定的那样，那么在 3 个小时内该钟将指示 10752 秒，只比实际 3 个小时的时间少 48 秒。在达·芬奇（Leonardo da Vinci）约 1490 年绘制的著名草图中，我们可以看到一个类似的机构（图 393）。

尽管弹簧的张力会逐渐减弱，但使用均力轮是保证获得恒定不变的驱动力的另一个方法（图 394）。它是一个安装在一个齿轮上并有行程限制器的肾形凸轮，由一个小齿轮驱动，小齿轮垂直地安装在主弹簧的轴上。硬弹簧的头部顶着凸轮轴承，在弹簧发条变松、齿轮转动的时候，凸轮边缘的来自发条的压力逐渐减少。

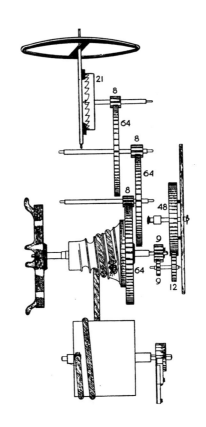

图 392　根据 1477 年的手稿复原的带有均力圆锥轮的钟。
手稿中显示的均力圆锥轮的数目表明在当时它们就已众所周知了。

均力轮还将弹簧的有效圈数限制在能发生最均衡力的圈数内。

在钟表机构中，螺纹起着非常重要的作用，但最早用于钟表的时间尚不清楚。达·芬奇向我们描述了金属内螺纹的攻丝方法，一般认为是到大约 15 世纪末才在钟表机构中采用螺纹。也是在此时，猪鬃开始被用于钟表精密的调节。它们起着限位器的作用，以限制摆轮振动的幅度（图 395）。它们减少了摆轮返回时作用于轮系的张力，因而可使用较小的驱动力。它们也减少了阻尼，阻尼是在能量的消耗中

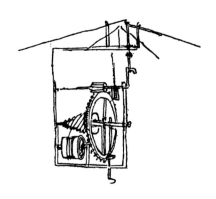

图 393　达·芬奇关于均力圆锥轮的草图之一。

图 394　均力轮——该词来源不明。
小齿轮有 8 齿，大齿轮有 27 齿，在表停转需重新上紧发条前，只在发条的前 3 圈——这 3 圈的力最均衡——是有效的。

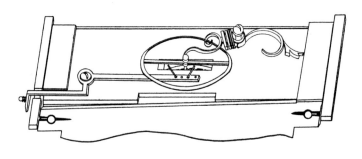

图 395　猪鬃调节器。注意交替的孔和调节用的曲柄杆。

最难控制的因素，因此这种新装置大大地提高了精确度。另一方面，

658 它也带来了某些问题，例如在鬃毛之间回弹时的差异，或者当一个棘爪没有咬合时因控制的变化而产生的冲击角的变化。鬃毛调节能在短时内产生非常精确的效果，但这种精确不容易保持。

引入每刻报时机构之后，再引入一个标记有 1—4 的小刻度盘来指示刻钟就很自然了，就像小时刻度盘一样。后来，增加了 15、30、45 和 60 这些数字，很快我们就发现分钟也被标记上了，尽管它们一

开始并没有使用一个单独的分针来指示。直到钟摆发明之后，同轴的分针才被普遍使用。

大约在 1550 年，人们为秒的指示作了尝试（图 396），但只是在 1670 年之后秒针才被正式使用。那时，克莱门特（William Clement）发明了锚形擒纵机构，这使得以秒为周期的钟摆在家用钟表中的使用完全成为可能。

1561 年，黑森的威廉四世（William Ⅳ of Hesse）属下的钟表匠巴尔德温（Eberhardt Baldewin）建造了一台天文钟，作为唐迪钟的后继者而值得重视（边码 653）。它极其复杂，具有滚柱轴承、万向节和可作传递运动的无端螺旋管（图 397，图 398）等新结构。在卡登（Cardan）"发明"万向节大约 20 年之内，这台钟就制成了。

在 16 世纪末，天文学家们——特别是第谷（Tycho Brahe, 1546—1601）和开普勒（Kepler, 1571—1630）——清楚地认识到，现有时钟的缺陷使得它不能有效用于天文观测。瑞士人布吉（Jobst Burgi, 1552—1632）是一位技艺精湛的仪器工匠，他先在卡塞尔、后来在布拉格制作他们所需求的时钟。他首先关心的是用长周期的作用来提 **659** 供稳定的驱动力。一个重锤可以提供驱动力，但需要不断地重新卷绕，结果丧失了精度，因为维持力[1]仍然是未知的。而且，第谷抱怨未卷绕的绳子的重量可引起几个小时内多达 4 秒钟的误差[4]，弹簧可以 **660** 支持较长的走针转动周期，但很难保持均衡的作用力。因此，布吉将一个驱动重锤和一根弹簧组合起来，让它每隔 24 小时使重锤自动复位（图 399）。

在这一时钟中，布吉将摆轮和鬃毛调速器以及普通的摆轮心轴擒纵机构组合起来使用（图 395）。因为摆轮心轴的局限性，他又设计了交叉节拍式擒纵机构（图 400），棘爪由连接在一起的独立的臂支

当主重锤或弹簧发条重新卷绕时，一种用于维系轮系上的力的设备。

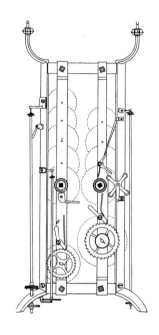

图 396 标明约 1550 年制造的一台约 9 英寸高的小型钟。

它有 3 个刻度盘，分别显示出秒、分和小时；完全可以通过改变重锤对其进行调节。摆轮心轴擒纵机构的锥齿轮有奇数个齿，因此不能准确地记录秒。

图 397 巴尔德温钟。

天文轮系部分固定在各自刻度盘的后面，这些刻度盘安装在图中内框的 4 个面上。通过安装在主轮系（图中看不到）下的 24 小时系列齿轮，经走针转动轮系传递运动。这些齿轮带动连杆底部其他齿轮转动，而连杆通过蜗杆与天文轮系连接 8 个刻度盘分布在 4 个面上，每个面上各有 2 个刻度盘。为了使连杆的远端与它们相应的齿轮啮合（这些齿轮中的许多不成一直线），就使用了万向节，其中一个已画出。

撑，根据齿轮传动装置的齿的精度，可以对它们接触面之间的夹角进行更精密的调节。布吉设计的擒纵轮齿的形状比普通的摆轮心轴棘爪更利于进行精细调节。实际上，它的作用与在棘爪碰触时鬃毛装置与摆轮接触的一样，但是因为金属臂的弹性比鬃毛的弹性更稳定，因而回动的周期要短一些，并与安装形式无关，因此其摆动更匀称些。最后，交叉节拍装置的臂的弹性可以减少擒纵轮齿和棘爪的磨损。虽然

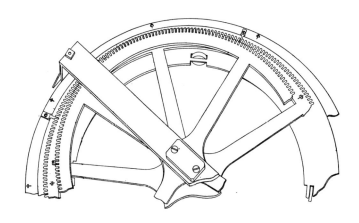

图 398　控制水银刻度盘的轮系的一部分，显示了巴尔德温支承用的滚柱轴承。

只应用了很短一段时间，但这个擒纵机构为钟表的精确走时作出了真正的贡献。随着摆钟的出现，交叉节拍装置被取代了，机械计时器也可以广泛应用于天文观测了。

24.4　钟摆

　　钟摆和计时的关系最初与伽利略（Galileo, 1564—1642）和惠更斯（Huygens, 1629—1695）两个名字密切相关。钟摆将钟表制造术带进了一个新的时代。

　　据说，伽利略 1581 年在比萨观察教堂吊灯的摆动时，构思了一个全新的等时性原理。他用脉搏测定了它们来回摆动的时间，然后用实验证实，任何给定长度的钟摆的摆动周期是不变的，与摆幅无关，这个结论接近正确。似乎直到 1641 年，他才将这个想法和时钟机构清晰地联系起来。由于那时已双目失明，伽利略就指导他的儿子文森齐奥（Vincenzio）将钟摆和擒纵机构结合起来使用（图 401）。文森齐奥将这项工作推迟到 1649 年，但尚未完成就去世了。与此同时，天文学家们已使用上了靠手动来维持的等时钟摆。

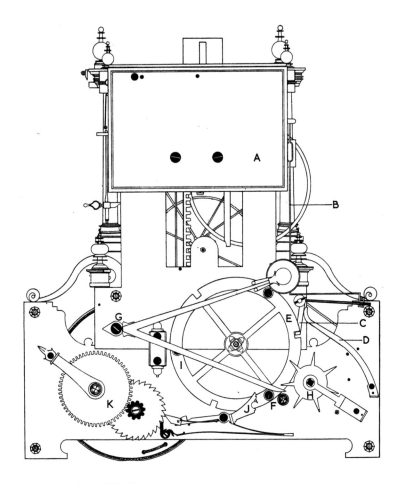

图399　布吉的定力擒纵机构。

重锤是一个长方形箱子（A），内含铅制棘爪，提供了一种微调方法。这个不变的驱动力在其24小时的下降过程中，压下杠杆（B），杠杆将由弹簧（D）控制的钩（C）间接移到右边，松开弹簧驱动锁紧板（E）。锁紧板这时通过销子（F）带动绕（G）点转动的V形臂逆时针转动。搁在V形臂另一端的滚轴上的重物复位到更高的位置，V形件的上臂离开销子。下臂的末端滑过销子（F），V形臂落回到原来的位置，D将C压入锁紧板的下一个槽中。V形件的下臂将带有星期刻度盘的七星轮（H）向前推进一个齿。销子（I）压下棘爪（J），并通过棘轮和小齿轮移动带有刻度盘的齿轮（K），刻度盘记录定力擒纵机构向前推进的齿数。发条将运行3个月，定力擒纵机构计数器可以记录180次动作。这是已知的最早的定力擒纵机构。

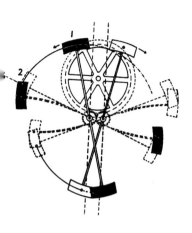

图 400　布吉的交叉节拍式擒纵机构的图解。

竖直的虚线表示臂要走过弧度的中间位置。位置
1：在朝箭头方向摆动的时候，阴影臂上的棘爪
与擒纵轮齿啮合。位置 2：棘爪被释放，臂自由
摆动，直到在位置 3 与另一臂的棘爪啮合并引
起制动。因为臂具有弹性，所以不会产生不和谐
的冲击。曲臂恢复到其正常的形状，为其从反向
摆回提供了一个推力。在图中，为清楚起见，夸
大了臂的弯曲。

伽利略的擒纵机构是针齿轮
型的，在一个多世纪后才被广泛
应用。他的钟摆只有五六度的摆
幅，因此大大减少了周期误差，
尽管当时他并没有意识到这种误
差的存在。另一种稍作改进的模

图 401　伽利略的摆式擒纵机构。

上面装有 12 个垂直销的擒纵轮，有 12 个小轴
套或者齿，这些齿被一个铰链止动器锁紧。当钟
摆摆向左边时，没有被锁住的棘爪提起止动器，
齿轮转动，直到一个销子碰到推进棘爪。当钟
摆摆向右边时，销子离开推进棘爪；同时，锁紧的
棘爪松开止动器，然后止动器落到齿轮的边缘并
锁住它。

型，后来被安装到重锤驱动的钟表轮系中，使得每天的时间误差不到
几秒钟。从事航海工作的荷兰人对在海上如何确定经度深感兴趣，而
关于这一点，伽利略已经与荷兰的议会进行了接洽，并建议采用带有
记录摆动次数的计数装置（实际上是不可能的）的钟摆。惠更斯一定
明白这个建议，但对伽利略的擒纵机构一无所知。

663

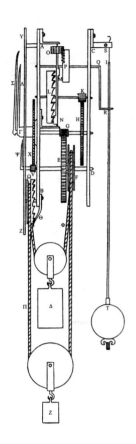

图 402　惠更斯的第一台摆钟。

与 3 倍于其直径的端面齿轮啮合的一个小齿轮减少了带有摆轮心轴擒纵机构的半秒摆的摆幅，端面齿轮安装在离合轴上。该机构首次引入了维持动力。一个带有锯形齿的齿轮安装在滑轮 Ω 上。止动器⊖只允许朝提起重锤的方向运动。第二个重锤 Z 确保环状绳子是拉紧的。在该机构中，△的一半重量在绳子 Φ 上总是有效的，而且，当通过拉动绳子 Π 使重锤向上运动时，它可以在钟里一直保持运动。

惠更斯自己的摆式擒纵机构采用了较次的摆轮心轴机构。他在 1656 年开始做实验，并在 1658 年出版了他关于摆钟的首部著作《钟摆》（Horologium）。很明显，那时他已知道摆幅会影响等时性（图 402）。这些类型的钟表没有保存下来。在引入小齿轮和端面齿轮之前，惠更斯已经有了几台钟，但钟摆的摆幅没有受到限制。后来，他转而使用水平锥齿轮和棘爪，依靠曲线颊板来控制摆动的弧度，颊板安装在钟摆的悬挂点上——安装在时钟上的第一个颊板的曲线板是圆弧板。这一时钟据称是惠更斯在海牙的钟表匠科斯特（Salomon da Coster）率先制造的，它有一个水平锥齿轮，并由弹簧驱动，现在保存在莱顿的科学史博物馆中[2]。科斯特根据惠更斯的设计制造了许多摆钟，并最早进入商业应用。

在 1659 年，惠更斯发现了

1　　不要和他的《摆式时钟》（Horologium oscillatorium，1673 年）混淆起来。

2　　这一归属的精确性是令人怀疑的。见罗伯逊（Drummond Robertson）的《时钟机构的发展》（The Evolution clockwork），76—78 页。

线¹对于钟表制造术的重要性，
E他的第二部关于精确计时器
的更伟大的著作《摆式时钟》
（*Horologium oscillatorium*， 巴
黎，1673 年）中发表了他的研
究（图 403）。在该书中，他描
述的理论认为真正的等时摆必
须以一个摆线弧摆动，这个摆
线弧比相应的圆弧要稍微窄一
些。实际上，他为此目的而引
入的摆线颊板，尽管具有最伟
大的理论意义并被他大量应用，
但是引入的错误比其纠正的还
要多。荷兰血统的钟表制造商
弗罗曼蒂尔（Fromanteel）家族将
惠更斯的钟摆带到了伦敦，他们
中的一个人从科斯特处学到了钟

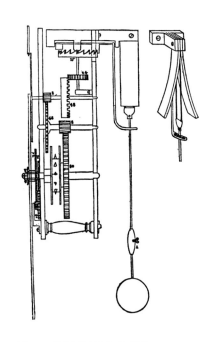

图 403　带有摆线颊板的惠更斯钟。
锥齿轮是水平的，取消了图 402 中的小齿轮和
端面齿轮。摆支撑直接连接到摆轮心轴棘爪柄轴
上。图中没有显示动力维持装置，但很容易安装。

664

摆的精髓。然而，摆线颊板始终没有在英格兰得到广泛采用，在那里
人们通常将摆杆直接与摆轮心轴棘爪柄轴安装在一起。后来，人们像
惠更斯最初所做的那样，将钟摆独立悬挂并用手柄启动，但使用一根
板簧代替丝线来悬挂钟摆。

24.5　锚形擒纵机构

克莱门特的锚形擒纵机构（图 404）大约是在 1670 年发明的。除
了可以从一个房间移到另一个房间的壁炉架钟上的摆轮心轴擒纵机构

当圆沿着一直线滚动时，其上的一定点形成的曲线就是"摆线"。绕摆线卷过去的一条弦的端点画出了第二条摆线
（渐屈线）；这就是惠更斯在设计其"颊板"时所利用的曲线的性质。

665

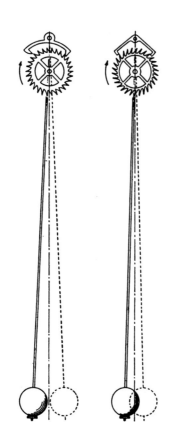

图 404 （左）克莱门特的锚形擒纵机构。
注意摆的摆幅很小，以及会产生反弹的棘爪碰触擒纵轮齿面的方式。比较起来，（右）格雷厄姆（Graham）的无摆擒纵机构避免了反弹，钟摆的摆幅甚至更小。

之外（因为摆轮心轴擒纵机构不需要精确的水准测量），它在英格兰很快取代了其他摆轮心轴擒纵机构。在惠更斯去世后，锚形擒纵机构迅速风靡了整个欧洲大陆。

在锚形擒纵机构中，擒纵机构棘爪与擒纵轮的齿位于同一个平面，使得它们能在比摆轮心轴擒纵机构小得多的弧度内产生间隙。这种擒纵机构优点很大，因为钟摆的等时性受到其摆幅的影响，它所摆过的圆弧越小，这个圆弧越接近摆线弧。理论上说，这两种曲线只在钟摆摆动的中点重合，但实际上，如果两个摆在该中点左右的摆幅都很小，那么这两种曲线在机械上是分辨不出来的。因此，摆的摆动越小，它就越近似于等时性（图 405）。锚形擒纵机构的另一个优点是它能在限定的范围内，使摆不与擒纵轮接触，这与摆轮心轴擒纵机构中的摆轮心轴的连续接触正好相反，这样，就朝那个当时不可实现的理想即完全的自由摆钟前进了一步。但它也有缺点，即棘爪碰撞到擒纵轮的齿面后会引起反弹。在一台普通的长框钟中可以看到这种效应，它表现为秒针每走一格都会产生一次轻微的抖动。

尽管本身存在固有缺点，锚形擒纵机构仍是一个重大步。因为它的摆幅很小，因39英寸的秒摆被家庭和科学广泛采用。正如我们现在所道的一样，长框钟得到迅速及，有很大改进的带有长秒的锚形擒纵机构的计时器很快到科学界的认可。为了获得更

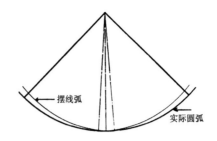

图405　图示中圆和摆线在一个很有限的弧度上是重合的，表明图404中的锚形擒纵机构具重要意义。

精度的钟表，人们制造出了5英尺长的钟摆，每1.25秒摆动一次。皮恩（Thomas Tompion）则更为超前，他在1676年为新建立的格林治天文台制造了两台钟，它们有13英尺长的钟摆，每2秒钟摆动次，装有动力维持装置，发条上紧一次即可走上一年。除动力维持置外，这些时钟可能是最早集这些革新于一身的。它们并非百分之的成功，但比当时天文台使用的其他钟要好得多。第一任皇家天学家弗拉姆斯蒂德（Flamsteed，1646—1719）所编撰星表的准确性，部分得益于这两台钟。

另一方面，在圣安德鲁斯大学的天文学家格雷戈里（James egory）于1673年从伦敦的尼勃（Joseph Knibb）那里，定购了带有摆的两台长框钟和一台带有锚形擒纵机构的小钟。它们的擒纵轮90个齿，每1/3秒摆动一次。小钟只有两根指针，一根指示小时，一根指示1/3秒[1]。这是能指示不到一秒时间的第一台钟，从而朝现分数秒的测量迈出了第一步，这一切都得益于锚形擒纵机构。

在计时方面达到的较高水准，在当时引起了一般公众对全年中平和太阳日的差别——即众所周知的时差——的关注。这一差别来自

这3座钟现仍存放于圣安德鲁斯大学图书馆。

两个方面，一方面是地球转轴与其轨道平面的倾斜角，另一方面地球在其轨道的近日点（冬季）的转速比在远日点（夏季）要大些。年中只有 4 天正好是 24 平均小时的太阳日。太阳日与平日的最大差是：2 月份太阳日比平日时间落后 14 分钟，而 11 月份比钟表所示的时间超前 16 分钟。太阳日与平日相等的日子是无规律地岔开**668**并且相对平均精确时来讲，每天的时差变化时快时慢，也无规律可起初，人们印制一些表格贴在长框钟门的内侧，在任何给定的日子根据日晷显示走时正确的钟应当是快多少或者慢多少。随后，制造手动操作的可调整刻度盘，直到最后以机械方式记录时差的问题才

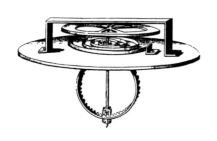

解决——这个问题被认为是惠斯解决的，他设计了一种肾形偏心轮（图 407）。机械均钟约在 1695 年被首次制造出

锚形擒纵机构对时钟计时巨大改进，激发表匠们尝试着制造有同样精度的表。1675惠更斯描述了他的游丝，并声它使表精确到可以让人们在海

669　图 406　惠更斯的游丝是一盘绕成很多圈的螺旋；通过小齿轮和端面齿轮的作用，它在每次摆动中绕转几圈。

找到经度的程度（图 406）。但是胡克（Hooke）占得了先机，不管实如何，无疑是胡克的游丝被普遍采用。与惠更斯的游丝相比，他游丝摆动大约 120° 的角，并围绕轴心旋转（图 408）。

　　带有游丝的表在这个时期有时被称作"摆表"，因为人们期望的精度与摆钟的精度相当。有时，早期的表的弹簧调节的摆轮采取铃杠的形式，哑铃杠的一半被一个实心开关所遮住，另一半给人留摆动钟摆的印象。人们偶尔也制造一些装有微型摆的表，机芯按照更斯最初提出的用于海上摆动计时器的方式安装在常平架上。

　　一个略次一点的发明属于巴洛（Edward Barlow），他在大约 16

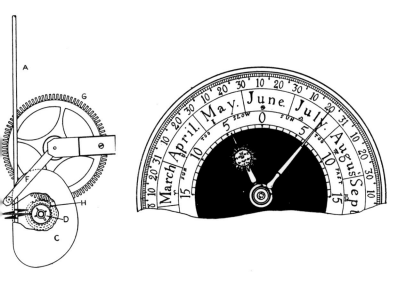

407 时差运动。

是由时钟轮系推动的一根杆，时钟轮系通过蜗杆（B）和轮（D）将时差肾形部件（C）每年转动一次。当它转动时，臂（F）上的销子（E）靠近或离开其中心，使齿轮（G）向前或向后运动，齿轮 G 又将运动传递给轮 H。它和紧摩擦轴套心轴连在一起，该心轴安装着带有太阳模拟像的时差针。年历指针安装在心轴 C 上，这样它每年转动一次。在齿轮 G 上，只有较低部分的齿是成形的，因为只有齿轮的这部分被用到。剩下的齿被切割出只是用于维持平衡。有时用一个平衡齿架维持平衡。当时差运动与钟的机心成为一个整体，时差就可由一个能移动的小环来显示，或者后来通过将一根时差指针套在钟的分针的心轴上来显示。

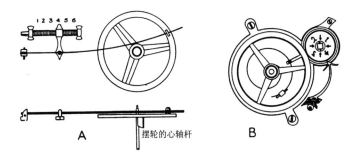

A　摆轮的心轴杆　B

408 游丝的早期形式。

（A）在一些早期的实验中用到的作用于摆轮边缘的一根直簧。图中也画出了"巴罗"螺旋调节器。（B）早期的游丝通常只有 1.5 圈。本图显示出汤皮恩的调节器，其中有一个弯曲部分，与弹簧的外部曲面相符且支撑带有限位销的臂，它是由一个齿轮控制的。

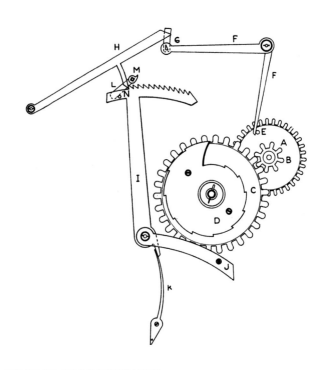

图 409　巴洛的齿条和蜗形凸轮报时机构（概图）。

每小时转动一圈的分钟轮（A）通过小齿轮（B）驱动带有蜗形凸轮（D）的小时轮（C），蜗形凸轮被分逐渐加深的 12 部分。销子（E）将止动器（F）每小时提起一次，并通过较远端（G）的一个销子（其投在前面的那块板上）松开"报时"轮。同时，齿条止动器（H）被提起，使得齿条（I）落到左边［在簧（K）的作用下］，直到销子（J）与蜗形凸轮（D）的边缘在其远端开始接触后，才止住它。经过止动（H）臂的齿条（I）的齿数由蜗形凸轮上缺刻的深度决定。当 E 扫过 F，F 就落回来，松开报时轮系，的臂就会落到齿条上的相应的切口中。操纵小锤轮轴上的齿条拨针（L）会在其轴（M）上翻转过每转一次拨动一个齿，齿在臂 H 下滑动，直到齿条移回所示位置的右边。然后，M 的尾端被销子（锁定，报时停止。在该报时机构中，时针在其空心轴上有着相当紧密的摩擦嵌合，因此，如果报时不确，指针可以毫无损坏地拨到准确的时间。

年发明了齿条和蜗形凸轮报时方法（图 409）。因为蜗形凸轮每小时转动一圈，每一步要用 1 个小时通过杠杆末端的销子，所以以每小时的任何时间里，如果时钟被重复同样步骤，那么这个销子就好与蜗形凸轮同步，这就使得齿条拨针每次拨过同样数目的齿，因此准确地重复每一小时。直到 19 世纪更先进的时钟投入使用之

670

种打簧钟被广泛使用。

有许多形式的打簧机构。

简单的只是报小时的，然后

现的是整点之后或之前的报

机构，它通常装有一只高音

铃；然后是1/2刻钟打簧机

，最后是分钟打簧机构，已

最早的样式出现于1705年。

在1688年，奎尔（Daniel

uare）和巴洛为申请打簧表的

利而展开了竞争。专利被授予

尔，因为他的表在一根拉杆的

用下，既可以报小时也可以报

，而巴洛的表需要两个独立的

作（图410）。

对计时有重大影响的另一个

明是在小孔中嵌上宝石，作为

轴，宝石几乎没有摩擦和磨损。

表中使用宝石的专利在1794

授予了发明者法乔（Nicholas

accio de Duillier）以及钟表匠彼

·德博弗（Peter Debaufe）和雅

布·德博弗（Jacob Debaufe）。

乔（1664—1753）是瑞士人，

1687年定居伦敦。红宝石和

宝石被普遍采用，后者易于钻

。以宝石制作表的轴承这一技

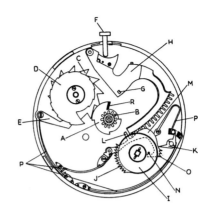

图410　奎尔制作的早期打簧机构。

A是报刻蜗形凸轮，由固定于其上的齿轮（B）驱动，每小时转动一次。在其下侧有一根销子，销子敲击有12尖顶的棘轮（C）；棘轮安装在小时蜗形凸轮（D）的下面，每小时前进一个齿。C由止动器（E）稳住。当活塞（F）推进的时候，臂（H）上的销子（G）落到小时蜗形凸轮上适当的位置。H齿条部分的末端推进的齿数与蜗形凸轮步数对应，并将封装在滚筒（I）中的发条卷紧到必要的圈数。它也使小时齿条（J）朝逆时针方向转动，使其适当的齿数转动到位以启动棘爪（K）。当I逆时针转动时，销子（N）的运动使得报刻齿条（M）前进，直到其臂（L）达到报刻蜗形凸轮（A）上的一个轴衬。当H返回到其原来的位置时，I顺时针转动，通过J和K报时；不久N马上撞到M并使其返回到其原来的位置，通过O和K报刻。棘爪（K）位于控制小锤的齿轮（未画出）心轴上。P是复位弹簧。显示在A上的阴影线是"预打拨爪"（R），当在整点前后的几分钟内报时时，它开始工作。R装枢轴于A，并被一根弹簧（未画出）保持在适当位置；它带有一个推动棘轮的销子。当这一销子压在棘轮上，R就被推回到与报刻蜗形凸轮（A）的边缘相同的水平面上，当销子扫过轮齿时，它返回到原来的位置。这使得小时和零刻钟同时动作。在这个早期的模型中，刻钟只敲一下；后来是两下，用的是叮当报刻钟。

671

术被严格保密着，直到 1798 年才在欧洲大陆普遍使用。现今使用
是人造宝石。

24.6　无摆擒纵机构及其后继者

锚形擒纵机构的巨大成功促使天文学家去追求更高的精度。格
厄姆因其制造的天文仪器和钟表而享誉国内外，他曾致力于解决精
这个难题，并约于 1715 年对锚形擒纵机构进行了改进，改进后的
构被称作格雷厄姆无摆擒纵机构（图 404）[1]。这个发明迅速受到人
青睐，特别是在天文台，它一直是天文台所使用的标准的擒纵机
直到 1893 年之后里夫勒（Riefler）擒纵机构出现。到 20 世纪 20 年
肖特（Shortt）的无摆钟出现了。这清楚地说明了锚形擒纵机构的重
性，在这一领域中它与摆是同等重要的。

接下来的 10 年里，在英格兰以及欧洲大陆，进一步展开了对
属延伸率的研究，因为随着温度的变化，摆和游丝的长度变化严重
响了时钟的准确性。格雷厄姆用黄铜和铁做过实验，但因其偏爱水
摆（约 1726 年）而放弃了。与此同时，约翰·哈里森（John Harrison
和詹姆斯·哈里森兄弟（James Harrison）用铁-黄铜合金作了实验，
制作了组合格状摆。

约翰·哈里森（1693—1776）由于努力研究并最终成功制造了
以准确确定海上经度的计时器件而名噪一时。1772 年，他为此获
了 2 万英镑的奖金以表彰其在 1714 年所做的贡献。约翰和他的兄
詹姆斯是木匠的儿子，他们自己也都是木匠。兄弟俩制造的首批时
除擒纵轮之外，完全是木制的，这主要是为了减少摩擦并避免使用
滑油。他们使用木制圆盘作齿轮，将这些齿轮开槽，把轮齿以五个
组嵌进去。他们一般使用橡木，但是在轴承中装入愈创树（圭亚那

672

1　无摆擒纵机构是一种运作时不会在轮系上产生反冲作用力的装置。

产的）轴衬，这是一种天然的油木。带有擒纵棘爪轴的心轴有时停

刀口边缘，这些刀口的边缘在小玻璃片上振动，玻璃片嵌入木架中，

像支承面一样。为了进一步减少摩擦，他们用愈创树木滚柱制成了

齿轮。滚柱在小黄铜销上转动（图411）。

为了避免对擒纵棘爪上油（因为油黏稠度增加会导致计时器精

的下降），詹姆斯·哈里森研制出了蝗虫爪式擒纵机构（图411）。

有一个大的圆形机械装置，因此能确保棘爪与擒纵轮作实际上无摩

的接触。它制作很精细，但调整也很困难，因此除哈里森之外几乎

有人用到它。它具有大的摆动弧度，必须与摆线颊板结合起来使用。

在1955年，当詹姆斯于1727年制造的一台塔钟被拆卸并经检

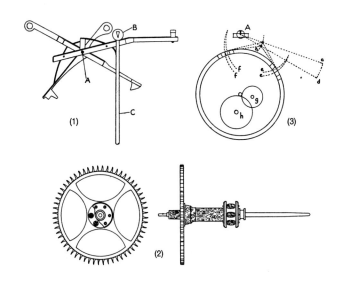

411 哈里森的蝗虫爪式擒纵机构。

）显示棘爪，它们机械装置的中心（A）偏离带摆杆（C）的棘爪轴（B），注意搁置在一小片玻璃上以减

摩擦的刀口的顶尖；（2）显示了黄铜擒纵轮，带有橡木轴和愈创树木制成的小滚轮；（3）哈里森本人对

擒纵机构设计的概图。A是一块小玻璃板，其上的凹槽用来支撑棘爪轴的刀口。c-d是钟摆扫过擒纵

一个齿所摆过的最小弧度。棘爪机械装置偏离的中心将移过弧a。棘爪末端的运动划过弧e-e和f-f，

纵轮圆周上的这些弧间距是齿间距的一半。因为它们的机械装置的中心是移动的，所以棘爪和齿之间

摩擦大大减少了。g和h是支撑擒纵轮心轴以减少摩擦的滚柱。

查后，哈里森兄弟理论的可靠性和适用性最终被证实了。当清除了

明润滑油之后，实践证明，该钟历经 225 年都没有磨损的迹象。

是，哈里森的方法很少被模仿，除了双金属温度补偿之外，他在制

673 "第四号"钟时也放弃了自己所珍爱的理论，而他正是因为这个计

器而得了奖。然而，这些想法是如此新颖和有效，因此确实值得在

里提及。

在无摆擒纵机构和温度补偿摆带来了时钟计时方面的进展之

下一步是对表的擒纵机构的改进。到那时，表的擒纵机构还只是摆

心轴和游丝。格雷厄姆在 1721 年发明了工字轮擒纵机构（图 412）

里面的擒纵轮是水平的并与棘爪在同一个平面上，这可以将表做得

细小。但是，工字轮擒纵机构主要的优点在于它是一个无摆机构，

免了摆轮心轴和簧片固有的反弹。在摆轮补弧时，工字轮擒纵机构

擒纵轮被工字轮锁住，而在摆轮心轴中，擒纵轮与它一起向后转

尽管如此，工字轮与摆轮心轴具有同样的缺点，即擒纵轮不能避免

触，因此齿的前端和工字轮的内侧面总是不停地发生摩擦。这在当

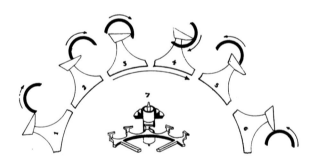

图 412　格雷厄姆的工字轮擒纵机构。

（1）行将进入工字轮的一个齿；（2）通过沿着工字轮边缘的滑动获得推力；（3）齿与工字轮壁的碰撞将
系锁住；（4）由于在（1）处的推力使得摆轮完成了摆动；（5）游丝改变方向，当齿被松开后，摆轮获得
一个推力；（6）齿一旦松开，下一个齿在回复期间碰到工字轮并锁住轮系；（7）齿轮和工字轮的一部分

1　　发明于 1721 年；发表于 1726 年。

并非一个严重的缺点，因为不间断的摩擦有利于平衡当时由于游丝的不够完善所产生的无规律运动。

674

工字轮擒纵机构大部分但并非全部被其发明者所应用，它在很大程度上为发明者赢得表匠的崇高声誉奠定了基础，也相当普遍地被英格兰和欧洲大陆的一些优秀的表匠所采用。然而，大体上直到19世纪初期杠杆式擒纵机构被广泛采用之前，较廉价和结构较简单的摆轮心轴擒纵机构仍是标准的选择。

还出现过许多其他的擒纵机构，但很少被承认。其中一种双联擒纵机构曾大量用于制作较高级的表，它的发明者和发明时间均无从得知。大约1750年，勒罗伊（Pierre Le Roy）在巴黎首次系统地使用了这种双联擒纵机构。它的工艺要求很高，由此也能产生很好的效果，但由于对驱动力的变化很敏感，所以仅限于用在装有均力圆锥轮的较昂贵的表中。它的间隙是如此之小，以至于轴的任何磨损都可能对擒纵机构造成不当效果。另外，它是单拍擒纵机构，如果突然受到震动，很容易停止走动。

另一种名叫销轮的时钟擒纵机构，有时在英格兰但更多在法国被普遍采用。它是由法国钟表匠阿芒（Amant）约在1745年发明的（图413）。后来，另一个法国钟表匠勒波特（Lepaute, 1727—1802）对它进行了改进，在齿轮的两面交替装上销子。

最后将要提到的擒纵机构几乎可以在今天每一只表中找到，它具有所有的优点。这种自由式

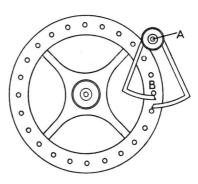

图413 阿芒的销轮擒纵机构（边码674）。棘爪轴（A）与摆杆固定在一起。当摆摆到左边，擒纵轮上的销子（B）将滑下棘爪的斜面，造成一个推力。B然后落到右边的棘爪上，当摆向右摆足后，即给右边棘爪一个反向的推力。这是一种无摆擒纵机构，主要在法国使用。

擒纵机构（图 414）是马奇（Thomas Mudge）约在 1755 年发明的，但
在 19 世纪初之前并没有得到广泛应用。马奇似乎没有认识到他构想
的重要意义，他的设计中，除非被锁住或受到轮系的冲击而产生瞬间
的接触外，擒纵轮与表的轮系没有任何接触。这种擒纵机构的细微结
构与其他擒纵机构相比有着许多不同，但它们实质上是一致的。瑞士
钟表制造商和当今英国最重要的商家所采用的是最流行的擒纵机构，
棘爪嵌着宝石，擒纵轮齿则是弯脚的，在此用插图说明。

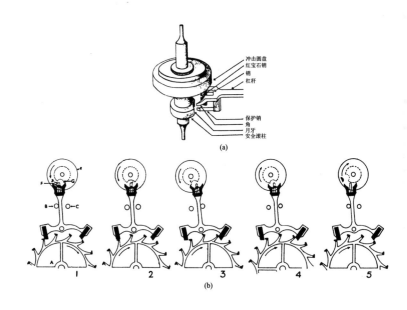

冲击圆盘
红宝石销
销
杠杆

保护销
角
月牙
安全滚柱

(a)

(b)

图 414　马奇的自由式擒纵机构。

（a）示出的是与杠杆末端相连的带有摆轮以及游丝的小轴杆。这要与（b）联系起来加以研究。在（b）中
（1）显示带有"弯脚"齿的擒纵轮 A 以及带有宝石棘爪的杠杆和另一端的叉或"角"。B 和 C 是限制杠
向运动的销。D 是安全销或称保护销。E 是冲击圆盘，在 E 下部的 F 是推力销或者红宝石销。G 是带有
月牙状缝隙的安全滚柱。角之间的长方形空间是"槽"。杠杆紧搁在 B 上，红宝石销将杠杆压向右边。
（2）此时没有锁定的齿沿着棘爪的推进面移动。红宝石销同时从槽获得一个推力，将杠杆推向 C。（3）
第一个齿松开，下一个齿向右落到退出棘爪的锁定面上。直到下一次被释放前，摆轮正反方向的摆动
被分离开来。这种自由摆动是擒纵机构的巨大优点。（4）摆轮的反向摆动使红宝石销从另一边进入槽中，
松开退出的棘爪，在齿滑过将控制杆压向 B 的棘爪表面时，棘爪获得了推力。（5）摆轮完成摆动返回时
如在（1）中一样红宝石销将再次进入槽中，重复整个过程。

相关文献

] Alfonso of Castile. 'Libros del Saber de Astronomía del Rey Don Alfonso X de Castilla' (5 vols), ed. by M. Rico y Sinobas. Madrid. 1864.

] Hahnloser, R. 'Villard de Honnecourt.

Kritische Gesamtausgabe des Bauhüttenbuchs.' Schroll, Vienna. 1935. Eng. trans. from French ed. by R. Willis. London. 1859.

[3] Morpurgo, E. *La Clessidra*, **8**, viii, 1952.

[4] Brahe, Tycho. *Astronomiae instauratae mechanica*. Wandsburg. 1598.

参考书目

aillie, G. H. 'Watches.' Methuen, London. 1929.

Idem. 'Watchmakers and Clockmakers of the World' (2nd ed.). National Association of Goldsmiths' Press, London. 1947.

Idem. 'Clocks and Watches, an Historical Biography.' National Association of Goldsmiths' Press, London. 1951.

ritten, F. J. 'Old Clocks and Watches and their Makers' (6th ed.). Spon, London. 1932. Also: 7th ed. Spon, London. 1956.

amerer-Cuss, T. P. 'The Story of Watches.' Macgibbon and Kee, London; Philosophical Library, New York. 1952.

escinsky, H. and Webster, M. R. 'English Domestic Clocks.' Routledge and Kegan Paul, London. 1913.

hamberlain, P. M. 'It's About Time.' R. R. Smith, New York. 1941.

ordon, G. F. C. 'Clockmaking Past and Present' (rev. by A. V. May). The Technical Press, London. 1949.

ould, R. T. 'The Marine Chronometer.' Potter, London. 1923.

loyd, H. Alan. 'The English Domestic Clock.' Published by the author, London. 1938.

Idem. 'Chats on Old Clocks' (2nd ed.). Benn, London. 1951.

Idem. 'Some Outstanding Clocks over 700 Years: 1250–1950.' Hill, London. 1957.

awlings, A. L. 'The Science of Clocks and Watches' (2nd ed.). Pitman, London. 1948.

obertson, J. D. 'The Evolution of Clockwork.' Cassell, London. 1931.

ymonds, R. W. 'A Book of English Clocks.' Penguin Books, Hamondsworth. 1947.

Idem. 'Thomas Tompion, his Life and Work.' Batsford, London. 1951.

一幅机械钟的最早印刷图，约 1490 年。

第 25 章

化学工业中的发明

F.W.吉布斯（F.W.GIBBS）

25.1 化学技艺的发展

德国医生、内特斯海姆的阿格里帕（Cornelius Agrippa c Nettesheim，1486—1535）讲过一句在当时广为流传的格言："每一位金丹术士要么是一位医生，要么是一个肥皂制造者。"从这句话我们可以推测出，金丹术士并非依靠从较贱金属中提炼金子来谋生，而是通过医学或化学技艺（chemical arts）来挣钱的（图版 28）。由此他推论，炼金术（alchemical art）使真正的化学家沦为"邪恶的金丹术士"（江湖骗子），使医生沦为"养狗者"（灵猩饲养者），使煮皂工匠沦为卖肉者的平庸同行。另一方面，他指出许多发明在较一般的意义上来讲，应当归功于炼金术，例如各种各样的颜料、染料、色素、薄金属片（黄铜类）以及其他合金、镀锡和焊接的工艺、精炼和分析的方法、枪——"一种可怕的器械"的发明，以及玻璃制造工艺等等。

1450 年前后，活字印刷术的使用，导致了知识的爆炸性增长，并大大激发了人们的想象力。第一批论及化学发明的印刷书籍由普林尼（Pliny）以及其他古典作者零星收集的、由中世纪一些"伟大而熟练的工匠"完成的发明的资料组成，例如英国人巴塞洛缪（Bartholomew）的大百科全书（约 1250 年）。整个 16 世纪都在使用这些书籍，但书中的内容却大多是几个世纪之前的事情，因此鲜有新意。正如斯蒂尔曼（Stillman）所说，中世纪的工匠不是写书的作者，他们忙于提高其化学技术，闲暇时则有时沉溺于炼金术（alchemy）[1]。

进入 17 世纪之后，化学领域中两个相互关联的倾向，对于化学工业中的发明有着特殊的意义，一个倾向是试图重新发现在古典时期曾经繁荣而后失传的古老技艺，另一个倾向是试图开发出新的技艺并改进古老的技艺。

前者主要从两个方面着手，首先搜寻古典时期的作者以及由那些对肖像绘画、油画、染色、金属加工、玻璃制造等技艺感兴趣的僧侣们撰写的手稿，然后收集那些穿越欧洲尤其是赴德国和意大利的旅行者的记事本，这些旅行者应有能力查究各地使用的技艺并直接做第一手记录。最终，这项工作的成果被汇编成一本记载失传技艺的书，书中同时还载入了许多古代人所不知道的新发明。该书作者为帕多瓦大学罗马法教授潘奇罗利（Guido Panciroli，1523—1599）[2]。当它在 1715 年被翻译成为英文时，前言中加了一段文字——本书是自从潘奇罗利的时代，尤其是 17 世纪中叶以来重大发现的汇编。显然，这类书是对时代的一种挑战，从而阐明了这样一个事实——近年来每门科学都有自己的哥伦布。

论述技艺的最优秀手稿之一是特奥菲卢斯（Theophilus，第 II 卷，边码 351）的论文。它的复本在印刷时代很久之前就在各地流传，尤其是在德国和意大利。他的著作常常被别人例如阿格里帕提及。第二类书中最著名的是由阿格里科拉（Georg Agricola，1494—1555）编著的《论冶金》（*De re metallica*，1556 年）[3]。很显然，这两类书中的大部分资料（有些时候是全部）只有在广大读者以前没有接触过的情况下才是新的。因此，当那些引用特奥菲卢斯论文的作者不时地提起那些在古希腊拜占庭时期就已经被广泛应用的技艺时，阿格里科拉所描述的大多数工艺已经被沿用了好几个世纪。一些国家和文化群落在 16 世纪就已对现在正在搜集与传播的资料做出了贡献。因此，有人这样说，希腊出画家，托斯卡纳出釉匠，阿拉伯出金属匠，意大利出宝石商人，法国出玻璃工匠，西班牙出化学家，而德国人则迫切地需要获得所有这些技艺中的技巧和知识。

在第一个倾向之后，第二个倾向——试图开发新的技艺，改进古老的技艺——顺理成章地发展起来。然而，总的说来需要有不同技能的人，相对编年史家来说更需要发明家，相对搞"科学"的来说更要干"技艺"活的。这些术语经常使用，各自有些紧密地与相应的工艺实践和理论联系在一起。当一名化学家"运用技艺"制造出了某物品，这是他在化学工艺中运用技能的结果。因此，技艺并非是应用科学，而是综合运用技术和原材料专业知识的能力，原材料知识则是在使用中积累的。通过运用技艺，人们努力促成农业的改进，而哈特立伯（Samuel Hartlib，约 1599—约 1670）称农业为"所有其他行业和科学工业之母"。约翰·佩特斯爵士（Sir John Pettus，1613—1690）说金属技艺纯属化学。一些人坚持认为，化学已渗入到所有应用技艺和"机械"技艺领域（与文科不同）。

678　在 15 世纪，主要得益于酒精（并非医疗的目的）需求的大幅度增长，蒸馏技术有了长足的进步（边码 11—边码 12，图 7、图 8）白兰地生产的改良方法被设计出来。同样得到发展的还有化验师和冶金学家所需要的强无机酸生产工艺（图 40）。

到 16 世纪中叶，德国领导着欧洲的采矿和冶金工业，纽伦堡地区当时在所有金属物品的制造业中处于领先地位。德国人在这些事务上的强大力量，在 17 世纪中叶被哈特立伯归因于"他们在手工实验方面的持之以恒，以及……他们在探索自然秘密时敢于闯入荒凉小径的巨大勇气"。

另一方面，威尼斯共和国尤其是穆拉诺岛在玻璃制造方面当执牛耳（图版 30）。制造工艺被相当谨慎地保护起来，并且工人的行动通常受到严格的限制。因此在 1547 年，威尼斯 10 人陪审团有权处决任何试图去别处传授或者使用行业秘密的穆拉诺岛上的工人。德布朗库特（H. de Blancourt）在《玻璃工艺》（*Art de la Verrerie*，1697年）一书中，称赞法国路易十四（Louis XIV）王朝的财政大臣柯尔贝尔（Colbert，1619—1683）在法国技艺和制造业复兴过程中起到了关键作用。钴蓝（钴蓝釉，大青玻璃粉）发明后，经由萨克森地区的玻璃吹制工匠许雷尔（Christoph Schürer）之手，很快便成为一种深受欢迎的商品，而法国的燧石玻璃在意大利以英格兰水晶（*cristallo inglese*）之名著称（第9章）。这些事实都表明，17世纪的意大利不再在玻璃制造业上独占鳌头。

15世纪和16世纪也见证了意大利中部无数花饰陶器工场的崛起。在这些工场中，一种铅和锡的混合氧化物（*piombo accordato*）被加到碱和硅土的混合物中用来上釉。这个技术秘方使得大量的出口贸易发展起来，1530—1550年这20年间，仅在法恩扎就有不下30家花饰陶器工厂开工。锡耶纳（蒙塔尔奇诺）也因拥有这种陶器而著称。生产新的颜料和釉料的工作也展开了。成功和秘方总是并辔而行。不过这有时会导致重要发明的失传，例如由古比奥的安德烈奥里斯（Andreolis，约1500—1540）发明的用于瓷器的新品颜料，颜料配方似乎和颜料本身一起消失了。某些最早的欧洲瓷器是在费拉拉生产的（详见第IV卷，第2章）。

意大利人在这一领域的垄断，激励了像帕利西（Bernard Palissy，1510—1590）——著名的法国制陶工匠——这样的人去赶超他们。尤其是帕利西，更使意大利以外的陶瓷工业获得了巨大进步。他在该领域的发明以及对于化学和实验方法价值的正确评估，都记录于他的《土壤技艺学》（*L'Art de terre*）一书之中[4]。他工作的深远意义可以通过以下事实来证实——19世纪期间，帕利西陶瓷还在英格兰各地和塞夫尔的皇家工厂被大量仿制。

也是在16世纪，通往美洲和东印度群岛的新航线被开辟之后，

679

各种日用品的进口量迅速增长，这些日用品先前都是闻所未闻的，或者只能通过陆路运输少量获得。许多日用品——尤其是靛青和胭脂红——在印染方面有重要应用，将这些染料印染在布匹上的先进方法也被发明，例如审慎地使用溶有锡铅合金的硝酸溶液，将胭脂红这种鲜红染料印染到布匹上。意大利在印染方面也很著名。这一领域的第一本教科书（*Plictho dell'arte de'tentori*）是威尼斯人罗塞蒂（G. V. Rosetti）在 1540 年写成的[5]。

25.2　科学和工业

在弗朗西斯·培根（Francis Bacon，1561—1626）的年代，科学对技艺的影响开始显现出一些重要性。对科学知识有实用倾向的培根毫无疑问受到了同时代伦敦发明家工作的影响，包括休·普拉特爵士（Sir Hugh Platt，1552—1611）和德雷贝尔（Cornelius Drebbel，1573—1633），后者是来自荷兰阿尔克马尔的移民。

借助于一些载有秘方的书籍，例如署名为皮德蒙特的亚历克西斯（Alexis）的许多不同的版本和校订本书籍，普拉特考察了盐和泥灰在农业上的应用，制出了耐火盆，用煤屑和黏土糅合起来制成了煤球（边码 80），发明了几种新的蒸馏方法，并对大型工场的蒸馏室中需经常进行的化学处理提出了很多建议[6]。普拉特也注意到航海者的需求，例如他发明了一种油的混合物以防止铁器生锈，发明的新品沥青嗣后被弗朗西斯·德雷克爵士（Sir Francis Drake）应用在航海方面普拉特还研究在航海中保存食物和水并使其有利健康的方法，提倡使用干制的食物，例如意大利的面食（*Pasta*），因为它可以保存很长时间。

德雷贝尔的发明极多，吸引了整个欧洲的注意。其中，有为皇家海军设计的武器，例如浮动炸药曾于 1628 年在拉罗谢尔以外的地方使用过。他还发明了制造硫酸的更经济的方法，带温度控制的化学熔

户和孵化器（图 415），以及新
的印染工艺（边码 695）。

培根认为，学术距离日常的
事件太过遥远了，他提倡从各种
不同来源、不同地区收集实验的
更概和"模式"，并从善于探索
发现"公理"和"定理"的人那
里收集研究题材，以获得更大的
进步。他认为，应由那些兼具实
际技艺和敏锐洞察力的人来评估
研究题材的价值取向，那样的研
究才会对人类产生巨大的推动作
用。这项工作的组织工作需要有
一个社团或学会，在那里，这些
资料同时也可用来作为撰写各行
业发展史的素材。

作为培根的建议，"维鲁伦
计划"开始为人所知，它激发出
许多设想，但均不能立竿见影地
产生效益。然而在培根弥留之际，
至少有 3 位年轻人在他们 20 多
岁时便开始考虑走相似的道路。
例如萨默塞特（Edward Somerset，

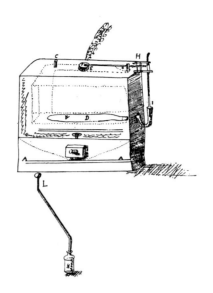

680

图 415　德雷贝尔的自动调节炉或称用作培养箱
的"金丹术士浸煮炉"。

火床（A）在底部，热气向上，环绕通过装蛋的
内箱并从 E 排出。内箱由水冷套保护，在水冷
套里插有充填酒精的恒温计（D）。与它相连的
U 形管内装有水银。当酒精膨胀的时候，水银被
迫抬升，因而抬起小杆（I），它借助杠杆（H）关
闭风门（F）。如果热量下降太多，就会因酒精的
收缩而呈相反过程。恒温器效应由 H 处的螺旋
调控。另一幅图显示了类似的炉子，没有水冷
套，用空气代替恒温计里的酒精。L 是空气温度
计，指明炉子的温度。引自 1666 年的一份手稿。
这个炉子（不在工作状态）由蒙科尼（Monconys）
于 1663 年意外发现。它或许是利用"反馈"机
制的第一套装置。

1601—1667），伍斯特侯爵第二，约在 1628 年雇用了一位德国枪械
师卡尔特霍夫（Caspar Kalthoff）从事研究发明，并少量制作模型向感
兴趣的人们演示。几乎垄断了几内亚所有赚钱行当的尼古拉斯·克里
斯普爵士（Sir Nicholas Crisp，约 1599—1666），对技艺和制造业表现

出相当浓厚的兴趣，并给予发明者极为丰厚的报酬。他本人研究了制砖的工艺，发明出一种后来被长期使用的制砖方法。1648年，他提出了制造绿矾（硫酸亚铁）的计划，并介绍了经济的煮沸工艺。与水磨、造纸厂、磨粉厂相关的新发明，也得益于他的知识而陆续投入使用。第三位是哈特立伯，他父亲是波兰人，母亲则是英国人。他大约在1628年来到英格兰，从事商业代理和信息交流，随后研究了当时普遍存在的许多问题。他还曾计划出版关于农业和技艺方面的应用性论文，就像普拉特（Gabriel Plattes）为准备去殖民地种植园的探矿人和移民写的有关矿物和采矿方面的书一样[7]。

在内战时期，哈特立伯开始调查创办培根式学院的可能性，而伊夫林（John Evelyn，1620—1706）、佩蒂（William Petty，1623—1697）和玻意耳（Robert Boyle，1627—1691）也有同样的意向，这些人天赋出众且年轻气盛。1647年，哈特立伯就佩蒂创办技工学院和撰写行业史的提议和玻意耳进行了商讨。一群有相似想法的人聚集在伦敦的格雷沙姆学院，实施计划的时机似乎成熟了。不过，当1648—1649年克伦威尔（Cromwell）的军队开进伦敦时，这个团体中的有些成员去了牛津。当局势再度稳定以后，这个计划已流产。

尽管如此，作为汉普郡成衣商的儿子，佩蒂已经开始搜集纺织和印染的资料了，玻意耳和伊夫林则花了大量的时间来思考有关行业收益和工艺问题。随着1660年的王政复辟与皇家学会的建立，许多这样选题的论文被发表，它们后来被保存在学会的档案中。

一些成员通过起草一些应加以研究的制造业和手工业的目录来表达他们对此事的支持。这样的草稿由佩蒂、伊夫林和翻译了内里（Neri）的《玻璃的艺术》（L'Arte vetraria，边码217）的梅里特（Christopher Merret 或 Merrett），以及胡克（Robert Hooke）等人各自独立地完成。其中，胡克是写得最全面、最系统的一位，文章的第一部分就是"化学家的历史：尝试制造金属，处理矿石、植物或者动物的组织"。在他的手稿中，清楚地阐明了社团的两个最主要目标，一是通过实验进一步认识自然，发展技艺和制造业，二是重新发掘已失传的技艺和发明。

玻意耳在他的论文《实验自然哲学的用处》(Usefulness of Experimental Natural Philosophy，1663年，1671年)中详细介绍了他对于这些问题的观点，像胡克一样认为科学和制造业应联系得更紧密一些。玻意耳通过和手工工匠的交谈获得了大量的资料，并且相信许多经验知识可以搜集起来用于化学科学的发展。例如，从炼铁、金银制造、玻璃制造、煮皂以及其他类似行业搜集来的图解，用在他的《怀疑的化学家》(The Sceptical Chymist，1661年)一书中，取得了很好的效果。大约同一时期，在威尼斯定居的德国化学家塔亨尼乌斯(Otto Tachenius，约1620—1700)成为首批认定盐是酸碱反应产物的人之一，他的强有力的论点基于玻璃工匠、煮皂工匠和其他行业工匠的实践[8]。

图书和期刊帮助了17世纪60年代期间相互关联的技艺和手工艺资料的传播。从1665年开始陆续发表了许多资料，并收录在《哲学学报》(Philosophical Transactions)和斯普拉特(Sprat)的《皇家学会史》(History of the Royal Society，1667年)中。霍顿(John Houghton)为农业和手工业的发展(1681—1683年，1692—1703年)而搜集的资料也起到了作用，因为他得到了皇家学会的许可，并充分利用了他们的材料，用他的话说旨在使"从事理论的绅士和干活的乡下人"都有所裨益。此外，第一批开始包括技术资料的综合性辞典也在这时诞生，例如霍夫曼(J. J. Hofmann)的《普及词典》(Lexicon Universale，1677年)及增补本(1683年)，科尔内耶(T. Corneille)的《科学技术词典》(Dictionnaire des arts et des sciences，1694年)，以及哈里斯(John Harris)著名的《技术词典》(Lexicon technicum，1704年)。

在欧洲大陆，化学领域正进行着另外一场运动。诸如格拉泽（Glaser，卒于约 1671 年）、格劳贝尔（Glauber, 1604—1668）、莱默里（Lémery，1645—1715）等人非常有影响的著作经常使人们对技艺的某些环节有所认识，但是他们也描绘了这个时期化学与药剂、制药学之间非常紧密的联系。贝歇尔（Becher，1625—1682）和孔克尔（Kunckel，约 1630—1703）是欧洲大陆与玻意耳同时代最杰出的人物，他们著作中的许多想法和发现是打算应用在技术领域中的。两个人都喜好炼金术，手中有许多商业和经济项目，但其中大多数都失败了。两人之中，孔克尔是更优秀的实验观察者，并同玻意耳一样，他对雕刻、镀锡、镀金、涂漆和玻璃制造等技艺都有大量的贡献。1679—1688 年间，他在柏林服务于选帝侯腓特烈·威廉（Frederick William，1640—1688），担任其实验室的主任和玻璃工场的场长。他的《玻璃实验技艺》（*Ars vitraria experimentalis*）于 1679 年出版，书中包括了内里以及梅里特的工作（边码 222）。

在瑞典，人们也认识到了化学在技艺中的重要性，这毫无疑问是受到了德国的影响。在查理十一世（Charles XI）统治时期，人们已经开始借助化学方法来开发本地区的自然资源。1683 年，国王建造了一个技术实验室，由耶内（Urban Hjärne，1641—1724）主管。他原是斯德哥尔摩贝里学院的助理校长，后升任校长。矿石、矿物、土壤及其他物品都要在此检验，并试图从中找出获取不同的化学产品的用途。查理十一世邀请孔克尔来到斯德哥尔摩，并于 1693 年封其为勒文斯谢恩（Löwenstjern）男爵。

科学家们广泛研究许多制造工艺后，非常重要的是积累了许多试验材料方法的知识，这在化学分析的发展中有着巨大的影响。在这方面，玻意耳和孔克尔及翁贝格（Homberg，1652—1715）一样，都作出了非常有价值的贡献。

17 世纪下半叶，对实验方法日益增长的信心和它在技术领域的

683

有益影响都开始显露出来。正如斯普拉特所说，"实验风气是如此迅速地传播开来……以至所有的实验室人员都忙忙碌碌地投身于实验"。同时"对荣誉的渴望，对成为知名发明家、探索家的向往，在每个人，甚至在淡泊名利的化学家身上涌动"。在这样的气氛中，极少有重要的技术发现会隐藏很长时间。

德布朗库特承认，在技术工作中，大多数改进成果是由一些人在探索他们不大可能找到的事物时偶然发现的。人们可能会说，这样的发现总归是"技艺的运气"（hazard of Art），卓有成效的意外发现之所以硕果累累，只是因为发现它们的人恰巧具备发现它们所必需的知识或技巧。然而，这种新获得的自信会累积成一种信仰，即科学原理适用于许多不同的问题。正如德布朗库特所言，对于那些"全身心研究自己领域中的真正原理的人而言，重新获取失传的技艺并非难事"。

本章的剩余部分将会有选择地挑出那些最能代表那个时代的工艺进行较详细的叙述。

25.3 使用木材的化学工业

我们在这里首先谈谈木材，它是木炭、焦油、沥青、树脂、碳酸甲、松节油、灯黑、印刷油墨以及所有广泛使用的材料的原料。用于生产这些材料的上选木材有橡树、山毛榉、桤木、枫木以及北方地区的松树，从地中海到挪威，从希腊到新英格兰，所应用的工艺都是相似的。

北欧对3种木炭（第Ⅱ卷，边码359、边码369）有需求，第一种用于炼铁工场，通常由橡树和山毛榉制成。木材被劈成3英尺长，如果有必要，再进一步劈成适当大小的木块。环绕一个中心立柱，把木材垒成三角堆，小木块则堆在四周，直到其底部直径达20—30英尺。木堆上覆盖草皮、黏土或砂泥（图416）。用长齿耙在堆中耙出通风口，或称"节气门"（化学家这样称呼）。接着中心立柱被移走，

图 416　烧制木炭。

(A)木材；(B)准备木材堆；(C)覆盖木材堆；(D)点火；(E)快熄火的木材堆；(F)打开炭化了的木材堆。

然后将点燃的木炭加入到中间的洞中引火，"炭化"便开始了。制成后的"木炭"被耙到运货马车上，大而重的炭块被运到锻铁厂，中等平直一些的炭块则被"烧炭人"装袋运到镇上，余下的"焦炭"(烧焦的)根则被用在"需要持续、大量鼓风的化学炉上"。

　　第二种木炭用于火药作坊，把桤木剥去树皮后，叠成足可装60麻袋"木炭"的大垛堆。这样制成的炭碾磨粉碎后，是做火药的最佳

才料。第三种木炭是由灌木和矮树林木制造的，露天燃烧，火势可用
勺子从火堆附近的大缸中舀水浇在木堆上来控制。这样可以制成优质
的燃料炭，满足较大市镇的需要。

枞木、松木专门被用来生产焦油、沥青、树脂等防腐剂，特别是
用在木材和绳索上，所以在航海中大量使用。木料——树木茂盛地区
的落叶油松的多节部分是上上之选——被劈成合适的尺寸，堆放在一
个高出地面的炉窑中，其下放一个接收容器，炉窑看上去有点像一个
戈浅的尾段带槽的漏斗。木材堆上用黏土或砂泥覆盖，接下来的步
骤与生产木炭完全一样。温斯罗普（John Winthrop）向皇家学会描述
了这种工艺，他指出这是一种粗糙的蒸馏方式，整个过程在火炉（或
曲颈甑）中会做得同样地好。虽然这种熔炉——由木炭堆炉简单改
进而来的"蜂窝式炼焦炉"在 1657 年就被格劳贝尔描述过，但似乎
没有在此项目上获得大量应用，可能是因为花费太高且并非必需（图
417）。当所有的焦油都被提炼出来之后，剩下的木炭卖给铁匠，他

图 417　格劳贝尔的"蜂窝式炼焦炉"，以及收集木焦油的方法。1657 年。

们对这种木炭以及海运煤（普通煤）情有独钟。沥青则是用煮沸焦油的简单工艺制备的，直到样品在冷却时达到所要求的浓度为止。人们发现这个过程可通过添加树脂来加速。造船的木匠有时候则仅仅是在铁釜中加热焦油，点火燃烧，当焦油足够黏稠时，盖上釜盖熄灭火焰。

人们把松木的有节部分劈成小薄片并在水中煮沸，松节油会逐渐变黏稠，冷却后就成为坚硬的树脂。焦油、沥青和树脂，尤其是后者通常在一个密闭的地方燃烧，烟灰用抹布收集起来用作灯黑或印刷工用的黑色油墨。

木材和各种不同的植物也用于制造碳酸钾和苏打，尤其是橡树的使用，将在以后和玻璃制造、煮皂相关的章节里描述。

25.4 木材的代用品

在 16 世纪，由于用途广泛，木材的消耗量很大，导致了适合造船的木料短缺，因而颁布了限伐令。在煤矿丰富的地区，例如在英格兰和威尔士的部分地区，很快有人试图用煤来取代木炭（第 3 章）。到 1600 年，煤已经在一些酸性含硫烟雾不会造成有害影响的行业中试用，在威尔士也实验性地用于矿石的预先烘烤。到 1610 年，煤有时已用作制砖、酿造、印染、黄铜铸造的燃料。需要指出的是，此时煤也可以同样令人满意地用作制造绿矾、明矾、硝酸钾、糖、树脂胶、松节油、蜡、动物油脂、肥皂、植物油和蒸馏水等需要烧煮的产品的燃料。自此，煤开始广泛使用。没过多少年，在威斯敏斯特地区的酿酒、印染、制皂、煮盐和煅烧石灰等行业中，因使用煤产生了大量的烟雾，正如伊夫林在日记中所记载，这些烟雾甚至蔓延进了怀特霍尔宫（边码 77）。

解决同样问题的另一个方法是节省燃料。共和政体时期的尼古拉斯·克里斯普爵士注意到浓缩液体时有大量的热量浪费，因为人们习惯于将冷的稀溶液倒入盛有热的浓缩溶液的容器中。他为此建议，后者产生的蒸汽和废热应该用来预热稀溶液，稀溶液应慢慢注入，以免中止浓缩液的沸腾。另一项措施是在炉栅四周砌一圈砖墙，防止火焰外逸，这在 17 世纪后半叶似乎被更广泛地采用，使得一些先前在户外的操作得以在室内完成。18 世纪早期，有人提出了进一步的改进。例如阿伦（或艾林，John Allen or Alleyn, 1660？—1741）把较有效地利用炉内热气和对蒸煮锅进行隔热的方法申请了专利，他是萨默塞特的医生，又是纽科门（Newcomen）的朋友。

同时，蒸汽的利用也获得了许多惊人的进步。例如萨弗里（Savery）的抽水机以及帕潘（Papin）的"蒸煮器"（高压锅的前身），使得许多技术专家将蒸汽加热当作化学提取工艺的一种合理方法。大约在 1720 年，德萨居利耶（Desaguliers, 1683—1744）和他的副手研究出了一种蒸汽加热的方法，利用这种蒸汽可有效进行蒸馏过程中的加热控制和染缸温度控制，并可在炼糖（图 4）、煮皂、煮盐工业上弃用耗资不菲的厚底容器（在这些过程中这种容器的底经常被烧坏，第 II 卷，图 324）。这种蒸汽对牛油蜡烛制造商也很有用，他们喜欢一种蒸汽可与粗油脂混合的容器。另外，使用这种蒸汽可降低一些行业中必须煮沸的诸如松节油、漆、油等易燃物质的危险性。不过，从德萨居利耶的计划来看，在这样的计划转化为实际应用之前，显然还需要进行更多的蒸汽控制的实验（图 418）。

图 418　德萨居利耶设计的一个蒸汽锅炉中供暖锅炉、蒸馏器等系列装置的概图。约 1720 年。

25.4　木材的代用品

在寻找木材替代品的结果中，必须提及一次独特而成功的冒险，即用页岩生产"页岩油"或矿物松节油，还有焦油和沥青，这

688 在1697年被首次记载，并在18世纪下半叶仍作为"英国油"在生产，生产地点在什罗普郡文洛克附近的布罗斯利和皮奇福德周围（图419）。专利权所有人伊勒（Martin Eele）收集煤层上面含沥青的页岩并将其放在畜力磨坊中磨碎，就像制造玻璃时处理煅烧过的燧石一般。页岩磨碎后，部分被运到蒸馏工场用蒸馏法来生产油，剩余的则和水一起放在大铜锅中煮沸，沥青成分就从中分离并浮起。将沥青成分撇出后进行蒸发处理，直到其形成一定稠度的沥青，其中一部分则和已经准备好的油混合，稀释到焦油的浓度。伊勒的焦油和沥青在造船上十分有用，因为它们不会像用木材制得的沥青和焦油那样容易碎裂，在使用中能保持相对的柔韧性。它们装船后经塞文河运往伍斯特、格洛斯特以及布里斯托尔。

此时在庞蒂浦（蒙茅斯郡）地区的托马斯·奥尔古德（Thomas

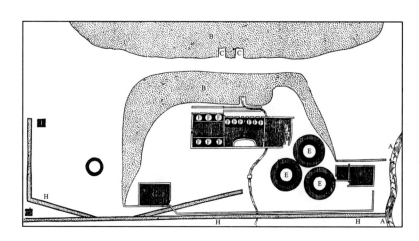

图419 制造"页岩油"的工厂。

（A, A）塞文河；（B, B）"有煤坑的"山或岩层；（C, C, C）取得矿石的地点；（D）仓库；（E, E, E）畜力磨坊，碾磨矿石成粉末；（F, F, F）铜锅，将页岩置于其中煮沸，从矿石中分离出沥青成分；（G）制取油的蒸馏室；（H, H）道路；（I）井。

Allgood）也在进行着类似的实验，结果成功地生产出黑漆。黑漆经过长时间烘烤后，具有高度的光泽。它们被应用于铁片、铜、马口铁等产品，引导着 18 世纪头几十年"威尔士"油漆制造业。

在布罗斯利地区，煤还被用来焙烧成堆的铁矿石，铁矿石层和煤层交替叠放，煤被"焦化"时也叠成类似于制木炭时那样的堆。这些方法可能从 18 世纪的头 20 年就开始应用了，并在达比（Darby）家族的手中变得非常重要（边码 80）。但这一领域至关重要的进步则出现在更晚时期，即焦炭炉和高炉给炼铁工业带来了革命性影响的时代。在 18 世纪的大部分时间里，由于含硫量高，焦炭冶炼出来的铁很脆，无法经受起铁锤的锤击，因此炼铁时通常要在铁矿石中掺一些熟铁，以利于更好使用。

689

25.5　马口铁的制造

这个时代的末期，冶金领域另外一个令人瞩目的成就是英国制造马口铁的方法（图 420、图 421）。早在 16 世纪，唯一能够生产镀锡

图 420　马口铁的制造（I）。
（A）用水力驱动的风箱加热锻造炉中的条铁,（B）用手锤或（C）用水力锤将条铁锻打成铁皮。（D, D, D）初步锻打出的铁皮。经反复加热和锤打，得以进一步压延的一堆铁皮（插图）。

图 421　马口铁的制造（Ⅱ）。
铁皮在磨石上大致清理干净，浸在黑麦发酵液中 24 小时，以清除铁锈（C）。随后由女工们在（G）中清理，并放入水盆中。将铁皮浸入熔融锡中（覆盖动物脂以防止被氧化），先是成堆放入，然后再逐片放入（F）。将马口铁放在架（N）上冷却。

铁皮的国家只有德国。这些产品在萨克逊和波希米亚的边界地区以一种传统的方式进行生产。一段段条铁用杵锤敲打成薄片之后，放入装有不同浓度的黑麦发酵液的大缸中浸透以除去铁锈，然后用沙打磨或用锉刀锉磨铁皮，并浸入表面覆盖着油脂的熔融锡中。然而，战争时期的马口铁正常供应中断了，因而人们为新产品进行了认真尝试，尤其是在英国、瑞典和法国。在 16 世纪 20 年代以及 16 世纪 60 年代人们使用家庭生产的铁和康沃尔郡的锡来生产马口铁。除法国取得了部分成功，英国和瑞典都失败了。法国在柯尔贝尔的指示之下，许多波希米亚的锡匠和铁匠被吸引到尼韦奈（现为法国涅夫勒省）的一家工场，通过照搬波希米亚的工艺，生产出了充足的马口铁以供应生产海军所需的食物容器以及各种不同器皿。但直到 17 世纪 20 年代在雷奥米尔（Réaumur）检查法国的生产方法之后数年并研究出化学余锈的方法后不久，法国的马口铁制造业才达到了一种令人满意的状态。

然而到 1730 年，机器轧制的优质马口铁在庞蒂浦被生产出来，这是汉伯里（John Hanbury）及其助手爱德华·奥尔古德（Edward Allgood）研制出的新的技术工艺（边码 697）。红热的条铁经过几道工序的辗轧，制成不同厚度的铁皮，这部分工艺早在 1697 年已经投入使用。不过，接下来的除锈、退火、上锡、裁边、冷轧等几道工序，看上去在随后的几年内都没有完全开发出来。稍后对约克郡实施的这种工艺的描述表明，当时人们主要关注的是避免在生产中出现黑色铁锈（它比红色铁锈更难去除）。铁皮从轧辊中压出来后，就浸入氯化铵溶液中以除去大部分的铁锈，镀锡之前也先要在加糠麸和水的酸性溶液中（2 蒲式耳兑 100 加仑）浸一段时间。铁皮漂洗后再浸入表面覆盖着树脂和动物油（鲸油）的熔融锡中，铁皮底部边缘余锡较厚，可将其再浸入少量熔锡之中，并用拇指套刮薄。通过这些工序处理后镀层仍不均匀的地方，可用冷轧辊平整。

690

25.6　锌的冶炼

这个时代另外一个重要的、具有代表性的进步就是金属锌的发现。这种金属似乎是帕拉切尔苏斯（Paracelsus, 1493 ?—1541）命名的，但在 17 世纪以前还鲜为人知，虽然给菱锌矿起的名字"Counterfeht"和早期将该矿石与铜一起制造黄铜有关，亦即给铜以金子的颜色（边码 37）。因为具有这个属性，菱锌矿以及锌长期以来都是金丹术士大量需要的物品。在整个 17 世纪，所用的绝大部分锌是由荷兰人从中国和东印度群岛进口的，最早被称作印度"锡"或锡铅合金，在英国被称为"粗锌"。后来的大多数铅锡合金以及马口铁器皿之所以具有银白色外表，是因为在两者所用的锡中都掺入了少量的锌。

691

从矿石中直接提炼锌的最早描述，据说是出自中国的冶金学著作《天工开物》(*T'ien kung k'ai wu*, 1637年),其方法和最早在欧洲发展起来的方法迥然不同。先将矿石与木炭粉混合,然后放入陶罐中用火泥紧紧密封后再慢慢干燥,陶罐和木炭块交替堆放在木案上,点燃柴堆至赤热状。加热结束后,打破陶罐,取出其中的块状金属,经重新熔化后浇铸成长方锭,并以这种形状出口。

早在阿格里科拉时代,锌就和哈尔伯斯塔特以西的戈斯拉尔采矿点联系起来了。1617年的一份描述表明,它在当时被视作冶炼银和铅矿石时产生的几乎没有价值的副产品:"在炉子底部、在没有涂好灰泥的炉膛的裂缝处,产生了一种被称之为锌(*counterfeht*)的金属,当刮炉膛时,这种金属就落入盛放它的槽里。"[9]最初除了金丹术士,很少有人使用锌。但是人们已经知道,它可以使锡的颜色变得更漂亮,将它掺入到铜中可制造黄铜以及其他合金,例如后来所谓的"王子合金"(边码30、边码37、边码51)。

692

根据诺伊曼(Neumann)炼锌工艺的第一手资料判断,正是由于逐渐意识到锌的常规用途,18世纪早期在戈斯拉尔出现了一种更好的提取方法。他指出,这种金属与戈斯拉尔的锌矿石无关,而是从拉姆斯堡的银铅矿石中提炼出来的。在熔炼过程中,锌气化并进入位于排铅槽上方熔炉前膛的专门设置的贮液室中,铅则从排铅槽流出来。这些贮液室在内部几乎完全被一块大而平的石块所封闭,只是留下了让蒸气进入的小缝隙,而外部也用涂上封泥的石块紧紧地封闭起来。在整整20小时的熔化时间内,这些接收容器的外部被不断地喷以冷水,以冷却并冷凝气体。之后,用铁棒撬开外面的石块,打开封泥,熔化的锌如同水银一样流出来。德国产的锌在铁罐中重新熔化并铸成半球状。到这时,人们已较清楚冶锌工艺的原理,意识到从矿石中成功地提炼锌的关键在于接收容器的设计和冷凝金属蒸气的有效方法。具备这些知识后,直接从菱锌矿中提炼锌随即有了可能。

25.7 染色和颜料工艺

对更亮的漆面和更鲜明色彩的追求表现在染色工艺的发展过程中，它总是被认为是一门化学技艺。1662 年，佩蒂在有关染色的概述中提到了很多技术，明确地建立起了染色工艺和色彩的联系，包括用油将铁器和铜器染成黑色，在银箔上刷漆以模仿金子，制造各种彩釉，用锡锭和氯化铵给铁器镀锡，用菱锌矿将铜变成黄铜，以及"用锌或粗锌制造黄金"，即把它们变成金黄色[10]。

当时流行的染料有茜草染料、胭脂染料、胭脂红食用色素（红色）、靛蓝、靛青、洋苏木心材（蓝色）、海石蕊、紫贝壳（紫色）、黄花属植物、木蜡和"老佛提树"（黄色）。但在把绿色染得牢固时，遇到了巨大的困难。佩蒂注意到，在他的时代没有一种简单的绿色染料得到普遍使用，而这种状况一直延续到了下个世纪。最好处理的颜色是"树汁绿"，由农民将未成熟的鼠李浆果（*Rhamnus catharticus* L）榨汁，再将其蒸发到像蜂蜜那样的稠度。或者先将织物染成蓝色，然后再染黄色，反之亦然。

到 1500 年，指导如何栽种茜草（*Rubia tinctoria*）的书已经在荷兰印刷。接下来的 300 年，荷兰人（佛兰德人）在栽培茜草方面保持着世界领先地位。在 18 世纪初法国部分地区开始大量种植茜草之前，荷兰人几乎就没有什么竞争对手。明矾普遍用作羊毛的媒染剂，也用作在棉布上染深受欢迎的"土耳其红"时的媒染剂。在染色之后，织物都要浸入麦麸水中。佩蒂认为，其中的淀粉有助于颜色的附着。

从大约 14 世纪开始，荷兰人就一直以直接从印度进口的方式获得靛青，对它的生产过程却不甚了解（图 422）。1600 年之后，欧洲通过海运进口了更大量的靛青，有时它被叫作"蓝靛"或者"魔鬼的染料"。在 17 世纪，靛蓝（*Isatis tinctoria*）仍然作为替代品广泛使用，甚至更受欢迎，因为它能够染出从亮蓝色到蓝黑色之间的许多颜

693

图 422　热带靛青制造厂，1694 年。
（A）白人监工；（B）劈开靛青树；（C）浸入水中；（D）运走染料。

694　色[1]。当时有一套标准用于计算染制不同深浅颜色所需的配料成分。洋苏木树和许多能够制备染料的树木一样，被砍倒在地上备用，织物与染料放在盛有雨水或者河水的容器中煮沸，时间长短则根据需要而定但是，这样处理羊毛和高温易损的织物则不妥当。靛蓝和靛青的使用相当广泛，因为它们不需要明矾或其他媒染剂。实际上，佩蒂曾讲过当时明矾并没有与这两种染料同时使用过（第 II 卷，边码 364—边码 365）。

虽然有时红花（*Carthamus tinctorius*）以及姜黄（从印度种姜黄中提取）在这个时期被认为用作黄色染料，但至少在英格兰，人们大量使用的是为伦敦染坊种植的肯特郡黄木樨草或"淡黄木樨草"（*Reseda luteola* L）、木蜡或"染色的黄花灌木"（*Genista tinctoria*）以及命名有误的"老佛提树"（*Chlorophora tinctoria*，原产地是中美洲

1　菘蓝属和木蓝属植物都产生同样的染料靛青或靛蓝（$C_{16}H_{10}N_2O_2$）。

和西印度群岛）。黄木樨草配以碳酸钾可得到深柠檬黄，木蜡配以碳酸钾或尿液也可以得到类似的颜色。稻草秆般深浅的黄色则可以由"老佛提树"与熟石灰混合而得。红花与碱混合时，可以获得橘黄色。

另外有一些植物性染料染色时有一定要求，包括巴西红以及胭脂树橙。巴西红被砍倒，磨碎，和明矾一起使用能够得到红色，加入碳酸钾则会得到紫色。胭脂树橙取自热带美洲的一种名叫胭脂树（*Bixa orellana*）的树，后来被用作一种棕黄色的染料，但其早期的变种配以碳酸钾可在丝绸、亚麻、棉料上染出橙黄色。"小佛提树"（威尼斯漆树）使用的历史一点也不比"老佛提树"短，也同样被用于制造橙黄色染料。

地衣和比它大的植物一样，也得到了使用。海石蕊是一种属于石蕊属和茶渍属的品种，从近东地区进口到佛罗伦萨，并且在很长时期内，欧洲海石蕊的贸易都垄断在意大利人的手里，英国、佛兰德和德国的制衣商以及染坊主都不得不向他们购买海石蕊染料浆。绿藻地衣于 1703 年在加那利群岛被发现，但据说直到一位在伦敦工作的佛罗伦萨染衣匠泄露制造这种染料浆的配方之后，它们才被投入使用。这种植物的干粉和畜尿以及石灰混合，与明矾一起能够将丝和羊毛染成紫罗兰色。其他品种的一些地衣也在英格兰和佛兰德使用。

染黑色有几种不同的方法，但其中最普通、也许是最成功的方法就是在绿矾溶液（边码 680）中添加五倍子、橡树皮或锯木屑。大量的绿矾被用于织物染黑。

对昆虫染料（第Ⅱ卷，边码 366）——例如安纳托利亚高原出产的胭脂虫（*Coccus ilicis*）以及洋红（*Coccus Cacti*）——也存在着一定的需求，尤其是后者。洋红由讲西班牙语的拉丁美洲国家出产，并用西班牙语"*Cochinilla*"来命名。在 16 世纪上半叶，西班牙科尔特斯（Cortez）组织收集洋红，并逐渐取代了胭脂虫。洋红栽培集中在墨

695

西哥，有将近 400 年的历史，直到 1880 年前后人工合成染料兴起后才变得无利可图。

洋红本身的使用并不太引起人们的兴趣，尽管它与柠檬汁混合在一起可以染出富有魅力的"肉红色"（粉红色），但人们发现硝酸（*aqua fortis*）中的白镴可以将这种红色染料转变成亮丽的猩红色这大大刺激了洋红的应用（边码 679）。佩蒂称这种变化为"从玫瑰红到火焰色"的变化。科内科斯·德雷贝尔和他的女婿们——库夫勒（Kuffler）兄弟——发展了这种工艺，并首先在斯特拉福德（鲍／堡区）使用。库夫勒兄弟的染色工作可以追溯到 1607 年，而胭脂深红色（"鲍色"或"新深红色"）已在 16 世纪 20 年代开始流传开来。这种溶液通过将白镴条溶解在硝酸中制成，而染缸也是由白镴制成的，染色作用似乎应该归因于硝酸，而不是白镴中的锡。一个顺理成章的结果就是硝石（制硝酸的原料）被一些染匠应用于一种"回煮"工艺，试图增加其他颜色的亮度，尽管粗酒石（在发酵的葡萄酒中沉淀出来的垢）也常能产生同样的效果[10]。

库夫勒兄弟直到 1635 年才组建公司，将他们的发明商业化。到 1647 年，雅可布·库夫勒（Jacob Kuffler）已在莱顿市推出猩红色染料，其实早在 1620 年前后这种方法就已经被范德海登（Van der Heyden）介绍到那里了。1654 年，库夫勒家族的其他成员在阿纳姆附近成立了商业公司应用这项工艺。亚伯拉罕·库夫勒（Abraham Kuffler）留在了鲍，1656 年约翰尼·库夫勒（Johannes Kuffler）离开荷兰来接管这桩生意。1660 年之后不久，这项工艺被格卢克（Jean Gluck）引入到法国著名的哥白林挂毯印染厂（*maison des gobelins*）中，一般认为是格卢克在阿姆斯特丹从希勒斯·库夫勒（Gilles Kuffler）处学到了这种方法。这项发明产生了深远的影响，被认为是一项杰出的成就。

关于植物和昆虫染料更详细的介绍，在第 V 卷第 12 章给出。

25.8 清漆、日本漆、瓷漆

正如前面所指出的，染色不仅仅意味着给织物染上颜色，在最广泛的意义上，这个术语有时也指使用清漆和瓷漆给金属或木制品上色。瓷漆常常用于玻璃和琉璃陶器的制造，这是一个既需要技术也讲究艺术的领域。跟染色一样，人们在清漆、瓷漆方面也进行了许多针对新材料的实验，并在此基础上开创出新方法。通过干油（松节油或者煮沸的亚麻子油）和胶、树脂，有时还有颜料的混合物来制造清漆，用以保护皮革（第 II 卷，图 146）、绘画和木器，已经有很长时间的历史了。但在 17 世纪，各国进口中国漆器和日本漆器的数量不断增长（其中日本漆器的进口量要少得多），各类漆器从小饰品、鼻烟壶到床架、马车，还有一些西方从未见到过的物品，都被漆得光彩照人，充满了艺术性。漆器尤其是日本漆器，一直供不应求。在 1660 年和 1675 年间，新型的涂漆工业首先在巴黎，然后是伦敦，之后在整个荷兰和德国都兴起了。对于这项产业，几位科学家作出了贡献，他们是玻意耳、伊夫林、莱默里和孔克尔。

在远东，瓷漆是用一种传统工艺从漆树（*Rhus Vernicifera*）的汁液中提取出来的。直到 18 世纪中期之前，这种工艺一直被严格保密。另外一方面，早期的欧洲漆器虽然冠以"日本漆"之名，并模仿那些来自中国厦门、后来来自广州的漆器，其实它们是用溶解于酒精或油中的树胶或以印度虫胶（第 II 卷，边码 362）为基础的清漆装饰的。玻意耳将注意力集中到荷兰旅行家林索登（Van Linschoten）关于使用虫胶制瓷漆的印度方法的一段描述，试验了许多不同比例虫胶、酒精和颜料的混合物，例如黄色清漆能够给银箔以黄金的外观，既可以用于金属，也可以用于皮革。后来伊夫林调出了著名的"英国漆"，可将银箔漆上黄金的色彩，以此来装饰马车（第 II 卷，边码 174）。

在日本漆开始流行之前，流行的装饰是被称为"龟纹"的斑点漆，通常漆在黄色、红色或银色的底面上。对于黄底和红底来说，要在打底的赭石和朱砂中加一点油，然后调入清漆中。物件表面通常要涂 4 到 5 遍，每一次干了之后再涂。还要刷两次清漆，接着在物件上涂上调有象牙黑以及龙血的深色漆，龙血是从一种名叫"麒麟竭"的马来亚藤上提炼出的红色树脂。当物件被刷了 10 次薄薄的清漆并变得透明之后，需要用荷兰灯心草和少量的水来反复揩擦，使其光滑，再用粘着硅藻土的湿布进行抛光，洗净、干燥后，用蘸着少量油的干净布片擦拭即成。要在银底上做出龟纹，物件必须先涂上白垩和阿拉伯树胶，然后粘上银箔，镀银后再用掺有少量龙血和藤黄的最上等清漆刷两遍，物体就呈现出金黄色。表面的涂漆与抛光，可按照其他底色的方法处理。

这些方法适用于各种家具和木器，也可用于浮雕作品，但其表面必须先涂上浓稠的白垩和黏性很强的阿拉伯树胶。然而，除这几类物件外，在金属物件上涂漆以产生类似效果的需求越来越大，技术却无法令人满意，主要是因为尽管可以获得较高的光洁度，但漆面容易剥落。不过即使存在着这样明显的缺点，这种方法仍然在法国使用。

但在欧洲的其他地方，那些希望给金属上漆的人，尤其是学习那些日本漆器较朴素的黑色镀金的人们，总是避免使用虫胶漆和酒精漆，以及除了抛光金属表面之外的任何上底漆的方法。为此，他们将亚麻籽油与树胶或树脂一起放在带盖的釉罐中煮沸，并用一根一头较粗的棍子从盖中穿过对其加以搅拌。在使用之前，通过两块木板或铁板的挤压，将漆从亚麻布袋中过滤出来。加入灯黑的漆通常作为最初的涂层，而象牙黑则作为最后的涂层。其他的成分例如铅黄，用以加快亚麻籽油的干燥，但首先是用来产生金黄的色泽。

到 18 世纪早期，用抗撞击、耐酸、耐热和耐酒精的日本漆来漆铁和漆铜的工艺已经形成了。它是如何出现以及何时出现已不可考，但其创新可以归功于玻意耳和孔克尔。木质物件被放置在一个倾斜炉中，一头可以散热，以免在干燥漆的同时烤坏物件。但是，金属物件就可以放在炉子中烘烤很长时间，并且可以逐渐升高温度，这项工艺由蒙茅斯郡的奥尔古德家族完成。根据孔克尔所述，亚麻籽油能加入棕土一起加热，直到它变成深棕色的黏稠液为止。在粗滤后，它被再次煮沸直到变得像沥青一样。这种材料可在热风炉中用松节油稀释成黑漆，也可以涂在朱红色的底漆上产生龟纹。对于用普通日本漆漆成的物件，可用干油覆盖，当快干的时候，放在炉中用适宜温度烘烤，使其变黑但不起泡。然后要升高炉温，烘烤持续的时间越长，漆面越牢固。

对用植物制作的画家的颜料以及陶器匠和金匠所用的彩釉制备，一些致力于化学技艺的人也感兴趣。有两种方法特别值得一提，即用明矾配制沉淀色料和用铅与锡的氧化物作为釉的基本成分。前者可以选择从金雀花中提取黄色沉淀色料为例，而其他许多色料的提取也是相似的。将新鲜的金雀花放在浓钠碱灰（苏打）溶液中煮沸（第Ⅱ卷，边码354），然后移去花的残渣，萃取液倾入上釉的陶器中进一步煮沸、浓缩，最后加入明矾块（第Ⅱ卷，边码368）。将混合物倒进盛有清水的容器中，搁置一段时间后，黄色沉淀色料就会沉降到底部。液体被轻轻倒出，色块铺在垫着砖的白布上阴干。

25.9 上釉

到17世纪，宝石匠用的釉是这样生产出来的：将一定量的铅和稍重一点的锡一起煅烧，然后将金属灰碾成细粉，放在水中反复煮沸、滗析，直到没有一点粉末能随滗析液带走（图版29）。粉末干燥后，再重复上述过程。在蒸发干燥后，底部精细的粉末（*Piombo accordato*）被收集起来，加入到用于生产结晶玻璃的白砂和精制碱的混合物中。各成分充分混合后，放在陶器中加热10小时，然后将釉料磨成粉末，并保持干燥。这种产品就是制造彩釉的主要成分，最常用的着色剂是深红色氧化铁（锻屑）、氧化铜、花绀青或大青玻璃粉

（钴矿石）以及二氧化锰。这些颜料被磨成粉末，碾细、细筛后与粉状釉料充分混合，放入白釉坩埚中加热。经过充分的熔化后，产物在专用的小白釉盘中制作，并放置在类似金匠的蒙焊炉的小炉子中（图33）。通过加入更多的釉料或者更多的颜料粉，就可将釉色调整到所需要的浓度。

25.10　玻璃的制造

　　大量制造玻璃的方法（第9章），被内里收集在自己关于这个主题的经典著作中（1612年）[11]，这些方法直到18世纪中叶之后仍在使用。内里的书被后继的英语、德语和法语翻译者，例如梅里特、孔克尔以及德布朗库特等加入了许多补充内容[12]。在这些书中，人们可以看到从收集方法到探索原理以及更科学地解决生产问题的变化。在这个时期，已能敏锐地感受到对更高质量、更高透明度的玻璃的需求，正如梅里特在1662年所指出的那样，玻璃不仅仅只是用来做酒具、瓶子、碟子、压平亚麻布的抛光石、沙漏、居家装饰、珠子、手镯、垂饰等等，而且有更为专门的用途，尤其是制造窗户、显微镜和望远镜的透镜、实验用的玻璃仪器（图373）、取火镜以及研究光学的三角玻璃（棱镜，图版30）。优质玻璃也被提供给老年人制作老花眼镜（凸透镜），给看不清景物的人（近视眼）制作近视眼镜（凹透镜），以及给雕刻师和珠宝商制作透明眼罩。将近18世纪末，用精细釉丝上色的人工眼球也被制造出来。

　　有3种类型的玻璃熔炉得到确认，分别是意大利式、阿姆斯特丹式和德国式，最后一种阿格里科拉曾有过描述（图423，图424）。其中，德国式的炉子使用最广泛，而且显然也是最方便的。在炉火上有两个炉室，底下的那个通常有6个开口，通过开口可以观察在大陶土坩埚中熔制物的熔化状态，并通过开口取得"熔浆"来吹制玻璃。上层的炉室是冷却器，主要用于对已完成的工件进行退火。当工匠将

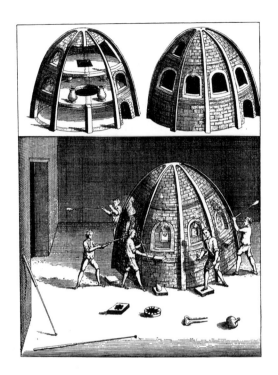

图 423　德国玻璃熔炉，1752 年。

图 424　阿姆斯特丹玻璃熔炉，1752 年。

25.10　玻璃的制造

其吹制成型后，通常从吹管或茎部切断工件，而剩余的玻璃则被敲断。碎片被磨细回炉用于制造绿玻璃。

玻璃成分中有碳酸钾或苏打，它们在许多矿场可以得到，而且多种植物也是其来源——因而它们品质各不相同（图425）。玻璃成分中还有沙，其中主要含德国矿工所说的石英，英国玻璃匠所说的燧石，以及其他一些经煅烧后易于磨成粉末的石料（只要不是像石灰那样的软石料）。考虑到这些主要原料的成分和颜色可能不尽相同，主要依据原料的纯度来生产3种玻璃。最粗糙的是绿玻璃，它是在普通沙子（伦敦的工匠从伍利奇获取）和未经过过滤的草木灰中加入诸如磨细的碎玻璃等废料制得的。在熔化后，将漂浮的杂质（玻璃沫）撇去，有时候还会将玻璃料投入水中，以清除更多的杂质。然后将这些玻璃收集起来磨碎，再重新熔化。较好一些的是白玻璃，由沙子和最上等的草木灰制造，例如从黎凡特进口的钾碱或者是从西班牙运来的海草苏打灰。最终得到的白玻璃尽管几乎完全不透明，如果是用西班牙的苏打灰制作的，还会有淡淡的蓝色，所有的这些都不需要作水处理。特别的品种——例如水晶或燧石玻璃——则只使用最好的材料制作。在17世纪中叶，伦敦的工匠使用的是"钾碱盐"或提纯过的海草苏打灰（即从最好的草木灰中浸提、过滤、蒸发、干燥、煅烧，最后磨细成粉制成的碱）与最好的白沙（从梅德斯通取得）或是粉碎过的煅烧燧石的混合物。

水晶玻璃制造者的成功，依赖于他们对碱的提纯以及有效研磨的技术。10份粗碱兑1份烧酒石在铜制水锅中煮沸，使用铅作内层衬里的水锅更好，这和染色行业中用的没什么两样（图版31）。当一半的水被蒸发之后，剩下的强碱液会静置几天，澄清的溶液被移入陶器中。更仔细的玻璃制造匠将这个步骤重复3次。当在木制容器中完成干燥时，溶液再倒回干净的煮锅中，进行蒸发直到开始"喷沫"，然后把"盐"放在炉子中彻底烘干，并磨碎成末。17世纪，这些材

图 425　碳酸钾的制造。

25.10　玻璃的制造

料的使用量大幅度增长，坩埚也制成一次能熔化 2 英担材料的容量出于这个原因，原先用于研磨的石臼已经让位给畜力磨，它有一个厚 10 英寸、直径为 7—8 英尺的大理石磨盘，在坚硬的大理石底座上转动。一匹马拉动这样一台磨的效率，相当于 20 个人使用石臼。

尽管有许多特殊的也经常是秘不外宣的混合物，但实际上只有很少几种基本的颜料。颜料首先被磨碎，再细筛，然后在一个和制作水晶玻璃迥然不同的炉子中熔化。此外，对应每一种颜料都使用专用的坩埚。基本的颜色海绿色就是由 1 份氧化铜和 1/4 份的花绀青制成的，需较深的绿色时用深红氧化铁取代其中的花绀青。基本的蓝色通过添加煅烧的海盐到海绿色的混合物中制成，而深蓝色只需添加花绀青，更深一些的颜色可以通过添加较多颜料和锰矿石（常在铅矿石附近，例如在萨默塞特的门迪普开采的矿石）获得。锰矿石常被认为是"陶矿石"，代尔夫特的陶器匠用它来调制黑色，就像用花绀青制造蓝色的陶器、玻璃以及人造蓝宝石一样。

703

尽管大青玻璃粉和花绀青是如此被高度赞扬并广泛使用，但它们只能从萨克逊获取，并且化学成分长久以来一直是个谜。最早的精确描述似乎是利斯特（Martin Lister）为皇家学会撰写的，在胡克的论文中被发现。利斯特称这种颜料是从米斯尼亚的施内贝格——萨克森公爵（Duke of Saxony）统治下的一个省——开采出的称为"钴"的矿石中制得的。在反射炉中加热这种矿石，以去除其中的砷，之后放入粉碎磨中磨碎，再煅烧、研碎、过筛，过筛时要加盖以防止扬尘，然后将其与细的石英粉末混合，装入桶内压实。这种"Zoffloer"——矿工如此称呼它——在出售或出口之前，先用大铁锤敲碎。为获得大青玻璃粉，通常将氧化钴与沙、碳酸钾混合并熔化以形成深色的玻璃，然后用坚硬的石头碾碎。

25.11　制皂

　　当时，染色和玻璃制造并非是仅有的大量消耗碳酸钾和苏打的行业，制皂商可能用得更多。为满足需求，这一行业看来要开始进口草木灰。海藻灰、自制碳酸钾和石灰也投入了使用。到 1500 年为止，制皂业至少已经存在几个世纪了，各种脂肪和油脂与由湿碱和生石灰制成的碱液一起蒸煮（图 426）。牛油肥皂在北欧较为普及，而橄榄油肥皂则在西班牙、法国和意大利生产。布里斯托尔、考文垂以及伦敦成为早期的牛油肥皂制造中心，而橄榄油肥皂的主要生产和出口地为威尼斯、萨沃纳、热那亚、卡斯蒂尔，以及后来的马赛。在亚眠和皮卡第的阿布维尔，黑肥皂用灯油的残渣生产。但是，从这个时代开始，传统已经在改变，大约 1500 年伦敦一份对制皂业的统计报告显示，30 加仑一桶的商品肥皂是用塞维利亚的牛油或橄榄油、进口草木灰和生石灰制造的。另外，一些像皮德蒙特的亚历克西斯（Alexis）[6] 这样的作者，也记载了用板油和鹿脂与苛性碱共同加热以

图 426　一个制皂厂的概图。

后面是煮锅，具有装油脂与碱液的容器。（左）称重、制作皂块，及冷却、放置热肥皂的工作台；（右）劈开木头，用于制造与蒸煮碱液；（中）包装肥皂。

生产肥皂的配方。

只要油脂、脂肪和碱这些原料能轻易买到，当地就会出现煮皂匠的身影。据说，布里斯托尔的每一个市民都是或曾经是煮皂匠。肥皂业也延伸到了那些盛产苏打、仅需掘地苏打便唾手可得的地方，因此在 17 世纪有报告表明，在士麦那每年有 1 万担油用于制皂，一年 8 个月时间里，有 1500 匹骆驼用于运输"皂土"（可能是粗碳酸钠或者是天然碱、碳酸氢三钠）到制皂房。这种皂土在清早从赫耳墨斯河以北几英里处的平原上采集而来，碱液是由 3 份这种"土"和 1 份石灰共煮而成。

一般说来，制皂的碱液采用塔亨尼乌斯（Tachenius）所描述的方法来制作[8]。草木灰放置在桶或槽中，润湿后用生石灰覆盖，并放置一段时间。然后将它们充分混合，并加水浸没，当溶液浓度达到可以浮起一只鸡蛋时，放出碱液，稍后可在原料中另外再加水，即成弱碱液。把这种弱碱液和油脂或脂肪一起蒸煮，直到形成凝乳物。当加入强碱液时，大致按照 3 份碱液兑 1 份油脂的比例，一直蒸煮到凝乳物变得致密而且看起来质地均匀时为止。接下来，可以使用一种粗略的方法来检验比例是否正确。如果产品尝起来甜，则需要加入更多的碱；如果苦，则要加入更多的油脂以中和多余的碱。然后，把凝乳物晾在平台上或放进盒子，直到足够干可装桶为止。

尽管苛性碱的制备有着严谨的管理，但没有任何精确测量其碱性的方法，也没有办法可以确定在每次煮沸时，要使用的碱和油脂的相对含量。的确，这一时期末的人们认识到了更好地控制这个工艺的必要性，但直到 18 世纪晚期，总体来说化学家还没能完全解决这一问题，因此也无法期望有什么伟大的进步。但无论如何，油脂的其他来源开始变得重要起来。鲸油可以从格陵兰一带的捕鲸船队上大量获取鱼油则可以从驶往纽芬兰沿岸捕鱼区的捕鱼船上获得。这类油脂早年时的供应是有限的，但当它们变得廉价时，制皂商们便加紧了利用然而，由于它们有令人厌恶的气味，许多清洗物不能用这种肥皂清洗，例如羊毛。这两个行业之间的联系变得如此紧密，因此 1674 年在格拉斯哥建立了合作联盟，协调捕鲸业和制皂业的营运。此时，人们似乎也知道了在煮皂快结束时向煮皂锅中加盐的好处，这样可使肥皂更好地分离出来，而且皂体更紧实。不过，真正实现定量控制的盐析工艺，到 18 世纪末期才发明出来。

因为使用了各种不同的原材料，商品肥皂从白色的到黑色的，从硬块状的到软胶状的，从高品质的卡斯蒂尔肥皂到由未提纯的鲸油制成的粗糙产品，应有尽有。很显然，如不作进一步处理，这些产品很少能直接供家庭或个人使用。但在这个时期，家庭用皂的需求量在不断增长，许多肥皂配方的公开，使人们可在厨房或住宅的储藏室制作肥皂。它们看来首先是在那不勒斯和威尼斯被投入使用。普通的硬质橄榄油肥皂，磨碎之后与香水混合，并搓成紧实的球状。其他的家用肥皂采用 2 份碳酸钾（使用杨木制取的被认为是最好的）以及 1 份生石灰、8 锅普通强度的碱液兑 1 锅经炼制的板油或厨房油脂来制造。混合物放在用铅作衬里的平底大煮锅中加热至接近沸腾，然后放在太阳下曝晒 1 个星期，不时搅拌，直到形成胶体。加入麝香蔷薇水，再把混合物放在太阳下曝晒 1 个星期，然后将其搓成球状，放置在铺有废棉花和羊毛的木箱里。另外品种的橄榄油肥皂，则通常使用紫罗兰和香料末来添加香味。

25.12　结语

本章所讨论的化学工业并未包括如酸、碱、盐这样的基础化工产品的生产。这一时期，这些材料通常由需要它们的人在有所需要的时候来制造，或者从"化学家"——这个名字是指那些精通化学制剂的人——手里相对少量地购买。现代工业所需的这些原材料的大规模生产还是更晚一些的事情。然而也有一些例外，特别是明矾、硝石

706

和绿矾，它们在销售之前通过结晶的方法来提纯，但它们的制造工艺几个世纪以来几乎就没有什么变化，也没能为化学技术的进步提供十分有益的范例。因此，对于制备酸和盐最完整的论述可在有关金属的论著里找到，而有关制备碱的论述则放在制皂和制作玻璃的论著中。这些制备往往被认为是制造工艺中的不起眼部分，有时也很单调，特别是在要求产品纯净时。供分析用的强酸的蒸馏制备法的改进工艺也已发明，但是成功往往需要非常细心。例如，硝酸就是在蒸馏硝酸盐或硝石和经煅烧的硫酸盐的混合物时发现的，但在这之前，经常关注的是用人工筛选的办法将盐和与其相似的杂质分开，以避免产生王水（硝酸和盐酸的混合酸）。实际上，后者则是通过往硝酸里加盐（在意大利显然用的是卤砂）并蒸馏制得。硫酸盐也必须是尽可能地纯净，而从匈牙利和戈斯拉尔出产的品种尤其受欢迎。尽管明矾能够取代多种硫酸盐，但由于它富含水分会提高煅烧成本，因此要避免使用。

到 1730 年，科学特别是化学已经发展到可以指导几种制造工艺的水平。在此之前，有人可能会推断行业的实践走在了科学的前面。尽管如此，很多人已经在期待科学家能推出新方法和新工艺，甚至连科学的批评者似乎也认识到这是发展的必然，尽管他们悲叹结果并不如所期望的那样。因此曼德维尔（Bernard Mandeville，1670?—1733）在 1724 年指出，有几个行业已经达到了"尽善尽美"的地步。他认为，"许多被人们铭记在心的发明，一般来讲，要归功于在这些行业中成长起来的，或者是经历了长期的实践并非常熟悉这些行业的专家，而不是精通化学或其他自然科学的科学家，人们总自然地期望这些发明出自这些科学家身上[13]"。在本书的后几卷，将会有更多的证据证明，科学的力量是如何满足工业发展需求的。

关于来自佛罗伦萨帕拉佐-韦基奥油画的注释

复制成图版 28—31 的帕拉佐-韦基奥油画原是美第奇家族的弗朗西斯科一世（Francesco I de' Medici）书房壁画的一部分。它们由瓦萨里（Vasari）布置设计，并于 1570—1572 年间完成。该书房是可从大厅的一扇门内进入的凹室，里面的两条秘密通道可直达科西莫一世（Cosimo I）的藏宝房，该房同样也是瓦萨里在 1559—1562 年间建造的。据说，弗朗切斯科沉迷于炼金术并喜欢自然的奥秘。

保存至今的这些油画是晚期佛罗伦萨画派的最佳作品。围绕房间有两层油画，较低的一层可移动，这样设计是为了遮住壁橱和保险柜。这里引用的 4 幅油画取自上层，有理由推断它们都表现了当时的日常技艺，例如表现漂白羊毛工作场景的卡瓦洛里（Cavalori）本人就是居住在离佛罗伦萨不远的圣安布罗焦附近的一个染色工匠的儿子。四海为家的荷兰艺术家范德斯特拉特（Jan van der Straat），描画了所谓的金丹术士（或称蒸馏水、提取物和化学品制造者）。此画是根据更早的一幅雕刻绘成（第Ⅱ卷，图版 42B）。

707

相关文献

[1] Stillman, J. M. 'The Story of Early Chemistry', p. 184. Appleton, New York and London. 1924.

[2] Pancirollus, Guido. *Rerum memorabilium sive deperditarum* and *Nova reperta, sive rerum memorabilium recens inventarum et veteribus incognitarum.* Amberg. 1599.

[3] Agricola, Georgius. *De re metallica libri XII.* Froben, Basel. 1556.

[4] Palissy, B. "De l'art de terre, de son utilité, des émaux, et du feu" in 'Les œuvres de Bernard Palissy' (ed. by A. France). Paris. 1880.

[5] Rosetti, G. V. 'Plictho dell'Arte de'Tentori.' ［Venice. 1540.?］

[6] Alessio Piemontese (Ps.). 'Secreti del... Alessio Piemontesi.' Venice. 1555.

[7] Plattes, G. 'A Discovery of Subterraneall

Treasure.' London. 1639.

[8] Tachenius, O. *Hippocrates chimicus.* Brunswick. 1668.

[9] Löhneiss, G. E. von. 'Gründlicher und außführlicher Bericht von Bergwercken.' Zellerfeld. 1617.

[10] Petty, Sir William. "An Apparatus to the History of the Common Practices of Dyeing" in T. Sprat, 'The History of the Royal Society of London' (3rd ed.), pp. 284–306. London. 1722.

[11] Neri, A. 'L'Arte Vetraria.' Florence. 1612. Eng. trans. with additions by C. Merrett. 'The Art of Glass.' London. 1662.

[12] M. D.［Holbach, J. Baron de］. 'Art de la verrerie.' Paris. 1752.

[13] Mandeville, B. 'The Fable of the Bees', p. 152. London. 1724.

708　**参考书目**

Agricola, Georgius. *De re metallica,* Eng. trans. and comm. by H. C. Hoover and Lou H. Hoover. Dover Publications, New York. 1950.

Dawkins, J. M. 'Zinc and Spelter.' Zinc Development Association, Oxford. 1950.

Evelyn, J. '*Fumifugium;* or, the inconvenience of the aer and smoak of London dissipated, together with some remedies humbly proposed.' London. 1661. (Old Ashmolean Reprints, Oxford. 1930.)

Forbes, R. J. 'A Short History of the Art of Distillation.' Brill, Leiden. 1948.

Jenkins, R. 'Collected Papers.' University Press, Cambridge. 1936.

Leggett, W. F. 'Ancient and Medieval Dyes.' Chemical Publishing Company, New York. 1944.

Li Ch'iao-p'ing. 'The Chemical Arts of China.' Published by the Journal of Chemical Education, Easton, Pa. 1948.

Platt, Sir Hugh. 'Delightes for Ladies' ed. by G. E. Fussell and K. R. Fussell. Crosby Lockwood, Longdon. 1948.

Salzman, L. F. 'English Industries of the Middle Ages' (new ed.). University Press, Oxford. 1923.

Singer, C. 'The Earliest Chemical Industry.' The Folio Society, London. 1948.

Stillman, J. M. 'The Story of Early Chemistry'; see esp. ch. "The Progressive Sixteenth Century." Appleton, New York and London. 1924.

Tierie, G. 'Cornelis Drebbel.' H. J. Paris, Amsterdam. 1932.

第26章

结语：西方的兴起

A. R. 霍尔（A. R. HALL）

26.1　变化的工业

在第 Ⅱ 卷的"结语"中（边码 756—771），已经强调了在整个古典时期以及中世纪的大部分时期里，东方对于西方的技术优势（technological superiority）。第 Ⅱ 卷主要关注的是：罗马帝国东部的希腊人显然发展出了比西部的拉丁人更高的技能，遥远中国的文明（civilization of remote China）在技术上也极有可能比地中海沿岸国家更加发达。迄今为止，尚无法完全肯定或详尽地在这两种十分不同的文化之间进行如此宽泛的比较，但是可以肯定，这种状态在中世纪行将结束之前已经改变，西欧逐渐显现出技术的优势。这一动向建立在传播和发明这个双生过程的基础上，它的许多方面在第 Ⅱ 卷和本卷的各章都有所讨论。

在本卷所论述的时期中，西方的优势得以确证。欧洲经济和技术的重要性在政治上的反映滞后了也是事实。最后一次土耳其人进攻维也纳是晚至 1683 年发生的，大约在同一时期欧洲人仅在东印度群岛以及西印度群岛建立了他们的海外统治，在印度沿海地区设立了几个据点，在北美洲和南美洲也稀稀落落地有几个。欧洲大规模的海外殖民直到 1800 年以后才开始。16 世纪和 17 世纪欧洲人开始远洋航行，把贸易做到了世界各处海路可及的地方，他们离开故土远涉南美或者东、西印度群岛去寻求好运，但他们很少愿意定居于遥远的异乡，或在那里开设工厂。只有在中北美洲，才有一定数量的欧洲人聚居生活。然而，如果欧洲人的角色在亚洲仍然仅限于商人，那么这种角色是不可替代的。由于意识到自身地位无法撼动，商人们要求商业特权，经常因此发生争端，甚至导致战争。军事上的胜利必然要赋予他们行政和政治的特权。因此，15 世纪欧洲的商业侵略所带来的一个不可避免的后果就是，欧洲凭借强大的海军和军事的优势控制了远东。如同传教士的工作一样，征服是体现西方的无限力量的一个方面。

西方在一系列战事、船舶建造和海军方面的优势，首先给东方造成了冲击。西方的商品能够吸引非洲和美洲的土著，但是它们的品质与价格却无法引起文明的印度人和中国人的浓厚兴趣。实际上，东方的陶器要换的是金银而不是以物易物，东方的工艺技术对欧洲有更大的影响而不是相反。凭借优雅的艺术和精巧技术的组合，东方的某些商品——过去的而非现在的——至今仍然无法超越。这就引出了技术史中与当时的历史时期尤其有关的重要的一点，即在一些特定的工艺品中，艺术（art）和技术（technique）是无法分开的。当我们赞叹一件中国的瓷器时，我们既敬佩烧制瓷器的陶工对形式、色彩、线条的感觉，也惊讶于他们对轮形图饰、颜料、光线和火候控制的把握，没有这些技术而只有艺术的感觉是无济于事的。相反，最发达的工艺流程、最先进的化学和高温技能也不能弥补艺术设计上的不足。因此很明显，许多有着高度艺术价值的制品，如果缺乏最起码的技术熟练程度，是做不出来的，比如古代金匠的作品（第 I 卷第 23 章，第 II 卷第 13 章），或者中世纪的陶器（第 II 卷第 8 章）及丝绸（第 8 章）。当技术发展到更先进的阶段，情况仍会如此，但在工业中可能会出现质量不如数量重要、美观不如实用重要的这种情况［如内夫（J. U. Nef）已经在第 3 章中指出的］。

有一些理由颇能说明为什么会这样。比如在精致的艺术中，最高水平的工艺例如做黄金、象牙或者瓷制品，设计者的个人贡献是如此之大，以至很难想象这种贡献怎样才能被替代。此外，这个卓越的工匠在方法上很可能比一般的工匠更保守。技术进步（technological advances）通常使一个优质产品朝着标准化和大规模生产的方向发展，但是非同寻常的工艺品的稀缺性是构成其自身价值的一部分。基于同样的原因，如果一个行业的产品只有少数的有钱人才能购买，那么对这一行业进行改进就不会显得那么重要且有利可图了，而发明家总是被大的市场所吸引。再者，生产一般消费品所涉及的基本的机械或化学工艺，很可能实际上比那些更完美和昂贵的产品要简单，因此它们更容易加工，例如在炼铁中使用机械要比在炼钢中使用机械容易得多。大规模的生产或用便宜的原材料代替昂贵的原材料，都有可能带来质量的下降，就如焦炭炼的铁长期以来劣于木炭炼的铁。

711

人们自然想起了由特殊环境所造成的例外。制作贵重金属制品的工匠首先会使用原始的冶金技术（第2章）。丝绸业发明了打孔卡，后来为"指令"机器所广泛地采用（第7章）。在制造科学仪器的过程中，精密工程开始小规模地出现了（第13章）。膛线首先被用于猎枪上（第14章）。在科学家、航海家、调控货币的政府机构及其他对精确性特别有要求的领域中，总是有一种激励因素，让人去设计各种随后可能证明是有广泛应用的改进装置，即使这些改进最初的市场很小。然而，技术进步中的基本而巨大的每一步，似乎都和满足人类最基本以及永不满足的需求有关。水力和风力被首先用于谷物的碾磨，接着被用于漂洗衣物，然后又被用于采矿和冶金。蒸汽动力最先被用于矿井，接着是碾磨机。大规模的生产方法首先出现在造船厂中，接着是在兵工厂中。还有，现代化学工业是从"重"化学开始的。在某些场合中，尤其是在相对次要的工业中小规模出现的新技术（例如用强大的压力把金属冲压成货币，第13章），很明显其重要性只有在它被用于主要的工业行业之后才开始真正显现。

因此，与世界上其他地方相比，17世纪时的欧洲大体上拥有更高的技术熟练水平，与此毫不协调的是欧洲在一些产品（例如丝绸或者陶器）的质量上却处于劣势。西方的优势在于动力和机械的更广泛应用，在于它的化学工业以及自然科学在一些领域中的应用。这些先进之处使得欧洲能够较便宜地生产出更多的产品，逐渐将生活水平提高到了一个前所未有的水平，同时控制整个世界的贸易，以获得自己所需要的所有原材料。

或许正如人们所料，技术变革的速度因国家而异，并且沿着多少有些不同的道路发展。在16世纪初期，南欧特别是意大利的许多手工艺比北欧的先进得多。意大利的金属工、陶工和丝织工都是无与伦

比的，许多机械书籍和其他技术论文是意大利作者的作品，他们拥有最好的印刷工人为之服务。当时在意大利，科学的发展也最活跃。这时的倾向是发展更高级的手工艺而不是生产方法的根本转变［塞利尼（Cellini，边码338）也许就是最好的例子］，而且服务于富人消费者的行业是最有影响力的。后来，法国走上了有点类似的发展道路，众所周知柯尔贝尔（Colbert, 1619—1683；边码464）是怎样鼓励法国的奢侈品工业的——例如丝绸织造和哥白林地毯的制作。但是重点渐渐地就转移到了北欧，这部《技术史》以后的几卷将对此有所涉及。法国北部、低地国家、德国北部、瑞典和英国都日益成为有影响力的工业和商业中心，这些北部工业产品的质量往往都不高，例如印刷品、陶器、纺织品和玻璃器皿等，但是运营的规模却较大。

北部兴起的最佳例子是英国。不列颠群岛在欧洲的北部边缘，尽管后来证明这个地理位置对于它的商业非常有价值，但中世纪时它却与世隔绝，很不开化，在国际事务中也只发挥着很小的作用。在英格兰只有政治和管理制度得到了很好的发展，它们也为英格兰工业的成功做出了贡献，其余的领域王国则处于半开化状态。甚至在1500年，英国在国际商业中仍然扮演着一个低微的角色，只出口羊毛和未经加

工的布匹、马口铁、皮革以及其他几种原料，大部分远方贸易为威尼斯商人和汉萨同盟的商人们所控制。但是到了1700年，英国的船只已经自由地行驶在世界的贸易航线上，许多出口工业繁荣起来，特别是经过印染和加工好的衣物。在1500年，英国的许多日用品完全是进口的，而到了1700年就由新兴的制造商供应，他们已经完全能够与海外的生产商竞争了。英国工业经济的增长，在某种程度上是因为直接模仿外国的方法或者依靠外国工匠的帮助而获得，但是在后阶段，则主要应归功于本国丰富的技术资源，这一点本卷中已经举了很多例子，特别是煤燃料使用的例子（第3章）。

此时英国工业繁荣的原因并不是它的工匠的技能优于其他国家，实际情况正好相反，甚至英国引以为豪的造船业，在设计和实践的许多方面不如法国和荷兰。英国工业上的成功始于18世纪并最终确立于19世纪，其基本原因是拥有那个时代的两种关键原料——丰富的煤和铁，而且制造商们乐于开发这两种资源。当然这样说是把一个复杂的过程简化了，因为成功是由许多社会的、经济的和政治的因素共同促成的，但是这里的目的是强调英国工业的技术适应性（technological adaptability）这一突出的事实（边码76—边码80）。英国的制造商们经常积极地用机器代替熟练的工人，为稀有和珍贵的原材料寻找替代品，加快生产过程或降低生产成本。他们置工人利益和产品质量于不顾，坚定地抵制着那些可能阻碍事业发展的事物。当时其他国家的制造商也在同样的方向上努力，但是在大多数工业行业中速度不够快、不够成功，尤其是在重工业方面。

当时的工业正在朝着一个新的方向发展，其社会意义是巨大的。18世纪之前或者稍后，欧洲以外的地方生产技术依然只有两种，乡村手艺人和家庭生产者用比较粗糙的方法做出日常使用的简陋、结实的东西，而作为一个完全不同阶层的艺术家使用更精致更冗长的方法制出更精巧的商品，提供给富有的商人和拥有土地的贵族。如果进行比较，例如把乡下人的陶器跟代鲁塔（Deruta）和卡法焦洛（Caffagiolo）的窑烧出来的陶器相比，把士兵的粗布军服跟出身良好的官员的穿着相比，把劳动者低矮泥土地的住所跟用坚固的石料和细腻的粉刷修建的城市住房相比，那么它们的区别已不仅仅是贫富对比所造成的了，还体现了技术造诣（technological accomplishment）上的差异。没有任何社会置换能克服这一点。专业工匠的巧妙的技巧可能失传，但是这种技巧永远无法推广到大众中去。为了克服这一点，就需要技术变革（technological change），一种最终将毁掉大多数普通手艺人和家庭生产者生计的变革，尽管它可能永远不能完全毁去那些向主顾提供近乎个性化服务的专业手工业者（裁缝、厨师、书籍装订工以及其他类似性质的工匠）的生计。

中世纪的产品要么随处可见、粗陋不堪和没有经济效率，要么独一无二、匠心独运，同样地没有经济效率。18 世纪的新技术是有效的、先进的，而且拥有广泛的市场。新技术寻求用同样的设施和同样的方法，不仅去满足社会上富有而有教养的阶层的苛刻要求，还要满足平民的需求。结果，就演化成一种越来越接近于技术均一（technological homogeneity）的状态，用于生产便宜物品的方法和用于生产昂贵物品的方法之间的差别就会倾向于消失，虽然后者是用更好的材料、更加精巧的方法完成的或者装饰成的。在现代，从衣着上摒除可见的社会的和经济的差别是很常见的事，但在本卷所描述的时期，用优质陶土、金属和玻璃制成的产品都已经进入了各地较普通家庭的使用范围，而在此之前较穷困的阶层却只能使用木制和兽角制的东西，这也是上面讲述的技术发展（technological developments）的结果。

众所周知，乡村手艺人、家庭制造者和专业工匠的消失都是由工厂体系的发展引起的，而新的制造技术又促进工厂体系的发展。这种发展在 18 世纪之前的英国还一点都不明显，在美国和欧洲大陆的出现就更晚。这部《技术史》的续卷会对此作进一步的讨论，但是这里应该强调，允许这种以大规模的建设、广泛地使用机械和动力为形式的制造业发展的因素，早就在形成了。这种发展出现在欧洲而不是世界上其他地方的一个原因，似乎是这些因素在欧洲经济中以一种在其他地方找不出来的方式运行着。下文将提及与这种发展有关的内容。不过与大规模的工业增长以及新工艺的实施相联系，在这里讨论其中的两个因素还是比较方便的，一个是资本的积累（没有它，就不可能在机器和工厂上进行投资），另一个是将资本投入服务行业的适合的途径的演进。

富人总是有的，所以商人之间的合作关系与复杂的金融协议并不局限于欧洲的经济生活。毫无疑问的是，到 17 世纪末已经在欧洲成长起来的金融体系比其他任何地方都更有效。还在中世纪的时候，不同国家的货币流通就变得相当稳定，私人银行业务的早期形式已经繁荣起来，从一个商人向另一个商人划账已经有了很便利的方法，而不再需要运送现金了。已经有相当的证据表明，除了贸易之外，人们也愿意投资于工业，例如投资于英国用于纺织业的水力驱动的机器设备的制造或者德国的冶金业。到 16 世纪为止，像富格尔家族（Fuggers）和韦尔泽家族（Welsers）这样的大银行家族就是金融皇帝，在安特卫普已经形成了有组织的国际货币市场，在欧洲的许多地方，大地主都仿效商人，把他们的地产投资于工业发展。

715

海上贸易还推进了另一种形式的商业协议——股份公司，即许多人共同出资建立一个规模超出了个人财力的企业。到 17 世纪末期，现代类型的股票市场已初现端倪，尽管它更多地关注贸易而不是制造，公共银行如英格兰国家银行（1694 年）也已经成立了。所以旧有的财富观念，诸如把金子安全地锁在结实的橱柜里或者要拥有大面积的肥沃土地等，虽然没有完全被打破，但也都在减弱，而且人们已经习惯于为了更大的最终利润而冒险进行投资。在著名的"南海泡沫"（约 1720 年）的年代里，轻信的投资者试图在一大批事先规划好的新制造企业中进行风险投资。这种做法是财富观的改变，使较幸运的先驱者对工业革命的私人赞助，以及后来对运河和铁路系统的公共投资成为可能。如果没有 1700 年就已经形成的集资方式，这种情况即使出现也会慢得多。

26.2　欧洲历史中的技术

　　所以，在本卷所描述的时期里，技术发展史（technological history）的曲线遽然上扬，而在曲线终止处，我们就站在蒸汽和铁的时代的门槛上了。世界上其他地方的技术（除了欧洲人定居的美洲部分以外），在很长一段时间内没有受到这种快速的和显著的发展的影响，就像他们过去从未受到没有多少改动技术的影响一样（这些技术已经为后来做好了准备），停滞在手工水平，产品较之早年生产的更无价值。这部《技术史》的曲线跟随着欧洲历史的进程而绘就。在这些历史事件背后以及在动力和机器发展背后的原因是模糊的，在此详细地讨论它们也是不恰当的。由于复杂的历史进程，原因和结果看上去互相锁定，难解难分，每一方都作用于另一方。扩大的市场刺激了技术的改进（technological improvements），推动了更大规模的生产，大规模生产又激励着人们寻找更广阔的市场，技术进程的每一步都鼓励了对其他发明的尝试，如此循环往复。

　　中世纪的欧洲从一开始就有许多优势。它从古代世界继承了丰富的科学和技术遗产（scientific and technical heritage），但一开始并没有因崇拜过去的辉煌而丧失发展能力。它的自然资源包括水、木材、煤、金属、盐和其他矿物等都很丰富且易于开采，农业潜力极大，而且气候多样。西方人基本上统一在宗教下，习用同一语种，因此彼此的交流比较容易。10 世纪以后，虽然有许多互相残杀的内部战争，却再也没有发生过未开化的外邦人对欧洲腹地的大规模入侵。它的人口很少，因此土地和工作的机会通常很充足，随着人口的稳定增长，经济

716

扩张的可能性也随之增长。奴隶制逐渐消亡，尽管对劳动者的公然剥削并没有因此而停止，但是劳动力的价值已经得到了承认。许多世纪以来，欧洲人已经意识到生产一件产品时所用的劳动力成本的减少，通常会带来这件产品价格的降低。

在其他方面，中世纪欧洲的社会体制也比古代任何一个国家或者东方文明更加自由。封建主义是一种强大、保守的社会力量，但是从12世纪开始，凭着不断增长的自信，人们迈向富裕和舒适的生活，甚至通过商业与制造业的成功，还赢得了政治影响力。远在中世纪结束很久之前，一些共同体——意大利北部各州、汉萨同盟城市、莱茵兰德自由城、伦敦城——都由其商人阶层控制着。基于财政和其他考虑，这个阶层以及他们积极促进贸易和工业发展的做法，受到世俗统治者的鼓励。而且，中世纪社会和近代社会的初期都相对稳定，尽管有战争和小的骚乱，但没有被王朝的剧变和大范围的革命所撼动。通常，它的统治者们并不残暴，并不想强迫人们生活在固定的模式中，也不试图实施专制统治来阻碍社会的变革，而这些在古罗马的最后几个世纪和中国近代历史的后期都显得非常突出。当然，12世纪至17世纪的欧洲社会还远远不是绝对自由的，任何一个社会都不会不受限制，但是它大概比以前任何一个时代都自由得多。

这些就是促进繁荣和广阔发展的条件。有才华和勤勉的人不管其出身是多么低微，都会得到许多回报。那些希望学有所得的人，只需少量费用即习得专业知识。与此相关，值得强调的是尽管印刷术在中国要比在欧洲远为悠久，但正是在欧洲，活字印刷的发明使其确立了充足的技术优势。读写能力在欧洲的发展，以及由此衍生的作为科学和技术教育传播媒介的书籍和期刊的发展，是世界其他地方所无法企及的。也许，如果欧洲没有消化其他文明（伊斯兰的、中国的、印度的）的了不起的能力，其文明也不会进步得如此之快。似乎没有其他文明能有如此广泛的根基，如此折中的借鉴力，如此乐于接纳外来

717

的东西。大多数人有一些倾向，对外国事物有很强的恐惧，拒绝承认在技术或者其他任何方面的劣势。在这一时期，欧洲在宗教方面没有什么卓越的贡献，哲学成就也极少，但是在制造业和自然科学的进展方面，它乐于采纳任何有用和有利的东西。罗马帝国崩溃以来，欧洲的确出现了一部技术变革的延续史，起初无足轻重，但是逐渐变得迅速和深刻。因此，想讨论它是怎样开始的将是一件徒劳的事，因为它始终都存在着。

26.3　工业和科学

在过去的两个半世纪里，尤其在最近 100 年里，一种新的因素——自然科学——对欧洲技术的迅猛发展作出了贡献。正如本卷的前言中已经指出的那样，科学在此之前很少发挥这样的作用。中世纪的一些技术变革（technical changes）要归因于 13 世纪的科学发展，例如火药和水手用的罗盘的传入，更确切地说这是将欧洲之外的东西加以吸收消化的成果。早期的科学知识是与这些技术创新（technical innovations）的应用联系在一起的，例如航海（第 19 章、第 20 章）和战争艺术（第 II 卷，第 20 章；第 14 章）在本质上具有模仿性质。中世纪的科学牢牢地建立在古典作家的基础上，他们的著作主要是从伊斯兰文献翻译出来，才为使用拉丁文的西方人所知。之后，从 14 世纪到 16 世纪，特别是在约 1450 年到约 1550 年间，通过直接翻译希腊人的著作和研究以前不出名的或者被忽视的学者，通过对其古典源头的重新关注，欧洲的科学活动再次生机勃勃。在大约 1500 年那一年所讲授的科学中，很少有公元 2 世纪受过良好教育的人所不能够理解，或者是不熟悉的。直到 16 世纪中期以后，欧洲才步入一个创造性的而不是模仿性的科学的伟大时代，这时的基础概念和实践上的发现已经使当时的知识远远超过了它的古典基础。从那以后，进步就真正变得迅速起来了。在下一个世纪里，古代学者的科学真理的观念已经差不多被抛弃了。例如到大约 1650 年的时候，局部解剖学的基本事实已经稳固地建立起来了，而到 1700 年的时候，力学（mechanical science）的要素实际上也都弄清楚了，而且已经能够把天空和地球都包括在它的研究范围之内了。科学学会也已建立，甚至传统的大学中也涌现出了新的概念和方法。新的数学技巧以及数量逐年递增的新的科学仪器，处处都使得人们能更广泛、更深入地研究自然现象。这时，随着第一批耶稣会士到中国布道，欧洲科学（European science）开始取代更为古老的亚洲文明（Asian civilization）。

这部《技术史》已经指出，非纯理论科学——其基础均来自实验、观察或者经验——依赖于技术和工艺知识远比技术依赖于科学要多。至少在 1700 年之前，这一点在很大程度上是事实，而且实验科学的"新哲学"倡导者也意识到了这一点。正如玻意耳（Robert Boyle）大约在 1659 年所述：

偏见并不比人类通过自然史和兴趣所获得的一般看法更有害，有学识而且聪明的人，一直都与工匠［手艺人］的生意和实践保持着距离……在行业［工业］中产生的大多数现象都是自然史［科学］的一部分，因此就要求博物学家予以关注……这些现象在运动中展示自己的属性，在人力作用下偏离原有规律时也在展示自己的属性，而那正是我们所能看到的最具启发性的状态。

玻意耳发展了弗朗西斯·培根（Francis Bacon）的观点，的确，他认为科学家没有像他们所应该的那样从技术的经验和实践中学到很多东西。为了实践这一点，人们做出了许多努力——例如早期皇家学会的建立，尽管直接的效果并不是非常明朗，但是这样的努力的确强化了使科学变得更加现实和实用的企图。大多数 17 世纪伟大的科学人物，从伽利略（Galileo）到牛顿（Newton），都对科学和技术之间的双向联系，以及在两者之间建立一种充满希望的互相促进的关系非常感兴趣。在这部《技术史》中，我们可以从法国皇家科学院的院士所拥有的这些同样兴趣中受益，因为这里所复制的很多插图原来是对法国皇家科学院所规划的所有行业进行的综合说明。

719 　　尽管紧密依赖于技术以获取有用的信息，但中肯地说，从长远看，科学的进步将不可避免地促使技术朝着培根所预期的"人驭自然的王国"前进。这是一种对生存的乐观的看法，即人类的工作将由奇妙的机器而变得轻松，思想会在世界范围内加速传播，新的化学工艺会为生活增添难以想象的色彩和舒适，而人类惊叹于造物主作品的不可思议的复杂和深谋远虑。这种看法出现在一系列的著作中，其中不少在本卷中已有所提及。培根的《新大西岛》（*New Atlantis*, 1627 年）就是对一个因为科学技术的福祉（scientific-technological bliss）而产生的社会进行描述的最著名的尝试，但是其作者也认识到毁灭性武器威力的增长也必然成为这个社会的一部分：

　　我们拥有种种［所罗门宫殿里的］机械技术，而你们［欧洲人］还没有，用它们可制造出许多物品，如纸张、亚麻制品、丝绸、纱织品、有着美丽光泽和鲜艳色彩的优美羽毛制品、优质的染料以及其他许多东西；我们还有各种各样的炉子，但是首先我们有模拟太阳与天体的热能的仪器。我们还有实验室，可以验证所有的光和放射；我们发现了你们不知道的各种方法，制造出源自一些天体的光线。我们还有发动机房，其配备的各种发动机和仪器可用于所有形式的运动。我们能够模仿并实施高速运动，其速度超过你们的步枪子弹或任何其他装置。我们也制造战争用的军火和设施，所有种类的发动机；同样，我们有新组分混合制成的火药。我们还模仿鸟的飞行；我们有能够潜入水下的船艇。我们有各种非同一般的钟表，其中一些能够永动不息。

人类很久以来都梦想能够用魔法获得对自然环境的控制，但是到17 世纪对魔法的幻想已经放弃了。人们通过推理、实验和观察获得了科学知识，但驾驭自然的科学力量就像人们已经实践的那样是不完美的。此前，就有人对这样的力量有所暗示。大约 1250 年，在一段著名的文章里，罗吉尔·培根（Roger Bacon）准确预见了许多后来所取得的科学成就：

无须桨手划动的航海机械能够被造出来，最大型的船只只需在一个人的控制下就能航行……不靠牲畜拉的车能够以难以置信的速度行驶……人们能够制成如下的飞行器：一个人坐在中间，驱动某种发动机，以此使人工的翅膀拍击空气，就像飞鸟一样……人们能够制造在大海和河流中行走的机器，甚至可以毫无危险地到达它们的底部。

不应过于看重这样的先知。许多时期的人们始终梦想做成看似不可能的事情，重要的是，从 16 世纪后期以来，人们相信看似不可能的难题最终会被自然科学耐心的、系统的攻击所攻克。到大约 1700 年，这种信念已经部分地被一些工作所证实了。科学使船只易于驾驭，蒸汽被驯服利用了，甚至最无法预料的事物——天气，也变得可以预测了。化学工业特别是许多物质的制备方法，显然都比一个世纪以前更加科学了，执业化学家如玻意耳、格劳贝尔（Glauber）、孔克尔（Kunckel）和莱默里（Lémery）的见解比他们的前辈更显合理。最终，他们用注定要遭淘汰的燃素理论，一时成功地解释了与实践经验明显吻合的化学反应和化合现象。

720

罗吉尔·培根的话也起到了对真理提醒的作用，这会经常见于这部《技术史》中，在中世纪，促进技术或者工业进步的愿望已可察觉。在 16 世纪和 17 世纪，这种愿望找到了很多实现的机会。地理大发现打开了人们的视野，美洲的银子造成了广泛的通货膨胀，扫除了经济障碍和限制，一个新的思想和学术的世界被发现了。那种认为人类能够掌握自己命运的看法，从此时此刻开始抓住了人们的心灵。工程和发明成倍增加，技术文献大量增长，其中很多充满了富有启发性的新想法，这已多次提及。但这股发明的洪流的大多数缺乏科学与经验的基础，多属轻率而只能以失望结束，甚至许多精心计划的尝试——例如想快速地牢固建立某一种农业科学——也都必然要失败。然而也有一些发明家选择了适合的主题并不懈努力，最后成功了，由此一种成功的模式也随之建立起来。与此平行的是，科学本身取得了更大的成功，这也许令人难以置信——人类已经能够看到血液中神秘的血细胞，或能够计算维系星球运转的力量，但还不能解决诸如使蒸汽工作或钻石切割钢之类的较普通的问题。人人都知道，航海需要天文学的帮助，化学可以抑制疾病，那么为什么所有文明的物质难题不能用欧洲人手中的力量和空前的启蒙运动同样予以解决呢？到了1700年，许多人已在宣布，欧洲的"现代人"已经找到了通往无涯的知识和繁荣的正道。这种繁荣不仅被希腊人及其先人所错过，也被欧洲人业已熟悉的其他文明所错过。那些宣告这一点的人，都强调了科学的胜利。

所以，以如此扎实的成就为起点，凭着如此的雄心和自信，欧洲从18世纪开始加速获得巨大的技术优势就不足为奇，对此的追溯将出现在下两卷中。在我们现在所处的时代，欧洲社会似乎在收缩，它对世界的影响力在衰减，而亚洲在拒斥欧洲精神的同时，却热衷于掌握欧洲文明的技术性细节。17世纪欧洲的繁荣、奔放的扩张很难给人留下深刻的印象。那是一个辉煌的时代，并且在将来将愈显光辉在5到6个世纪内，这个基督教徒的社会从敬畏和愚昧状态中兴起了，不仅在技术上取得了巨大的成就，统治了全球，而且也凭借对其的熟悉与理解，到达了能够面对自然，甚至面对它的造物主的地位欧洲似乎已把人类过去和现在所有经验中最好的东西都吸收过来，囊括其中，这种创造性吸收的成功给予进步以巨大推动力。人类现在是向前而不是向后看的，或许是有史以来第一次，人类对未来迟早要走的路有了一些依稀认识。人类把科学看作是技术的灵感，又把技术看作是富裕和繁荣生活的关键，然而不能看见的是，人类自身的无限曲折的复杂性。

第Ⅲ卷期刊名称缩写

依照世界科学期刊名录建议的方式进行缩略

Abh. Ges. Wiss. Göttingen	Abhandlungen der Königlichen Gesellschaft der Wissenschaften zu Göttingen, mathematisch-physikalische Klasse. Göttingen
Acta hist. sci. nat. med., Kbh.	Acta historica Scientiarum naturalium et medicinalium. Copenhagen
Amer. hist. Rev.	American Historical Review. American Historical Association. New York
Ann. Ponts Chauss.	Annales des Ponts et Chaussèes. Ministère des Travaux publics et des Transports. Paris
Ann. Sci.	Annals of Science. A Quarterly Review of the History of Science since the Renaissance. London
Ann. Trav. publ. Belg.	Annales des Travaux publics de Belgique. Brussels
Antiquity	Antiquity. A Quarterly Review of Archaeology. Newbury, Berks.
Archaeol. Cambrensis	*Archaeologia Cambrensis*. Cambrian Archaeological Association. London
Archaeol. J	The Archaeological Journal Royal Archaeological Institute of Great Britain and Ireland. London
Archaeologia	*Archaeologia* or Miscellaneous Tracts relating to Antiquity. Society of Antiquaries. London
Beitr. Gesch. Tech. Industr.	Beiträge zur Geschichte der Technik und Industrie. Jahrbuch des Vereins Deutscher Ingenieure. (Continued as *Technikgeschichte*.) Berlin
Blackwood's Mag.	Blackwood's Magazine. Edinburgh
Bull. Inst. franç. Archèol. orientale	Bulletin de l'Institut Français d'Archèologie Orientale. Cairo
Bull. Soc. R. Archaeol., Bruxelles	Bulletin de la Societè royale d'Archèologie de Bruxelles. Brussels
Burlington Mag.	Burlington magazine. London
Centaurus	Centaurus; International Magazine of the History

	of Science and Medicine Copenhagen
Ciel et Terre	Ciel et Terre. Socièté Belge d'Astronomie, de Mètèorologie et de Physique du Globe. Brussels
Clessidra	La Clessidra Associazione degl' Orologiai d'Italia. Rome
Connoisseur	The Connoisseur. London
Dolphin	The Dolphin. Limited Editions Club. New York
Econ. Hist. Rev.	Economic History Review. Economic Hitory Society. Cambridge
Endeavour	Endeavour. A Quarterly Review designed to record the Progress of the Sciences in the Service of Mankind. London
Gaz. Beaux-Arts.	Gazette des Beaux-Arts. Paris
Glastekn. Tidskr.	Glasteknisk Tidskrift. Glasinstitutet i Växjö. Växjö
Hist. Acad. R. Sci.	Histoire de l'Acadèmie royale des Sciences avec les Mèmoires de Mathèmatique et Physique. Paris
Horol. J., Lond.	Horological Journal. British Horological Institute. London Isis. History of Science Society. Cambridge, Mass.
Isis	Isis. History of Science Society. Cambridge, Mass.
J. Brit. astr. Ass	Journal of the British Astronomical Association. London
J. Cork hist. archaeol. Soc.	Journal of the Cork Historical and Archaeological Society. Cork
J. Hist. Med.	Journal of the History of Medicine and Allied Sciences. New York
J. Instn civ. Engrs	Journal of the Institution of Civil Engineers. London
J. Jr Instn Engrs	Journal and Record of Transactions of the Junior Institution of Engineers. London
J. polit. Econ.	Journal of Political Economy. Chicago
J. Soc. Arts	Journal of the Society [afterwards Royal Society] of Arts. London
Jb. kunsthist. Samml.	Jahrbuch der Kunsthistorischen Sammlungen des allerhöchsten Kaiserhauses. Vienna
Mariner's Mirror	Mariner's Mirror. Journal of the Society for Nautical Research. London
Meded. Rijksmus. Gesch. Natuurwet.	Mededeeling uit het Rijksmuseum voor de Geschiedenis der Natuurwetenschappen.

	[Communications from the National Museum of the History of Science.] Leiden
Min. Proc. Instn civ. Engrs	Minutes of Proceedings of the Institution of Civil Engineers. London
Numism. Chron.	The Numismatic Chronicle and Journal of the Royal Numismatic Society. London
Observatory	Observatory. London
Occ. Publ. Soc. naut. Res.	Occasional Publications of the Society for Nautical Research. London
Phil. Trans.	Philosophical Transactions of the Royal Society. London
Prakt. Akad. Athen.	Praktika tes Akademias Athenon. Athens
Quart. J. Econ.	Quarterly Journal of Economics. Cambridge, Mass.
Relaz. Congr. int. Sci. ist.	Relazione del Congresso internazionale di Scienze istoriche. [International Congress of historical Sciences]. Rome
Rev. belge Philol. Hist	Revue belge de Philologie et d'Histoire. Sociètè pour le Progrès des Études philologiques et historiques. Brussels
Saml. Svenska Fornskriftsällskap.	Samlingar af Svenska Fornskriftsällskapet. Stockholm
Schweiz. Bauztg	Schweizerische Bauzeitung. Wochenschrift für Architektur, Ingenieurwesen, Maschinentechnik. Zürich
Sprechsaal	Sprechsaal für Keramik, Glas, Email. Fach- und Wirtschaftsblatt für die Silikatindustrien. Coburg
Stahl u. Eisen, Düsseldorf	Stahl und Eisen. Zeitschrift für das Deutsche Eisenhüttenwesen. Verein Deutscher Eisenhüttenleute. Düsseldorf
Syria	Syria. Revue d'Art oriental et d'Archèologie. Institut Français d'Archèologie de Beyrouth. Paris
Tech. Stud. fine Arts	Technical Studies in the Field of the Fine Arts. Fogg Art Museum, Harvard University. Cambridge, Mass.
Town Plann. Rev.	Town Planning Review. Liverpool
Trans. Newcomen Soc.	Transactions. Newcomen Society for the Study of the History of Engineering and Technology. London

V. D. I. Jb.	Verein Deutscher Ingenieure. Jahrbuch. Berlin
Wasserwirtschaft	Die Wasserwirtschaft. Stuttgart
Woodworker, Lond.	The Woodworker. London
Wschr. Arch. Ver. Berlin	Wochenschrift des Architekten-Vereins zu Berlin. Berlin
Z. Ver. dtsch. Ing.	Zeitschrift des Vereins Deutscher Ingenieure. Berlin
Z. Ver. dtsch. Zuckerind.	Zeitschrift des Vereins der Deutschen Zuckerindustrie. Berlin
Z. Ver. lübeckische Gesch.	Zeitschrift des Vereins für Lübeckische Geschichte und Altertumskunde. Lübeck

第Ⅲ卷人名索引

以下数字为原著页码，本书边码

其中统治者的日期为其在位时期，并非生卒年

584

603

第Ⅲ卷译后记 Ⅰ

古哲说，人是理性的动物。而现代世界的先驱者说，人是工具制造的动物，但我宁愿说，人是一种前瞻性的动物。的确，人在本质上更多地关注未来，而对过去少有兴趣。这是我们人类一项最必要的特质，能够让我们忘怀过去，而更有效地去创造一个更美好的未来，就像两片小小的马眼罩，能够挡住后视的范围，让一匹赛马有截然不同的视野，从而能够更有效地向前奔驰一样。正由于拥有这样的特质，我们人类才得以不断追随自己的意志而前行，走出污泥，跨上陆地，爬下高树，踏上草原，穿越海陆，巡游天际。

然则，乃有圣贤说：善言古者必有验于今。诚如斯也。其实在我看来，不仅历史，甚至所有的人文学科，其本质都是回望性的。就像黑格尔说哲学一样，所有的人文学科也都有如密涅瓦的猫头鹰，它不在旭日东升的时候在蓝天里翱翔，而是在薄幕降临的时候才悄然起飞。所以，许多学者谈论历史的目的时，无外乎如下四个维度：

——教育。如果人类善于从过去吸取教训，就能避免重蹈覆辙。

——启迪。如一位历史学家所说，历史能够培育激情（breed enthusiasm）。人类早期的梦想与成就对于我们的生活而言，永远是一种启迪。

——快乐。对于历史的阅读者而言，历史有如一位美人，这位美人似乎由一位高超的故事讲述者创造的，能够带给我们惊异与娱乐。

——归属。历史是我们的共同遗产。在历史中，我们与我们的祖先去经历曾经的伟大冒险，识别着共同的文化与身份。

如此，这种历史的回望，也许降格为一种俄尔浦斯式的回望。俄尔浦斯走在爬出地狱的长途上，他不能够确定他是否听到了跟在他后面的欧律狄刻的隐约的脚步声。他也不知道在他脖子后面的温暖的微风是欧律狄刻的呼吸，还是来自于地狱之火的拂动？他最终屈服于他的欲望，迅速地回转身去拥抱他的爱人。然而，什么都没有。欧律狄刻再一次失去了。

马克思说，哲学应成为在黎明时分为新时代报晓的"高卢雄鸡"。因此，历史，包括所有人文学科的回望，应该如马克思对哲学的期望一样，只有与人类的前行关联时，也许才更有意义。

在 16 年前《技术史》七卷本第Ⅲ卷后记中，我曾以技术史与现代人的技术素养的关系为视角，直觉地希望技术史不应该是简单的回望，而应该纳入到波澜壮阔的社会生活，担当着更深层次的功能。今天，我更愿意把技术史与人类的前行关联起来，如此，先前那个后记亦可以看成是这第二次后记的一个注脚，而这也意味着，我与当时合作者们的初心一直不曾变化。

希望在这样的大时代，技术史能够为我们人类的继续前行做点什么。

16 年过去，衷心感谢中国工人出版社将《技术史》在中国第一次完整出版，也要衷心感谢责任编辑董虹在本卷重新译校过程中付出的辛勤劳动。同时也向我曾经的合作者们表示衷心的感谢。

高亮华

2020 年 11 月

第Ⅲ卷译后记 Ⅱ

《技术史》全译本第Ⅲ卷付梓之际，我作为本卷翻译组织者之一，感慨良多，写下这篇后记，既有对译事的点滴回忆，也想给年轻的"后浪"些许鼓励。

我 1990 年从中国科学院研究生毕业，基本确定以技术史、技术文化为研究方向。1991 年初夏，我到华中科技大学参加技术史会议，第一次见到姜振寰老师，话语投机。正是在那次会上，我获知牛津版《技术史》这套巨著，马上引起极大的兴趣，同时也了解到这套书译者难找，出版社难谈，出版费用几无着落。那时我三十几岁，满腔热情，却感到无能为力。

然而，也正是从那时起，我开始关注牛津版《技术史》，其后找到英文原著"啃"起来。

不觉十年过去，这期间我从中国科技大学毕业，获科学史博士学位，有幸进入清华大学科技史暨古文献研究所工作。我的博士论文聚焦中国古代科技文献，与清华的岗位非常匹配，但我心底对研究西方技术史有隐隐情结，大概因为我有七年的工厂经历，曾与一帮小伙伴热衷技术革新，面对的技术原型（车床、电动机、变压器）都是西方传来的技术，那些奋斗的日子给我留下了很深的印记。说来这有点像那些在黄土地上摸爬滚打过的知青，对耕作播种收获有一种特殊感情吧。

记得是 2002 年春，时任清华大学科技与社会所所长的曾国屏老师（惜已去世有年）代表清华领回《技术史》第Ⅲ卷翻译任务。他找到高亮华老师和我，郑重地谈组织翻译之事，当时我心中窃喜。然而，其后几个月陆续收到归我审校的译稿时，我一看就惊住了，记得有一篇开始就有错，半天时间我只审校（重译）了一页。看似清华工科力量雄厚，但在《技术史》中有专章论述的纺织、桥梁、印刷、钟表这些技术，学校里却没有相应专业。我记得在审校纺织章时，不时地翻查词典，即使弄懂生词，有些工艺也不敢说真明白。不得已，我向远在南方的搞纺织史的学者求助。

2004 年《技术史》七卷本正式出版，广受好评。弹指又是十几年过去，国家插上腾飞的翅膀，经济社会快速发展，创新氛围空前浓厚。新形势下，中国工人出版社精心打造《技术史》全译本，在中国第一次完整出版这部巨著，当年参与译事的我，责无旁贷，发挥自己应尽的职责。

抚摸着厚厚的《技术史》，我忍不住感慨，参与原著撰写的作者多已作古，主持翻译的编委或主译也有几位离世。个体的生命有限，而作为人类的创造力无限，从粗陋的石斧石锤，到精美的青铜器，从笨重的蒸汽机，到灵巧的机械臂……创造发明如新潮逐浪，演绎出无数精彩，推动了人类文明进步。

借此机会寄希望年轻的学者，从前辈手中接棒，续写《技术史》的新篇章，讲述中国的科技创新故事！

戴吾三

2020 年 11 月

图书在版编目（CIP）数据

技术史. 第Ⅲ卷，文艺复兴至工业革命 /（英）查尔斯·辛格等主编；
高亮华，戴吾三主译. —北京：中国工人出版社，2020.9
（牛津《技术史》）
书名原文：A History of Technology
Volume Ⅲ : From the Renaissance to the Industrial Revolution *c.* 1500 to *c.* 1750
ISBN 978-7-5008-7158-3

Ⅰ.①技…　Ⅱ.①查…　②高…　③戴…　Ⅲ.①科学技术—技术史—世界—
中世纪—近代　Ⅳ.①N091

中国版本图书馆CIP数据核字（2020）第128678号

技术史　第Ⅲ卷：文艺复兴至工业革命

出 版 人　王娇萍
责任编辑　董　虹
责任印制　栾征宇
出版发行　中国工人出版社
地　　址　北京市东城区鼓楼外大街45号　邮编：100120
网　　址　http://www.wp-china.com
电　　话　（010）62005043（总编室）　（010）62005039（印制管理中心）
　　　　　（010）62004005（万川文化项目组）
发行热线　（010）62005996　82029051
经　　销　各地书店
印　　刷　北京盛通印刷股份有限公司
开　　本　880毫米×1230毫米　1/32
印　　张　28.375　　　　插页　32
字　　数　800千字
版　　次　2021年6月第1版　2021年6月第1次印刷
定　　价　236.00元